“十四五”时期水利类专业重点建设教材

理论力学（第3

主　编　李晓丽　姚占全
副主编　芒　来

中国水利水电出版社
www.waterpub.com.cn
·北京·

内 容 提 要

本书是参照教育部高等学校教学指导委员会非力学类专业力学基础课程教学指导分委员会提出的理论力学课程教学基本要求进行编写的，本书包括静力学、运动学、动力学三篇。其中静力学包括静力学基础、平面力系、空间力系、摩擦，运动学包括点的运动学、刚体的基本运动、点的合成运动、刚体的平面运动，动力学包括质点动力学基本方程、动量定理、动量矩定理、动能定理、达朗伯原理、虚位移原理、机械振动的基础等。

本书适合农业水利工程、水利水电工程、土木工程、给水排水工程、环境工程、森林工程、机械工程、交通运输工程以及相关专业的师生使用，也可供工程技术人员参考。

图书在版编目（CIP）数据

理论力学 / 李晓丽，姚占全主编. -- 3版. -- 北京：中国水利水电出版社，2023.9
"十四五"时期水利类专业重点建设教材
ISBN 978-7-5226-1640-7

Ⅰ. ①理… Ⅱ. ①李… ②姚… Ⅲ. ①理论力学－高等学校－教材 Ⅳ. ①O31

中国国家版本馆CIP数据核字(2023)第132569号

书　　名	"十四五"时期水利类专业重点建设教材 **理论力学（第3版）** LILUN LIXUE
作　　者	主　编　李晓丽　姚占全 副主编　芒　来
出版发行	中国水利水电出版社 （北京市海淀区玉渊潭南路1号D座　100038） 网址：www.waterpub.com.cn E-mail：sales@mwr.gov.cn 电话：（010）68545888（营销中心）
经　　售	北京科水图书销售有限公司 电话：（010）68545874、63202643 全国各地新华书店和相关出版物销售网点
排　　版	中国水利水电出版社微机排版中心
印　　刷	天津嘉恒印务有限公司
规　　格	184mm×260mm　16开本　20印张　487千字
版　　次	2011年9月第1版第1次印刷 2023年9月第3版　2023年9月第1次印刷
印　　数	0001—3000册
定　　价	**58.00**元

前言

第3版

本教材是“十四五”时期水利类专业重点建设教材，是各位编者多年教学经验的总结，也是近年来理论力学教学改革的阶段性成果，是在高等学校“十三五”精品规划教材《理论力学（第2版）》的基础上修订的。

本教材的修订紧密结合教育部新工科创新人才培养理念，依据理论力学课程教学基本要求和教学大纲的执行情况进行修订。编写过程中充分借鉴国内外同类教材的长处，融入现代信息技术，力求实现课程体系上和内容上的更新，在为读者提供必要基础知识的同时，也利于其创新能力的培养。本教材的编写能够满足机械、水利、土木工程、农业工程、林业工程等专业理论力学课程的教学要求，也兼顾其他相近专业的教学特点，具有较广泛的适应性。

本教材是理论力学数字化资源建设新形态教材。每章设置思维导图二维码，便于读者清晰把握章节知识脉络，同时部分力学原理、定理等涉及的讲解图和例题图均制作成精美动画，通过扫描书中对应的二维码，读者即可看到题中涉及的分析方法及运动的全过程，方便读者阅读和理解；课后设置思考题及答案，通过扫描二维码可以轻松实现基本知识的自我检查。本书提供精美课件，以支持教师的教学工作。

参加编写工作的有李晓丽、姚占全、芒来等7名教师。李晓丽、姚占全任主编，芒来任副主编。各部分分工如下：

李晓丽（绪论，第六、八章）；姚占全（第十、十一章）；芒来（第七、十二章）；贺云（第一、二章）；张琴（第三、四章）；高涵雪（第五、十五章）；张强（第九、十三、十四章）；本书的编写和出版得到了内蒙古农业大学教务处以及水利与土木建筑工程学院工程力学教研室、中国水利水电出版社的大力支持和帮助，谨此表示衷心的感谢。

本教材在编写过程中，借鉴了国内优秀理论力学教材的部分观点。编者在此谨向这些教材的编著者深表感谢。

本教材的编写者虽力求精益求精，但限于编者水平，书中难免存在一些差错和疏漏，敬请读者批评指正。

编　者

2023 年 4 月

前言

第 2 版

为了满足高等学校工科类理论力学课程教学改革的需要，我们编写了这本理论力学教材，它可以作为农业水利工程、水利水电工程、土木工程、给水排水工程、环境工程、森林工程、机械工程、交通运输工程等专业理论力学本科课程的教材或教学参考书，也可供有关工程技术人员参考。

本书是参照教育部高等学校教学指导委员会非力学类专业力学基础课程教学指导分委员会提出的理论力学教学的基本要求进行编写的，是各位编者多年教学经验的总结。在章节的安排和内容的取舍上，充分借鉴了国内外同类教材的长处。本书的编写原则是，既能满足机械、水利、土木工程、农业工程、林业工程等专业理论力学课程的教学要求，又能兼顾其他相近专业的教学特点，具有较广泛的适应性。本教材的编写力求体现：概念清晰，内容精炼，避免重复，力学术语、物理量、名称和符号的用法准确、规范，注重与相关课程的内容衔接。为读者今后继续学习提供必需的力学基础知识。

本书是在李晓丽、李瑞英主编的《理论力学》基础上，综合各方面意见后重新编写的。各部分分工如下：

李晓丽编写绪论，第一、二章；张琴编写第三、四章；李瑞英编写第五、七、九章；陈小芳编写第六、八、十四章；姚占全编写第十、十一、十三章；白英编写第十二、十五章。李晓丽、白英任主编，姚占全任副主编。

限于编者水平，书中难免存在一些差错和疏漏，敬请读者批评指正。

编　者

2016 年 11 月

前言

第1版

为了满足高等学校工科类理论力学课程教学改革的需要，我们编写了这本理论力学教材，它可以作为机械、水利、土木工程、农业工程、林业工程等专业理论力学本科课程的教材或教学参考书，也可供有关工程技术人员参考。

本教材是参照教育部高等学校教学指导委员会非力学类专业力学基础课程教学指导分委员会提出的理论力学教学的基本要求进行编写的，是各位编者多年教学经验的总结。在章节的安排和内容的取舍上，充分借鉴了国内外同类教材的长处。本书的编写原则是，既能满足机械、水利、土木工程、农业工程、林业工程等专业理论力学课程的教学要求，又能兼顾其他相近专业的教学特点，具有较广泛的适应性。本教材的编写力求体现：概念清晰，内容精炼，避免重复，力学术语、物理量、名称和符号的用法准确、规范，注重与相关课程的内容衔接。为读者今后继续学习提供必需的力学基础知识。

本教材是在李晓丽、李瑞英主编的《理论力学》基础上，综合各方面意见后重新编写的。各部分分工如下：

李晓丽编写绪论，第一、二章；张琴编写第三、四章；李瑞英编写第五、七、九章；金淑青编写第六、八、十四章；姚占全编写第十、十一、十三章；白英编写第十二、十五章。李晓丽、李瑞英任主编，姚占全任副主编。

限于编者水平，书中难免存在一些差错和疏漏，敬请读者批评指正。

编　者

2011年5月

数 字 资 源 清 单

序　号	资 源 名 称	资 源 类 型
1-1	第一章思维导图	拓展资料
1-2	滑动铰支座	动图
1-3	光滑铰链	动图
1-4	固定铰支座	动图
1-5	第一章思考题	拓展资料
2-1	第二章思维导图	拓展资料
2-2	平面力对点的矩	动图
2-3	合力矩定理	动图
2-4	平面力偶矩	动图
2-5	平面力偶系简化	动图
2-6	平面任意力系简化	动图
2-7	固定端约束	动图
2-8	第二章思考题	拓展资料
3-1	第三章思维导图	拓展资料
3-2	力矩矢	动图
3-3	力对轴的矩	动图
3-4	空间任意力系简化	动图
3-5	空间任意力系简化实例	动图
3-6	第三章思考题	拓展资料
4-1	第四章思维导图	拓展资料
4-2	摩擦角和摩擦锥	动图
4-3	自锁	动图
4-4	第四章思考题	拓展资料
5-1	第五章思维导图	拓展资料
5-2	动点在圆柱面上的运动	动图
5-3	自然轴系	动图

续表

序 号	资 源 名 称	资 源 类 型
5-4	点的速度	动图
5-5	点的加速度	动图
5-6	轮缘上点的运动	动图
5-7	第五章思考题	拓展资料
6-1	第六章思维导图	拓展资料
6-2	定轴转动	动图
6-3	点的速度分布	动图
6-4	加速转动和减速转动	动图
6-5	点的加速度分布	动图
6-6	点的速度矢量表示	动图
6-7	点的加速度矢量表示	动图
6-8	第六章思考题	拓展资料
7-1	第七章思维导图	拓展资料
7-2	牵连点	拓展资料
7-3	直圆管内小球的运动分析	动图
7-4	轮缘上一点的运动	动图
7-5	车刀切削工件	动图
7-6	雨滴速度分析	动图
7-7	曲柄滑道机构运动	动图
7-8	曲柄上的圆环速度分析	动图
7-9	偏心凸轮的速度分析	动图
7-10	曲柄滑槽运动分析	动图
7-11	平面机构运动分析	动图
7-12	刨床急回机构的运动分析（速度）	动图
7-13	刨床急回机构的运动分析（加速度）	动图
7-14	第七章思考题	拓展资料
8-1	第八章思维导图	拓展资料
8-2	刚体平面运动实例	动图
8-3	刚体平面运动的简化	动图
8-4	平面运动的分解	动图
8-5	随基点平动和绕基点转动	动图

续表

序　号	资 源 名 称	资 源 类 型
8－6	椭圆规尺的运动	动图
8－7	平面连杆机构运动	动图
8－8	平面机构的运动	动图
8－9	速度瞬心定义	动图
8－10	纯滚动速度瞬心	动图
8－11	不同运动下的速度瞬心	动图
8－12	速度瞬心的加速度	动图
8－13	第八章思考题	拓展资料
9－1	第九章思维导图	拓展资料
9－2	自然轴系的质点运动微分方程	动图
9－3	第九章思考题	拓展资料
10－1	第十章思维导图	拓展资料
10－2	质点的动量	动图
10－3	质点系的动量	动图
10－4	质心位置的确定	动图
10－5	第十章思考题	拓展资料
11－1	第十一章思维导图	拓展资料
11－2	质点对点（轴）的动量矩	动图
11－3	绕定轴转动刚体的动量矩	动图
11－4	平面运动刚体的动量矩	动图
11－5	质点的动量矩定理	动图
11－6	刚体的定轴转动微分方程	动图
11－7	刚体的转动惯量	动图
11－8	质点系相对于质心的动量矩	动图
11－9	第十一章思考题	拓展资料
12－1	第十二章思维导图	拓展资料
12－2	质点系内力的功	动图
12－3	弹性力的功	动图
12－4	绕定轴转动刚体上力的功	动图
12－5	物体系统的运动	动图
12－6	质点-弹簧运动	动图

续表

序　号	资 源 名 称	资 源 类 型
12-7	卷扬机的运动	动图
12-8	圆轮质心的运动	动图
12-9	第十二章思考题	拓展资料
13-1	第十三章思维导图	拓展资料
13-2	质点的惯性力	动图
13-3	第十三章思考题	拓展资料
14-1	第十四章思维导图	拓展资料
14-2	几何法、解析法的虚位移	动图
14-3	组合梁的虚位移	动图
14-4	第十四章思考题	拓展资料
15-1	第十五章思维导图	拓展资料
15-2	衰减振动	动图
15-3	阻尼振动系统	动图
15-4	第十五章思考题	拓展资料

目　　录

第二篇 运 动 学

第三篇　动　力　学

绪　　论

一、理论力学的研究对象

理论力学是研究物体机械运动一般规律的科学。

所谓机械运动，是指物体在空间的相对位置随时间而改变的现象。物体的平衡是机械运动的特殊情况，理论力学也研究物体的平衡问题。然而，在宇宙中没有绝对的平衡，一切平衡都只是相对的和暂时的。

机械运动是自然界和工程技术中最常遇到的运动，因而力学是发展最早的自然学科之一，可见力学的研究具有实际的意义。

理论力学所研究的内容是以伽利略和牛顿所建立的力学基本定律为基础的，属于经典力学的范畴。近代物理学的发展暴露了经典力学的局限性：不适用于速度接近于光速的物体的运动，也不适用于微观粒子的运动。但是，对于速度远小于光速的宏观物体的运动，经典力学并未丧失其重要意义，它具有足够的精确度。因此，在日常生活和一般的工程技术问题中，经典力学仍然是研究机械运动既准确又方便的工具。

二、理论力学的任务及其研究内容

理论力学是我国高等工科院校各专业开设的一门理论性较强的专业基础课。它是各门力学学科的基础，并在许多工程技术领域中有着广泛的应用。

理论力学的任务是：使学生掌握质点、质点系和刚体机械运动（包括平衡）的基本规律和研究方法。本课程的学习可以为后续课程（如材料力学、结构力学、弹性力学、流体力学、钢结构等）的学习打下必要的基础。通过本课程的学习，学生不仅能够掌握理论力学的基本概念、基本理论与研究方法，并用以分析、解决一些比较简单的工程实际问题，而且能够提高正确分析问题和解决问题的能力，为今后解决工程实际问题、从事科学研究打下良好的基础。

本课程包括三部分内容：静力学、运动学和动力学。

静力学：研究力系的简化以及物体在力系作用下平衡的一般规律。

运动学：仅从几何学观点出发，研究物体的运动特征，如轨迹、速度和加速度，而不考虑引起物体运动的原因。

动力学：研究物体的运动与作用于物体上的力之间的关系。

上述三大部分内容既是相互独立的，又是相互关联而不可分割的。如静力学可认为是动力学的特殊情况，但因为静力学已积累了丰富的内容，从而成为相对独立的部分。

三、理论力学的学习方法

理论力学同其他学科一样，都不能离开人类认识世界的客观规律。这就是“通过实践发现真理，又通过实践而证实真理和发展真理”。

由于理论力学源于以牛顿定律为基础的经典力学，因此，深刻理解和熟练运用这些公理、定律、定理是学好本课程的关键。

这些公理、定律和定理来源于实践又服务于实践，有的与日常生活和生产实践密切相关，书中的大量例题、习题也正是这种依赖关系的再现，所以在学习本课程的过程中，必须完成足够数量的习题；在深刻理解基本概念、基本理论的基础上，勤于思考，举一反三；注意培养逻辑思维能力、抽象化能力、数学演绎与运算能力。可以相信，只要注意能力的培养，一定会在本课程的学习过程中取得优异成绩。

第一篇 静 力 学

静力学研究作用于物体上力系的平衡。

力系是指作用在物体上的一群力的总称。

平衡是指物体机械运动的一种特殊状态，即物体相对于惯性参考系保持静止或作匀速直线运动的状态。在实际工程问题中，一般是把地球取作惯性参考系，因而通常所说的平衡状态，就是指物体相对于地球处于静止或匀速直线运动的状态。

如果一个物体在某个力系作用下处于平衡状态，则称该力系为平衡力系。一个平衡力系，其中各个力之间应该满足一定的条件，正是这种条件使力系成为平衡力系。使一个力系成为平衡力系的条件称为力系的平衡条件。

在静力学中，将研究以下三个方面的问题：

（1）物体的受力分析。分析某个物体所受各力的大小、方向和作用位置。

（2）力系的简化。用一个简单的力系来等效地替换一个复杂的力系，称为力系的简化。力系的简化表现出不同力系的共同本质，明确了力系对物体作用的总效果。

（3）建立各种力系的平衡条件。力系的平衡条件是进行静力学计算的基础。

利用力系的平衡条件，可以求出力系中的未知量，为工程结构（构件）和机械零件的设计提供依据。因而，静力学在工程中有着最广泛的应用。

第一章 静 力 学 基 础

第一章
思维导图

第一节 刚体和力的概念

一、刚体

所谓刚体，就是在任何情况下永远不变形的物体。这一点表现为在力的作用下刚体内任意两点的距离始终保持不变。永远不变形的物体是不存在的，刚体只是一个为了研究方便而把实际物体抽象化后得到的理想化力学模型。当物体在受力后变形很小，对研究物体的平衡问题不起主要作用时，其变形可忽略不计，这样可使问题的研究大为简化。

在静力学中研究的对象主要是刚体，因此有时静力学又称为刚体静力学。

二、力

力的概念是人们在长期的生活和生产实践中从感性到理性逐步形成和建立的。力是物体间相互的机械作用，这种作用使物体的机械运动状态发生变化，包括变形。理论力学不探究力的物理来源，而仅研究力的表现，即力对物体作用的效应。力对物体作用的效应一般可分为两个方面：一是改变了物体的运动状态；二是改变了物体的形状。前者称为力的外效应或运动效应，后者称为力的内效应或变形效应。理论力学的研究对象主要是刚体，故只研究力的外效应，即运动效应。力的变形效应将在后续课程（如材料力学）中研究。

力的作用方式有两种：一是通过物体之间的直接接触发生作用，如人手推车、两物体直接发生碰撞等；二是通过场的形式发生作用，如地球以重力场使物体受到重力的作用、磁场产生的磁力等。

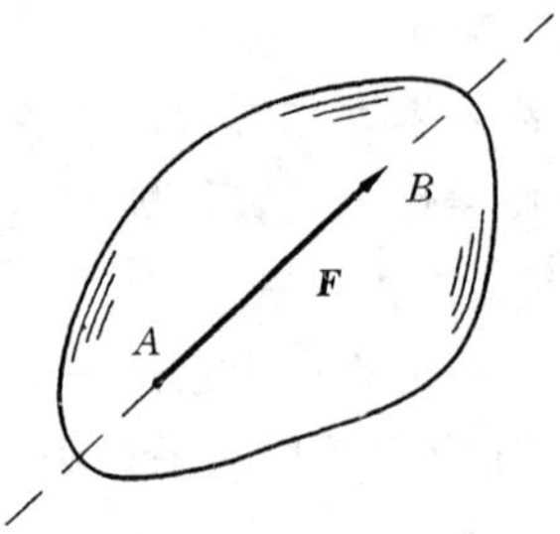

图 1-1

实践表明，力对物体的作用效果决定于三个要素：力的大小、力的方向、力的作用点。由此可见，力是矢量，如图 1-1 所示。矢量的长度表示力的大小（按一定的比例尺），矢量的方位和箭头的指向表示力的方向。矢量的起点或终点表示力的作用点，而与矢量重合的直线表示力的作用线。

本书中用黑体字母 $\boldsymbol{F}$ 表示力矢量，而用普通字母 F 表示力的大小。

在国际单位制（SI）中，力的单位是牛［顿］(N) 或千牛［顿］(kN)。

第二节　静力学公理

人们在长期的生产活动中发现和总结出一些最基本的、又经过实践反复检验并被证明是符合客观实际的最普通、最一般的规律，这些规律统称为静力学公理。

公理 1　力的平行四边形法则

作用于物体上同一点的两个力的合力，作用点仍作用在该点，以这两个力为邻边所作的平行四边形的对角线就是合力的大小和方向，如图 1-2 所示。

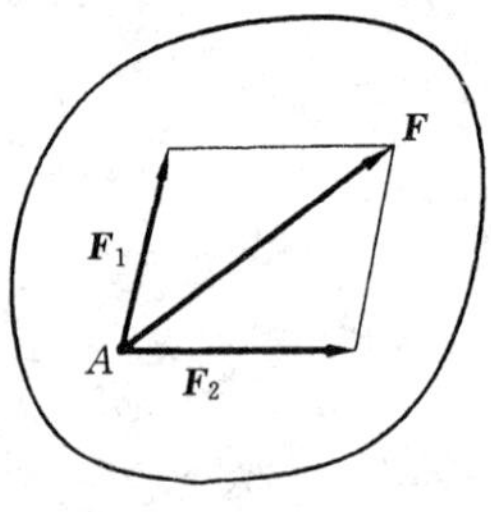

图 1-2

该法则指出了两个共点力合成的基本方法，即合力等于两个分力的几何和。其数学表达式为

$$\boldsymbol{F} = \boldsymbol{F}_1 + \boldsymbol{F}_2 \tag{1-1}$$

由公理 1 可以得到以下的推论。

推论 1　力的三角形法则

设在刚体上的 A 点处作用着两个力 $\boldsymbol{F}_1$ 和 $\boldsymbol{F}_2$，由平行四边形法则可以求得其合力 $\boldsymbol{F}$，如图 1-3 (a) 所示。由于 $ABCD$ 构成一个平行四边形。故有 $AC /\!/ BD$，于是 BD 线段的长度和方向就是力矢 $\boldsymbol{F}_2$ 的大小和方向，而三角形 ABD 中的 AD 线段，其长度、方向和起点与合力 $\boldsymbol{F}$ 完全相同。从而也可以由下述方法求力 $\boldsymbol{F}_1$ 与 $\boldsymbol{F}_2$ 的合力：将力 $\boldsymbol{F}_1$ 与 $\boldsymbol{F}_2$ 首尾相接，再由第一个力的起点向第二个力的终点引矢量，则该矢量就是合力矢 $\boldsymbol{F}$，如图 1-3 (b) 所示。这样力 $\boldsymbol{F}_1$、$\boldsymbol{F}_2$ 与合力 $\boldsymbol{F}$ 构成了一个三角形，称为力三角形。上述求合力的方法称为力的三角形法则。

在应用力的三角形法则求两个共点力的合力时，必须注意力的三角形的矢序规则，即两个分力矢 $\boldsymbol{F}_1$ 与 $\boldsymbol{F}_2$ 要首尾相接，而合力矢 $\boldsymbol{F}$ 是从第一个分力矢的起点指向第二个分力矢的终点。

作图时分力矢的顺序可以随意确定，例如也可以先作 $\boldsymbol{F}_2$ 再作 $\boldsymbol{F}_1$，这样得到的力三角形形状有变化，但合力矢 $\boldsymbol{F}$ 不变，如图 1－3（c）所示。

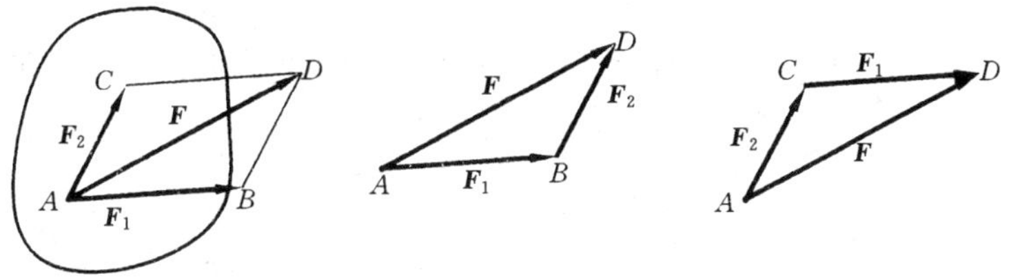

(a) (b) (c)

图 1－3

推论 2 力的多边形法则

各个力的作用线共平面且汇交于一点的力系称为平面汇交力系。设在刚体上 A 点作用着一个平面汇交力系，如图 1－4（a）所示。为简明起见，图中画了四个力 $\boldsymbol{F}_1$、$\boldsymbol{F}_2$、$\boldsymbol{F}_3$ 和 $\boldsymbol{F}_4$。为求其合力，可以连续应用力的三角形法则，即先将 $\boldsymbol{F}_1$ 与 $\boldsymbol{F}_2$ 首尾相接，求得它们的合力 $\boldsymbol{F}'=\boldsymbol{F}_1+\boldsymbol{F}_2$，再将 $\boldsymbol{F}'$ 与 $\boldsymbol{F}_3$ 首尾相接，求得合力 $\boldsymbol{F}''=\boldsymbol{F}'+\boldsymbol{F}_3=\boldsymbol{F}_1+\boldsymbol{F}_2+\boldsymbol{F}_3$，最后将 $\boldsymbol{F}''$ 与 $\boldsymbol{F}_4$ 首尾相接，求得该力系的合力 $\boldsymbol{F}$，并 $\boldsymbol{F}=\boldsymbol{F}_1+\boldsymbol{F}_2+\boldsymbol{F}_3+\boldsymbol{F}_4=\sum\limits_{i=1}^{4}\boldsymbol{F}_i$。求和过程如图 1－4（b）所示。

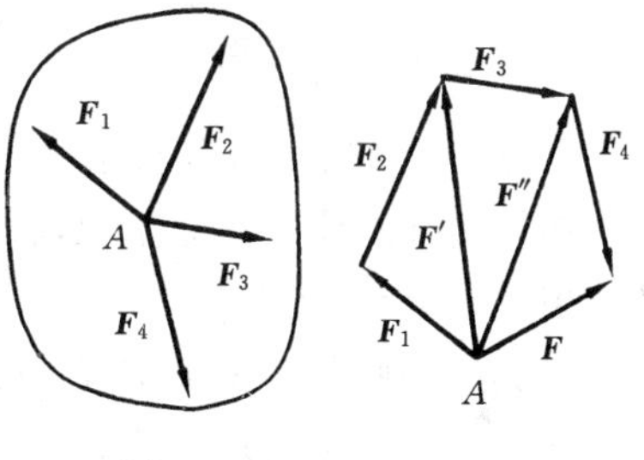

(a) (b)

图 1－4

由图 1－4（b）看出：各分力矢与合力矢 $\boldsymbol{F}$ 一起构成了一个多边形，称该多边形为力多边形。在这个力多边形中，各分力首尾相接，而合力 $\boldsymbol{F}$ 是多边形的封闭边，其方向由第一个力矢的起点指向最后一个力矢的终点，这就是作力多边形所必须遵循的矢序规则。

若平面汇交力系由 n 个力组成，其合力矢以 $\boldsymbol{F}$ 表示，则有

$$\boldsymbol{F}=\boldsymbol{F}_1+\boldsymbol{F}_2+\cdots+\boldsymbol{F}_n=\sum_{i=1}^{n}\boldsymbol{F}_i \tag{1-2}$$

它仍作用在原力系的汇交点上，其大小和方向由各分力首尾相接所得到的力多边形的封闭边确定。

推论 3 平面汇交力系平衡的几何条件

由上述力的多边形法则可知：若平面汇交力系有合力，则合力矢由力多边形的封闭边确定，如果所研究的力系是一个平衡的平面汇交力系，这个力系将无合力，即合力矢为零。这样按力的多边形法则作出的力多边形将自行封闭，也就是说第一个力的起点将与最后一个力的终点重合。所以有：平面汇交力系平衡的几何条件是力多边形自行封闭。利用这一条件，可以求得一个平衡的平面汇交力系中的某些未知力的大小

或方向。这种研究平面汇交力系平衡问题的方法称为几何法。如图 1-5 所示，平面汇交力系的合力可用上述方法求得。

公理 2　二力平衡公理

刚体只受两个力作用下保持平衡的充分与必要条件是：这两个力等值、反向、共线。图 1-6 中物体在 $\boldsymbol{F}_1$ 和 $\boldsymbol{F}_2$ 两个力作用下处于平衡状态，于是有

$$\boldsymbol{F}_1=-\boldsymbol{F}_2 \tag{1-3}$$

二力平衡条件表明了作用于刚体上的最简单的力系平衡时所必须满足的条件。

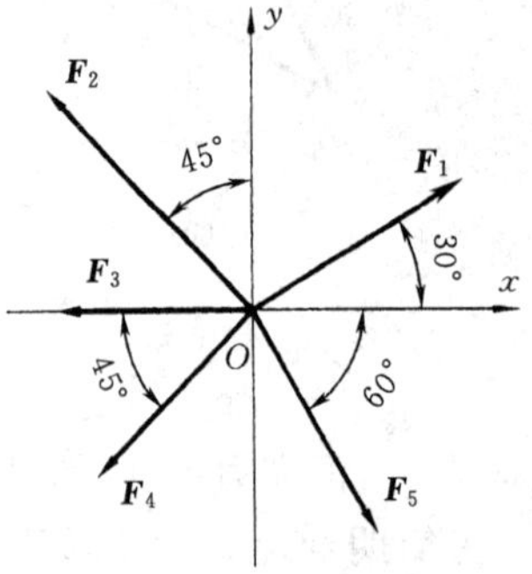

图 1-5

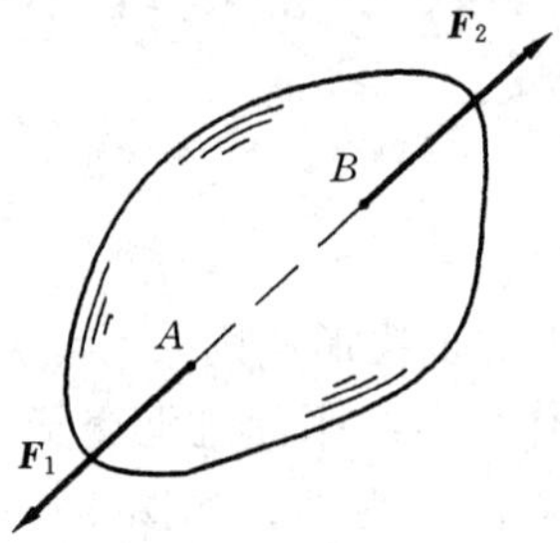

图 1-6

公理 3　加减平衡力系原理

在作用于刚体上的力系中，任意加上或减去一个平衡力系不会改变原力系对刚体的作用效果。

根据这个原理，为了实现简化力系的目的，可以人为地在刚体上加上或减去任意的平衡力系。这个公理是研究力系等效变换的重要依据。

推论 4　力的可传性

作用在刚体上的力可以沿着其作用线在刚体内任意移动。

证明：设在刚体上 A 点处作用着力 $\boldsymbol{F}$，现在将其沿作用线移到 B 点，移动过程如图 1-7 所示。即在 B 点沿着力 $\boldsymbol{F}$ 的作用线加上一对平衡力 $\boldsymbol{F}=-\boldsymbol{F}_1=\boldsymbol{F}_2$，再将力 $\boldsymbol{F}_1$ 与 $\boldsymbol{F}$ 所构成的平衡力系减去，则在刚体上就只有 $\boldsymbol{F}_2=\boldsymbol{F}$ 作用在 B 点。

按照这个推论可知：作用在刚体上的力的三要素为力的大小、方向和作用线。

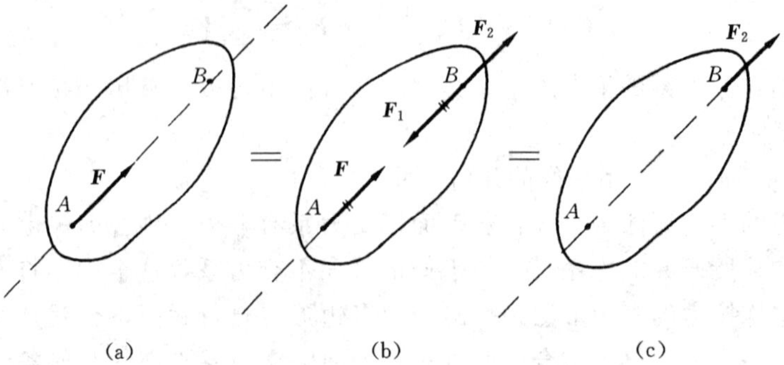

图 1-7

推论 5　三力平衡汇交定理

若刚体在三个互不平行的共面力作用下处于平衡状态，则这三个力的作用线必汇交于一点。

该推论的证明，请读者参照图 1－8 自行给出。

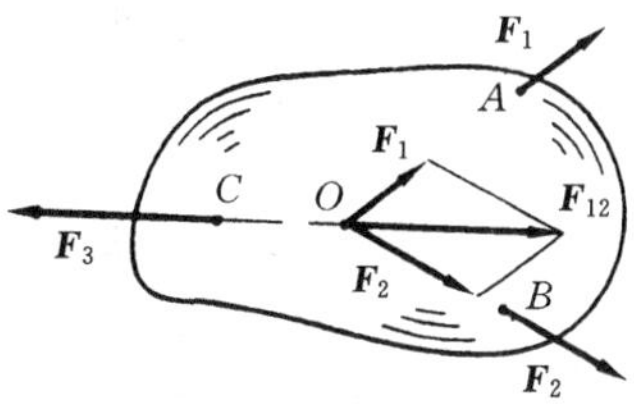

图 1－8

公理 4　作用与反作用定律

两物体之间的相互作用力总是等值、反向、共线，分别作用在这两个物体上。

这个定律揭示了物体之间相互作用力的定量关系，表明作用力与反作用力总是成对出现的。这是研究由多个物体组成的物体系统的平衡问题的基础。

公理 5　刚化原理

若变形体在某力系作用下处于平衡状态，则将此变形体刚化为刚体后其平衡状态不变。该原理给出了把变形体看作刚体模型的条件。例如一根绳索，在一对等值、反向、共线的拉力作用下处于平衡状态，若将该绳索刚化为一根刚性杆，则这根杆在原力系作用下仍然平衡，如图 1－9 所示。但是若绳索所受的是一对压力，则不能保持平衡，此时绳索就不能简化为刚体。由此可知，作用在刚体上的平衡力系所满足的平衡条件，只是使变形体平衡的必要条件而非充分条件。

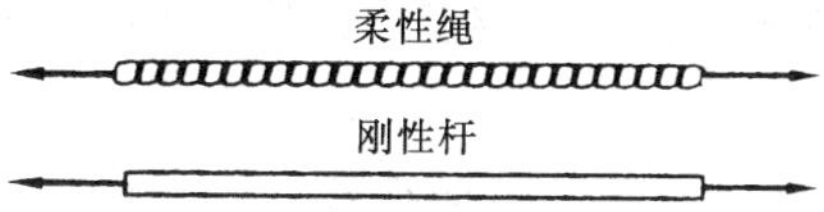

图 1－9

第三节　约束与约束反力

作用在物体上的力大致可分为两大类：主动力和约束力。

运动受到约束的物体，简称为被约束体。限制被约束体运动的周围物体称为约束。约束施加于被约束物体上的力称为约束力。约束限制被约束体的运动（位移），是因为被约束体在给约束一个作用力时，约束对被约束体也施加了一个反作用力。约束对被约束体的反作用力称为约束反力，简称反力。约束反力的方向应当与它所能限制的被约束体的运动方向相反，这是确定约束反力方向的基本原则。

约束力以外的力均称为主动力或载荷。重力、风力、水压力、弹簧力、电磁力等均属于载荷。

下面把工程上常见的一些约束进行分类，并分析约束反力的特点。

一、柔索约束

缆索、链条、皮带等统称为柔索。由于这些物体只能承受拉力，故这种约束的特点是其所产生的约束力沿柔索方向，且只能是拉力，不能是压力，如图 1－10 所示。

二、光滑面约束

两个物体的接触面光滑无摩擦时，约束物体只能限制被约束物体沿二者接触面公法线方向的运动，而不限制沿接触面切线方向的运动。因此，光滑面约束的约束力只

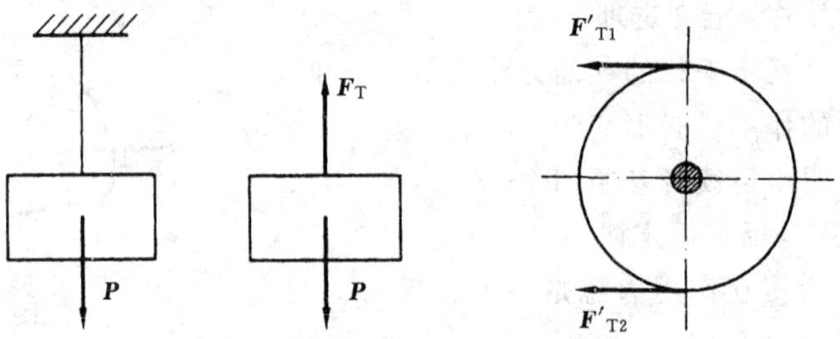

(a)　　　　(b)

图 1－10

能沿着接触面的公法线方向，并指向被约束物体，故称为法向反力。如图 1－11 所示光滑路面对滚子的约束。又如图 1－12 所示的直杆放在斜槽中，在 A、B、C 处受到槽的约束，此时可将尖端支撑处看作小圆弧与直线相切，则约束反力仍然是法向反力。

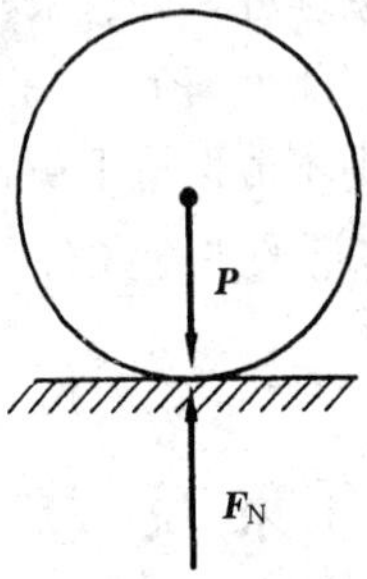

图 1－11

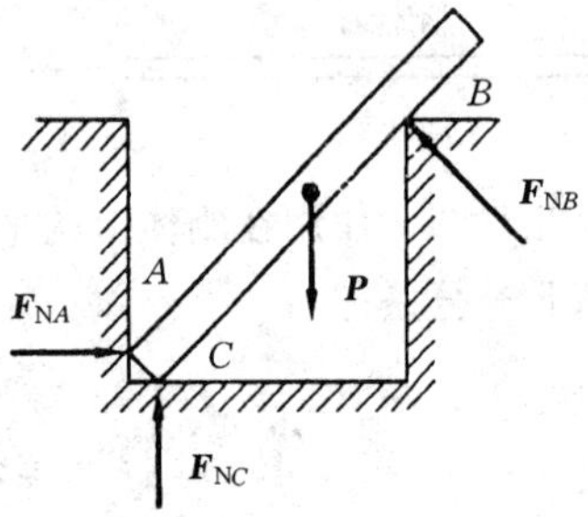

图 1－12

桥梁、屋架结构中采用的辊轴支承也是一种光滑面约束，如图 1－13（a）所示。采用这种支承结构，主要是考虑到由于温度的改变，桥梁长度会有一定量的伸长或缩短，为使这种伸缩自由，辊轴可以沿伸缩方向作微小滚动；当不考虑辊轴与接触面之间的摩擦时，辊轴支承实际上是光滑面约束。其简图和约束力方向如图 1－13（b）、（c）所示。

滑动铰支座

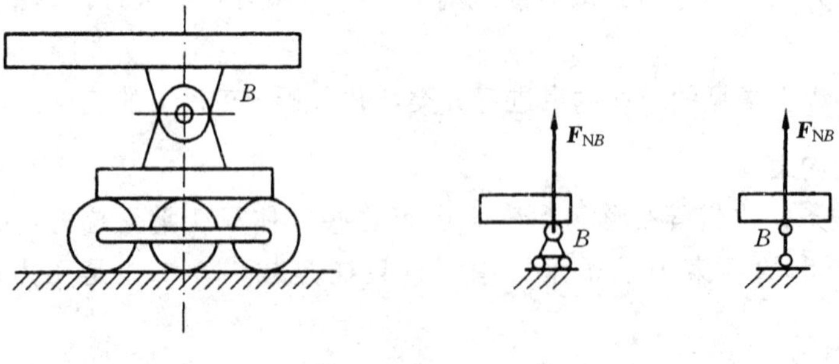

(a)　　　　(b)　　　　(c)

图 1－13

需要指出的是，某些工程结构中的辊轴支承，可限制被约束物体沿接触面公法线两个方向的运动。因此，约束力 $\boldsymbol{F}_{\mathrm{N}}$ 垂直于接触面。可能指向被约束物体，也可能背离被约束物体。

三、圆柱铰链（平面铰链）约束

只能限制两个物体之间的相对移动、而不能限制其相对转动的连接，称为铰链约束。若忽略摩擦影响，则称为光滑铰链约束。

光滑圆柱铰链又称为柱铰，或者简称为铰链。如图 1－14 所示，在 A、B 两物体上各钻出直径相同的圆孔，并用相同直径的圆柱形销钉插入孔内，所形成的连接称为圆柱形铰链约束。这时两个相连的构件互为约束与被约束物体，这种约束只能限制被约束的两物体在垂直于销钉轴平面内的相对移动，而不能限制被约束物体绕销钉轴的转动，由于被约束物体的钉孔表面和销钉表面均不考虑摩擦，故销钉与物体钉孔间的约束实质为光滑面约束。约束反力 $\boldsymbol{F}_{\mathrm{N}}$ 应通过接触点 K 沿公法线方向（通过销钉中心）指向构件，如图 1－15（a）所示。但实际上预先很难确定接触点 K 的位置，因此反力 $\boldsymbol{F}_{\mathrm{N}}$ 的方向无法确定。为克服这一困难，通常用一对互相垂直的分力 $\boldsymbol{F}_x$ 与 $\boldsymbol{F}_y$ 表示约束反力 $\boldsymbol{F}_{\mathrm{N}}$，待根据平衡条件计算出 $\boldsymbol{F}_x$ 与 $\boldsymbol{F}_y$ 的大小后，再根据需要用平行四边形规则求得合力 $\boldsymbol{F}_{\mathrm{N}}$ 的大小和方向，如图 1－15（b）所示。

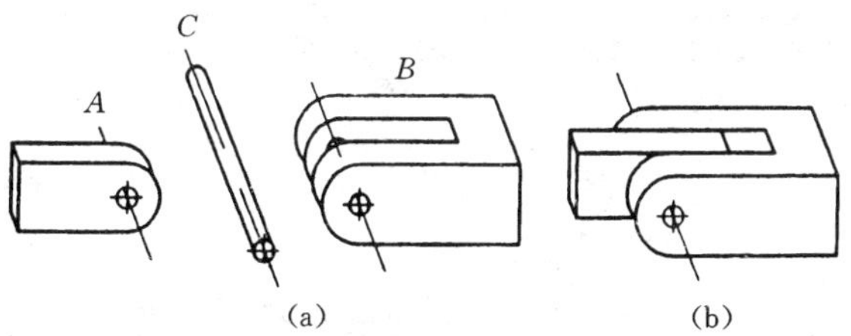

图 1－14

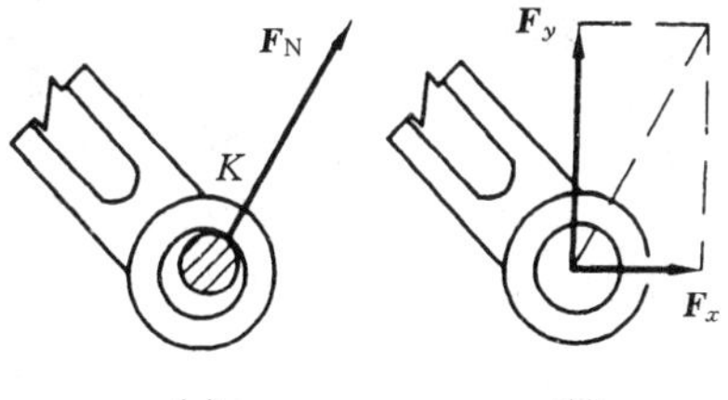

图 1－15

光滑铰链

由于这种铰链限制构件在垂直于销钉的平面内相对移动，故也称为平面铰链。这种约束在工程上有广泛应用，见下面的例子。

（1）固定铰支座，用以将构件和基础连接，桥梁的一端与桥墩连接时常用这种约束，如图 1－16 所示是这种约束的简图。

（2）向心滚动轴承，如轴颈处轴承，如图 1－17 所示。

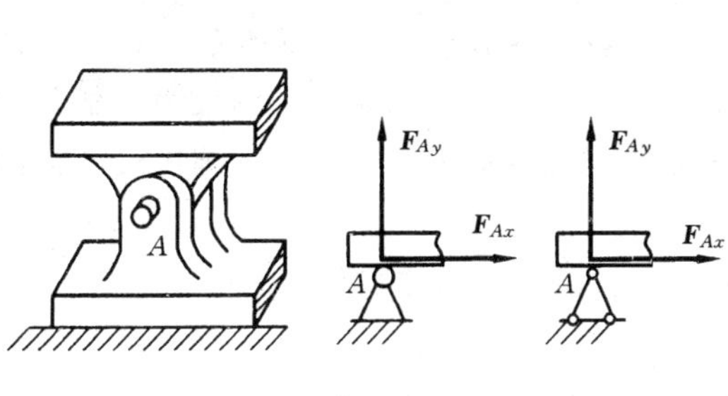

图 1－16

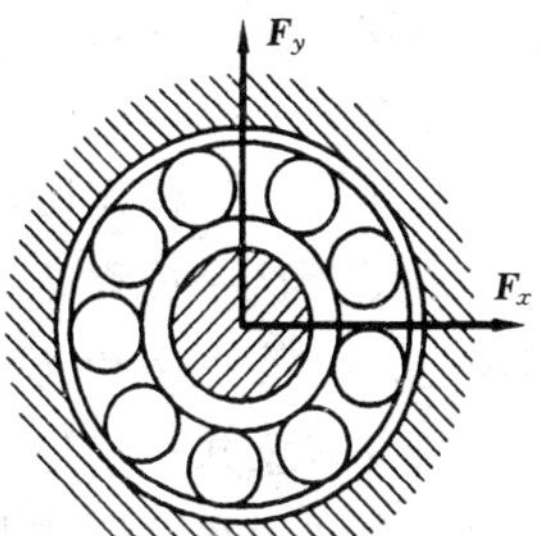

图 1－17

固定铰支座

(3) 连接铰链，用来连接两个可以相对转动但不能移动的构件，如曲柄连杆机构中曲柄与连杆、连杆与滑块的连接。通常在两个构件连接处用一小圆圈表示铰链，如图 1-18 所示。

四、球铰链约束

将固结于物体一端的球体置于球窝形的支座中，就形成了球铰链约束，如图 1-19 (a) 所示。其简图如图 1-19 (b) 所示，忽略球体与球窝间的摩擦，其约束特点是约束力的作用线沿接触点和球心的连线指向不定，一般用三个相互垂直的正交分力 $\boldsymbol{F}_{Ax}$ 、$\boldsymbol{F}_{Ay}$ 和 $\boldsymbol{F}_{Az}$ 表示。

图 1-18

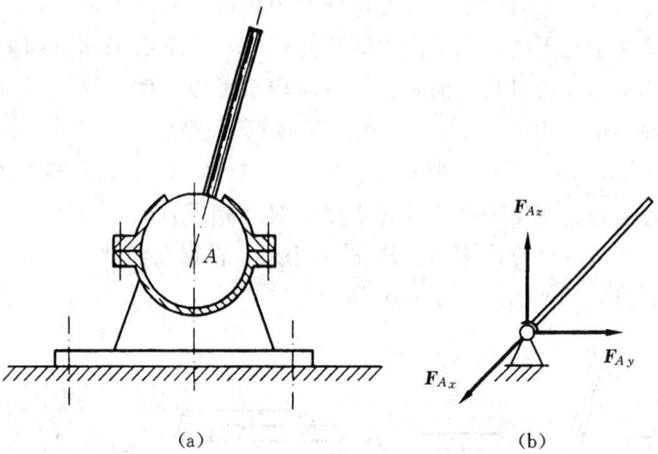

图 1-19

以上列举了几种常见的比较理想化的约束，工程实际中的约束并不一定完全与这几种类型相同，这时就要具体分析约束的特点，适当忽略次要因素，以确定其约束反力的方向。

第四节 受力分析与受力图

分析力学问题时，必须首先根据问题的性质、已知量和所要求的未知量，选择某一物体（或几个物体组成的系统）作为研究对象，并假想地将所研究的物体从与之接触或连接的物体中分离出来，即解除其所受的约束而代之以相应的约束力，解除约束后的物体称为隔离体。分析作用在隔离体上的全部主动力和约束力，画出隔离体的受力简图——受力图，这一过程即为受力分析。

受力分析是求解静力学和动力学问题的重要基础。具体步骤如下：

(1) 选取研究对象并作出隔离体简图。

(2) 画出所有作用在隔离体上的主动力（一般皆为已知力）。

(3) 逐个分析约束，根据约束的性质画出约束力。

当选择若干个物体组成的系统作为研究对象时，作用于系统上的力可分为两类：

系统外物体作用于系统内物体上的力，称为外力；系统内物体间的相互作用力称为内力。应该指出，内力和外力的区分不是绝对的，内力和外力只是相对于某一确定的研究对象才有意义。由于内力总是成对出现的，不会影响所选择研究对象的平衡状态，因此，在受力图上不必画出。此外，当所选择的研究对象不止一个时，要正确应用作用与反作用定律。确定相互联系的研究对象在同一约束处的约束反力应该大小相等。

【例 1-1】 重力为 $\boldsymbol{P}$ 的圆球放在板 AC 与墙壁 AB 之间，如图 1-20（a）所示。设板 AC 的重力不计，试作出板与球的受力图。

解：（1）先取球作为研究对象，画出简图。球上主动力有 $\boldsymbol{P}$，约束反力有 $\boldsymbol{F}_D$ 和 $\boldsymbol{F}_E$，均属光滑面约束反力，所以为法向反力，受力图如图 1-20（b）所示。

（2）再取板作为研究对象。由于板的自重不计，故只有 A、C、E'处有约束反力。其中 A 处为固定铰支座，其反力可用一对正交分力 $\boldsymbol{F}_{Ax}$ 和 $\boldsymbol{F}_{Ay}$ 表示；C 处为柔性约束，其反力为拉力 $\boldsymbol{F}_\mathrm{T}$；$E'$处的反力为法向反力 $\boldsymbol{F}'_E$，要注意该反力与球在 E 处所受反力 $\boldsymbol{F}_E$ 为作用与反作用关系。受力图如图 1-20（c）所示。

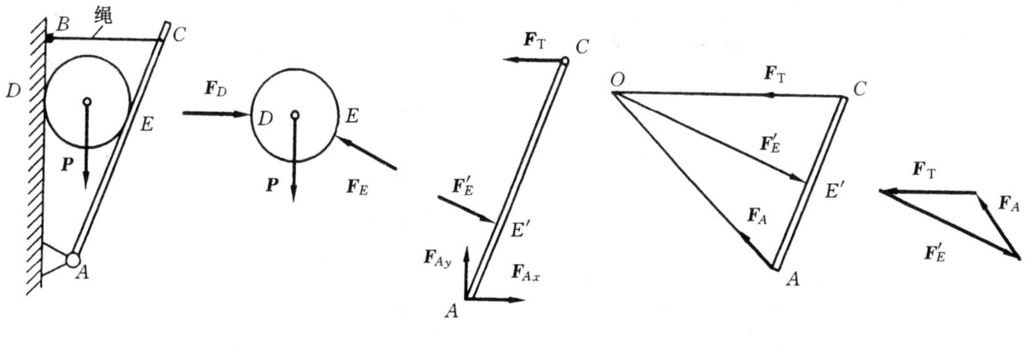

图 1-20

另外，注意到板 AC 上只有 A、E'、C 处三个约束反力，并且处于平衡状态。因此可以利用三力平衡汇交定理确定出 A 处约束反力的方向，即先由力 $\boldsymbol{F}_\mathrm{T}$ 与 $\boldsymbol{F}'_E$的作用线延长后求得汇交点 O，再由点 A 向 O 点连线，则 $\boldsymbol{F}_A$ 的方向必沿着 AO 方向，受力如图 1-20（d）所示。

至于 $\boldsymbol{F}_A$ 的指向，可以由平面汇交力系平衡的几何条件，即由力多边形自行封闭的矢序规则定出，其力多边形（在此例中为三角形）如图 1-20（e）所示。

【例 1-2】 画出图 1-21 所示结构中各构件的受力图，不计各构件自重，所有约束处均为光滑约束。

解：当结构有中间铰时，受力图有两种画法。

（1）将中间铰单独取出。这时将结构分为三部分：杆 AB、铰 B、杆 BC。其中杆 AB、BC 都是二力杆，所以杆两端的约束力的作用线均是沿杆端的连线，铰 B 处除受主动力 $\boldsymbol{F}$ 作用外，还受杆 AB、BC 在 B 处的反力 $\boldsymbol{F}'_{B1}$ 和 $\boldsymbol{F}'_{B2}$ 的作用，如图 1-21（b）所示。

注意这里所说的二力构件，是指只受两个力作用而平衡的构件。在实际结构中，有些构件上不计自重，又无其他主动力作用，只在两处受光滑铰链约束。这样的构件都是二力构件。对于这类构件，根据二力平衡条件，无论该构件形状如何，所受约束如何，只要将两个力沿作用点连线方向并相对反向画出即可。

（2）将中间铰置于任意一杆上。例如将中间铰 B 固连在杆 AB 上，结构分为杆 AB（带铰 B）、杆 BC 两部分，受力分析结果如图 1－21（c）所示。

（3）本例讨论。分析杆 AB（带铰 B），铰 B 固连在杆 AB 上，铰 B 与杆 AB 组成一个子系统，铰 B 与杆 AB 的相互作用力 $\boldsymbol{F}_{B1}$、$\boldsymbol{F}'_{B1}$ 成为系统内力，不用画出；在 B 点要画出的是主动力 $\boldsymbol{F}$ 和杆 BC 对铰 B 的约束力 $\boldsymbol{F}'_{B2}$（即系统外力）。若中间铰 B 固连在杆 BC 上，请读者自己分析其受力。

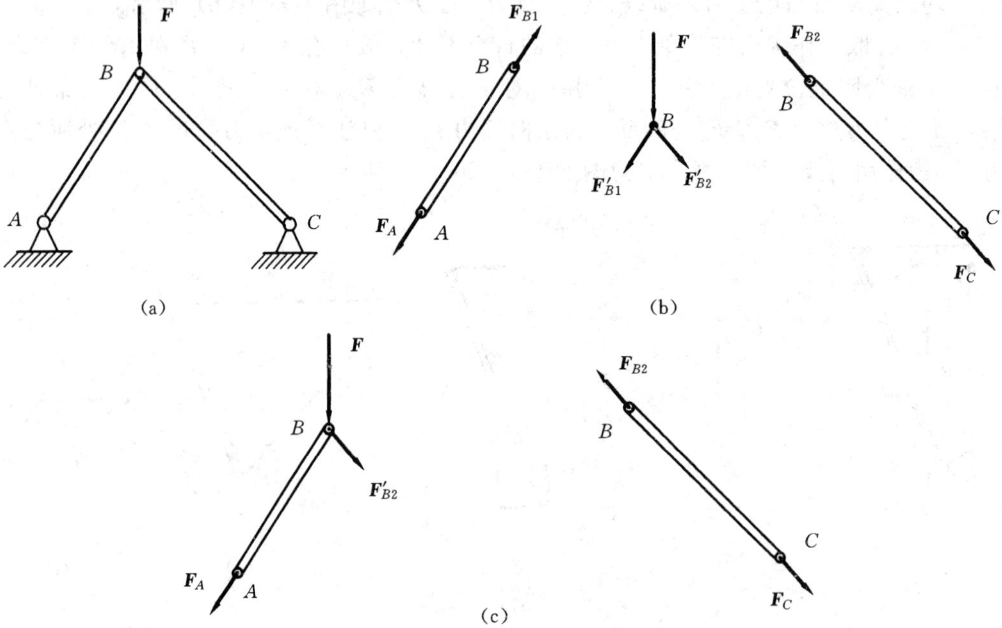

图 1－21

【例 1－3】 作图 1－22（a）所示三铰拱中两个构件的受力图。各构件自重不计。

解：（1）首先分析 AC 构件，由于不计拱的自重，AC 构件是一个二力构件，因此先作它的受力图，如图 1－22（b）所示。

（2）取拱 BC 为研究对象，其上有主动力 $\boldsymbol{F}$，C 处铰链的约束反力方向已由 AC 部分定出；B 处固定铰链的约束反力可由一对正交分力表示，如图 1－22（c）所示；也可由三力平衡汇交定理确定 $\boldsymbol{F}_B$ 的方向，如图 1－22（d）所示。

（3）需要说明的是：在上述分析过程中，C 处是用以连接两个构件的销钉，并没有单独被取作研究对象，因为销钉的受力分析一般用处不大，故可以把它带在某个构件上一起取作研究对象，通常亦无须指明销钉带在哪个构件上。在上面的分析中认为销钉在 AC 或 BC 上都可以。如果有必要指明销钉是在哪个构件上，可以在那个构件的 C 处表示铰链孔的圆圈内打一个点，如图 1－22（e）所示，表示销钉带在 AC 上。倘若有必要，还可以把销钉也单独取作研究对象。这时的受力如图 1－22

（f）所示。

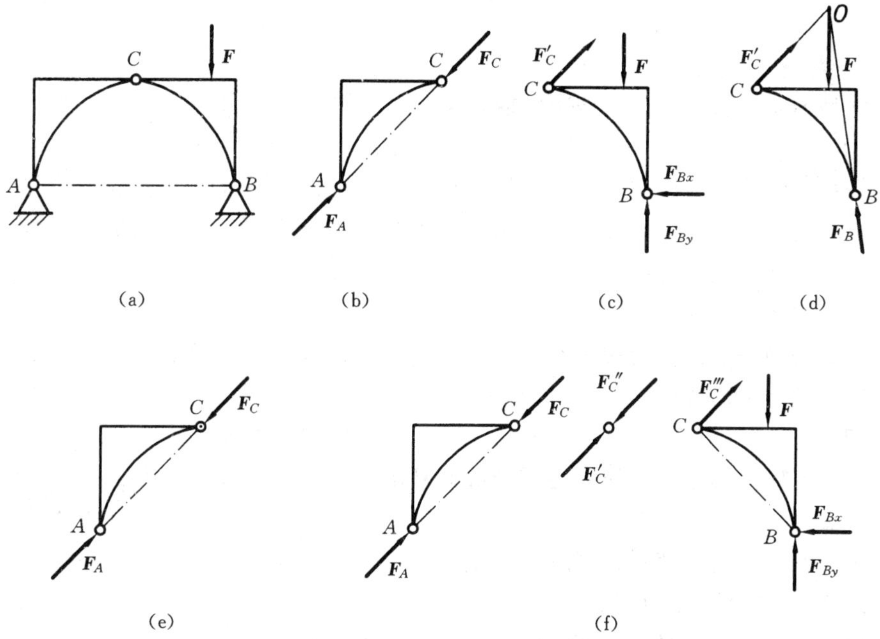

图 1-22

下面一例为综合练习受力图的做法。

【例 1-4】 图 1-23 所示的结构，不计各杆及滑轮的自重，试画出整体和各杆及滑轮的受力图。

解： 先画整体受力图，如图 1-23（a）所示。

注意到结构中杆 *BC* 为二力杆，先作出其受力图，如图 1-23（b）所示。滑轮的受力如图 1-23（c）所示。

杆 *CDE* 的受力如图 1-23（d）所示，杆 *ADB* 的受力如图 1-23（e）所示，注意其中 *C*、*D*、*E* 各点处的作用力与反作用力的关系。

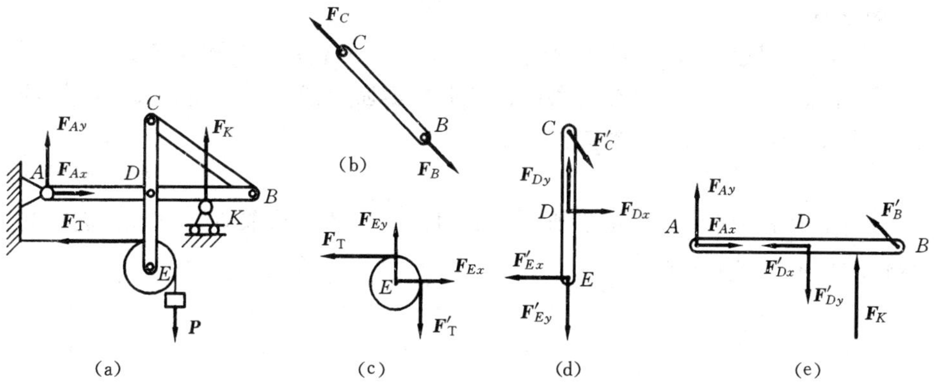

图 1-23

【小　　结】

1．刚体

刚体是不变形的物体。它是一个抽象化的力学模型。

2．力

力是物体间相互的机械作用，这种作用使物体的运动状态发生变化及变形。力的作用效应取决于力的大小、方向、作用点。力是矢量。作用在刚体上的力可以沿作用线移动，是滑动矢量。

3．静力学公理

静力学公理是静力学的最基本、最普遍的客观规律，是实践、理论、再实践的反复过程中总结出来的真理。

公理 1　力的平行四边形法则

力的平行四边形法则是简单力系合成的基础，也是力系简化的基础之一。

公理 2　二力平衡公理

二力平衡公理是求解平衡问题的基础。

公理 3　加减平衡力系原理

加减平衡力系原理是力系简化的依据。

公理 4　作用与反作用定律

作用与反作用定律阐明了两物体间相互作用的关系，在求解物体系统力学问题时是普遍适用的定律，包括动力学、变形体力学。

公理 5　刚化原理

刚化原理建立了刚体静力学与变形体静力学之间的联系，阐明了变形体抽象成刚体模型的条件。刚体平衡的必要和充分条件只是变形体平衡的必要条件。

注意：公理 2 对刚体是必要与充分条件，对非刚体只是必要条件，公理 3 只适用于刚体。力的可传性、三力平衡汇交定理也只适用于刚体。公理 2 与公理 4 有本质的区别，不可混淆。

4．约束与约束反力

（1）约束是指限制物体运动的周围物体。这种机械作用称为约束反力。

（2）几种常见的约束，如柔索约束、光滑接触面及活动铰支座约束、铰链约束及相应的固定铰支座、二力构件约束。

第一章思考题

5．受力分析

受力图是力学计算中的关键步骤。画受力图的步骤为选取研究对象、进行受力分析、根据分析结果画出受力图。

习　　题

1－1　回答下列问题：

（1）作用力与反作用力是一对平衡力吗？

（2）凡是合力都比分力大吗？

（3）力的可传性只适用于刚体，不适用于变形体吗？

（4）任意两个力都可以简化为一个合力吗？

（5）题 1－1 图（a）中所示的三铰拱架上的作用力 **F** 可否依据力的可传性原理移到 D 点？为什么？

（6）题 1－1 图（b）、（c）中所画出的两个力三角形各表示什么意思？两者有什么区别？

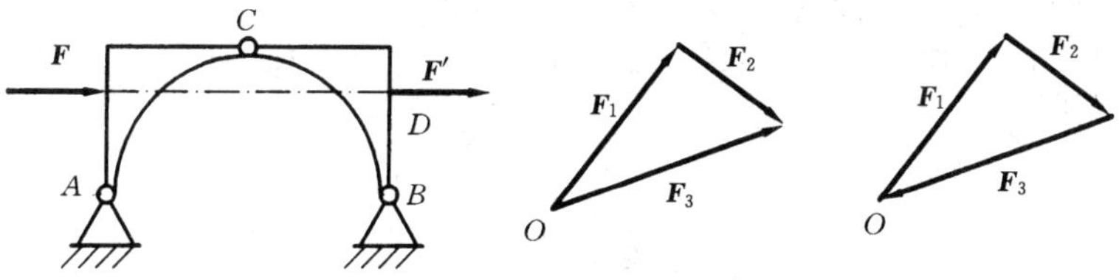

(a)　　(b)　　(c)

题 1－1 图

1－2　试用几何法求题 1－2 图平面汇交力系的合力。

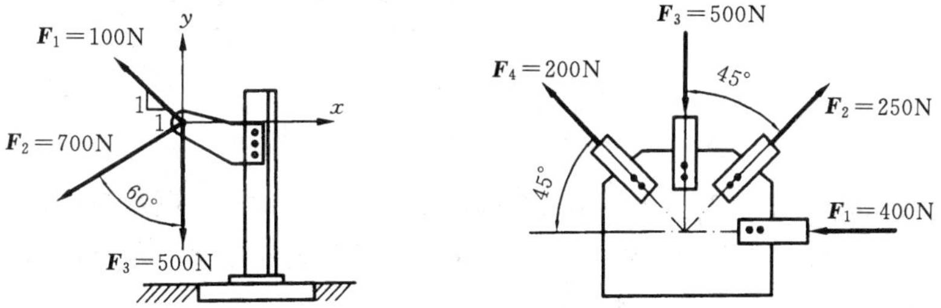

(a)　　(b)

题 1－2 图

1－3　画出题 1－3 图中物体 A 或 AB 的受力图，所有接触面均为光滑接触。

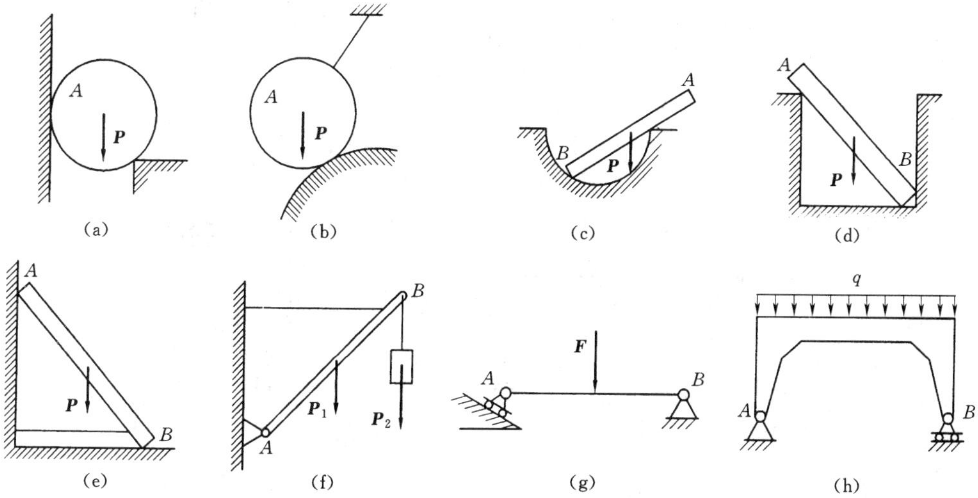

题 1－3 图

1－4　画出题 1－4 图各物体系中每个刚体的受力图。设所有接触面均为光滑接触，未画重力的各物体的自重不计。

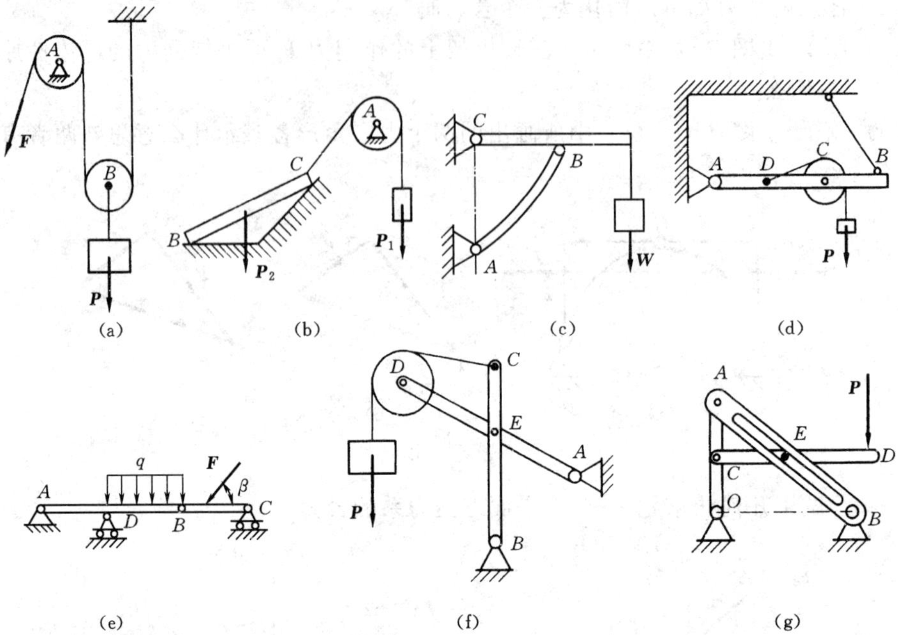

题 1－4 图

1－5　画出题 1－5 图每个标注字母物体的受力图、整体受力图及销钉 A（销钉 A 穿透各构件）的受力图。未画重力的各物体的自重不计，所有接触面均为光滑接触。

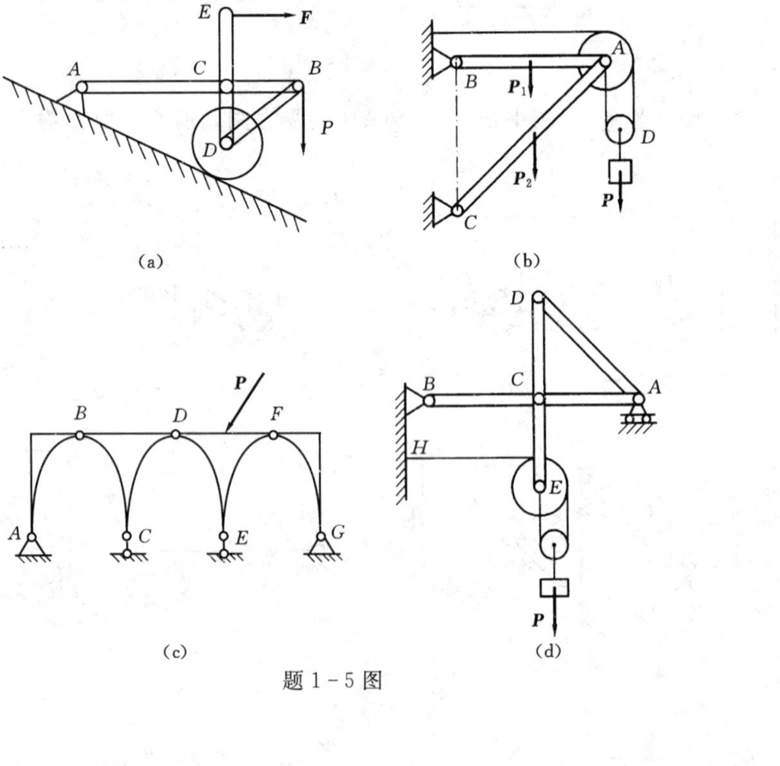

题 1－5 图

第二章　平　面　力　系

第二章
思维导图

作用在物体上的力系多种多样，为了更好地研究这些复杂力系，应将力系进行分类。如果各力作用线位于同一平面内，该力系称为平面力系，否则为空间力系；平面力系是空间力系的一种特殊形式。如果将力系按作用线是否汇交或者平行，则可分为汇交力系、力偶系、平行力系和任意力系。本章详细介绍平面力系的简化和平衡问题。

第一节　平面汇交力系的合成与平衡

一、平面汇交力系合成的几何法

设有作用于刚体上、作用线汇交于一点 A 的四个力 $\boldsymbol{F}_1$、$\boldsymbol{F}_2$、$\boldsymbol{F}_3$、$\boldsymbol{F}_4$，如图 2－1（a）所示。由力的可传性，将各力的作用点移至汇交点 A。根据力的三角形法则，可将 $\boldsymbol{F}_1$、$\boldsymbol{F}_2$ 合成一合力 $\boldsymbol{F}_{R1}$，将 $\boldsymbol{F}_{R1}$ 与 $\boldsymbol{F}_3$ 合成一合力 $\boldsymbol{F}_{R2}$，将 $\boldsymbol{F}_{R2}$、$\boldsymbol{F}_4$ 合成一合力 $\boldsymbol{F}_R$，$\boldsymbol{F}_R$ 为最后合成的结果。其实，在作图时，可不把中间过程 $\boldsymbol{F}_{R1}$ 和 $\boldsymbol{F}_{R2}$ 画出来，只需四个力 $\boldsymbol{F}_1$、$\boldsymbol{F}_2$、$\boldsymbol{F}_3$、$\boldsymbol{F}_4$ 首尾相接，则由第一个力的起点 a 向最末一个力的终点 e 作矢径，得 ae 即合力矢 $\boldsymbol{F}_R$，如图 2－1（b）所示。

各力矢与合力矢构成的多边形称为力矢多边形，表示合力矢的边称为力矢多边形的封闭边，用力矢多边形求合力的几何作图规则称为力的多边形法则，这种作图方法称为几何法。

必须指出，任意变换力的次序，可得到不同形状的力多边形，但合力 $\boldsymbol{F}_R$ 的大小和方向仍然不变，如图 2－1（c）所示。由此可知，合力矢 $\boldsymbol{F}_R$ 与各分力矢的作图顺序无关。

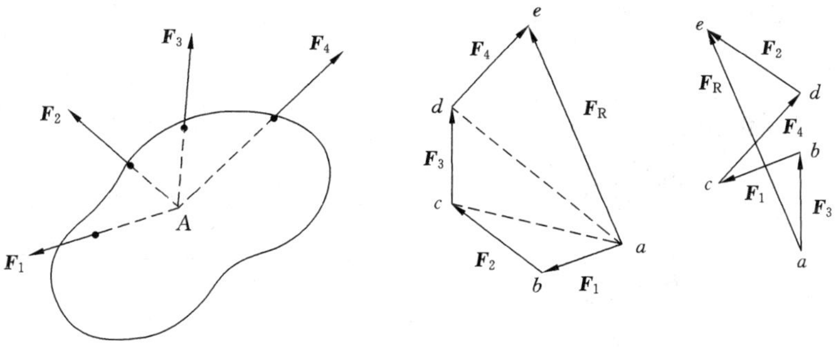

（a）　（b）　（c）

图 2－1

将上述方法推广到由 n 个力组成的平面汇交力系的情况，得如下结论：平面汇交力系合成的结果是一个合力，合力的作用线通过各力作用线的汇交点，其大小和方向

可由力矢多边形的封闭边来表示，即等于各力矢的矢量和。矢量式为

$$\boldsymbol{F}_{\mathrm{R}}=\boldsymbol{F}_1+\boldsymbol{F}_2+\cdots+\boldsymbol{F}_n=\sum \boldsymbol{F} \tag{2-1}$$

二、平面汇交力系平衡的几何法

当力矢多边形自行封闭，即图 2-1 中 a、e 点重合，它表示力系的合力 $\boldsymbol{F}_{\mathrm{R}}$ 为零，于是该力系平衡。反之，平面汇交力系平衡，则合力 $\boldsymbol{F}_{\mathrm{R}}$ 为零，力矢多边形将自行封闭。所以平面汇交力系平衡的必要充分条件是：力矢多边形自行封闭，或平面汇交力系的合力等于零。有矢量式为

$$\boldsymbol{F}_{\mathrm{R}}=\boldsymbol{F}_1+\boldsymbol{F}_2+\cdots+\boldsymbol{F}_n=\sum \boldsymbol{F}=0 \tag{2-2}$$

根据封闭的力矢多边形的几何关系，用三角公式求解所需量的方法，称为求解平面汇交力系平衡问题的几何法。

三、力在坐标轴上的投影

设力 $\boldsymbol{F}$ 与轴 x 的夹角为 α，如图 2-2 所示，力在坐标轴上的投影定义为力矢量 $\boldsymbol{F}$ 与 x 轴单位矢量 $\boldsymbol{i}$ 的标量积，记为

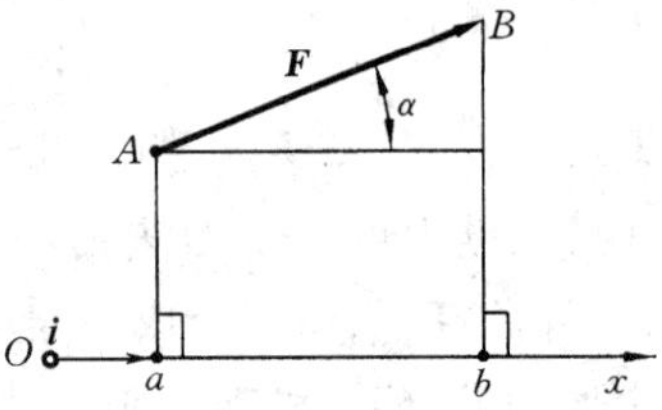

图 2-2

$$F_x=\boldsymbol{F}\cdot\boldsymbol{i}=F\cos\alpha \tag{2-3}$$

在力 $\boldsymbol{F}$ 所在的平面内建立直角坐标系 Oxy，如图 2-3 所示，x 轴和 y 轴的单位矢量为 $\boldsymbol{i}$、$\boldsymbol{j}$，由力的投影定义，力 $\boldsymbol{F}$ 在 x 轴和 y 轴上的投影为

$$\begin{cases}F_x=\boldsymbol{F}\cdot\boldsymbol{i}=F\cos(\boldsymbol{F}\cdot\boldsymbol{i})\\ F_y=\boldsymbol{F}\cdot\boldsymbol{j}=F\cos(\boldsymbol{F}\cdot\boldsymbol{j})\end{cases} \tag{2-4}$$

其中 $\cos(\boldsymbol{F}\cdot\boldsymbol{i})$、$\cos(\boldsymbol{F}\cdot\boldsymbol{j})$ 分别是力 $\boldsymbol{F}$ 与坐标轴的单位矢量 $\boldsymbol{i}$、$\boldsymbol{j}$ 夹角的余弦称为方向余弦，$(\boldsymbol{F}\cdot\boldsymbol{i})=\alpha$、$(\boldsymbol{F}\cdot\boldsymbol{j})=\beta$ 称为方向角。力的投影可推广到空间坐标系。

如图 2-3（a）所示，若将力 $\boldsymbol{F}$ 沿直角坐标轴 x 和 y 分解得分力 $\boldsymbol{F}_x$ 和 $\boldsymbol{F}_y$，则力 $\boldsymbol{F}$ 在直角坐标系上投影绝对值与分力的大小相等，但应注意投影和分力是两种不同的量，不能混淆。投影是代数量，对物体不产生运动效应；分力是矢量，能对物体产生运动效应；同时在斜坐标系中投影与分力的大小是不相等的，如图 2-3（b）所示。

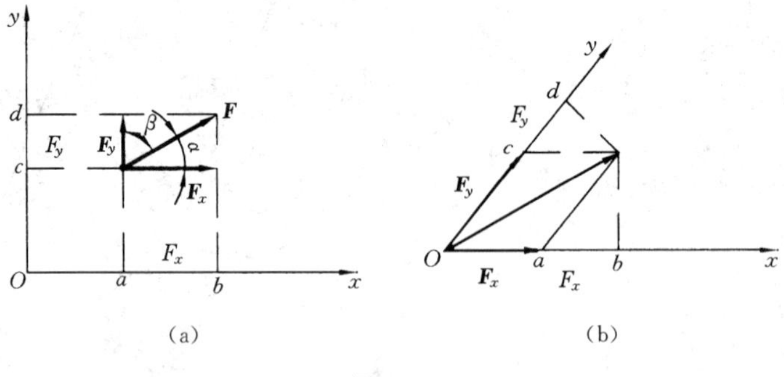

（a） （b）

图 2-3

力 $\boldsymbol{F}$ 在平面直角坐标系中的解析式为

$$\boldsymbol{F}=F_x\boldsymbol{i}+F_y\boldsymbol{j} \tag{2-5}$$

若已知力 $\boldsymbol{F}$ 在平面直角坐标轴上的投影 F_x 和 F_y，则力 $\boldsymbol{F}$ 的大小和方向为

$$\begin{cases} F=\sqrt{F_x^2+F_y^2} \\ \cos\alpha=\dfrac{F_x}{F} \\ \cos\beta=\dfrac{F_y}{F} \end{cases} \tag{2-6}$$

力既然是矢量，就满足矢量运算的一般规则。根据合矢量投影规则，可得到一重要结论，即合力投影定理：合矢量在某一轴上的投影等于各分矢量在同一轴投影的代数和。

四、平面汇交力系合成的解析法

设一平面汇交力系由 $\boldsymbol{F}_1$、$\boldsymbol{F}_2$、…、$\boldsymbol{F}_n$ 组成，其合力记为 $\boldsymbol{F}_{\mathrm{R}}$，于是根据合力投影定理，有

$$\begin{cases} F_{\mathrm{R}x}=\sum\limits_{i=1}^{n}F_{xi} \\ F_{\mathrm{R}y}=\sum\limits_{i=1}^{n}F_{yi} \end{cases} \tag{2-7}$$

从而可得

$$\begin{cases} F_{\mathrm{R}}=\sqrt{F_{\mathrm{R}x}^2+F_{\mathrm{R}y}^2}=\sqrt{\left(\sum\limits_{i=1}^{n}F_{xi}\right)^2+\left(\sum\limits_{i=1}^{n}F_{yi}\right)^2} \\ \cos(\boldsymbol{F}_{\mathrm{R}}\cdot\boldsymbol{i})=\dfrac{F_{\mathrm{R}x}}{F_{\mathrm{R}}}=\dfrac{\sum\limits_{i=1}^{n}F_{xi}}{F_{\mathrm{R}}},\quad \cos(\boldsymbol{F}_{\mathrm{R}}\cdot\boldsymbol{j})=\dfrac{F_{\mathrm{R}y}}{F_{\mathrm{R}}}=\dfrac{\sum\limits_{i=1}^{n}F_{yi}}{F_{\mathrm{R}}} \end{cases} \tag{2-8}$$

五、平面汇交力系平衡的解析法

平面汇交力系平衡的必要充分条件是平面汇交力系的合力等于零。由式（2-8）应有

$$F_{\mathrm{R}}=\sqrt{F_{\mathrm{R}x}^2+F_{\mathrm{R}y}^2}=\sqrt{\left(\sum_{i=1}^{n}F_{xi}\right)^2+\left(\sum_{i=1}^{n}F_{yi}\right)^2}=0$$

欲使上式成立，必须同时满足

$$\begin{cases} \sum F_x=0 \\ \sum F_y=0 \end{cases} \tag{2-9}$$

【例 2-1】 图 2-4（a）所示拖拉机的制动蹬，制动时用力 $\boldsymbol{F}$ 踩踏板，通过拉杆 CD 使拖拉机制动。设 $F=100\mathrm{N}$，踏板和拉杆自重不计，求图示位置拉杆的拉力 $\boldsymbol{F}_{\mathrm{T}}$ 和铰链 B 处的支座反力。

解：（1）取研究对象，作受力图。

因为踏板 ACB 上既有已知力 $\boldsymbol{F}$，又有未知力 $\boldsymbol{F}_{\mathrm{T}}$ 和 B 处的约束反力，所以取 ACB 为研究对象。注意到 ACB 上受有 $\boldsymbol{F}$、$\boldsymbol{F}_{\mathrm{T}}$ 和 B 处约束反力 $\boldsymbol{F}_B$ 三个力作用而平衡，故可用三力平衡汇交定理确定 $\boldsymbol{F}_B$ 的方向。至于 $\boldsymbol{F}_B$ 的指向，可先假设，待计算之后根据 $\boldsymbol{F}_B$ 的正负号再判断其真实方向。

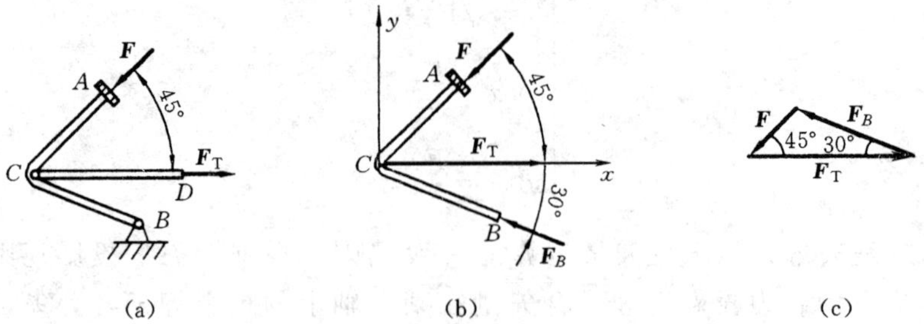

图 2-4

另外，拉杆 CD 是二力杆，按二力平衡公理可直接确定 C 端约束反力的方向，因此不必单独取拉杆 CD 作为研究对象。受力图如图 2-4（b）所示。

（2）列平衡方程式。

1）选择平衡方程的类型。由于 ACB 上受一个平面汇交力系作用，故选用平面汇交力系的平衡方程，共有两个投影式，即式（2-9）。

2）选择投影轴如图 2-4（b）所示。

列方程组：

$$\begin{cases}\sum F_x=0, & F_T-F\cos45^\circ-F_B\cos30^\circ=0\\ \sum F_y=0, & F_B\sin30^\circ-F\sin45^\circ=0\end{cases}$$

3）解方程组得

$$F_B=F\frac{\sin45^\circ}{\sin30^\circ}=\sqrt{2}F=\sqrt{2}\times100\approx141.4(\mathrm{N})$$

$$F_T=F(\cos45^\circ+\sin45^\circ\cot30^\circ)$$

$$=100\times\left(\frac{\sqrt{2}}{2}+\sqrt{3}\times\frac{\sqrt{2}}{2}\right)\approx193.2(\mathrm{N})$$

最后由计算结果可知：$\boldsymbol{F}_B$ 为正值，说明受力分析时假定的方向与实际方向一致。

分析讨论：本例中所研究的力系是由三个力组成的平面汇交力系。对于这样的问题，亦可采用几何法求解，即利用平面汇交力系平衡的几何条件，将三个力组成自行封闭、各力首尾相接的力三角形，并根据几何关系求得未知力 $\boldsymbol{F}_T$ 与 $\boldsymbol{F}_B$。力三角形如图 2-4（c）所示。

根据正弦定理可以解出

$$F_B=F\frac{\sin45^\circ}{\sin30^\circ}\approx141.4(\mathrm{N})$$

及

$$F_T=F(\cos45^\circ+\cot30^\circ\sin45^\circ)\approx193.2(\mathrm{N})$$

按力三角形自行封闭的矢序规则，可确定出 $\boldsymbol{F}_B$ 的方向。

【例 2-2】 绞车系统如图 2-5（a）所示，其中直杆 AC 和 BC 铰接于 C 点，自重不计。C 处滑轮尺寸不计。重物 $P=20\mathrm{kN}$ 通过钢丝绳悬挂于滑轮上并与绞车相连。试求平衡时杆 AC 和 BC 所受的力。

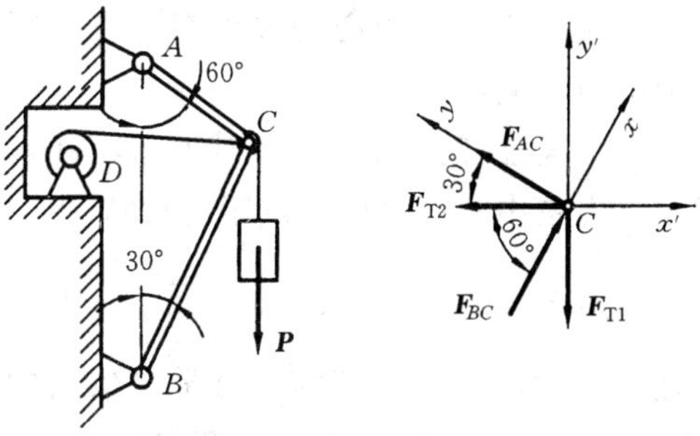

(a)　　　　　(b)

图 2-5

解： 由题意，滑轮尺寸不计，而 AC 和 BC 均为二力杆，因此本题中各个力都交于 C 点，构成一个平面汇交力系，可取滑轮（包括销钉）C 作研究对象，其受力如图 2-5（b）所示。而且已知其中绳的张力均为 $\boldsymbol{P}$，即 $F_{T1}=F_{T2}=P$。

对于平面汇交力系，应选用方程式（2-9），因此可以列出两个投影方程。注意到力系中的两个未知力 $\boldsymbol{F}_{AC}$ 和 $\boldsymbol{F}_{BC}$ 互相垂直，于是就按它们的方向取投影轴，从而得

$$\sum F_x=0,\quad F_{BC}-F_{T1}\cos30^\circ-F_{T2}\cos60^\circ=0$$

$$\sum F_y=0,\quad F_{AC}+F_{T2}\sin60^\circ-F_{T1}\sin30^\circ=0$$

在这里容易看到：由于坐标轴的方向刚好与其中一个未知力垂直，因此每个投影方程中只包含了一个未知量，很容易从中解得

$$F_{AC}=-0.366P=-7.32(\text{kN})$$

$$F_{BC}=1.366P=27.32(\text{kN})$$

假如当初不这样选取投影轴，而是以水平方向和铅垂方向为投影轴，则得到的方程组将是一个联立的方程组，虽然也可以得未知反力 $\boldsymbol{F}_{AC}$ 和 $\boldsymbol{F}_{BC}$，但求解过程将比较烦琐。

另外在所得到的结果中，$\boldsymbol{F}_{AC}$ 是负值，表明其实际方向与假设的方向相反，即 AC 杆与 BC 杆一样，均受压力。

还需说明，本题虽然也是平面汇交力系问题，但却不宜用几何法求解，因为共有四个力，将构成一个不规则的四边形，几何法求解比较麻烦。因此，解析法比几何法实用性更强。

第二节　平 面 力 偶 系

一、力对点的矩

如图 2-6 所示，在力 $\boldsymbol{F}$ 所在的平面内，力 $\boldsymbol{F}$ 对平面内任意点 O 的矩定义为：力 $\boldsymbol{F}$ 的大小与矩心点 O 到力 $\boldsymbol{F}$ 的作用线的距离 h 的乘积，它是代数量。其符号规定：力使物体绕矩心逆时针转动时为正，顺时针为负。h 称为力臂，矩用 $M_O(\boldsymbol{F})$ 表示，单位为 N·m 或 kN·m。即

$$M_O(\boldsymbol{F})=\pm Fh \tag{2-10}$$

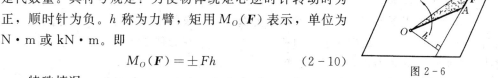

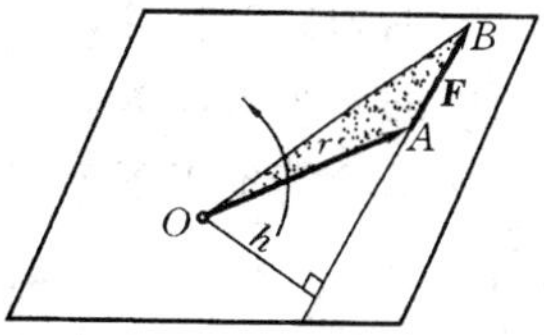

图 2-6

平面力对点的矩

特殊情况：

（1）当 $M_O(\boldsymbol{F})=0$ 时，力的作用线通过矩心，力臂 $h=0$，或 $\boldsymbol{F}=0$。

（2）当力臂 h 为常量时，$M_O(\boldsymbol{F})$ 值为常数，即力 $\boldsymbol{F}$ 沿其作用线滑动，对同一点的矩为常数。

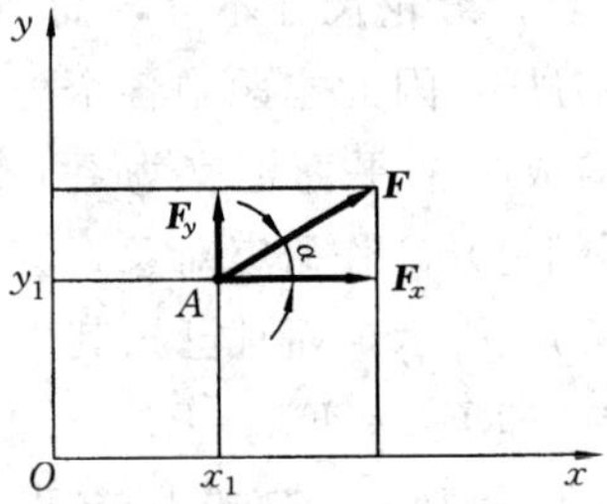

图 2-7

合力矩定理

应当指出，力对点之矩与矩心的位置有关，计算力对点的矩时应指出矩心点。

合力矩定理：平面汇交力系的合力对力系所在平面内任一点的矩等于力系中各力对同一点矩的代数和，即

$$M_O(\boldsymbol{F}_{\mathrm{R}})=\sum_{i=1}^{n}M_O(\boldsymbol{F}_i) \tag{2-11}$$

根据此定理，有时可以给力矩的计算带来较大的方便。如图 2-7 所示，将力 $\boldsymbol{F}$ 沿坐标分解得分力 $\boldsymbol{F}_x$、$\boldsymbol{F}_y$，则力对 O 点之矩的解析表达式为

$$M_O(\boldsymbol{F})=M_O(\boldsymbol{F}_x)+M_O(\boldsymbol{F}_y)=x_1F_y-y_1F_x \tag{2-12}$$

二、平面力偶理论

力偶是由一对等值、反向、不共线的平行力组成的特殊力系。它对物体的作用效果是使物体转动。为了度量力偶使物体转动的效果，可以考虑力偶中的两个力对物体内某点的矩的代数和，这就引出了力偶矩的概念。

力偶中的两个力对其作用面内某点的矩的代数和，称为该力偶的力偶矩，记为 $M(\boldsymbol{F},\boldsymbol{F}')$，简记为 M。

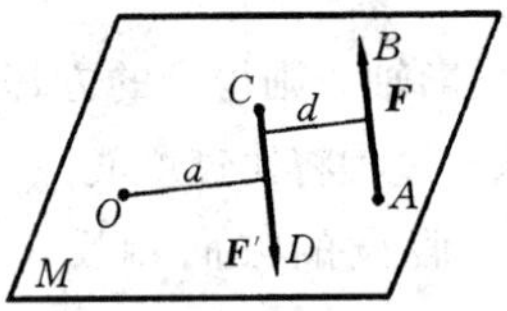

图 2-8

平面力偶矩

图 2-8 中，力 $\boldsymbol{F}$ 与 $\boldsymbol{F}'$ 组成一个力偶，两力之间的距离 d 称为力偶臂。在力偶作用面内任选一点 O，设点 O 到力 $\boldsymbol{F}'$ 的距离为 a，按定义，该力偶的力偶矩 $M(\boldsymbol{F},\boldsymbol{F}')$ 为

$$M(\boldsymbol{F},\boldsymbol{F}')=F(d+a)-F'a=Fd$$

由上述计算知，力偶矩与点 O 的位置无关，即力偶对平面内任意一点的矩都等于力与力偶臂的乘积，并按逆时针为正、反之为负的原则冠以正负号。

力偶矩与矩心位置无关，这是力偶矩区别于力对点的矩的一个重要特性。正是由于这一点，写力偶矩时不必写明矩心，只写作 $M(\boldsymbol{F},\boldsymbol{F}')$ 或 M 即可，于是有

$$M(\boldsymbol{F},\boldsymbol{F}')=\pm Fd \tag{2-13}$$

力偶中两个力在任意轴上的投影的代数和都为零，这也是力偶所特有的性质。

由此还可推知：力偶不能与单个力等效，也不能与单个力相平衡，因此力和力偶是力系中的两个基本要素。

根据力偶的特性，可以得到一个重要的结论，即同平面内力偶的等效定理：同一平面内的两个力偶等效的唯一条件是其力偶矩相等。

该结论等价于下列事实：①力偶矩是力偶作用效果的唯一度量；②在力偶矩不变的前提下，可以在作用面内任意移动和转动力偶；③在力偶矩不变的前提下，可以同时改变力偶中力的大小和力偶臂的长短。

以上结论的证明从略，下面运用这些结论来讨论平面力偶系的简化问题。

设平面力偶系由 n 个力偶组成，其力偶矩分别为 M_1、M_2、…、M_n。现在想用一个最简单的力系来等效替换原力偶系，为此采取下述步骤（为方便起见，不失一般性，取 $n=2$，如图 2-9 所示）：

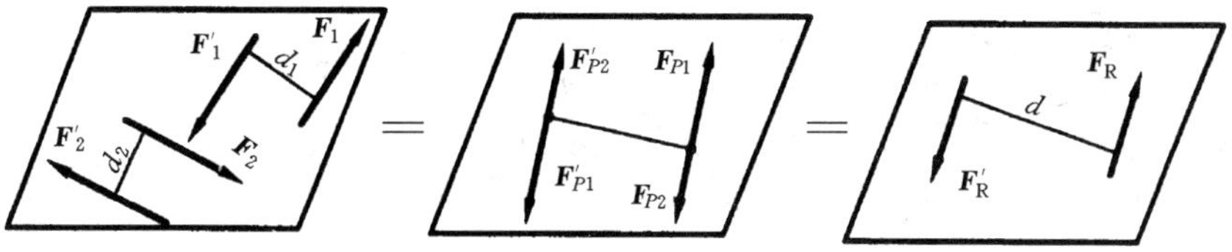

图 2－9

平面力偶系简化

(1) 保持各力偶矩不变，同时调整其力与力偶臂，使它们有共同的臂长 d，则有

$$M_i = F_i d_i = F_{Pi} d$$

即
$$F_{Pi} = F_i \frac{d_i}{d} \quad (i=1,\ 2,\ \cdots,\ n) \tag{2-14}$$

这是调整后各力的大小。

(2) 将各力偶在平面内移动和转动，使各对力的作用线分别共线。

(3) 求各共线力系的代数和。每个共线力系得一合力，而这两个合力等值、反向，相距为 d 构成一个合力偶，其力偶矩为

$$M = F_R d = \sum_{i=1}^{n} F_{Pi} d = \sum_{i=1}^{n} F_i d_i = \sum_{i=1}^{n} M_i \tag{2-15}$$

即，平面力偶系可以用一个力偶等效代替，其力偶矩为原来各力偶矩之代数和。

由于力偶矩是力偶作用效果的唯一度量，故以后图示力偶时，也可用如图 2－10 所示的简化记号。

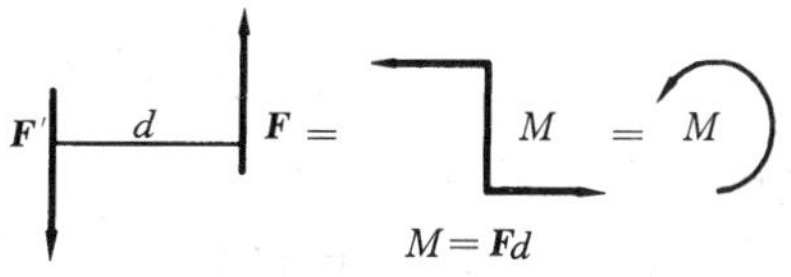

图 2－10

三、平面力偶系的平衡

在图 2－9 所示的平面力偶系中，若 $F_R = F'_R = 0$，则该力偶系平衡，合力偶矩等于零。反之，若已知合力偶矩等于零，即 $F_R = 0$，或力偶臂 $d = 0$，力偶系都平衡。推广到 n 个力偶组成的平面力偶系，上述分析同样成立。于是得到平面力偶系平衡的必要充分条件：力偶系中各力偶矩的代数和等于零。即

$$M = m_1 + m_2 + \cdots + m_n = \sum m = 0 \tag{2-16}$$

式 (2－16) 称为平面力偶系的平衡方程，利用它可以求解一个未知量。

【例 2－3】 图 2－11 (a) 所示机构的自重不计。圆轮上的销子 A 放在摇杆 BC 上的光滑导槽内。圆轮上作用一力偶，其力偶矩为 $M_1 = 2\text{kN}\cdot\text{m}$，$OA = r = 0.5\text{m}$。图示位置时 OA 与 OB 垂直，$\alpha = 30°$，且系统平衡。求作用于摇杆 BC 上力偶的矩 M_2 及铰链 O、B 处的约束反力。

解： 先取圆轮为研究对象，其上受有矩为 M_1 的力偶及光滑导槽对销子 A 的作用力 $\boldsymbol{F}_A$ 和铰链 O 处约束反力 $\boldsymbol{F}_O$ 的作用。由于力偶必须由力偶来平衡，因而 $\boldsymbol{F}_O$ 与 $\boldsymbol{F}_A$ 必定组成一力偶，力偶矩方向与 $\boldsymbol{M}_1$ 相反，由此定出 $\boldsymbol{F}_A$ 指向，如图 2－11 (b) 所示。而 $\boldsymbol{F}_O$ 与 $\boldsymbol{F}_A$ 等值且反向。由力偶平衡条件：

$$\sum M = 0, \quad M_1 - F_A r \sin\alpha = 0$$

解得

$$F_A=\frac{M_1}{r\sin30^\circ} \tag{a}$$

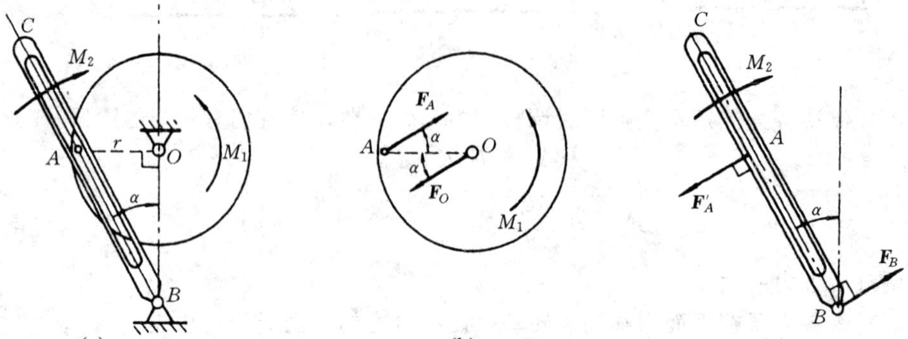

(a)　　(b)　　(c)

图 2-11

再以摇杆 BC 为研究对象，其上作用有矩为 M_2 的力偶及力 $\boldsymbol{F}'_A$ 与 $\boldsymbol{F}_B$，如图 2-11 (c) 所示。同理 $\boldsymbol{F}'_A$ 与 $\boldsymbol{F}_B$ 必组成力偶，由平衡条件得

$$\sum M=0,\quad -M_2+F'_A\frac{r}{\sin\alpha}=0 \tag{b}$$

其中 $$F'_A=F_A$$

将式 (a) 代入式 (b)，得

$$M_2=4M_1=8\text{kN}\cdot\text{m}$$

$\boldsymbol{F}_O$ 与 $\boldsymbol{F}_A$ 组成力偶，$\boldsymbol{F}_B$ 与 $\boldsymbol{F}'_A$ 组成力偶，则有

$$F_O=F_B=F_A=\frac{M_1}{r\sin30^\circ}=8\text{kN}$$

方向如图 2-11 (b)、(c) 所示。

第三节　平面任意力系

研究平面任意力系的简化问题，就是要用一个最简单的力系，等效替换给定的一般平面力系。作为准备，先给出力的平移定理，它是力系简化的工具。

一、力的平移定理

作用在刚体上 A 点处的力 $\boldsymbol{F}$，可以平移到刚体内任一点 B，但必须同时附加一个力偶，其力偶矩等于原来的力 $\boldsymbol{F}$ 对新作用点 B 的矩。这就是力的平移定理。

证明： 如图 2-12 所示，在刚体上 A 点作用力 $\boldsymbol{F}$，在刚体上任选一点 B，由加减平衡力系原理，在 B 点加上一对平衡力 $\boldsymbol{F}'$ 和 $-\boldsymbol{F}''$，并令 $\boldsymbol{F}=\boldsymbol{F}'=-\boldsymbol{F}''$，则 $\boldsymbol{F}$ 和 $\boldsymbol{F}''$ 构成一个力偶，其矩为

$$M = \pm Fd = M_B(\boldsymbol{F})$$

于是作用在 A 点的力 $\boldsymbol{F}$ 就由作用在 B 点的力 $\boldsymbol{F}' = \boldsymbol{F}$ 及附加力偶 M 等效地代替了，证毕。

此定理的逆过程为作用在刚体上一点的一个力和一个力偶可以和一个力等效，此力为原来力系的合力。

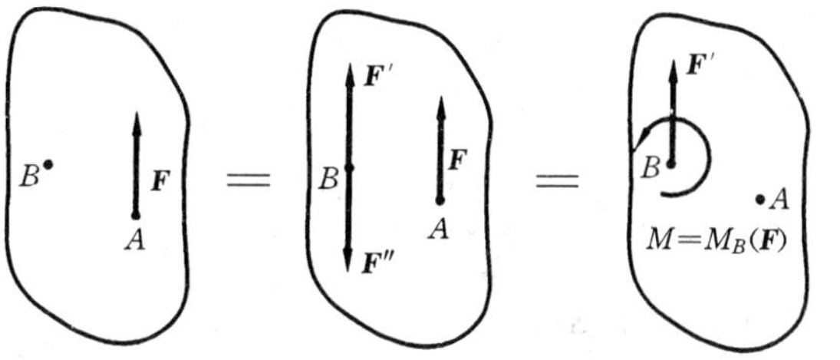

$\boldsymbol{F} = \boldsymbol{F}' = -\boldsymbol{F}''$

图 2-12

二、平面任意力系向作用面内一点简化

设刚体上作用的 n 个力 $\boldsymbol{F}_1$、$\boldsymbol{F}_2$、…、$\boldsymbol{F}_n$ 组成平面任意力系，如图 2-13（a）所示，在力系所在平面内任取点 O 作为简化中心，由力的平移定理将力系中各力矢量向 O 点平移，如图 2-13（b）所示，得到作用于简化中心 O 点的平面汇交力系 $\boldsymbol{F}'_1$、$\boldsymbol{F}'_2$、…、$\boldsymbol{F}'_n$ 和附加平面力偶系，其矩为 M_1、M_2、…、M_n。

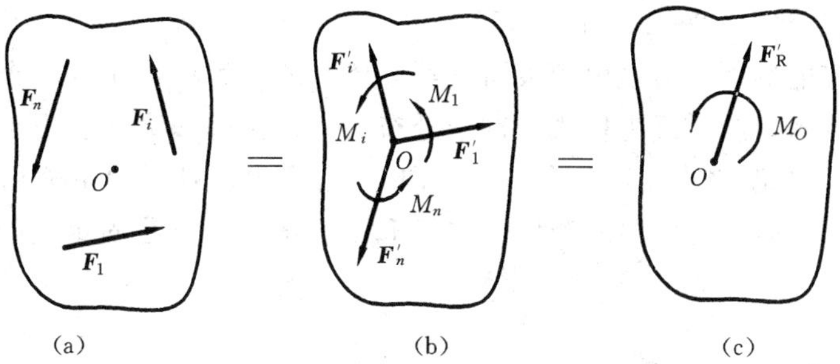

图 2-13

平面任意力
系简化

平面汇交力系 $\boldsymbol{F}'_1$、$\boldsymbol{F}'_2$、…、$\boldsymbol{F}'_n$ 可以合成为力的作用线通过简化中心 O 点的一个力 $\boldsymbol{F}'_R$，此力称为原来力系的主矢，即主矢等于力系中各力的矢量和。有

$$\boldsymbol{F}'_R = \boldsymbol{F}'_1 + \boldsymbol{F}'_2 + \cdots + \boldsymbol{F}'_n = \boldsymbol{F}_1 + \boldsymbol{F}_2 + \cdots + \boldsymbol{F}_n = \sum_{i=1}^{n} \boldsymbol{F}_i$$

平面力偶系 M_1、M_2、…、M_n 可以合成一个力偶，其矩为 M_O，此力偶矩称为原来力系的主矩，即主矩等于力系中各力矢量对简化中心的矩的代数和。有

$$M_O = M_1 + M_2 + \cdots + M_n = \sum_{i=1}^{n} M_O(\boldsymbol{F}_i) \tag{2-17}$$

结论： 平面任意力系向力系所在平面内任意点简化，得到一个力和一个力偶，如图 2-13（c）所示，此力称为原来力系的主矢，与简化中心的位置无关；此力偶矩称为原来力系的主矩，一般与简化中心的位置有关。因此在提到主矩时必须指明简化中心。

力系主矢的计算，可以根据力在轴上的投影及合力投影定理，直接由原始力系得出。即选定直角坐标系 Oxy，计算出各力在两轴上的投影，再根据合力投影定理得到主矢在两轴上的投影，最后求得主矢的大小和方向为

$$F'_{\mathrm{R}}=\sqrt{F'^{2}_{\mathrm{R}x}+F'^{2}_{\mathrm{R}y}}=\sqrt{\left(\sum_{i=1}^{n}F_{xi}\right)^{2}+\left(\sum_{i=1}^{n}F_{yi}\right)^{2}} \tag{2-18}$$

$$\cos(\boldsymbol{F}_{\mathrm{R}}\cdot\boldsymbol{i})=\frac{F'_{\mathrm{R}x}}{F'_{\mathrm{R}}}=\frac{\sum_{i=1}^{n}F_{xi}}{F_{\mathrm{R}}},\quad \cos(\boldsymbol{F}_{\mathrm{R}}\cdot\boldsymbol{j})=\frac{F'_{\mathrm{R}y}}{F'_{\mathrm{R}}}=\frac{\sum_{i=1}^{n}F_{yi}}{F_{\mathrm{R}}} \tag{2-19}$$

主矩的解析表达式为

$$M_O(\boldsymbol{F}_{\mathrm{R}})=\sum_{i=1}^{n}(x_iF_{yi}-y_iF_{xi}) \tag{2-20}$$

作为平面任意力系简化的应用，在此介绍一种常用的约束——固定端（插入端）约束。它是使被约束体插入约束体内部，被约束体一端与约束成为一体而完全固定，既不能移动也不能转动的一种约束形式。

工程中固定端约束是一种常见的约束。例如夹紧在刀架上的车刀，与刀架完全固定成为一体。车刀受到的约束就是固定端约束，如图 2-14（a）所示。

又如物体的一端自由，另一端插入墙壁，它所受到的约束也是固定端约束。这种物体称为悬臂梁，如图 2-14（b）所示。

固定端约束的约束反力是由约束与被约束体紧密接触而产生的一个分布力系。当外力为平面力系时，约束反力构成的这个分布力系也是平面力系。由于其中各个力的大小与方向均难以确定，因而可将该力系向 A 点简化，得到的主矢用一对正交分力 $\boldsymbol{F}_{Ax}$ 和 $\boldsymbol{F}_{Ay}$ 表示，而将主矩用一个反力偶矩 M_A 表示，这就是固定端的约束反力，如图 2-15 所示。

固定端约束

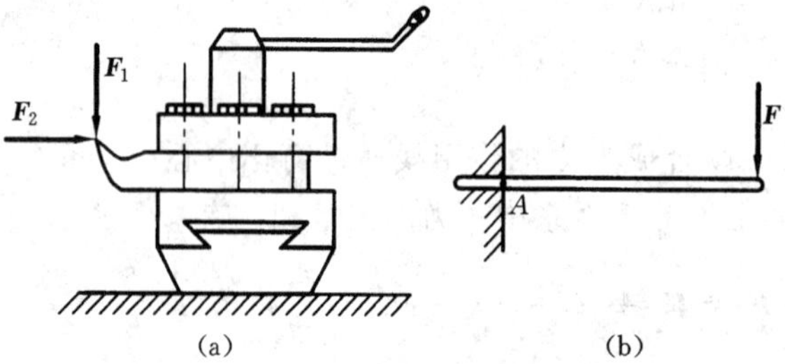

图 2-14

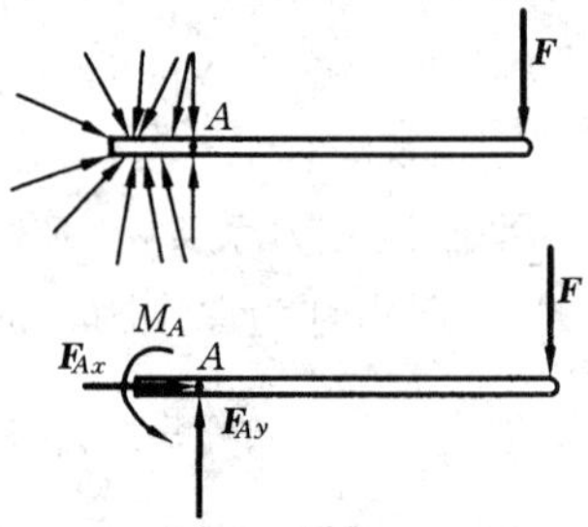

图 2-15

特别需要指出的是：固定端约束与平面铰链约束中的固定铰链约束是有本质区别的，从约束效果上看，固定端约束既限制被约束体移动又限制其转动，而平面铰链约束则只限制被约束体移动，并不限制其转动；从约束反力的表示方法上看，固定端约束除与铰链约束一样，用一对正交分力表示约束反力的主矢之外，还必须加上一个约束反力偶，正是这个反力偶起着限制转动的作用。

三、平面任意力系简化结果讨论

平面力系向作用面内一点简化后得到的主矢和主矩，进一步分析可能出现以下四种情况：① $\boldsymbol{F}'_{\mathrm{R}}=0$，$M_O\neq0$；② $\boldsymbol{F}'_{\mathrm{R}}\neq0$，$M_O=0$；③ $\boldsymbol{F}'_{\mathrm{R}}\neq0$，$M_O\neq0$；④ $\boldsymbol{F}'_{\mathrm{R}}=0$，$M_O=0$。

分别讨论这些情况，可以得到力系简化的最终结果和一些有用的结论。

(1) $\boldsymbol{F}'_R=0$，$M_O\neq0$：说明该力系无主矢，而最终简化为一个力偶，其力偶矩就等于力系的主矩。值得指出的是：当力系简化为一个力偶时，主矩将与简化中心的选取无关。

(2) $\boldsymbol{F}'_R\neq0$，$M_O=0$：说明原力系的简化结果是一个力，而且这个力的作用线恰好通过简化中心 O 点，这个力就是原力系的合力。在这种情况下，记 $\boldsymbol{F}'_R=\boldsymbol{F}_R$，以将它与一般力系的主矢相区别。

(3) $\boldsymbol{F}'_R\neq0$，$M_O\neq0$：这种情况还可以进一步简化。由力系平移定理知，$\boldsymbol{F}'_R$ 与 M_O 可以由一个力 $\boldsymbol{F}_R$ 等效替换，这个力 $\boldsymbol{F}_R=\boldsymbol{F}'_R$，但其作用线不通过简化中心 O 点。若设合力作用线到简化中心 O 点的距离为 d，则

$$d=\frac{M_O}{F'_R}$$

图 2-16 可说明上述简化过程，其中 O' 为合力 $\boldsymbol{F}_R$ 的作用点。

另外由图 2-16 (b) 及证明过程知：

$$M_O(\boldsymbol{F}_R)=F_R d=M_O=\sum_{i=1}^{n}M_O(\boldsymbol{F}_i)$$

于是得合力矩定理：平面任意力系的合力对力系所在平面内任意点的矩等于力系中各力对同一点的矩的代数和。

(4) $\boldsymbol{F}'_R=0$，$M_O=0$：说明该力系对刚体总的作用效果为零。根据牛顿惯性定理知，此时物体将处于静止或匀速直线运动状态，即物体处于平衡状态。

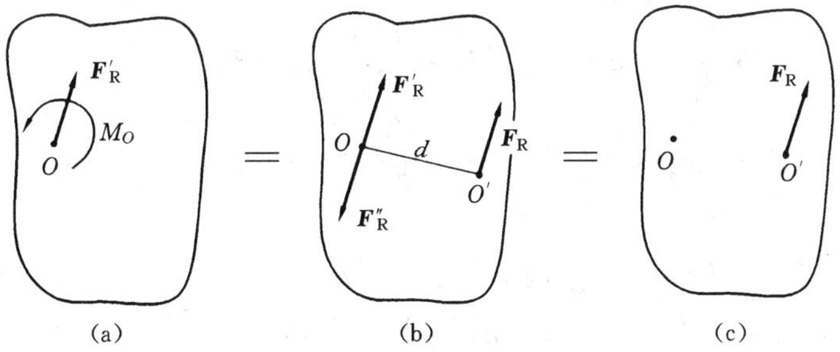

$\boldsymbol{F}_R=\boldsymbol{F}'_R=-\boldsymbol{F}''_R$

$M(\boldsymbol{F}'_R、\boldsymbol{F}''_R)=M_O$

图 2-16

【例 2-4】 重力坝受力如图 2-17 所示，设 $P_1=450\text{kN}$，$P_2=200\text{kN}$，$F_1=300\text{kN}$，$F_2=70\text{kN}$。求力系的合力 $\boldsymbol{F}_R$ 的大小和方向余弦、合力与基线 OA 的交点到点 O 的距离 x，以及合力作用线方程。

解：(1) 先将力系向点 O 简化，求得其主矢 $\boldsymbol{F}'_R$ 和主矩 M_O [图 2-17 (b)]。由图 2-17 (a) 有

$$\theta=\angle ACB=\arctan\frac{AB}{CB}\approx16.7°$$

主矢 $\boldsymbol{F}'_R$ 在 x、y 轴上的投影为

$$F'_{Rx}=\sum F_x=F_1-F_2\cos\theta\approx232.9\text{kN}$$

$$F'_{Ry}=\sum F_y=-P_1-P_2-F_2\sin\theta\approx-670.1\text{kN}$$

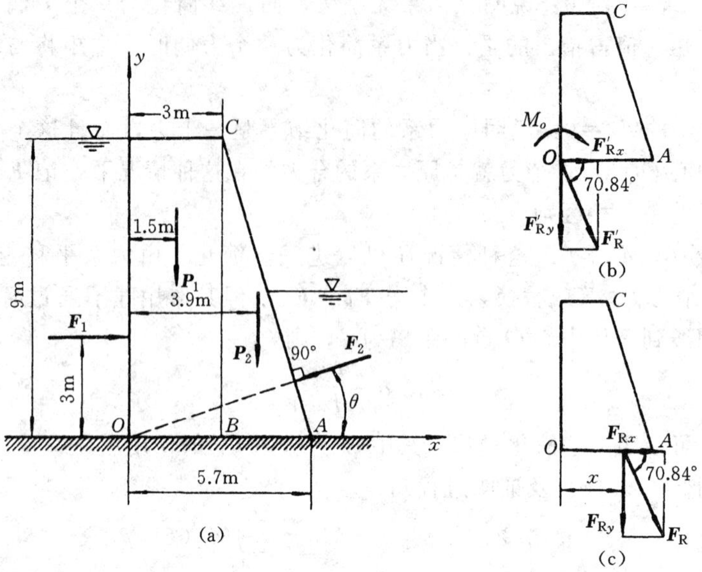

图 2-17

主矢 F'_R 大小为

$$F'_R=\sqrt{(F'_{Rx})^2+(F'_{Ry})^2}\approx 709.4\text{kN}$$

主矢 F'_R 的方向余弦为

$$\cos(\boldsymbol{F}'_R,\ \boldsymbol{i})=\frac{F'_{Rx}}{F'_R}\approx 0.3283$$

$$\cos(\boldsymbol{F}'_R,\ \boldsymbol{j})=\frac{F'_{Ry}}{F'_R}\approx -0.9446$$

则有

$$\angle(\boldsymbol{F}'_R,\ \boldsymbol{i})\approx \pm 70.84°$$

$$\angle(\boldsymbol{F}'_R,\ \boldsymbol{j})\approx 180°\pm 19.16°$$

故主矢 F'_R 在第四象限内，与 x 轴的夹角为 $-70.84°$。

力系对点 O 的主矩为

$$M_O=\sum M_O(\boldsymbol{F})=-3F_1-1.5P_1-3.9P_2=-2355\text{kN}\cdot\text{m}$$

(2) 合力 F_R 的大小和方向与主矢 F'_R 相同。其作用线位置的 x 值可根据合力矩定理求得［图 2-17 (c)］，即

$$M_O=M_O(\boldsymbol{F}_R)=M_O(\boldsymbol{F}_{Rx})+M_O(\boldsymbol{F}_{Ry})$$

其中

$$M_O(\boldsymbol{F}_{Rx})=0$$

故

$$M_O=M_O(\boldsymbol{F}_{Ry})=F_{Ry}x$$

解得

$$x=\frac{M_O}{F_{Ry}}\approx 3.514\text{m}$$

(3) 设合力作用线上任一点的坐标为 (x, y)，将合力作用于此点，则合力为 $\boldsymbol{F}_R$ 对坐标原点的矩的解析表达式为

$$M_O=M_O(\boldsymbol{F}_R)=xF_{Ry}-yF_{Rx}=x\sum F_y-y\sum F_x$$

将已求得的 M_O、$\sum F_x$、$\sum F_y$ 的代数值代入上式，得合力作用线方程为

$$-2355=x(-670.1)-y(232.9)$$

即

$$670.1x+232.9y-2355=0$$

四、平面任意力系的平衡条件和平衡方程

平面任意力系平衡的必要与充分条件：力系的主矢和对任意点的主矩均等于零。即

$$\boldsymbol{F}'_R=0,\ M_O=0 \qquad (2-21)$$

由式 (2-18) 和式 (2-20) 得

$$\begin{cases}\sum_{i=1}^{n}F_{xi}=0\\ \sum_{i=1}^{n}F_{yi}=0\\ \sum_{i=1}^{n}M_O(\boldsymbol{F}_i)=0\end{cases}$$

可简写成

$$\begin{cases}\sum F_x=0\\ \sum F_y=0\\ \sum M_O=0\end{cases} \qquad (2-22)$$

方程式 (2-22) 就是平面任意力系平衡方程式的基本形式，它由两个投影式和一个力矩式组成，即平面任意力系平衡的充分和必要条件是各力在作用面内一对直角坐标轴上的投影的代数和以及各力对作用面内任意点 O 的矩的代数和同时为零。式 (2-22) 是三个独立方程，最多只能解三个未知力。

用解析表达式表示平衡条件的方式不是唯一的。平衡方程式的形式还有二矩式和三矩式两种。

二矩式方程为

$$\begin{cases}\sum F_x=0 \quad 或 \quad \sum F_y=0\\ \sum M_A=0\\ \sum M_B=0\end{cases} \qquad (2-23)$$

其中，x 轴 (y 轴) 不能与 A、B 连线垂直。

方程式 (2-23) 也完全表达了力系的平衡条件：由 $\sum M_A=0$ 知，该力系不能与力偶等效，只能简化为一个作用线过矩心 A 的合力，或者平衡；又由 $\sum M_B=0$ 知，若该力系有合力，则合力作用线必通过 A、B 两点；最后由 $\sum F_x=0$ 知，若有合力，则它必垂直于 x 轴；而根据限制条件，A、B 连线不垂直于 x 轴，故该力系不可能简

化为一个合力，从而证明了所研究的力系必定为平衡力系，如图 2-18 所示。

三矩式方程为

$$\begin{cases}\sum M_A=0\\ \sum M_B=0\\ \sum M_C=0\end{cases}\tag{2-24}$$

其中，A、B、C 三点不共线。

由 $\sum M_A=0$，$\sum M_B=0$ 知，该力系只可能有作用线过 A、B 两点的合力或是平衡力系；而由 $\sum M_C=0$ 且 C 点不在 A、B 连线上知，该力系无合力，为平衡力系，如图 2-19 所示。

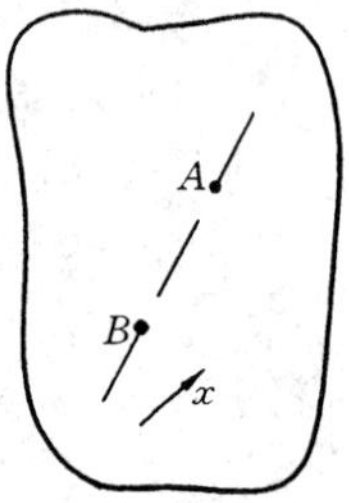

图 2-18

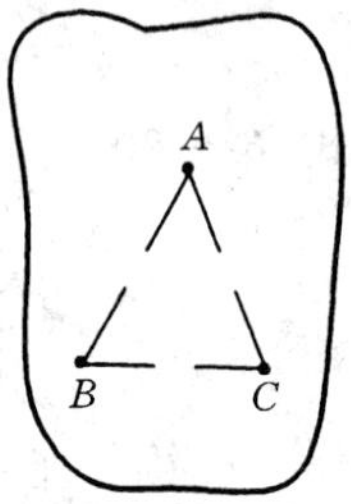

图 2-19

总之，平面任意力系共有三种形式的平衡方程，但求解时应根据具体问题而定，只能选择其中的一种形式，且列三个平衡方程，最多只能求解三个未知力。若列第四个方程，它是不独立的，是前三个方程的线性组合。同时，在求解时应尽可能地使一个方程含有一个未知力，避免联立求解，这一点学习时应多做练习。

五、平面平行力系的平衡

平面平行力系是平面任意力系的一种特殊情况，因此，它的平衡方程可以从平面任意力系的平衡方程导出。

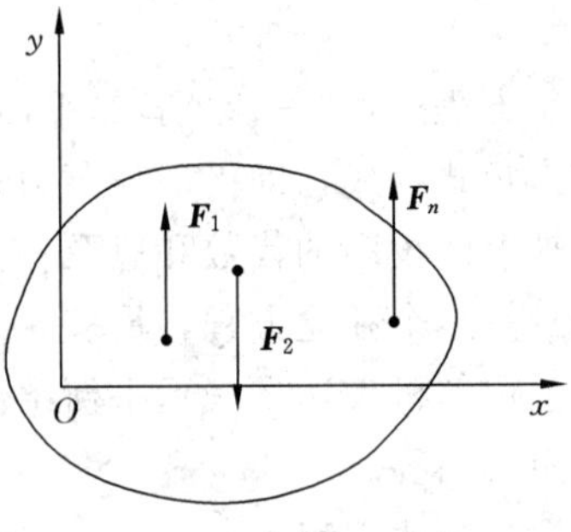

图 2-20

如图 2-20 所示，设物体受平面平行力系作用，如果选取 x 轴与各个力垂直，则无论力系是否平衡，每一个力在 x 轴上的投影均为零，有恒等式 $\sum F_x\equiv 0$，于是，独立的平衡方程只有两个，即

$$\begin{cases}\sum F_y=0\\ \sum M_O=0\end{cases}\tag{2-25}$$

平面平行力系的平衡方程也可用二矩式表示，即

$$\begin{cases}\sum M_A=0\\ \sum M_B=0\end{cases}\tag{2-26}$$

附加条件是 A、B 两点连线不得与各力平行。

【例 2-5】 外伸梁 AB 受均布载荷和集中力作用，如图 2-21（a）所示。已知 $P=30\text{kN}$，$q=2\text{kN/m}$，求支座的约束反力。

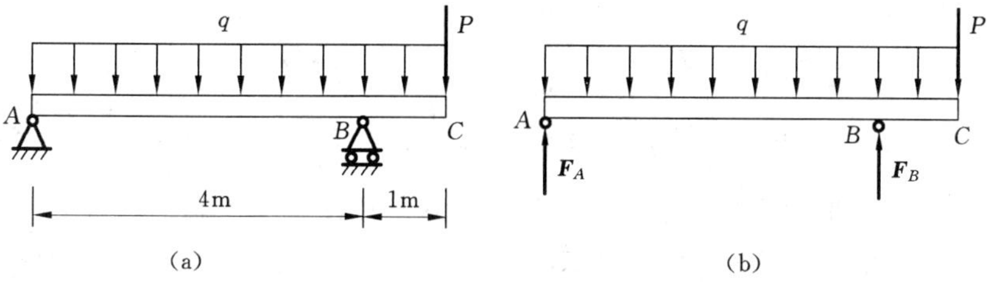

图 2-21

解：取梁 AB 为研究对象。由于均布载荷、集中力和 $\boldsymbol{F}_B$ 互相平行，因此 $\boldsymbol{F}_A$ 必与各力平行，力系才能够组成平衡力系，如图 2-21（b）所示。由平面平行力系的平衡方程：

$$\sum M_A=0,-\frac{1}{2}\times q\times 5^2+F_B\times 4-P\times 5=0$$

$$\sum F_y=0,-q\times 5+F_A+F_B-P=0$$

解得

$$\begin{cases}F_B=43.75\text{kN}\\F_A=-3.75\text{kN}\end{cases}$$

负号表示 A 处反力 $\boldsymbol{F}_A$ 的实际方向与假设方向相反，应指向下。

【例 2-6】 塔式起重机如图 2-22 所示。其中机身重心位于 C 处，自重 $P_1=800\text{kN}$。起吊重力 $P_2=300\text{kN}$ 的重物，几何尺寸如图 2-22 所示，其中 $a=5\text{m}$，$b=3\text{m}$，$l=8\text{m}$，$e=1\text{m}$。试求：

（1）为使起重机满载和空载时都不致翻倒，平衡配重 P_3 应取何值？

（2）若取 $P_3=500\text{kN}$，则满载时导轨 A 和 B 所受压力各为多少？

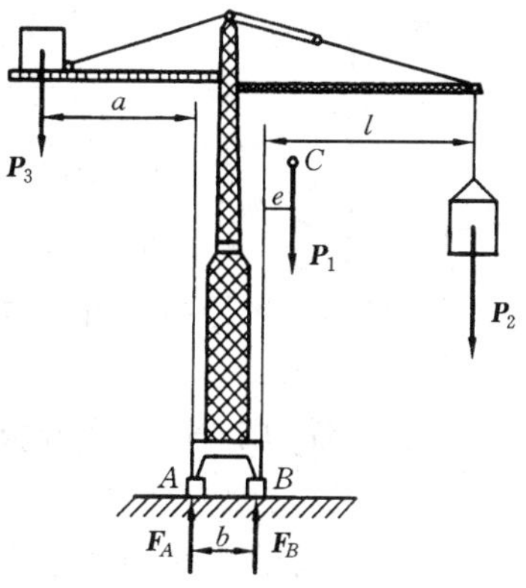

图 2-22

解：取整个起重机为研究对象，进行受力分析后得知，这是一个平面平行力系的问题。为使起重机不翻倒而始终处于平衡状态，主动力 $\boldsymbol{P}_1$、$\boldsymbol{P}_2$、$\boldsymbol{P}_3$ 和约束力 $\boldsymbol{F}_A$、$\boldsymbol{F}_B$ 必须满足平衡条件，即满足平面平行力系的平衡方程式（2-25）。

（1）为使起重机不翻倒，应分别考虑满载和空载时起重机处于极限平衡状态的情况。

满载时，机身处于可能绕 B 点转动而翻倒的极限平衡状态。此时应有 A 支座处的约束反力 $\boldsymbol{F}_A=0$，即 A 轮与地面将要脱离接触。这时求出的平衡配重应为最小值，记为 $\boldsymbol{P}_{3\min}$。

应用平衡方程式（2-25），可求得此时的 $\boldsymbol{F}_B$ 及 $\boldsymbol{P}_{3\min}$，但据题意只求 $\boldsymbol{P}_{3\min}$，故只需列方程 $\sum M_B=0$，即可求得 $\boldsymbol{P}_{3\min}$，而不必去求 $\boldsymbol{F}_B$。

由$\sum M_B=0$得

$$-P_2l-P_1e+P_{3\min}(a+b)=0$$

解得
$$P_{3\min}=\frac{P_2l+P_1e}{a+b}=\frac{300\times 8+800\times 1}{5+3}=400(\mathrm{kN})$$

空载时，起重机可能绕A点向左翻倒。在这种极限平衡状态下，有B支座处约束反力$\boldsymbol{F}_B=0$，由此可求得平衡配重的最大值$\boldsymbol{P}_{3\max}$。

由$\sum M_A=0$得

$$-P_1(b+e)+aP_{3\max}=0$$

解得
$$P_{3\max}=P_1\left(\frac{b+e}{a}\right)=800\times\left(\frac{3+1}{5}\right)=640(\mathrm{kN})$$

于是为使起重机不致翻倒，平衡配重$\boldsymbol{P}_3$应满足

$$400\mathrm{kN}\leqslant P_3\leqslant 640\mathrm{kN}$$

(2) 由题意知，$P_3=500\mathrm{kN}$，根据前面的计算，起重机可以保持平衡，为求$\boldsymbol{F}_A$和$\boldsymbol{F}_B$，利用方程（2-25），以铅垂轴y为投影轴，并以A为矩心，于是有

$$\sum F_y=0,\quad F_A+F_B-P_1-P_2-P_3=0$$

$$\sum M_A=0,\quad F_Bb+P_3a-P_1(b+e)-P_2(b+l)=0$$

可解得

$$F_B=\frac{P_1(b+e)+P_2(b+l)-P_3a}{b}$$

$$=[800\times(3+1)+300\times(3+8)-500\times 5]\times\frac{1}{3}\approx 1333.3(\mathrm{kN})$$

$$F_A=P_1+P_2+P_3-F_B$$

$$=300+500+800-1333.3=266.7(\mathrm{kN})$$

顺便指出，本题中亦可由方程式$\sum M_A=0$、$\sum M_B=0$求出F_A和F_B。

第四节 物体系的平衡 静定与静不定的概念

所谓物体系，是指由若干个构件按一定方式组合而成的机构或结构。这里构成物体系的构件主要是刚体，因此也称为刚体系统。

若物体系中的每个物体和物体系整体都处于平衡状态，则称该物体系处于平衡状态，研究物体系平衡问题的主要要求包括：①求外界对物体系整体的约束反力。②求物体系内各物体之间相互作用的内力。③求机构平衡时主动力与工作阻力之间的关系。

既然物体系平衡，那么其中任何一构件都平衡，因此求解这类问题时，应当根据题目的具体要求（不外乎上述三种要求），适当地选取研究对象，逐步进行求解。求解物体系平衡问题的关键，在于正确分析、适当选取研究对象，最好在解题之前，先建立一个清晰的解题思路，再按思路依次选取研究对象进行求解。

另外还必须指出，在给定一个力系之后，按照平衡条件所能写出的独立平衡方程的数目是一定的。如一个平面力系，最多有三个独立的平衡方程式，因此从中最多可

以求出三个未知量。对于物体系平衡问题也是这样，设物体系由 n 个物体组成，每个物体上都作用着一个平面力系，则最多可能有 $3n$ 个独立的平衡方程式。若其中某些物体上作用的力系是汇交力系、平行力系等，则独立的平衡方程式数目还要随之减少。相应地，最多可以由这些方程中求得 $3n$ 个未知量。这就是说，若物体系所能列出的独立的平衡方程个数与物体系中所包含的未知量个数相同，则这样的问题仅用静力学条件就能求解；若所能列出的独立的平衡方程个数少于未知量总数，则仅用静力学条件不能求出全部未知量。据此分析，可以把物体系的平衡问题分成两大类：

（1）静定问题，即所研究的问题中包括的独立平衡方程的个数与未知量（主要是约束反力）个数相等，这样可以仅依靠静力平衡条件求解全部未知量。静定问题是静力学（严格地说是刚体静力学）研究的主要问题。

（2）静不定问题，即问题中包含的独立平衡方程的个数少于未知量个数。这类问题仅用静力学条件不能求出所有的未知量，这时就要考虑物体的变形，从而列出补充方程，使方程数与未知量数相等，以求出全部未知量。所以，静不定问题的求解已超出刚体静力学的研究范围，这将在材料力学、结构力学等课程中讨论。

静不定问题也称为超静定问题，其未知量总数与独立的平衡方程总数之差，称为该问题的静不定次数或超静定次数。

下面给出几个静不定问题的简例。

图 2－23 表示两根和三根绳索吊起一个重物。其中图 2－23（a）为静定问题，而图 2－23（b）为静不定问题。因为该问题为一个平面汇交力系，只有两个独立的平衡方程，可求解两个未知反力。现在有三根绳索，仅依平衡方程不能全部求出三个约束反力（即三绳的张力）。该问题为一次静不定问题。

图 2－24（a）表示一个连续梁结构，有三个独立的平衡方程，而结构中包含了五个未知的约束反力，故为二次静不定结构。该梁若没有中间两个活动铰支座，则为一个简支梁，成为一个静定问题，如图 2－24（b）所示。对于物体系平衡问题，为了判断其是否静定，应首先将其中每个物体上所受的力系类别分析清楚，进而确定平衡方程总数和未知量总数，以得出静定或静不定的结论。具体做法将通过后面的例题加以说明。

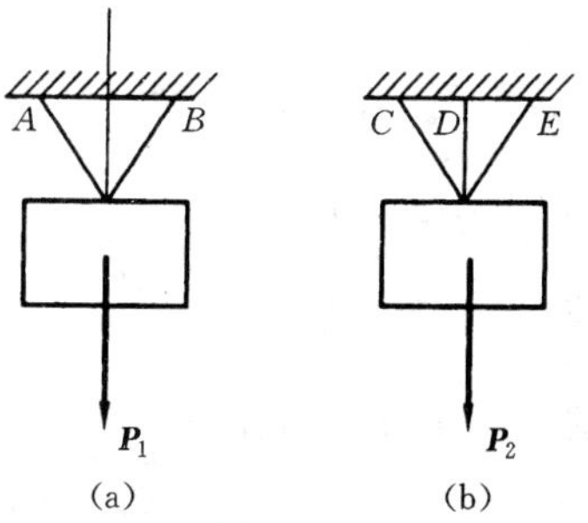

图 2－23

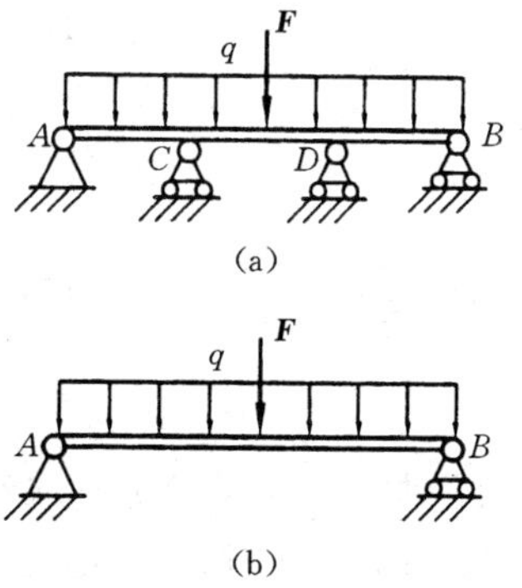

图 2－24

总之，求解物体系平衡问题时，应先判断其是否静定，只有静定的才能用刚体静力学的方法求解。

【例 2-7】 静定刚架的荷载及尺寸如图 2-25（a）所示，其中 $P=qa$。求支座反力和中间铰处约束反力。

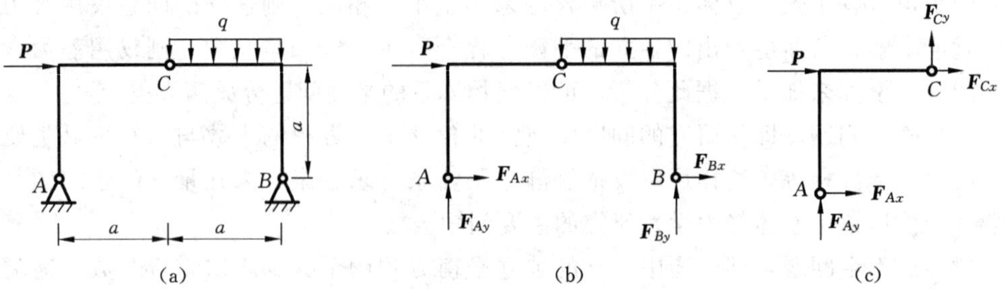

图 2-25

解： 这是物体系统的平衡问题。刚架由两个物体组成。作用于两个物体上的力系都是平面任意力系，共有六个独立的平衡方程，而未知力的个数也是六个，此物系静定。

先选整体为研究对象，受力如图 2-25（b）所示。各力的方向任意假设。列平衡方程：

$$\sum M_A=0,\ -Pa-qa\frac{3a}{2}+F_{By}2a=0$$

$$\sum M_B=0,\ -Pa+qa\frac{a}{2}-F_{Ay}2a=0$$

$$\sum F_x=0,\ F_{Ax}+F_{Bx}+P=0$$

求出部分反力，得

$$F_{Ay}=-\frac{qa}{4},\ F_{By}=\frac{5qa}{4}$$

再选左半部分刚架 AC 为研究对象，受力如图 2-25（c）所示（C 处反力方向为任意假设）。列平衡方程：

$$\sum F_y=0,\ F_{Ay}+F_{Cy}=0$$

$$\sum M_C=0,\ F_{Ax}a-F_{Ay}a=0$$

$$\sum F_x=0,\ F_{Ax}+F_{Cx}+P=0$$

$$F_{Cy}=\frac{qa}{4},\ F_{Ax}=-\frac{qa}{4},\ F_{Cx}=-\frac{3qa}{4}$$

由于 F_{Ax} 已经求出，则由前面整体研究的第三个平衡方程，得

$$F_{Bx}=-\frac{3qa}{4}$$

本题也可将左、右半部分分别取作研究对象，列平衡方程求解。

【例 2-8】 图 2-26 所示的组合梁由 AC 和 CD 在 C 处铰接而成。梁的 A 端插入墙内，B 处为滚动支座。已知 $F=20\text{kN}$，均布荷载 $q=10\text{kN/m}$，$M=20\text{kN}\cdot\text{m}$，$l=1\text{m}$。试求插入端 A 及滚动支座 B 的约束反力。

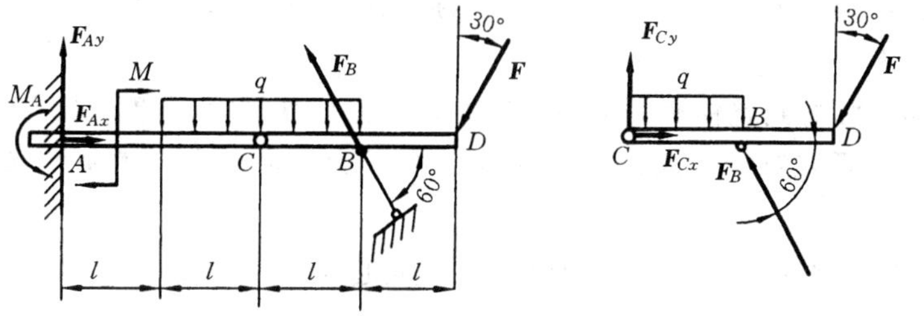

(a) (b)

图 2-26

解：先以整体为研究对象，组合梁在主动力 M、$\boldsymbol{F}$、$\boldsymbol{q}$ 和约束反力 $\boldsymbol{F}_{Ax}$、$\boldsymbol{F}_{Ay}$、M_A 及 $\boldsymbol{F}_B$ 作用下平衡，受力如图 2-26（a）所示。其中均布荷载的合力通过点 C，大小为 $2ql$。列平衡方程有

$$\sum F_x=0,\quad F_{Ax}-F_B\cos60°-F\sin30°=0 \tag{a}$$

$$\sum F_y=0,\quad F_{Ay}+F_B\sin60°-2ql-F\cos30°=0 \tag{b}$$

$$\sum M_A(\boldsymbol{F})=0,\quad M_A-M-2ql2l+F_B\sin60°\times3l-F\cos30°\times4l=0 \tag{c}$$

以上三个方程中包含有四个未知量，必须再补充方程才能求解。为此可取梁 CD 为研究对象，受力如图 2-26（b）所示，列出对点 C 的力矩方程

$$\sum M_C(\boldsymbol{F})=0,\ F_B\sin60°l-ql\frac{l}{2}-F\cos30°2l=0 \tag{d}$$

由式（d）可得

$$F_B=45.77\text{kN}$$

代入式（a）、式（b）、式（c）求得

$$F_{Ax}=32.89\text{kN}$$

$$F_{Ay}=2.32\text{kN}$$

$$M_A=10.37\text{kN}\cdot\text{m}$$

如需求解铰链 C 处的约束反力，可以梁 CD 为研究对象，由平衡方程 $\sum F_x=0$ 和 $\sum F_y=0$ 求得。

此题也可以先取梁 CD 为研究对象，求得 $\boldsymbol{F}_B$ 后，再以整体为研究对象，求出 F_{Ax}、F_{Ay}、M_A。

【例 2-9】 框架结构和几何尺寸如图 2-27（a）所示，其上作用一个力偶，其矩 $M=60\text{N}\cdot\text{m}$，求 A、B、C、D、E 各处约束反力。

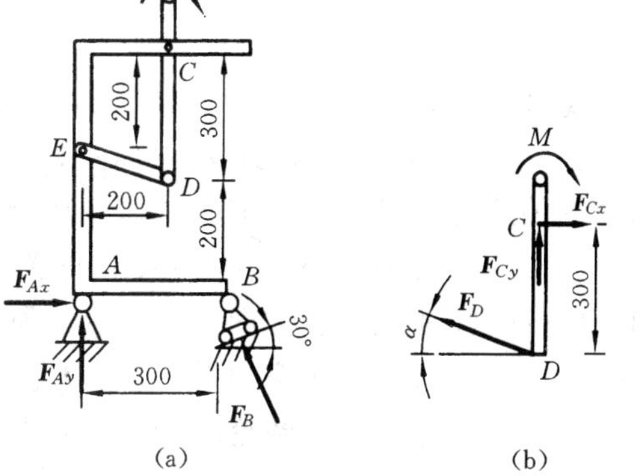

(a) (b)

图 2-27

解：该结构为静定结构，其中共有七个约束反力（A 处两个，C 处两个，B、D、E 处各一个），折杆 $CEAB$ 上可列出

三个平衡方程，直杆 CD 上可列出三个平衡方程，ED 为二力杆，有一个平衡方程，从而共有七个方程。

解题思路：注意到整体有三个约束反力，可先取作研究对象，以求得 A、B 处反力；再取 CD 作研究对象，求得 C、D 处三个反力，最后由二力平衡条件确定 E 处反力。

(1) 取整体为研究对象，作受力图。为简便起见，在图 2-27（a）上表示整体约束反力，由

$$\sum F_x=0,\quad F_{Ax}-F_B\sin30°=0$$

$$\sum M_A=0,\quad F_B\cos30°\times300-M=0$$

$$\sum M_B=0,\quad -F_{Ay}\times300-M=0$$

解得 $F_B=231\text{N}$，$F_{Ay}=-200\text{N}$，$F_{Ax}=115.5\text{N}$

(2) 取 CD 为研究对象，受力分析如图 2-27（b）所示，列方程：

$$\sum M_C=0,\quad -M-F_D\cos\alpha\times300=0$$

$$\sum F_x=0,\quad F_{Cx}-F_D\cos\alpha=0$$

$$\sum F_y=0,\quad F_{Cy}+F_D\sin\alpha=0$$

解方程组，注意到

$$\sin\alpha=\frac{100}{\sqrt{200^2+100^2}}=\frac{\sqrt{5}}{5}$$

$$\cos\alpha=\frac{200}{\sqrt{200^2+100^2}}=\frac{2}{5}\sqrt{5}$$

得 $F_D=-223.6\text{N}$，$F_{Cx}=-200\text{N}$，$F_{Cy}=-100\text{N}$

由上述计算知，DE 杆受压力，其大小为 $F_E=223.6\text{N}$，方向与 $\boldsymbol{F}_D$ 相反。

讨论：此题还有较为简便的解法。注意到整体上主动力为一个力偶。故 A、B 处约束反力构成一个力偶与主动力偶平衡。这样，利用力偶系的平衡条件可直接求得

$$F_A=F_B=231\text{N}$$

其中，$\boldsymbol{F}_A$ 与 $\boldsymbol{F}_B$ 方向相反。类似地对杆 CD 亦可采用这样的解法，得

$$F_C=F_D=223.6\text{N}$$

其中，$\boldsymbol{F}_C$ 与 $\boldsymbol{F}_D$ 方向相反。

【例 2-10】 如图 2-28（a）所示，曲轴冲床机构由圆盘 O、连杆 AB 和冲头 B 组成。A、B 两处为铰链连接，$OA=R$，$AB=l$。若不计各零件自重及摩擦，当 OA 在水平位置、冲头压力为 $\boldsymbol{F}$ 时，求主动力偶矩 M。

解：为求主动力与工作阻力之间的关系，一般从已知条件入手，故可先取冲头 B 作研究对象，受力分析如图 2-28（b）所示。其中 $\boldsymbol{F}_{\text{N}}$ 表示导轨对冲头的侧压力。冲头上作用着一个平面汇交力系，其中 $\boldsymbol{F}_{\text{N}}$ 与 $\boldsymbol{F}_{AB}$ 为未知力。若求出 $\boldsymbol{F}_{\text{N}}$，可再取整体求 M，若求得 $\boldsymbol{F}_{AB}$，可由圆轮求 M。下面先求 $\boldsymbol{F}_{AB}$。

由几何法作力三角形，如图 2-28（c）所示。显然，$F_{AB}=\dfrac{F}{\cos\alpha}$。

再取圆轮 O 为研究对象，受力如图 2-28（d）所示。由 $\sum M_O=0$ 得

$$F'_{AB}\cos\alpha R-M=0$$

$$M=F'_{AB}\cos\alpha R=FR$$

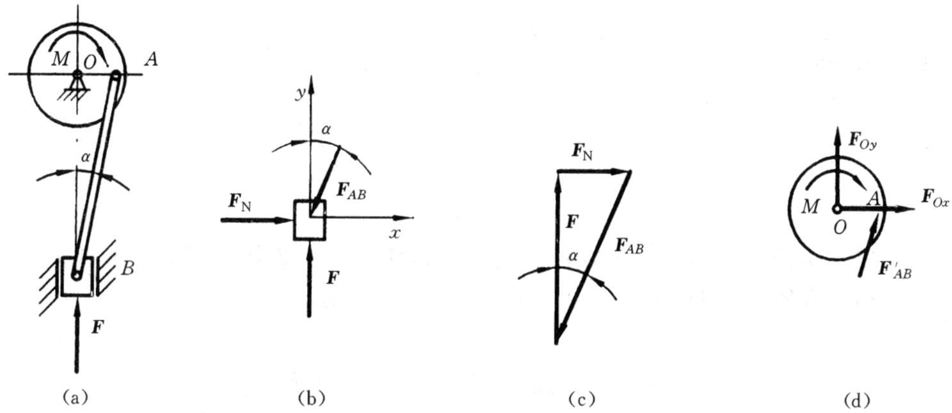

图 2-28

【例 2-11】 如图 2-29（a）所示的平面构架，由杆 AB、DE 及 DB 铰接而成，A 为滚动支座，E 为固定铰链。钢绳一端拴在 K 处，另一端绕过定滑轮和动滑轮后拴在销钉 B 上。已知重力为 $\boldsymbol{P}$，$DC=CE=AC=CB=2l$；定滑轮半径为 R，动滑轮半径为 r，且 $R=2r=l$，$\theta=45°$。试求 A、E 支座的约束反力及 BD 杆所受的力。

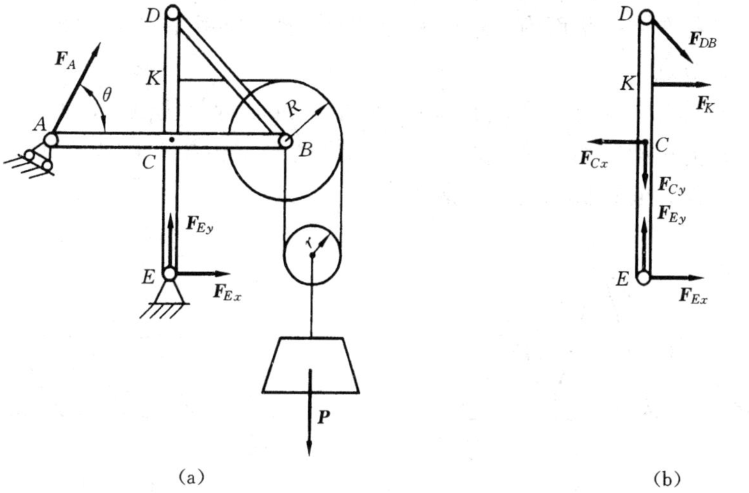

图 2-29

解：应依据已知与待求量，选取适当的系统为研究对象，并列适当的平衡方程，尽量能使一个方程解出一个未知量。

先取整体为研究对象，其受力如图 2-29（a）所示。列平衡方程：

$$\sum M_E(\boldsymbol{F})=0,\quad -F_A\sqrt{2}\times 2l-P\frac{5}{2}l=0 \tag{a}$$

$$\sum F_x=0,\quad F_A\cos45^\circ+F_{Ex}=0 \tag{b}$$

$$\sum F_y=0,\quad F_A\sin45^\circ+F_{Ey}-P=0 \tag{c}$$

由式（a）解得

$$F_A=\frac{-5\sqrt{2}}{8}P$$

代入式（b）和式（c）得

$$F_{Ey}=P-F_A\sin45^\circ=\frac{13}{8}P$$

$$F_{Ex}=\frac{5}{8}P$$

为了求 BD 杆所受的力，应取包含此力的物体或系统为研究对象。取杆 DCE 为研究对象最为方便，杆 DCE 的受力如图 2-29（b）所示。

列平衡方程：

$$\sum M_C(\boldsymbol{F})=0,\ -F_{DB}\cos45^\circ\times2l-F_Kl+F_{Ex}\times2l=0 \tag{d}$$

式中 $\boldsymbol{F}_K$ 由动滑轮、定滑轮和绳索的受力分析可得，$F_K=P/2$（请读者自行分析），则

$$F_{DB}=\frac{3\sqrt{2}}{8}P$$

第五节　简单平面桁架的内力计算

桁架是由若干根直杆两端铰接而组成的承载结构，它在受力后几何形状不变。

所有杆件都在同一平面内的桁架称为平面桁架，否则称为空间桁架。桁架中杆件的铰接点称为节点。

因为桁架具有结构重量轻、承载量大、制造成本低等优点，因此常用在工程结构中。例如屋顶的房架，如图 2-30 所示。桥梁也经常由桁架组成，如图 2-31 所示。还有油田的井架、起重机、电视塔钢架等。

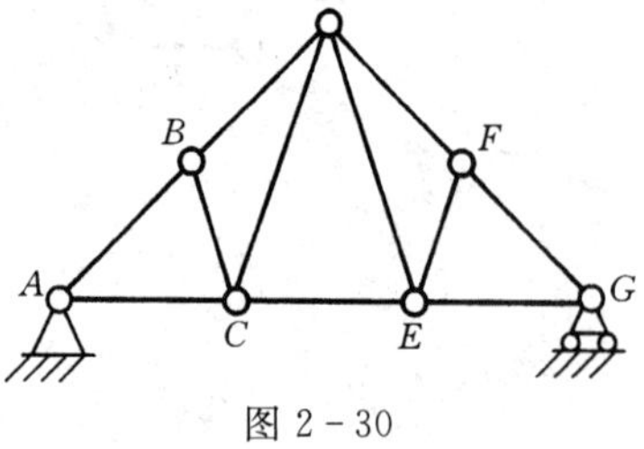

图 2-30

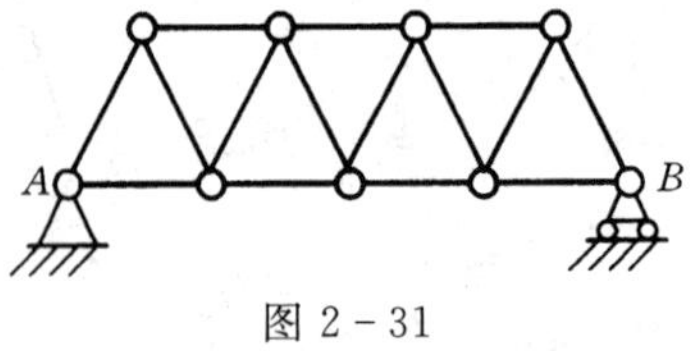

图 2-31

本节只研究平面桁架中的静定桁架。如果从桁架中任意除去一根杆件，则桁架就会活动变形，这种桁架称为无余杆桁架。可以证明只有无余杆桁架才是静定桁架。如图 2-32（a）所示的桁架就属于这种桁架。反之，如果除去某几根杆件仍不会使桁架活动变形，则这种桁架称为有余杆桁架，如图 2-32（b）所示。图 2-32（a）所示的无余杆桁架是以三角形框架为基础，每增加一个节点需增加两根杆件，这样构成的桁架又称为平面简单桁架。容易证明，平面简单桁架是静定的。

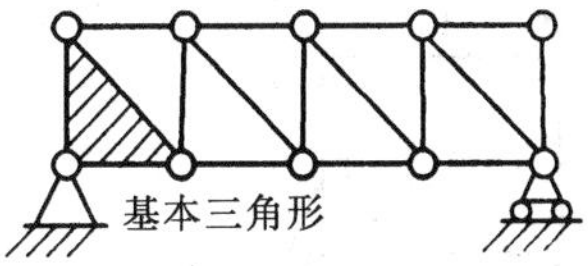

(a)

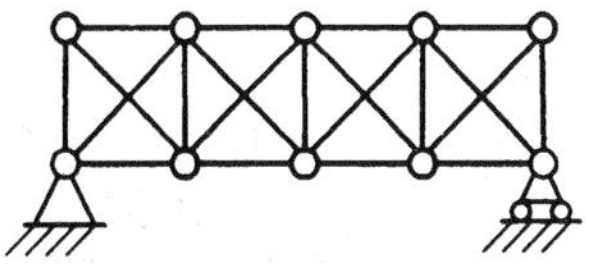

(b)

图 2-32

在计算桁架中各杆内力时，常引入以下三条假设，对实际桁架进行理想处理：

(1) 各杆均为直杆，且不计自重。

(2) 各杆均为光滑铰链连接。

(3) 所有外力都作用在节点上。

在这样简化之后，桁架中各杆都成为二力直杆，因此各杆只受轴向拉力或压力。计算时可假设各杆均受拉力，计算后由各内力数值的正负号表示内力是拉力还是压力(拉力为正，压力为负)。

因此桁架处于平衡状态，故可取其中任何部分作为研究对象。一般先取整体，求得整体的约束反力，然后再取各个部分，求杆的内力。

求桁架的内力一般采用节点法或截面法。

所谓节点法，是指每次取一个节点作为研究对象。由于每个节点上都作用着一个平面汇交力系，因此可以列出两个平衡方程并求得两个未知力。为避免解联立方程，应当每次取一个节点，其中只包含两根未知内力的杆，依次取下去，可以求得全部杆件的内力。

所谓截面法，就是假想用一个截面将桁架中若干根杆截开，将桁架截成两个部分，取其中一部分为研究对象，求得截面处各杆的内力。由于所取的研究对象上一般作用着平面任意力系，故有三个独立的平衡方程，可解出三个未知内力，这就是说所取的截面每次只能截开仅有三根未知内力的杆，方可求出它们的内力。

节点法适用于求桁架中所有杆件内力的情况，而截面法更适合于只求桁架中某几根杆的内力的情形。下面通过例题介绍其应用。

【例 2-12】 一桁架的结构尺寸如图 2-33 (a) 所示。已知载荷 $F_1=400\text{N}$，$F_2=1200\text{N}$，求各杆内力，并指出每根杆受拉力还是压力。

解：(1) 取整体为研究对象，求约束反力。

由
$$\sum F_x=0,\quad F_1+F_{Ax}=0$$
$$\sum F_y=0,\quad F_{Ay}+F_B-F_2=0$$
$$\sum M_A=0,\quad 12F_B-8F_2-3F_1=0$$

解出
$$F_{Ax}=-400\text{N},\ F_{Ay}=300\text{N},\ F_B=900\text{N}$$

(2) 用节点法求各杆内力。先取节点 A，受力如图 2-33 (b) 所示。

由
$$\sum F_x=0,\quad F_{Ax}+\frac{4}{5}F_{N1}+F_{N2}=0$$
$$\sum F_y=0,\quad F_{Ay}+\frac{3}{5}F_{N1}=0$$

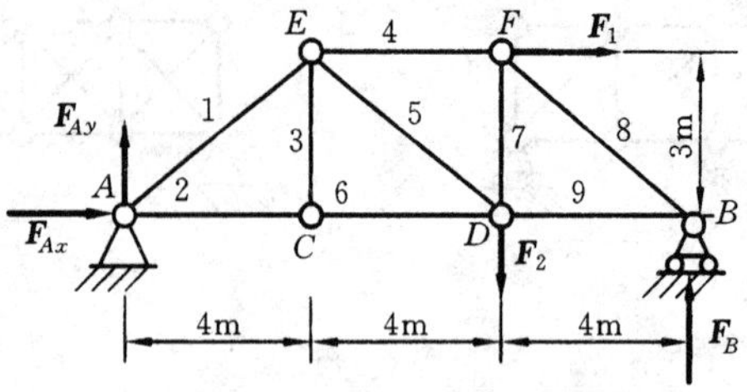

(a)

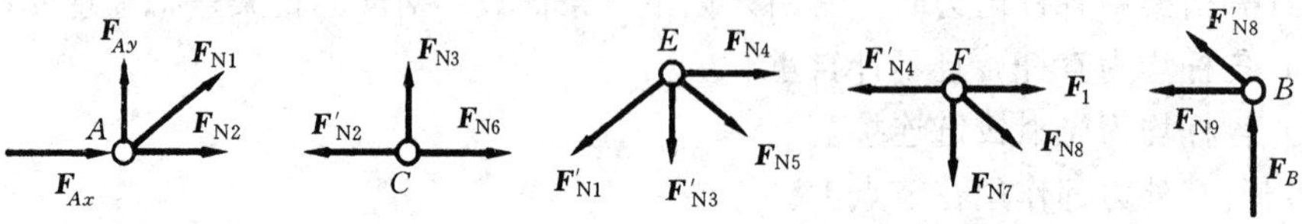

(b) (c) (d) (e) (f)

图 2-33

代入 F_{Ax}、F_{Ay} 的数值后解出

$$F_{N1}=-500\text{N},\quad F_{N2}=800\text{N}$$

再取节点 C，受力如图 2-33（c）所示。

由
$$\sum F_x=0,\quad -F'_{N2}+F_{N6}=0$$
$$\sum F_y=0,\quad F_{N3}=0$$

解出
$$F_{N6}=800\text{N},\ F_{N3}=0$$

依次取节点 E、F、B，受力分别如图 2-33（d）～（f）所示，可分别列出投影方程并解出

$$F_{N5}=500\text{N},\quad F_{N4}=-800\text{N}$$

在解题时，各杆内力均按拉力假设，计算出结果后，正值表示拉力，负值表示压力。

在以上例题中都是用解析法计算，也可以采用几何法，即作出力三角形求解，请读者一试。

【例 2-13】 平面桁架受力如图 2-34（a）所示。已知 $F_C=100\text{kN}$，$F_E=F_G=20\text{kN}$，试求其中杆 4、5、7、10 的内力。

解：（1）取整体为研究对象，求出约束反力。

由
$$\sum F_x=0,\quad F_{Ax}-F_G\sin30°=0$$
$$\sum F_y=0,\quad F_{Ay}+F_B-F_C-F_E-F_G\cos30°=0$$
$$\sum M_A=0,\quad F_B\times4a-F_C\times a-F_E\times2a-F_G\cos30°\times3a=0$$

解出
$$F_{Ax}=10\text{kN},\ F_{Ay}=89.33\text{kN},\ F_B=47.99\text{kN}$$

（2）由节点法求解，依次取节点 A、C、D、E，其受力如图 2-34（b）～（e）所示，通过列投影方程可解出

$$F_1=30.83\text{kN},\quad F_2=-31.8\text{kN},\quad F_3=-21.8\text{kN}$$
$$F_4=21.8\text{kN},\quad F_5=16.7\text{kN},\quad F_6=-43.6\text{kN}$$
$$F_7=-20\text{kN},\quad F_{10}=-43.6\text{kN}$$

在这里，由于采用节点法，必须从只含两个未知内力的节点开始依次取各节点为研究对象，因而为求杆 4、5、7、10 的内力，须先求出杆 1、2、3、6 内力做准备。这显然增加了计算工作量。

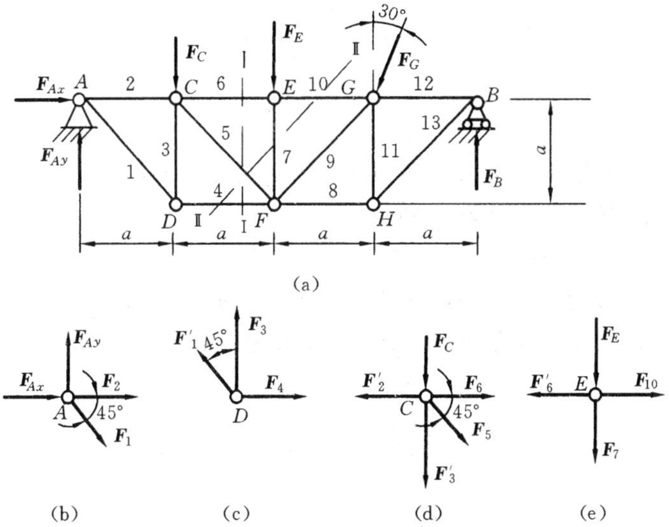

图 2 - 34

(3) 用截面法求杆 4、5、7、10 的内力。作截面Ⅰ-Ⅰ将杆 4、5、6 截开，取左部分为研究对象，如图 2 - 35 所示。

由
$$\sum M_C=0,\quad F_4a-F_{Ay}a=0$$
$$\sum F_y=0,\quad F_{Ay}-F_C-F_5\cos45°=0$$

解出
$$F_4=21.8\text{kN},\ F_5=16.7\text{kN}$$

再作截面Ⅱ-Ⅱ将杆 4、5、7、10 截开，取右部分为研究对象，如图 2 - 36 所示。

由
$$\sum M_F=0,\ F_B\times2a+F_{10}\times a-F_G\cos30°\times a+F_G\sin30°\times a=0$$

解得
$$F_{10}=-2F_B-F_G\sin30°+F_G\cos30°=-43.6\text{kN}$$

F_7 可由 $\sum F_y=0$ 求出，但也可由节点 E 的受力情况直接看出，即
$$F_7=-F_E=-20\text{kN}$$

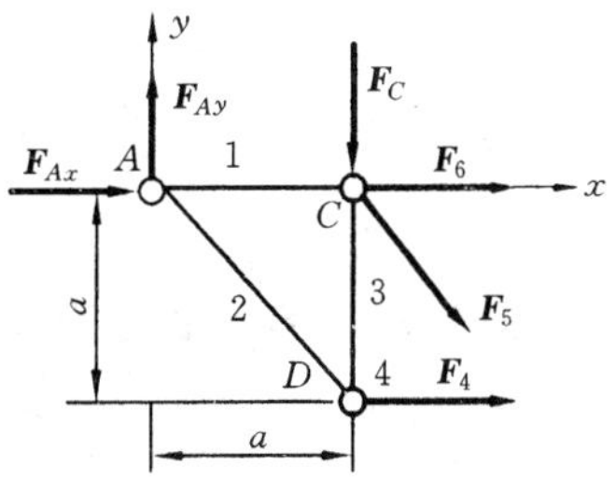

图 2 - 35

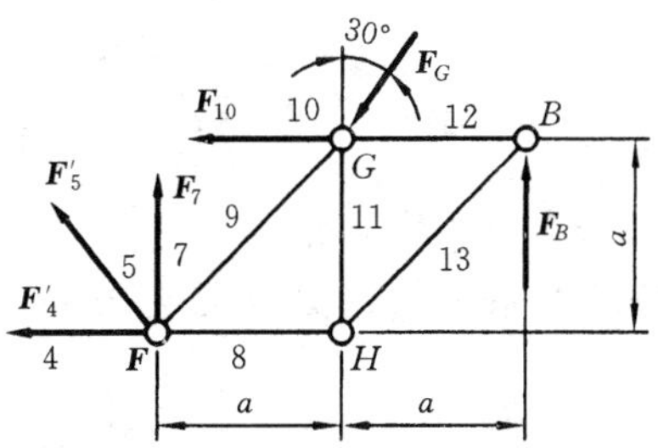

图 2 - 36

由此例可以看出：节点法与截面法各有特点，节点法解题思路简单，但计算工作量较大；截面法比较灵活，计算量相对节点法要少。有时这两种方法互相结合，对解题是有利的。

【小 结】

1. 力的平移定理

作用在刚体上任意点 A 的力 $\boldsymbol{F}$ 可以平行移到另一点 B，只需附加一个力偶，此力偶的矩等于原来的力 $\boldsymbol{F}$ 对平移点 B 的矩。

2. 平面任意力系的简化

平面任意力系向力系所在平面内任意点简化，得到一个力和一个力偶，此力称为原来力系的主矢，与简化中心的位置无关；此力偶矩称为原来力系的主矩，与简化中心的位置有关。

主矢
$$\boldsymbol{F}'_{\mathrm{R}}=\sum_{i=1}^{n}\boldsymbol{F}_i$$

主矩
$$M_O=\sum_{i=1}^{n}M_O(\boldsymbol{F}_i)$$

3. 平面任意力系简化结果

(1) 当 $\boldsymbol{F}'_{\mathrm{R}}=0$、$M_O\neq0$ 时，简化为一个力偶。此时的力偶矩与简化中心的位置无关，主矩 M_O 为原来力系的合力偶矩。

(2) 当 $\boldsymbol{F}'_{\mathrm{R}}\neq0$、$M_O=0$ 时，简化为一个力。此时的主矢为原来力系的合力，合力的作用线通过简化中心。

(3) 当 $\boldsymbol{F}'_{\mathrm{R}}\neq0$、$M_O\neq0$ 时，简化为一个力，此时合力的大小与主矢的大小相等，合力的作用线到 O 点的距离 d 为

$$d=\left|\frac{M_O}{F'_{\mathrm{R}}}\right|$$

(4) 当 $\boldsymbol{F}'_{\mathrm{R}}=0$、$M_O=0$ 时，平面任意力系为平衡力系。

4. 合力矩定理

平面任意力系的合力对力系所在平面内任意点的矩等于力系中各力对同一点的矩的代数和，即

$$M_O(\boldsymbol{F}_{\mathrm{R}})=\sum_{i=1}^{n}M_O(\boldsymbol{F}_i)$$

5. 平面任意力系的平衡

平面任意力系平衡的必要与充分条件：力系的主矢和对任意点的主矩均等于零，即

$$\boldsymbol{F}'_{\mathrm{R}}=0,\ M_O=0$$

6. 平面任意力系的平衡方程

(1) 基本形式：

$$\sum_{i=1}^{n} M_O(\boldsymbol{F}_i)=0,\quad \sum_{i=1}^{n} F_{xi}=0,\quad \sum_{i=1}^{n} F_{yi}=0$$

（2）二力矩式：

$$\sum_{i=1}^{n} M_A(\boldsymbol{F}_i)=0,\quad \sum_{i=1}^{n} M_B(\boldsymbol{F}_i)=0,\quad \sum_{i=1}^{n} F_{xi}=0$$

其中，x 轴不能与 A、B 连线垂直。

（3）三力矩式：

$$\sum_{i=1}^{n} M_A(\boldsymbol{F}_i)=0,\quad \sum_{i=1}^{n} M_B(\boldsymbol{F}_i)=0,\quad \sum_{i=1}^{n} M_C(\boldsymbol{F}_i)=0$$

其中，A、B、C 三点不共线。

（4）平面任意力系中特殊的平衡方程：

平面汇交力系　$$\sum_{i=1}^{n} F_{xi}=0,\quad \sum_{i=1}^{n} F_{yi}=0$$

平面力偶系　$$\sum_{i=1}^{n} M_i=0$$

平面平行力系　$$\sum_{i=1}^{n} M_O(\boldsymbol{F}_i)=0,\quad \sum_{i=1}^{n} F_{yi}=0$$

或者

$$\sum_{i=1}^{n} M_A(\boldsymbol{F}_i)=0,\quad \sum_{i=1}^{n} M_B(\boldsymbol{F}_i)=0$$

其中，A、B 连线不能与力的作用线平行。

7. 平面任意力系求解的两种形式

（1）平面静定刚体系的平衡问题。

1）明确刚体系是由哪些单一刚体组成的，受力如何，哪些是外力，哪些是内力。

2）正确运用作用力与反作用力的关系对所选的研究对象进行受力分析。

3）选择上述某种形式的平衡方程，尽量做到投影轴与某未知力垂直，矩心点选在某未知力的作用点上，使一个平衡方程含有一个未知力，避免联立求解，只有这样才能减少解题的工作量。

（2）平面简单桁架的内力计算。桁架的杆件均为二力杆，外力作用在桁架的节点上。平面简单桁架的内力计算有以下两种方法：

1）节点法：计算时应先从两个杆件连接的节点进行，列平面汇交力系的平衡方程，按节点顺序逐一求解。

2）截面法：主要是求某些杆件的内力，即假想地将要求的杆件截开，取桁架的一部分为研究对象，列平面任意力系的平衡方程，注意每次截开只能求出三个杆件的未知力。

在有些桁架的内力计算时还可以是上面两种方法的联合应用。

第二章思考题

习　题

2－1　试用解析法求题 2－1 图示平面汇交力系的合力。

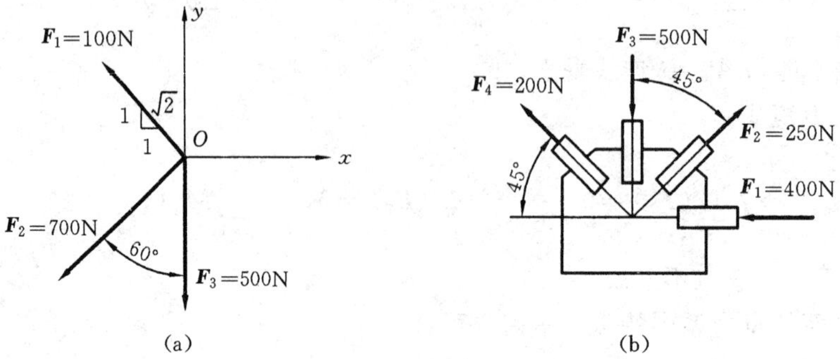

题 2－1 图

2－2　求题 2－2 图示平面力系的合成结果。

2－3　AB 和 AC 两杆用铰链 A 连接，两杆的另一端分别铰支在墙上，如题 2－3 图所示。在点 A 悬挂重 10kN 的物体。如杆重不计，求两杆所受的力。

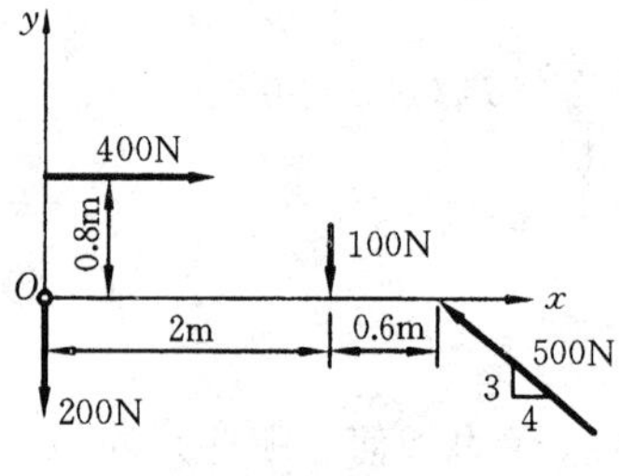

题 2－2 图

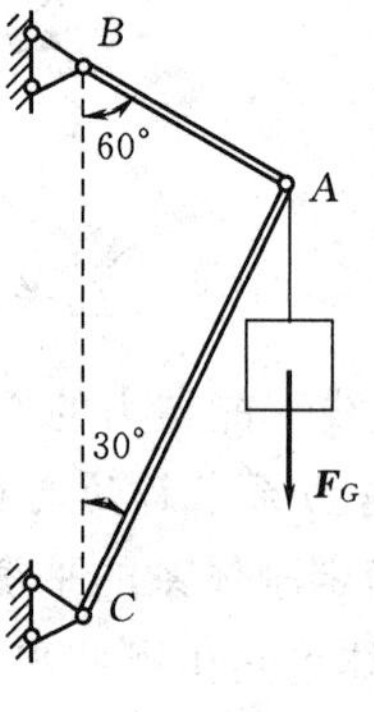

题 2－3 图

2－4　物体重 P ＝ 20kN，用绳子挂在支架上的滑轮 B 上，绳子另一端接在绞车 D 上，如题 2－4 图所示。转动绞车，物体便能升起。设滑轮的大小、AB 与 CB 杆自重及摩擦略去不计，A、B、C 三处均为铰链连接。当物体处于平衡状态时，试求拉杆 AB 和支杆 CB 所受的力。

2－5　题 2－5 图结构中，各构件的自重略去不计。在构件 AB 上作用一力偶矩为 M 的力偶，求支座 A 和 C 的约束反力。

2－6　如题 2－6 图所示，铰链四杆机构 $OABO_1$ 在图示位置平衡。已知：OA＝0.4m，O_1B＝0.6m，作用在 OA 上的力偶的矩 M_1＝1N·m，各杆自重不计，试求力偶矩 M_2 的大小和杆 AB 所受的力 F_{AB}。

2－7　如题 2－7 图所示，由于工件偏心，使得锻锤锤头对两侧导轨产生压力。已知锤头对工件的打击力 F＝1000kN，偏心距 e＝20mm，锤头高度 h＝200mm，试求锤头对导轨的压力。

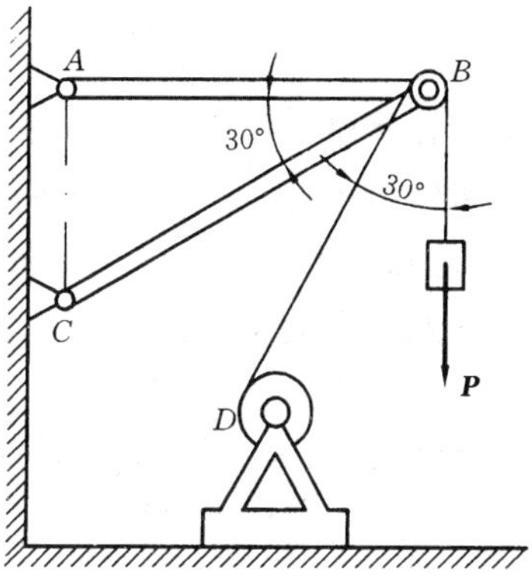

题 2-4 图

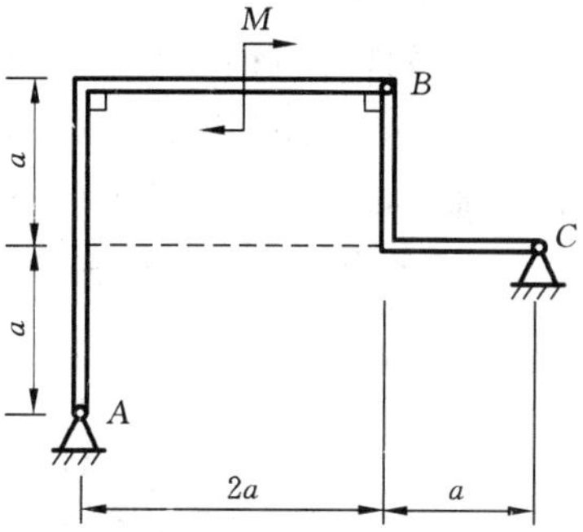

题 2-5 图

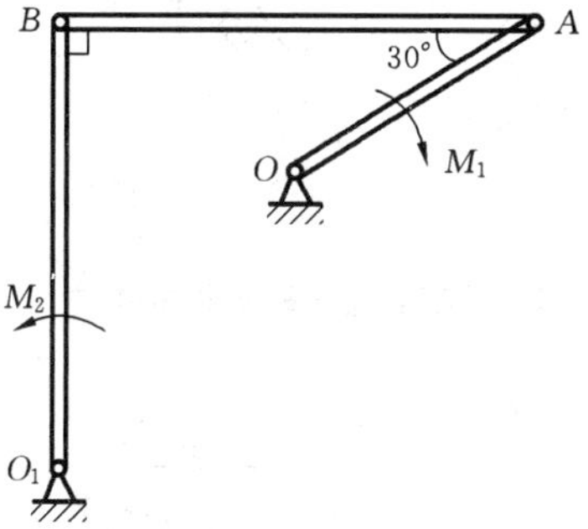

题 2-6 图

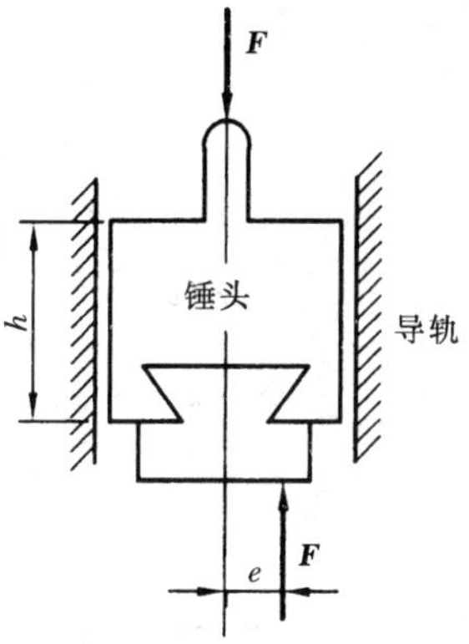

题 2-7 图

2-8　杆 AB 上有一销子 E，置于杆 CD 的导槽中，杆 AB 及杆 CD 受力偶作用如题 2-8 图所示，已知 $M_1=1000\text{N}\cdot\text{m}$，设接触面光滑，求平衡时 M_2 的值。

2-9　如题 2-9 图所示简单构架中，AB 和 DE 在中点以销钉 E 铰接，不计各杆自重，已知，$AE=BC=CE=DE=EF=FG=a$，$GH=2a$，受力如图，求：

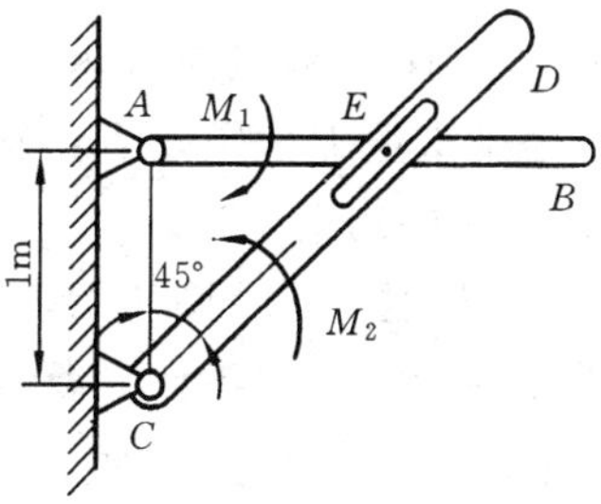

题 2-8 图

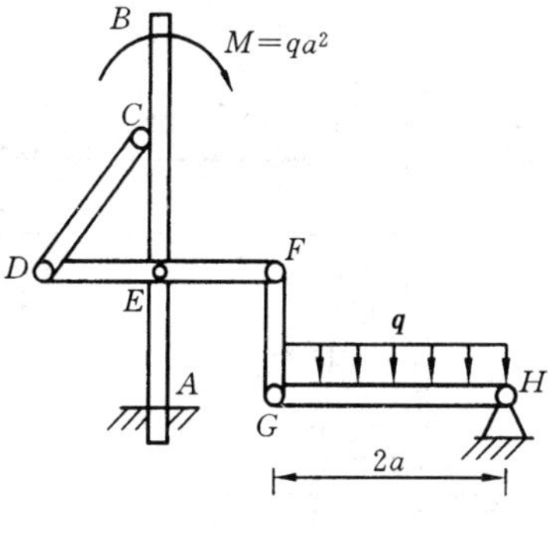

题 2-9 图

（1）FG 杆的受力。

（2）A 的约束反力。

（3）CD 杆的受力。

2-10　铰链四杆机构 $CABD$ 的 CD 边固定，在铰链 A、B 处有力 $\boldsymbol{F}_1$、$\boldsymbol{F}_2$ 作用，如题 2-10 图所示。该机构在图示位置平衡，杆重略去不计。求力 $\boldsymbol{F}_1$、$\boldsymbol{F}_2$ 的关系。

2-11　如题 2-11 图所示弯管机夹紧机构，已知压力缸直径 $\phi=120\text{mm}$，压强 $p=6\text{N/mm}^2$，试求当 $\alpha=30°$时的夹紧力 $\boldsymbol{F}$。设杆重及摩擦均不计。

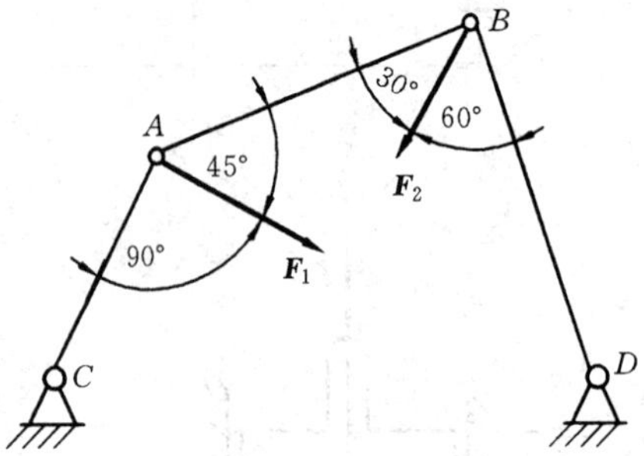

题 2-10 图

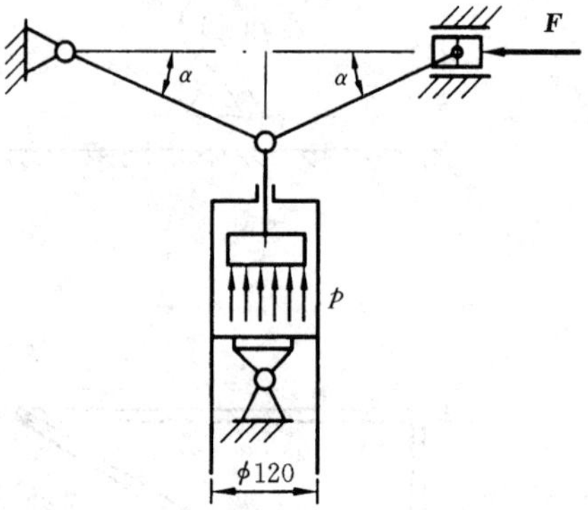

题 2-11 图

2-12　如题 2-12 图所示三铰拱受铅垂力 $\boldsymbol{F}$ 作用，若拱的重量不计，求 A、B 处的支座反力。

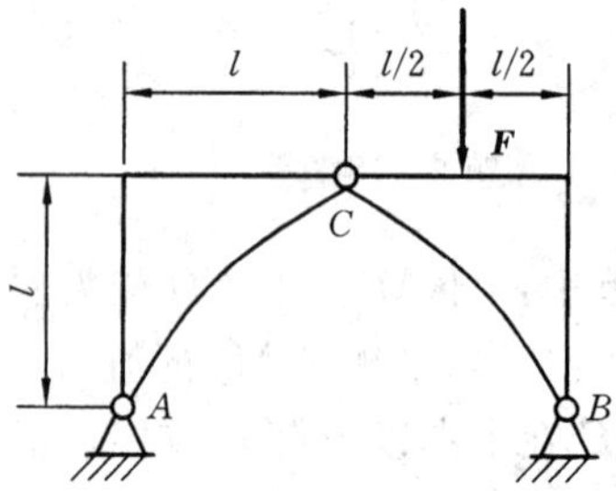

题 2-12 图

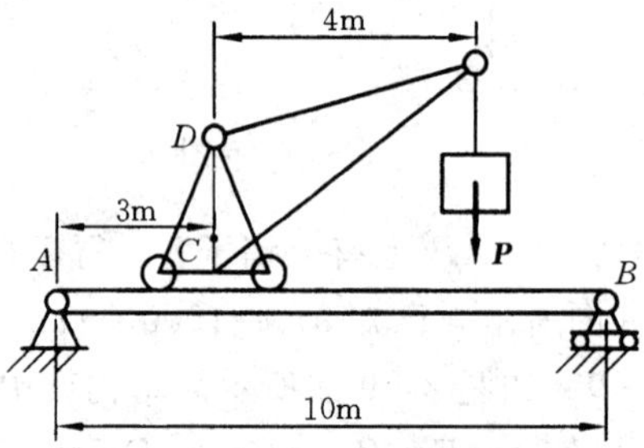

题 2-13 图

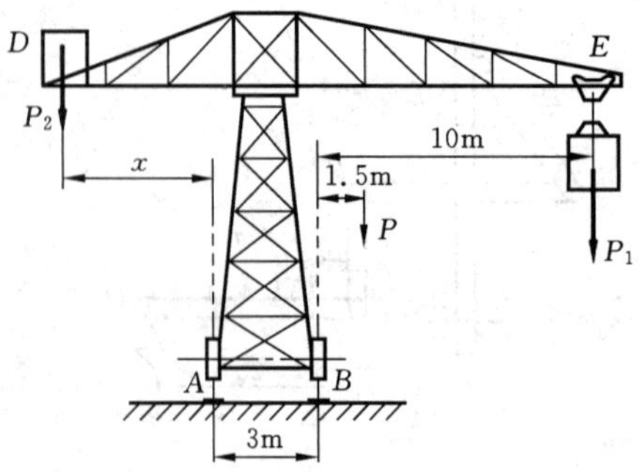

题 2-14 图

2-13　如题 2-13 图所示梁 AB 长 10m，在梁上有起重机重 50kN，其重心在 CD 上，起吊重量 $P=10\text{kN}$，梁重 30kN，求梁支座 A、B 的约束反力。

2-14　如题 2-14 图所示，移动式起重机的重为 $P=500\text{kN}$（不计平衡锤 D），其重心在离右轨 1.5m 处。起重物重为 $P_1=250\text{kN}$，突臂伸出离右轨 10m。跑车本身重力略去不计，欲使跑车 E 满载或空载时起重机均不致翻倒，求平衡锤的最小重力 P_2 以及平衡锤到左轨的最大距离 x。

2－15 求题 2－15 图所示各梁的约束反力。

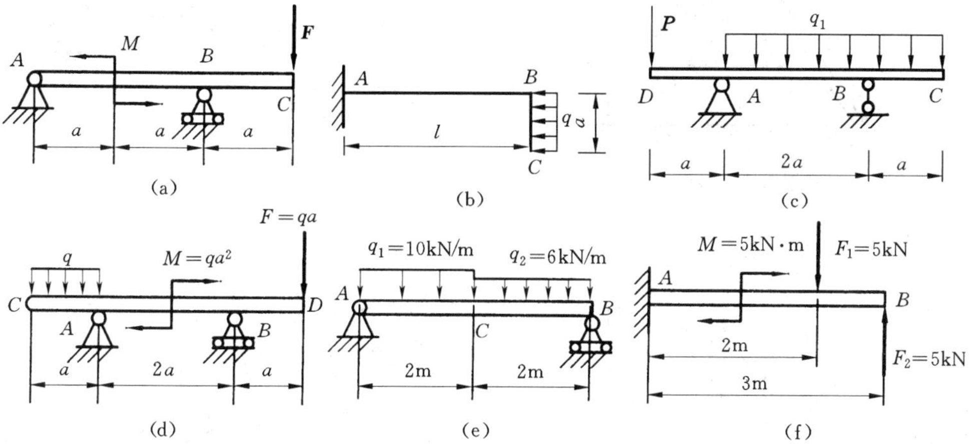

题 2－15 图

2－16 如题 2－16 图所示，化工厂用高压反应塔，直径为 D，高为 H，底部用螺栓与地基紧固连接，塔上风载处理为两段均布载荷，载荷集度为 q_1、q_2，整个塔自重为 $\boldsymbol{P}$，求塔根部的约束反力（q 的单位为 N/m）。

2－17 如题 2－17 图所示重为 $\boldsymbol{P}$ 的均质球半径为 a，放在墙与杆 AB 之间。杆 A 端铰支，B 端用水平绳拉住。杆长为 l，与墙的夹角为 α。不计杆重，求绳索拉力 $\boldsymbol{F}_{\mathrm{T}}$，并问 α 为何值时绳的拉力为最小。

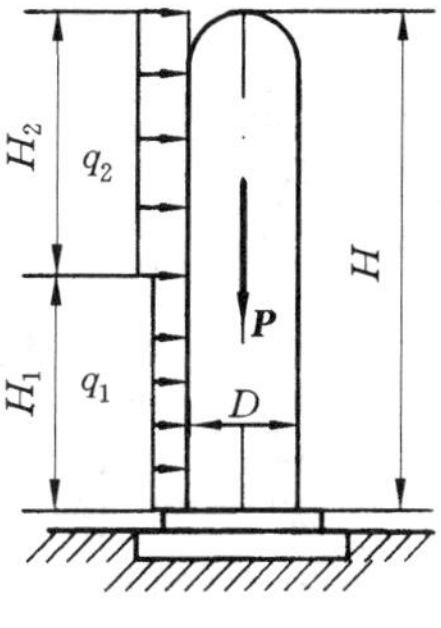

题 2－16 图

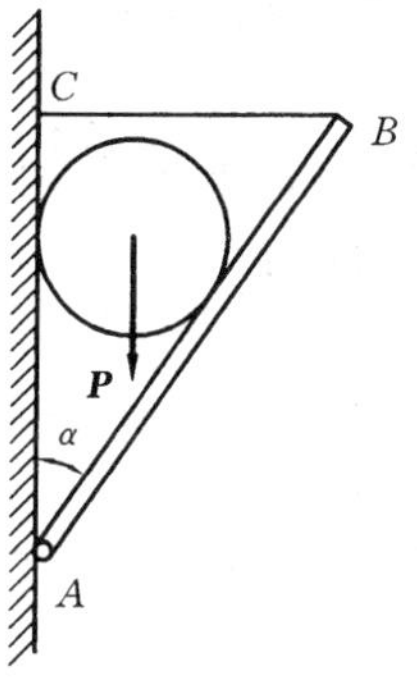

题 2－17 图

2－18 梯子放在水平面上，其一边作用有铅垂力 $\boldsymbol{F}$，尺寸如题 2－18 图所示。不计梯重，求绳索 DE 的拉力及 A 处的约束反力。

2－19 如题 2－19 图所示，倾斜悬臂梁 AB 与水平简支梁 BC 在 B 处铰接。梁上载荷 $q=400\text{N/m}$，$M=500\text{N}\cdot\text{m}$，求固定端 A 处的约束反力。

2－20 如题 2－20 图所示结构的载荷与几何尺寸已知，求 A 处约束反力。

2－21 如题 2－21 图所示结构中不计杆与滑轮自重，求 A 和 B 处的支座反力。

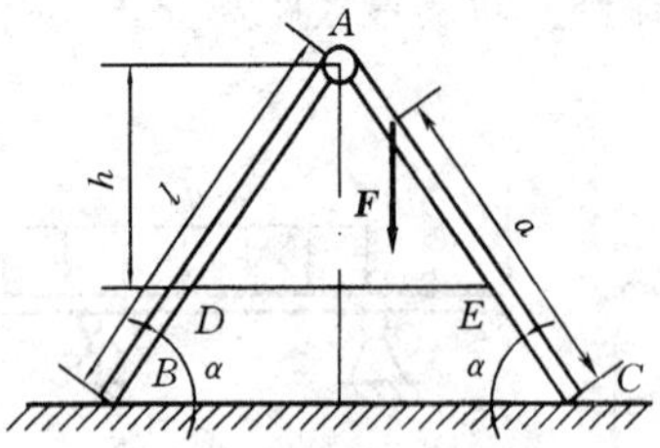

题 2-18 图

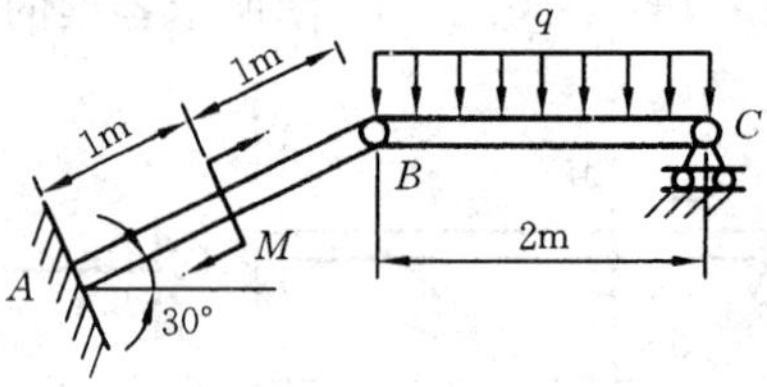

题 2-19 图

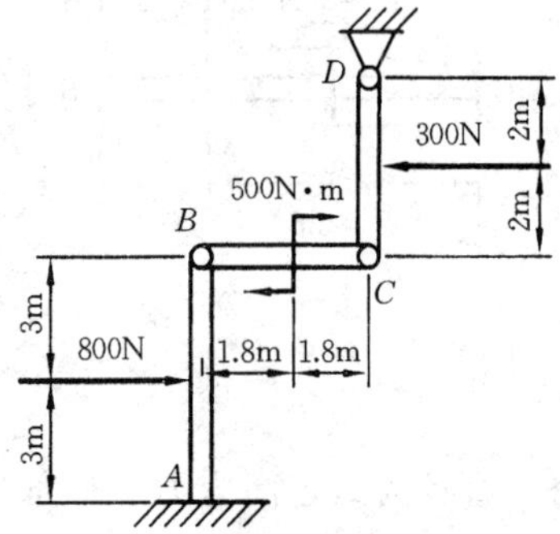

题 2-20 图

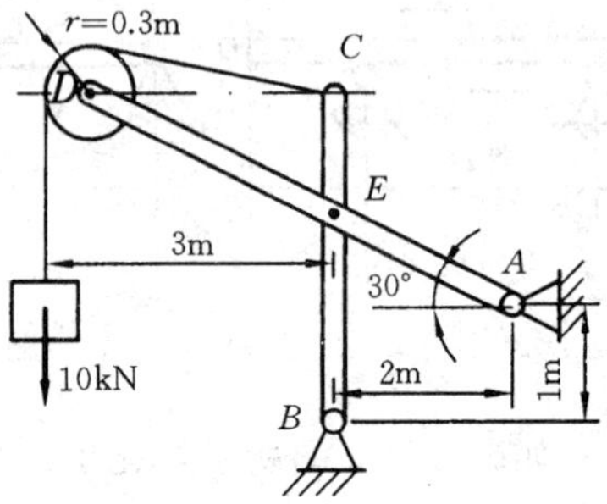

题 2-21 图

2-22 组合梁的支承及受力情况如题 2-22 图所示。已知 $q=20\text{kN/m}$，$M=40$ kN·m。试求支座 A、C 的反力和铰链 B 所受的力。

2-23 组合梁 ACD 的支承和荷载情况如题 2-23 图所示。试求支座 A、B、D 的反力和铰链 C 所受的力。设已知 $q=25\text{kN/m}$，$F=50\text{kN}$，$M=50\text{kN}\cdot\text{m}$。梁重不计。

2-24 如题 2-24 图所示结构中物体 Q 重 1000N，$AD=DB=2\text{m}$，$CD=DE=1.5\text{m}$，不计杆与滑轮自重，求 A、B 处的约束反力及杆 BC 的内力。

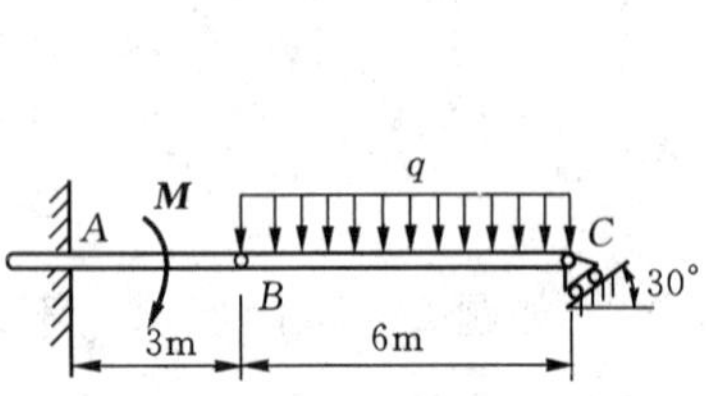

题 2-22 图

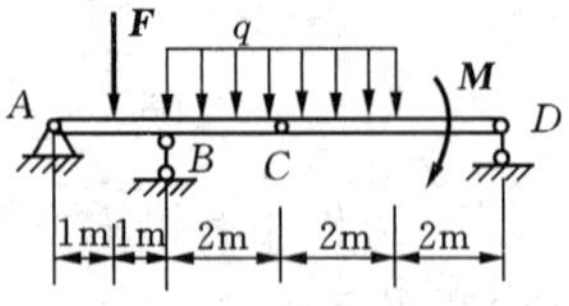

题 2-23 图

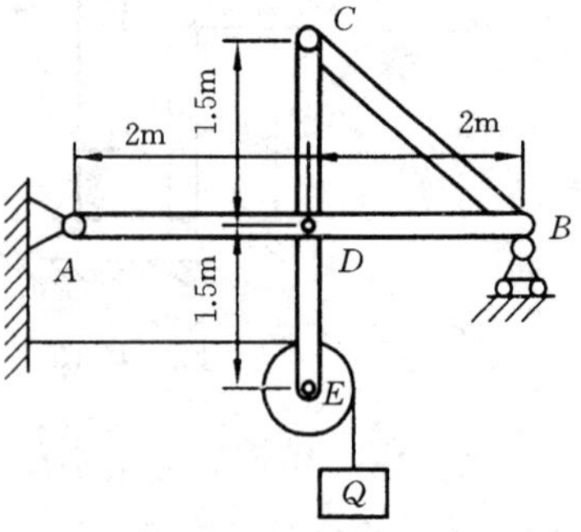

题 2-24 图

2-25 重 10kN 的重物由杆及滑轮支持，如题 2-25 图所示，不计杆及滑轮的重量，求固定铰支座 A 与 D 处的约束反力。

2-26 构架由杆 AB、AC 和 DF 铰接而成，如题 2-26 图所示，在 DEF 杆上作

用一力偶矩为 M 的力偶。不计各杆的重量，求 AB 杆上铰链 A、D 和 B 所受的力。

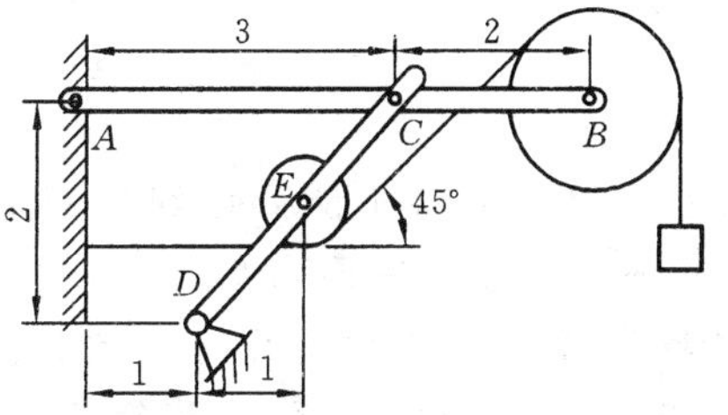

题 2-25 图（单位：m）

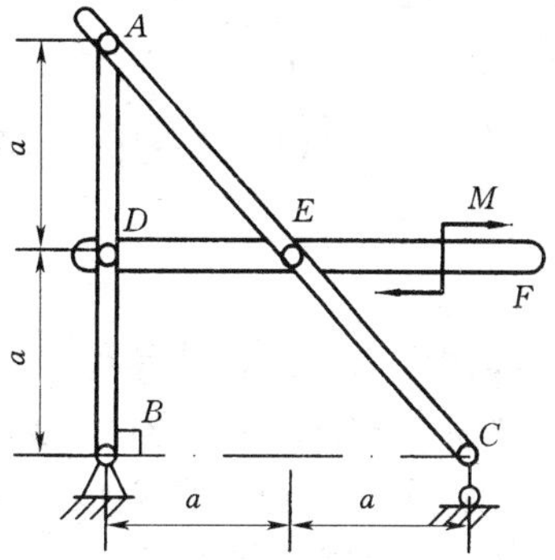

题 2-26 图

2-27　如题 2-27 图所示结构中，A 处为固定端约束，C 处为光滑接触，D 处为铰链连接。已知 $F_1=F_2=400\text{N}$，$M=30\text{N}\cdot\text{m}$，$AB=BC=400\text{mm}$，$CD=CE=300\text{mm}$，$\alpha=45°$，不计各构件自重，求固定端 A 处与铰链 D 处的约束反力。

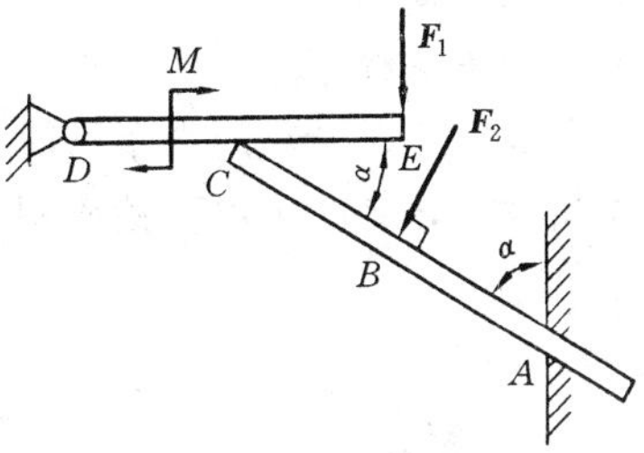

题 2-27 图

2-28　一桁架的支承及载荷如题 2-28 图所示，桁架中各杆长度相等，设滑轮的半径为 r，重物重 W_1，求杆 1、2、3 的内力。

2-29　求题 2-29 图所示桁架各杆的内力。

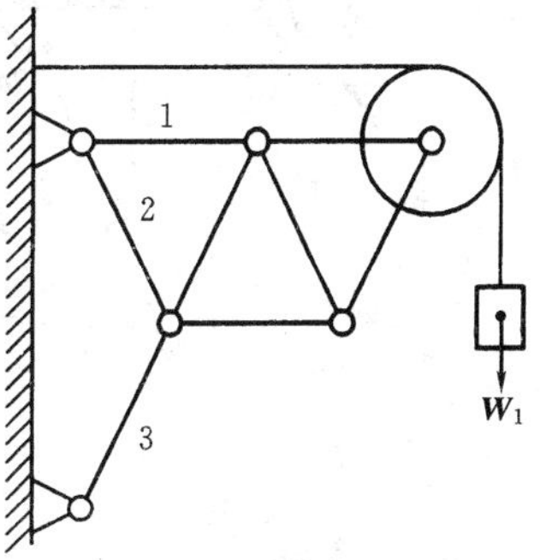

题 2-28 图

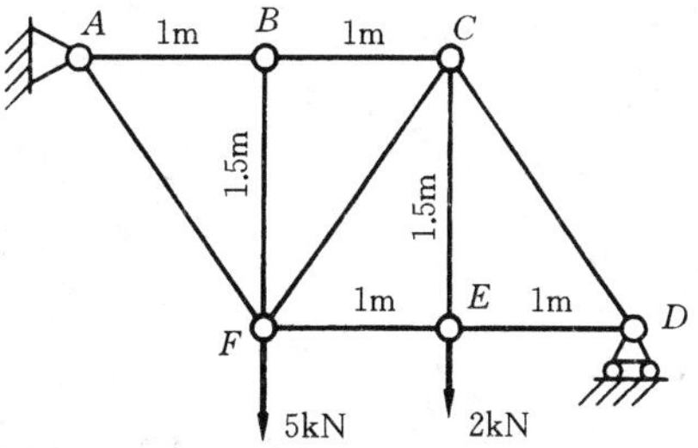

题 2-29 图

2-30　求题 2-30 图所示桁架中杆 CD、DG、HG 的内力。

2-31　已知 $F=10\text{kN}$，求题 2-31 图所示桁架中杆 6、7、9、10 各的内力。

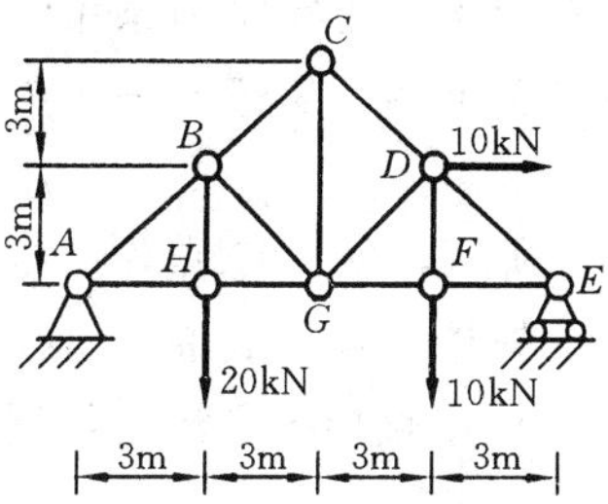

题 2-30 图

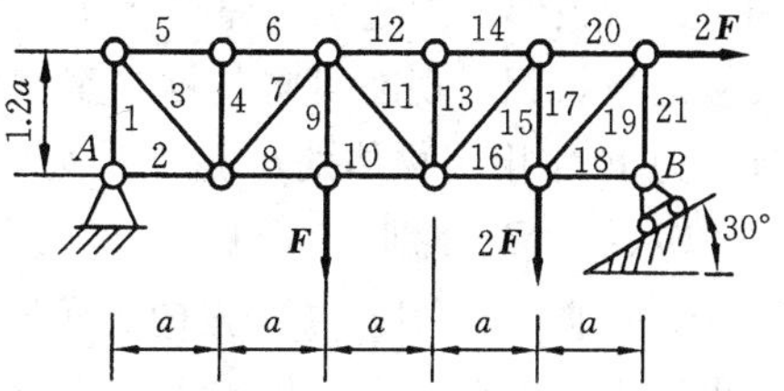

题 2-31 图

第三章
思维导图

第三章　空　间　力　系

作用在物体上的力系，若其作用线分布在空间，而且不能简化到某一平面时，这种力系就被称为空间力系。空间力系是最一般的力系，平面力系只是它的一种特殊情况。在工程实际中遇到的空间力系有各种形式，当各力作用线汇交于一点时，就称此力系为空间汇交力系［图 3－1（a）中作用于 A 点的力系］；若各力作用线互相平行，就称此力系为空间平行力系［图 3－1（b）中平板的受力］；如果各力作用线在空间任意分布，则称此力系为空间一般力系或空间任意力系［图 3－1（c）中绞车轴所受的力系］。

本章主要讨论空间力系的简化和平衡问题。在空间力系中，平面力系的有关概念、理论和方法，有的可以直接应用，有的经过推广也能应用。

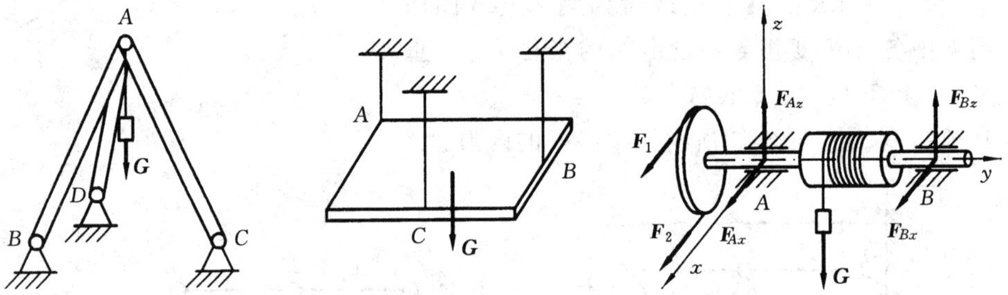

(a)　　(b)　　(c)

图 3－1

第一节　空 间 汇 交 力 系

一、力在空间直角坐标轴上的投影

同平面力系一样，研究空间力系的简化、合成及平衡问题也需将力系中各力在空间坐标轴上进行投影。通过第二章的研究得知，力在某轴上的投影等于该力矢量与该轴单位矢量之数量积，现在可将其推广至空间力系中。

设有一力 $\boldsymbol{F}$ 作用于物体的 O 点上，如图 3－2（a）所示，现过 O 点作一空间坐标 $Oxyz$，并以 $\boldsymbol{i}$、$\boldsymbol{j}$、$\boldsymbol{k}$ 分别表示 Ox、Oy、Oz 轴的单位矢量，若力 $\boldsymbol{F}$ 的方向角 α、β、γ（力 $\boldsymbol{F}$ 与坐标轴 Ox、Oy、Oz 正向夹角）为已知，则可用直接投影法，根据力的投影定义，可得出该力在三个坐标轴上的投影分别为

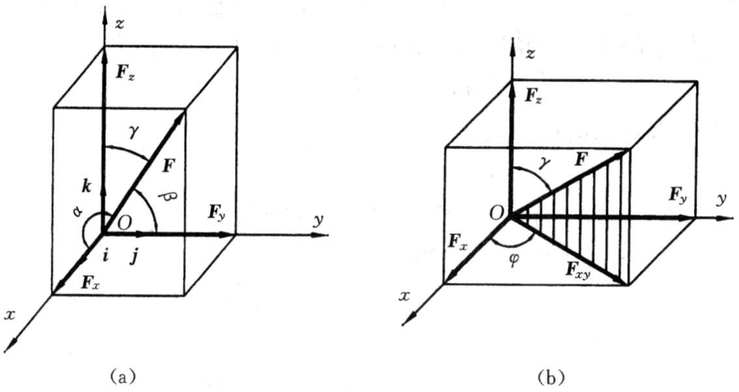

图 3－2

$$\begin{cases}F_x=\boldsymbol{F}\cdot\boldsymbol{i}=F\cos\alpha\\F_y=\boldsymbol{F}\cdot\boldsymbol{j}=F\cos\beta\\F_z=\boldsymbol{F}\cdot\boldsymbol{k}=F\cos\gamma\end{cases}\tag{3-1}$$

式中：$\cos\alpha$、$\cos\beta$、$\cos\gamma$ 为力 $\boldsymbol{F}$ 的方向余弦。

当力 $\boldsymbol{F}$ 的方向角不能全部得知，但已知确定 $\boldsymbol{F}$ 方向的其他角度时，如图 3－2（b）所示，已知力 $\boldsymbol{F}$ 与 z 轴的夹角 γ 和 $\boldsymbol{F}$ 在 Oxy 面上的分力 $\boldsymbol{F}_{xy}$ 与 Ox 轴的夹角 φ，则可先将力 $\boldsymbol{F}$ 投影到坐标平面 Oxy 面上，得到力 $\boldsymbol{F}_{xy}$，然后再将此力投影到 x、y 轴上。则力 $\boldsymbol{F}$ 在三个坐标轴上的投影分别为

$$\begin{cases}F_x=F\sin\gamma\cos\varphi\\F_y=F\sin\gamma\sin\varphi\\F_z=F\cos\gamma\end{cases}\tag{3-2}$$

在一些实际问题中，应用这个方法计算投影往往比较方便。这种投影法称为二次投影法。

从上面的分析不难看出，如果力 $\boldsymbol{F}$ 的大小和方向是已知的，则它在选定坐标系的三个轴上的投影是确定的（坐标系不定，投影则无法确定）；反过来，若已知力 $\boldsymbol{F}$ 在选定坐标系的三个坐标轴上的投影 F_x、F_y、F_z，则力 $\boldsymbol{F}$ 的大小及方向也随之唯一确定，这说明力和它在选定坐标轴上的投影具有一一对应的关系。对于已知正交坐标系中力在各轴上投影的情况下，其力的大小为

$$F=\sqrt{F_x^2+F_y^2+F_z^2}\tag{3-3a}$$

其方向余弦为

$$\begin{cases}\cos\alpha=\dfrac{F_x}{F}\\\cos\beta=\dfrac{F_y}{F}\\\cos\gamma=\dfrac{F_z}{F}\end{cases}\tag{3-3b}$$

从前面的分析还可以看出，对于正交坐标系，力在坐标轴上的投影 F_x、F_y、F_z 和力沿坐标轴的分量的大小是相同的，在图 3-2（a）中，显然有

$$\boldsymbol{F}_x=F_x\boldsymbol{i},\ \boldsymbol{F}_y=F_y\boldsymbol{j},\ \boldsymbol{F}_z=F_z\boldsymbol{k}$$

由此可得力沿坐标轴的解析式为

$$\boldsymbol{F}=F_x\boldsymbol{i}+F_y\boldsymbol{j}+F_z\boldsymbol{k} \tag{3-4}$$

【例 3-1】 在正方体的顶点 A 和 B 处，分别作用力 $\boldsymbol{F}_1$ 和 $\boldsymbol{F}_2$，如图 3-3 所示。试求此二力在 x、y、z 轴上的投影。

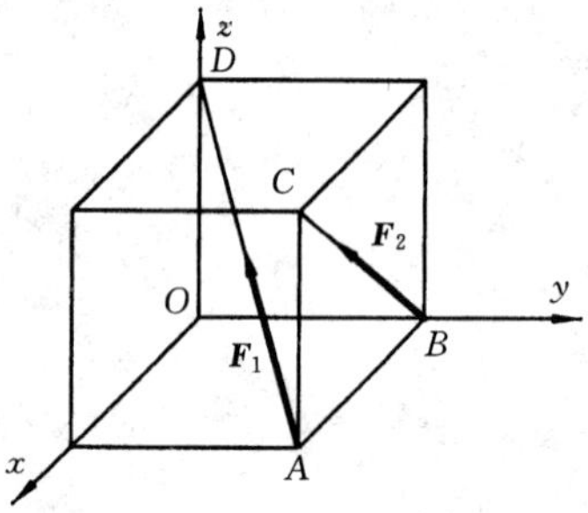

图 3-3

解：设正立方体的边长为 a，则

$$BC=\sqrt{2}a,AD=\sqrt{3}a,AO=\sqrt{2}a$$

$\boldsymbol{F}_1$ 在三个坐标轴上的投影为

$$F_{1x}=-F_1\cos\angle DAO\cos45^\circ=-F_1\frac{OA}{AD}\cos45^\circ$$

$$=-F_1\frac{\sqrt{2}}{\sqrt{3}}\times\frac{\sqrt{2}}{2}=\frac{-\sqrt{3}}{3}F_1$$

$$F_{1y}=-F_1\cos\angle DAO\sin45^\circ=-F_1\frac{OA}{AD}\sin45^\circ=-\frac{\sqrt{3}}{3}F_1$$

$$F_{1z}=F_1\sin\angle DAO=F_1\frac{OD}{AD}=F_1\frac{a}{\sqrt{3}a}=\frac{\sqrt{3}}{3}F_1$$

$\boldsymbol{F}_2$ 在三个坐标轴上的投影为

$$F_{2x}=F_2\cos45^\circ=\frac{\sqrt{2}}{2}F_2$$

$$F_{2y}=0\text{（因 }\boldsymbol{F}_2\text{ 垂直于 }y\text{ 轴）}$$

$$F_{2z}=F_2\sin45^\circ=\frac{\sqrt{2}}{2}F_2$$

二、空间汇交力系的合成与平衡条件

将平面汇交力系的合成法则扩展到空间，可得：空间汇交力系的合力等于各分力的矢量和，合力的作用线通过汇交点。合力矢为

$$\boldsymbol{F}_\mathrm{R}=\boldsymbol{F}_1+\boldsymbol{F}_2+\cdots+\boldsymbol{F}_n=\sum_{i=1}^{n}\boldsymbol{F}_i \tag{3-5}$$

或

$$\boldsymbol{F}=\sum F_{\mathrm{R}x}\boldsymbol{i}+\sum F_{\mathrm{R}y}\boldsymbol{j}+\sum F_{\mathrm{R}z}\boldsymbol{k} \tag{3-6}$$

其中，$\sum F_{\mathrm{R}x}$、$\sum F_{\mathrm{R}y}$、$\sum F_{\mathrm{R}z}$ 为合力 $\boldsymbol{F}_\mathrm{R}$ 沿 x、y、z 轴的投影。由合力投影定理知：

$$F_{\mathrm{R}x}=\sum F_{xi}=\sum F_x,\ F_{\mathrm{R}y}=\sum F_{yi}=\sum F_y,\ F_{\mathrm{R}z}=\sum F_{zi}=\sum F_z$$

由此可知合力的大小和方向余弦为

$$F_\mathrm{R}=\sqrt{(\sum F_{xi})^2+(\sum F_{yi})^2+(\sum F_{zi})^2} \tag{3-7}$$

$$\cos(\boldsymbol{F}_\mathrm{R},\boldsymbol{i})=\frac{\sum F_{xi}}{F_\mathrm{R}},\ \cos(\boldsymbol{F}_\mathrm{R},\boldsymbol{j})=\frac{\sum F_{yi}}{F_\mathrm{R}},\ \cos(\boldsymbol{F}_\mathrm{R},\boldsymbol{k})=\frac{\sum F_{yi}}{F_\mathrm{R}} \tag{3-8}$$

由于空间汇交力系合称为一个合力，因此，空间汇交力系平衡的必要和充分条件为：该力系的合力等于零，即

$$\boldsymbol{F}_{\mathrm{R}}=\sum \boldsymbol{F}_{i}=0 \tag{3-9}$$

由式（3-7）可知，为使合力 $\boldsymbol{F}_{\mathrm{R}}$ 为零，必须同时满足

$$\begin{cases}\sum F_{x}=0\\ \sum F_{y}=0\\ \sum F_{z}=0\end{cases} \tag{3-10}$$

空间汇交力系平衡的必要和充分条件为：该力系中所有的力在三个坐标轴上的投影的代数和分别等于零。式（3-10）称为空间汇交力系的平衡方程（为便于书写，下标 i 可略去）。

第二节　力对点的矩和力对轴的矩

力矩矢

一、力对点的矩以矢量表示——力矩矢

对于平面力系，用代数量表示力对点的矩足以概括它的全部要素。但是在空间情况下，不仅要考虑力矩的大小、转向，而且还要注意力与矩心所组成的平面（力矩作用面）的方位。方位不同，即使力矩大小一样，作用效果将完全不同。这三个因素可以用力矩矢 $\boldsymbol{M}_{O}(\boldsymbol{F})$ 来描述。其中矢量的模即 $|\boldsymbol{M}_{O}(\boldsymbol{F})|=Fh=2A_{\triangle OAB}$；矢量的方位和力矩作用面的法线方向相同；矢量的指向按右手螺旋法则来确定，如图 3-4 所示。

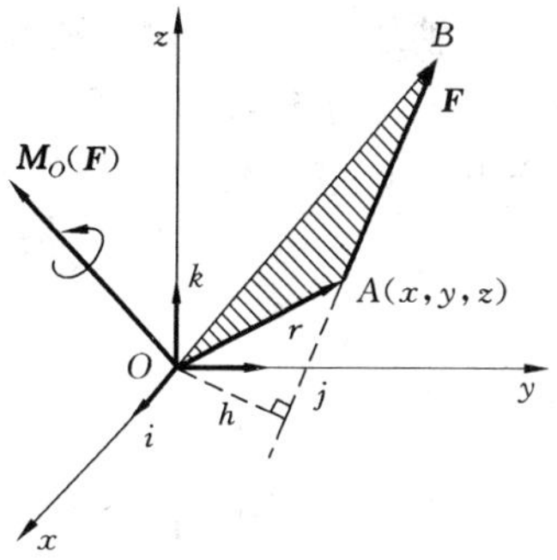

图 3-4

由图 3-4 易见，以 $\boldsymbol{r}$ 表示力作用点 A 的矢径，则矢积 $\boldsymbol{r}\times\boldsymbol{F}$ 的模等于三角形 OAB 面积的两倍，其方向与力矩矢一致。因此可得

$$\boldsymbol{M}_{O}(\boldsymbol{F})=\boldsymbol{r}\times\boldsymbol{F} \tag{3-11}$$

式（3-11）为力对点的矩的矢积表达式，即力对点的矩矢等于矩心到该力作用点的矢径与该力的矢量积。

若以矩心 O 为原点，作空间直角坐标系 $Oxyz$，如图 3-4 所示。设力作用点 A 的坐标为 $A(x,\ y,\ z)$，力在三个坐标轴上的投影分别为 F_{x}、F_{y}、F_{z}，则矢径 $\boldsymbol{r}$ 和力 $\boldsymbol{F}$ 分别为

$$\boldsymbol{r}=x\boldsymbol{i}+y\boldsymbol{j}+z\boldsymbol{k}$$

$$\boldsymbol{F}=F_{x}\boldsymbol{i}+F_{y}\boldsymbol{j}+F_{z}\boldsymbol{k}$$

代入式（3-11），并采用行列式形式，得

$$
\boldsymbol{M}_O(F)=\boldsymbol{r}\times\boldsymbol{F}=\begin{vmatrix} \boldsymbol{i} & \boldsymbol{j} & \boldsymbol{k} \\ x & y & z \\ F_x & F_y & F_z \end{vmatrix}
$$

$$
=(yF_z-zF_y)\boldsymbol{i}+(zF_x-xF_z)\boldsymbol{j}+(xF_y-yF_x)\boldsymbol{k} \qquad (3-12)
$$

由式（3－12）可知，单位矢量 $\boldsymbol{i}$、$\boldsymbol{j}$、$\boldsymbol{k}$ 前面的三个系数应分别表示力矩矢 $\boldsymbol{M}_O(\boldsymbol{F})$ 在三个坐标轴上的投影，即

$$
\begin{cases} [\boldsymbol{M}_O(\boldsymbol{F})]_x=yF_z-zF_y \\ [\boldsymbol{M}_O(\boldsymbol{F})]_y=zF_x-xF_z \\ [\boldsymbol{M}_O(\boldsymbol{F})]_z=xF_y-yF_x \end{cases} \qquad (3-13)
$$

由于力矩矢量 $\boldsymbol{M}_O(\boldsymbol{F})$ 的大小和方向都与矩心 O 的位置有关，故力矩矢的始端必须在矩心，不可任意挪动，这种矢量称为定位矢量。

力对轴的矩

二、力对轴的矩

工程中，经常遇到刚体绕定轴转动的情形，为了度量力对绕定轴转动刚体的作用效果，必须了解**力对轴的矩**的概念。

现计算作用在斜齿轮上的力 $\boldsymbol{F}$ 对 z 轴的矩。根据合力矩定理，将力 $\boldsymbol{F}$ 分解为 $\boldsymbol{F}_z$ 与 $\boldsymbol{F}_{xy}$，其中分力 $\boldsymbol{F}_z$ 平行 z 轴，不能使静止的齿轮转动，故它对 z 轴之矩为零；只有垂直 z 轴的分力 $\boldsymbol{F}_{xy}$ 对 z 轴有矩，等于力 $\boldsymbol{F}_{xy}$ 对轮心 C 的矩［图 3－5（a）］。一般情况下，可先将力 $\boldsymbol{F}$ 投影到垂直于 z 轴的 Oxy 平面内，得力 $\boldsymbol{F}_{xy}$，再将力 $\boldsymbol{F}_{xy}$ 对平面与轴的交点 O 取矩［图 3－5（b）］。以符号 $M_z(\boldsymbol{F})$ 表示力对 z 轴的矩，即

$$
M_z(\boldsymbol{F})=M_O(\boldsymbol{F}_{xy})=\pm F_{xy}h=\pm 2A_{\triangle Oab} \qquad (3-14)
$$

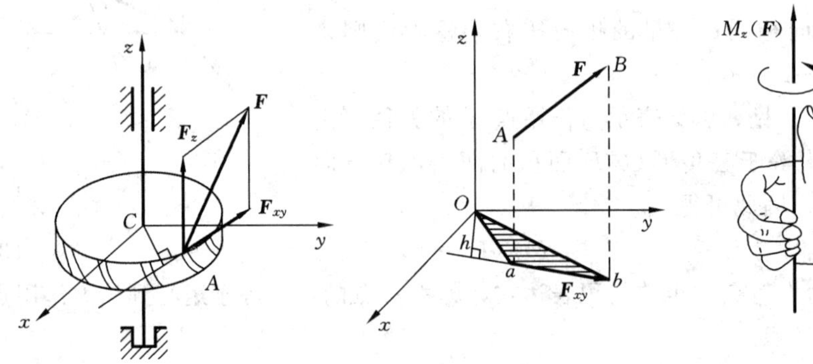

（a）　　（b）　　（c）

图 3－5

力对轴的矩的定义如下：力对轴的矩是力使刚体绕该轴转动效果的度量，是一个代数量，其绝对值等于该力在垂直于该轴的平面上的投影对于这个平面与该轴的交点的矩。其正负号如下确定：从 z 轴正端来看，若力的这个投影使物体绕该轴逆时针转动，则取正号，反之取负号。也可按右手螺旋法则确定其正负号，如图 3－5（c）所示，拇指指向与 z 轴一致为正，反之为负。

力对轴的矩等于零的情形：①当力与轴相交时（此时 $h=0$）；②当力与轴平行时（此时 $|\boldsymbol{F}_{xy}|=0$）。这两种情形可以合起来说：当力与轴在同一平面时，力对该轴的矩等于零。

力对轴的矩的单位为 N·m。

力对轴的矩也可用解析式表示。设力 $\boldsymbol{F}$ 在三个坐标轴上的投影分别为 F_x、F_y、F_z，力作用点 A 的坐标为 $A(x, y, z)$，如图 3-6 所示。根据式（3-14），得

$$M_z(\boldsymbol{F})=M_O(\boldsymbol{F}_{xy})=M_O(\boldsymbol{F}_x)+M_O(\boldsymbol{F}_y)$$

即

$$M_z(\boldsymbol{F})=xF_y-yF_x$$

同理可得其余二式。将此三式合写为

$$\begin{cases}M_x(\boldsymbol{F})=yF_z-zF_y\\M_y(\boldsymbol{F})=zF_x-xF_z\\M_z(\boldsymbol{F})=xF_y-yF_x\end{cases}\tag{3-15}$$

以上三式是计算力对轴之矩的解析式。

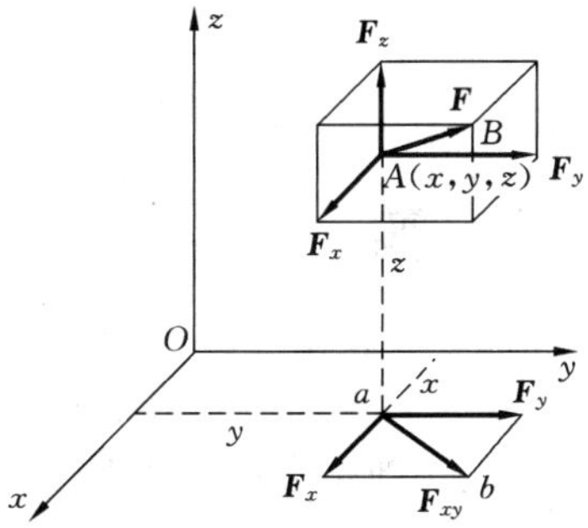

图 3-6

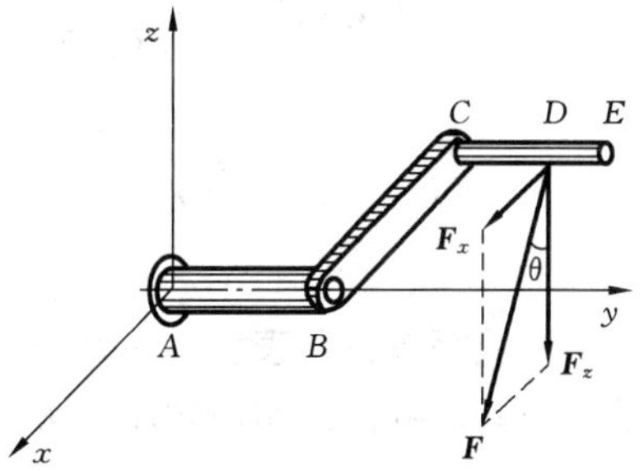

图 3-7

【例 3-2】 手柄 $ABCE$ 在平面 Axy 内，在 D 处作用一个力 $\boldsymbol{F}$，如图 3-7 所示，它在垂直于 y 轴的平面内，偏离铅直线的角度为 θ，如果 $CD=a$，杆 BC 平行于 x 轴，杆 CE 平行于 y 轴，AB 和 BC 的长度都等于 l。试求力 $\boldsymbol{F}$ 对 x、y、z 三轴的矩。

解： 力 $\boldsymbol{F}$ 在 x、y、z 轴上的投影为

$$F_x=F\sin\theta,\ F_y=0,\ F_z=-F\cos\theta$$

力作用点 D 的坐标为

$$x=-l,\ y=l+a,\ z=0$$

代入式（3-15），得

$$M_x(\boldsymbol{F})=yF_z-zF_y=(l+a)(-F\cos\theta)-0=-F(l+a)\cos\theta$$
$$M_y(\boldsymbol{F})=zF_x-xF_z=0-(-l)(-F\cos\theta)=-Fl\cos\theta$$
$$M_z(\boldsymbol{F})=xF_y-yF_x=0-(l+a)(F\sin\theta)=-F(l+a)\sin\theta$$

本题亦可直接按力对轴之矩的定义计算。

三、力对点的矩与力对轴的矩之间的关系

比较式（3-13）与式（3-15），可得

$$\begin{cases}[\boldsymbol{M}_O(\boldsymbol{F})]_x=M_x(\boldsymbol{F})\\ [\boldsymbol{M}_O(\boldsymbol{F})]_y=M_y(\boldsymbol{F})\\ [\boldsymbol{M}_O(\boldsymbol{F})]_z=M_z(\boldsymbol{F})\end{cases}\tag{3-16}$$

式（3-16）说明：力对点的矩矢在通过该点的某轴上的投影，等于力对该轴的矩。

式（3-16）建立了力对点的矩与力对轴的矩之间的关系。

如果力对通过点 O 的直角坐标轴 x、y、z 的矩是已知的，则可求得该力对点 O 的矩的大小和方向余弦为

$$\begin{cases}|\boldsymbol{M}_O(\boldsymbol{F})|=|\boldsymbol{M}_O|=\sqrt{[M_x(\boldsymbol{F})]^2+[M_y(\boldsymbol{F})]^2+[M_z(\boldsymbol{F})]^2}\\ \cos(\boldsymbol{M}_O,\boldsymbol{i})=\dfrac{M_x(\boldsymbol{F})}{|\boldsymbol{M}_O(\boldsymbol{F})|}\\ \cos(\boldsymbol{M}_O,\boldsymbol{j})=\dfrac{M_y(\boldsymbol{F})}{|\boldsymbol{M}_O(\boldsymbol{F})|}\\ \cos(\boldsymbol{M}_O,\boldsymbol{k})=\dfrac{M_z(\boldsymbol{F})}{|\boldsymbol{M}_O(\boldsymbol{F})|}\end{cases}\tag{3-17}$$

第三节　空　间　力　偶

一、力偶矩以矢量表示——力偶矩矢

空间力偶对刚体的作用效应，可用力偶矩矢来度量，即用力偶中的两个力对空间某点之矩的矢量和来度量。设有空间力偶（$\boldsymbol{F},\boldsymbol{F}'$），其力偶臂为 d，如图 3-8（a）所示。力偶对空间任一点 O 的矩矢为 $\boldsymbol{M}_O(\boldsymbol{F},\boldsymbol{F}')$，则有

$$\boldsymbol{M}_O(\boldsymbol{F},\boldsymbol{F}')=\boldsymbol{M}_O(\boldsymbol{F})+\boldsymbol{M}_O(\boldsymbol{F}')=\boldsymbol{r}_A\times\boldsymbol{F}+\boldsymbol{r}_B\times\boldsymbol{F}'$$

由于 $\boldsymbol{F}'=-\boldsymbol{F}$，故上式可改写为

$$\boldsymbol{M}_O(\boldsymbol{F},\boldsymbol{F}')=(\boldsymbol{r}_A-\boldsymbol{r}_B)\times\boldsymbol{F}=\boldsymbol{r}_{AB}\times\boldsymbol{F}(\text{或 }\boldsymbol{r}_{AB}\times\boldsymbol{F}')$$

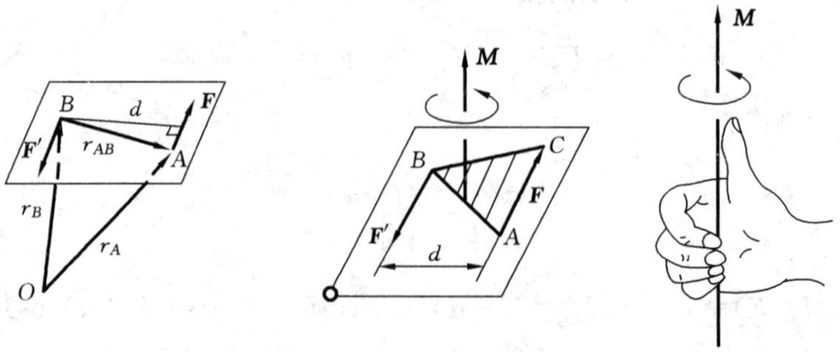

(a)　(b)　(c)

图 3-8

计算表明，力偶对空间任一点的矩矢与矩心无关，以记号 $\boldsymbol{M}(\boldsymbol{F},\boldsymbol{F}')$ 或 $\boldsymbol{M}$ 表示力偶矩矢，则

$$\boldsymbol{M}=\boldsymbol{r}_{BA}\times\boldsymbol{F} \tag{3-18}$$

由于力偶矩矢 $\boldsymbol{M}$ 无须确定矢的初端位置，这样的矢量称为**自由矢量**，如图 3－8（b）所示。

总之，空间力偶对刚体的作用效果决定于下列三个因素：

（1）矢量的模，即力偶矩大小 $M=Fd=2A_{\triangle ABC}$［图 3－8（b）］。

（2）矢量的方位与力偶作用面相垂直［图 3－8（b）］。

（3）矢量的指向与力偶的转向的关系服从右手螺旋法则，如图 3－8（c）所示。

二、空间力偶等效定理

由于空间力偶对刚体的作用效果完全由力偶矩矢来确定，而力偶矩矢是自由矢量，因此两个空间力偶不论作用在刚体的什么位置，也不论力的大小、方向及力偶臂的大小，只要力偶矩矢相等，就等效。这就是空间力偶等效定理，即作用在同一刚体上的两个空间力偶，如果其力偶矩矢相等，则它们彼此等效。

这一定理表明：空间力偶可以平移到与其作用面平行的任意平面上而不改变力偶对刚体的作用效果；也可以同时改变力与力偶臂的大小或将力偶在其作用面内任意移转，只要力偶矩矢的大小、方向不变，其作用效果就不变。可见，力偶矩矢是空间力偶作用效果的唯一度量。

三、空间力偶系的合成与平衡条件

任意一个空间分布的力偶可合成为一个合力偶，合力偶矩矢等于各分力偶矩矢的矢量和，即

$$\boldsymbol{M}=\boldsymbol{M}_1+\boldsymbol{M}_2+\cdots+\boldsymbol{M}_n=\sum_{i=1}^{n}\boldsymbol{M}_i \tag{3-19}$$

证明：设有矩为 $\boldsymbol{M}_1$ 和 $\boldsymbol{M}_2$ 的两个力偶分别作用在相交的平面Ⅰ和平面Ⅱ内，如图 3－9 所示。首先证明它们合成的结果为一力偶。为此，在这两平面的交线上取任意线段 $AB=d$，利用力偶的等效条件，将两力偶各在其作用面内等效移转和变换，使它们具有共同的力偶臂 d，令 $\boldsymbol{M}_1=\boldsymbol{M}(\boldsymbol{F}_1, \boldsymbol{F}_1')$，$\boldsymbol{M}_2=\boldsymbol{M}(\boldsymbol{F}_2, \boldsymbol{F}_2')$。再分别合成 A、B 两点的汇交力，得 $\boldsymbol{F}_R=\boldsymbol{F}_1+\boldsymbol{F}_2$，$\boldsymbol{F}_R'=\boldsymbol{F}_1'+\boldsymbol{F}_2'$。由图 3－9 显见，$\boldsymbol{F}_R=-\boldsymbol{F}_R'$，由此组成一个合力偶（$\boldsymbol{F}_R$，$\boldsymbol{F}_R'$），它作用在平面Ⅲ内，令其矩为 $\boldsymbol{M}$。由图 3－9 易得

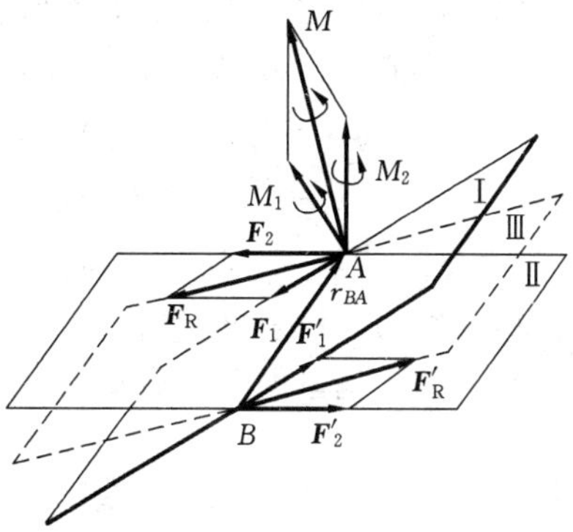

图 3－9

$$\boldsymbol{M}=\boldsymbol{r}_{BA}\times\boldsymbol{F}_R=\boldsymbol{r}_{BA}\times(\boldsymbol{F}_1+\boldsymbol{F}_2)=\boldsymbol{M}_1+\boldsymbol{M}_2$$

上式证得：合力偶矩矢等于原有两力偶矩矢的矢量和。

如有 n 个空间力偶，可逐次合成，则式（3－19）得证。

合力偶矩矢的解析表达式为

$$\boldsymbol{M}=M_x\boldsymbol{i}+M_y\boldsymbol{j}+M_z\boldsymbol{k} \tag{3-20}$$

将式（3-19）分别向 x、y、z 轴投影，有

$$\begin{cases}M_x=M_{1x}+M_{2x}+\cdots+M_{nx}=\sum\limits_{i=1}^{n}M_{ix}\\M_y=M_{1y}+M_{2y}+\cdots+M_{ny}=\sum\limits_{i=1}^{n}M_{iy}\\M_z=M_{1z}+M_{2z}+\cdots+M_{nz}=\sum\limits_{i=1}^{n}M_{iz}\end{cases} \tag{3-21}$$

即合力偶矩矢在 x、y、z 轴上投影等于各分力偶矩矢在相应轴上投影的代数和（为便于书写，下标 i 可略去）。

【例 3-3】 工件如图 3-10（a）所示，它的四个面上同时钻五个孔，每个孔所受的切削力偶矩均为 80N·m。求工件所受合力偶的矩在 x、y、z 轴上的投影 M_x、M_y、M_z。

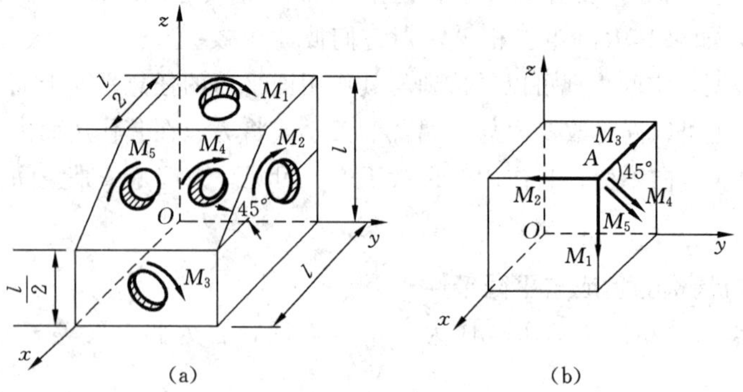

图 3-10

解： 将作用在四个面上的力偶用力偶矩矢量表示，并将它们平行移到点 A，如图 3-10（b）所示。根据式（3-15），得

$$M_x=\sum M_x=-M_3-M_4\cos45°-M_5\cos45°\approx-193.1\text{N}\cdot\text{m}$$
$$M_y=\sum M_y=-M_2=-80\text{N}\cdot\text{m}$$
$$M_z=\sum M_z=-M_1-M_4\cos45°-M_5\cos45°\approx-193.1\text{N}\cdot\text{m}$$

由于空间力偶系可以用一个合力偶来代替，因此，空间力偶系平衡的必要和充分条件是：该力偶系的合力偶矩等于零，亦即所有力偶矩矢的矢量和等于零，即

$$\sum_{i=1}^{n}\boldsymbol{M}_i=0 \tag{3-22}$$

欲使式（3-22）成立，必须同时满足：

$$\sum_{i=1}^{n}M_{ix}=0,\quad \sum_{i=1}^{n}M_{iy}=0,\quad \sum_{i=1}^{n}M_{iz}=0 \tag{3-23}$$

式（3-23）为空间力偶系的平衡方程。即空间力偶系平衡的必要和充分条件为：该力偶系中所有各力偶矩矢在三个坐标轴上投影的代数和分别等于零（为便于书写，下标 i 可略去）。

上述三个独立的平衡方程可求解三个未知量。

【例 3-4】 O_1 和 O_2 圆盘与水平轴 AB 固连，O_1 盘面垂直于 z 轴，O_2 盘面垂直于 x 轴，盘面上分别作用有力偶（$\boldsymbol{F}_1$，$\boldsymbol{F}_1'$）、（$\boldsymbol{F}_2$，$\boldsymbol{F}_2'$），如图 3-11（a）所示。如两盘半径均 200mm，$F_1=3\text{N}$，$F_2=5\text{N}$，$AB=800\text{mm}$，不计构件自重，求轴承 A 和 B 处的约束力。

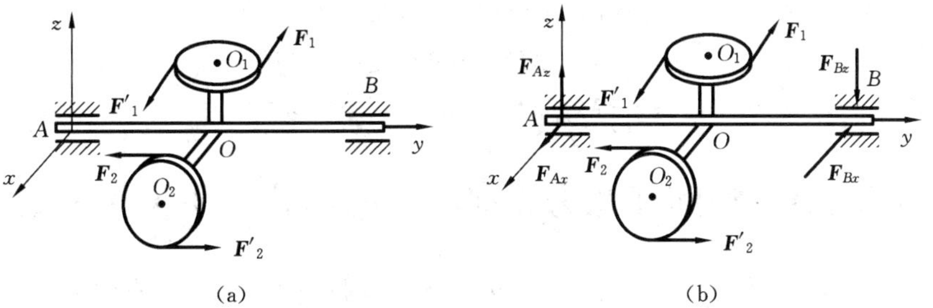

图 3-11

解：取整体为研究对象，由于构件自重不计，主动力为两力偶，由力偶只能由力偶来平衡的性质，轴承 A、B 处的约束力也应形成力偶。设 A、B 处的约束力为 $\boldsymbol{F}_{Ax}$、$\boldsymbol{F}_{Az}$、$\boldsymbol{F}_{Bx}$、$\boldsymbol{F}_{Bz}$，方向如图 3-11（b）所示，由力偶系的平衡方程，有

$$\sum M_x=0，400F_2-800F_{Az}=0$$

$$\sum M_z=0，400F_1+800F_{Ax}=0$$

解得

$$F_{Ax}=F_{Bx}=-1.5\text{N}，F_{Az}=F_{Bz}=2.5\text{N}$$

【例 3-5】 长方体如图 3-12 所示，其上作用着三个力偶（$\boldsymbol{F}_1$，$\boldsymbol{F}_1'$）、（$\boldsymbol{F}_2$，$\boldsymbol{F}_2'$）和（$\boldsymbol{F}_3$，$\boldsymbol{F}_3'$），已知 $F_1=F_1'=15\text{N}$，$F_2=F_2'=20\text{N}$，$F_3=F_3'=20\text{N}$，$b=0.1\text{m}$，求合力偶矩矢。

解：由各力偶的作用可知，各力偶矩矢应沿其作用面的法线方位，这样（$\boldsymbol{F}_1$，$\boldsymbol{F}_1'$）的方位应与 z 轴一致，（$\boldsymbol{F}_2$，$\boldsymbol{F}_2'$）的作用面方位（即力偶矩矢的方位）应垂直于平面 $ACDE$，与 x 轴正向的夹角为 45°；（$\boldsymbol{F}_3$，$\boldsymbol{F}_3'$）的力偶矩矢的方位应垂直于平面 AB-DG，与 x 轴正向的夹角为 α_3（$\tan\alpha_3=1/2$）。

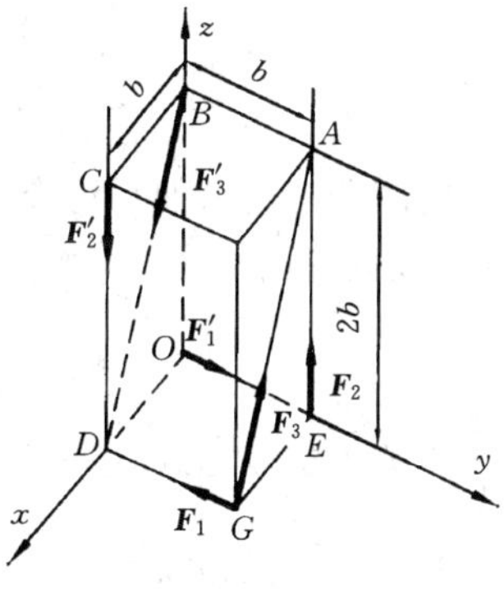

图 3-12

利用合力偶矩矢的投影式有

$$\begin{aligned} M_x &=M_{1x}+M_{2x}+M_{3x} \\ &=0+F_2\sqrt{2}b\cos45°+F_3b\cos\alpha_3 \\ &=F_2b+\frac{2}{5}\sqrt{5}F_3b \end{aligned}$$

$$\begin{aligned} M_y &=M_{1y}+M_{2y}+M_{3y} \\ &=0+F_2\sqrt{2}b\sin45°+0=F_2b \end{aligned}$$

$$\begin{aligned} M_z &=M_{1z}+M_{2z}+M_{3z} \\ &=-F_1b+0+F_3b\sin\alpha_3=-F_1b+\frac{\sqrt{5}}{5}F_3b \end{aligned}$$

代入已知数据，得

$$M_x \approx 3.79\text{N}\cdot\text{m},\ M_y = 2.0\text{N}\cdot\text{m},\ M_z \approx 0.6\text{N}\cdot\text{m}$$

$$M = \sqrt{M_x^2 + M_y^2 + M_z^2} \approx 4.33\text{N}\cdot\text{m}$$

方向余弦为

$$\cos\alpha = M_x/M \approx 0.875,\ \alpha = 29^\circ$$
$$\cos\beta = M_y/M \approx 0.462,\ \beta = 62.5^\circ$$
$$\cos\gamma = M_z/M \approx -0.139,\ \gamma = 97.9^\circ$$

空间任意力系简化

第四节　空间任意力系向一点的简化　主矢和主矩

刚体上作用空间任意力系 $\boldsymbol{F}_1$、$\boldsymbol{F}_2$、…、$\boldsymbol{F}_n$［图 3-13（a)］。应用力的平移定理，依次将各力向简化中心 O 平移，同时附加一个相应的力偶。这样，原来的空间任意力系被空间汇交力系和空间力偶系两个简单力系等效替换，如图 3-13（b）所示。其中作用于点 O 的空间汇交力系可合成一力 $\boldsymbol{F}'_R$［图 3-13（c)］，此力的作用线通过点 O，其大小和方向等于力系的主矢，即

$$\boldsymbol{F}'_R = \sum_{i=1}^{n}\boldsymbol{F}_i = \sum_{i=1}^{n}F_{xi}\boldsymbol{i} + \sum_{i=1}^{n}F_{yi}\boldsymbol{j} + \sum_{i=1}^{n}F_{zi}\boldsymbol{k} \qquad (3-24)$$

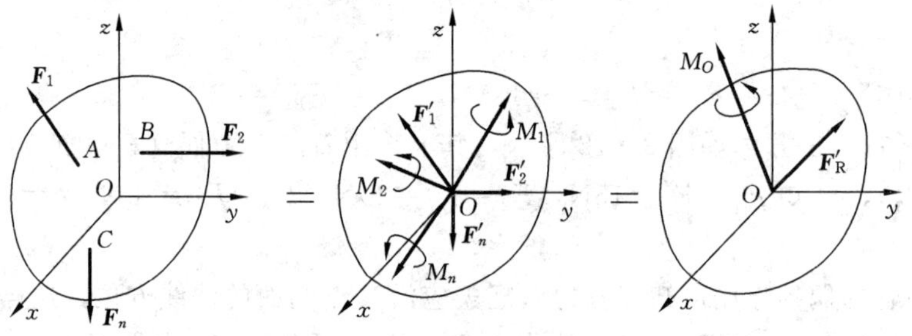

(a)　(b)　(c)

图 3-13

$$\begin{cases}\boldsymbol{F}'_i = \boldsymbol{F}_i \\ \boldsymbol{M}_i = \boldsymbol{M}_O(\boldsymbol{F}_i)\end{cases} \quad (i = 1,\ 2,\ \cdots,\ n)$$

空间分布的力偶系可合成为一力偶［图 3-13（c)］。其力偶矩矢等于原力系对点 O 的主矩，即

$$\boldsymbol{M}_O = \sum_{i=1}^{n}\boldsymbol{M}_i = \sum_{i=1}^{n}\boldsymbol{M}_O(\boldsymbol{F}_i) = \sum_{i=1}^{n}(\boldsymbol{r}_i \times \boldsymbol{F}_i) \qquad (3-25a)$$

由力矩的解析表达式（3-12），有

$$\boldsymbol{M}_O = \sum_{i=1}^{n}(y_iF_{zi} - z_iF_{yi})\boldsymbol{i} + \sum_{i=1}^{n}(z_iF_{xi} - x_iF_{zi})\boldsymbol{j} + \sum_{i=1}^{n}(x_iF_{yi} - y_iF_{xi})\boldsymbol{k} \qquad (3-25b)$$

空间任意力系向任一点 O 简化，可得一力和一力偶。这个力的大小和方向等于该力

系的主矢，作用线通过简化中心 O；这力偶的矩矢等于该力系对简化中心的主矩。与平面任意力系一样，主矢与简化中心的位置无关，主矩一般与简化中心的位置有关。

式（3－25b）中，单位矢量 $\boldsymbol{i}$、$\boldsymbol{j}$、$\boldsymbol{k}$ 前的系数，即主矩 $\boldsymbol{M}_O$ 沿 x、y、z 轴的投影，也等于力系各力对 x、y、z 轴之矩的代数和 $\sum M_x(\boldsymbol{F})$、$\sum M_y(\boldsymbol{F})$、$\sum M_z(\boldsymbol{F})$。

下面通过作用在飞机上的力系说明空间任意力系简化结果的实际意义。飞机在飞行时受到重力、升力、推力和阻力等力组成的空间任意力系的作用。通过其重心 O 作直角坐标系 $Oxyz$，如图 3－14 所示。将力系向飞机的重心 O 简化，可得一力 $\boldsymbol{F}'_{\mathrm{R}}$ 和一力偶，其力偶矩矢为 $\boldsymbol{M}_O$。如果将这力和力偶矩矢向上述三坐标轴分解，则得到三个作用于重心 O 的正交分力 $\boldsymbol{F}'_{\mathrm{R}x}$、$\boldsymbol{F}'_{\mathrm{R}y}$、$\boldsymbol{F}'_{\mathrm{R}z}$ 和三个绕坐标轴的力偶矩 $\boldsymbol{M}_{Ox}$、$\boldsymbol{M}_{Oy}$、$\boldsymbol{M}_{Oz}$。可以看出它们的意义是：$\boldsymbol{F}'_{\mathrm{R}x}$ 为有效推进力；$\boldsymbol{F}'_{\mathrm{R}y}$ 为有效升力；$\boldsymbol{F}'_{\mathrm{R}z}$ 为侧向力；$\boldsymbol{M}_{Ox}$ 为滚转力矩；$\boldsymbol{M}_{Oy}$ 为偏航力矩；$\boldsymbol{M}_{Oz}$ 为俯仰力矩。

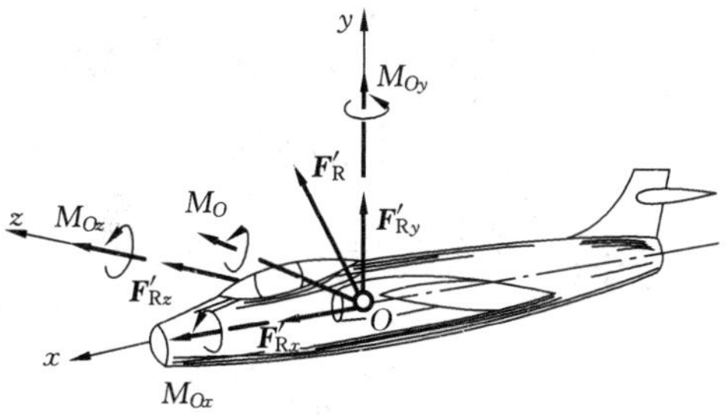

图 3－14

空间任意力系简化实例

为了计算方便，一般在求主矢、主矩时利用解析法进行，这时如以简化中心为坐标原点，取直角坐标系 $Oxyz$，如图 3－13 所示，将式（3－24）的两边分别在三个坐标轴上投影，可得

$$
\begin{cases}
F'_{\mathrm{R}x}=\sum\limits_{i=1}^{n}F_x \\
F'_{\mathrm{R}y}=\sum\limits_{i=1}^{n}F_y \\
F'_{\mathrm{R}z}=\sum\limits_{i=1}^{n}F_z \\
F'_{\mathrm{R}}=\sqrt{(\sum F_x)^2+(\sum F_y)^2+(\sum F_z)^2}
\end{cases}
\tag{3-26a}
$$

若主矢的方向角用 α、β、γ 表示，则主矢的方向余弦为

$$
\begin{cases}
\cos\alpha=\dfrac{\sum\limits_{i=1}^{n}F_x}{F'_{\mathrm{R}}} \\
\cos\beta=\dfrac{\sum\limits_{i=1}^{n}F_y}{F'_{\mathrm{R}}} \\
\cos\gamma=\dfrac{\sum\limits_{i=1}^{n}F_z}{F'_{\mathrm{R}}}
\end{cases}
\tag{3-26b}
$$

同样将式（3－25）的两边分别在三个坐标轴上投影，并利用力对点的矩与力对轴的矩间的关系，可得

$$\begin{cases} M_{Ox}=\sum M_x(\boldsymbol{F}_i) \\ M_{Oy}=\sum M_y(\boldsymbol{F}_i) \\ M_{Oz}=\sum M_z(\boldsymbol{F}_i) \\ M_O=\sqrt{(M_{Ox})^2+(M_{Oy})^2+(M_{Oz})^2} \\ \quad =\sqrt{[\sum M_x(\boldsymbol{F}_i)]^2+[\sum M_y(\boldsymbol{F}_i)]^2+[\sum M_z(\boldsymbol{F}_i)]^2} \end{cases} \tag{3-27a}$$

若以 λ、μ、ν 表示主矩的方向角，则主矩的方向余弦为

$$\begin{cases} \cos\lambda=\dfrac{\sum M_x(\boldsymbol{F}_i)}{M_O} \\ \cos\mu=\dfrac{\sum M_y(\boldsymbol{F}_i)}{M_O} \\ \cos\nu=\dfrac{\sum M_z(\boldsymbol{F}_i)}{M_O} \end{cases} \tag{3-27b}$$

此时，可以证明合力矩定理仍然成立，空间一般力系的合力对任意一点（轴）的矩等于力系中各分力对该点（轴）的矩的矢量和（代数和）。

第五节 空间任意力系的简化结果分析

空间任意力系向一点简化可能出现下列四种情况，即：① $\boldsymbol{F}'_R=0$，$\boldsymbol{M}_O\neq0$；② $\boldsymbol{F}'_R\neq0$，$\boldsymbol{M}_O=0$；③ $\boldsymbol{F}'_R\neq0$，$\boldsymbol{M}_O\neq0$；④ $\boldsymbol{F}'_R=0$，$\boldsymbol{M}=0$。现分别加以讨论。

（1）空间任意力系简化为一合力偶的情形。当空间任意力系向任一点简化时，若主矢 $\boldsymbol{F}'_R=0$，主矩 $\boldsymbol{M}_O\neq0$，这时得一与原力系等效的合力偶，其合力偶矩矢等于原力系对简化中心的主矩。由于力偶矩矢与矩心位置无关，因此，在这种情况下，主矩与简化中心的位置无关。

（2）空间任意力系简化为一合力的情形。当空间任意力系向任一点简化时，若主矢 $\boldsymbol{F}'_R\neq0$，而主矩 $\boldsymbol{M}_O=0$，这时得一与原力系等效的合力，合力的作用线通过简化中心 O，其大小和方向等于原力系的主矢。

若空间任意力系向一点简化的结果为主矢 $\boldsymbol{F}'_R\neq0$，又主矩 $\boldsymbol{M}_O\neq0$，且 $\boldsymbol{F}'_R\perp\boldsymbol{M}_O$［图 3－15（a）］。这时，力 $\boldsymbol{F}'_R$ 和力偶矩矢为 $\boldsymbol{M}_O$ 的力偶（$\boldsymbol{F}''_R$，$\boldsymbol{F}_R$）在同一平面内［图 3－15（b）］，可将力 $\boldsymbol{F}'_R$ 与力偶（$\boldsymbol{F}''_R$，$\boldsymbol{F}_R$）进一步合成，得作用于点 O' 的一个力 $\boldsymbol{F}_R$［图 3－15（c）］。此力即为原力系的合力，其大小和方向等于原力系的主矢，其作用线离简化中心 O 的距离为

$$d=\frac{|\boldsymbol{M}_O|}{F_R} \tag{3-28}$$

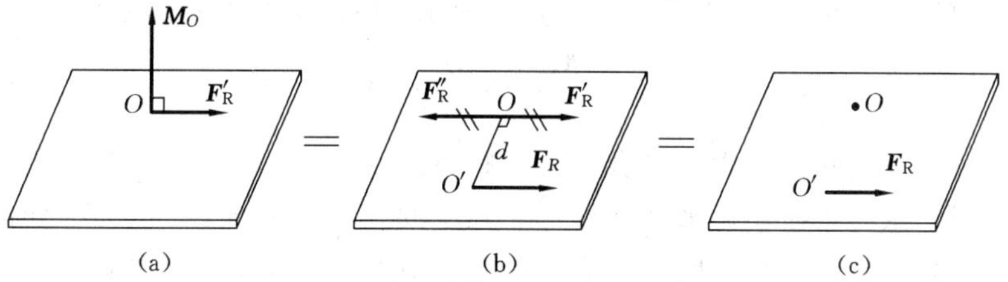

图 3-15

（3）空间任意力系简化为力螺旋的情形。如果空间任意力系向一点简化后，主矢和主矩都不等于零，而 $F'_R // M_O$，这种结果称为**力螺旋**，如图 3-16 所示。所谓力螺旋就是由一力和一力偶组成的力系，其中的力垂直于力偶的作用面。例如，钻孔时的钻头对工件的作用以及拧木螺钉时螺丝刀对螺钉的作用都是力螺旋。

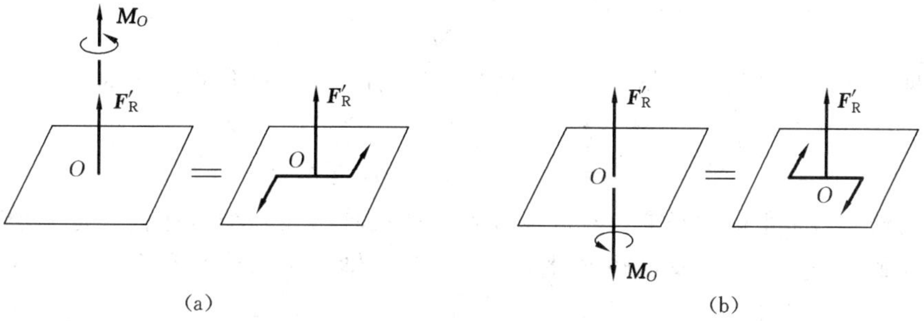

图 3-16

力螺旋是由静力学的两个基本要素力和力偶组成的最简单的力系，不能再进一步合成。力偶的转向和力的指向符合右手螺旋法则的称为右螺旋［图 3-16（a）］，符合左手螺旋法则的称为左螺旋［图 3-16（b）］。力螺旋的力作用线称为该力螺旋的中心轴。在上述情形下，中心轴通过简化中心。

如果 $F'_R \neq 0$，$M_O \neq 0$，同时两者既不平行，又不垂直，如图 3-17（a）所示。此时可将 M_O 分解为两个分力偶 M''_O 和 M'_O，它们分别垂直于 F'_R 和平行于 F'_R，如图 3-17（b）所示，则 M''_O 和 F'_R 可用作用于点 O' 的力 F_R 来代替。由于力偶矩矢是自由矢量，故可将 M'_O 平行移动，使之与 F_R 共线。这样便得一力螺旋，其中心轴不在简化中

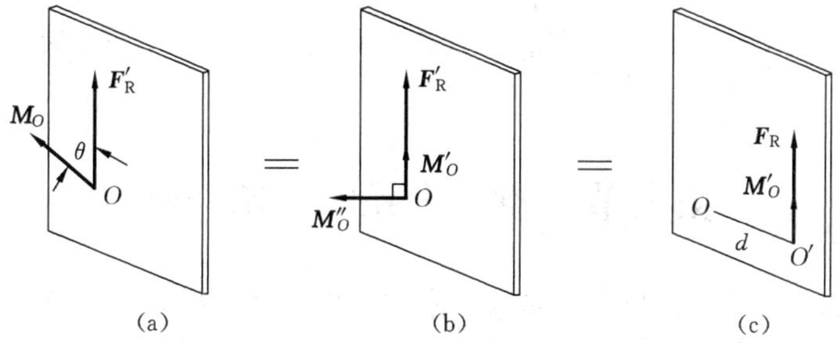

图 3-17

心 O，而是通过另一点 O'，如图 3－17（c）所示。O、O'两点间的距离为

$$d=\frac{|\boldsymbol{M}_O''|}{F_{\mathrm{R}}'}=\frac{M_O\sin\theta}{F_{\mathrm{R}}'} \tag{3-29}$$

可见，一般情形下空间任意力系可合成为力螺旋。

（4）空间任意力系简化为平衡的情形。当空间任意力系向任一点简化时，若主矢 $\boldsymbol{F}_{\mathrm{R}}'=0$，主矩 $\boldsymbol{M}_O=0$，这是空间任意力系平衡的情形，将在下节详细讨论。

第六节　空间力系的平衡方程

一、空间任意力系的平衡方程

空间任意力系处于平衡的必要和充分条件是：该力系的主矢和对于任一点的主矩都等于零，即

$$\boldsymbol{F}_{\mathrm{R}}'=0;\ \boldsymbol{M}_O=0$$

根据式（3－24）和式（3－25），可将上述条件写成空间任意力系的平衡方程：

$$\begin{cases}\sum F_x=0,\ \sum F_y=0,\ \sum F_z=0\\ \sum M_x(\boldsymbol{F})=0,\ \sum M_y(\boldsymbol{F})=0,\ \sum M_z(\boldsymbol{F})=0\end{cases} \tag{3-30}$$

空间任意力系平衡的必要和充分条件是：所有各力在三个坐标轴中每一个轴上的投影的代数和等于零，以及这些力对于每一个坐标轴的矩的代数和也等于零（为便于书写，下标 i 已略去）。

二、空间平行力系的平衡方程

可以从空间任意力系的普遍平衡规律中导出特殊情况的平衡规律，例如空间平行力系、空间汇交力系和平面任意力系等平衡方程。现以空间平行力系为例，其余情况读者可自行推导。

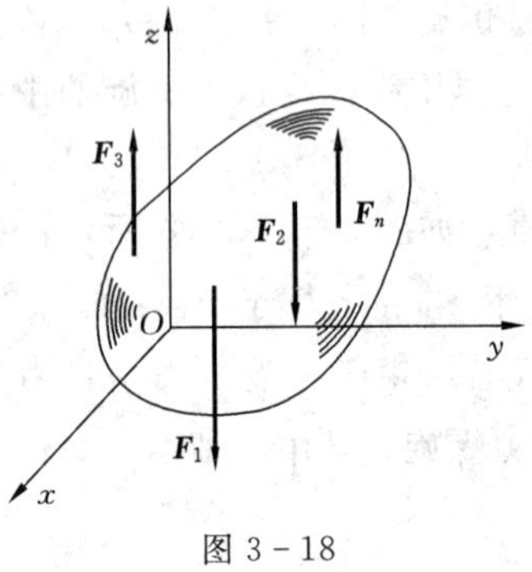

图 3－18

如图 3－18 所示的空间平行力系，其 z 轴与这些力平行，则各力对于 z 轴的矩等于零。又由于 x 和 y 轴都与这些力垂直，所以各力在这两轴上的投影也等于零。因而在平衡方程组（3－30）中，第一、第二和第六个方程成了恒等式。因此，空间平行力系只有三个平衡方程，即

$$\sum F_z=0,\ \sum M_x(\boldsymbol{F})=0,\ \sum M_y(\boldsymbol{F})=0 \tag{3-31}$$

第七节　空间力系的平衡问题

求解空间力系的平衡问题，其步骤与求解平面力系一样，一般仍是先确定研究对象，进行受力分析并作出受力图，选取适当的坐标系，列出平衡方程并求解未知量。在一般情况下，空间力系有六个独立的平衡方程，它可求解六个未知量，在求解中，

投影和取矩轴可视解决问题的方便适当选取，这样就可以使每一平衡方程中包含的未知数最少，计算得以简化。另外，有时为了方便，也可减少平衡方程中的投影方程，而将平衡方程表示为四力矩形式以至六力矩形式。但这时投影轴与力矩轴之间要有一定的限制，这里不再详述。

【例 3-6】 图 3-19 (a) 所示为一简易起吊装置，杆 AB 的 A 端为球形铰链支座，另一端 B 装有滑轮，并用系在墙上的绳子 CB 和 DB 拉住，若已知 $\gamma=30°$，$\beta=45°$，$P=10\text{kN}$，DBC 在水平面上且 $DE=CE=BE=a$，求杆 AB 和绳子 CB、BD 的内力。

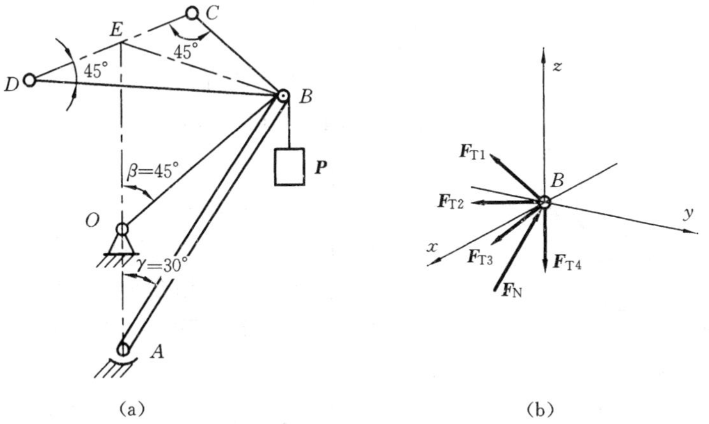

图 3-19

解：(1) 以滑轮 B 为研究对象。

(2) 受力分析：因杆 AB 不计自重，且只在两端受力，故 AB 为二力杆；作用在 B 上的力有：杆 AB 对滑轮的力 $\boldsymbol{F}_N$，各绳子的拉力 $\boldsymbol{F}_{T1}$、$\boldsymbol{F}_{T2}$、$\boldsymbol{F}_{T3}$ 和 $\boldsymbol{F}_{T4}$，如图 3-19 (b) 所示，由于不计滑轮尺寸，则可将 B 处的力视为汇交力系。若取 B 点为坐标原点，建立图示坐标系。则平衡方程为

$$\sum F_x=0,\quad F_{T2}\sin45°-F_{T1}\sin45°=0$$

$$\sum F_y=0,\quad -F_{T1}\cos45°-F_{T2}\cos45°-F_{T3}\sin\beta+F_N\sin\gamma=0$$

$$\sum F_z=0,\quad F_N\cos\gamma-F_{T4}-F_{T3}\cos\beta=0$$

将 $F_{T3}=F_{T4}=10\text{kN}$，$\gamma=30°$，$\beta=45°$代入，解上面三个方程得

$$F_{T1}=F_{T2}=1.98\text{kN},\quad F_N=19.71\text{kN}$$

杆 AB 的内力与 $\boldsymbol{F}_N$ 大小相等，方向相反，且为压力，绳子 CB 和 BD 的内力也分别与 $\boldsymbol{F}_{T1}$ 和 $\boldsymbol{F}_{T2}$ 互为作用与反作用力。

【例 3-7】 图 3-20 所示三轮车自重 $P_1=8\text{kN}$，载荷 $P_2=10\text{kN}$，且 P_2 作用在 B、C 两轮连线上，求地面对 3 个轮子的约束反力。图中长度单位为 m。

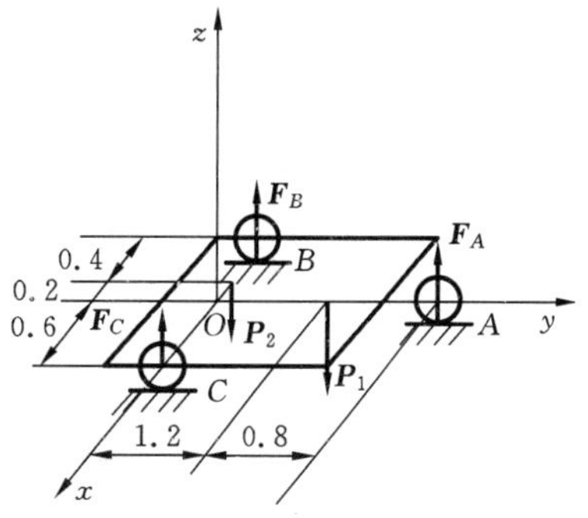

图 3-20

解：(1) 取三轮车为研究对象。

(2) 受力分析：三轮车在静止时，只受重力

$\boldsymbol{P}_1$，载荷 $\boldsymbol{P}_2$ 和地面的约束反力 $\boldsymbol{F}_A$、$\boldsymbol{F}_B$ 及 $\boldsymbol{F}_C$ 作用。这些力构成一空间平行力系，若取坐标系 $Oxyz$，如图 3-20 所示，则利用空间平行力系平衡方程得

$\sum M_x(\boldsymbol{F})=0$，$F_A\times 2-P_1\times 1.2=0$

$\sum M_y(\boldsymbol{F})=0$，$F_B\times 0.6-F_C\times 0.6-P_2\times 0.2=0$

$\sum M_z(\boldsymbol{F})=0$，$F_A+F_B+F_C-P_1-P_2=0$

代入已知数据并联立求解得

$$F_A=4.8\text{kN}$$

$$F_B\approx 8.27\text{kN}$$

$$F_C\approx 4.93\text{kN}$$

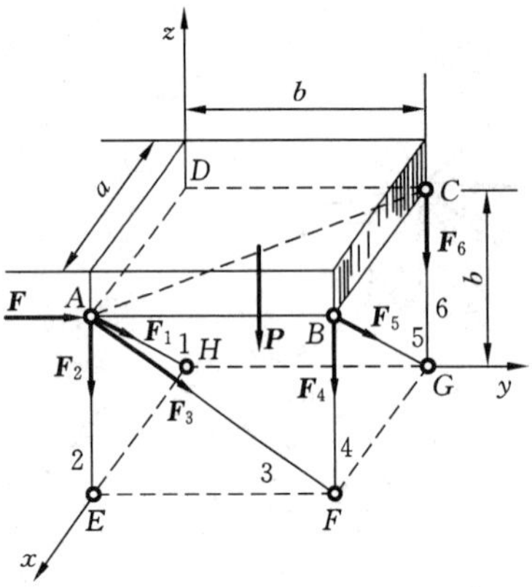

图 3-21

空间任意力系有六个独立的平衡方程，可求解六个未知量，但其平衡方程不局限于式（3-30）所示的形式。为使解题简便，每个方程中最好只包含一个未知量。为此，选投影轴时应尽量与其余未知力垂直；选取矩的轴时应尽量与其余的未知力平行或相交。投影轴不必相互垂直，取矩的轴也不必与投影轴重合，力矩方程的数目可取 3～6 个。现举例如下。

【例 3-8】 图 3-21 所示均质长方板由六根直杆支持于水平位置，直杆两端各用球铰链与板和地面连接。板重为 $\boldsymbol{P}$，在 A 处作用一水平力 $\boldsymbol{F}$，且 $F=2P$。求各杆的内力。

解： 取长方体刚板为研究对象，各支杆均为二力杆，设它们均受拉力。板的受力如图 3-21 所示。列平衡方程：

$$\sum M_{AE}(\boldsymbol{F})=0,\quad F_5=0 \tag{a}$$

$$\sum M_{BF}(\boldsymbol{F})=0,\quad F_1=0 \tag{b}$$

$$\sum M_{AC}(\boldsymbol{F})=0,\quad F_4=0 \tag{c}$$

$$\sum M_{AB}(\boldsymbol{F})=0,\quad P\frac{a}{2}+F_6 a=0 \tag{d}$$

解得

$$F_6=-\frac{P}{2}\ （压力）$$

由

$$\sum M_{DH}(\boldsymbol{F})=0, Fa+F_3\cos 45^\circ a=0 \tag{e}$$

解得

$$F_3=-2\sqrt{2}P\ （压力）$$

由

$$\sum M_{FG}(\boldsymbol{F})=0, Fb-F_2 b-P\frac{b}{2}=0 \tag{f}$$

解得

$$F_2=1.5P\ (拉力)$$

此例中用六个力矩方程求得六个杆的内力。一般力矩方程比较灵活，常可使一个方程只含一个未知量。当然也可以采用其他形式的平衡方程求解。如用$\sum F_x=0$代替式(b)，同样求得$F_1=0$；又，可用$\sum F_y=0$代替式(e)，同样求得$F_3=-2\sqrt{2}P$。读者还可以用其他方程求解。但无论怎样列方程，独立平衡方程的数目只有六个。空间任意力系平衡方程的基本形式为式(3-30)，即三个投影方程和三个力矩方程，它们是相互独立的。其他不同形式的平衡方程还有很多组，也只有六个独立方程，由于空间情况比较复杂，本书不再讨论其独立性条件，但只要各用一个方程逐个求出各未知数，这六个方程一定是独立的。

第八节　平行力系的中心与重心

由空间力系的简化原理可知，空间平行力系一般可简化成一个与各力同方位的主矢和一个与主矢相垂直的主矩矢，若进一步合成就可得一合力，设合力的作用点为C点，如图3-22所示。此时若将力系中各力绕各自作用点按同一方向转过同一角度α后再合成，则合力的作用点仍在C点，可见，空间平行力系合力的作用点不随力的方向而变，是确定的，把这个点称为平行力系的中心。

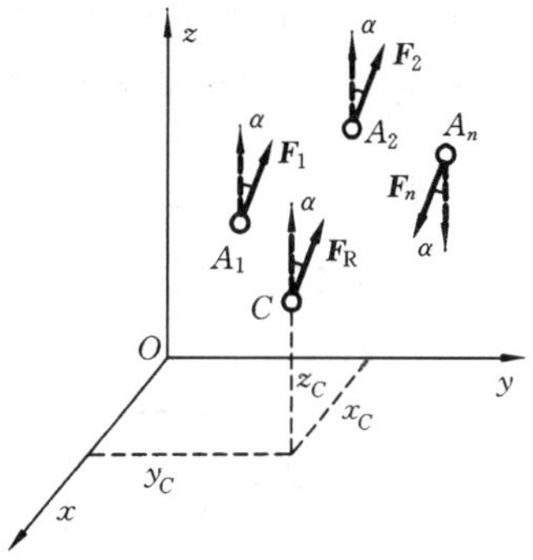

图3-22

重力是地球对物体的引力，严格地讲这些引力构成汇交力系，汇交点为地球中心，但由于物体的尺寸相对地球来说实在太小，故物体重力组成的力系可近似地看成是平行力系，这时，该力系的中心可称为物体的重心。重心是一个非常重要的概念，它的位置与物体的平衡与运动以及稳定有着直接关系，因此，有必要了解重心的概念及其位置的确定方法。如果有了平行力系中心确定方法，则重心就可以用相同方法确定。

一、平行力系中心位置的确定

设有一空间平行力系$\boldsymbol{F}_1$，$\boldsymbol{F}_2$，…，$\boldsymbol{F}_n$，其合力为$\boldsymbol{F}_R$，如图3-22所示，若各力作用点的坐标为(x_i, y_i, z_i)　$(i=1, 2, \cdots, n)$，平行力系中心C点的坐标为(x_C, y_C, z_C)，则由合力矩定理有

$$M_x(\boldsymbol{F}_R)=\sum_{i=1}^{n}M_x(\boldsymbol{F}_i),\qquad F_R y_C=\sum_{i=1}^{n}F_i y_i$$

$$M_y(\boldsymbol{F}_R)=\sum_{i=1}^{n}M_y(\boldsymbol{F}_i),\qquad F_R x_C=\sum_{i=1}^{n}F_i x_i$$

由于平行力系中心与各力作用线的方位无关，因此可将上述力系中各力按相同转向转到与y轴平行的位置（即$\alpha=90°$）并对x轴取矩，有

$$M_x(\boldsymbol{F}_R)=\sum_{i=1}^{n}M_x(\boldsymbol{F}_i),\quad F_R z_C=\sum_{i=1}^{n}F_i z_i$$

由此得

$$\begin{cases} x_C=\dfrac{\sum\limits_{i=1}^{n}F_i x_i}{F_R} \\ y_C=\dfrac{\sum\limits_{i=1}^{n}F_i y_i}{F_R} \\ z_C=\dfrac{\sum\limits_{i=1}^{n}F_i z_i}{F_R} \end{cases} \tag{3-32}$$

这就是平行力系中心 C 点的位置坐标。

二、重心位置的确定

若将物体分割成许多微小部分，则在重力场中，其每一部分都要受到重力 $\Delta \boldsymbol{P}_i$ 的作用。在图 3-23 所示坐标下，设其作用点为 $M_i(x_i, y_i, z_i)$ $(i=1, 2, \cdots, n)$。

显然合力 $\boldsymbol{P}$ 的大小为 $P=\sum\limits_{i=1}^{n}\Delta P_i$，设物体的重心坐标为 $C(x_C, y_C, z_C)$，则由式（3-32）可直接得出

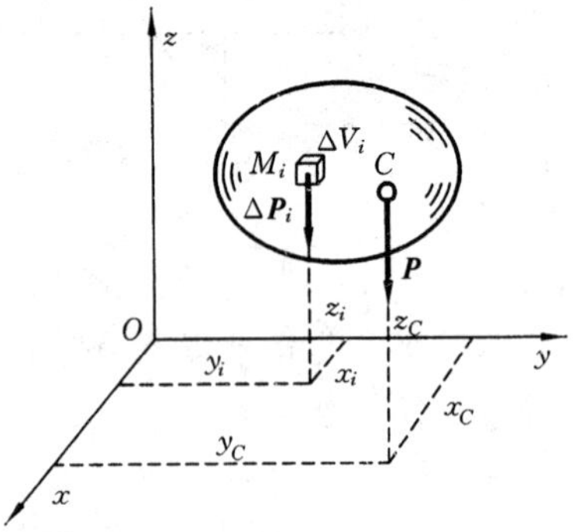

图 3-23

$$\begin{cases} x_C=\dfrac{\sum\limits_{i=1}^{n}\Delta P_i x_i}{\sum\limits_{i=1}^{n}\Delta P_i}=\dfrac{\sum\limits_{i=1}^{n}\Delta P_i x_i}{P} \\ y_C=\dfrac{\sum\limits_{i=1}^{n}\Delta P_i y_i}{\sum\limits_{i=1}^{n}\Delta P_i}=\dfrac{\sum\limits_{i=1}^{n}\Delta P_i y_i}{P} \\ z_C=\dfrac{\sum\limits_{i=1}^{n}\Delta P_i z_i}{\sum\limits_{i=1}^{n}\Delta P_i}=\dfrac{\sum\limits_{i=1}^{n}\Delta P_i z_i}{P} \end{cases} \tag{3-33}$$

可见，物体分割得越细，即每小块体积越小，则按式（3-33）计算出的重心位置就越精确，在极限情况下可用积分计算，即

$$\begin{cases} x_C=\dfrac{\int x\,\mathrm{d}p}{P} \\ y_C=\dfrac{\int y\,\mathrm{d}p}{P} \\ z_C=\dfrac{\int z\,\mathrm{d}p}{P} \end{cases} \tag{3-34}$$

对于均质物体，设其密度为 ρ，若分割成有限部分，第 i 块体积为 ΔV_i，整体体积为 V，则由式（3-34）可得

$$\begin{cases} x_C = \dfrac{\sum \rho \Delta V_i x_i}{\rho V} = \dfrac{\sum \Delta V_i x_i}{V} \\ y_C = \dfrac{\sum \Delta V_i y_i}{V} \\ z_C = \dfrac{\sum \Delta V_i z_i}{V} \end{cases} \tag{3-35}$$

式（3-35）表明，均质物体的重心位置完全取决于物体的几何形状。而与物体的重量无关，这时 C 点也往往称为形心。

在极限情况下，均质物体的重心坐标可由式（3-34）直接得出，即

$$\begin{cases} x_C = \dfrac{\int_V x\,\mathrm{d}V}{V} \\ y_C = \dfrac{\int_V y\,\mathrm{d}V}{V} \\ z_C = \dfrac{\int_V z\,\mathrm{d}V}{V} \end{cases} \tag{3-36}$$

对于均质等厚薄板，类似地可得重心公式为

$$\begin{cases} x_C = \dfrac{\int_S x\,\mathrm{d}S}{S} \\ y_C = \dfrac{\int_S y\,\mathrm{d}S}{S} \\ z_C = \dfrac{\int_S z\,\mathrm{d}S}{S} \end{cases} \tag{3-37}$$

对于均质线段，类似地可得重心公式为

$$\begin{cases} x_C = \dfrac{\int_L x\,\mathrm{d}L}{L} \\ y_C = \dfrac{\int_L y\,\mathrm{d}L}{L} \\ z_C = \dfrac{\int_L z\,\mathrm{d}L}{L} \end{cases} \tag{3-38}$$

【例 3-9】 求图 3-24 所示三角形的重心。

解： 取图 3-24 示坐标系 Oxy，可用积分法求出重心的坐标（x_C，y_C）。若先确定重心 C 的 y 坐标 y_C，则可取微元 $dS=a_1dy$，a_1 为微元 dS 的宽度。根据式（3-37）得

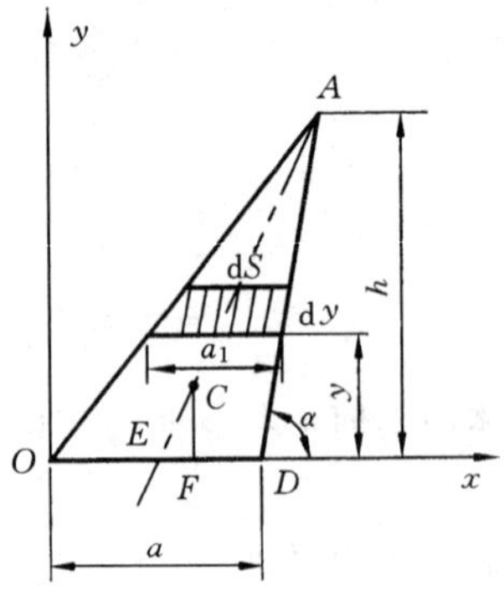

图 3-24

$$y_C=\frac{\int_S y\mathrm{d}S}{S}$$

因$\frac{a_1}{a}=\frac{h-y}{h.}$，故

$$a_1=\frac{h-y}{h}a$$

$$y_C=\frac{\int_0^h y\frac{h-y}{h}a\mathrm{d}y}{\frac{ah}{2}}=\frac{\frac{2a}{h}\int_0^h y(h-y)\mathrm{d}y}{ah}$$

$$=\frac{2}{h^2}\left(\frac{h^3}{2}-\frac{h^3}{3}\right)=\frac{h}{3}$$

由于微元的重心在其中点，所以各微元的重心都在中线 AE 上，质心也应在 AE 上，由图可见 $x_C=\frac{a}{2}+EF$。而$\frac{EF}{\frac{a}{2}+\frac{h}{\tan\alpha}}=\frac{\frac{h}{3}}{h}$，即 $EF=\frac{1}{3}\left(\frac{a}{2}+\frac{h}{\tan\alpha}\right)$，故

$$x_C=\frac{a}{2}+\frac{1}{3}\left(\frac{a}{2}+\frac{h}{\tan\alpha}\right)=\frac{2}{3}a+\frac{h}{3\tan\alpha}$$

由本例可以看出，规则形体的重心位置总可以较容易地用积分法确定，故简单物体的形心位置均可通过积分法求得。

前面是通过积分公式确定物体的重心坐标。如果物体很不规则，积分将会遇到困难。但有些物体由于有其特殊性，如对称性或可划分成几个规则形体等，则这时可经过特殊分析处理，使其重心位置的确定更加简单。

如对于对称物体，由于其具有对称轴、对称面或对称中心等，则其重心必在物体的对称轴、对称面或对称中心上，其具体位置进一步可由前述公式确定。

对于组合形体，尽管它们不很规则，但一般来说它们是由若干个简单形体组合而成的。若已知简单形体的重心，则整个组合形体的重心就可用式（3-35）直接求出。这时的体积、面积和长度可以有正负值。这比用积分法要简单得多。

【**例 3-10**】 试求 Z 形截面重心的位置，尺寸如图 3-25 所示。

解： 取坐标轴如图所示，将 Z 形截面分为三个部分，每部分都是矩形，若矩形的面积用 A_i 表示（$i=1$，2，3），其质心坐标用（x_i，y_i）表示，则

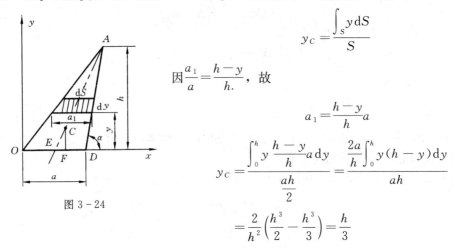

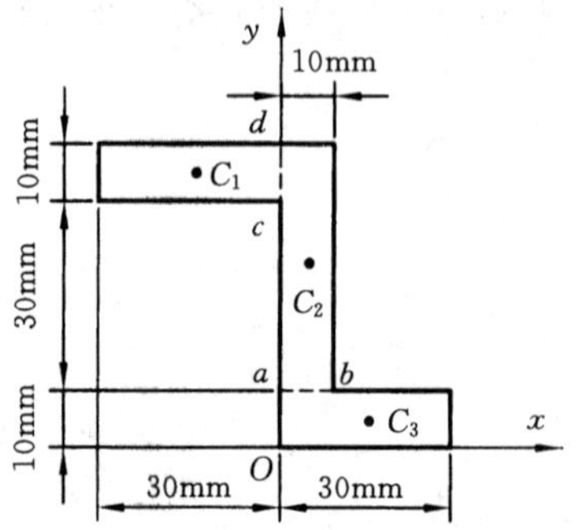

图 3-25

$$\begin{cases}A_1=300\text{mm}^2\\A_2=400\text{mm}^2\\A_3=300\text{mm}^2\end{cases}\quad\begin{cases}x_1=-15\text{mm}\\x_2=5\text{mm}\\x_3=15\text{mm}\end{cases}\quad\begin{cases}y_1=45\text{mm}\\y_2=30\text{mm}\\y_3=5\text{mm}\end{cases}$$

将这些数据代入式（3-35），得到 Z 形截面重心位置为

$$x_C=\frac{\sum x_iA_i}{A}=\frac{-300\times15+400\times5+300\times15}{300+400+300}=2(\text{mm})$$

$$y_C=\frac{\sum y_iA_i}{A}=\frac{300\times45+400\times30+300\times5}{300+400+300}=27(\text{mm})$$

【例 3-11】 已知振动器中的偏心块的几何尺寸，$r_1=10\text{cm}$，$r_2=3\text{cm}$，$r_3=1.7\text{cm}$，求偏心块重心的位置（图 3-26）。

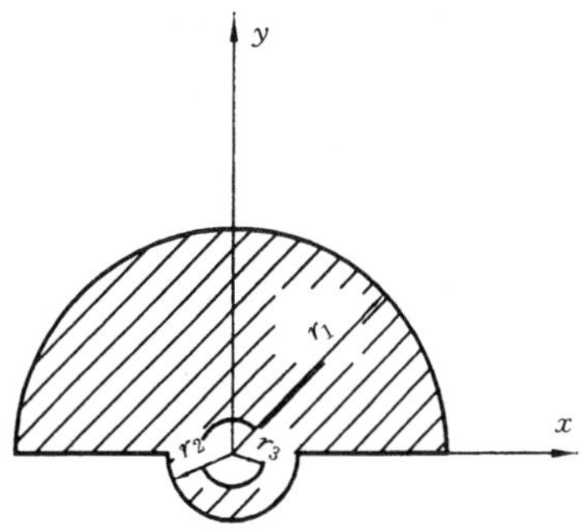

图 3-26

解：本题仍是平面图形的重心问题，由于此图形具有对称轴，取坐标系如图所示，则显然有 $x_C=0$。y_C 可用组合法求出：将整个图形看成由三部分组成，即半径为 r_1 的半圆、半径为 r_2 的半圆以及半径为 r_3 的小圆，圆与半圆均属简单图形，利用式（3-35）就可求出重心位置坐标。但是按这种分割方法，小圆实际上并不在图形上，如果用两半圆的面积代入公式中所确定的质心坐标将整整多出了小圆面积的影响，故计算中应把小圆去掉，即应减去小圆面积对重心的影响，这时，只要把小圆的面积用负值代入，便会得到本图形的重心坐标。

$$A_1=\frac{\pi r_1^2}{2}=\frac{1}{2}\pi\times10^2\approx157\text{cm}^2$$

$$y_1=\frac{4r_1}{3\pi}\approx4.24\text{cm}$$

$$A_2=\frac{1}{2}\pi r_2^2\approx14.13\text{cm}^2$$

$$y_2=-\frac{4r_2}{3\pi}\approx-1.27\text{cm}$$

$$A_3=\pi r_3^2=\pi\times1.7^2\approx9.08\text{cm}^2$$

$$y_3=0$$

于是，整个物体重心坐标为

$$y_C=\frac{A_1y_1+A_2y_2-A_3y_3}{A_1+A_2-A_3}=\frac{157\times4.24+14.13\times(-1.27)}{157+14.13-9.08}\approx4(\text{cm})$$

【小　　结】

1. 力 $\boldsymbol{F}$ 在空间直角坐标上的投影

（1）直接投影法：

$$\begin{cases}F_x=\boldsymbol{F}\cdot\boldsymbol{i}=F\cos\alpha\\F_y=\boldsymbol{F}\cdot\boldsymbol{j}=F\cos\beta\\F_z=\boldsymbol{F}\cdot\boldsymbol{k}=F\cos\gamma\end{cases}$$

式中：$\boldsymbol{i}$、$\boldsymbol{j}$、$\boldsymbol{k}$ 为坐标轴正向的单位矢量。

（2）间接投影法：

$$\begin{cases}F_x=F\sin\gamma\cos\varphi\\F_y=F\sin\gamma\cos\varphi\\F_z=F\sin\gamma\end{cases}$$

式中：γ 为力 $\boldsymbol{F}$ 与 z 轴的夹角；φ 为 $\boldsymbol{F}$ 在 Oxy 面上的分力 $\boldsymbol{F}_{xy}$ 与 Ox 轴的夹角。

2. 空间力对点的矩与空间力对轴的矩

（1）空间力对点的矩是矢量，即

$$\boldsymbol{M}_O(\boldsymbol{F})=\boldsymbol{r}\times\boldsymbol{F}$$

（2）空间力对轴的矩是代数量，即

$$\boldsymbol{M}_z(\boldsymbol{F})=M_O(\boldsymbol{F}'')=\pm F''d$$

（3）空间力对点的矩与空间力对轴的矩的关系为

$$\begin{cases}[\boldsymbol{M}_O(\boldsymbol{F})]_x=M_x(\boldsymbol{F})\\[\boldsymbol{M}_O(\boldsymbol{F})]_y=M_y(\boldsymbol{F})\\[\boldsymbol{M}_O(\boldsymbol{F})]_z=M_z(\boldsymbol{F})\end{cases}$$

3. 空间任意力系

（1）空间任意力系向一点简化。空间任意力系向一点简化得到一主矢 $\boldsymbol{F}'_{\mathrm{R}}$和一主矩 $\boldsymbol{M}_O$。

主矢：
$$\boldsymbol{F}'_{\mathrm{R}}=\boldsymbol{F}_1+\boldsymbol{F}_2+\cdots+\boldsymbol{F}_n=\sum_{i=1}^{n}\boldsymbol{F}_i$$

主矩：
$$\boldsymbol{M}_O=\boldsymbol{M}_O(\boldsymbol{F}_1)+\boldsymbol{M}_O(\boldsymbol{F}_2)+\cdots+\boldsymbol{M}_O(\boldsymbol{F}_n)=\sum_{i=1}^{n}\boldsymbol{M}_O(\boldsymbol{F}_i)$$

（2）空间任意力系的简化结果。

1）若 $\boldsymbol{F}'_{\mathrm{R}}=0$、$\boldsymbol{M}_O=0$，力系为一平衡力系。

2）若 $\boldsymbol{F}'_{\mathrm{R}}=0$、$\boldsymbol{M}_O\neq0$，原力系简化为一力偶，其力偶矩矢等于原力系对简化中心的主矩。在这种情况下，主矩 $\boldsymbol{M}_O$ 与简化中心的位置无关。

3）若 $\boldsymbol{F}'_{\mathrm{R}}\neq0$、$\boldsymbol{M}_O=0$，作用在简化中心 O 上的力 $\boldsymbol{F}'_{\mathrm{R}}$就是原力系的合力，合力矢等于力系的主矢。

4）若 $\boldsymbol{F}'_{\mathrm{R}}\neq0$、$\boldsymbol{M}_O\neq0$，这是简化结果的最一般情况。

a. 当 $\boldsymbol{F}'_{\mathrm{R}}\perp\boldsymbol{M}_O$ 时，原力系简化为一合力。

b. 当 $\boldsymbol{F}'_{\mathrm{R}}/\!/\boldsymbol{M}_O$ 时，原力系简化为力螺旋。

c. 当主矢 $\boldsymbol{F}'_{\mathrm{R}}$与主矩 $\boldsymbol{M}_O$ 成任意角 φ 时，最后简化结果也是一力螺旋。

（3）空间任意力系的平衡。空间任意力系平衡的充要条件：力系的主矢和对任意一点的主矩均等于零。即

$$\boldsymbol{F}'_{\mathrm{R}}=0\qquad\boldsymbol{M}_O=0$$

空间任意力系平衡的方程为

$$\begin{cases}\sum F_x=0, & \sum M_x(\boldsymbol{F})=0\\ \sum F_y=0, & \sum M_y(\boldsymbol{F})=0\\ \sum F_z=0, & \sum M_z(\boldsymbol{F})=0\end{cases}$$

空间任意力系有如下特殊的平衡方程。

1）空间汇交力系：

$$\sum F_x=0,\ \sum F_y=0,\ \sum F_z=0$$

2）空间平行力系：

$$\begin{cases}\sum F_z=0\\ \sum M_x(\boldsymbol{F})=0\\ \sum M_y(\boldsymbol{F})=0\end{cases}$$

3）空间力偶系：

$$\sum M_x(\boldsymbol{F})=0,\sum M_y(\boldsymbol{F})=0,\sum M_z(\boldsymbol{F})=0$$

4. 平行力系中心 C 点的位置坐标

$$x_C=\frac{\sum_{i=1}^{n}F_i x_i}{F_R},\quad y_C=\frac{\sum_{i=1}^{n}F_i y_i}{F_R},\quad z_C=\frac{\sum_{i=1}^{n}F_i z_i}{F_R}$$

第三章思考题

习　　题

3－1　力在轴上的投影与力在平面上的投影有什么不同？

3－2　立方体的各边长和作用在这物体上各力的方向如题 3－2 图所示，各力大小为：$F_1=50\text{N}$，$F_2=100\text{N}$，$F_3=70\text{N}$。试分别计算这三个力在 x、y、z 轴上的投影。

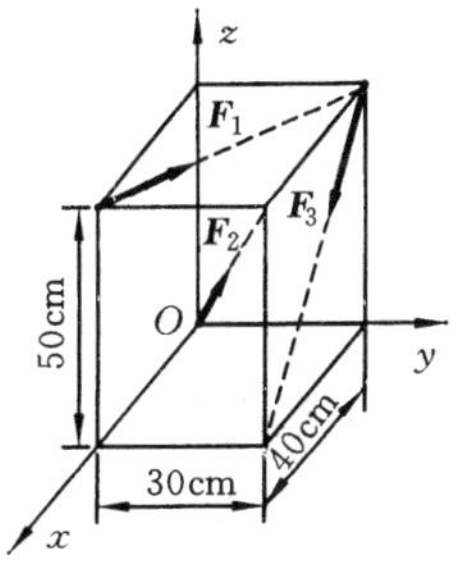

题 3－2 图

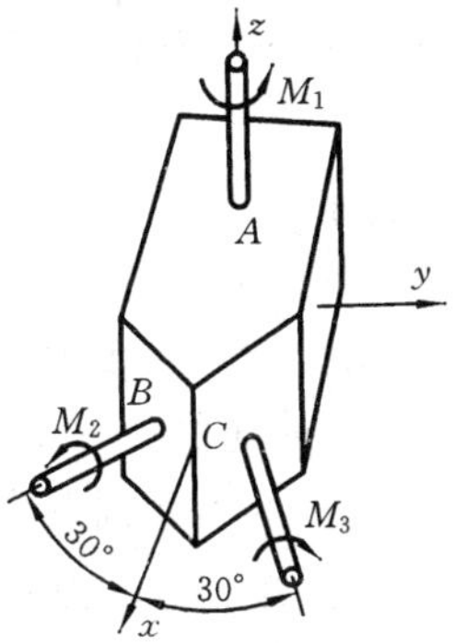

题 3－3 图

3－3　如题 3－3 图所示，三根传动轴连接在一个齿轮箱上，传动轴 A 是铅垂的，而传动轴 B 和 C 是水平的，在三根轴上各作用一力偶，其力偶矩分别为 $M_1=600\text{N}\cdot\text{m}$，$M_2=M_3=800\text{N}\cdot\text{m}$，转向如题 3－3 图所示，求这三个力偶的合力偶。

3－4　已知 $F_1=120\text{N}$，$F_2=150\text{N}$，$F_3=141\text{N}$，各力作用线位置如题 3－4 图所示，试分别对三坐标轴求所有各力的矩之和。

3－5　如题 3－5 图所示，轮子边缘最高点 C 上作用着三个力。已知周向力 $F_1=200\text{N}$，轴向力 $F_2=50\text{N}$，径向力 $F_3=100\text{N}$，轮子半径为 8cm，距离 $OA=BO=20\text{cm}$。试分别计算三个力对各坐标轴的矩。

3－6　悬臂梁长 $l=3\text{m}$，高 $a=20\text{cm}$，宽 $b=15\text{cm}$，重 $P=2\text{kN}$，在梁的自由端作用着两个力 $\boldsymbol{F}_1$ 及 $\boldsymbol{F}_2$，大小分别为 $F_1=5\text{kN}$，$F_2=1\text{kN}$，$\boldsymbol{F}_1$ 沿端截面的对角线，$\boldsymbol{F}_2$ 经过端截面中心并平行于底边，指向如题 3－6 图所示。试将 $\boldsymbol{F}_1$、$\boldsymbol{F}_2$ 及 $\boldsymbol{P}$ 三个力向固定端截面中心 O 简化。

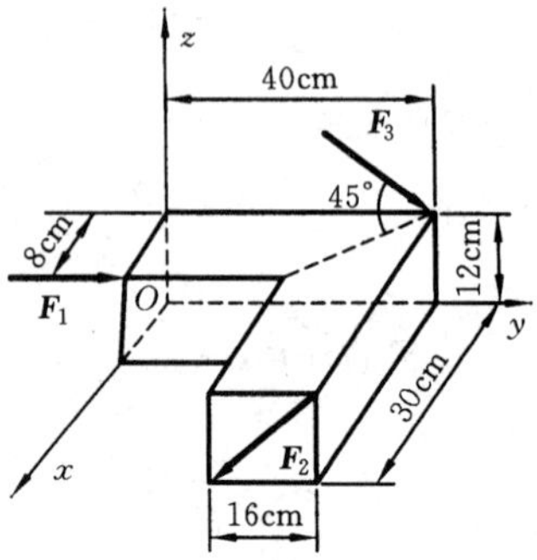

题 3－4 图

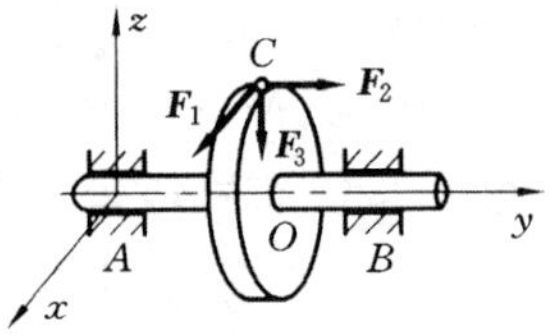

题 3－5 图

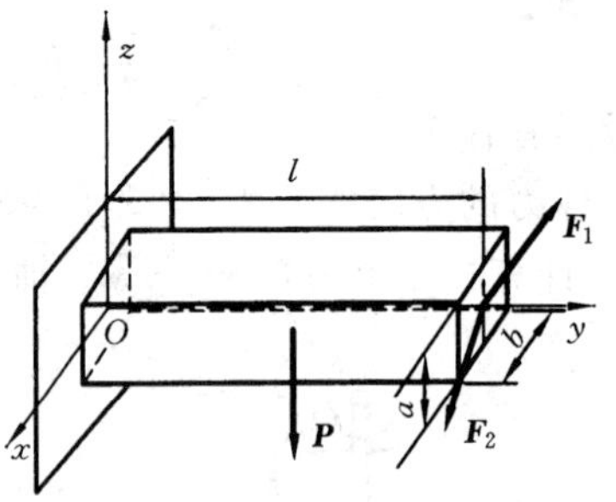

题 3－6 图

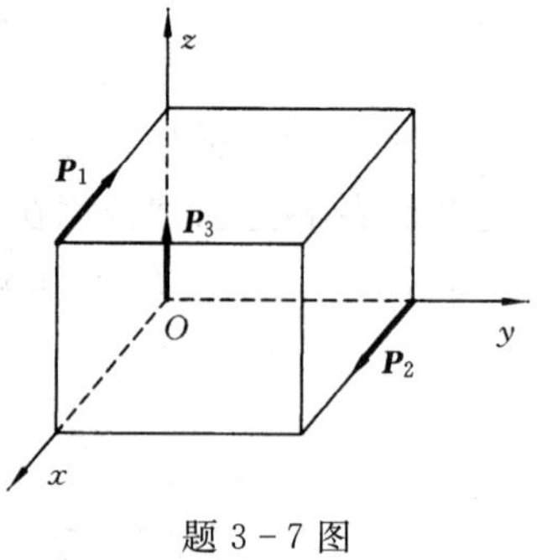

题 3－7 图

3－7　如题 3－7 图所示，三个力 $\boldsymbol{P}_1$、$\boldsymbol{P}_2$、$\boldsymbol{P}_3$ 的大小均等于 P，沿正立方体棱边作用，边长为 a，求力系简化的最后结果。

3－8　空间任意力系向两个不同点简化，试问下述情况是否可能：①主矢相等，主矩也相等；②主矢不相等、主矩相等；③主矢相等、主矩不相等；④主矢、主矩都不相等。

3－9　物体 $\boldsymbol{Q}$ 重 10kN，挂在 D 点，如题 3－9 图所示，A、B 和 C 三点用铰链固定。试求杆 DA、DB 和 DC 所受的力。

3－10　如题 3－10 图所示，对称空间支架由双铰端刚杆 1、2、3、4、5、6 构成。作用在节点 A 上的力 $\boldsymbol{P}$ 是在铅垂对称面 $ABIC$ 内，并与铅垂线成 $\alpha=45°$角，已知距离 $AC=CE=CG=BD=DF=DI=DH$，又力 $P=5\text{kN}$，求各杆的内力。

3－11　如题 3－11 图所示，一重为 $\boldsymbol{G}$、边长为 a 的正方形均质钢板，在 A、B、C 三点用三根铅垂的钢索悬挂，B、C 为两边的中点，求钢索的拉力。

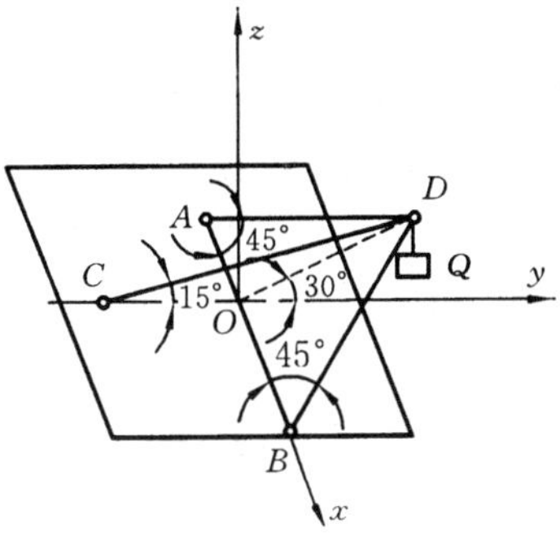

题 3－9 图

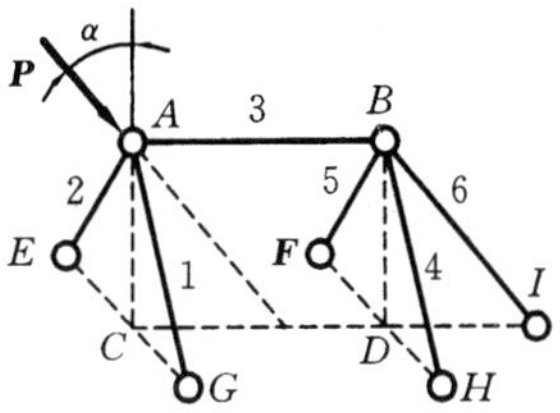

题 3－10 图

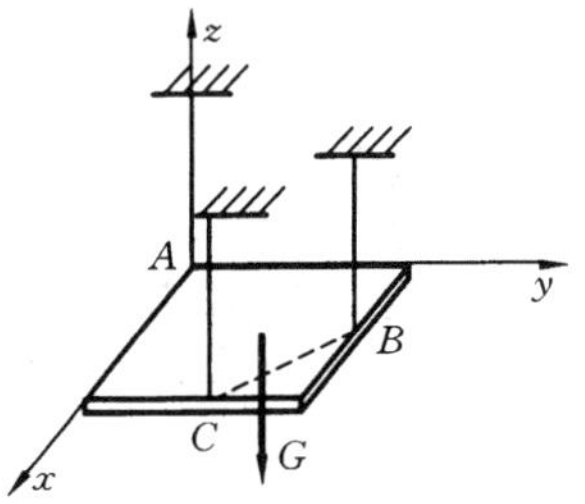

题 3－11 图

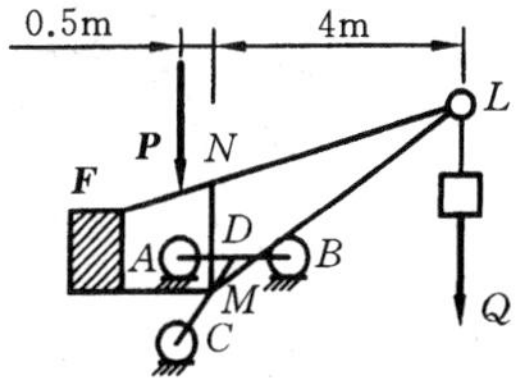

题 3－12 图

3－12　起重机如题 3－12 图所示。已知 $AD=DB=1\mathrm{m}$，$CD=1.5\mathrm{m}$，$CM=1\mathrm{m}$；机身与平衡锤 F 共重 $P=100\mathrm{kN}$，重力作用线在平面 $LMNF$ 内，到机身轴线 MN 的距离为 0.5 m，起重量 $Q=30\mathrm{kN}$，求当平面 LMN 平行于 AB 时车轮对轨道的压力。

3－13　如题 3－13 图所示，一物体由三圆盘 A、B、C 和轴组成。圆盘半径分别是 $r_A=15\mathrm{cm}$，$r_B=10\mathrm{cm}$，$r_C=5\mathrm{cm}$。轴 OA、OB 和 OC 在同一平面内，且 $\angle BOA=90°$。在这三个圆盘的边缘上各自作用力偶（$\boldsymbol{P}_1$，$\boldsymbol{P}'_1$）、（$\boldsymbol{P}_2$，$\boldsymbol{P}'_2$）和（$\boldsymbol{P}_3$，$\boldsymbol{P}'_3$），而使物体保持平衡。已知 $P_1=100\mathrm{N}$、$P_2=200\mathrm{N}$，求力 $\boldsymbol{P}_3$ 和角 α。

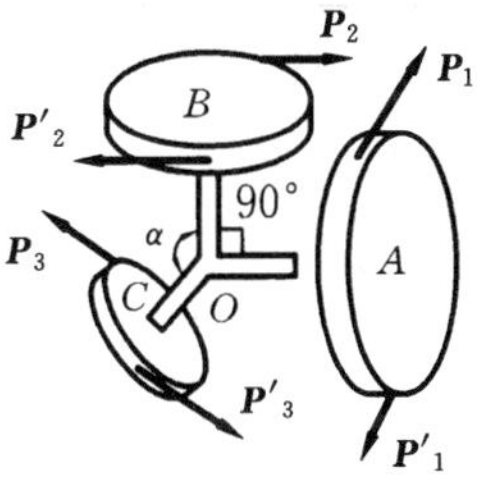

题 3－13 图

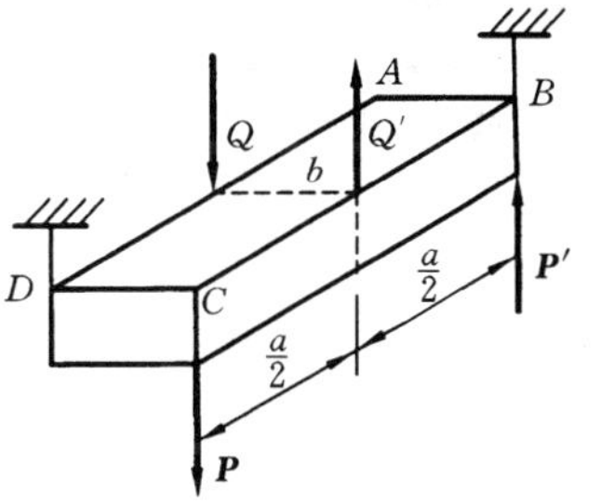

题 3－14 图

3－14　如题 3－14 图所示，设有一均质长方体 $ABCD$，其两角点 B、D 各与铅垂杆相铰接。物体上作用着两个力偶，其矩分别为 Pa 及 Qb，若物体能够平衡，求 P 与 Q 的比值。

3－15　空间一般力系向三个相互垂直的坐标平面投影，得到三个平面一般力系，为什么其独立的平衡方程只有六个？

3-16　①空间力系中各力的作用线平行于某一固定平面；②空间力系中各力的作用线分别汇交于两个固定点。试分析这两种力系各有几个平衡方程。

3-17　如题 3-17 图所示，六杆支撑一均质水平板，在板角处受铅垂力 $\boldsymbol{F}$ 作用，设板的重量为 $\boldsymbol{P}$，不计各杆重量，求各杆的内力。

3-18　如题 3-18 图所示，半径为 R 的圆面有一圆孔，孔的半径为 r，两圆中心的距离 $OO'=a$，求图形的形心位置。

3-19　一薄板由形状为矩形、三角形和 1/4 圆形的 3 块滑板所组成，尺寸如题 3-19 图所示。求薄板的重心。

3-20　均质块尺寸如题 3-20 图所示，求其重心的位置。

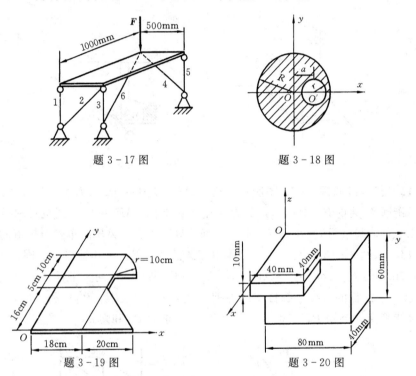

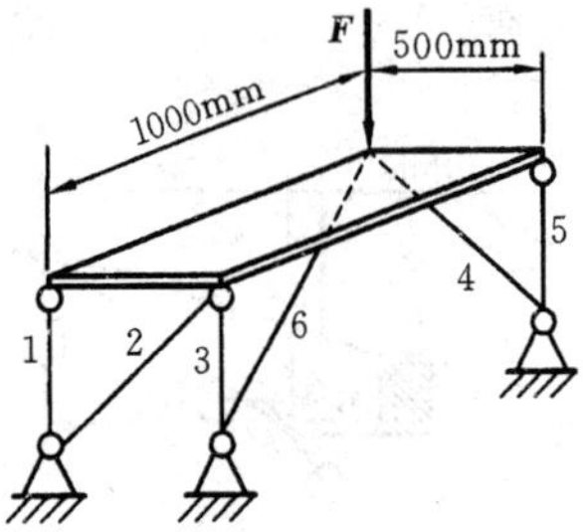

题 3-17 图

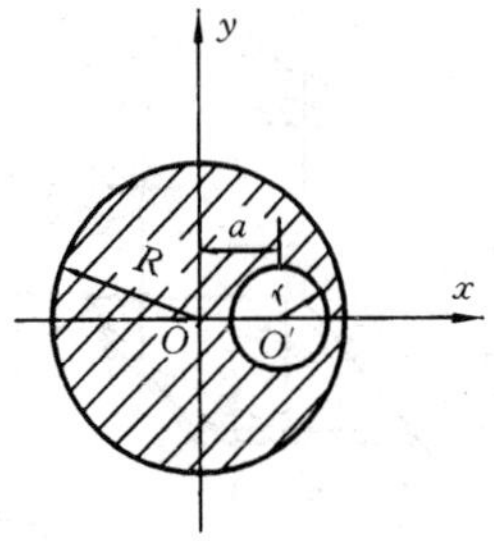

题 3-18 图

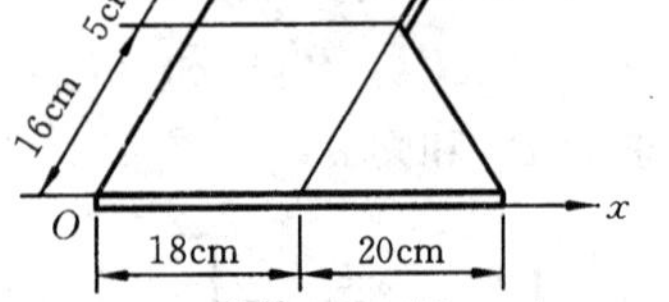

题 3-19 图

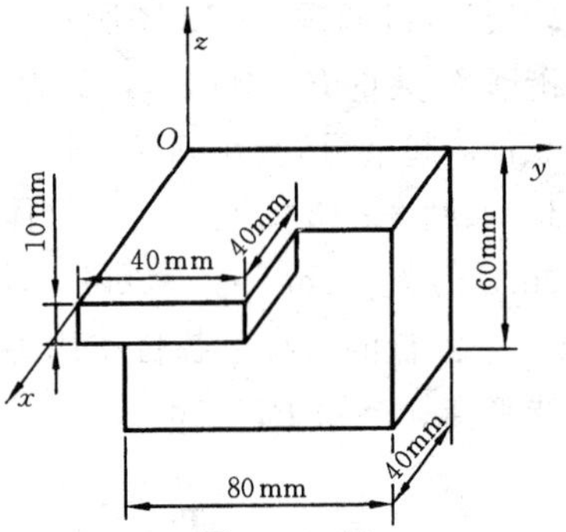

题 3-20 图

第四章 摩 擦

第四章
思维导图

在前面各章的研究中，均假设物体间相互接触表面绝对光滑，而忽略了摩擦作用。事实上，摩擦是客观存在的，只是在某些情况下，摩擦对物体运动状态的影响较小，因而略去。但在另一些情况下，摩擦却是主要因素，直接决定着物体所处的运动状态，必须加以考虑。例如梯子斜靠在墙面上静止不动，摩擦力是使其保持静止的决定因素；皮带轮传动中，主动轮和从动轮之间运动的传递就是通过皮带与轮之间的摩擦作用实现的。可见在这种情况下必须考虑摩擦的作用。

摩擦是一种极其复杂的物理（力学）现象，在日常生活和工程实际中普遍存在。研究摩擦现象，熟悉和掌握它的规律，具有很大的实际意义。摩擦阻碍运动，消耗能量，磨损机件。从这些方面来说，摩擦是不利的，应采用润滑等方法减少摩擦。但从另一方面来说，也常常利用摩擦规律工作，如摩擦轮传动、制动车轮等。关于摩擦机理及由此引出的磨损、润滑的理论研究已经形成一门专门的学科——摩擦学。在理论力学中，不去深入研究摩擦产生的物理原因，而仅讨论摩擦引起的力学现象，并应用于求解考虑摩擦的力学问题中。

按照接触物体之间相对运动情况的不同，可将摩擦分为滑动摩擦和滚动摩擦；若按摩擦表面润滑状况的不同，滑动摩擦又可分为干摩擦、边界摩擦和湿摩擦等。本章只研究干摩擦时物体的平衡问题。

第一节 滑 动 摩 擦

两个表面粗糙的物体，当其接触表面之间有相对滑动趋势或相对滑动时，彼此作用有阻碍相对滑动的阻力，即滑动摩擦力。**摩擦力**作用于相互接触处，其方向与相对滑动的趋势或相对滑动的方向相反，它的大小根据主动力作用的不同，可以分为三种情况，即静滑动摩擦力、最大静滑动摩擦力和动滑动摩擦力。

一、静滑动摩擦力及最大静滑动摩擦力

在粗糙的水平面上放置一重为 $\boldsymbol{W}$ 的物体，该物体在重力 $\boldsymbol{W}$ 和法向反力 $\boldsymbol{F}_{\mathrm{N}}$ 的作用下处于静止状态［图 4－1（a)］。现在该物体上作用一大小可变化的水平拉力 $\boldsymbol{P}$，当拉力 $\boldsymbol{P}$ 由零逐渐增加但不很大时，物体仅有相对滑动趋势，但仍保持静止。可见支承面对物体除法向约束力 $\boldsymbol{F}_{\mathrm{N}}$ 外，还有一个阻碍物体沿水平面向右滑动的切向约

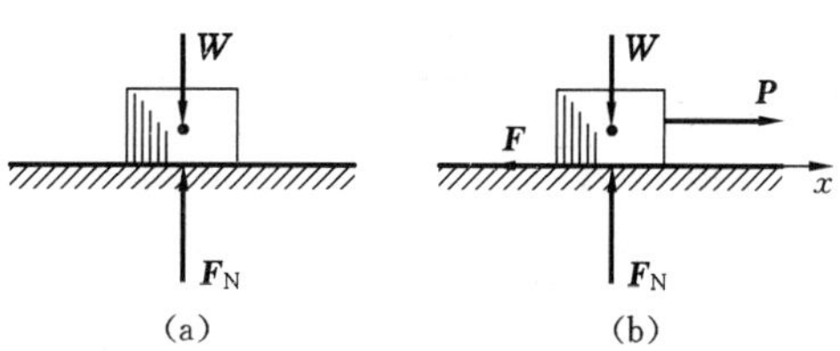

图 4－1

束力，此力即**静滑动摩擦力**，简称静摩擦力，常以 $\boldsymbol{F}$ 表示，方向向左，如图 4－1（b）所示。它的大小由平衡条件确定。此时有

$$\sum F_x=0,\quad F=P$$

由上式可知，静摩擦力的大小随主动力 $\boldsymbol{P}$ 的增大而增大，这是静摩擦力和一般约束力共同的性质。

静摩擦力又与一般约束力不同，它并不随主动力 $\boldsymbol{P}$ 的增大而无限度地增大。当主动力 $\boldsymbol{P}$ 的大小达到一定数值时，物块处于平衡的临界状态。这时，静摩擦力达到最大值，即为最大静滑动摩擦力，简称最大静摩擦力，以 $\boldsymbol{F}_{\max}$ 表示。此后，如果主动力 $\boldsymbol{P}$ 再继续增大，但静摩擦力不能再随之增大，物体将失去平衡而滑动。这就是静摩擦力的特点。

综上所述可知，静摩擦力的大小随主动力的情况而改变，但介于 0 与最大值之间，即

$$0\leqslant F\leqslant F_{\max} \tag{4-1}$$

实验表明：最大静摩擦力的大小与两物体间的正压力（即法向约束力）成正比，即

$$F_{\max}=fF_{\mathrm{N}} \tag{4-2}$$

式中：f 为比例常数，称为**静摩擦因数**，它是无量纲的量。

式（4－2）称为静摩擦定律（又称**库仑摩擦定律**），是工程中常用的近似理论。

静摩擦因数的大小需由实验测定。它与接触物体的材料和表面情况（如粗糙度、温度和湿度等）有关，而与接触面积的大小无关。

静摩擦因数的数值可在工程手册中查到，表 4－1 中列出了一部分常用材料的摩擦因数。但影响摩擦因数的因素很复杂，当需用比较准确的数值时，必须在具体条件下进行实验测定。

表 4－1　　常用材料的摩擦因数

材料名称	静摩擦因数		动摩擦因数	
	无润滑	有润滑	无润滑	有润滑
钢—钢	0.15	0.10～0.12	0.15	0.05～0.10
钢—软钢			0.20	0.10～0.20
钢—铸铁	0.30		0.18	0.05～0.15
钢—青铜	0.15	0.10～0.15	0.15	0.10～0.15
软钢—铸铁	0.20		0.18	0.05～0.15
软钢—青铜	0.20		0.18	0.07～0.15
铸铁—铸铁		0.18	0.15	0.07～0.12
铸铁—青铜			0.15～0.20	0.07～0.15
青铜—青铜		0.10	0.20	0.07～0.10
皮革—铸铁	0.30～0.50	0.15	0.60	0.015
橡皮—铸铁			0.80	0.50
木材—木材	0.40～0.60	0.10	0.20～0.50	0.07～0.15

二、动滑动摩擦力

当静滑动摩擦力达到极限值时，若再继续增大水平推力 $\boldsymbol{P}$，接触面之间将出现相对滑动。此时，接触面间仍存在阻碍相对滑动的阻力，这种阻力称为动滑动摩擦力，简称为动摩擦力，记为 $\boldsymbol{F}'$。

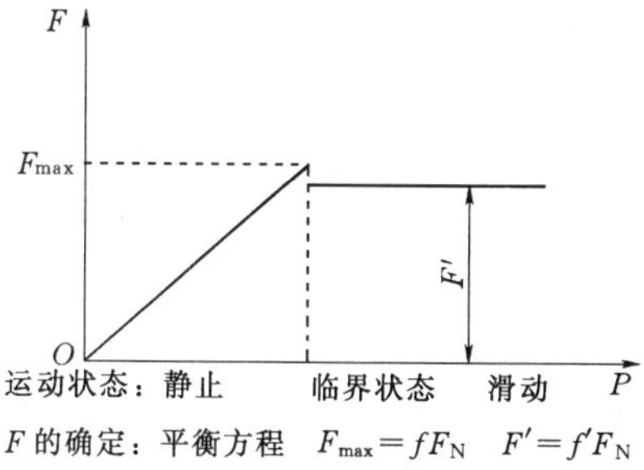

图 4-2

实验表明，动摩擦力的方向与两物体接触面间的相对速度方向相反，其大小与法向反力 $\boldsymbol{F}_N$ 的大小成正比，即

$$F'=f'F_N \tag{4-3}$$

式中：f' 为动滑动摩擦因数，它与接触物体的材料、表面状况及两接触物体的相对运动速度有关。

多数情况下，动滑动摩擦因数随相对滑动速度的增大而稍减小，但当相对滑动速度不大时，动摩擦因数可近似认为是一个常数，见表 4-1。动滑动摩擦因数略小于静摩擦因数。式（4-3）称为动摩擦定律。

滑动摩擦力 $\boldsymbol{F}$ 的大小与水平推力 $\boldsymbol{P}$ 的大小关系及确定方法如图 4-2 所示。

第二节　摩擦角和自锁现象

一、摩擦角的概念

重物静止在粗糙水平面上时，接触面对物体的约束反力包括两个分量，即法向反力 $\boldsymbol{F}_N$ 和静摩擦力 $\boldsymbol{F}$。其合力 $\boldsymbol{F}_R=\boldsymbol{F}_N+\boldsymbol{F}$ 称为接触面的全约束反力。它的作用线与接触面的公法线成一偏角 φ，如图 4-3（a）所示。当物体处于临界平衡状态时，静摩擦力达到最大值 $\boldsymbol{F}_{max}$，偏角 φ 也达到最大值 φ_m。全约束反力与法线夹角的最大值 φ_m 称为摩擦角。于是有下面的关系：

摩擦角和摩擦锥

$$\tan\varphi_m=\frac{F_{max}}{F_N}=\frac{fF_N}{F_N}=f \tag{4-4}$$

即摩擦角的正切等于静摩擦因数。可见，摩擦角和摩擦因数一样都是表示材料表面性质的物理量。

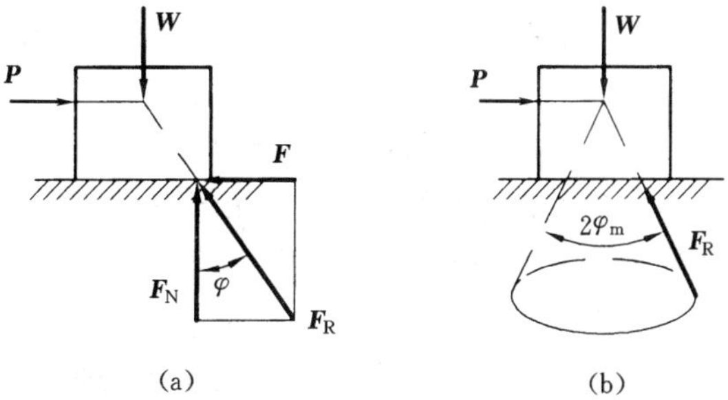

图 4-3

当物体的运动趋势方向改变时，对应于每一个方向都有一个全约束反力的极限位置，这些全约束反力的作用线组成一个锥面，称为摩擦锥。如果各个方向的摩擦因数都相同，这个锥面就是一个顶角为 $2\varphi_m$ 的圆锥面，如图 4-3（b）所示。

自锁

二、自锁现象

物块平衡时，静摩擦力在零到最大值 F_{max} 之间，而此时全约束反力和法线间的夹角 φ 也在零和摩擦角 φ_m 之间，即

$$0 \leqslant \varphi \leqslant \varphi_m \tag{4-5}$$

由于静摩擦力不可能超过最大值，因此全约束反力作用线必定在摩擦角范围内，这是由摩擦的性质决定的。可见：

(1) 若作用于物块上的主动力的合力 $\boldsymbol{R}$ 的作用线在摩擦角范围内，则无论这个力多大，物块总能保持静止，这种现象称为自锁。因为此时主动力的合力 $\boldsymbol{R}$ 和全约束反力 $\boldsymbol{F}_R$ 必能满足二力平衡条件，如图 4-4（a）所示。

(2) 若作用于物块的主动力的合力 $\boldsymbol{R}$ 的作用线在摩擦角范围外，则无论这个力多小，物块一定会滑动起来。因为此时接触面的全约束反力 $\boldsymbol{F}_R$ 和主动力的合力 $\boldsymbol{R}$ 不能满足二力平衡条件，如图 4-4（b）所示。

在工程实际中，常常要利用或避免自锁现象，如千斤顶、夹具和螺钉等，只有自锁才能保证不松脱、转动；而在传动装置中，则不应发生自锁，如螺纹丝杠传动时，设计时就应保证不自锁。

图 4-5 所示，螺纹和斜面的自锁条件为 $\alpha \leqslant \varphi_m$。请读者自行讨论。

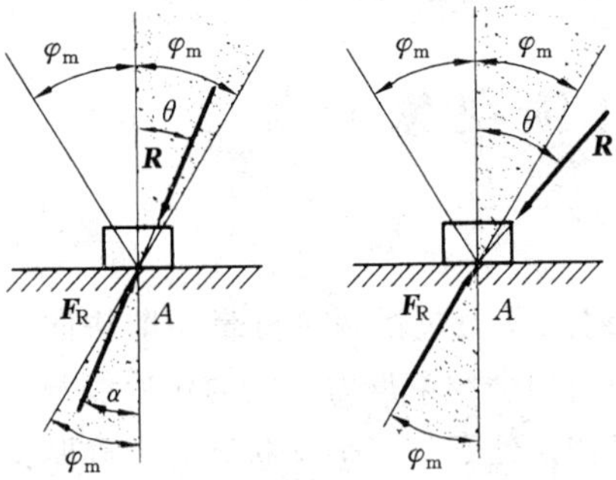

(a) (b)

图 4-4

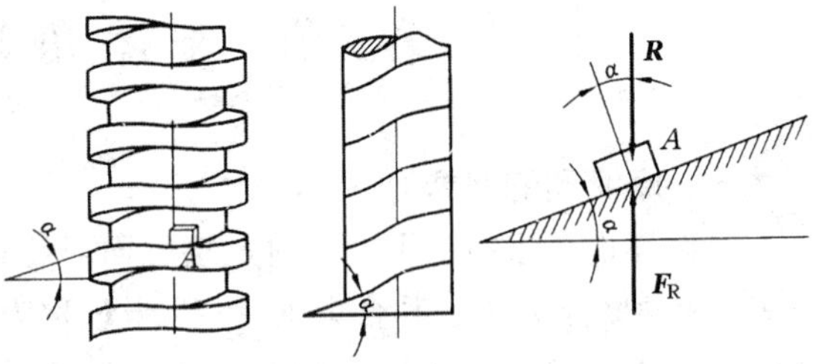

(a) (b) (c)

图 4-5

三、考虑摩擦的平衡问题

考虑摩擦的平衡问题的解法和不考虑摩擦时基本相同，只是在分析物体受力情况时，必须画上摩擦力。由于摩擦力不同于一般的约束反力，有其自身的特点，即物体平衡时 $F \leqslant F_{max}$；在平衡的临界状态下，$F = F_{max}$。并且摩擦力的方向与运动趋势方向相反，在运动趋势已知时，摩擦力方向属已知条件，不能假定；在运动趋势方向未知时，应首先假设运动趋势方向。由于有摩擦力，增加了未知力的个数，在求解时除平衡方程外还需增加补充方程 $F \leqslant F_{max} = fF_N$，补充方程的数目与摩擦力的数目相同。而且由于有不等式方程，解方程的结果亦是一个范围，而不是一个确定的值。

有时工程中的问题只需要分析平衡的临界状态，此时静摩擦力等于最大静摩擦力，补充方程只取等号。有时在分析平衡范围等问题时，为了计算方便，避开解不等式方程，也先求临界平衡状态下的结果，再分析、讨论解的平衡范围。

有摩擦的平衡问题一般可分为以下几种类型。

(1) 已知作用在物体上的主动力，判断物体是否处于平衡状态，确定摩擦力的大小和方向。

(2) 分析平衡的临界状态。

(3) 求解物体的平衡范围。

下面举例说明各解法特点。

【例 4－1】 物体重为 $\boldsymbol{P}$，放在倾角为 θ 的斜面上，它与斜面间的摩擦因数为 f，如图 4－6 (a) 所示。当物体处于平衡时，试求水平力 $\boldsymbol{F}_1$ 的大小。

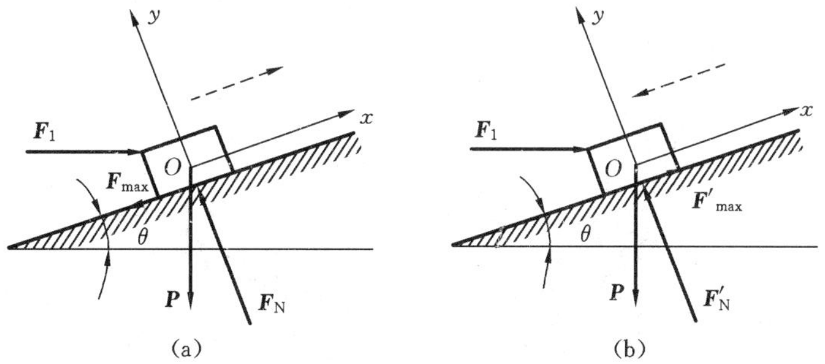

图 4－6

解： 由经验易知，力 F_1 太大，物块将上滑；力 F_1 太小，物块将下滑，因此 F_1 应在最大值与最小值之间。

先求力 F_1 的最大值。当力 F_1 达到此值时，物体处于将要向上滑动的临界状态。在此情形下，摩擦力 $\boldsymbol{F}$ 沿斜面向下，并达到最大值 F_{max}。物体共受四个力作用：已知力 $\boldsymbol{P}$，未知力 $\boldsymbol{F}_1$、$\boldsymbol{F}_N$、$\boldsymbol{F}_{max}$，如图 4－6 (a) 所示。列平衡方程：

$$\sum F_x=0,\quad F_1\cos\theta-P\sin\theta-F_{max}=0$$

$$\sum F_y=0,\quad F_N-F_1\sin\theta-P\cos\theta=0$$

此外，还有一个补充方程，即

$$F_{max}=fF_N$$

三式联立，可解得水平推力 F_1 的最大值为

$$F_{1max}=P\frac{\sin\theta+f\cos\theta}{\cos\theta-f\sin\theta}$$

现再求 F_1 的最小值。当力 F_1 达到此值时，物体处于将要向下滑动的临界状态。在此情形下，摩擦力沿斜面向上，并达到另一最大值，用 $\boldsymbol{F}'_{max}$ 表示此力，物体的受力情况如图 4－6 (b) 所示。列平衡方程：

$$\sum F_x=0,\qquad F_1\cos\theta-P\sin\theta+F'_{max}=0$$

$$\sum F_y=0,\qquad F'_N-F_1\sin\theta-P\cos\theta=0$$

此外，再列出补充方程

$$F'_{max}=fF'_N$$

三式联立，可解得水平推力 F_1 的最小值为

$$F_{1\min}=P\frac{\sin\theta-f\cos\theta}{\cos\theta+f\sin\theta}$$

综合上述两个结果可知：为使物块静止，力 $\boldsymbol{F}_1$ 必须满足的条件为

$$P\frac{\sin\theta-f\cos\theta}{\cos\theta+f\sin\theta}\leqslant F_1\leqslant P\frac{\sin\theta+f\cos\theta}{\cos\theta-f\sin\theta}$$

此题如不计摩擦（$f=0$），平衡时应有 $F_1=P\tan\theta$，其解答是唯一的。

本题也可以利用摩擦角的概念，使用全约束力来进行求解。当物块有向上滑动趋势且达临界状态时，全约束力 $\boldsymbol{F}_R$ 与法线夹角为摩擦角 φ_m，物块受力如图 4－7（a）所示。这是平面汇交力系，平衡方程如下：

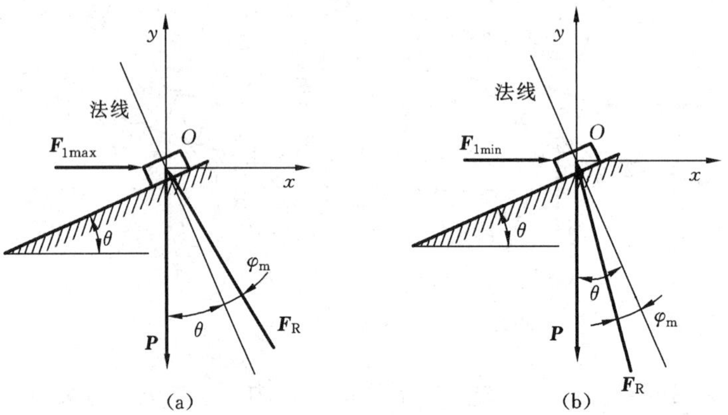

图 4－7

$$\sum F_y=0,\quad F_R\cos(\theta+\varphi_m)-P=0$$

$$\sum F_x=0,\quad F_{1\max}-F_R\sin(\theta+\varphi_m)=0$$

解得

$$F_{1\max}=P\tan(\theta+\varphi_m)$$

同样，当物块有向下滑动趋势且达临界状态时，受力如图 4－7（b）所示，平衡方程为

$$\sum F_y=0,\quad F_R\cos(\theta-\varphi_m)-P=0$$

$$\sum F_x=0,\quad F_{1\min}-F_R\sin(\theta-\varphi_m)=0$$

解得

$$F_{1\min}=P\tan(\theta-\varphi_m)$$

由以上计算知，使物块平衡的力 $\boldsymbol{F}_1$ 应满足：

$$P\tan(\theta-\varphi_m)\leqslant F_1\leqslant P\tan(\theta+\varphi_m)$$

这一结果与用解析法计算的结果是相同的。对图 4－7 所示的两个平面汇交力系也可以不列平衡方程，只需用几何法画出封闭的力三角形就可以直接求出 $F_{1\max}$ 与 $F_{1\min}$。

在此例题中，如斜面的倾角小于摩擦角，即 $\theta<\varphi_m$ 时，水平推力 $F_{1\min}$ 为负值。这说明，此时物块不需要力 F_1 的支持就能静止于斜面上；而且无论重力 $\boldsymbol{P}$ 值多大，物块也不会下滑，这就是自锁现象。

应该强调指出，在临界状态下求解有摩擦的平衡问题时，必须根据相对滑动的趋势，正确判定摩擦力的方向。这是因为解题中引用了补充方程 $F_{\max}=fF_N$，由于 f 为

正值，F_{max} 与 F_N 必须有相同的符号。法向约束力 $\boldsymbol{F}_N$ 的方向总是确定的，F_N 值恒为正，因而 F_{max} 也应为正值，即摩擦力 $\boldsymbol{F}_{max}$ 的方向不能假定，必须按真实方向给出。

【例 4-2】 凸轮机构如图 4-8（a）所示，已知推杆与滑道之间的摩擦因数为 f，滑道宽度为 b，凸轮与推杆之间的摩擦忽略不计。求 a 的尺寸多大时，推杆才不致被卡住。

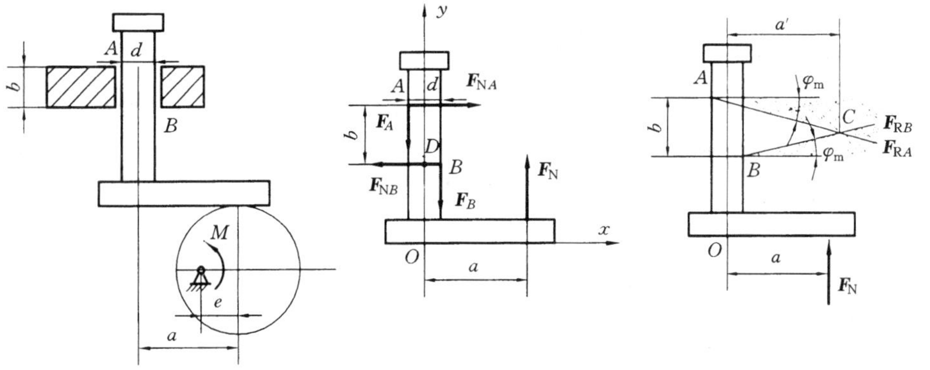

(a)　　(b)　　(c)

图 4-8

解： 取推杆为研究对象。其上作用的力为 $\boldsymbol{F}_N$、$\boldsymbol{F}_{NA}$、$\boldsymbol{F}_{NB}$、$\boldsymbol{F}_A$、$\boldsymbol{F}_B$。假设推杆处于即将运动的临界状态，这时摩擦力达到最大值。由于推杆有向上滑动的趋势，则摩擦力 $\boldsymbol{F}_A$ 和 $\boldsymbol{F}_B$ 的方向向下。受力如图 4-8（b）所示。列平衡方程：

$$\sum F_x=0,\quad F_{NA}-F_{NB}=0$$

$$\sum F_y=0,\quad F_N-F_A-F_B=0$$

$$\sum M_D(\boldsymbol{F})=0,\quad F_N a-F_{NA}b+F_A\frac{d}{2}-F_B\frac{d}{2}=0$$

此外，列补充方程：

$$\begin{cases}F_A=fF_{NA}\\ F_B=fF_{NB}\end{cases}$$

联立以上五式，解得

$$a=\frac{b}{2f}$$

要保证机构不发生自锁现象（即不被卡住），必须使 $a<\dfrac{b}{2f}$。

本题也可用图解法求解。分别将 $\boldsymbol{F}_{NA}$、$\boldsymbol{F}_A$ 和 $\boldsymbol{F}_{NB}$、$\boldsymbol{F}_B$ 合成为全约束反力 $\boldsymbol{F}_{RA}$ 和 $\boldsymbol{F}_{RB}$，则推杆在 $\boldsymbol{F}_{RA}$、$\boldsymbol{F}_{RB}$、$\boldsymbol{F}_N$ 三力作用下处于平衡。把 $\boldsymbol{F}_{RA}$、$\boldsymbol{F}_{RB}$ 的作用线延长交于 C 点，则三力交于 C 点时为三力平衡的临界状态。根据全反力的性质和三力平衡汇交定理可知，只有三力交于 C 点或 C 点以右部分时，无论 $\boldsymbol{F}_N$ 力多大，三力必定平衡，这时推杆必然处于平衡状态，如图 4-8（c）所示。如 $\boldsymbol{F}_N$ 通过 C 点的左边，则无论 $\boldsymbol{F}_N$ 力多小，三力也不能汇交，这时推杆必将滑动。由此，关于临界点 C 距推杆轴线的距离 a'，有

$$\frac{\frac{b}{2}}{a'}=\tan\varphi_{m}$$

$$a'=\frac{\frac{b}{2}}{\tan\varphi_{m}}=\frac{b}{2f}$$

推杆不致卡住的条件是 $a<a'=\dfrac{b}{2f}$。

【例 4-3】 在用铰链 O 固定的木板 AO 和 BO 间放一重 $\boldsymbol{W}$ 的均质圆柱，并用大小均为 $\boldsymbol{P}$ 的两水平拉力 $\boldsymbol{P}_1$ 和 $\boldsymbol{P}_2$ 保持系统平衡，如图 4-9（a）所示。设圆柱与木板间的静摩擦因数为 f，不计板重，求平衡时施加的力 $\boldsymbol{P}$。

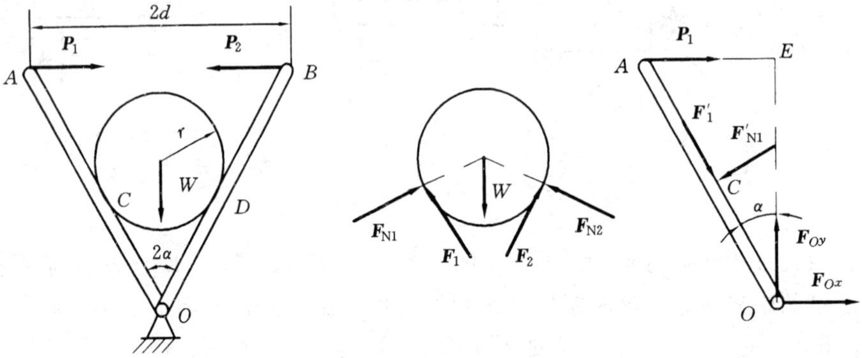

(a) (b) (c)

图 4-9

解：（1）设圆柱体处于即将下滑的临界平衡状态。此时力 $\boldsymbol{P}$ 为维持系统平衡的最小值。以圆柱为研究对象，受力如图 4-9（b）所示，列平衡方程：

$$\sum F_x=0，F_{N1}\cos\alpha-F_1\sin\alpha-F_{N2}\cos\alpha+F_2\sin\alpha=0$$

$$\sum F_y=0，F_1\cos\alpha+F_2\cos\alpha+F_{N1}\sin\alpha+F_{N2}\sin\alpha-W=0$$

对圆柱中心取矩： $\sum M_O(\boldsymbol{F})=0，F_1r-F_2r=0$

补充方程：

$$\begin{cases}F_1=fF_{N1}\\F_2=fF_{N2}\end{cases}$$

解得

$$F_{N1}=F_{N2}=\frac{W}{2(\sin\alpha+f\cos\alpha)}$$

$$F_1=F_2=\frac{Wf}{2(\sin\alpha+f\cos\alpha)}$$

再取板 OA 为研究对象，受力如图 4-9（c）所示。此时的水平力 $P_1=P_{\min}$。列平衡方程：

$$\sum M_O(\boldsymbol{F})=0，F'_{N1}OC-P_{\min}OA\cos\alpha=0$$

解得

$$P_{\min}=\frac{Wr}{2d(\sin\alpha+f\cos\alpha)}$$

(2) 设圆柱体处于即将上滑的临界平衡状态。此时力 **P** 为维护系统平衡的最大值。我们只改变前面图中摩擦力的指向，列平衡方程即可求得（读者自己列出平衡方程）

$$P_{\max}=\frac{Wr}{2d(\sin\alpha-f\cos\alpha)}$$

于是得到平衡时 **P** 的范围

$$\frac{Wr}{2d(\sin\alpha+f\cos\alpha)}\leqslant P\leqslant\frac{Wr}{2d(\sin\alpha-f\cos\alpha)}$$

如果用摩擦角 φ_m 表示，则有

$$\frac{Wr\cos\varphi_m}{2d\sin(\alpha+\varphi_m)}\leqslant P\leqslant\frac{Wr\cos\varphi_m}{2d\sin(\alpha-\varphi_m)}$$

可以看到，当 $\varphi_m\to\alpha$ 时，$P_{\max}\to\infty$。这就是说，$\varphi_m\geqslant\alpha$ 时，无论 P 多大，圆柱不会向上滑动而产生自锁现象。

【例 4-4】 制动装置如图 4-10 (a) 所示，已知鼓轮与制动块之间的摩擦因数为 f，作用在鼓轮上的主动力矩为 M，其他尺寸如图所示。求制动鼓轮所需的最小力 **P**。

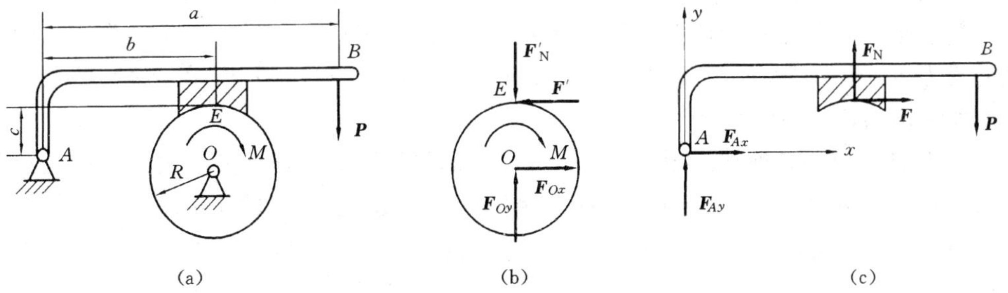

图 4-10

解： 首先取鼓轮为研究对象，受力如图 4-10 (b) 所示。因为鼓轮处于平衡状态，所以有

$$\sum M_O(\boldsymbol{F})=0,\quad F'R-M=0$$

解得

$$F'=\frac{M}{R}$$

根据题意，此时摩擦力应为最大值，即

$$F'=fF'_N$$

由此得

$$F'_N=\frac{M}{fR}$$

其次取手柄与制动块为研究对象，受力如图 4-10 (c) 所示。列平衡方程：

$$\sum M_A(\boldsymbol{F})=0,\quad -aP+bF_N-cF=0$$

解得

$$P=\frac{M}{aR}\left(\frac{b}{f}-c\right)$$

从上式可以看出，设计这种制动器时，应尽可能使 b 小些，而 R、a 和 f 则应大些，以使 P 尽可能地小。

本题图中鼓轮上主动力矩方向为顺时针方向。如果为逆时针方向，结果又如何，对设计参数又有何要求，请读者自行分析。

在工程实际中，常会由于摩擦阻力的存在引起物体翻转，现在我们讨论一下翻转的受力条件，如图 4-11 所示。

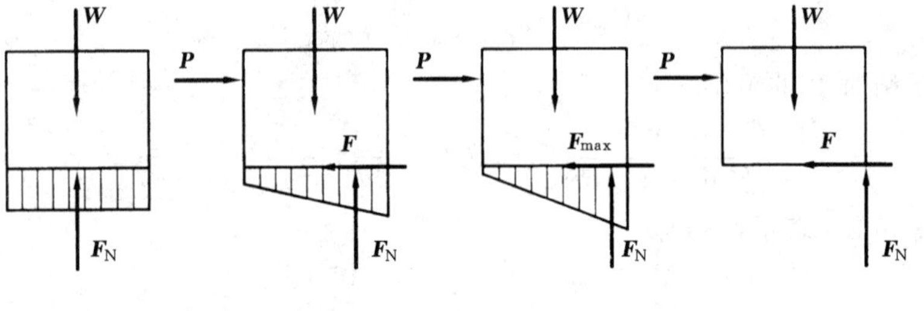

(a)　　(b)　　(c)　　(d)

图 4-11

当物体放在水平粗糙面上，没有水平推力 $\boldsymbol{P}$ 作用时，接触面上摩擦力为零。同时接触面上法向反力 $\boldsymbol{F}_N$ 与 $\boldsymbol{W}$ 共线，如图 4-11（a）所示。实际上法向反力分布在接触面上，而 $\boldsymbol{F}_N$ 为其合力。

当水平力 $\boldsymbol{P}$ 作用在物块上而物块仍保持平衡时，接触面上有摩擦力 $\boldsymbol{F}$ 作用，同时法向反力 $\boldsymbol{F}_N$ 作用线从接触面中点向一侧偏移，如图 4-11（b）所示。偏移的距离随 $\boldsymbol{P}$ 增加而增加，以保证力矩平衡。

设力 $\boldsymbol{P}$ 的值逐渐增加，则 $\boldsymbol{F}$ 的大小和 $\boldsymbol{F}_N$ 的偏移距离均随之同时增加。但是这两个值都有一个极限：当 $\boldsymbol{F}$ 达到 $\boldsymbol{F}_{max}$ 时，物体即将滑动；当 $\boldsymbol{F}_N$ 的作用线移到接触面的边上时，物体将会翻转。一般情况下，这两个极限不会同时达到。图 4-11（c）表示发生滑动的情况，而图 4-11（d）则表明物体先翻转时的受力条件。

下面通过一个例题来讨论物体先发生滑动还是先发生翻转的条件。

【例 4-5】 重 $\boldsymbol{W}$ 的方块放在水平面上，并受一水平力 $\boldsymbol{P}$ 的作用。设方块底面长度为 b，$\boldsymbol{P}$ 与底面的距离为 a，接触面间的摩擦因数为 f，问当 $\boldsymbol{P}$ 逐渐增大时，方块先行滑动还是先行翻倒？

解： 解这一类不定问题时，可以先假定一种情况，然后将所得结果与极限值进行比较。

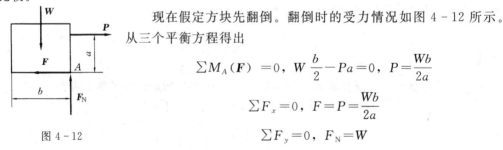

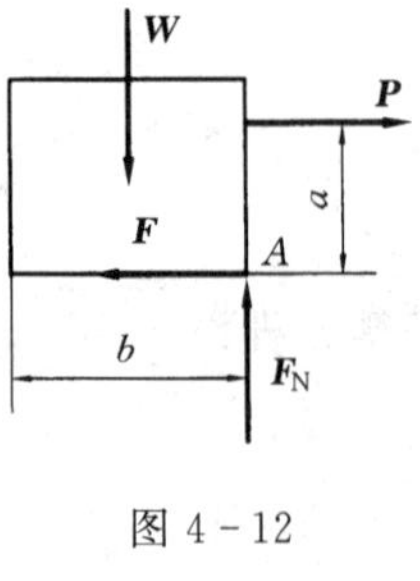

图 4-12

现在假定方块先翻倒。翻倒时的受力情况如图 4-12 所示。从三个平衡方程得出

$$\sum M_A(\boldsymbol{F})=0,\ W\frac{b}{2}-Pa=0,\ P=\frac{Wb}{2a}$$

$$\sum F_x=0,\ F=P=\frac{Wb}{2a}$$

$$\sum F_y=0,\ F_N=W$$

接触面间可能产生的最大静摩擦力为

$$F_{\max}=fF_{\mathrm{N}}=fW$$

比较 $\boldsymbol{F}$ 与 $\boldsymbol{F}_{\max}$，可以看出：

（1）当 $fW>\frac{Wb}{2a}$，即 $f>\frac{b}{2a}$时，则假定成立，即方块先翻倒。

（2）当 $fW<\frac{Wb}{2a}$，即 $f<\frac{b}{2a}$时，则假定不成立，方块先滑动。

（3）当 $fW=\frac{Wb}{2a}$，即 $f=\frac{b}{2a}$时，则滑动和翻转同时发生。

〖小　　结〗

1. 摩擦力

摩擦力是两个相互接触物体表面起阻碍相对运动或相对运动趋势的阻力。两个接触表面有相对滑动的趋势，但尚未产生滑动时的摩擦力称为静滑动摩擦力；已产生滑动时的摩擦力称为动滑动摩擦力。静滑动摩擦力的方向与接触面间相对滑动趋势的方向相反；大小随主动力变化，其范围在 0 与最大值之间，即 $0\leqslant F\leqslant F_{\max}$。

2. 摩擦定律

最大静滑动摩擦力的大小由静滑动摩擦定律决定。

$$F_{\max}=fF_{\mathrm{N}}$$

动滑动摩擦力的大小由动滑动摩擦定律决定。

$$F'=f'F_{\mathrm{N}}$$

3. 摩擦角

重物静止在粗糙水平面上时，接触面对物体的约束反力包括两个分量，即法向反力 $\boldsymbol{F}_{\mathrm{N}}$ 和静摩擦力 $\boldsymbol{F}$。其合力 $\boldsymbol{F}_{\mathrm{R}}=\boldsymbol{F}_{\mathrm{N}}+\boldsymbol{F}$ 称为接触面的全约束反力。全约束反力与法线夹角的最大值 φ_{m} 称为摩擦角，则

$$\tan\varphi_{\mathrm{m}}=\frac{F_{\max}}{F_{\mathrm{N}}}=\frac{fF_{\mathrm{N}}}{F_{\mathrm{N}}}=f$$

即摩擦角的正切等于静摩擦因数。

4. 自锁现象

物块平衡时，静摩擦力在零到最大值 $\boldsymbol{F}_{\max}$ 之间，而此时全约束反力和法线间的夹角 φ 也在零和摩擦角 φ_{m} 之间，即 $0\leqslant\varphi\leqslant\varphi_{\mathrm{m}}$，全约束反力作用线必在摩擦角范围内。

（1）若作用于物块上的主动力的合力 $\boldsymbol{R}$ 的作用线在摩擦角范围内，则无论这个力多大，物块总能保持静止，这种现象称为自锁。

（2）若作用于物块上的主动力的合力 $\boldsymbol{R}$ 的作用线在摩擦角范围外，则无论这个力多小，物块一定会滑动起来。

5. 考虑摩擦的平衡问题

考虑摩擦的平衡问题的解法和不考虑摩擦时基本相同，只是在分析物体受力情况

第四章思考题

时，必须画上摩擦力。摩擦力的方向与运动趋势方向相反，在运动趋势已知时，摩擦力方向属已知条件，不能假定；在运动趋势方向未知时，应首先假设运动趋势方向。在求解时除平衡方程外还需增加补充方程 $F \leqslant F_{\max} = fF_N$，补充方程的数目与摩擦力的数目相同。

习　题

4-1　如题 4-1 图所示一重为 $P=100\text{N}$ 的物块放在水平面上，其静摩擦因数为 $f=0.3$，当作用于物块的水平推力分别为 10N、20N、40N 时，试分析三种情形下物块是否平衡？摩擦力等于多少？

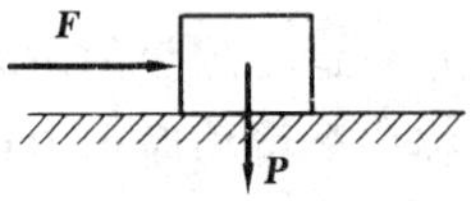

题 4-1 图

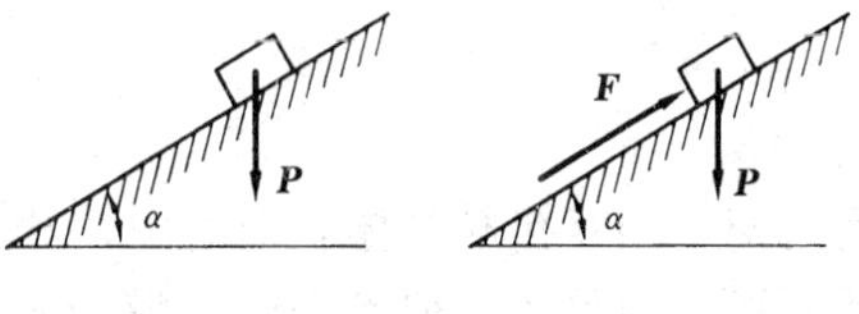

(a)　　(b)

题 4-2 图

4-2　如题 4-2 图所示，已知物块重 $P=100\text{N}$，斜面倾角 $\alpha=30°$，物块与斜面间静摩擦因数 $f=0.38$。求物块与斜面间的摩擦力。并问，此时物块在斜面上是静止还是下滑？如要使物块沿斜面向上运动，求加于物块上并与斜面平行的推力至少要多大。

4-3　物块重 $\boldsymbol{P}$，一力 $\boldsymbol{F}$ 作用在摩擦角之外，如题 4-3 图所示。已知 $\theta=25°$，摩擦角 $\varphi=20°$，且 $F=P$，问物块动不动？为什么？

4-4　如题 4-4 图所示，重量为 $\boldsymbol{P}$ 的物体放在倾角为 α 的斜面上，物体与斜面间的摩擦角为 φ_m，且 $\alpha>\varphi_m$，如在物体上作用力 $\boldsymbol{F}_1$，$\boldsymbol{F}_1$ 与斜面平行，试求能使物体保持静止的力 $\boldsymbol{F}_1$ 的最大值和最小值。

4-5　如题 4-5 图所示，A 物重 $P_A=5\text{kN}$，B 物重 $P_B=6\text{kN}$，A 物与 B 物间的静摩擦因数 $f_1=0.1$，B 物与地面间的静摩擦因数 $f_2=0.2$，两物块由绕过一定滑轮的无重水平绳相连。求使系统运动的水平力 $\boldsymbol{F}$ 的最小值。

4-6　如题 4-6 图所示，置于 V 形槽中的圆柱上作用一力偶，力偶的矩 $M=30\text{N}\cdot\text{m}$ 时，刚好能转动此圆柱，已知圆柱体重 $P=800\text{N}$，直径 $D=0.25\text{m}$。试求圆柱体与 V 形槽间的静摩擦因数。

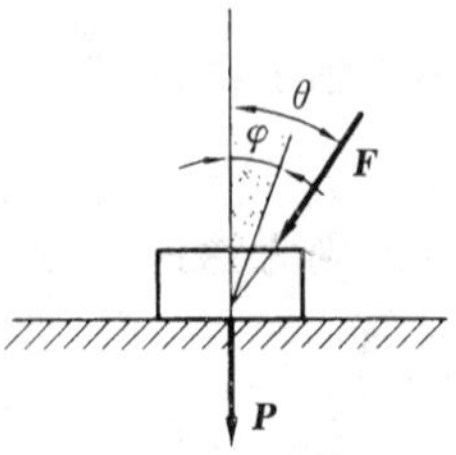

题 4-3 图

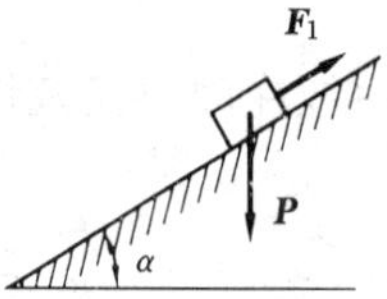

题 4-4 图

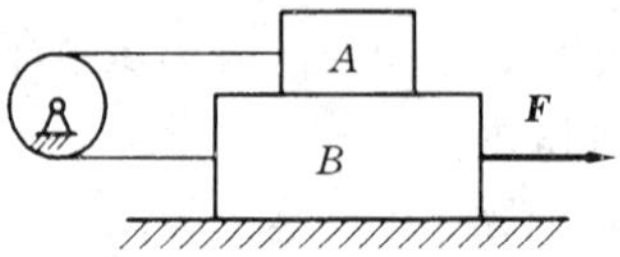

题 4-5 图

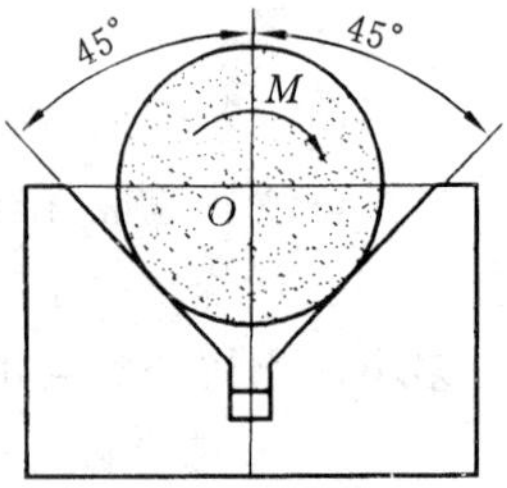

题 4-6 图

4－7　两根相同的均质杆 AB 和 BC，在端点 B 用光滑铰链连接，A、C 端放在不光滑的水平面上，如题 4－7 图所示。当 ABC 成等边三角形时，系统在铅直面内处于临界平衡状态。求杆端与水平面间的摩擦因数。

4－8　如题 4－8 图所示，梯子 AB 长 l，一端靠在光滑的墙面上，另一端置于地板上。地板与梯子之间的静摩擦因数为 f，梯子自重不计。今有一重 $\boldsymbol{P}$ 的人沿梯子向上爬，欲保证人爬到顶端时梯子不滑倒，求梯子与墙面的夹角。

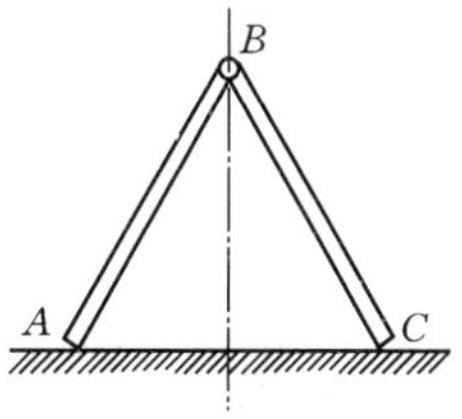

题 4－7 图

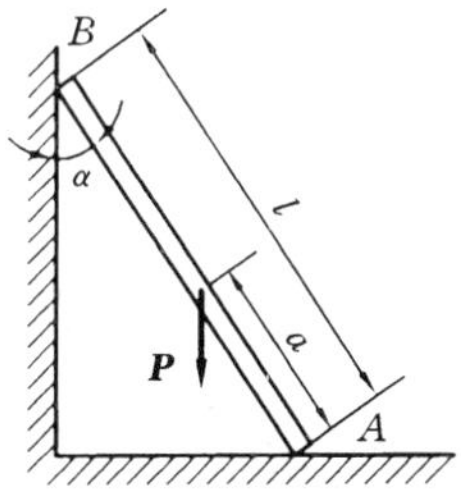

题 4－8 图

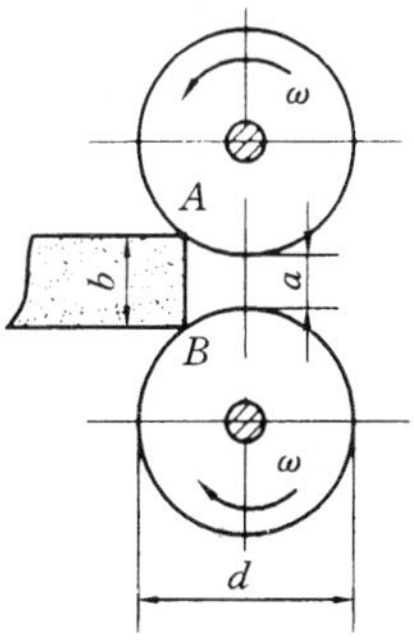

题 4－9 图

4－9　如题 4－9 图所示，轧板机由直径均为 $d=50\text{cm}$ 的轧辊构成，两轧辊间隙 $a=0.5\text{cm}$，按相反方向转动，设已经烧红的钢板与轧辊之间的静摩擦因数 $f=0.1$，问能轧的钢板厚度 b 为多大？（提示：钢板被带动的条件是，其上作用的全反力的合力必水平向右）

4－10　如题 4－10 图所示，悬臂托架的端部 A 和 B 处有套环，活套在铅垂的圆柱上且可上下移动。如在 AB 上作用铅垂力 $\boldsymbol{P}$，当此力离开圆柱较远时，此架将被圆柱上的摩擦力卡住而不能移动。设套环与圆柱间摩擦角为 φ，不计架重。求此架不致卡住时力 $\boldsymbol{P}$ 离开圆柱中心线的最大距离。

4－11　如题 4－11 图所示，不计自重的拉门与上下滑道之间的静摩擦因数均为 f，门高为 h。若在门上 $\frac{2}{3}h$ 处用水平力 $\boldsymbol{F}$ 拉门而不会卡住，求门宽 b 的最小值，并说明门的自重对不被卡住的门宽最小值是否有影响。

4－12　如题 4－12 图所示，物块 A、B 各重 2kN，放在水平面上，尖劈 C 的重量不计，所有接触面的摩擦角均为 10°，求推动 A、B 的垂直压力为 $\boldsymbol{P}$ 的最小值。

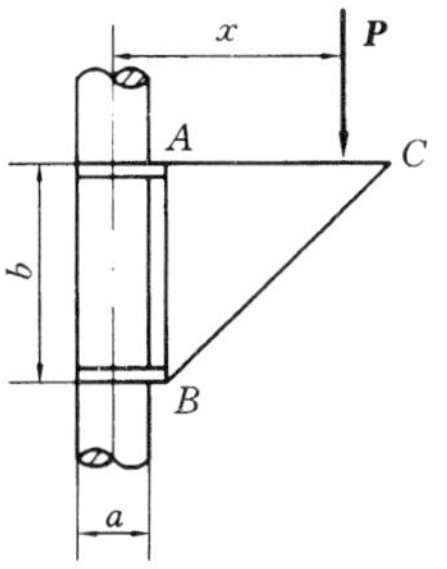

题 4－10 图

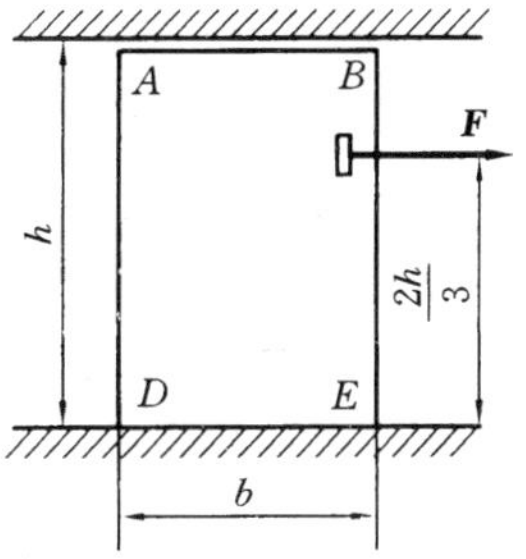

题 4－11 图

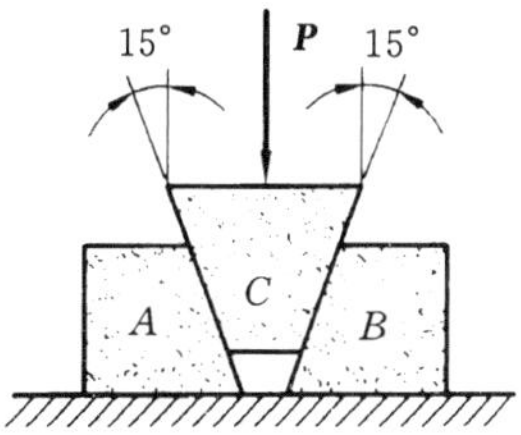

题 4－12 图

4-13 如题 4-13 图所示，物块 A 放置在物块 B 和墙壁之间，斜面夹角 $\alpha=30°$，物块 B 重 $G_B=200$N，各接触面间的摩擦角均为 $\varphi=11.31°$。求使物块 B 静止时 A 物块的最大重量 G_A。

4-14 如题 4-14 图所示，边长为 a 和 b 的均质物块放在斜面上，其静摩擦因数为 $f=0.4$。当斜面倾角 α 逐渐增大时，物块在斜面上翻倒与滑动同时发生，求 a 与 b 的关系。

4-15 如题 4-15 图所示，重物 A 与 B 用一不计重量的连杆铰接。已知 B 重 2kN，A 与水平面的摩擦角为 15°，斜面光滑，且不计铰链中的摩擦力。求能使系统平衡的 A 的最小重量。

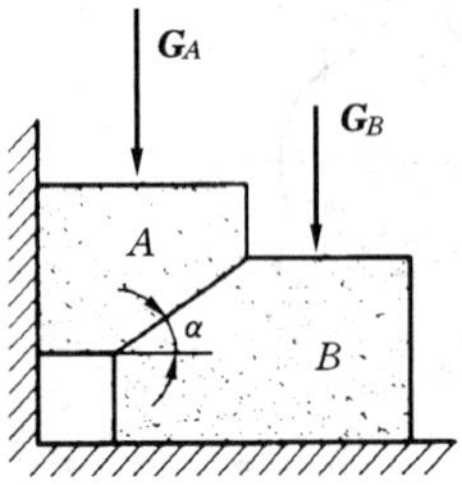

题 4-13 图

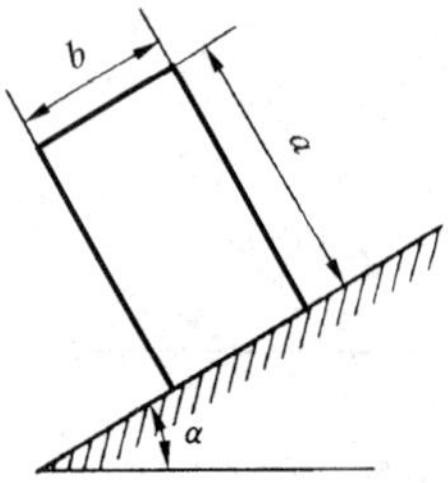

题 4-14 图

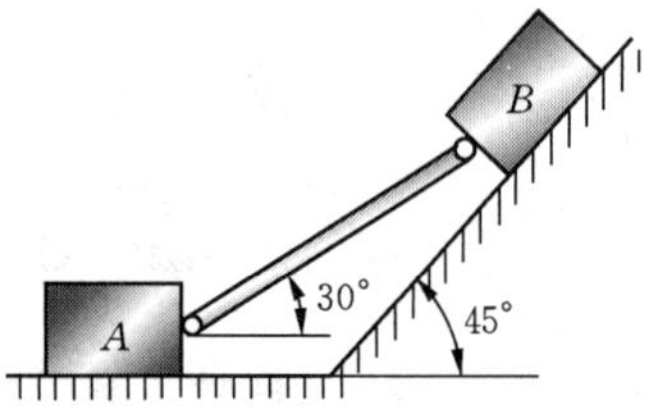

题 4-15 图

4-16 均质圆柱重 $\boldsymbol{P}$，半径为 r，搁在不计自重的水平杆和固定斜面之间。杆端 A 为光滑铰链，D 端受一铅垂向上的力 $\boldsymbol{F}$，圆柱上作用一力偶，如题 4-16 图所示。已知 $F=P$，圆柱与杆和斜面的静摩擦因数 $f=0.3$，当 $\alpha=45°$、$AB=BD$ 时，求能保持系统静止的力偶矩 M 的最小值。

4-17 如题 4-17 图所示，圆柱重 5kN，半径 $r=6$cm，圆柱上绕有软绳，在水平力 $\boldsymbol{F}$ 作用下登台阶。若台阶棱边处无滑动，静摩擦因数为 0.3。求能登台阶的最高高度。

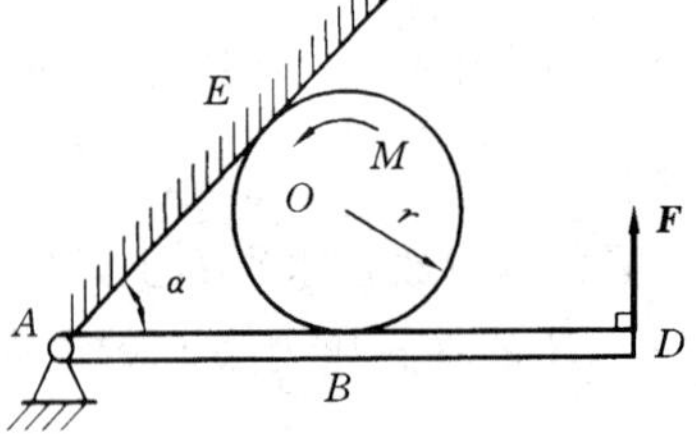

题 4-16 图

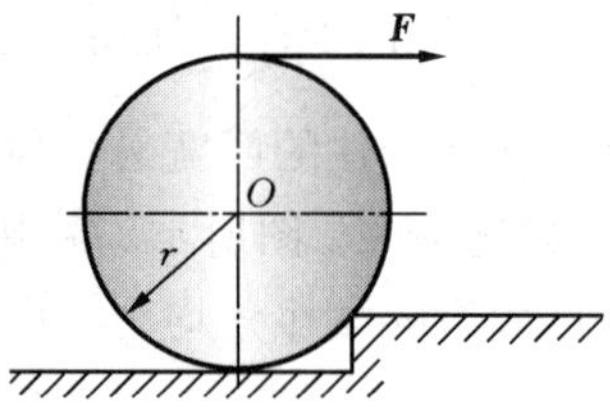

题 4-17 图

第二篇 运 动 学

一、运动学的任务

运动学是研究物体运动的几何性质的科学，它从几何学方面来研究物体的机械运动。运动学的内容包括运动方程、轨迹、速度和加速度。在运动学中不考虑产生运动变化的原因，只从几何方面来研究物体的运动，以及确立合适的方法去描述这些运动。换句话说，运动学只研究物体在空间的位置随时间变化的规律，而不涉及力和质量等与运动变化有关的物理因素。至于物体的运动规律与力、惯性等的关系将在动力学中研究。

运动学在工程实际中的应用极其广泛。任何一部机器，为了实现其设计功能，首先要求机器的各个零部件能够正确完成给定的各种运动。例如钟表中的齿轮传动必须按照时针走 1 格，分针转 1 圈，秒针转 60 圈的关系设计传动件，这就是一个独立的运动学问题。学习运动学还有一个重要目的，就是为日后学习动力学打下必要的基础。

为了研究的方便，在运动学中把研究对象抽象为点和刚体。当物体的几何尺寸和形状在运动过程中不起主要作用时，物体的运动可简化为点的运动。例如，在空中飞行的飞机，当研究它的飞行轨迹时，可以不考虑它各部分的相对运动和整体的转动，这样就可简化为点的运动。又如，刨床的刨头、汽缸内的活塞等物体，它们内部各点的运动情况完全相同，其中某一个点的运动即可代表整体的运动，这样的物体运动也可简化为点的运动。由于刚体可看作无数个点的组合，所以点的运动学既有其单独的应用，又是研究刚体运动学的基础。

二、运动的相对性与参考坐标系

对物体运动的描述因观察者不同而不同，运动学所考察的运动是相对运动。将观察者所在的物体称为参考体，固结于参考体上的坐标系称为参考坐标系。只有明确参考系来分析物体的运动才有意义。如果所选的参考体不同，那么物体相对不同参考体的运动也不同。因此，在力学中，描述任何物体的运动都需要指明参考体。一般工程问题中，都取与地面固连的坐标系为参考系。以后，如果不特别说明，就应如此理解。对于特殊的问题，将根据需要另选参考系，并加以说明。

三、瞬时与时间间隔

量度时间要区别两个概念：瞬时和时间间隔。

（1）瞬时 t：指的是某一特定时刻，即物体运动的一刹那。例如 3：10，它在时间数轴上用一点来表示，如 t_1、t_2、t_3 等。

（2）时间间隔（$\Delta t=t_2-t_1$）：指两瞬时之间所经过的时间。例如 10min，它在时间数轴上用线段来表示。

瞬时对应于物体运动的某一状态或某一确定的位置，而时间间隔则对应于运动的某一过程。

第五章
思维导图

第五章　点 的 运 动 学

本章以点作为研究对象，用矢量法、直角坐标法和自然轴系法来研究点相对于某参考系运动时轨迹、速度和加速度之间的关系。

第一节　点的运动分析——矢量法

一、点的运动方程

在参考体上选一固定点 O 作为参考点，由点 O 向动点 M 作矢径 $\boldsymbol{r}$，如图 5－1（a）所示。当动点 M 运动时，矢径 $\boldsymbol{r}$ 大小和方向随时间的变化而变化，矢径 $\boldsymbol{r}$ 是时间的单值连续函数，即

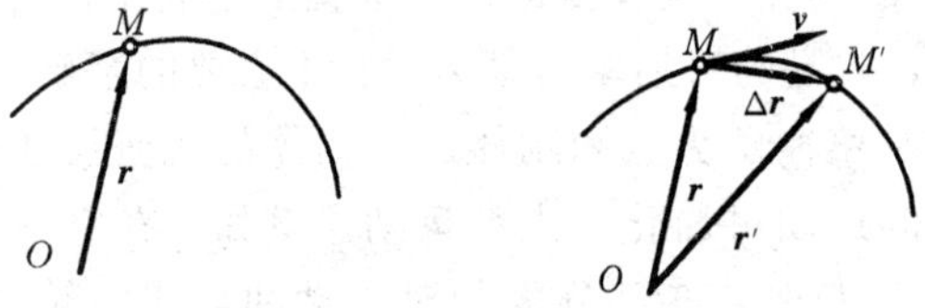

(a)　　　(b)

图 5－1

$$\boldsymbol{r}=\boldsymbol{r}(t) \tag{5-1}$$

式（5－1）称为动点矢量形式的运动方程。

当动点 M 运动时，矢径 $\boldsymbol{r}$ 端点所描出的曲线称动点的运动轨迹或矢径端迹。

二、点的速度

点的速度是描述点的运动快慢和方向的物理量。

如图 5－1（b）所示，t 瞬时动点 M 位于 M 点，矢径为 $\boldsymbol{r}$，经过时间间隔 Δt 后的瞬时 t'，动点 M 位于 M' 点，矢径为 $\boldsymbol{r}'$，矢径的变化为 $\Delta\boldsymbol{r}=\boldsymbol{r}'-\boldsymbol{r}$ 称为动点 M 经过时间间隔 Δt 的位移，动点 M 经过时间间隔 Δt 的平均速度，用 $\boldsymbol{v}^*$ 表示，即

$$\boldsymbol{v}^*=\frac{\Delta\boldsymbol{r}}{\Delta t}$$

平均速度 $\boldsymbol{v}^*$ 与 $\Delta\boldsymbol{r}$ 同向。

平均速度的极限为点在 t 瞬时的速度，即

$$\boldsymbol{v}=\lim_{\Delta t\to 0}\boldsymbol{v}^*=\frac{\mathrm{d}\boldsymbol{r}}{\mathrm{d}t} \tag{5-2}$$

点的速度等于动点的矢径 $\boldsymbol{r}$ 对时间的一阶导数。它是矢量，其大小表示动点运动的快慢，方向沿轨迹曲线的切线，并指向前进一侧。

速度单位为 m/s。

三、点的加速度

与点的速度一样，点的加速度是描述点的速度大小和方向变化的物理量。即

$$\boldsymbol{a}=\lim_{\Delta t\to 0}\boldsymbol{a}^{*}=\frac{\mathrm{d}\boldsymbol{v}}{\mathrm{d}t}=\frac{\mathrm{d}^{2}\boldsymbol{r}}{\mathrm{d}t^{2}} \tag{5-3}$$

式中：$\boldsymbol{a}^{*}$ 为动点的平均加速度；$\boldsymbol{a}$ 为动点在 t 瞬时的加速度。

点的加速度等于动点的速度对时间的一阶导数，也等于动点的矢径对时间的二阶导数。它是矢量，其大小表示速度的变化快慢，其方向沿速度矢端轨迹的切线［图 5－2（a)］恒指向轨迹曲线凹侧［图 5－2（b)］。

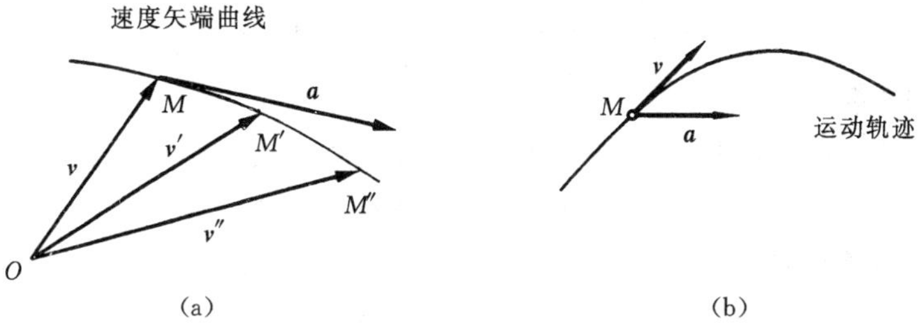

图 5－2

加速度单位为 m/s²。

为了方便书写采用简写方法，即一阶导数用字母上方加“·”，二阶导数用字母上方加“··”表示，即上面的物理量记为

$$\boldsymbol{v}=\dot{\boldsymbol{r}},\quad \boldsymbol{a}=\dot{\boldsymbol{v}}=\ddot{\boldsymbol{r}} \tag{5-4}$$

第二节　点的运动分析——直角坐标法

一、点的运动方程

在固定点 O 建立直角坐标系 $Oxyz$，则动点 M 的位置可用其直角坐标 x、y、z 表示，如图 5－3 所示。当动点 M 运动时坐标 x、y、z 是时间 t 的单值连续函数，即有

$$\begin{cases}x=f_1(t)\\ y=f_2(t)\\ z=f_3(t)\end{cases} \tag{5-5}$$

式（5－5）称为动点直角坐标形式的运动方程。

轨迹方程由式（5－5）消去时间得两个柱面 $f_1(x,y)=0$、$f_2(y,z)=0$ 方程，其交线为动点的轨迹曲线，如图 5－4 所示；若动点在平面内运动，轨迹方程为 $f(x,y)=0$；若动点做直线运动，轨迹方程为运动方程 $x=f(t)$。

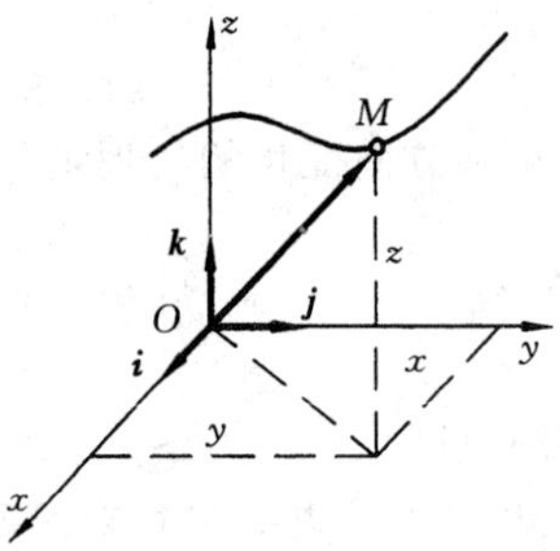

图 5-3

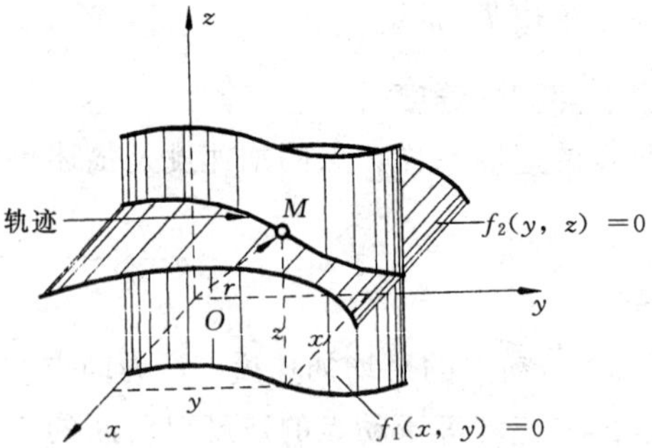

图 5-4

动点运动方程的矢量形式与直角坐标形式之间的关系是

$$\boldsymbol{r}(t)=x(t)\boldsymbol{i}+y(t)\boldsymbol{j}+z(t)\boldsymbol{k} \tag{5-6}$$

二、点的速度

由式（5-2）得动点的速度，其中 $\boldsymbol{i}$、$\boldsymbol{j}$、$\boldsymbol{k}$ 是直角坐标轴的单位常矢量，则有

$$\boldsymbol{v}=\dot{x}(t)\boldsymbol{i}+\dot{y}(t)\boldsymbol{j}+\dot{z}(t)\boldsymbol{k} \tag{5-7}$$

速度的解析形式为

$$\boldsymbol{v}=v_x\boldsymbol{i}+v_y\boldsymbol{j}+v_z\boldsymbol{k} \tag{5-8}$$

比较式（5-7）和式（5-8）得速度在直角坐标轴上的投影为

$$v_x=\frac{\mathrm{d}x}{\mathrm{d}t}=\dot{x}(t),\quad v_y=\frac{\mathrm{d}y}{\mathrm{d}t}=\dot{y}(t),\quad v_z=\frac{\mathrm{d}z}{\mathrm{d}t}=\dot{z}(t) \tag{5-9}$$

因此，速度在直角坐标轴上的投影等于动点所对应的坐标对时间的一阶导数。

若已知速度投影，则速度的大小和方向为

$$v=\sqrt{v_x^2+v_y^2+v_z^2}$$

$$\cos(\boldsymbol{v},\ \boldsymbol{i})=\frac{v_x}{v},\quad \cos(\boldsymbol{v},\ \boldsymbol{j})=\frac{v_y}{v},\quad \cos(\boldsymbol{v},\ \boldsymbol{k})=\frac{v_z}{v} \tag{5-10}$$

三、点的加速度

同理，由式（5-3）得动点的加速度为

$$\boldsymbol{a}=\frac{\mathrm{d}\boldsymbol{v}}{\mathrm{d}t}=\dot{v}_x\boldsymbol{i}+\dot{v}_y\boldsymbol{j}+\dot{v}_z\boldsymbol{k} \tag{5-11}$$

加速度的解析形式为

$$\boldsymbol{a}=a_x\boldsymbol{i}+a_y\boldsymbol{j}+a_z\boldsymbol{k} \tag{5-12}$$

则加速度在直角坐标轴上的投影为

$$a_x=\frac{\mathrm{d}v_x}{\mathrm{d}t}=\dot{v}_x=\ddot{x}(t),a_y=\frac{\mathrm{d}v_y}{\mathrm{d}t}=\dot{v}_y=\ddot{y}(t),a_z=\frac{\mathrm{d}v_z}{\mathrm{d}t}=\dot{v}_z=\ddot{z}(t) \tag{5-13}$$

加速度在直角坐标轴上的投影等于速度在同一坐标轴上的投影对时间一阶导数，也等于动点所对应的坐标对时间二阶导数。

若已知加速度投影，则加速度的大小和方向为

$$a=\sqrt{a_x^2+a_y^2+a_z^2}$$

$$\cos(\boldsymbol{a}, \boldsymbol{i})=\frac{a_x}{a},\quad \cos(\boldsymbol{a}, \boldsymbol{j})=\frac{a_y}{a},\quad \cos(\boldsymbol{a}, \boldsymbol{k})=\frac{a_z}{a} \tag{5-14}$$

以上是从动点做空间曲线运动来研究的，若点做平面曲线运动，则令坐标 $z=0$；若点做直线运动，令坐标 $y=0$、$z=0$。

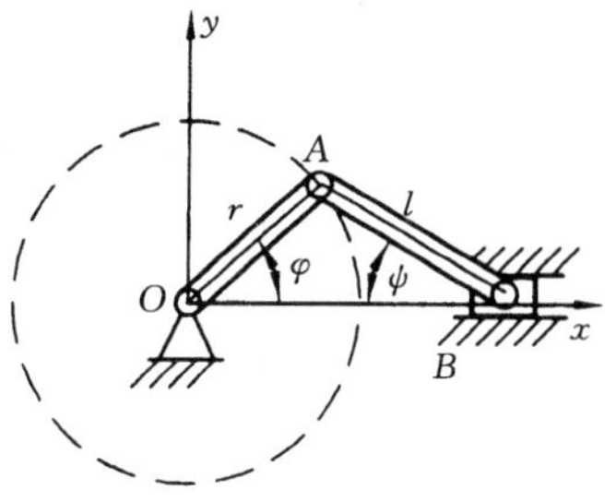

图 5-5

求解点的运动学问题大体可分为两类：第一类是已知动点的运动，求动点的速度和加速度，它是求导的过程；第二类是已知动点的速度或加速度，求动点的运动，它是求解微分方程的过程。

【例 5-1】 曲柄连杆机构如图 5-5 所示，设曲柄 OA 长为 r，绕 O 轴匀速转动，曲柄与 x 轴的夹角为 $\varphi=\omega t$，t 为时间（单位为 s），连杆 AB 长为 l，滑块 B 在水平的滑道上运动，试求滑块 B 的运动方程、速度和加速度。

解：建立直角坐标系 Oxy，滑块 B 的运动方程为

$$x=r\cos\varphi+l\cos\psi \tag{a}$$

其中由几何关系得

$$r\sin\varphi=l\sin\psi$$

则有

$$\cos\psi=\sqrt{1-\sin^2\psi}=\sqrt{1-\left(\frac{r}{l}\sin\varphi\right)^2} \tag{b}$$

式（b）代入式（a）得滑块 B 的运动方程：

$$x=r\cos\varphi+l\sqrt{1-\left(\frac{r}{l}\sin\varphi\right)^2} \tag{c}$$

对式（c）求导得滑块 B 的速度和加速度，即

$$v=\dot{x}=-r\omega\sin\omega t-\frac{r^2\omega\sin 2\omega t}{2l\sqrt{1-\left(\frac{r}{l}\sin\omega t\right)^2}}$$

$$a=\dot{v}=-r\omega^2\cos\omega t-\frac{r^2\omega^2\left\{4\cos 2\omega t\left[1-\left(\frac{r}{l}\sin\omega t\right)^2\right]+\frac{r^2}{l^2}\sin^2 2\omega t\right\}}{4l\left[1-\left(\frac{r}{l}\sin\omega t\right)^2\right]^{\frac{3}{2}}}$$

【例 5-2】 已知动点的运动方程为 $x=r\cos\omega t$，$y=r\sin\omega t$，$z=ut$，r、u、ω 为常数，试求动点的轨迹、速度和加速度。

解：由运动方程消去时间 t 得动点的轨迹方程为

$$x^2+y^2=r^2,\quad y=r\sin\frac{\omega z}{u}$$

动点的轨迹曲线是沿半径为 r 的柱面上的一条螺旋线，如图 5-6（a）所示。

动点在圆柱面上的运动

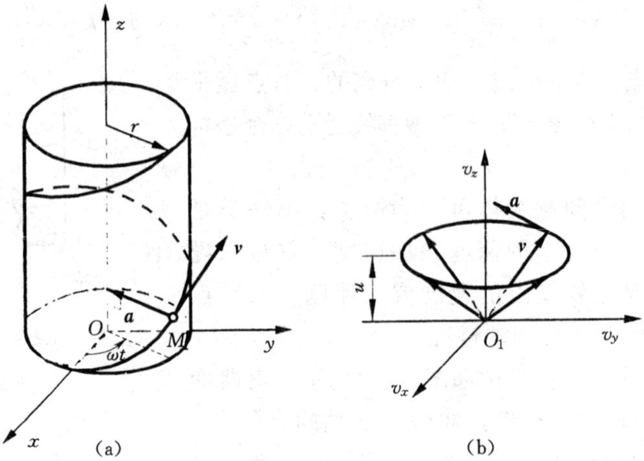

图 5-6

动点的速度在直角坐标轴上的投影为

$$v_x = \dot{x} = -r\omega\sin\omega t$$

$$v_y = \dot{y} = r\omega\cos\omega t$$

$$v_z = \dot{z} = u$$

速度的大小和方向余弦为

$$v = \sqrt{v_x^2 + v_y^2 + v_z^2} = \sqrt{r^2\omega^2 + u^2}$$

$$\cos(\boldsymbol{v}, \boldsymbol{i}) = \frac{v_x}{v} = \frac{-r\omega\sin\omega t}{\sqrt{r^2\omega^2 + u^2}}$$

$$\cos(\boldsymbol{v}, \boldsymbol{j}) = \frac{v_y}{v} = \frac{r\omega\cos\omega t}{\sqrt{r^2\omega^2 + u^2}}$$

$$\cos(\boldsymbol{v}, \boldsymbol{k}) = \frac{v_z}{v} = \frac{u}{\sqrt{r^2\omega^2 + u^2}}$$

由上式知速度大小为常数，其方向与 z 轴的夹角为常数，故速度矢端轨迹为水平面的圆，如图 5-6（b）所示。动点的加速度在直角坐标轴上的投影为

$$a_x = \dot{v}_x = -r\omega^2\cos\omega t$$

$$a_y = \dot{v}_y = -r\omega^2\sin\omega t$$

$$a_z = \dot{v}_z = 0$$

加速度的大小和方向余弦为

$$a = \sqrt{a_x^2 + a_y^2 + a_z^2} = r\omega^2$$

$$\cos(\boldsymbol{a}, \boldsymbol{i}) = \frac{a_x}{a} = \frac{-r^2\omega^2\cos\omega t}{r\omega^2} = -\cos\omega t$$

$$\cos(\boldsymbol{a}, \boldsymbol{j}) = \frac{a_y}{a} = \frac{-r^2\omega^2\sin\omega t}{r\omega^2} = -\sin\omega t$$

$$\cos(\boldsymbol{a},\ \boldsymbol{k})=\frac{a_z}{a}=\frac{0}{r\omega^2}=0$$

则动点的加速度的方向垂直于 z 轴，并恒指向 z 轴。

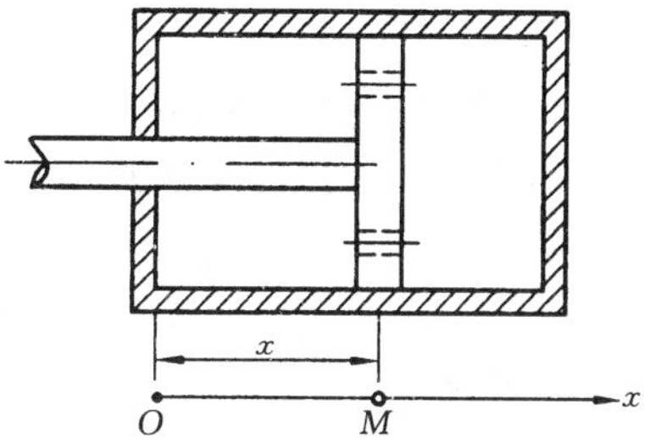

图 5－7

【例 5－3】 如图 5－7 所示为液压减震器简图。当液压减震器工作时，其活塞 M 在套筒内做直线的往复运动。设活塞 M 的加速度为 $\boldsymbol{a}=-k\boldsymbol{v}$，$\boldsymbol{v}$ 为活塞 M 的速度，k 为常数，初速度为 $\boldsymbol{v}_0$，试求活塞 M 的速度和运动方程。

解： 因活塞 M 做直线的往复运动，因此建立 x 轴表示活塞 M 的运动规律，如图 5－7 所示。活塞 M 的速度、加速度与 x 坐标的关系为

$$a=\dot{v}=\ddot{x}(t)$$

代入已知条件，则有

$$-kv=\frac{\mathrm{d}v}{\mathrm{d}t} \tag{a}$$

将式（a）进行变量分离，并积分，有

$$-k\int_0^t \mathrm{d}t=\int_{v_0}^{v}\frac{\mathrm{d}v}{v}$$

得

$$-kt=\ln\frac{v}{v_0}$$

活塞 M 的速度为

$$v=v_0\mathrm{e}^{-kt} \tag{b}$$

再对式（b）进行变量分离得

$$\mathrm{d}x=v_0\mathrm{e}^{-kt}\mathrm{d}t$$

积分得

$$\int_{x_0}^{x}\mathrm{d}x=v_0\int_0^t \mathrm{e}^{-kt}\mathrm{d}t$$

得活塞 M 的运动方程为

$$x=x_0+\frac{v_0}{k}(1-\mathrm{e}^{-kt})$$

第三节　点的运动分析——自然轴系法

一、点的运动方程

实际工程中，例如运行的列车是在已知的轨道上行驶，而列车的运行状况也是沿其运行的轨迹路线来确定的。这种沿已知轨迹路线来确定动点的位置及运动状态的方法通常称为自然法。如图 5－8 所示，确定动点的位置应在已知的轨迹曲线上选择一个点 O 作为参考点，设定运动的正负方向，由所选取参考点 O 量取 OM 的弧长 s，弧长 s 称为弧坐标。当动点运动时，弧坐标 s 随时间而发生变化，即弧坐标 s 是时间 t 的单

值连续函数，式（5－15）称为弧坐标形式的运动方程。

$$s = f(t) \tag{5-15}$$

二、自然轴系

为了学习速度和加速度，先学习随动点运动的动坐标系——自然轴系。如图 5－9 所示，设在 t 瞬时动点在轨迹曲线上的 M 点，并在 M 点作其切线，沿其前进的方向给出单位矢量 $\boldsymbol{\tau}$，下一个瞬时 t'动点在 M'点处，并沿其前进的方向给出单位矢量 $\boldsymbol{\tau}'$，为描述曲线 M 处的弯曲程度，引入曲率的概念，即单位矢量 $\boldsymbol{\tau}$ 与 $\boldsymbol{\tau}'$夹角 θ 对弧长 s 的变化率，用 k 表示，即

$$k = \left|\frac{\mathrm{d}\theta}{\mathrm{d}s}\right|$$

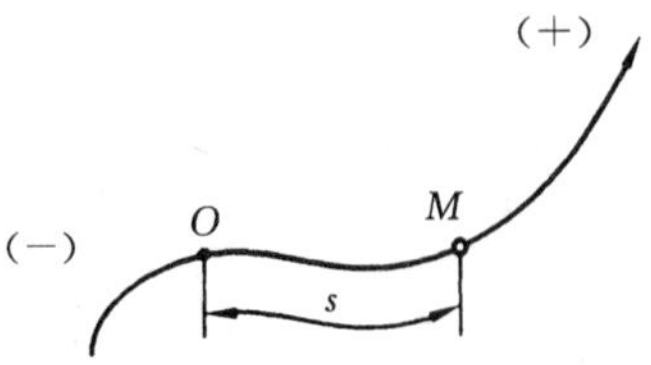

图 5－8

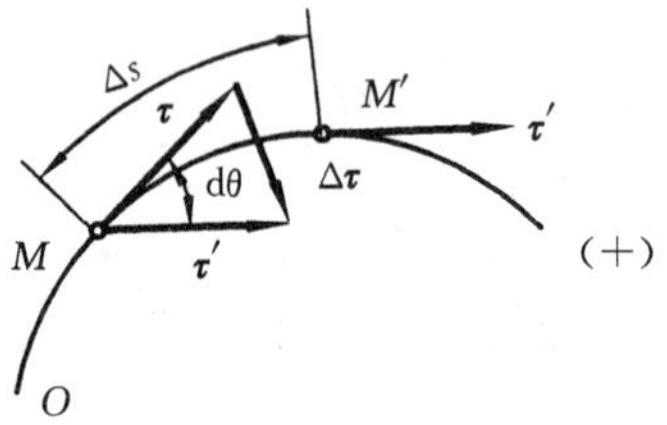

图 5－9

自然轴系

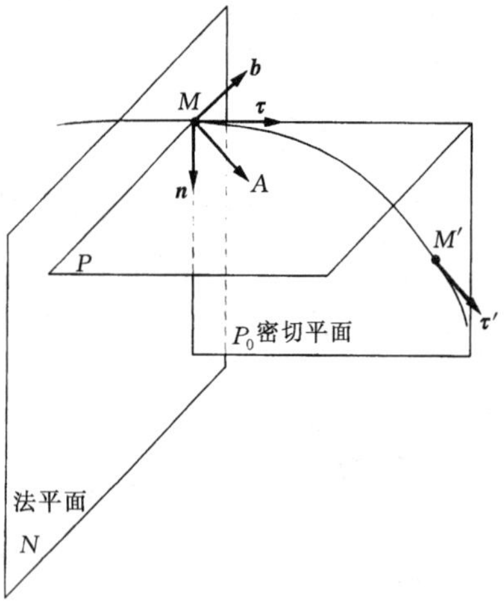

图 5－10

M 处的曲率半径为

$$\rho = \frac{1}{k} \tag{5-16}$$

如图 5－10 所示，在 M 点处作单位矢量 $\boldsymbol{\tau}'$的平行线 MA，单位矢量 $\boldsymbol{\tau}$ 与 MA 构成一个平面 P，当时间间隔 Δt 趋于零时，MA 靠近单位矢量 $\boldsymbol{\tau}$，M'趋于 M 点，平面 P 趋于极限平面 P_0，此平面称为密切平面（简称密切面），过 M 点作切线的垂直平面 N，N 称为 M 点的法平面（简称法面）。在密切平面与法平面的交线，取其单位矢量 $\boldsymbol{n}$，并恒指向轨迹曲线的曲率中心一侧，$\boldsymbol{n}$ 称为 M 点的主法线。按右手系生成 M 点处的副法线 $\boldsymbol{b}$，使得 $\boldsymbol{b}=\boldsymbol{\tau}\times\boldsymbol{n}$，从而得到由 $\boldsymbol{b}$、$\boldsymbol{\tau}$、$\boldsymbol{n}$ 构成的自然轴系。由于动点在运动，$\boldsymbol{b}$、$\boldsymbol{\tau}$、$\boldsymbol{n}$ 的方向随动点的运动而变化，故 $\boldsymbol{b}$、$\boldsymbol{\tau}$、$\boldsymbol{n}$ 为动坐标系。

三、点的速度

由矢量法知动点的速度大小为

$$|\boldsymbol{v}| = \left|\frac{\mathrm{d}\boldsymbol{r}}{\mathrm{d}t}\right| = \lim_{\Delta t\to 0}\left|\frac{\Delta \boldsymbol{r}}{\Delta t}\right| = \lim_{\Delta t\to 0}\left|\frac{\Delta \boldsymbol{r}}{\Delta s}\frac{\Delta s}{\Delta t}\right| = \lim_{\Delta s\to 0}\left|\frac{\Delta \boldsymbol{r}}{\Delta s}\right|\lim_{\Delta t\to 0}\left|\frac{\Delta s}{\Delta t}\right| = |v| \tag{5-17}$$

如图 5－11 所示，其中 $\lim\limits_{\Delta s\to 0}\left|\dfrac{\Delta \boldsymbol{r}}{\Delta s}\right|=1$，$\lim\limits_{\Delta t\to 0}\dfrac{\Delta s}{\Delta t}=v$，$v$ 定义为速度代数量，当动点沿轨迹曲线的正向运动时，即 $\Delta s>0$，$v>0$，反之 $\Delta s<0$，$v<0$。

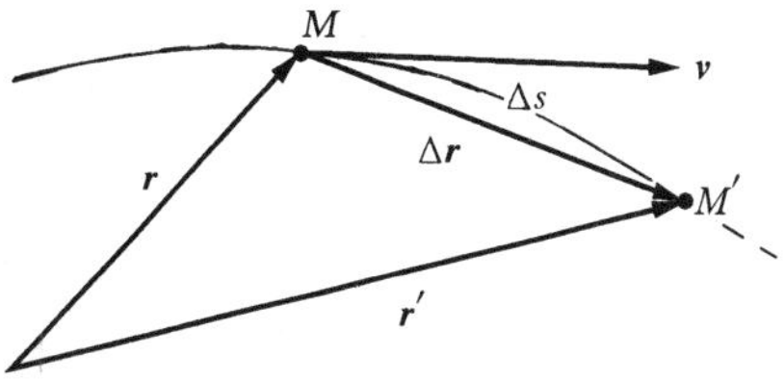

图 5－11

点的速度

动点速度方向沿轨迹曲线切线，并指向前进一侧，即点的速度的矢量表示为

$$\boldsymbol{v}=v\boldsymbol{\tau} \tag{5-18}$$

$\boldsymbol{\tau}$ 为沿轨迹曲线切线的单位矢量，恒指向 $\Delta s>0$ 的方向。

四、点的加速度

由矢量法知动点的加速度为

$$\boldsymbol{a}=\frac{\mathrm{d}\boldsymbol{v}}{\mathrm{d}t}=\frac{\mathrm{d}}{\mathrm{d}t}(v\boldsymbol{\tau})=\frac{\mathrm{d}v}{\mathrm{d}t}\boldsymbol{\tau}+v\,\frac{\mathrm{d}\boldsymbol{\tau}}{\mathrm{d}t} \tag{5-19}$$

式（5－19）加速度应分两项：一项表示速度大小对时间变化率，用 $\boldsymbol{a}_\tau$ 表示，称为切向加速度，其方向沿轨迹曲线切线，当 $\boldsymbol{a}_\tau$ 与 $\boldsymbol{v}$ 同号时动点做加速运动，反之做减速运动；另一项表示速度方向对时间变化率，用 $\boldsymbol{a}_n$ 表示，称为法向加速度。

（1）$\dfrac{\mathrm{d}\boldsymbol{\tau}}{\mathrm{d}t}$的大小。如图 5－9 所示，得

$$\left|\frac{\mathrm{d}\boldsymbol{\tau}}{\mathrm{d}t}\right|=\lim_{\Delta t\to 0}\left|\frac{\Delta\boldsymbol{\tau}}{\Delta t}\right|=\lim_{\Delta t\to 0}\frac{2x\ |x\sin\dfrac{\Delta\theta}{2}}{\Delta t}\frac{\Delta s}{\Delta s}=\lim_{\Delta s\to 0}\left|\frac{\Delta\theta}{\Delta s}\right|\lim_{\Delta t\to 0}\left|\frac{\Delta s}{\Delta t}\right|=\frac{v}{\rho}$$

（2）$\dfrac{\mathrm{d}\boldsymbol{\tau}}{\mathrm{d}t}$的方向。$\dfrac{\mathrm{d}\boldsymbol{\tau}}{\mathrm{d}t}$的方向沿轨迹曲线的主法线，恒指向曲率中心一侧，如图 5－9 所示。

则式（5－19）成为

$$\boldsymbol{a}=a_\tau\boldsymbol{\tau}+a_n\boldsymbol{n} \tag{5-20}$$

其中

$$a_\tau=\frac{\mathrm{d}v}{\mathrm{d}t}=\frac{\mathrm{d}^2 s}{\mathrm{d}t^2}(a_\tau=\dot{v}=\ddot{s}),\quad a_n=\frac{v^2}{\rho}$$

若将动点的全加速度 $\boldsymbol{a}$ 向自然坐标系 $\boldsymbol{b}$、$\boldsymbol{\tau}$、$\boldsymbol{n}$ 上投影，则有

$$\begin{cases}a_\tau=\dfrac{\mathrm{d}v}{\mathrm{d}t}=\dfrac{\mathrm{d}^2 s}{\mathrm{d}t^2}\\ a_n=\dfrac{v^2}{\rho}\\ a_b=0\end{cases} \tag{5-21}$$

式中：a_b 为副法向加速度。

若已知动点的切向加速度 $\boldsymbol{a}_\tau$ 和法向加速度 $\boldsymbol{a}_n$，则动点的全加速度大小为

$$a=\sqrt{a_\tau^2+a_n^2}$$

全加速度与法线间的夹角为

$$\tan\alpha = \frac{|a_\tau|}{a_n}$$

如图 5 - 12 所示。

点的加速度

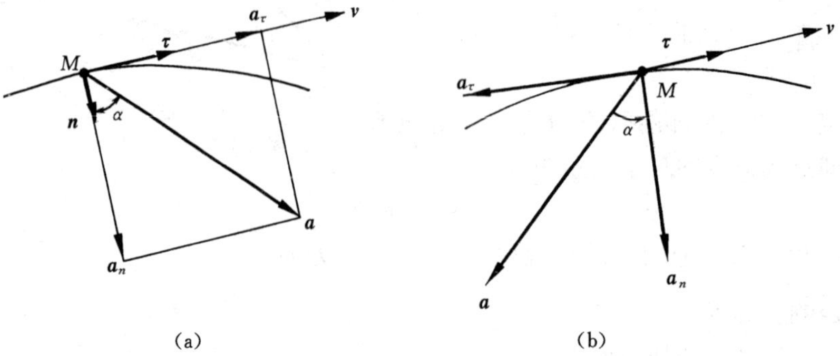

图 5 - 12

【例 5 - 4】 飞轮边缘上的点按 $s = 4\sin\frac{\pi}{4}t$（cm）的规律运动，飞轮的半径 $r = 20$cm。试求时间 $t = 10$s 该点的速度和加速度。

解： 当时间 $t = 10$s 时，飞轮边缘上点的速度为

$$v = \frac{ds}{dt} = \pi\cos\frac{\pi}{4}t = 3.11\text{cm/s}$$

方向沿轨迹曲线的切线。

飞轮边缘上点的切向加速度为

$$a_\tau = \frac{dv}{dt} = -\frac{\pi^2}{4}\sin\frac{\pi}{4}t \approx -0.38\text{cm/s}^2$$

法向加速度为

$$a_n = \frac{v^2}{\rho} = \frac{3.11^2}{20} \approx 0.48(\text{cm/s}^2)$$

飞轮边缘上点的全加速度大小和方向为

$$a = \sqrt{a_\tau^2 + a_n^2} \approx 0.612\text{cm/s}^2$$

$$\tan\alpha = \frac{|a_\tau|}{a_n} = 0.792$$

全加速度与法线间的夹角 $\alpha = 38.12°$。

【例 5 - 5】 已知动点的运动方程为：$x = 20t$，$y = 5t^2 - 10$。式中 x、y 以 m 计，t 以 s 计，试求 $t = 0$ 时动点的曲率半径 ρ。

解： 动点的速度和加速度在直角坐标 x、y、z 轴上的投影为

$$v_x = \dot{x} = 20\text{m/s}$$

$$v_y = \dot{y} = 10t\,\text{m/s}$$

$$a_x = \dot{v}_x = 0$$

$$a_y = \dot{v}_y = 10\text{m/s}^2$$

动点的速度和全加速度的大小为

$$v=\sqrt{v_x^2+v_y^2}=\sqrt{400+100t^2}=10\sqrt{4+t^2}$$

$$a=\sqrt{a_x^2+a_y^2}=10\text{m/s}^2$$

在 $t=0$ 时，动点的切向加速度为

$$a_\tau=\dot{v}=\frac{10t}{\sqrt{4+t^2}}=0$$

法向加速度为

$$a_n=\frac{v^2}{\rho}=\frac{400}{\rho}$$

全加速度的大小为

$$a=\sqrt{a_x^2+a_y^2}=\sqrt{a_\tau^2+a_n^2}=a_n$$

$t=0$ 时动点的曲率半径为

$$\rho=\frac{400}{a}=\frac{400}{10}=40(\text{m})$$

【例 5-6】 半径为 r 的轮子沿直线轨道无滑动地滚动，如图 5-13 所示，已知轮心 C 的速度为 $\boldsymbol{v}_C$，试求轮缘上的点 M 的速度、加速度、沿轨迹曲线的运动方程和轨迹的曲率半径 ρ。

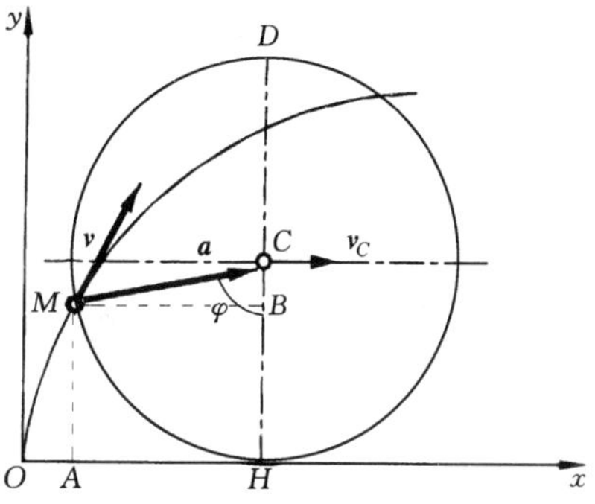

图 5-13

轮缘上点的运动

解： 沿轮子滚动的方向建立直角坐标系 Oxy，初始时设轮缘上的点 M 位于 y 轴上。在图示瞬时，点 M 和轮心 C 的连线与 CH 的夹角为

$$\varphi=\frac{\overset{\frown}{MH}}{r}=\frac{v_Ct}{r}$$

点 M 的运动方程为

$$\begin{cases}x=HO-AH=v_Ct-r\sin\varphi=v_Ct-r\sin\dfrac{v_Ct}{r}\\ y=CH-CB=r-r\cos\varphi=r-r\cos\dfrac{v_Ct}{r}\end{cases}\tag{a}$$

点 M 的速度在坐标轴上的投影为

$$\begin{cases}v_x=\dot{x}=v_C-v_C\cos\dfrac{v_Ct}{r}=v_C\left(1-\cos\dfrac{v_Ct}{r}\right)=2v_C\sin^2\dfrac{v_Ct}{2r}\\ v_y=\dot{y}=v_C\sin\dfrac{v_Ct}{r}=2v_C\sin\dfrac{v_Ct}{2r}\cos\dfrac{v_Ct}{2r}\end{cases}\tag{b}$$

点 M 的速度大小为

$$v=\sqrt{v_x^2+v_y^2}=2v_C\sin\frac{v_Ct}{2r}\tag{c}$$

点 M 的速度方向余弦为

$$\cos(\boldsymbol{v}, \boldsymbol{i})=\frac{v_x}{v}=\sin\frac{v_C t}{2r}=\cos\left(\frac{\pi}{2}-\frac{\varphi}{2}\right)$$

$$\cos(\boldsymbol{v}, \boldsymbol{j})=\frac{v_y}{v}=\cos\frac{v_C t}{2r}=\cos\frac{\varphi}{2}$$

则速度的方向角为

$$\alpha=\frac{\pi}{2}-\frac{\varphi}{2}, \quad \beta=\frac{\varphi}{2}$$

即点 M 速度的方向角沿 $\angle MCH$ 角分线。

轮缘上的点 M 沿轨迹曲线的运动方程，由式（c）积分得

$$s=\int_0^t v\mathrm{d}t=\int_0^t 2v_C\sin\frac{v_C t}{2r}\mathrm{d}t=4r\left(1-\cos\frac{v_C t}{2r}\right) \tag{d}$$

点 M 的加速度在坐标轴上的投影，由式（b）得

$$\begin{cases} a_x=\dot{v}_x=\dfrac{v_C^2}{r}\sin\dfrac{v_C t}{r} \\ a_y=\dot{v}_y=\dfrac{v_C^2}{r}\cos\dfrac{v_C t}{r} \end{cases}$$

点 M 的加速度大小和方向余弦为

$$a=\sqrt{a_x^2+a_y^2}=\frac{v_C^2}{r} \tag{e}$$

$$\cos(\boldsymbol{a}, \boldsymbol{i})=\frac{a_x}{a}=\sin\frac{v_C t}{r}=\cos\left(\frac{\pi}{2}-\varphi\right)$$

$$\cos(\boldsymbol{a}, \boldsymbol{j})=\frac{a_y}{a}=\cos\frac{v_C t}{r}=\cos\varphi$$

则加速度的方向角为

$$\alpha=\frac{\pi}{2}-\varphi, \quad \beta=\varphi$$

即点 M 的加速度沿 MC，且恒指向轮心点 C。

点 M 的切向加速度和法向加速度为

$$a_\tau=\dot{v}=\frac{v_C^2}{r}\cos\frac{v_C t}{2r}, \quad a_n=\sqrt{a^2-a_\tau^2}=\frac{v_C^2}{r}\sin\frac{v_C t}{2r}$$

轨迹的曲率半径为

$$\rho=\frac{v^2}{a_n}=4r\sin\frac{v_C t}{2r} \tag{f}$$

讨论：

（1）点 M 与地面接触时，$\varphi=0$ 点 M 的速度 $v=0$，即圆轮沿直线轨道无滑动地滚动时与地面接触的点的速度为零。

（2）点 M 与地面接触时，点 M 的加速度 $a=\dfrac{v_C^2}{r}$，方向为铅直向上。

【例 5-7】 列车沿半径为 $R=400\text{m}$ 的圆弧轨道做匀加速运动，设初速度 $v_0=10\text{m/s}$，经过 $t=60\text{s}$ 后，其速度达到 $v=20\text{m/s}$，试求列车在 $t=0$、$t=60\text{s}$ 时的加速度。

解： 由于列车做匀加速运动，切向加速度 $a_\tau=$常数，有

$$v=v_0+a_\tau t$$

切向加速度为

$$a_\tau=\frac{v-v_0}{t}=\frac{20-10}{60}\approx 0.17(\text{m/s}^2)$$

（1）$t=0$ 时法向加速度为

$$a_n=\frac{v_0^2}{\rho}=\frac{100}{400}=0.25(\text{m/s}^2)$$

全加速度为

$$a=\sqrt{a_\tau^2+a_n^2}=\sqrt{0.17^2+0.25^2}\approx 0.302(\text{m/s}^2)$$

全加速度与法线间的夹角为

$$\tan\alpha=\frac{|a_\tau|}{a_n}=0.68$$

即 $\alpha=34.2°$。

（2）$t=60\text{s}$ 时法向加速度为

$$a_n=\frac{v^2}{\rho}=\frac{400}{400}=1(\text{m/s}^2)$$

全加速度为

$$a=\sqrt{a_\tau^2+a_n^2}=\sqrt{0.17^2+1^2}\approx 1.014(\text{m/s}^2)$$

全加速度与法线间的夹角为

$$\tan\alpha=\frac{|a_\tau|}{a_n}=\frac{0.17}{1}=0.17$$

即 $\alpha=9.6°$。

描述点的运动的方法有很多，除了本章所研究的方法以外，还有极坐标、柱坐标和球坐标等，应根据所研究的问题选择适当的方法研究点的运动。例如研究行星的运动，一般选择柱坐标或者球坐标等。

【小　　结】

本章用三种方法研究点的运动。

1. 矢量法

动点矢量形式的运动方程为

$$\boldsymbol{r}=\boldsymbol{r}(t)$$

动点的速度为

$$\boldsymbol{v}=\frac{\mathrm{d}\boldsymbol{r}}{\mathrm{d}t}$$

动点的加速度为

$$\boldsymbol{a}=\frac{\mathrm{d}\boldsymbol{v}}{\mathrm{d}t}=\frac{\mathrm{d}^2\boldsymbol{r}}{\mathrm{d}t^2}$$

简写形式为

$$\boldsymbol{r}=\boldsymbol{r}(t),\quad \boldsymbol{v}=\dot{\boldsymbol{r}},\quad \boldsymbol{a}=\dot{\boldsymbol{v}}=\ddot{\boldsymbol{r}}$$

2. 直角坐标法

动点直角坐标形式的运动方程为

$$\begin{cases}x=f_1(t)\\y=f_2(t)\\z=f_3(t)\end{cases}$$

动点的速度为

$$\boldsymbol{v}=v_x\boldsymbol{i}+v_y\boldsymbol{j}+v_z\boldsymbol{k}$$

动点的速度在直角坐标轴上的投影为

$$\begin{cases}v_x=\dfrac{\mathrm{d}x}{\mathrm{d}t}=\dot{x}(t)\\[2ex]v_y=\dfrac{\mathrm{d}y}{\mathrm{d}t}=\dot{y}(t)\\[2ex]v_z=\dfrac{\mathrm{d}z}{\mathrm{d}t}=\dot{z}(t)\end{cases}$$

动点的加速度为

$$\boldsymbol{a}=a_x\boldsymbol{i}+a_y\boldsymbol{j}+a_z\boldsymbol{k}$$

动点的加速度在直角坐标轴上的投影为

$$\begin{cases}a_x=\dfrac{\mathrm{d}v_x}{\mathrm{d}t}=\dot{v}_x=\ddot{x}(t)\\[2ex]a_y=\dfrac{\mathrm{d}v_y}{\mathrm{d}t}=\dot{v}_y=\ddot{y}(t)\\[2ex]a_z=\dfrac{\mathrm{d}v_z}{\mathrm{d}t}=\dot{v}_z=\ddot{z}(t)\end{cases}$$

3. 自然轴系法

弧坐标形式的运动方程为

$$s=f(t)$$

自然轴系：由轨迹曲线切线的单位矢量 $\boldsymbol{\tau}$、主法线的单位矢量 $\boldsymbol{n}$ 和副法线的单位矢量 $\boldsymbol{b}$ 构成，满足右手螺旋关系，即

$$\boldsymbol{b}=\boldsymbol{\tau}\ \boldsymbol{n}$$

动点的速度为

$$\boldsymbol{v}=v\ \boldsymbol{\tau}$$

速度的代数量为

$$v=\frac{\mathrm{d}s}{\mathrm{d}t}=\dot{s}$$

动点的加速度为

$$\boldsymbol{a}=a_{\tau}\boldsymbol{\tau}+a_{n}\boldsymbol{n}+a_{b}\boldsymbol{b}$$

动点的切向加速度为

$$a_{\tau}=\frac{\mathrm{d}v}{\mathrm{d}t}=\frac{\mathrm{d}^2 s}{\mathrm{d}t^2}$$

动点的法向加速度为

$$a_{n}=\frac{v^2}{\rho}$$

动点的副法向加速度为

$$a_{b}=0$$

第五章思考题

4. 求解点的运动学问题

求解点的运动学问题分为两类：

（1）已知动点的运动，求动点的速度和加速度，它是求导的过程。

（2）已知动点的速度或加速度，求动点的运动，它是求解微分方程的过程。

习　　题

5-1　已知点的矢径方程 $\boldsymbol{r}=b\cos\omega t\boldsymbol{i}+b\sin\omega t\boldsymbol{j}+at\boldsymbol{k}$，求点的轨迹、速度和加速度。($b$，$\omega$ 为常数)

5-2　已知点的运动方程 $x=2t$，$y=4t^2$，$z=3t^2$，求点在其速度大小为 5m/s 时轨迹的曲率半径、加速度的大小和方向。

5-3　曲柄摇杆机构如题 5-3 图所示，摇杆 BC 绕 B 轴转动，并通过滑套 A 带动曲柄 OA 绕 O 轴转动，求 OA 杆上 A 点的运动方程、速度和加速度。设 $OA=OB=$ 90mm；$\varphi=3t^3$，单位为 rad。

5-4　曲柄滑块机构如题 5-4 图所示，曲柄 $OA=r$，连杆 $AB=l$，滑道与曲柄轴的高度相差 h。已知曲柄以匀角速度 ω 绕 O 轴转动，$\varphi=\omega t$，求滑块 B 的运动方程、速度和加速度。

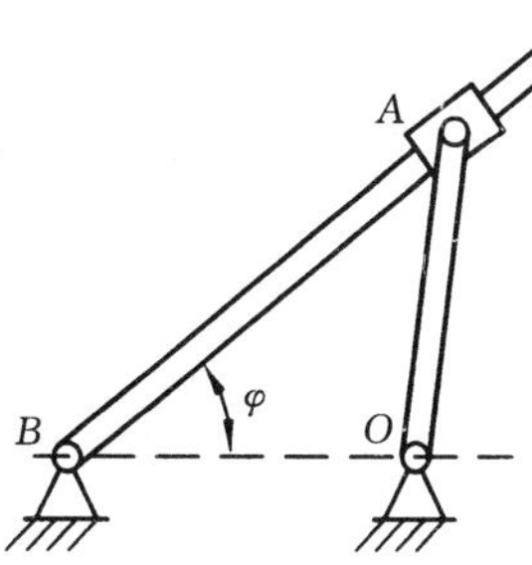

题 5-3 图

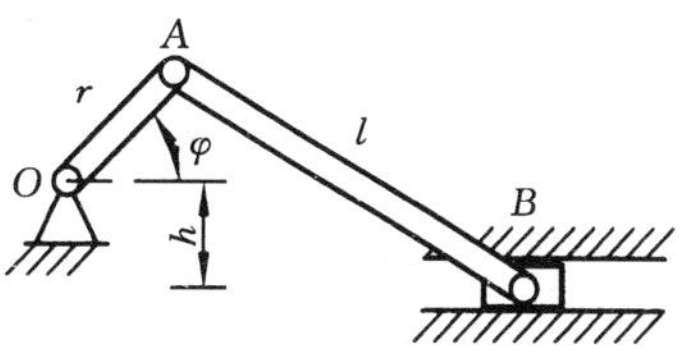

题 5-4 图

5-5　如题 5-5 图所示，在半径 $R=0.5$m 的鼓轮上绕一绳子，绳的一端挂有重物，重物以 $s=0.6t^2$（t 以 s 计，s 以 m 计）的规律下降并带动鼓轮转动。求运动开始 1s 后鼓轮边缘上最高处 M 点的加速度。

5-6 小环 M 在铅垂面沿曲杆 $ABCE$ 从 A 点由静止开始运动。在直线段 AB 上，小环的加速度为 g；在圆弧段 BCE 上，小环的切向加速度 $a_\tau = g\cos\varphi$。曲柄尺寸如题 5-6 图所示，求小环在 C、D 两处的速度和加速度。

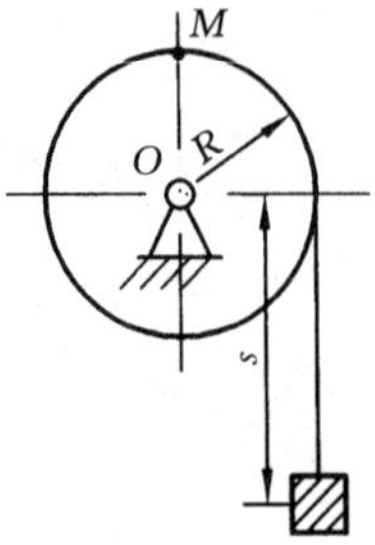

题 5-5 图

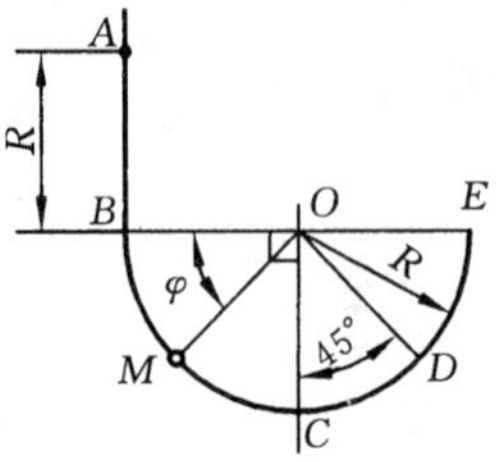

题 5-6 图

5-7 已知点的运动方程为：$x=50$；$y=500-5t^2$，其中 t 以 s 计，x 和 y 以 cm 计。求当 $t=0$s 时，点的速度、加速度和轨迹的曲率半径。

5-8 如题 5-8 图所示系统中，已知 $\theta=\omega t$（ω 为常数），$OC=e$，初始时刻 OA 与直线 OCD 重合。以 D 为起点，试写出小环 M 的弧坐标形式的运动方程，并求当 $\theta=\pi$ 时小环 M 的速度、加速度。

5-9 点 M 以匀速 u 在直管 OA 内运动，直管 OA 又按 $\varphi=\omega t$ 规律绕 O 转动，如题 5-9 图所示。当 $t=0$ 时，M 在点 O 处，试求在任一瞬时点 M 的速度和加速度的大小。

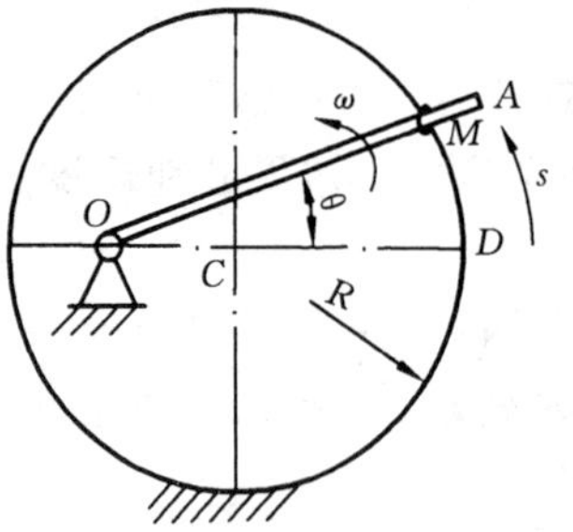

题 5-8 图

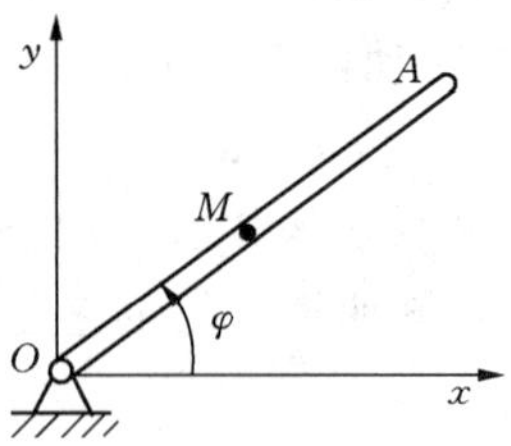

题 5-9 图

第六章　刚体的基本运动

第六章
思维导图

本章研究刚体两种基本的也是最简单的运动——平行移动和定轴转动。这是工程中最常见的两种运动，也是研究刚体复杂运动的基础。

第一节　刚体的平行移动

刚体运动时，如其上任一直线始终保持与初始位置平行（即任一直线都保持其方向不变），则刚体的这种运动称为平行移动，简称平动或移动。如沿直线轨道行驶的车厢的运动，汽缸内活塞的运动，车床上刀架的运动，以及如图 6－1 所示送料机构中送料槽 AB 的运动等。如图 6－1 所示机构中，送料槽上的直线 AB 或其他任意直线，在运动过程中始终与它们最初位置平行，因此送料槽做平行移动。

确定刚体在平动时，其内部各点的轨迹、速度和加速度之间的关系，如图 6－2 所示。在刚体内任选两点 A 和 B，令点 A 的矢径为 $\boldsymbol{r}_A$，点 B 的矢径为 $\boldsymbol{r}_B$，则两条矢端曲线就是两点的轨迹。由图 6－2 可知：

$$\boldsymbol{r}_A = \boldsymbol{r}_B + \overrightarrow{BA} \tag{6-1}$$

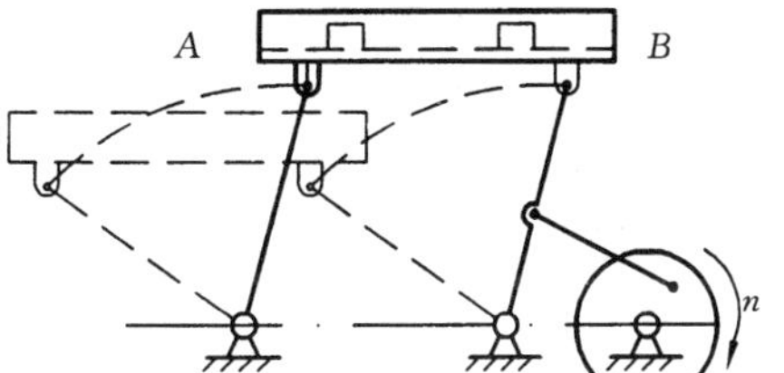

图 6－1

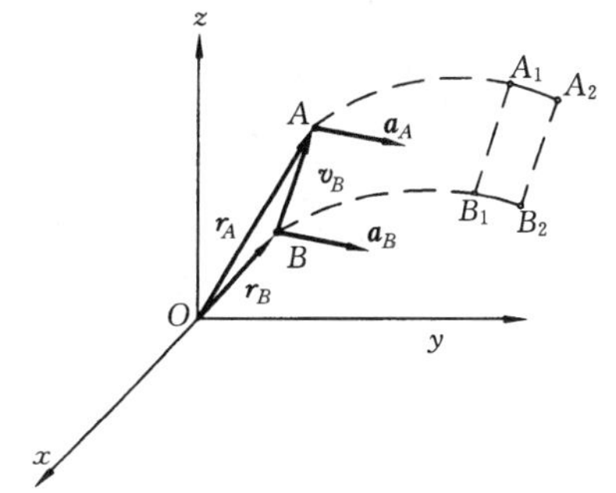

图 6－2

当刚体平动时，线段 AB 的长度和方向都不改变，所以 $\overrightarrow{BA}$ 是恒矢量。因此，只要把点 B 的轨迹沿 $\overrightarrow{BA}$ 方向平行搬移一段距离 BA，就能与点 A 的轨迹完全重合。例如，气缸内的活塞在运动时，内部各点都做直线运动，轨迹相同。又如，在图 6－1 所示的振动式送料机构中，送料槽 AB 的运动是平动，槽内各点的轨迹都是半径相同的圆弧，只要平行搬动一段距离，这些圆弧都能重合。由此可知，刚体平动时，其上各点的轨迹不一定是直线，也可能是曲线，但是它们的形状完全相同。

把式（6－1）对时间 t 连续取两次导数，因为恒矢量 $\overrightarrow{BA}$ 的导数等于 0，于是得

$$v_A = v_B$$

$$a_A = a_B$$

式中：v_A 和 v_B 分别为点 A 和点 B 的速度；a_A 和 a_B 分别为点 A 和点 B 的加速度。

因为点 A 和点 B 是任意选择的，因此可得结论，当刚体平动时：

（1）平动刚体上各点的轨迹形状相同。

（2）在同一瞬时平动刚体上各点的速度和加速度也相等。

因此，研究刚体的平动，可以归结为研究刚体内任一点（如重心）的运动，即归结为前一章里所研究过的点的运动学问题。

第二节　刚体的定轴转动

刚体运动时，如其上（或其延伸部分）有一条直线始终保持不动，则这种运动称为刚体绕固定轴的转动，简称刚体的转动。如齿轮、机床主轴、电动机转子、卷扬机的鼓轮等。这条固定不动的直线称为转轴，简称轴。

一、定轴转动刚体的运动

为确定转动刚体的位置，取其转轴为 z 轴，如图 6-3 所示。通过轴线作一固定平面 A，此外，通过轴线再作一动平面 B，这个平面与刚体固结，一起转动。两个平面间的夹角用 φ 表示，称为刚体的转角。转角 φ 是一个代数量，它确定了刚体的位置，其符号规定：自 z 轴的正端向负端看，从固定面起按逆时针转向计算角 φ，取正值；反之取负值，并用 rad 表示。当刚体转动时，转角 φ 是时间 t 的单值连续函数，即

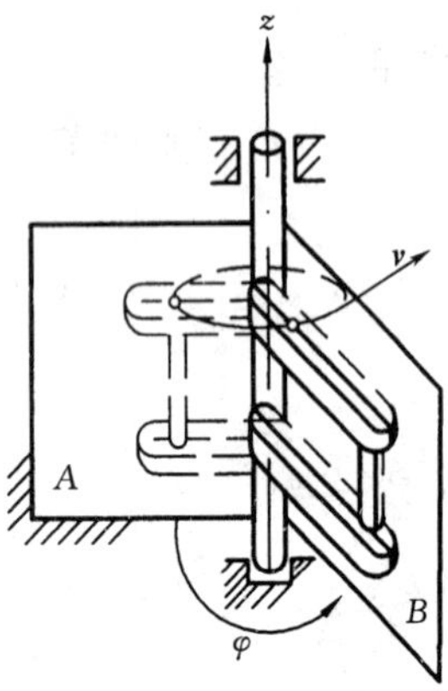

图 6-3

$$\varphi = f(t) \tag{6-2}$$

式（6-2）称为刚体绕定轴转动的运动方程。绕定轴转动的刚体，只要用一个参变量（转角 φ）就可以决定它的位置，这样的刚体称为具有一个自由度。

转角 φ 对时间的一阶导数，称为刚体的瞬时角速度，并用字母 ω 表示，即

$$\omega = \frac{\mathrm{d}\varphi}{\mathrm{d}t}\ (\text{或}\ \omega = \dot{\varphi}) \tag{6-3}$$

角速度表征刚体转动的快慢和方向，其单位一般为 rad/s。

角速度是代数量。从轴的正端向负端看，刚体逆时针转动时，角速度取正值，反之取负值。

角速度对时间的一阶导数，称为刚体的瞬时角加速度，用字母 α 表示，即

$$\alpha = \frac{\mathrm{d}\omega}{\mathrm{d}t} = \frac{\mathrm{d}^2\varphi}{\mathrm{d}t^2}\ (\text{或}\ \alpha = \dot{\omega} = \ddot{\varphi}) \tag{6-4}$$

角加速度表征角速度变化的快慢，其单位一般为 $\mathrm{rad/s^2}$。

角加速度也是代数量，其正负规定与 ω、φ 相同。如果 ω 与 α 同号，则转动是加速的；如果 ω 与 α 异号，则转动是减速的。

现在讨论两种特殊情况。

(1) 匀速转动。如果刚体的角速度不变，即 ω 为常量，这种转动称为匀速转动。仿照点的匀速运动公式，可得

$$\varphi=\varphi_0+\omega t \tag{6-5}$$

式中：φ_0 为 $t=0$ 时转角的值。

机器中的转动部件或零件，一般都在匀速转动情况下工作。转动的快慢常用每分钟转数来表示，称为转速，单位为 r/min。例如车床主轴的转速为 12.5～1200r/min，汽轮机的转速约为 300r/min。

角速度与转速的关系是

$$\omega=\frac{2\pi n}{60}=\frac{\pi n}{30} \tag{6-6}$$

式中：n 为转速，r/min；ω 为角速度，rad/s。

(2) 匀变速转动。如果刚体的角加速度不变，即 α 为常量，则转动称为匀变速转动。仿照点的匀变速运动公式，可得

$$\omega=\omega_0+\alpha t \tag{6-7}$$

$$\varphi=\varphi_0+\omega_0 t+\frac{1}{2}\alpha t^2 \tag{6-8}$$

式中：ω_0 和 φ_0 分别为 $t=0$ 时的角速度和转角。

由上面一些公式可知：匀变速转动时，刚体的角速度、转角和时间之间的关系与点在匀变速运动中的速度、坐标和时间之间的关系相似。

二、转动刚体上各点的速度和加速度

当刚体做定轴转动时，除了转轴上的各点以外，刚体上的点都在垂直于转轴的平面内做圆周运动，圆周的半径 R 等于该点到轴线的垂直距离，圆心在轴线上，对此，宜采用自然法研究各点的运动。

设刚体由定平面 A 绕定轴 O 转动任一角度 φ 到达 B 位置，其上任一点由 O' 运动到 M，如图 6-4 所示。以固定点 O' 为弧坐标 s 的原点，按 φ 角的正向规定弧坐标 s 的正向，于是当刚体转过 φ 角时，点 M 的弧坐标为

$$s=R\varphi \tag{6-9}$$

式中：R 为点 M 到轴心 O 的距离。

将式 (6-9) 对时间 t 取一阶导数，得

$$\frac{\mathrm{d}s}{\mathrm{d}t}=R\frac{\mathrm{d}\varphi}{\mathrm{d}t} \tag{6-10}$$

由于 $\frac{\mathrm{d}\varphi}{\mathrm{d}t}=\omega$，$\frac{\mathrm{d}s}{\mathrm{d}t}=v$，因此式 (6-10) 可写成

$$v=R\omega \tag{6-11}$$

即转动刚体内任一点速度的大小，等于刚体的角速度与该点到轴线的垂直距离的乘积，它的方向沿圆周的切线而指向转动的一方，其速度分布如图 6-5 所示。

定轴转动

点的速度分布

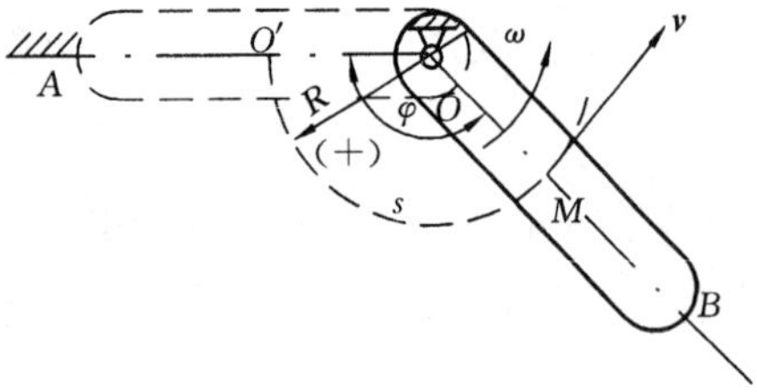

图 6 - 4

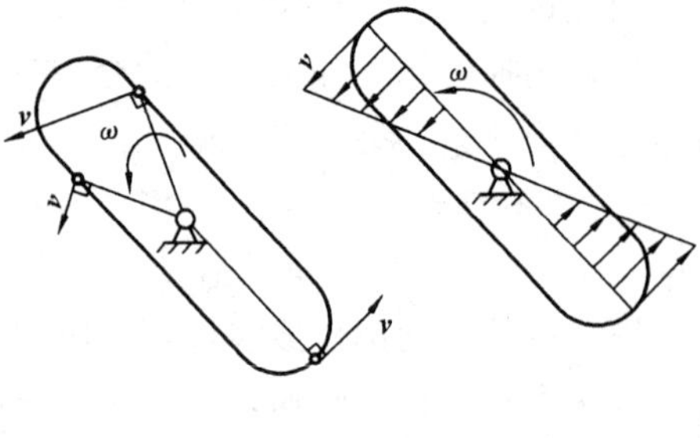

(a) (b)

图 6 - 5

现在求点 M 的加速度。因为点做圆周运动，因此应求切向加速度和法向加速度。

根据 $a_\tau=\dfrac{\mathrm{d}v}{\mathrm{d}t}=\dfrac{\mathrm{d}^2s}{\mathrm{d}t^2}$得 M 点的切向加速度为

$$a_\tau=\frac{\mathrm{d}^2s}{\mathrm{d}t^2}=R\,\frac{\mathrm{d}^2\varphi}{\mathrm{d}t^2}$$

由于$\dfrac{\mathrm{d}^2\varphi}{\mathrm{d}t^2}=\alpha$，因此

$$a_\tau=R\alpha \tag{6-12}$$

即转动刚体内任一点的切向加速度的大小，等于刚体的角加速度与该点到轴线垂直距离的乘积，它的方向由角加速度的符号决定。当 α 是正值时，它沿圆周的切线，指向角 φ 的正向；否则相反。

法向加速度为

$$a_n=\frac{v^2}{\rho}=\frac{(R\omega)^2}{\rho}$$

式中：ρ 为曲率半径，即该点到轴线的垂直距离，$\rho=R$，因此

$$a_n=R\omega^2 \tag{6-13}$$

即转动刚体内任一点的法向加速度的大小，等于刚体角速度的平方与该点到轴线垂直距离的乘积，它的方向与速度垂直并指向转动轴。如果 ω 与 α 同号，角速度的绝对值增加，刚体做加速转动，这时点的切向加速度 $\boldsymbol{a}_\tau$ 与速度 $\boldsymbol{v}$ 的指向相同；如果 ω 与 α 异号，刚体做减速转动，$\boldsymbol{a}_\tau$ 与 $\boldsymbol{v}$ 的指向相反。这两种情况如图 6 - 6（a）、（b）所示。

点 M 的加速度 $\boldsymbol{a}$ 的大小可由下式求出：

$$a=\sqrt{a_\tau^2+a_n^2}=\sqrt{(R\alpha)^2+(R\omega^2)^2}=R\sqrt{\alpha^2+\omega^4} \tag{6-14}$$

要确定加速度 $\boldsymbol{a}$ 的方向，只需求出 $\boldsymbol{a}$ 与半径 MO 所成的交角 θ 即可，如图 6 - 6 所示。从直角三角形的关系式可得

$$\tan\theta=\frac{|a_\tau|}{a_n}=\frac{|R\alpha|}{R\omega^2}=\frac{|\alpha|}{\omega^2} \tag{6-15}$$

由于在每一瞬时，刚体的 ω 与 α 都只有一个确定的数值，所以从式（6 - 11）、式（6 - 14）和式（6 - 15）知：

（1）在同一瞬时，转动刚体上各点的速度 $\boldsymbol{v}$ 和加速度 $\boldsymbol{a}$ 的大小均与到转轴的垂直距离成正比。

（2）在同一瞬时，各点速度 $\boldsymbol{v}$ 的方向垂直于到转轴的距离 R，各点加速度 $\boldsymbol{a}$ 的方向与到转轴的垂直距离 R 的夹角 θ 都相等。加速度分布如图 6－7 所示。

加速转动和减速转动

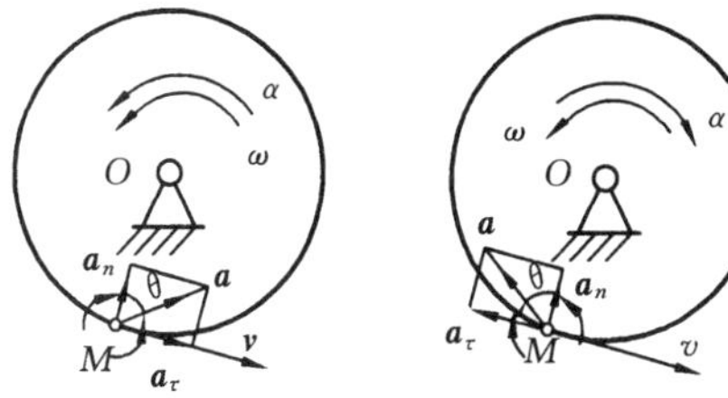

(a)　(b)

图 6－6

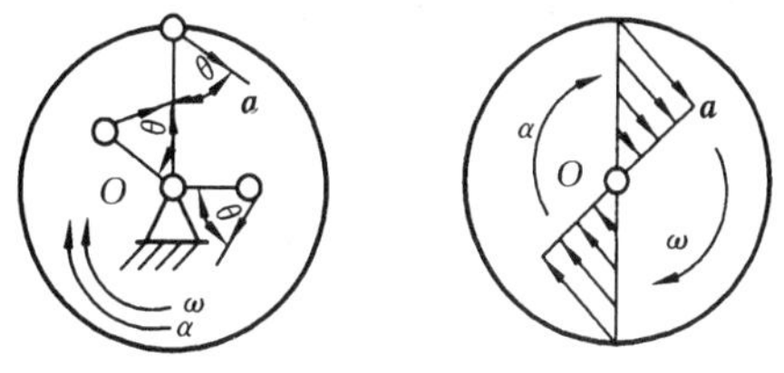

(a)　(b)

图 6－7

点的加速度分布

【例 6－1】 如图 6－8 所示的摆式运送结构中，摆杆 $O_1A=O_2B=r=10\text{cm}$，$O_1O_2=AB$，已知 O_1A 与 O_1O_2 成 $\alpha=60°$角时，铰链在摆杆上的平板 CD 的端点 D 的加速度大小 $a_D=10\text{cm/s}^2$，方向平行于 AB 向左，试求该瞬时杆 O_1A 的角速度和角加速度。

解： 根据题意分析可知，平板 CD 做平动，在同一时刻其上各点的速度、加速度均相等，所以 $\boldsymbol{a}_A=\boldsymbol{a}_D$（图 6－8）。将 a_A 正交分解得 A 点的法向加速度和切向加速度如下：

$$a_A^n=a_A\cos\alpha=a_D\cos\alpha=10\cos60°=5\text{cm/s}^2$$

$$a_A^\tau=a_A\sin\alpha=a_D\sin\alpha=10\sin60°\approx8.66\text{cm/s}^2$$

又因为 A 点为定轴转动的摆杆 O_1A 上的点，所以可求得摆杆的转动的角速度 ω 和角加速度 α，分别为

$$\omega=\sqrt{\frac{a_A^n}{r}}=\sqrt{\frac{5}{10}}\approx0.71(\text{rad/s})$$

$$\alpha=\frac{a_A^\tau}{r}=\frac{5\sqrt{3}}{10}\approx0.87(\text{rad/s}^2)$$

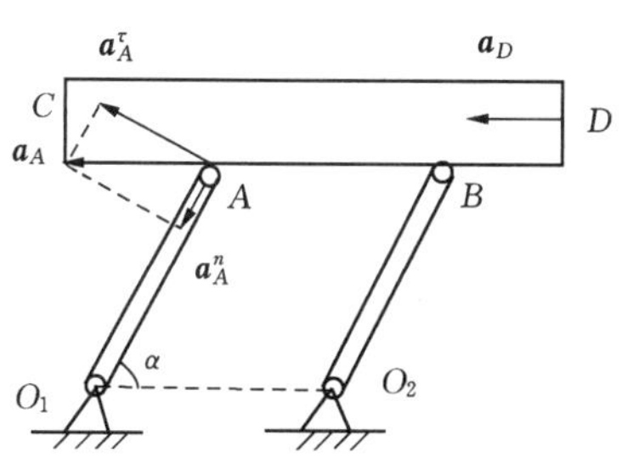

图 6－8

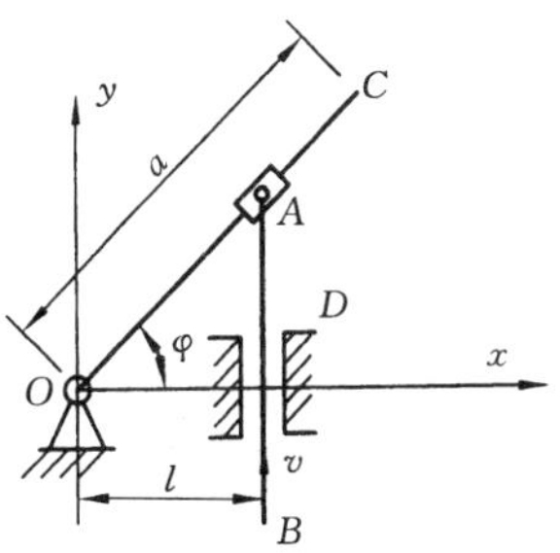

图 6－9

【例 6－2】 机构如图 6－9 所示，假定杆 AB 以匀速 $\boldsymbol{v}$ 运动，开始时 $\varphi=0$。求当 $\varphi=\frac{\pi}{4}$时，摇杆 OC 的角速度和角加速度。

解： 由图 6－9 所示几何关系可得

$$\tan\varphi=\frac{vt}{l}$$

将上式两边对时间求一阶导数，得

$$\frac{\mathrm{d}\varphi}{\mathrm{d}t}\sec^2\varphi=\frac{v}{l}$$

摇杆 OC 的转动角速度为

$$\omega=\frac{\mathrm{d}\varphi}{\mathrm{d}t}=\frac{v}{l}\cos^2\varphi$$

对 ω 求一阶导数，得摇杆 OC 的转动角加速度为

$$\alpha=\frac{\mathrm{d}\omega}{\mathrm{d}t}=-2\ \frac{v}{l}\frac{\mathrm{d}\varphi}{\mathrm{d}t}\cos\varphi\sin\varphi=-\frac{v^2}{l^2}\sin2\varphi\cos^2\varphi$$

当 $\varphi=\frac{\pi}{4}$ 时，摇杆 OC 的转动角速度和角加速度分别为

$$\omega=\frac{v}{2l},\ \alpha=-\frac{v^2}{l^2}\sin\ \frac{\pi}{2}\cos^2\ \frac{\pi}{4}=-\frac{v^2}{2l^2}$$

三、点的速度和加速度的矢量表示

一般情况下，描述刚体转动时不仅应说明转动的快慢和方向，还应指明转轴在空间的方位，为此引入角速度和角加速度矢量概念。

为了指明转轴在空间的方位，规定角速度矢 $\boldsymbol{\omega}$ 和角加速度矢 $\boldsymbol{\alpha}$ 均沿转动轴线，它们的模分别表示该瞬时刚体角速度和角加速度的大小，用 $\boldsymbol{k}$ 表示沿轴线 Oz 正方向的单位矢量，则

$$\boldsymbol{\omega}=\omega\boldsymbol{k}=\frac{\mathrm{d}\varphi}{\mathrm{d}t}\boldsymbol{k} \tag{6-16}$$

$$\boldsymbol{\alpha}=\frac{\mathrm{d}\boldsymbol{\omega}}{\mathrm{d}t}=\dot{\boldsymbol{\omega}}=\frac{\mathrm{d}\omega}{\mathrm{d}t}\boldsymbol{k}=\alpha\boldsymbol{k}=\frac{\mathrm{d}^2\varphi}{\mathrm{d}t^2}\boldsymbol{k} \tag{6-17}$$

其指向则依据 $\boldsymbol{\omega}$ 和 $\boldsymbol{\alpha}$ 的正负号按右手螺旋法则确定，如图 6-10 所示。至于角速度矢和角加速度矢的起点，可在轴线上任意选取，即角速度矢和角加速度矢是滑动矢量。

当 $\omega>0$，$\alpha>0$ 时，$\boldsymbol{\omega}$ 及 $\boldsymbol{\alpha}$ 均沿 Oz 轴正向，说明刚体做加速转动，如图 6-10 (a) 所示。当 $\omega>0$，$\alpha<0$ 时，$\boldsymbol{\omega}$ 沿 Oz 轴正向，而 $\boldsymbol{\alpha}$ 沿负向，如图 6-10 (b) 所示，刚体做减速运动。

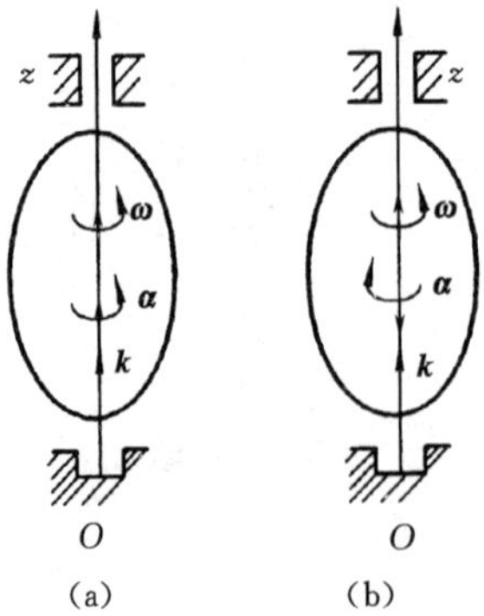

图 6-10

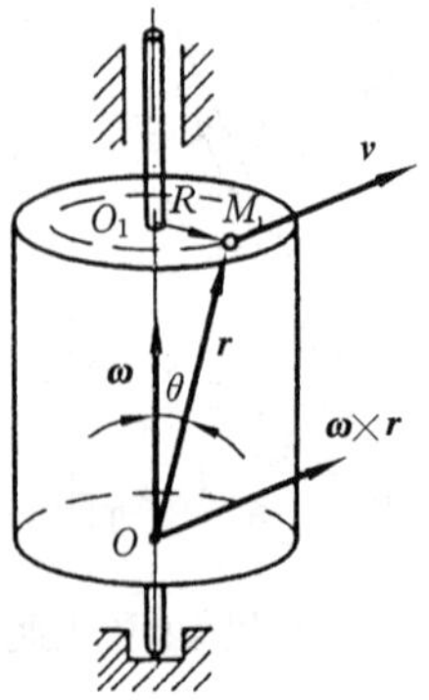

图 6-11

点的速度
矢量表示

根据上述角速度和角加速度的矢量表示，刚体内任一点的速度可以用矢量积表示。

如在轴线上任选一点 O 为原点，动点 M 的矢径以 $\boldsymbol{r}$ 表示，如图 6－11 所示。那么，点 M 的速度可以用角速度矢与它的矢径的矢量积表示，即

$$\boldsymbol{v}=\boldsymbol{\omega}\times\boldsymbol{r} \tag{6-18}$$

为证明这一点，需证明矢量积确实表示点 M 的速度矢的大小和方向。

根据矢积的定义知，$\boldsymbol{\omega}\times\boldsymbol{r}$ 仍是一个矢量，它的大小是

$$|\boldsymbol{\omega}\times\boldsymbol{r}|=|\boldsymbol{\omega}||\boldsymbol{r}|\sin\theta=|\boldsymbol{\omega}|R=|\boldsymbol{v}|$$

式中：θ 为角速度矢 $\boldsymbol{\omega}$ 与矢径 $\boldsymbol{r}$ 间的夹角。于是证明了矢积 $\boldsymbol{\omega}\times\boldsymbol{r}$ 的大小等于速度的大小。

矢积 $\boldsymbol{\omega}\times\boldsymbol{r}$ 的方向垂直于 $\boldsymbol{\omega}$ 与 $\boldsymbol{r}$ 所组成的平面（即图 6－11 中三角形 OMO_1 所在平面），从矢量 $\boldsymbol{v}$ 的末端向始端看，则见 $\boldsymbol{\omega}$ 按逆时针转过角 θ 与 $\boldsymbol{r}$ 重合，由图容易看出矢量积 $\boldsymbol{\omega}\times\boldsymbol{r}$ 的方向正好与点 M 的速度方向相同。

绕定轴转动的刚体上任一点的加速度矢也可用矢量积表示。

因为点 M 的加速度为

$$\boldsymbol{a}=\frac{\mathrm{d}\boldsymbol{v}}{\mathrm{d}t}$$

将 $\boldsymbol{v}=\boldsymbol{\omega}\times\boldsymbol{r}$ 代入，得

$$\boldsymbol{a}=\frac{\mathrm{d}}{\mathrm{d}t}(\boldsymbol{\omega}\times\boldsymbol{r})=\frac{\mathrm{d}\boldsymbol{\omega}}{\mathrm{d}t}\times\boldsymbol{r}+\boldsymbol{\omega}\times\frac{\mathrm{d}\boldsymbol{r}}{\mathrm{d}t}$$

已知 $\frac{\mathrm{d}\boldsymbol{\omega}}{\mathrm{d}t}=\boldsymbol{\alpha}$，$\frac{\mathrm{d}\boldsymbol{r}}{\mathrm{d}t}=\boldsymbol{v}$，于是得

$$\boldsymbol{a}=\boldsymbol{\alpha}\times\boldsymbol{r}+\boldsymbol{\omega}\times\boldsymbol{v} \tag{6-19}$$

式（6－19）中右端第一项的大小为

$$|\boldsymbol{\alpha}\times\boldsymbol{r}|=|\boldsymbol{\alpha}||\boldsymbol{r}|\sin\theta=|\boldsymbol{\alpha}|R$$

这结果恰等于点 M 的切向加速度的大小，而 $\boldsymbol{\alpha}\times\boldsymbol{r}$ 的方向垂直于 $\boldsymbol{\alpha}$ 和 $\boldsymbol{r}$ 所组成的平面，指向如图 6－12 所示。这方向恰与点 M 的切向加速度方向一致，因此矢积 $\boldsymbol{\alpha}\times\boldsymbol{r}$ 等于切向加速度 $\boldsymbol{a}_\tau$，即

$$\boldsymbol{a}_\tau=\boldsymbol{\alpha}\times\boldsymbol{r} \tag{6-20}$$

同理可知，式（6－19）第二项等于点 M 的法向加速度，即

$$\boldsymbol{a}_n=\boldsymbol{\omega}\times\boldsymbol{v} \tag{6-21}$$

结论：

（1）作定轴转动的刚体上任意一点的速度等于角速度矢与矢径的矢量积。

（2）作定轴转动的刚体上任意一点的切向加速度等于角加速度矢与矢径的矢量积，法向加速度等于角速度与速度的矢量积。

【例 6－3】 图 6－13 所示卷扬机转筒，它的半径 $R=0.3\mathrm{m}$，其鼓轮的转动方程为

$$\varphi=-t^2+3t$$

其中 φ 以弧度计，t 以 s 计，绳端悬一物体 A。试求当 $t=1\mathrm{s}$ 时，图示轮缘上 M 点及物体 A 的速度和加速度。

点的加速度矢量表示

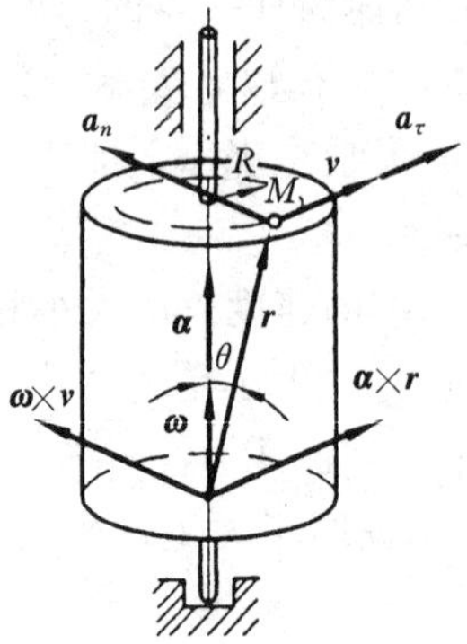

图 6－12

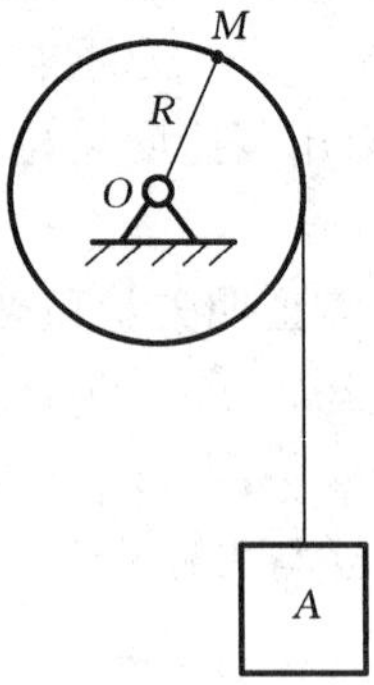

图 6－13

解： 转轴在转动过程中的角速度为

$$\omega=\frac{\mathrm{d}\varphi}{\mathrm{d}t}=-2t+3$$

角加速度为

$$\alpha=\frac{\mathrm{d}\omega}{\mathrm{d}t}=-2\mathrm{rad/s^2}$$

当 $t=1\mathrm{s}$ 时：

$$\omega=1\mathrm{rad/s},\ \alpha=\frac{\mathrm{d}\omega}{\mathrm{d}t}=-2\mathrm{rad/s^2}$$

ω 与 α 异号，转筒做匀减速运动。

这时 M 点的速度和加速度由式（6－11）～式（6－13）可得

$$v_M=R\omega=0.3\times1=0.3(\mathrm{m/s})$$
$$a_M^\tau=R\alpha=0.3\times(-2)=-0.6(\mathrm{m/s^2})$$
$$a_M^n=R\omega^2=0.3\times1^2=0.3(\mathrm{m/s^2})$$

M 点的全加速度为

$$a_M=\sqrt{(a_M^\tau)^2+(a_M^n)^2}\approx0.67\mathrm{m/s^2}$$

$$\tan\theta=\frac{|\alpha|}{\omega^2}=2,\ \theta\approx63.4°$$

物体 A 的速度 v_A 与加速度 a_A 分别等于 M 点的速度 v_M 与切向加速度 a_M^τ，即

$$v_A=0.3\mathrm{m/s},\ a_A=-0.6\mathrm{m/s^2}$$

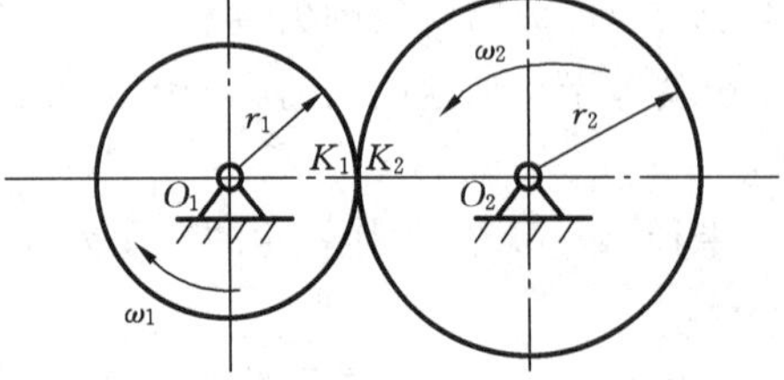

图 6－14

【例 6－4】 两齿轮啮合传动，已知齿数分别为 z_1 和 z_2，半径分别为 r_1 和 r_2，如图 6－14 所示。试求两齿轮角速度之间的关系。

解： 由于两齿轮互相啮合，因此两齿轮在圆的接触点 K_1、K_2 的速度相同，即

$$v_{K1}=v_{K2}$$

因 $$v_{K1}=r_1\omega_1,\ v_{K2}=r_2\omega_2$$

所以 $$\frac{\omega_1}{\omega_2}=\frac{r_2}{r_1}=\frac{z_2}{z_1}\quad 或\quad \frac{n_1}{n_2}=\frac{r_2}{r_1}=\frac{z_2}{z_1}$$

即两啮合齿轮的角速度或转速之比等于它们对应的节圆半径或齿数的反比。

为了表示传动中转速的变化规律，工程上常常应用传动比的概念。由原动机直接带动的齿轮称为主动轮，被主动轮带动的齿轮称为从动轮。通常规定主动轮转速与从动轮转速之比为传动比，用 i 表示，即

$$i=\frac{n_{主}}{n_{从}}=\frac{\omega_{主}}{\omega_{从}}$$

当 $i>1$ 时为减速传动，当 $i<1$ 时为增速传动。以上是一对齿轮啮合时的传动比，它不仅适用于直齿圆柱齿轮传动，也适用于其他一些传动，如斜齿圆柱齿轮传动、圆锥齿轮传动、皮带传动、链传动、摩擦传动及轮系传动。

【小　　结】

1. 刚体平行移动

平行移动：在运动过程中，刚体上任意直线段始终与它初始位置相平行。

（1）平移刚体上各点的轨迹形状相同。

（2）在同一瞬时，平移刚体上各点的速度相等，各点的加速度相等。

因此，刚体的平行移动可以转化为一点的运动来研究，即点的运动学。

2. 刚体的定轴转动

刚体的定轴转动：在运动过程中，刚体上存在一条不动的直线段。

刚体定轴转动的运动方程为

$$\varphi=f(t)$$

角速度为

$$\omega=\frac{d\varphi}{dt}\ (或\ \omega=\dot{\varphi})$$

角加速度为

$$\alpha=\frac{d\omega}{dt}=\frac{d^2\varphi}{dt^2}\ (或\ \alpha=\dot{\omega}=\ddot{\varphi})$$

工程中转速 n：单位为 r/min，转速与角速度的关系为

$$\omega=\frac{2\pi n}{60}=\frac{\pi n}{30}$$

3. 转动刚体运动微分关系与点运动微分关系的对应关系（表 6－1）

表 6－1

运动特征	点做曲线运动	刚体做定轴转动
匀速运动	$v=$恒量 $s=s_0+vt$	$\omega=$恒量 $\varphi=\varphi_0+\omega t$

续表

运动特征	点做曲线运动	刚体做定轴转动
匀变速运动	$a_\tau=\frac{\mathrm{d}v}{\mathrm{d}t}=\frac{\mathrm{d}^2 s}{\mathrm{d}t^2}$ $v=v_0+a_\tau t$ $s=s_0+v_0 t+\frac{1}{2}a_\tau t^2$ $v^2=v_0^2+2a_\tau(s-s_0)$	$\alpha=\frac{\mathrm{d}\omega}{\mathrm{d}t}=\frac{\mathrm{d}^2\phi}{\mathrm{d}t^2}$ $\omega=\omega_0+\alpha t$ $\varphi=\varphi_0+\omega_0 t+\frac{1}{2}\alpha t^2$ $\omega^2=\omega_0^2+2\alpha(\varphi-\varphi_0)$
一般运动	$s=f(t)$ $v=\dot{s}$ $a_\tau=\ddot{s}$	$\varphi=f(t)$ $\omega=\dot{\varphi}$ $\alpha=\ddot{\varphi}$

4．转动刚体上各点的速度和加速度

速度为

$$v=R\omega$$

切向加速度为

$$a_\tau=R\alpha$$

法向加速度为

$$a_n=R\omega^2$$

全向加速度为

$$a=\sqrt{a_\tau^2+a_n^2}=R\sqrt{\alpha^2+\omega^4}$$

全加速度与法线间的夹角为

$$\tan\theta=\frac{|a_\tau|}{a_n}=\frac{|\alpha|}{\omega^2}$$

5．点的速度和加速度的矢量表示

角速度矢为

$$\boldsymbol{\omega}=\omega\boldsymbol{k}$$

角加速度矢为

$$\boldsymbol{\alpha}=\dot{\boldsymbol{\omega}}=\alpha\boldsymbol{k}$$

速度矢为

$$\boldsymbol{v}=\boldsymbol{\omega}\times\boldsymbol{r}$$

加速度矢为

$$\boldsymbol{a}=\boldsymbol{\alpha}\times\boldsymbol{r}+\boldsymbol{\omega}\times\boldsymbol{v}$$

切向加速度矢为

$$\boldsymbol{a}_\tau=\boldsymbol{\alpha}\times\boldsymbol{r}$$

法向加速度矢为

$$\boldsymbol{a}_n=\boldsymbol{\omega}\times\boldsymbol{v}$$

第六章思考题

习　　题

6-1　刚体做平动时，刚体上各点的运动轨迹一定是直线或平面曲线。这种说法对吗？

6-2　刚体做定轴转动时，若角加速度为正则表示加速转动。这种说法对吗？

6-3　如题6-3图所示，用鼓轮提升重物时，绳上点M与轮上点M'相接触，这两点的速度和加速度是否相同？若重物下降时两点的速度和加速度是否相同？

6-4　如题6-4图所示，两平行曲柄AB、CD分别绕固定水平轴A、C转动，带动托架DBE运动，因而可提升重物G。若曲柄角速度为$\omega=4\text{rad/s}$，角加速度为$\alpha=2\text{rad/s}^2$，曲柄长$r=20\text{cm}$。求重物G中心的轨迹、速度和加速度。

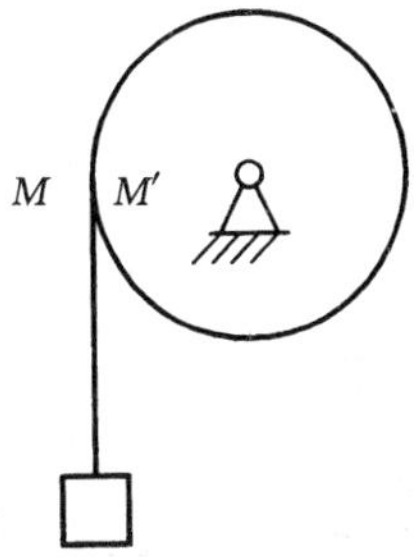

题6-3图

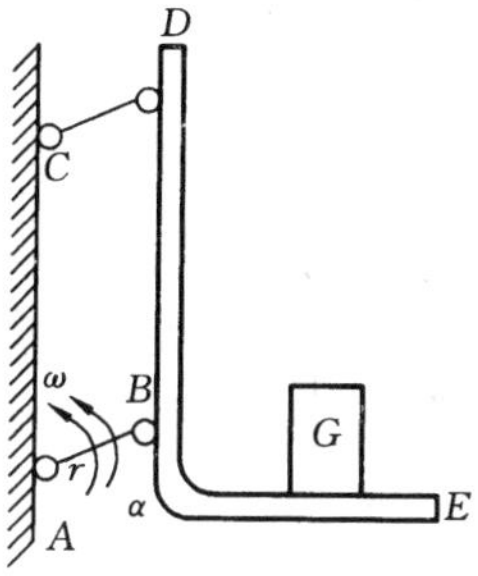

题6-4图

6-5　如题6-5图所示，$O_1A=O_2B=AM=0.2\text{m}$，$O_1O_2=AB$。若轮以$\varphi=15\pi t$的规律转动，求当$t=0.5\text{s}$时，杆上点M的速度和加速度。

6-6　如题6-6图所示，曲柄CB以等角速度绕C轴转动，其转角方程为$\varphi=\omega_0 t$。通过滑块带动摇杆OA绕O轴转动。设$OC=h$，$CB=r$。求摇杆的转动方程。

6-7　火车沿直线轨道做匀速运动，其速度为50m/s，如题6-7图所示，摄影师位于离铁轨10m远的O点，由于希望镜头始终对准火车头，所以需要转动镜头。求镜头转动的角速度和角加速度。

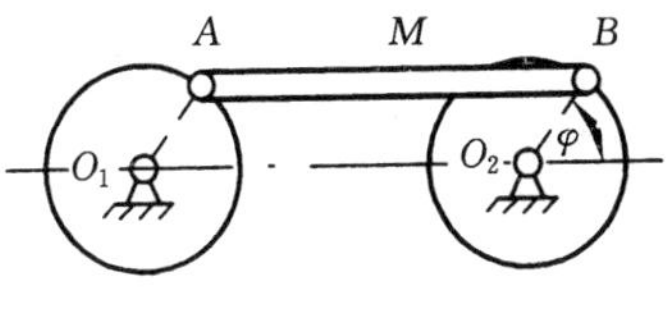

题6-5图

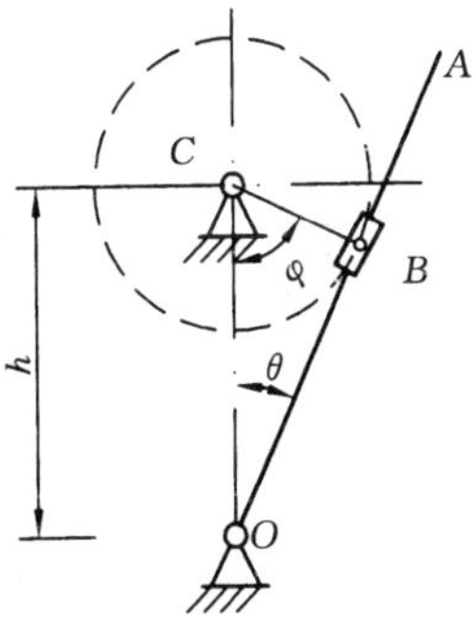

题6-6图

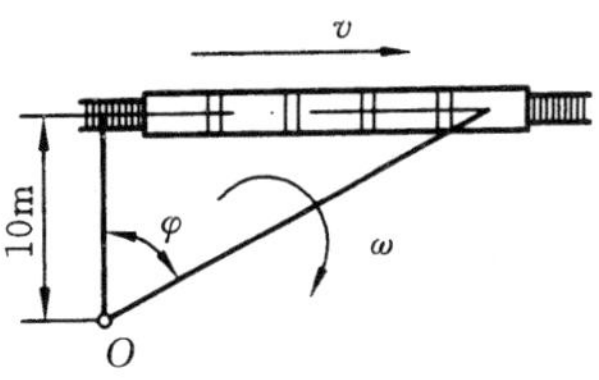

题6-7图

6－8　飞轮轮缘上一点，某瞬时速度为 10m/s，切线加速度为 60m/s^2。方向与速度相反，全加速度为 100m/s^2。求飞轮的半径。

6－9　飞轮由静止开始做等加速转动，半分钟后转速达到 900r/min，求飞轮的角加速度和 0.5min 内转过的圈数。

6－10　地球绕自身轴转一圈用 23.93h，设地球半径为 6400km。求地球表面上位于赤道和北极处点的速度和加速度。

6－11　如题 6－11 图所示，指针指示器机构中，齿条Ⅰ以 $x=a\sin\omega t$ 沿 x 轴平动，带动齿轮Ⅱ。在齿轮Ⅱ的轴上装有一与齿轮Ⅳ相啮合的齿轮Ⅲ，齿轮Ⅳ上固连一指针。各齿轮半径分别为 r_2、r_3 和 r_4，求指针的角速度和转动方程。

6－12　如题 6－12 图所示，轮Ⅰ半径为 $r_1=30\text{cm}$，其转速 $n_1=100\text{r/min}$。由皮带传动带动固连在同一轴上的轮Ⅱ和轮Ⅲ，半径分别为 $r_2=75\text{cm}$ 和 $r_3=40\text{cm}$。求重物 Q 上升的速度和皮带上各段的加速度。

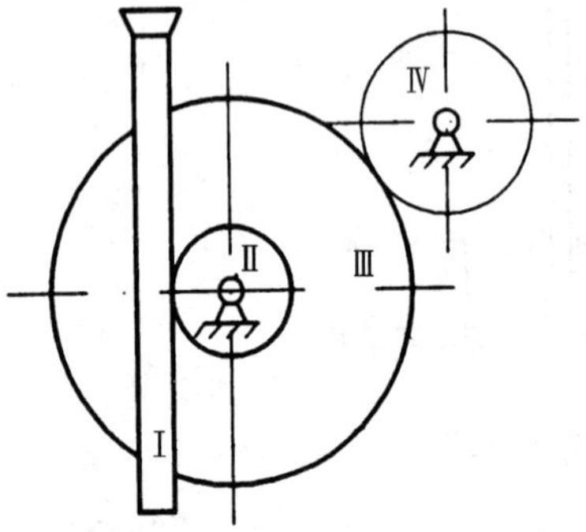

题 6－11 图

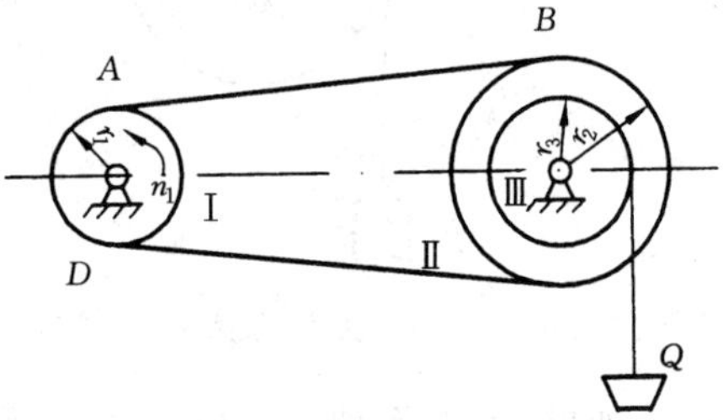

题 6－12 图

第七章 点的合成运动

第七章
思维导图

前面研究物体的运动是相对于同一参考坐标系而言，当所研究的物体相对于不同参考坐标系运动时（即它们之间存在相对运动），就形成了运动的合成。本章主要学习动点相对于不同参考坐标系运动时的运动方程、速度、加速度之间的几何关系。

第一节 点的合成运动的概念

在工程和实际生活中，物体相对于不同参考系运动的例子很多。例如沿直线滚动的车轮，在地面上观察车轮边缘上点 M 的运动轨迹是旋轮线，但在车厢上观察是一个圆，如图 7-1 所示。又如在雨天观察雨滴的运动，如果在地面上观察（不计自然风的干扰）雨滴铅垂下落，而行驶的汽车上，雨滴在车窗上留下倾斜的痕迹，如图 7-2 所示。

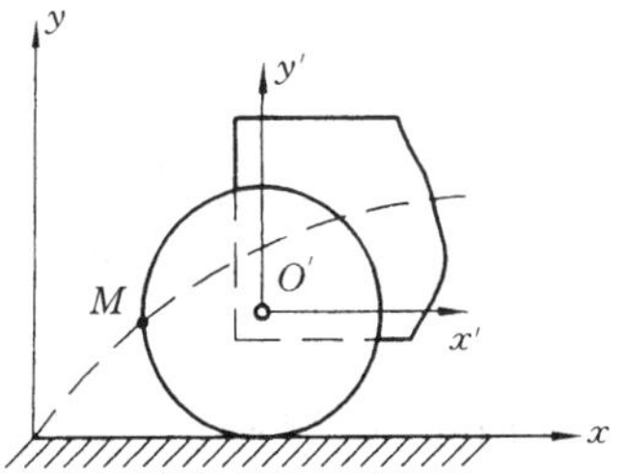

图 7-1

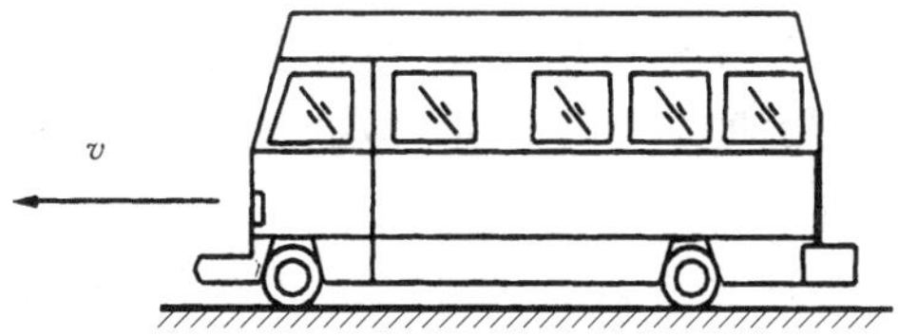

图 7-2

从上面的两个例子看出，物体相对于不同参考系的运动是不同的，它们之间存在运动的合成和分解的关系。一般情况下，将研究的物体看成是动点，动点相对于两个参考坐标系运动。其中，建立在不动物体上的坐标系称为定参考坐标系（简称定系），如建立在地面上的坐标系；另一个坐标系相对定参考坐标系是运动的，称为动参考坐标系（简称动系）。动点相对于定系运动可以看成是动点相对于动系的运动和动系相对定系的运动的合成。上面的例子中，定系建立在地面上，动点 M 的运动轨迹是旋轮线；动系建立在车厢上，点 M 相对于动系的运动轨迹是一个圆。而车厢是做平移的运动，即动点 M 的旋轮线可以看成圆的运动和车厢平移运动的合成。

研究点的合成运动必须要选定两个参考坐标系，清楚以下三种运动：

（1）动点相对于定参考坐标系运动，称为动点的绝对运动。所对应的轨迹、速度和加速度分别称为绝对运动轨迹、绝对速度 $\boldsymbol{v}_a$、绝对加速度 $\boldsymbol{a}_a$。

（2）动点相对于动参考坐标系运动，称为动点的相对运动。所对应的轨迹、速度和加速度分别称为相对运动轨迹、相对速度 $\boldsymbol{v}_r$、相对加速度 $\boldsymbol{a}_r$。

牵连点

（3）动系相对于定系的运动，称为动点的牵连运动。动系上与动点重合的点称为动点的牵连点，牵连点所对应的轨迹、速度和加速度分别称为牵连运动轨迹、牵连速度 $\boldsymbol{v}_e$、牵连加速度 $\boldsymbol{a}_e$。

结合所建立的两个参考坐标系和三种运动，请读者自己分析上面的例子。

【例 7-1】 设直圆管 OA 绕固定轴 O 匀速转动（图 7-3），其角速度为 ω，直管 OA 中有一小球 M 以匀速 u 沿管向外运动，试分析小球的三种运动、三种速度和牵连加速度。

直圆管内小球的运动分析

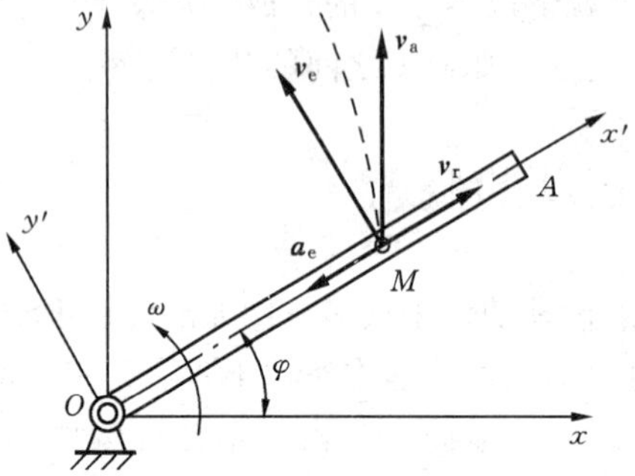

图 7-3

解： 首先要确定一个动点和两个参考系（定系和动系），然后才能分析三种运动及它们的速度和牵连加速度。

动点：小球 M。

动系：固连于圆管 OA 上的坐标系（$Ox'y'$）。

定系：固结在地面上的坐标系 Oxy。

绝对运动：小球 M 相对于地面所做的平面曲线运动。

相对运动：小球 M 沿圆管 OA 轴线所做的直线运动。

牵连运动：圆管 OA 绕 O 轴的定轴转动。

绝对速度 v_a：小球 M 相对于地面运动的速度，方向与绝对运动轨迹相切。

相对速度 v_r：小球 M 相对于圆管运动的速度，大小为 $v_r=u$，方向沿圆管 OA 轴线，指向 A 点。

牵连速度 v_e：图示瞬时 t，在圆管 OA 内壁上与小球 M 相重合的点（牵连点）相对于地面的速度，大小为 $v_e=OM\cdot\omega=ut\cdot\omega$，方向垂直于 OM 指向顺着角速度 ω 的转向。

牵连加速度 a_e：在图示瞬时 t，在圆管 OA 内壁上与小球 M 相重合的点（牵连点）相对于地面的加速度，大小为 $a_e=OM\cdot\omega^2=ut\cdot\omega^2$，方向指向 O 点。

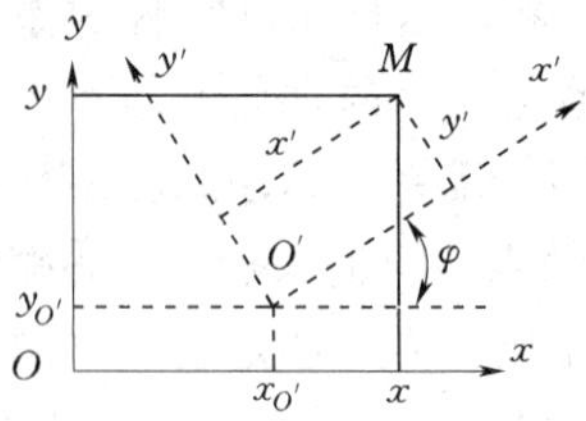

图 7-4

一般来讲，绝对运动看成是运动的合成，相对运动和牵连运动看成是运动的分解，合成与分解是研究点的合成运动的两个方面，切不可孤立看待，必须用联系的观点去学习。

动点的绝对运动、相对运动和牵连运动之间的关系可以通过动点在定参考坐标系和动参考坐标系中的坐标变换得到。以平面运动为例，设 Oxy 为定系，$O'x'y'$ 为动系，M 为动点，如图 7-4 所示。

M 点绝对运动方程为

$$x=x(t),\ y=y(t) \tag{7-1}$$

M 点相对运动方程为

$$x'=x'(t),\ y'=y'(t) \tag{7-2}$$

牵连运动是动系 $O'x'y'$ 相对于定系 Oxy 的运动，其运动方程为

$$x_{O'}=x_{O'}(t),\ y_{O'}=y_{O'}(t),\ \varphi=\varphi(t) \tag{7-3}$$

图 7-4 的坐标变换为

$$\begin{cases}x=x_{O'}+x'\cos\varphi-y'\sin\varphi\\ y=y_{O'}+x'\sin\varphi+y'\cos\varphi\end{cases} \tag{7-4}$$

【例 7-2】 半径为 r 的轮子沿直线轨道无滑动地滚动，如图 7-5 所示，已知轮心 C 的速度为 $\boldsymbol{v}_C$，试求轮缘上的点 M 绝对运动方程和相对轮心 C 的运动方程及牵连运动方程。

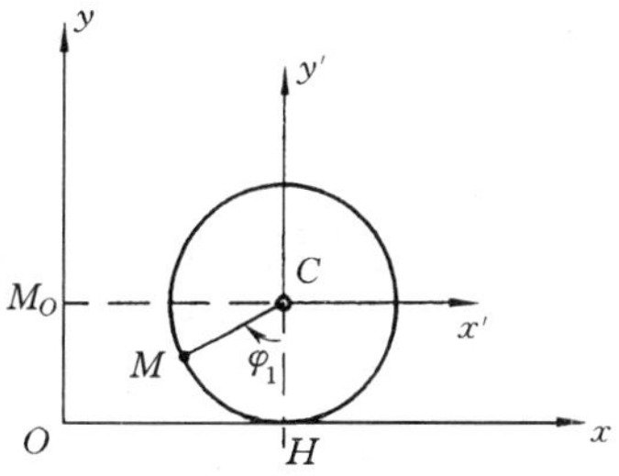

图 7-5

解：沿轮子滚动的方向建立定系 Oxy，初始时设轮缘上的点 M 位于坐标原点 O 处。在图示瞬时，点 M 和轮心 C 的连线与 CH 的夹角为

$$\varphi_1=\frac{\widehat{MH}}{r}=\frac{v_Ct}{r}$$

在轮心 C 建立动系 $Cx'y'$，点 M 的相对运动方程为

$$\begin{cases}x'=-r\sin\varphi_1=-r\sin\dfrac{v_Ct}{r}\\ y'=-r\cos\varphi_1=-r\cos\dfrac{v_Ct}{r}\end{cases} \tag{a}$$

点 M 相对运动轨迹方程为

$$x'^2+y'^2=r^2 \tag{b}$$

由式（b）知点 M 的相对运动轨迹为圆。

牵连运动为动系 $Cx'y'$ 相对于定系 Oxy 的运动，其牵连运动方程为

$$\begin{cases}x_C=v_Ct\\ y_C=r\\ \varphi=0\end{cases} \tag{c}$$

其中，由于动系做平动，因此动系坐标轴 x' 与定系坐标轴 x 的夹角 $\varphi=0$。

由式（7-4）得点 M 绝对运动方程为

$$\begin{cases}x=v_Ct-r\sin\varphi_1=v_Ct-r\sin\dfrac{v_Ct}{r}\\ y=r-r\cos\varphi_1=r-r\cos\dfrac{v_Ct}{r}\end{cases} \tag{d}$$

点 M 的绝对运动轨迹为式（d）表示的旋轮线。

【例 7-3】 用车刀切削工件直径的端面时，车刀沿水平轴 x 作往复的运动，如图 7-6 所示。设定系为 Oxy，刀尖在 Oxy 面上的运动方程为 $x=r\sin\omega t$，工件以匀角速

度 ω 绕逆时针方向转动，动系建立在工件上为 $Ox'y'$，试求刀尖在工件上画出的痕迹。

解：由题意知，刀尖为动点，刀尖在工件上画出的痕迹为动点相对运动轨迹。由图 7－6 得动点相对运动方程为

车刀切削工件

$$\begin{cases} x' = x\cos\omega t = r\sin\omega t\cos\omega t = \dfrac{r}{2}\sin 2\omega t \\ y' = -x\sin\omega t = -r\sin^2\omega t = -\dfrac{r}{2}(1-\cos 2\omega t) \end{cases}$$

消去时间 t，得动点相对运动轨迹方程为

$$x'^2 + \left(y' + \frac{r}{2}\right)^2 = \frac{r^2}{4}$$

则刀尖在工件上画出的痕迹为圆。

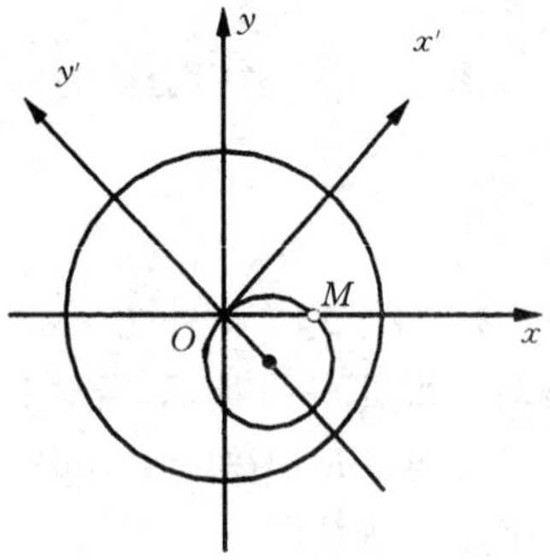

图 7－6

注意若求三种运动的速度之间的关系，最直接的方法是式（7－4）对时间求导，即可求出点的相对速度、牵连速度和绝对速度三者之间的关系。

第二节 点的速度合成定理

现在研究点的相对速度、牵连速度、绝对速度三者之间的关系。

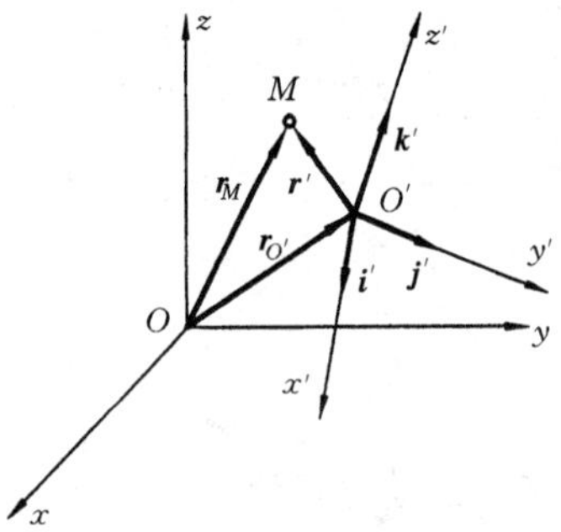

图 7－7

如图 7－7 所示，设 $Oxyz$ 为定系，$O'x'y'z'$为动系，M 为动点。动系的坐标原点 O'在定系中的矢径为 $\boldsymbol{r}_{O'}$，动点 M 在定系上的矢径为 $\boldsymbol{r}_M$，动点 M 在动系上的矢径为 $\boldsymbol{r}'$，动系坐标的三个单位矢量为 $\boldsymbol{i}'$、$\boldsymbol{j}'$、$\boldsymbol{k}'$，牵连点为 M'（动系上与动点重合的点）在定系上的矢径为 $\boldsymbol{r}_{M'}$，有如下关系：

$$\boldsymbol{r}_M = \boldsymbol{r}_{O'} + \boldsymbol{r}' \tag{7-5}$$

$$\boldsymbol{r}' = x'\boldsymbol{i}' + y'\boldsymbol{j}' + z'\boldsymbol{k}' \tag{7-6}$$

$$\boldsymbol{r}_M = \boldsymbol{r}_{M'} \tag{7-7}$$

动点 M 的绝对速度为

$$\boldsymbol{v}_a = \frac{\mathrm{d}\boldsymbol{r}_M}{\mathrm{d}t} = \dot{\boldsymbol{r}}_{O'} + x'\dot{\boldsymbol{i}}' + y'\dot{\boldsymbol{j}}' + z'\dot{\boldsymbol{k}}' + \dot{x}'\boldsymbol{i}' + \dot{y}'\boldsymbol{j}' + \dot{z}\boldsymbol{k}' \tag{7-8}$$

动点 M 的相对速度为

$$\boldsymbol{v}_r = \frac{\tilde{\mathrm{d}}\boldsymbol{r}'}{\mathrm{d}t} = \dot{x}'\boldsymbol{i}' + \dot{y}'\boldsymbol{j}' + \dot{z}'\boldsymbol{k}' \tag{7-9}$$

导数上加“～”表示相对导数。

将式（7－6）和式（7－7）代入式（7－5）中，因牵连点 M'是动系上的一个确定点，因此 M'的三个坐标 x'、y'、z'是常量，得牵连速度：

$$\boldsymbol{v}_e = \frac{\mathrm{d}\boldsymbol{r}_{M'}}{\mathrm{d}t} = \dot{\boldsymbol{r}}_{O'} + x'\dot{\boldsymbol{i}}' + y'\dot{\boldsymbol{j}}' + z'\dot{\boldsymbol{k}}' \tag{7-10}$$

从而得相对速度、牵连速度和绝对速度三者之间的关系：

$$\boldsymbol{v}_a = \boldsymbol{v}_e + \boldsymbol{v}_r \qquad (7-11)$$

点的速度合成定理：在任一瞬时，动点的绝对速度等于在同一瞬时相对速度和牵连速度的矢量和。点的相对速度、牵连速度、绝对速度三者之间满足平行四边形合成法则，即绝对速度由相对速度和牵连速度所构成平行四边形对角线所确定。

应当注意：

（1）三种速度有三个大小和三个方向共六个要素，必须已知其中四个要素，才能求出剩余的两个要素。因此只要正确地画出上面三种速度的平行四边形，即可求出剩余的两个要素。

（2）动点和动系的选择是关键，一般不能将动点和动系选在同一个参考体上。

（3）动系的运动是任意的运动，可以是平动、转动或者是较为复杂运动。

当动系做平动时，$\boldsymbol{i}'$、$\boldsymbol{j}'$、$\boldsymbol{k}'$为常矢量，对时间的导数均为零，$\boldsymbol{v}_e = \boldsymbol{v}_{O'} = \dot{\boldsymbol{r}}_{O'}$

当动系做定轴转动时，$\boldsymbol{v}_e = \boldsymbol{\omega} \times (\boldsymbol{r}_{O'} + \boldsymbol{r}') = \boldsymbol{\omega} \times \boldsymbol{r}_{M'}$，推导见后。

【例 7-4】 汽车以速度 $\boldsymbol{v}_1$ 沿直线道路行驶，雨滴以速度 $\boldsymbol{v}_2$ 铅直下落，如图 7-8 所示，试求雨滴相对于汽车的速度。

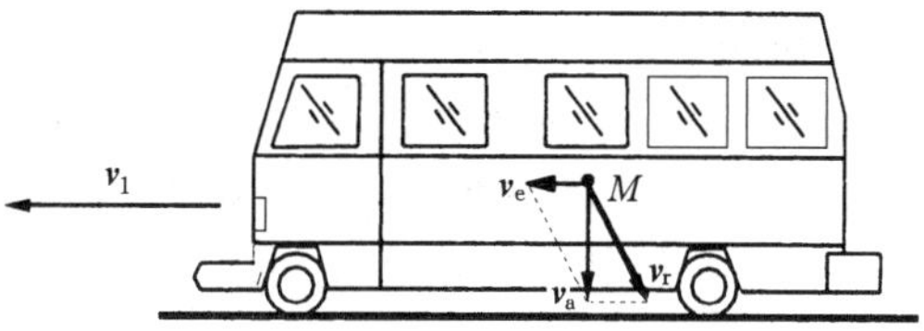

图 7-8

雨滴速度分析

解：（1）建立两种坐标系。定系建立在地面上，动系建立在汽车上。

（2）分析三种运动。雨滴为动点，其绝对速度为

$$v_a = v_2$$

汽车的速度为牵连速度（牵连点的速度），即

$$v_e = v_1$$

（3）作速度的平行四边形。由于绝对速度 $\boldsymbol{v}_a$ 和牵连速度 $\boldsymbol{v}_e$ 的大小和方向都是已知的，如图 7-8 所示，只需将速度 $\boldsymbol{v}_a$ 和 $\boldsymbol{v}_e$ 矢量的端点连线便可确定雨滴相对于汽车的速度 $\boldsymbol{v}_r$，故

$$v_r = \sqrt{v_a^2 + v_e^2} = \sqrt{v_2^2 + v_1^2}$$

雨滴相对于汽车的速度 v_r 与铅垂线的夹角为

$$\tan\alpha = \frac{v_1}{v_2}$$

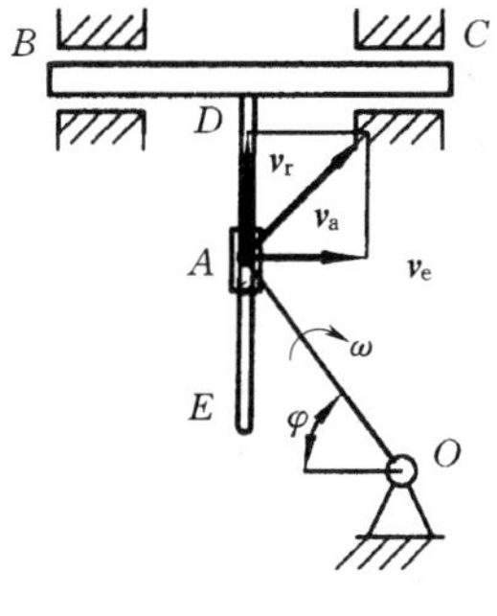

图 7-9

【例 7-5】 如图 7-9 所示曲柄滑道机构，T 形杆 BC 部分处于水平位置，DE 部分处于铅直位置并放在套筒 A 中。已知曲柄 OA 以匀角速度 $\omega = 20\text{rad/s}$ 绕 O 轴转动，$OA = r = 10\text{cm}$，试求当曲柄 OA 与水平线的夹角 $\varphi = 0°$、$30°$、$60°$、$90°$ 时，T 形杆的速度。

曲柄滑道机构运动

解：选套筒 A 为动点，T 形杆为动系，地面为定系。动点的绝对运动为以 O 为圆心的圆周运动，绝对速度的大小为

$$v_a = r\omega = 10 \times 20 = 200(\text{cm/s})$$

绝对速度的方向垂直于曲柄 OA 沿角速度 ω 的方向。

由于 T 形杆受铅垂方向约束，则牵连运动为沿水平方向的直线平动；动点的相对运动为沿 DE 的直线运动，如图 7－9 所示，作速度的平行四边形。故 T 形杆的速度为

$$v_T = v_e = v_a \sin\varphi$$

将已知条件代入得

$\varphi = 0°$： $v_T = 200\sin 0° = 0$

$\varphi = 30°$： $v_T = 200\sin 30° = 100(\text{cm/s})$

$\varphi = 60°$： $v_T = 200\sin 60° \approx 173.2(\text{cm/s})$

$\varphi = 90°$： $v_T = 200\sin 90° = 200(\text{cm/s})$

曲柄上的圆环速度分析

【例 7－6】 曲柄 OA 以匀角速度 ω 绕 O 轴转动，其上套有小环 M，而小环 M 又在固定的大圆环上运动，大圆环的半径为 R，如图 7－10 所示。试求当曲柄与水平线成的角 $\varphi = \omega t$ 时，小环 M 的绝对速度和相对曲柄 OA 的相对速度。

解： 由题意，选小环 M 为动点，曲柄 OA 为动系，地面为定系。小环 M 的绝对运动是在大圆上的运动，因此小环 M 绝对速度垂直于大圆的半径 R；小环 M 的相对运动是在曲柄 OA 上的直线运动，因此小环 M 相对速度沿曲柄 OA 并指向 O 点，牵连运动为曲柄 OA 的定轴转动，小环 M 的牵连速度垂直于曲柄 OA，如图 7－10 所示，作速度的平行四边形，小环 M 的牵连速度为

$$v_e = OM\omega = 2R\omega\cos\varphi$$

小环 M 的绝对速度为

$$v_a = \frac{v_e}{\cos\varphi} = 2R\omega$$

小环 M 的相对速度为

$$v_r = v_e \tan\varphi = 2R\omega\sin\varphi = 2R\omega\sin\omega t$$

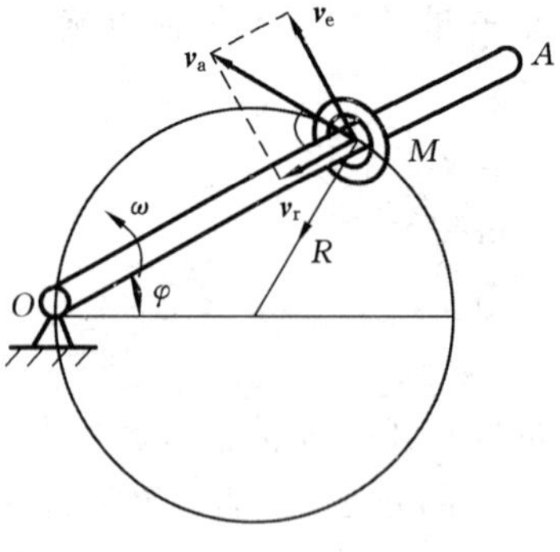

图 7－10

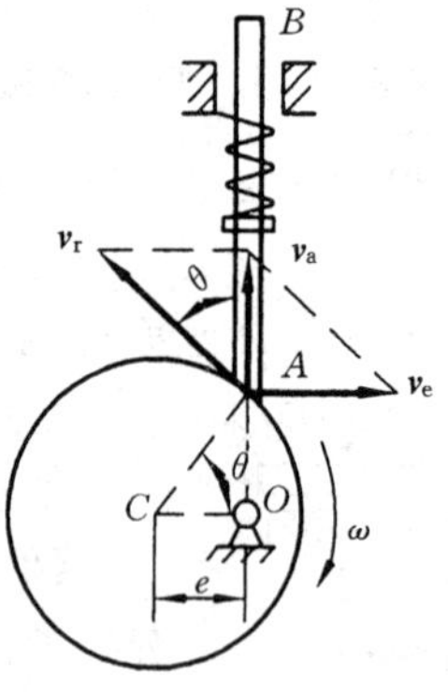

图 7－11

偏心凸轮的速度分析

【例 7－7】 如图 7－11 所示，半径为 R，偏心距为 e 的凸轮，以匀角速度 ω 绕 O 轴转动，并使滑槽内的直杆 AB 上下移动，设 OAB 在一条直线上，轮心 C 与 O 轴在水平位置，试求在图示位置时，杆 AB 的速度。

解： 由于杆 AB 做平移，所以研究杆 AB 的运动只需研究其上 A 点的运动即可。

因此选杆 AB 上的 A 点为动点，凸轮为动系，地面为定系。

动点 A 的绝对运动是沿直杆 AB 的直线运动；相对运动为沿凸轮边缘的圆周运动；牵连运动为凸轮绕 O 轴的定轴转动，作速度的平行四边形，如图 7-11 所示。

动点 A 的牵连速度为

$$v_e = \omega OA$$

动点 A 的绝对速度为

$$v_a = v_e \cot\theta = \omega OA \frac{e}{OA} = \omega e$$

应当注意：

(1) 动点和动系不能选在同一个物体上。

(2) 动点和动系应选在容易判断其相对运动的物体上，否则会使问题变得混乱。

(3) 无特殊说明，定系应选在地面上。

总结以上各例题的解题步骤，可总结解题思路如下：

(1) 选择动点和动系。在选择动点和动系时要注意，动点和动系不能选在同一个物体上，若选在同一个物体上就没有相对运动。同时要注意，所选择的动点和动系一般应使相对轨迹清楚。

(2) 分析三种运动和三种速度。绝对运动是怎样的一种运动（直线运动、圆周运动或其他某种曲线运动）？其轨迹、速度是否已知？

相对运动是怎样的一种运动（直线运动、圆周运动或其他某种曲线运动）？其轨迹、速度是否已知？

牵连运动是怎样的一种运动（平动、转动或其他某种形式的刚体运动）？牵连速度是否已知？

各种运动的速度都有大小和方向两个要素，只有已知四个要素时才能画出速度平行四边形，才可以求解。

(3) 应用速度合成定理，画出速度平行四边形。必须注意，画图时要使绝对速度成为平行四边形的对角线。

(4) 利用速度平行四边形中的几何关系解出未知数。画出的速度分析图一般是一个平行四边形，可分解为一个三角形利用几何关系求解。

第三节　点的加速度合成定理

一、牵连运动为平动时点的加速度合成定理

在图 7-12 中，设 $Oxyz$ 为定系，$O'x'y'z'$ 为动系且做平动，M 为动点。动点 M 的相对速度为

$$\boldsymbol{v}_r = \frac{\tilde{d}\boldsymbol{r}'}{dt} = \dot{x}'\boldsymbol{i}' + \dot{y}'\boldsymbol{j}' + \dot{z}'\boldsymbol{k}' \tag{7-12}$$

动点 M 的相对加速度为

$$\boldsymbol{a}_r = \frac{\tilde{d}\boldsymbol{v}_r}{dt} = \ddot{x}'\boldsymbol{i}' + \ddot{y}'\boldsymbol{j}' + \ddot{z}'\boldsymbol{k}' \tag{7-13}$$

式中：$\boldsymbol{i}'$、$\boldsymbol{j}'$、$\boldsymbol{k}'$为动系坐标 x'、y'、z' 的单位矢量，由于动系做平动，故 $\boldsymbol{i}'$、$\boldsymbol{j}'$、$\boldsymbol{k}'$为常矢量，对时间的导数均为零，$\boldsymbol{v}_e=\boldsymbol{v}_{O'}$。将速度合成定理式（7－11）对时间求导，得

$$\frac{\mathrm{d}\boldsymbol{v}_a}{\mathrm{d}t}=\frac{\mathrm{d}\boldsymbol{v}_e}{\mathrm{d}t}+\frac{\mathrm{d}\boldsymbol{v}_r}{\mathrm{d}t}=\frac{\mathrm{d}\boldsymbol{v}_{O'}}{\mathrm{d}t}+\frac{\mathrm{d}}{\mathrm{d}t}(\dot{x}'\boldsymbol{i}'+\dot{y}'\boldsymbol{j}'+\dot{z}'\boldsymbol{k}')$$
$$=\boldsymbol{a}_{O'}+\ddot{x}'\boldsymbol{i}'+\ddot{y}'\boldsymbol{j}'+\ddot{z}'\boldsymbol{k}'=\boldsymbol{a}_e+\boldsymbol{a}_r$$

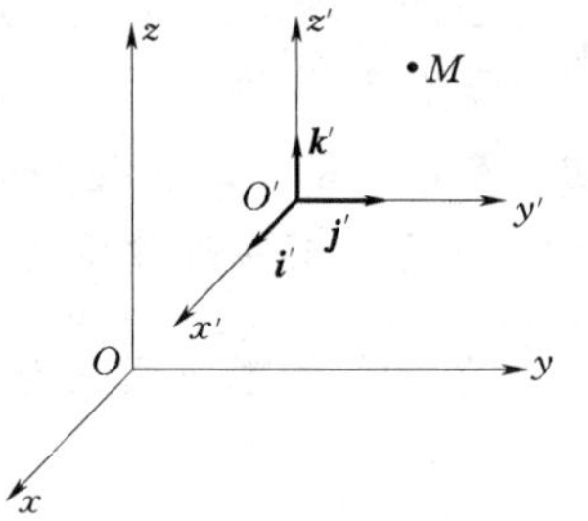

图 7－12

动点 M 的绝对加速度为

$$\boldsymbol{a}_a=\boldsymbol{a}_e+\boldsymbol{a}_r \qquad (7-14)$$

牵连运动为平动时点的加速度合成定理：在任一瞬时，动点的绝对加速度等于在同一瞬时动点相对加速度和牵连加速度的矢量和。它与速度合成定理一样满足平行四边形合成法则，即绝对加速度位于相对加速度和牵连加速度所构成平行四边形对角线位置。在求解时也要画加速度平行四边形来确定三种加速度之间的关系。

【例 7－8】 如图 7－13（a）所示，曲柄 OA 以匀角速度 ω 绕定轴 O 转动，T 形杆 BC 沿水平方向往复平动，滑块 A 在铅直槽 DE 内运动，$OA=r$，曲柄 OA 与水平线夹角为 $\varphi=\omega t$，试求图示瞬时，杆 BC 的速度及加速度。

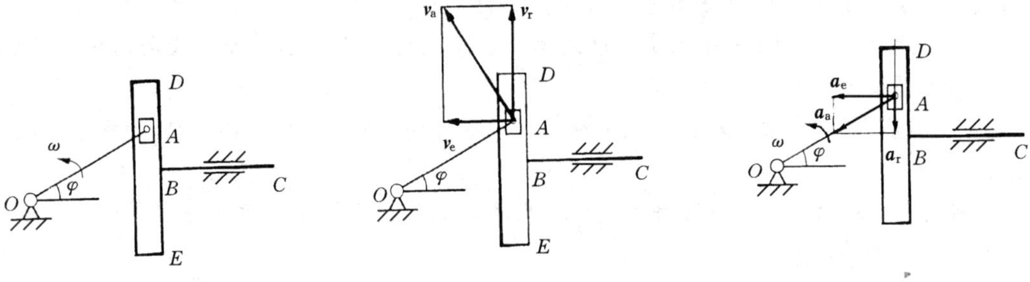

（a）　　（b）　　（c）

图 7－13

曲柄滑槽
运动分析

解： 滑块 A 为动点，T 形杆 BC 为动系，地面为定系。动点 A 的绝对运动是以 O 为圆心的圆周运动，相对运动为滑块 A 在铅直槽 DE 内的直线运动；牵连运动为 T 形杆 BC 沿水平方向的往复平移。

（1）求杆 BC 的速度。作速度的平行四边形，如图 7－13（b）所示。动点 A 的绝对速度为

$$v_a=r\omega$$

杆 BC 的速度为

$$v_{BC}=v_e=v_a\sin\varphi=r\omega\sin\omega t$$

（2）求杆 BC 的加速度。作加速度的平行四边形，如图 7－13（c）所示。动点 A 的绝对加速度为

$$a_a=r\omega^2$$

杆 BC 的加速度为

$$a_{BC}=a_e=a_a\cos\varphi=r\omega^2\cos\omega t$$

【例 7－9】 如图 7－14（a）所示的平面机构中，直杆 O_1A、O_2B 平行且等长，分别绕 O_1、O_2 轴转动，直杆的 A、B 连接半圆形平板，动点 M 沿半圆形平板 ABD 边缘运动，起点为点 B。已知 $O_1A=O_2B=18\text{cm}$，$AB=O_1O_2=2R$，$R=18\text{cm}$，$\varphi=\frac{\pi}{18}t$，试求当 $t=3\text{s}$，$s=\widehat{BM}=\pi t^2\text{cm}$ 时，动点 M 的绝对速度和绝对加速度。

平面机构
运动分析

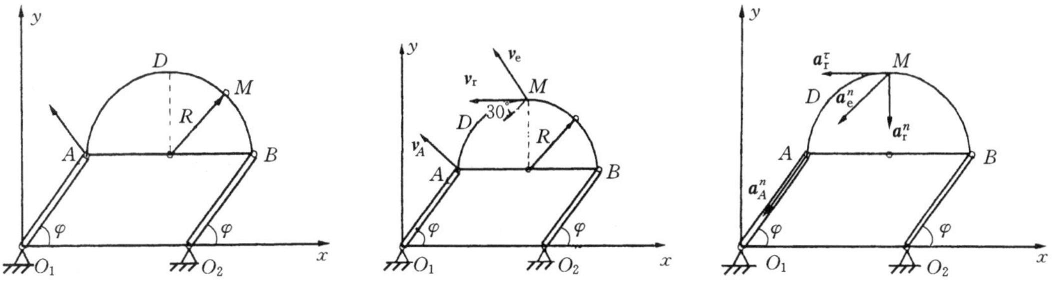

（a）　　　　（b）　　　　（c）

图 7－14

解： 根据题意，选半圆形平板 ABD 为动系，地面为定系。由于直杆 O_1A、O_2B 平行且等长，则动系 ABD 做平动，动点 M 的牵连速度为

$$v_e=v_A=O_1A\dot{\varphi}=18\times\frac{\pi}{18}=\pi(\text{cm/s})$$

动点 M 牵连速度的方向垂直于直杆 O_1A，沿角速度 ω 的转动方向。

由于动系做曲线平动，动点 M 的牵连加速度分为切向和法向加速度，即

$$a_e^n=O_1A\dot{\varphi}^2=18\times\left(\frac{\pi}{18}\right)^2\approx 0.55(\text{cm/s}^2)$$

$$a_e^\tau=O_1A\ddot{\varphi}=0$$

动点 M 的相对速度为

$$v_r=\dot{s}=2\pi t$$

同理，动点 M 的相对加速度也分为切向和法向加速度，即

$$a_r^n=\frac{v_r^2}{R}$$

$$a_r^\tau=\ddot{s}=2\pi$$

当 $t=3\text{s}$ 时，动点 M 的相对轨迹为

$$s=\pi t^2=9\pi(\text{cm})$$

而

$$s=\frac{\pi}{2}R=\frac{\pi}{2}\times 18=9\pi(\text{cm})$$

则当 $t=3\text{s}$ 时，动点 M 恰巧运动到半圆形平板 ABD 最高点，动点 M 相对速度的方向为水平向左，即

$$v_r = \dot{s} = 2\pi t = 6\pi(\text{cm/s})$$

$$a_r^n = \frac{v_r^2}{R} = \frac{(6\pi)^2}{18} \approx 19.74(\text{cm/s}^2)$$

$$a_r^\tau = \ddot{s} = 2\pi \approx 6.28(\text{cm/s}^2)$$

此时直杆 O_1A 与水平线的夹角为

$$\varphi = \frac{\pi}{18}t = \frac{\pi}{6}$$

（1）动点 M 的绝对速度。如图 7－14（b）所示，由速度合成定理的矢量形式：

$$\boldsymbol{v}_a = \boldsymbol{v}_e + \boldsymbol{v}_r$$

向直角坐标轴 x、y 上投影，得动点 M 的绝对速度在坐标轴上的投影为

$$v_{ax} = -v_r - v_e\sin\frac{\pi}{6} = -6\pi - \frac{\pi}{2} \approx -20.4(\text{cm/s})$$

$$v_{ay} = v_e\cos\frac{\pi}{6} = \frac{\pi\sqrt{3}}{2} \approx 2.7(\text{cm/s})$$

从而得动点 M 的绝对速度为

$$v_a = \sqrt{v_{ax}^2 + v_{ay}^2} = \sqrt{(-20.4)^2 + 2.7^2} \approx 20.58(\text{cm/s})$$

（2）动点 M 的绝对加速度。如图 7－14（c）所示，由牵连运动为平移时点的加速度合成定理的矢量形式：

$$\boldsymbol{a}_a = \boldsymbol{a}_e + \boldsymbol{a}_r = \boldsymbol{a}_e^\tau + \boldsymbol{a}_e^n + \boldsymbol{a}_r^\tau + \boldsymbol{a}_r^n$$

向直角坐标轴 x、y 上投影，得动点 M 的绝对加速度在坐标轴上的投影为

$$a_{ax} = -a_r^\tau - a_e^n\cos\frac{\pi}{6} \approx -6.67(\text{cm/s}^2)$$

$$a_{ay} = -a_r^n - a_e^n\sin\frac{\pi}{6} = -20(\text{cm/s}^2)$$

从而得动点 M 的绝对加速度为

$$a_a = \sqrt{a_{ax}^2 + a_{ay}^2} = \sqrt{(-6.67)^2 + (-20)^2} \approx 21.1(\text{cm/s}^2)$$

二、牵连运动为定轴转动时点的加速度合成定理

设动系 $O'x'y'z$ 相对于定系 $Oxyz$ 做定轴转动，角速度矢量为 $\boldsymbol{\omega}$，角加速度矢量为 $\boldsymbol{\alpha}$，如图 7－15 所示，动系坐标轴的三个单位矢量为 $\boldsymbol{i}'$、$\boldsymbol{j}'$、$\boldsymbol{k}'$，在定系 $Oxyz$ 中是变矢量，先分析 $\boldsymbol{k}'$对时间的导数。不失一般性，取定坐标系的 z 轴为其转轴。设 $\boldsymbol{k}'$的端点 M 的矢径为 $\boldsymbol{r}_M$，则 M 点的速度既等于 $\boldsymbol{r}_M$ 对时间的一阶导数，又可用式（6－18）矢量积来表示，即

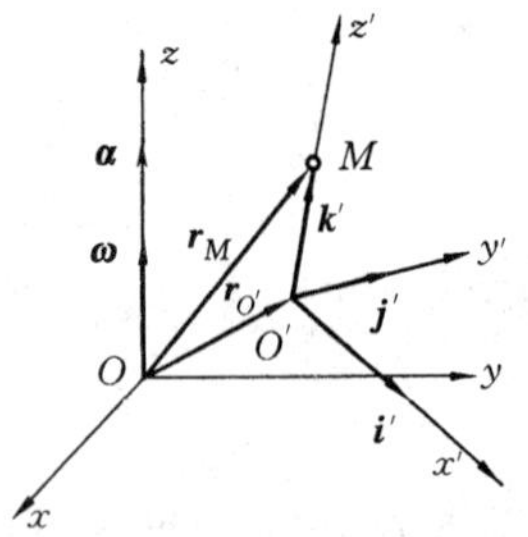

图 7－15

$$\boldsymbol{v}_M = \frac{\mathrm{d}\boldsymbol{r}_M}{\mathrm{d}t} = \boldsymbol{\omega} \times \boldsymbol{r}_M \tag{7-15a}$$

其中

$$\boldsymbol{r}_M = \boldsymbol{r}_{O'} + \boldsymbol{k}' \tag{7-15b}$$

对式（7－15b）求导并与式（7－15a）相等，得 M 点的绝对速度为

$$\frac{\mathrm{d}\boldsymbol{r}_M}{\mathrm{d}t}=\frac{\mathrm{d}\boldsymbol{r}_{O'}}{\mathrm{d}t}+\frac{\mathrm{d}\boldsymbol{k}'}{\mathrm{d}t}=\boldsymbol{\omega}\times\boldsymbol{r}_M=\boldsymbol{\omega}\times(\boldsymbol{r}_{O'}+\boldsymbol{k}') \tag{7-15c}$$

由于动系坐标原点的速度为

$$\boldsymbol{v}_{O'}=\dot{\boldsymbol{r}}_{O'}=\frac{\mathrm{d}\boldsymbol{r}_{O'}}{\mathrm{d}t}=\boldsymbol{\omega}\times\boldsymbol{r}_{O'} \tag{7-15d}$$

将式（7－15d）代入式（7－15c），得

$$\frac{\mathrm{d}\boldsymbol{k}'}{\mathrm{d}t}=\boldsymbol{\omega}\times\boldsymbol{k}'$$

同样可求得 $\boldsymbol{i}'$、$\boldsymbol{j}'$的导数。

动系的三个单位矢量 $\boldsymbol{i}'$、$\boldsymbol{j}'$、$\boldsymbol{k}'$对时间的导数等于各单位矢量端点的速度。

$$\frac{\mathrm{d}\boldsymbol{k}'}{\mathrm{d}t}=\boldsymbol{\omega}\times\boldsymbol{k}',\quad \frac{\mathrm{d}\boldsymbol{i}'}{\mathrm{d}t}=\boldsymbol{\omega}\times\boldsymbol{i}',\quad \frac{\mathrm{d}\boldsymbol{j}'}{\mathrm{d}t}=\boldsymbol{\omega}\times\boldsymbol{j}' \tag{7-15e}$$

$$\frac{\mathrm{d}\boldsymbol{r}'}{\mathrm{d}t}=\dot{x}'\boldsymbol{i}'+\dot{y}'\boldsymbol{j}'+\dot{z}'\boldsymbol{k}'+\boldsymbol{\omega}\times\boldsymbol{r}'$$

即

$$\frac{\mathrm{d}\boldsymbol{r}'}{\mathrm{d}t}=\frac{\tilde{\mathrm{d}}\boldsymbol{r}'}{\mathrm{d}t}+\boldsymbol{\omega}\times\boldsymbol{r}'$$

不失一般性，对于以角速度 $\boldsymbol{\omega}$ 转动的动系中的任意矢量 $\boldsymbol{D}$ 上式都成立，即

$$\frac{\mathrm{d}\boldsymbol{D}}{\mathrm{d}t}=\frac{\tilde{\mathrm{d}}\boldsymbol{D}}{\mathrm{d}t}+\boldsymbol{\omega}\times\boldsymbol{D}$$

如图 7－7 所示，设 $Oxyz$ 为定系，$O'x'y'z$ 为动系，M 为动点。动系的坐标原点 O'在定系中的矢径为$\boldsymbol{r}_{O'}$，动点 M 在定系上的矢径为$\boldsymbol{r}$，动点 M 在动系上的矢径为$\boldsymbol{r}'$，动坐标系的三个单位矢量为 $\boldsymbol{i}'$、$\boldsymbol{j}'$、$\boldsymbol{k}'$，动点 M 的绝对速度和牵连速度分别为

$$\boldsymbol{v}_{\mathrm{a}}=\frac{\mathrm{d}\boldsymbol{r}}{\mathrm{d}t}$$

$$\boldsymbol{v}_{\mathrm{e}}=\frac{\mathrm{d}\boldsymbol{r}_{M'}}{\mathrm{d}t}=\dot{\boldsymbol{r}}_{O'}+x'\dot{\boldsymbol{i}}'+y'\dot{\boldsymbol{j}}'+z'\dot{\boldsymbol{k}}'=\dot{\boldsymbol{r}}_{O'}+\boldsymbol{\omega}\times\boldsymbol{r}'$$

设动系 $O'x'y'z$ 相对于定系 $Oxyz$ 做定轴转动（假设绕 z 轴），角速度矢量为 $\boldsymbol{\omega}$，角加速度矢量为 $\boldsymbol{\alpha}$，动点 M 的牵连速度为

$$\boldsymbol{v}_{\mathrm{e}}=\frac{\mathrm{d}\boldsymbol{r}_{M'}}{\mathrm{d}t}=\dot{\boldsymbol{r}}_{O'}+\boldsymbol{\omega}\times\boldsymbol{r}'$$

动点 M 的相对速度为

$$\boldsymbol{v}_{\mathrm{r}}=\frac{\tilde{\mathrm{d}}\boldsymbol{r}'}{\mathrm{d}t}=\dot{x}'\boldsymbol{i}'+\dot{y}'\boldsymbol{j}'+\dot{z}'\boldsymbol{k}'$$

动点 M 的牵连加速度为

$$\boldsymbol{a}_{\mathrm{e}}=\boldsymbol{\alpha}\times\boldsymbol{r}+\boldsymbol{\omega}\times\boldsymbol{v}_{\mathrm{e}}$$

动点 M 的相对加速度为

$$\boldsymbol{a}_{\mathrm{r}}=\frac{\tilde{\mathrm{d}}\boldsymbol{v}_{\mathrm{r}}}{\mathrm{d}t}=\ddot{x}'\boldsymbol{i}'+\ddot{y}'\boldsymbol{j}'+\ddot{z}'\boldsymbol{k}'$$

由速度合成定理：

$$\boldsymbol{v}_{\mathrm{a}}=\boldsymbol{v}_{\mathrm{e}}+\boldsymbol{v}_{\mathrm{r}}$$

式（7-16）对时间求导，得动点 M 的绝对加速度为

$$\frac{\mathrm{d}\boldsymbol{v}_{\mathrm{a}}}{\mathrm{d}t}=\frac{\mathrm{d}\boldsymbol{v}_{\mathrm{e}}}{\mathrm{d}t}+\frac{\mathrm{d}\boldsymbol{v}_{\mathrm{r}}}{\mathrm{d}t}=\frac{\mathrm{d}}{\mathrm{d}t}(\dot{\boldsymbol{r}}_{O'}+\omega\times\boldsymbol{r}')+\frac{\mathrm{d}\boldsymbol{v}_{\mathrm{r}}}{\mathrm{d}t}$$

$$=\left(\frac{\mathrm{d}^2\boldsymbol{r}_{O'}}{\mathrm{d}t^2}+\boldsymbol{\alpha}\times\boldsymbol{r}'+\boldsymbol{\omega}\times\frac{\mathrm{d}\boldsymbol{r}'}{\mathrm{d}t}\right)+\frac{\tilde{\mathrm{d}}\boldsymbol{v}_{\mathrm{r}}}{\mathrm{d}t}+\boldsymbol{\omega}\times\boldsymbol{v}_{\mathrm{r}}$$

由于动系坐标原点的加速度：

$$\ddot{\boldsymbol{r}}_{O'}=\frac{\mathrm{d}^2\boldsymbol{r}_{O'}}{\mathrm{d}t^2}=\boldsymbol{\alpha}\times\boldsymbol{r}_{O'}+\boldsymbol{\omega}\times\boldsymbol{v}_{O'}$$

$$\frac{\mathrm{d}\boldsymbol{v}_{\mathrm{a}}}{\mathrm{d}t}=\boldsymbol{\alpha}\times\boldsymbol{r}_{O'}+\boldsymbol{\omega}\times\boldsymbol{v}_{O'}+\left[\boldsymbol{\alpha}\times\boldsymbol{r}'+\boldsymbol{\omega}\times\left(\frac{\tilde{\mathrm{d}}\boldsymbol{r}'}{\mathrm{d}t}+\boldsymbol{\omega}\times\boldsymbol{r}'\right)\right]+\boldsymbol{a}_{\mathrm{r}}+\boldsymbol{\omega}\times\boldsymbol{v}_{\mathrm{r}}$$

$$=\boldsymbol{\alpha}\times(\boldsymbol{r}_{O'}+\boldsymbol{r}')+\boldsymbol{\omega}\times(\boldsymbol{v}_{O'}+\boldsymbol{\omega}\times\boldsymbol{r}')]+\boldsymbol{a}_{\mathrm{r}}+\boldsymbol{\omega}\times\boldsymbol{v}_{\mathrm{r}}$$

$$=\boldsymbol{\alpha}\times\boldsymbol{r}+\boldsymbol{\omega}\times\boldsymbol{v}_{\mathrm{e}}+\boldsymbol{a}_{\mathrm{r}}+2\boldsymbol{\omega}\times\boldsymbol{v}_{\mathrm{r}}$$

$$=\boldsymbol{\alpha}_{\mathrm{e}}+\boldsymbol{a}_{\mathrm{r}}+2\boldsymbol{\omega}\times\boldsymbol{v}_{\mathrm{r}}$$

即

$$\boldsymbol{a}_{\mathrm{a}}=\boldsymbol{a}_{\mathrm{e}}+\boldsymbol{a}_{\mathrm{r}}+\boldsymbol{a}_{\mathrm{c}} \tag{7-16}$$

$$\boldsymbol{a}_{\mathrm{c}}=2\boldsymbol{\omega}\times\boldsymbol{v}_{\mathrm{r}} \tag{7-17}$$

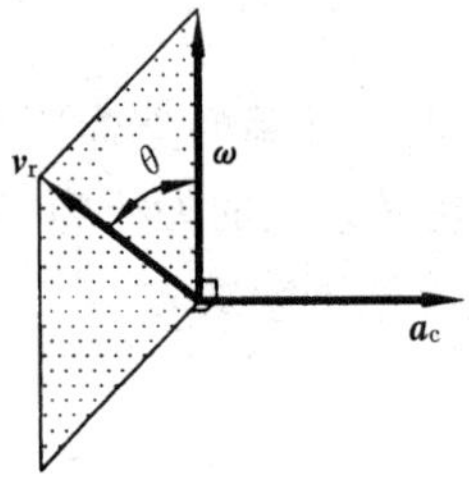

图 7-16

式中：$\boldsymbol{a}_{\mathrm{c}}$ 为科氏加速度，是科里奥利在 1832 年给出的，当动系做平移时，其角速度矢量为 $\boldsymbol{\omega}=0$，科氏加速度 $\boldsymbol{a}_{\mathrm{c}}=0$，式（7-16）就转化为式（7-14）。

式（7-16）为牵连运动为定轴转动时点的加速度合成定理：在任一瞬时，动点的绝对加速度等于在同一瞬时动点相对加速度、牵连加速度和科氏加速度的矢量和。

根据矢积运算法则，$\boldsymbol{a}_{\mathrm{c}}$ 的大小为 $a_{\mathrm{c}}=2\omega v_{\mathrm{r}}\sin\theta$，其中 θ 为 $\boldsymbol{\omega}$ 与 $\boldsymbol{v}_{\mathrm{r}}$ 矢量间的最小夹角。$\boldsymbol{a}_{\mathrm{c}}$ 垂直于 $\boldsymbol{\omega}$ 和 $\boldsymbol{v}_{\mathrm{r}}$ 组成的平面，指向按右手螺旋法则确定，如图 7-16 所示。

牵连运动为定轴转动时点的加速度合成定理适合动系做任何运动的情况，此时动系的角速度矢 $\boldsymbol{\omega}$ 可以分解为定系三个轴方向的角速度矢 $\boldsymbol{\omega}_x$、$\boldsymbol{\omega}_y$、$\boldsymbol{\omega}_z$ 即可。

刨床急回机构的运动分析（速度）

【例 7-10】 刨床的急回机构如图 7-17（a）所示。曲柄 OA 与滑块 A 用铰链连接，曲柄 OA 以匀角速度 ω 绕固定轴 O 转动，滑块 A 在摇杆 O_1B 上滑动，并带动摇杆 O_1B 绕固定轴 O_1 转动。设曲柄 $OA=r$，两个轴间的距离 $OO_1=l$，试求当曲柄 OA 在水平位置时，摇杆 O_1B 的角速度 ω_1 和角加速度 α_1。

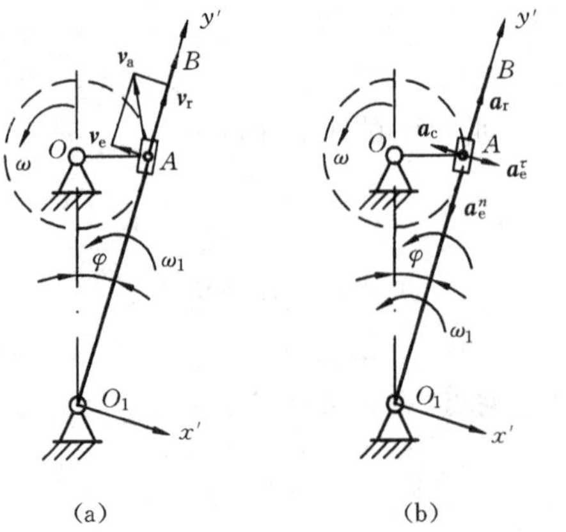

图 7-17

解： 根据题意，选滑块 A 为动点，摇杆

O_1B 为动系，地面为定系。动点 A 绝对运动为以 O 为圆心的圆周运动，动点 A 相对运动为沿摇杆 O_1B 的直线运动，牵连运动为摇杆 O_1B 绕固定轴 O_1 的转动。

（1）求摇杆 O_1B 的角速度 ω_1。当曲柄 OA 在水平位置时，动点 A 的绝对速度 $\boldsymbol{v}_\mathrm{a}$ 沿圆周的切线铅垂向上，动点 A 的相对速度 $\boldsymbol{v}_\mathrm{r}$ 沿摇杆 O_1B，牵连运动 $\boldsymbol{v}_\mathrm{e}$ 垂直摇杆 O_1B，作速度的平行四边形，如图 7-17（a）所示。

动点 A 的绝对速度 v_a 为

$$v_\mathrm{a} = r\omega \tag{a}$$

动点 A 的牵连速度 v_e 为

$$v_\mathrm{e} = O_1A\omega_1 \tag{b}$$

利用速度的平行四边形的三角关系有

$$v_\mathrm{e} = v_\mathrm{a}\sin\varphi \tag{c}$$

其中 $O_1A=\sqrt{r^2+l^2}$，$\sin\varphi=\dfrac{OA}{O_1A}=\dfrac{r}{\sqrt{r^2+l^2}}$，$\cos\varphi=\dfrac{O_1O}{O_1A}=\dfrac{l}{\sqrt{r^2+l^2}}$。

将式（a）和式（b）代入式（c）得摇杆 O_1B 绕固定轴 O_1 转动的角速度，即

$$\omega_1 = \frac{r^2\omega}{l^2+r^2} \tag{d}$$

转向与曲柄 OA 的角速度 ω 相同。

动点 A 的相对速度 v_r 为

$$v_\mathrm{r} = v_\mathrm{a}\cos\varphi \tag{e}$$

将式（a）代入式（e）得

$$v_\mathrm{r} = v_\mathrm{a}\cos\varphi = r\omega\frac{l}{\sqrt{r^2+l^2}} \tag{f}$$

（2）求摇杆 O_1B 的角加速度 α_1。由于动系做定轴转动，因此求摇杆 O_1B 的角加速度 α_1，应选择牵连运动为定轴转动时点的加速度合成定理，即

刨床急回机构的运动分析（加速度）

$$\boldsymbol{a}_\mathrm{a} = \boldsymbol{a}_\mathrm{e} + \boldsymbol{a}_\mathrm{r} + \boldsymbol{a}_\mathrm{c} \tag{g}$$

动点 A 的绝对加速度 a_a 分为切向加速度和法向加速度，但由于曲柄 OA 以匀角速度 ω 绕固定轴 O 转动，所以其角加速度 $\alpha=0$，则有

$$a_\mathrm{a} = a_\mathrm{a}^n = r\omega^2 \tag{h}$$

动点 A 的牵连加速度 a_e 为

$$a_\mathrm{e}^n = O_1A\omega_1^2 = \frac{r^4\omega^2}{(l^2+r^2)^{\frac{3}{2}}} \tag{i}$$

$$a_\mathrm{e}^\tau = O_1A\alpha_1 = \alpha_1\sqrt{r^2+l^2} \tag{j}$$

动点 A 的相对加速度 a_r 大小未知，方向沿摇杆 O_1B 是已知的。

动点 A 的科氏加速度由式（7-18）的矢量形式得出，其大小为

$$a_\mathrm{c} = 2\omega_1 v_\mathrm{r} \tag{k}$$

将式（d）和式（f）代入式（k），得

$$a_\mathrm{c} = 2\omega_1 v_\mathrm{r} = \frac{2\omega^2 r^3 l}{(l^2+r^2)^{\frac{3}{2}}} \tag{l}$$

方向按右手螺旋法则来确定，如图 7－17（b）所示。

式（g）的具体表达式为

$$\boldsymbol{a}_{\mathrm{a}}^{\tau}+\boldsymbol{a}_{\mathrm{a}}^{n}=\boldsymbol{a}_{\mathrm{e}}^{\tau}+\boldsymbol{a}_{\mathrm{e}}^{n}+\boldsymbol{a}_{\mathrm{r}}+\boldsymbol{a}_{\mathrm{c}} \tag{m}$$

如图 7－17（b）所示，将式（m）向 O_1x'轴投影，得

$$-a_{\mathrm{a}}\cos\varphi=a_{\mathrm{e}}^{\tau}-a_{\mathrm{c}} \tag{n}$$

将式（h）、式（j）和式（k）代入式（n）得摇杆 O_1B 的角加速度 α_1，即

$$\alpha_1=-\frac{rl(l^2-r^2)}{(l^2+r^2)^2}\omega^2$$

负号说明原假设方向与实际相反，如图 7－16（b）所示，应为逆时针转向。

【例 7－11】 求［例 7－7］杆 AB 的加速度。

解： 选杆 AB 上的 A 点为动点，凸轮为动系，地面为定系。应用牵连运动为定轴转动时点的加速度合成定理，即

$$\boldsymbol{a}_{\mathrm{a}}=\boldsymbol{a}_{\mathrm{e}}+\boldsymbol{a}_{\mathrm{r}}+\boldsymbol{a}_{\mathrm{c}} \tag{a}$$

下面分析加速度。

动点 A 的绝对加速度 $\boldsymbol{a}_{\mathrm{a}}$：由于动点 A 的绝对运动是做直线运动，故其加速度的方向是已知的，大小是未知的。

动点 A 的相对加速度 $\boldsymbol{a}_{\mathrm{r}}$：动点 A 的相对运动是沿凸轮边缘的圆周运动，故其加速度分为切向加速度 a_{r}^{τ} 和法向加速度 a_{r}^{n}。

由前面例题求得相对速度为

$$v_{\mathrm{r}}=\frac{v_{\mathrm{a}}}{\cos\theta}=\frac{\omega eR}{e}=\omega R \tag{b}$$

则相对加速度的法向加速度 a_{r}^{n} 为

$$a_{\mathrm{r}}^{n}=\frac{v_{\mathrm{r}}^2}{R}=\omega^2R \tag{c}$$

相对加速度的切向加速度 a_{r}^{τ} 的方向沿圆轮的切线，指向任意；a_{r}^{τ} 的大小是未知的。

牵连加速度 $\boldsymbol{a}_{\mathrm{e}}$：因为凸轮以匀角速度 ω 绕 O 轴转动，所以牵连加速度为法向加速度 a_{e}^{n}，切向加速度 $a_{\mathrm{e}}^{\tau}=0$，即

$$a_{\mathrm{e}}=a_{\mathrm{e}}^{n}=OA\omega^2=\sqrt{R^2-e^2}\,\omega^2 \tag{d}$$

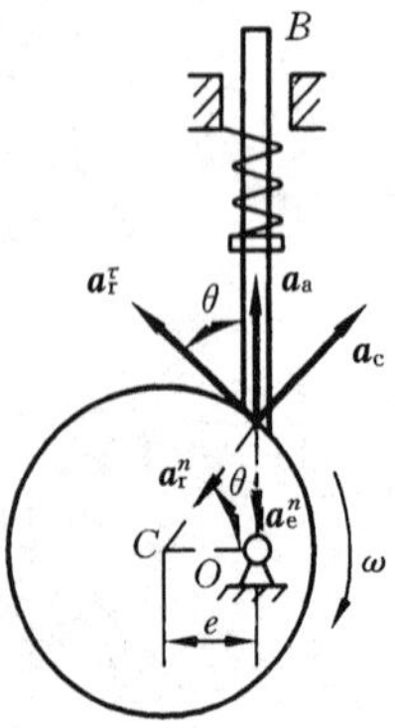

图 7－18

科氏加速度 $\boldsymbol{a}_{\mathrm{c}}$：由式（7－18）的矢量形式得其大小为

$$a_{\mathrm{c}}=2\omega v_{\mathrm{r}} \tag{e}$$

将式（b）代入式（e），得

$$a_{\mathrm{c}}=2\omega v_{\mathrm{r}}=2\omega^2R \tag{f}$$

方向按右手螺旋法则来确定，如图 7－18 所示。

式（a）的具体表达式为

$$\boldsymbol{a}_{\mathrm{a}}=\boldsymbol{a}_{\mathrm{e}}^{\tau}+\boldsymbol{a}_{\mathrm{e}}^{n}+\boldsymbol{a}_{\mathrm{r}}^{\tau}+\boldsymbol{a}_{\mathrm{r}}^{n}+\boldsymbol{a}_{\mathrm{c}} \tag{g}$$

如图 7－18 所示，将式（g）向 $\boldsymbol{a}_{\mathrm{c}}$ 轴投影，得

$$a_{\mathrm{a}}\sin\theta=-a_{\mathrm{e}}^{n}\sin\theta-a_{\mathrm{r}}^{n}+a_{\mathrm{c}} \tag{h}$$

其中 $\sin\theta=\dfrac{\sqrt{R^2-e^2}}{R}$，将式（c）、式（d）和式（f）代入式（h），

则杆 AB 的加速度为

$$a_a=\frac{1}{\sin\theta}(-a_e^n\sin\theta-a_r^n+a_c)=\frac{e^2\omega^2}{\sqrt{R^2-e^2}}$$

总结以上各例求加速度的解题步骤，可见应用加速度合成定理求解点的加速度，其步骤基本上与应用速度合成定理求解点的速度相同，但对大多数题来说，求解难度增加了。因速度分析相对容易，画出速度平行四边形求解也比较容易，但加速度的分析量就比较多，加速度的分析最多可有 7 项，即

$$\overline{a}_a^\tau+\overline{a}_a^n=\overline{a}_e^\tau+\overline{a}_e^n+\overline{a}_r^\tau+\overline{a}_r^n+a_c$$

式中每一项都有大小和方向两个要素，必须认真分析每一项，才能正确地解决问题。

上式中各项法向加速度的方向总是指向相应曲线的曲率中心，它们的大小总是可以根据相应的速度大小和曲率半径求出。因此，在应用加速度合成定理时，一般应先进行速度分析，这样各项法向加速度就都是已知量。

科氏加速度 $\boldsymbol{a}_c$ 的大小和方向由牵连角速度 ω_e 和相对速度 $\boldsymbol{v}_r$ 确定，它们也完全可以通过速度分析求出，因此 $\boldsymbol{a}_c$ 的大小和方向两个要素也是已知的。

在平面问题中，一个矢量方程相当于 2 个代数方程，因而可求解 2 个未知量。这样，在加速度合成定理中只有 3 项切向加速度的 6 个要素可能是待求量，若知其中的 4 个要素，则余下的 2 个要素就完全可求了。

对求加速度的问题，当量比较多时，建议在加速度表达式下采用加“?”的方法，把各已知量和未知量区分清楚，以便于求解。

【小　　结】

1. 建立两种坐标系

定参考坐标系：建立在不动物体上的坐标系，简称定系。

动参考坐标系：建立在运动物体上的坐标系，简称动系。

2. 动点的三种运动

绝对运动：动点相对于定参考坐标系运动。

相对运动：动点相对于动参考坐标系运动。

牵连运动：动参考坐标系相对于定参考坐标系的运动。

3. 点的速度合成定理

在任一瞬时，动点的绝对速度等于在同一瞬时动点的相对速度和牵连速度的矢量和。

$$\boldsymbol{v}_a=\boldsymbol{v}_e+\boldsymbol{v}_r$$

4. 点的加速度合成定理

(1) 牵连运动为平移时点的加速度合成定理。在任一瞬时，动点的绝对加速度等于在同一瞬时动点相对加速度和牵连加速度的矢量和。

$$\boldsymbol{a}_a=\boldsymbol{a}_e+\boldsymbol{a}_r$$

在应用速度合成定理和牵连运动为平移时点的加速度合成定理时，应画速度合成和加速度合成的平行四边形，使绝对速度和绝对加速度位于平行四边形对角线的位置。只有画出平行四边形，才能确定三种运动的关系。

第七章思考题

（2）牵连运动为定轴转动时点的加速度合成定理。在任一瞬时，动点的绝对加速度等于在同一瞬时动点的相对加速度、牵连加速度和科氏加速度的矢量和。

$$\boldsymbol{a}_a = \boldsymbol{a}_e + \boldsymbol{a}_r + \boldsymbol{a}_c$$

在应用牵连运动为定轴转动时点的加速度合成定理时，一般采用投影法求解。

习 题

7-1 如题 7-1 图所示机构中，OB 杆左右摆动时，通过滑块 B 带动水平杆 CD 往复运动。$OB=l$，求图示瞬时 CD 的速度 v 与 OB 杆角速度 ω 的关系。

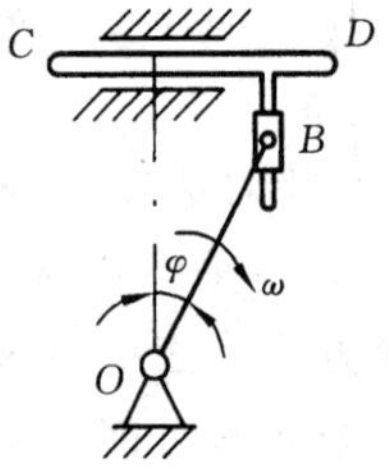

题 7-1 图

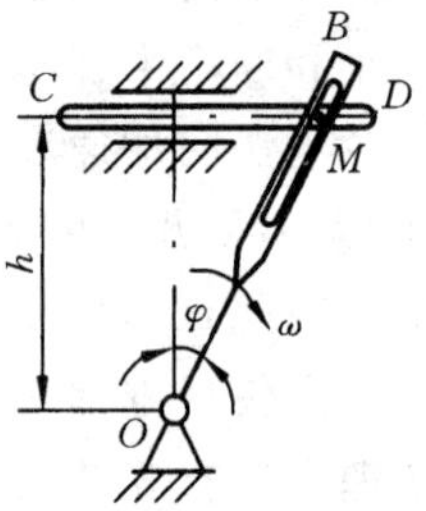

题 7-2 图

7-2 上题中的 OB 与 CD 如通过销子 M 连接，如题 7-2 图所示，求 $\boldsymbol{v}$ 与 ω 的关系。设固定点 O 到水平杆 CD 的距离为 h。

7-3 如题 7-3 图所示，弯杆 BC 以速度 u 水平向左运动，推动长为 l 的杆 OA 转动，试用 x 和 a 表示 A 点的速度。

7-4 如题 7-4 图所示，半径为 R 的半圆形凸轮以等速 u 水平向右平动带动 AB 杆上升，求当 $\varphi=30°$时，AB 相对凸轮的速度和加速度及 AB 杆上升的速度和加速度。

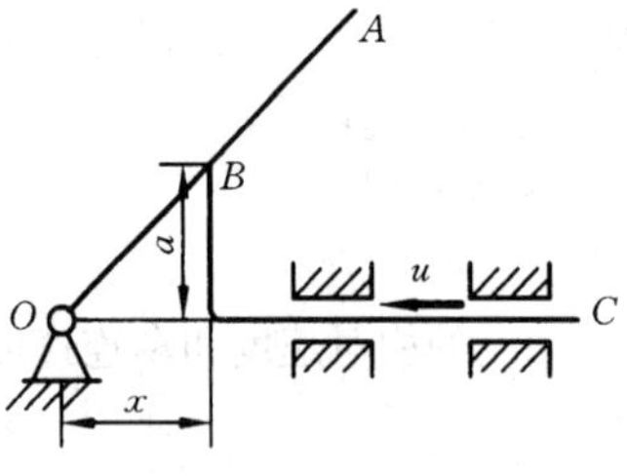

题 7-3 图

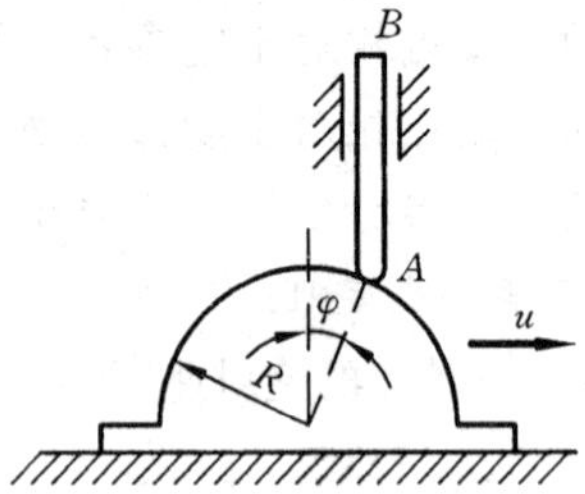

题 7-4 图

7-5 如题 7-5 图所示平面系统中，已知 $OA=O_1B$，$OO_1=AB$，$\theta=60°$，杆 OA 以匀角速度 ω 转动，正方形板内有一点 M 相对于板以常速率 u 沿对角线 DB 运动，试求在图示位置时点 M 的绝对速度和绝对加速度。

7-6 如题 7-6 图所示，机构中，曲柄 $OA=10\text{cm}$，绕 O 点以 $\omega=1\text{rad/s}$，$\alpha=1\text{rad/s}^2$ 转动。若$\angle AOB=30°$，求导杆上 B 点的加速度和滑块 A 在滑道上的相对加速度。

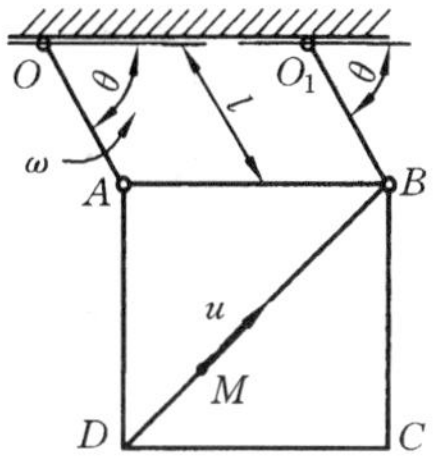

题 7-5 图

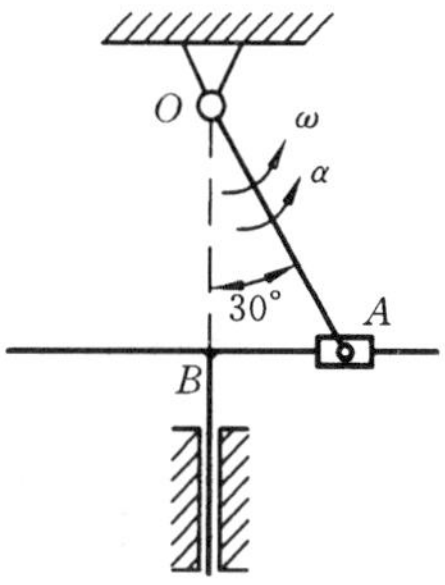

题 7-6 图

7-7　如题 7-7 图所示，曲柄 $OA=40\text{cm}$，以 $\omega=0.5\text{rad/s}$ 转动，推动滑杆 BC 上升。当 $\theta=30°$，求滑杆 BC 的加速度。

7-8　如题 7-8 图所示机构中，当 OC 杆转动时，通过套筒 A 带动 AB 杆运动。当 $\theta=30°$时，OC 杆角速度为 $\omega=2\text{rad/s}$，角加速度为 $\alpha=1\text{rad/s}^2$，减速转动，$L=30\text{cm}$，求杆 AB 运动的速度和加速度，套筒 A 相对于 OC 杆的速度和加速度。

7-9　如题 7-9 图所示两种机构中，若 $O_1O_2=20\text{cm}$，$\omega_1=3\text{rad/s}$，$\alpha_1=0$，求图示瞬时杆 O_2A 的角速度 ω_2 和角加速度 α_2。

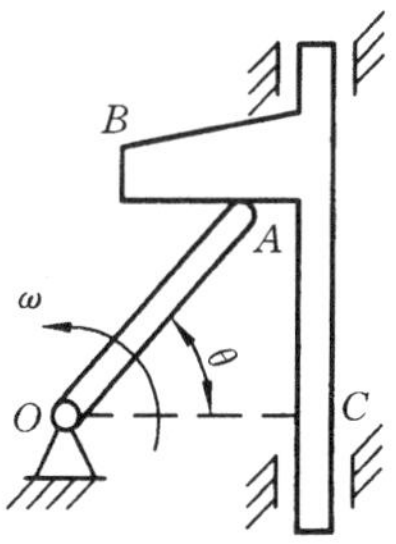

题 7-7 图

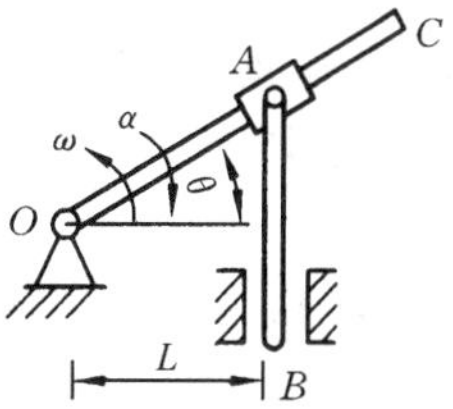

题 7-8 图

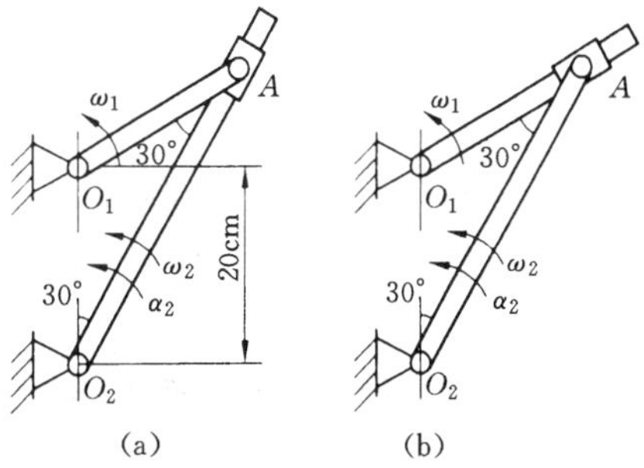

题 7-9 图

7-10　如题 7-10 图所示，偏心凸轮的偏心距 $OC=a$，轮半径 $r=\sqrt{3}a$，以匀角速度 ω_0 绕 O 点转动。图示瞬时 OC 垂直于 CA。求此时从动杆 AB 的速度和加速度。

7-11　如题 7-11 图所示，圆盘以匀角速度 ω 绕垂直于盘 O 的轴转动，盘面刻有经过盘心的小槽，槽内有物块 A 相对圆盘以匀速 u 移动，方向如图，求当 A 块距盘心为 e 时 A 的绝对速度和绝对加速度。

7-12　如题 7-12 图所示，半径为 $\boldsymbol{r}$ 的圆环内充满液体，液体按箭头方向以相对速度 $\boldsymbol{v}$ 在环内做匀速运动。如圆环以等角速度 ω 绕 O 轴转动，求在圆环内点 1 和 2 处液体的绝对加速度的大小。

7-13　牛头刨床机构如题 7-13 图所示。若 $O_1A=20\text{cm}$，角速度为 $\omega_1=2\text{rad/s}$，求在图示位置时滑枕 CD 的速度和加速度（图示瞬时 O_1A 垂直于 O_1O_2）。

7-14　如题 7-14 图所示曲柄滑道机构中，曲柄 $OA=r$，以等角速度绕 O 轴转动，水平杆固连的滑道 DE 与水平线成 60°角，求曲柄与水平线的交角 φ 分别为 0、

30°、60°时杆 BC 的速度。

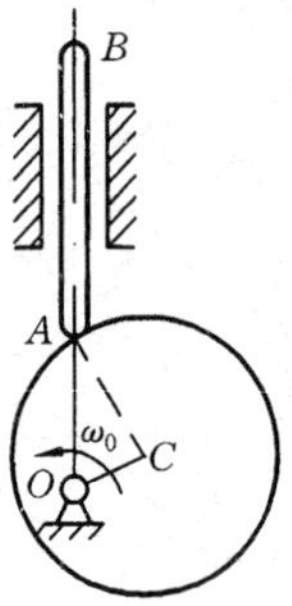

题 7-10 图

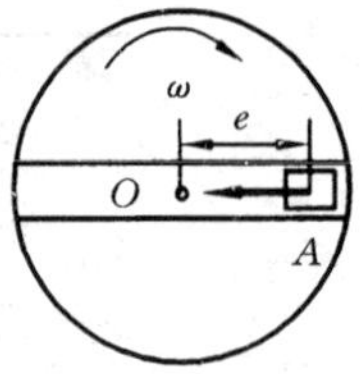

题 7-11 图

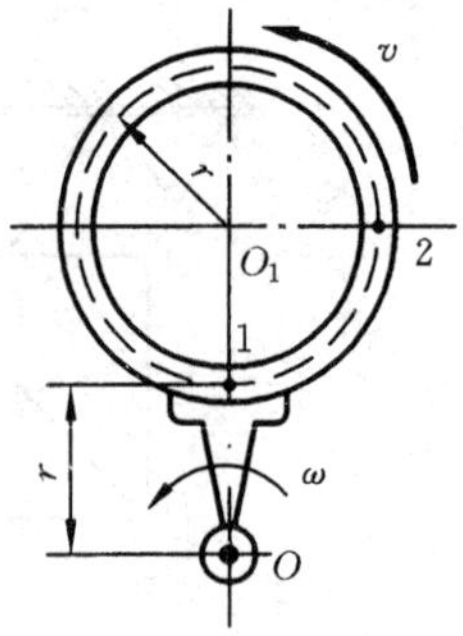

题 7-12 图

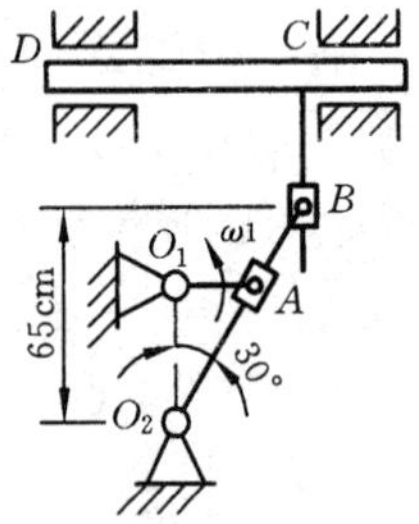

题 7-13 图

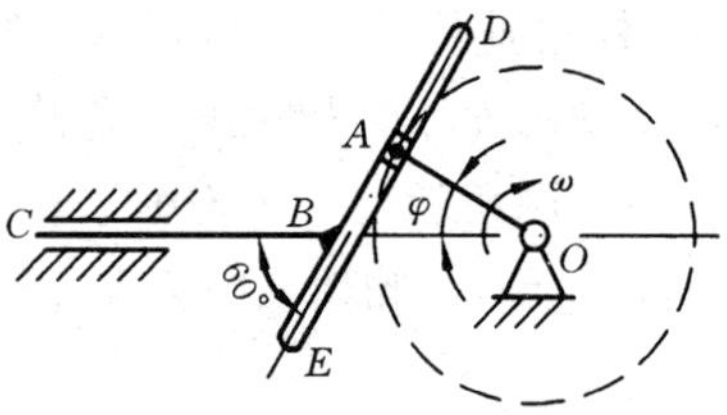

题 7-14 图

7-15 如题 7-15 图所示，拖拉机以速度 $\boldsymbol{v}_0$ 和加速度 $\boldsymbol{a}_0$ 沿直线道路行驶，车轮半径为 R，不计轮与履带间的滑动，求履带上 M_1、M_2、M_3、M_4 点的速度和加速度。

7-16 如题 7-16 图所示，曲杆 OBC 绕 O 轴转动，使套在其上的小环沿固定直杆 OA 滑动，若 $OB=10\text{cm}$，且 OB 与 BC 垂直，曲柄角速度 $\omega=0.5\text{rad/s}$，求当 $\varphi=60°$时小环 M 的速度和加速度。

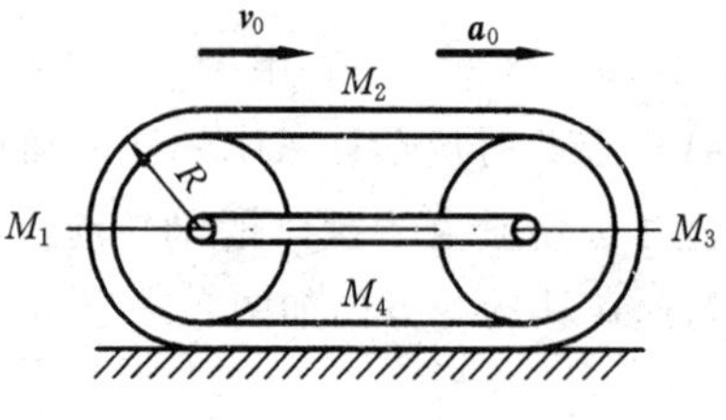

题 7-15 图

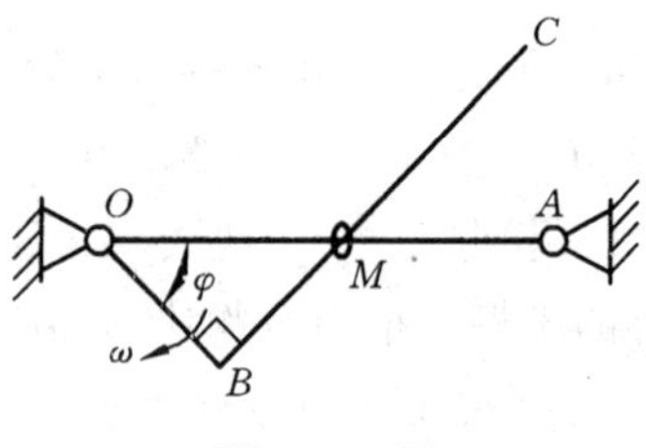

题 7-16 图

7-17 如题 7-17 图所示，曲柄 OA 转动时，通过滑块 A 带动 BC 杆左右来回运动。$OA=r$，以匀加速度 ω 转动，求 OA 与水平线成 φ 角时 BC 运动的速度与加速度，以及滑块 A 在导槽中运动的速度与加速度。

7-18 如题 7-18 图所示，圆盘绕 AB 轴转动，其角速度 $\omega=2t\text{rad/s}$。点 M 沿圆盘直径离开中心向外缘运动，其运动规律为 $OM=40t^2\text{mm}$。半径 OM 与 AB 轴间成 60°倾角。求当 $t=1\text{s}$ 时点 M 的绝对加速度的大小。

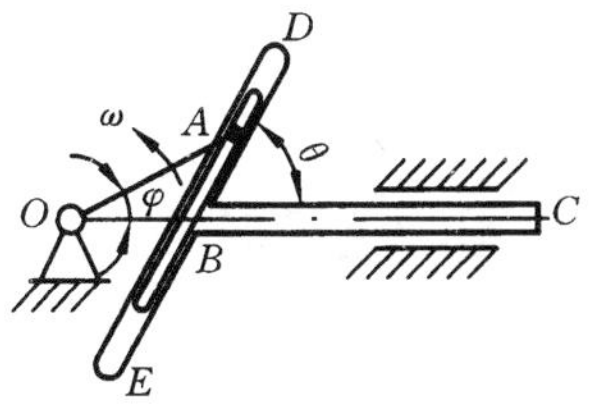

题 7-17 图

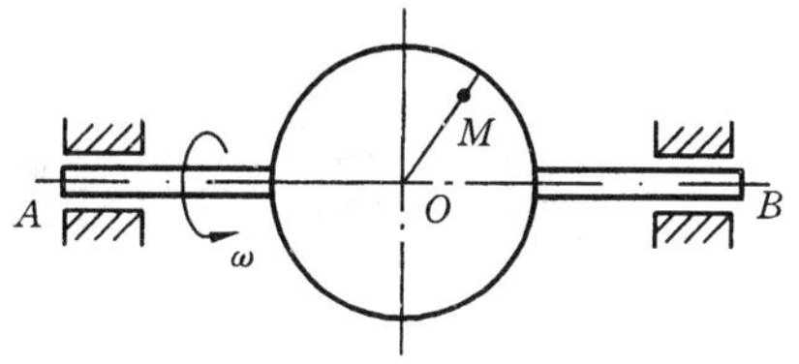

题 7-18 图

7-19 如题 7-19 图所示，铰接四边形机构中的 $O_1A=O_2B=100\text{mm}$，$O_1O_2=AB$，杆 O_1A 以等角速度 $\omega=2\text{rad/s}$ 绕 O_1 轴转动。AB 杆上有一套筒 C，此筒与 CD 杆铰接，机构各部件都在同一铅直面内。求当 $\varphi=60°$ 时 CD 杆的速度和加速度。

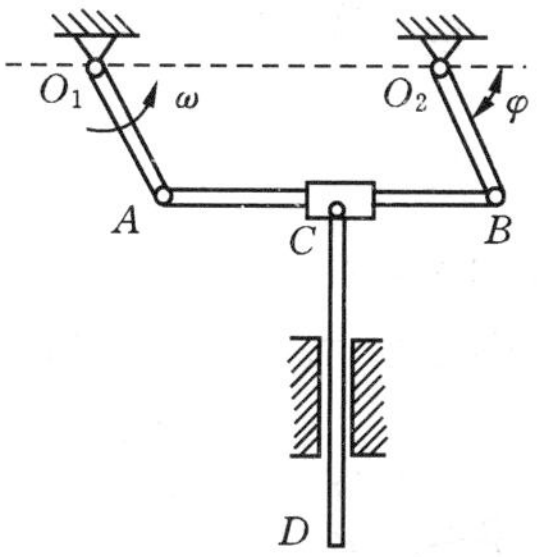

题 7-19 图

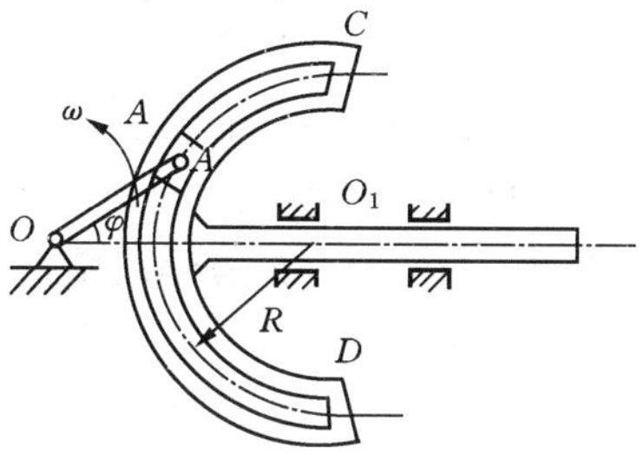

题 7-20 图

7-20 如题 7-20 图所示具有圆弧形滑道的曲柄滑道机构，用来使滑道 CD 获得间歇往复运动。若已知曲柄 OA 做匀速转动，其角速度为 $\omega=4\text{rad/s}$，又 $R=OA=100\text{mm}$，求当曲柄与水平轴成 $\varphi=30°$ 时滑道 CD 的速度及加速度。

第八章　刚体的平面运动

第八章
思维导图

第六章讨论了最常见、最简单的刚体运动，即平行移动和定轴转动。刚体还可以有更复杂的运动形式，其中最常见的刚体运动是平面运动。它可以看成是平动与转动的合成，也可以看作绕不断运动的轴的转动。

第一节　刚体平面运动概述

刚体运动时，如其上各点到某固定平面的距离保持不变，则这种运动为刚体的平面平行运动（简称平面运动）。行星齿轮 A 的运动（图 8－1），曲柄连杆机构中连杆 AB 的运动（图 8－2），以及沿直线轨道滚动的轮子的运动等，都是平面运动的例子。

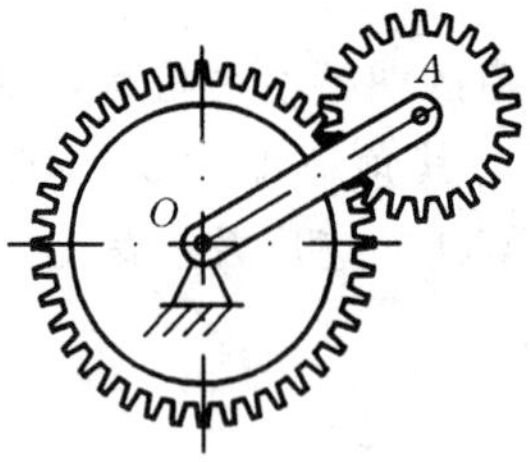

图 8－1

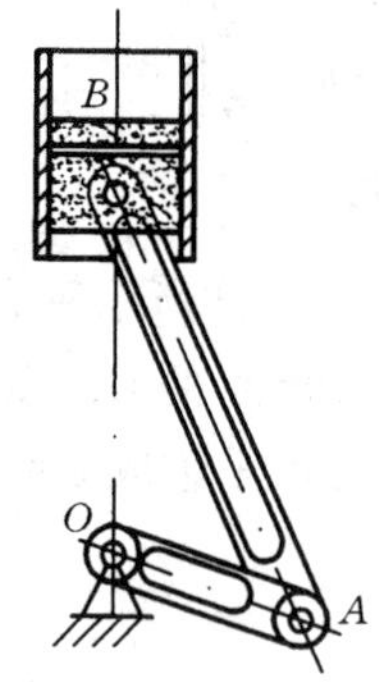

图 8－2

刚体平面
运动实例

设刚体做平面运动，某一固定平面为 P_0，如图 8－3 所示，过刚体上 M 点作一个与固定平面 P_0 相平行的平面 P，在刚体上截出一个平面图形 S，平面图形 S 内各点的运动，由平面运动的定义知均在平面 P 内运动。过 M 点作与固定平面 P_0 相垂直的直线段 M_1M_2，直线段 M_1M_2 的运动为平移，其上各点的运动均与 M 点的运动相同。因此刚体做平面运动时，只需研究平面图形 S 在其自身平面 P 内的运动即可。

如图 8－4 所示，在平面图形 S 内建立平面直角坐标系 Oxy，来确定平面图形 S 的位置。为确定平面图形 S 的位置，只需确定其上任意线段 AB 的位置，线段 AB 的位置可由点 A 的坐标和线段 AB 与 x 轴或者与 y 轴的夹角来确定。点 A 的坐标和 φ 角都是时间的函数，即

$$\begin{cases} x_A = f_1(t) \\ y_A = f_2(t) \\ \varphi = f_3(t) \end{cases} \tag{8-1}$$

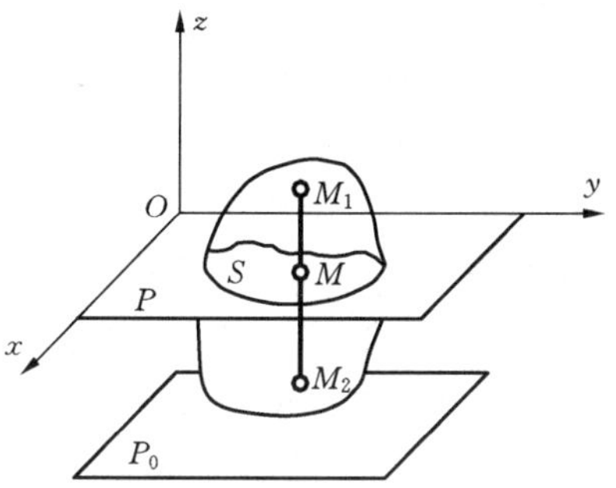

图 8－3

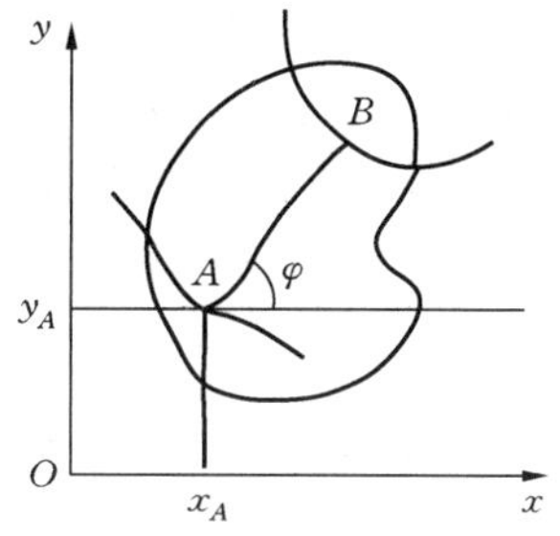

图 8－4

刚体平面运动的简化

式（8－1）称为平面图形 S 的运动方程，即刚体平面运动的运动方程。点 A 称为基点，一般选为已知点。若已知刚体的运动方程，刚体在任一瞬时的位置和运动规律就可以确定了。

平面运动的分解

平面运动的这种分解也可以按上一章合成运动的观点加以解释。以沿直线轨道滚动的车轮为例，如图 8－5（a）所示，取车厢为动参考系，以轮心点 O' 为原点取动参考系 $O'x'y'$，则车厢的平动是牵连运动，车轮绕平动参考系原点 O' 的转动是相对运动，如图 8－5（b）所示，两者的合成就是车轮的平面运动（绝对运动）。车轮的平面运动可分解为平动和转动两种简单的运动。

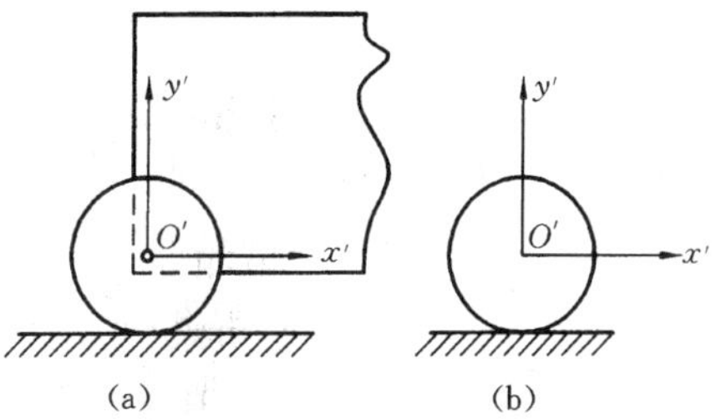

图 8－5

仿照车轮，对于任意的平面运动，可在平面图形上任取一点 O'，称为基点，并假想在基点处放置一个平动参考系 $O'x'y'$，则平面运动就可以分解为随基点 O' 的平动和相对于基点 O' 的转动，如图 8－6 所示。

如图 8－7 所示的曲柄连杆机构中，曲柄 OA 为定轴转动，滑块 B 为直线平动，而连杆 AB 则做平面运动。如以 B 为基点，即在滑块 B 上建立一个平动参考系，以 $Bx'y'$ 表示，则杆 AB 的平面运动可分解为随同基点 B 的直线平动和在动系 $Bx'y'$ 内绕基点 B 的转动。同样，以 A 为基点，在点 A 安上一个平动参考系 $Ax''y''$，杆 AB 的平面

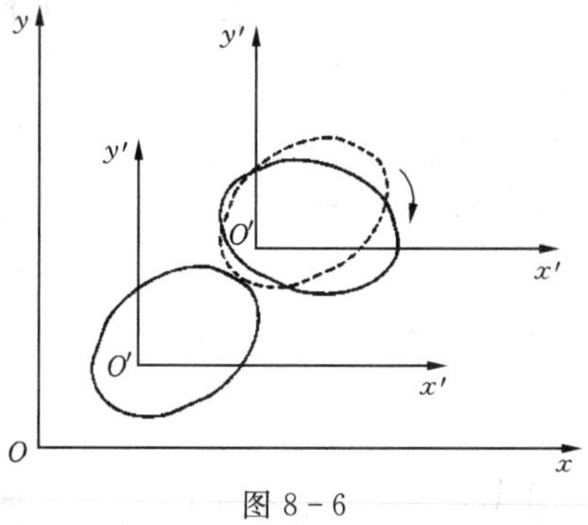

图 8－6

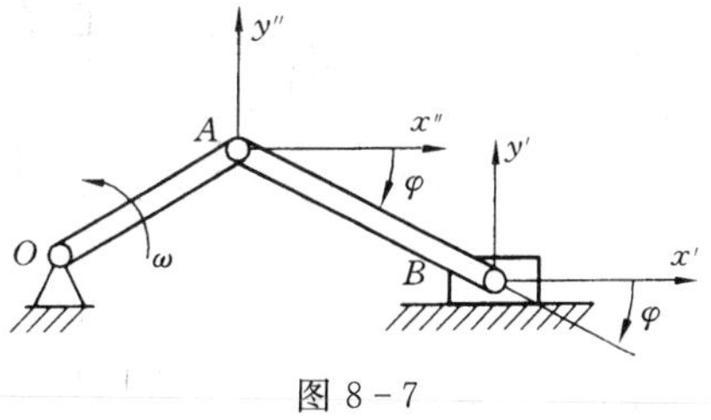

图 8－7

随基点平动和绕基点转动

运动又可分解为随同基点 A 的平动和绕基点 A 的转动。

必须指出，上述分解中，总是在选定的基点处固结一个平动参考系，所谓绕基点的转动，是相对于这个平动参考系的转动。

研究平面运动时，可以选择不同的点作为基点。一般平面图形上各点的运动是不相同的，例如图 8-7 所示的连杆上的点 B 做直线运动，点 A 做圆周运动。因此，在平面图形上选取不同的基点，其动参考系的平动是不同的，其速度、加速度也不相同。如图 8-7 所示，还可以看出：如果运动起始时 OA 和 AB 都位于水平位置，运动中的任一时刻，AB 连线绕点 A 或绕点 B 的转角，相对于各自的平动参考系 $Ax''y''$ 或 $Bx'y'$ 都是一样的，都等于相对于固定参考系的转角 φ。由于任一时刻的转角相同，其角速度、角加速度也必然相同。于是可得结论：平面运动可取任意基点而分解为平动和转动，其中平动的速度和加速度与基点的选择有关，而平面图形绕基点转动的角速度和角加速度与基点的选择无关。这里所谓的角速度和角加速度是相对于各基点处的平动参考系而言。平面图形相对于各平动参考系（包括固定参考系），其转动运动都是一样的，角速度、角加速度都是共同的，无须标明绕哪一点转动或选哪一点为基点。

第二节 平面图形上点的速度分析——基点法

设平面图形 S 某瞬时的角速度为 ω，图形上点 A 的速度为 $\boldsymbol{v}_A$，现在来求图形上任一点 B 的速度，如图 8-8 所示。

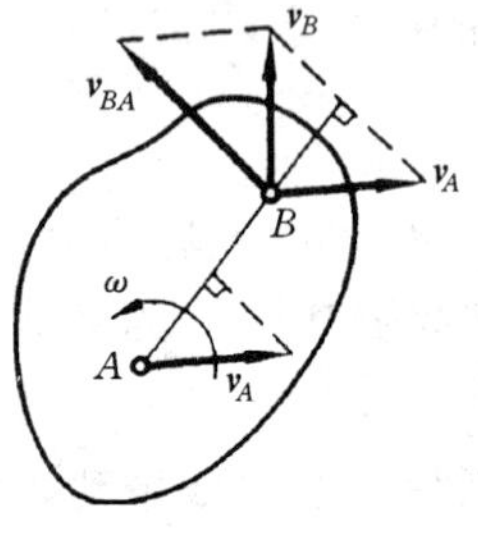

图 8-8

取点 A 作为基点，假想在点 A 上固定一个平动参考系，则平面图形的运动可以分解成随点 A 的平动和相对于平动参考系的转动。按照点的合成运动的概念，把点 B 的速度 $\boldsymbol{v}_B$ 作为绝对速度，在上述平动参考系下，其牵连速度就是图形随基点平动的速度 $\boldsymbol{v}_A$，而相对速度则是点 B 相对于基点 A 的转动速度，记为 $\boldsymbol{v}_{BA}$。于是根据速度合成定理可将点 B 的速度写成

$$\boldsymbol{v}_B=\boldsymbol{v}_A+\boldsymbol{v}_{BA} \tag{8-2}$$

由此得出结论：平面图形内任一点的速度等于基点的速度与该点随图形绕基点转动速度的矢量和。

式（8-2）揭示了平面图形上同一瞬时任意两点之间的速度关系。用这种方法求解平面图形上任一点的速度时，需要选择一个速度已知的点作为基点，因而这种方法称为基点法。

式（8-2）中 $\boldsymbol{v}_{BA}$ 表示点 B 相对于基点 A 转动的速度。$\boldsymbol{v}_{BA}$ 的方向垂直于 AB 连线，其大小为 $v_{BA}=\omega AB$。这样，已知基点 A 的速度和平面图形的角速度，平面图形上任意点的速度都可以求出。

由于 $\boldsymbol{v}_{BA}$ 始终垂直于 AB 连线，因此将式（8-2）向 A、B 两点连线方向投影，则有

$$[\boldsymbol{v}_B]_{AB}=[\boldsymbol{v}_A]_{AB} \tag{8-3}$$

即平面图形上任意两点的速度在这两点连线上的投影相等，这个结论称为速度投影定理。

这个定理也可以由下面的理由来说明：因为 A 和 B 是刚体上两点，它们之间的距离应保持不变，所以两点的速度在 AB 方向上的分量必须相同，否则，线段 AB 不是伸长，便要缩短。因此，这一定理不仅适用于刚体平面运动，也适用于刚体做其他任意的运动。

如果已知图形内一点 A 的速度 $\boldsymbol{v}_A$ 的大小和方向，又知道另一点 B 的速度 $\boldsymbol{v}_B$ 的方向，应用速度投影定理，就可以求出 $\boldsymbol{v}_B$ 的大小和指向。

【例 8-1】 椭圆规尺 AB 由曲柄 OC 带动，曲柄以角速度 ω_0 绕 O 轴匀速转动，如图 8-9 所示，取 C 为基点，求椭圆规尺 AB 的平面运动方程。

解： 以点 C 为基点，分析杆 AB 的平面运动，在图 8-9 所示坐标中点 C 的坐标 $x=r\cos\varphi$，$y=r\sin\varphi$。

椭圆规尺的结构决定了 $\angle COB=\angle CBO$。

故杆 AB 的转角 $\varphi=\theta=\omega_0 t$，于是杆 AB 的平面运动方程为

$$x=r\cos\omega_0 t$$

$$y=r\sin\omega_0 t$$

$$\varphi=\omega_0 t$$

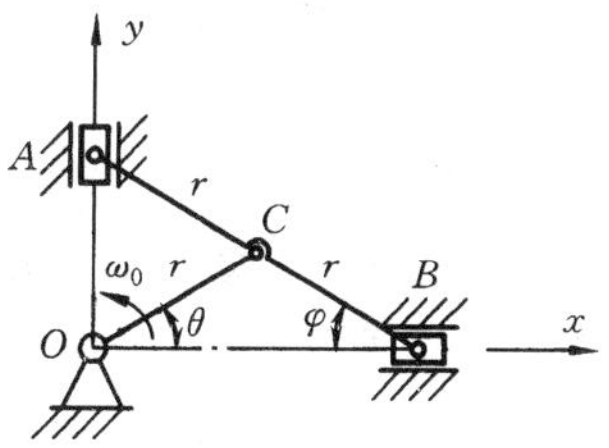

图 8-9

椭圆规尺的运动

【例 8-2】 椭圆规尺的 A 端以速度 $\boldsymbol{v}_A$ 沿 x 轴的负向运动，如图 8-10 所示，$AB=l$，试求 B 端的速度及尺 AB 的角速度。

解： 尺 AB 做平面运动，因而可用下式：

$$\boldsymbol{v}_B=\boldsymbol{v}_A+\boldsymbol{v}_{BA}$$

在本题中 $\boldsymbol{v}_A$ 的大小和方向以及 $\boldsymbol{v}_B$ 的方向都是已知的，共计有三个要素是已知的，再加上 $\boldsymbol{v}_{BA}$ 的方向垂直于 AB 这一要素，可以作出速度平行四边形，如图 8-10 所示。作图时，应注意使 $\boldsymbol{v}_B$ 位于平行四边形的对角线上。由图中的几何关系得

$$v_B=v_A\cot\varphi$$

$$v_{BA}=\frac{v_A}{\sin\varphi}$$

另外 $v_{BA}=\omega AB$，此处 ω 是 AB 的角速度，由此得

$$\omega=\frac{v_{BA}}{AB}=\frac{v_{BA}}{l}=\frac{v_A}{l\sin\varphi}$$

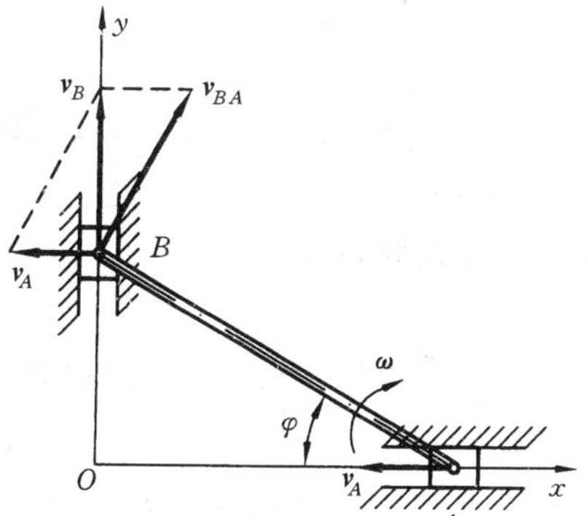

图 8-10

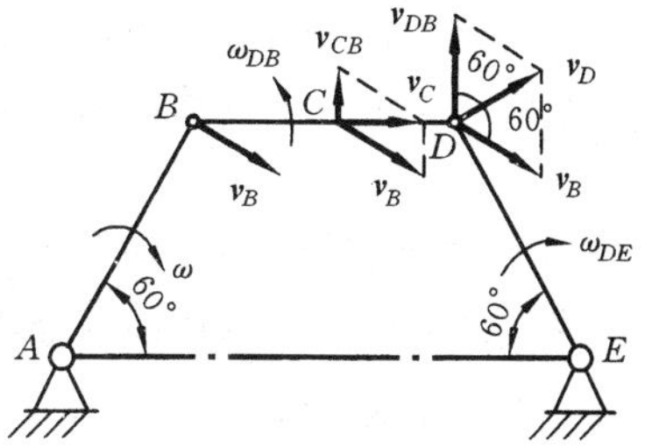

图 8-11

平面连杆机构运动

【例 8-3】 图 8-11 所示平面机构中，$AB=BD=DE=l=300\text{mm}$。在图示位置时，$BD/\!/AE$，杆 AB 的角速度为 $\omega=5\text{rad/s}$。试求此瞬时杆 DE 的角速度和杆 BD 中点 C 的速度。

解： 杆 DE 绕点 E 转动，为求其角速度可先求点 D 的速度。杆 BD 做平面运动，而点 B 也是转动刚体 AB 上的一点，其速度为

$$v_B=l\omega=1.5\text{m/s}$$

方向如图 8-11 所示。

对平面运动的杆 BD，以点 B 为基点，按式（8-2）得

$$\boldsymbol{v}_D=\boldsymbol{v}_B+\boldsymbol{v}_{DB} \tag{a}$$

其中 $\boldsymbol{v}_B$ 的大小和方向已知，点 D 绕点 B 的转动速度 $\boldsymbol{v}_{DB}$ 的方向与 BD 垂直，点 D 的速度 $\boldsymbol{v}_D$ 与 DE 垂直。由于式（a）中四个要素是已知的，可以作出其速度平行四边形，如图 8-11 所示，其中 $\boldsymbol{v}_D$ 位于平行四边形的对角线。由此瞬时的几何关系得知

$$v_D=v_{DB}=v_B=1.5\text{m/s}$$

于是解出此瞬时杆 DE 的角速度为

$$\omega_{DE}=\frac{v_D}{l}=5\text{rad/s}$$

方向如图 8-11 所示。

$\boldsymbol{v}_{DB}$ 为点 D 绕点 B 的转动速度，应有

$$v_{DB}=\omega_{DB}BD$$

因此

$$\omega_{DB}=\frac{v_{DB}}{l}=5\text{rad/s}$$

方向如图 8-11 所示。在求得杆 BD 角速度的基础上，以点 B 或点 D 为基点，求出杆 BD 上任一点的速度。如仍以点 B 为基点，杆 BD 中点 C 的速度为

$$\boldsymbol{v}_C=\boldsymbol{v}_B+\boldsymbol{v}_{CB} \tag{b}$$

其中 $\boldsymbol{v}_B$ 的大小和方向均为已知，$\boldsymbol{v}_{CB}$ 方向与杆 BD 垂直，大小为 $v_{CB}=\dfrac{l}{2}\omega_{BD}=0.75\text{m/s}$。已知四个要素，可作出式（b）的平行四边形，如图 8-11 所示。由此瞬时速度矢的几何关系，得出此时 $\boldsymbol{v}_C$ 的方向恰好沿 BD，大小为

$$v_C=\sqrt{v_B^2-v_{CB}^2}\approx 1.299\text{m/s}$$

【例 8-4】 图 8-12（a）所示曲柄连杆机构中，$OA=r$，$AB=\sqrt{3}r$，如曲柄 OA 以匀角速度 ω 转动，求当 $\varphi=60°$、$0°$、$90°$时点 B 的速度。

解： 连杆 AB 做平面运动，以点 A 为基点，点 B 的速度为

$$\boldsymbol{v}_B=\boldsymbol{v}_A+\boldsymbol{v}_{BA}$$

其中 $\boldsymbol{v}_A$ 的大小为 $v_A=r\omega$，方向与 OA 垂直；$\boldsymbol{v}_B$ 沿 OB 方向；$\boldsymbol{v}_{BA}$ 与 AB 垂直。式中的四个要素是已知的，可以作出其速度平行四边形。

当 $\varphi=60°$时，由于 $AB=\sqrt{3}r$，OA 恰与 AB 垂直，其速度平行四边形如图 8-12（a）所示，解出

$$v_B=\frac{v_A}{\cos 30^\circ}=\frac{2\sqrt{3}}{3}r\omega$$

当 $\varphi=0^\circ$ 时，$\boldsymbol{v}_A$ 与 $\boldsymbol{v}_{BA}$ 均垂直于 OB，也垂直于 $\boldsymbol{v}_B$，按速度平行四边形合成法则，应有 $v_B=0$，如图 8－12（b）所示。

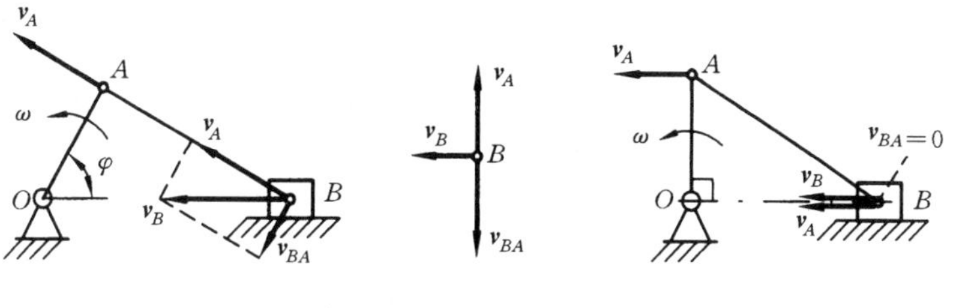

(a)　　(b)　　(c)

图 8－12

当 $\varphi=90^\circ$ 时，$\boldsymbol{v}_A$ 与 $\boldsymbol{v}_B$ 方向一致，而 $\boldsymbol{v}_{BA}$ 又垂直于 AB，其速度平行四边形为一直线段，如图 8－12（c）所示，显然有

$$v_B=v_A=r\omega$$

$$\omega_{BA}=0$$

此时杆 AB 的角速度为零，A、B 两点的速度大小与方向都相同，连杆 AB 具有平动刚体的特征。但杆 AB 只有在此瞬时有 $v_B=v_A$，其他时刻则不然，因此称此时的连杆做瞬时平动。

【例 8－5】 如图 8－13 所示平面机构中，曲柄 $OA=100\text{mm}$，以角速度 $\omega=2\text{rad/s}$ 转动。连杆 AB 带动摇杆 CD，并拖动轮 E 沿水平面滚动，已知 $CD=3CB$，图示位置时 A、B、E 三点恰好在一条水平线上，且 $CD\perp ED$。试求此瞬时点 E 的速度。

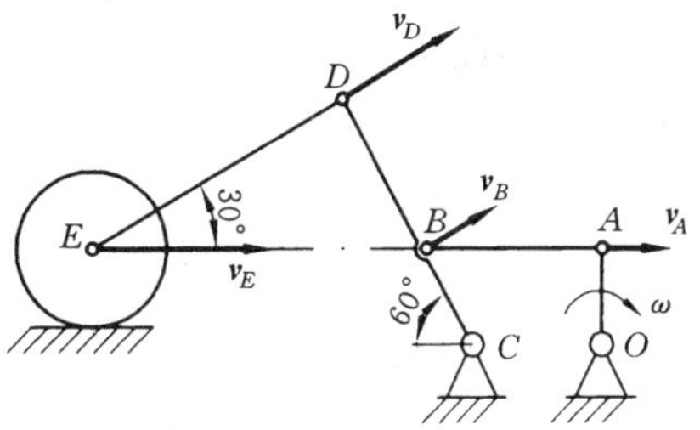

图 8－13

平面机构的运动

解： $v_A=\omega OA=0.2\text{m/s}$

由速度投影定理，杆 AB 上点 A、B 的速度在 AB 线上的投影相等，得

$$v_B\cos 30^\circ=v_A$$

解出

$$v_B\approx 0.2309\text{m/s}$$

摇杆 CD 绕点 C 转动，有

$$v_D=\frac{v_B}{CB}CD=3v_B=0.6927\text{m/s}$$

轮 E 沿水平面滚动，轮心 E 的速度方向水平，由速度投影定理，得

$$v_E\cos 30^\circ=v_D$$

解出

$$v_E\approx 0.8\text{m/s}$$

第三节 平面图形上点的速度分析——瞬心法

研究平面图形上各点的速度，还可以采用瞬心法。求解问题时，瞬心法形象性更好，有时更方便。

一、定理

一般情况，在每一瞬时，平面图形或平面图形的延伸部分上都唯一地存在一个速度为零的点。

证明：设有一个平面图形 S，如图 8-14 所示。取图形上的点 A 为基点，它的速度为 $\boldsymbol{v}_A$，图形的角速度的绝对值为 ω，转向如图 8-14 所示。图形上任一点 M 的速度可按下式计算：

$$\boldsymbol{v}_M = \boldsymbol{v}_A + \boldsymbol{v}_{MA}$$

如果点 M 在 $\boldsymbol{v}_A$ 的垂线 AN 上，由图中看出，$\boldsymbol{v}_A$ 和 $\boldsymbol{v}_{MA}$ 在同一条直线上，而方向相反，故 v_M 的大小为

$$v_M = v_A - \omega MA$$

由此式可知，随着点 M 在垂线 AN 上的位置不同，$\boldsymbol{v}_M$ 的大小也不同，因此总可以找到一点 C，这点的瞬时速度等于零。如令

$$AC = \frac{v_A}{\omega}$$

则

$$v_C = v_A - \omega AC = 0$$

于是定理得到证明。

在某一瞬时，平面图形内速度等于零的点，称为瞬时速度中心，简称为速度瞬心。

速度瞬心定义

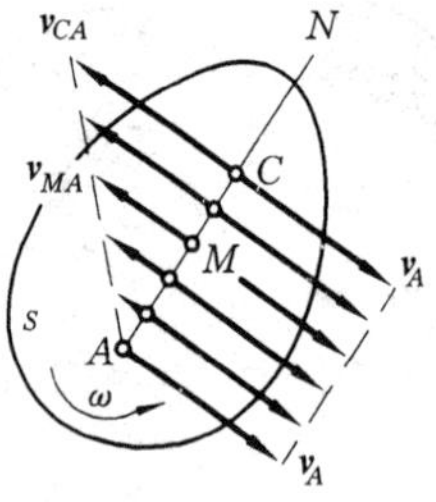

图 8-14

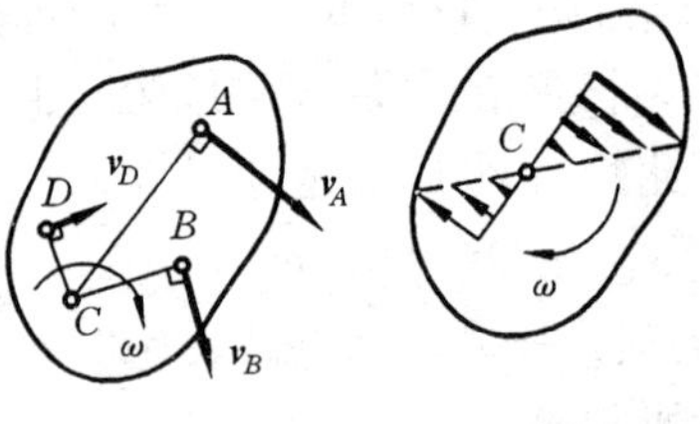

(a) (b)

图 8-15

二、平面图形内各点的速度及其分布

根据上述定理，每一瞬时在图形内都存在速度等于零的一点 C，即 $v_C = 0$。选取 C 作为基点，图 8-15（a）中 A、B、D 等各点的速度为

$$\boldsymbol{v}_A = \boldsymbol{v}_C + \boldsymbol{v}_{AC} = \boldsymbol{v}_{AC}$$

$$\boldsymbol{v}_B = \boldsymbol{v}_C + \boldsymbol{v}_{BC} = \boldsymbol{v}_{BC}$$

$$\boldsymbol{v}_D = \boldsymbol{v}_C + \boldsymbol{v}_{DC} = \boldsymbol{v}_{DC}$$

由此得到结论：平面图形内任一点的速度等于该点随图形绕瞬时速度中心转动的速度。

由于平面图形绕任意点转动的角速度都相等，因此图形绕速度瞬心 C 转动的角速度等于图形绕任一基点转动的角速度，以 ω 表示这个角速度，于是

$$v_A = v_{AC} = \omega AC$$

$$v_B = v_{BC} = \omega BC$$

$$v_D = v_{DC} = \omega DC$$

由此可见，图形内各点的速度大小与该点到速度瞬心的距离成正比。速度的方向垂直于该点到速度瞬心的连线，指向图形转动的一方，如图 8－15（a）所示。

平面图形上各点速度在某瞬时的分布情况与图形绕固定轴转动时各点的速度分布情况相类似［图 8－15（b）］。于是，平面图形的运动可看作绕速度瞬心的瞬时转动。

注意：刚体做平面运动时，在每一瞬时，图形内必有一点成为速度瞬心，但是在不同瞬时，速度瞬心在图形内的位置是不同的。

综上所述可知，如果已知平面图形在某一瞬时的速度瞬心位置和角速度，则在该瞬时，图形内任一点的速度可以完全确定。在解题时，根据机构的几何条件，确定速度瞬心位置的方法有下列几种：

（1）平面图形沿一固定表面做无滑动的滚动，如图 8－16 所示。图形与固定表面的接触点 C 就是图形的速度瞬心，因为在这一瞬时，点 C 相对于固定面的速度为零，所以它的绝对速度等于零。车轮滚动的过程中，轮缘上的各点相继与地面接触而成为车轮在不同时刻的速度瞬心。

（2）已知图形内任意两点 A 和 B 的速度方向，如图 8－17 所示，速度瞬心 C 的位置必在每一点速度的垂线上。因此在图 8－17 中，通过点 A，作垂直于 $\boldsymbol{v}_A$ 方向的直线 Aa；再通过点 B 作垂直于 $\boldsymbol{v}_B$ 方向的垂线 Bb，则两条直线的交点 C 就是平面图形的速度瞬心。

（3）已知平面图形上两点 A 和 B 的速度相互平行，并且速度的方向垂直于两点的连线 AB，如图 8－18 所示，则速度瞬心必定在连线 AB 与速度矢 $\boldsymbol{v}_A$ 和 $\boldsymbol{v}_B$ 端点连线的交点 C 上［图 8－18（b）］。因此，确定图 8－18 所示齿轮的速度瞬心 C 的位置时，不仅需要知道 $\boldsymbol{v}_A$ 和 $\boldsymbol{v}_B$ 的方向，而且还需要知道它们的大小。

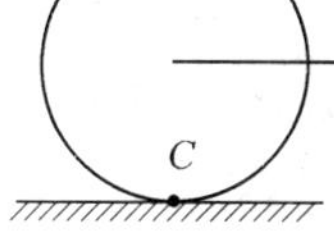

图 8－16

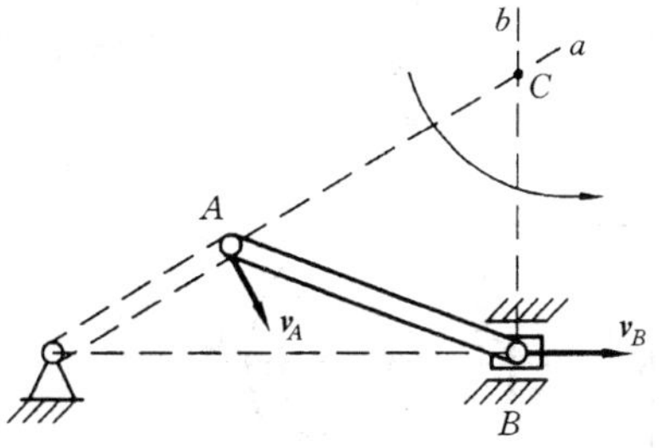

图 8－17

当 $\boldsymbol{v}_A$ 和 $\boldsymbol{v}_B$ 同向时，图形的速度瞬心在 AB 的延长线上［图 8－18（a）］；当 $\boldsymbol{v}_A$ 和 $\boldsymbol{v}_B$ 反向时，图形的速度瞬心在 A、B 两点之间［图 8－18（b）］。

（4）某一瞬时，图形上 A、B 两点的速度相等，即 $\boldsymbol{v}_A = \boldsymbol{v}_B$ 时，如图 8－19 所示，图形的速度瞬心在无限远处。在该瞬时，图形上各点的速度分布如同图形做平动的情形一样，故称瞬时平动。必须注意，此瞬时各点速度虽然相同，但加速度不同。

不同运动下的速度瞬心

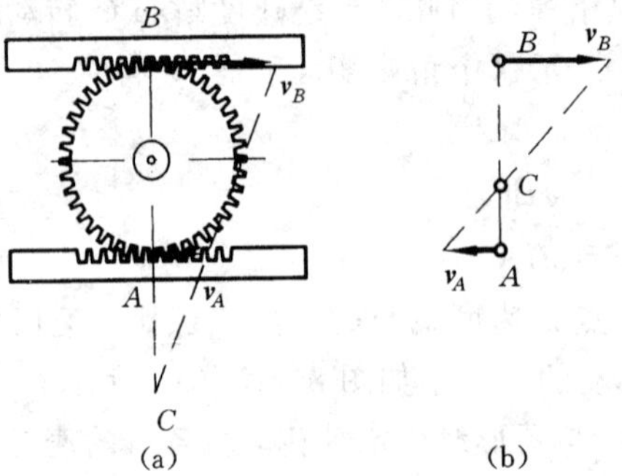

图 8-18

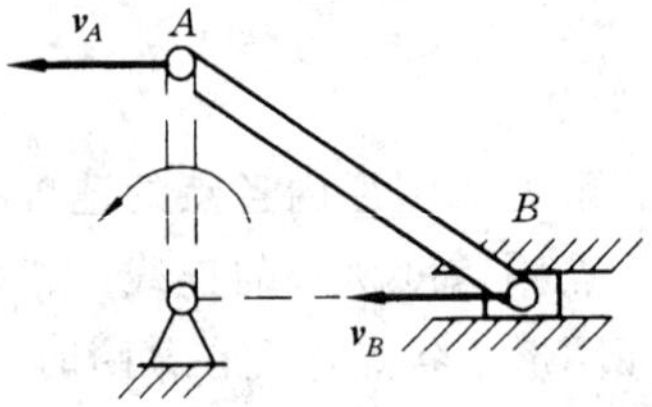

图 8-19

【例 8-6】 车厢的轮子沿直线轨道滚动而无滑动，如图 8-20 所示。已知车轮中心 O 的速度为 $\boldsymbol{v}_O$。如半径 R 和 r 都是已知的，求轮上 A_1、A_2、A_3、A_4 各点的速度，其中 A_2、O、A_4 三点在同一水平线上，A_1、O、A_3 三点在同一铅垂线上。

解：因为车轮只滚动无滑动，故车轮与轨道的接触点 C 就是车轮的速度瞬心。令 ω 为车轮转动的角速度，因 $v_O=r\omega$，从而求得车轮的角速度，转向如图，大小为

$$\omega=\frac{v_O}{r}$$

图 8-20 中各点速度计算分别如下：

$$v_1=A_1C\omega=\frac{R-r}{r}v_O$$

$$v_4=v_2=A_2C\omega=\frac{\sqrt{R^2+r^2}}{r}v_O$$

$$v_3=A_3C\omega=\frac{R+r}{r}v_O$$

这些速度方向分别垂直于 A_1C、A_2C、A_3C 和 A_4C，指向如图 8-20 所示。

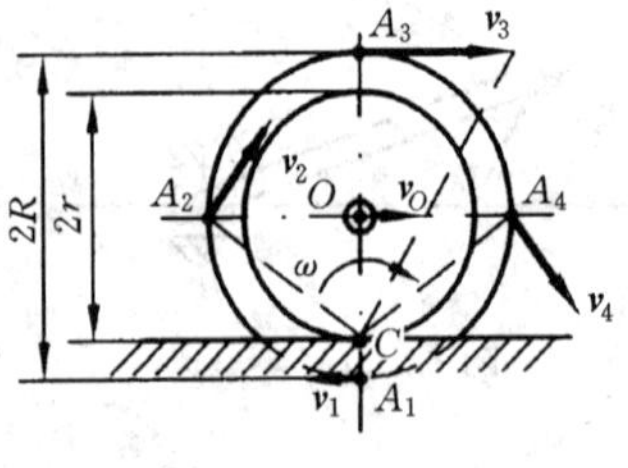

图 8-20

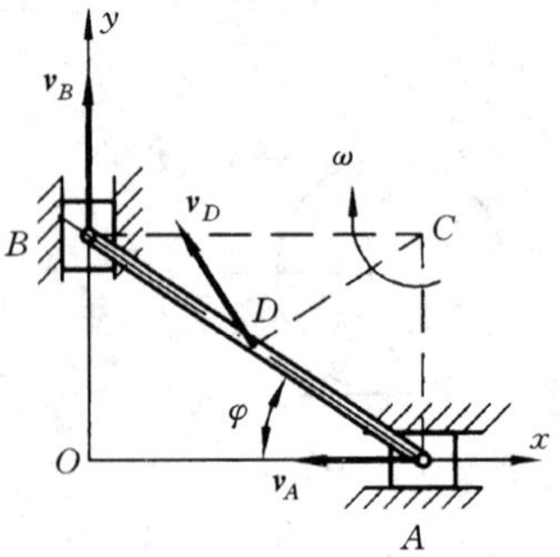

图 8-21

【例 8-7】 用瞬心法解［例 8-2］。

解：分别作 A 和 B 两点速度的垂线，两条直线的交点 C 就是图形 AB 的速度瞬心，如图 8-21 所示。

$$\omega=\frac{v_A}{AC}=\frac{v_A}{l\sin\varphi}$$

点 B 的速度为

$$v_B=BC\omega=\frac{BC}{AC}v_A=v_A\cot\varphi$$

以上结果与［例 8－2］求得的完全一样。

用瞬心法也可以求图形内任一点的速度。例如中点 D 的速度为

$$v_D=DC\omega=\frac{l}{2}\frac{v_A}{l\sin\varphi}=\frac{v_A}{2\sin\varphi}$$

它的方向垂直于 DC，且指向图形转动的一方。

由以上各例可以看出，用瞬心法的解题步骤为：第一步要分析题中各物体的运动，哪些物体做转动，哪些物体做平面运动；第二步要研究平面运动的物体上哪一点的速度大小和方向是已知的，哪一点的速度的某一要素（一般是速度方向）是已知的；第三步要根据已知条件，求出图形的速度瞬心的位置和平面图形转动的角速度，最后求出各点的速度。

如果需要研究由几个图形组成的平面机构，可依次对每一图形按上述步骤进行。应注意，每一个平面图形有它自己的速度瞬心和角速度，因此每求出一个瞬心和角速度，应明确标出它是哪一个图形的瞬心和角速度，绝不可混淆。

第四节 平面图形上点的加速度分析

现在研究平面图形内各点的加速度。根据第一节所述，如图 8－22 所示平面图形 S 的运动可分解为两部分：①随同基点 A 的平动（牵连运动）；②绕基点 A 的转动（相对运动）。于是，平面图形内任一点 B 的运动也由两个运动合成，它的加速度可以用加速度合成定理求出。因为牵连运动为平动，点 B 的绝对加速度等于牵连加速度与相对加速度的矢量和。

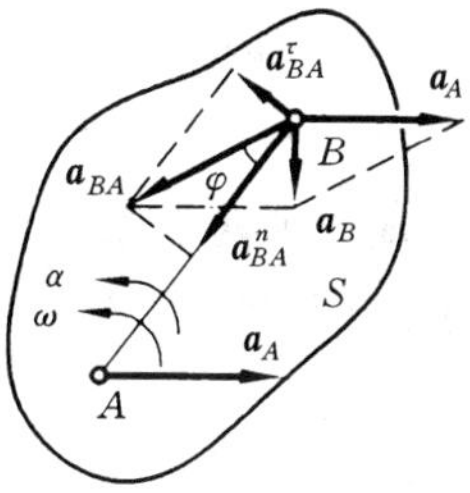

图 8－22

由于牵连运动为平动，点 B 的牵连加速度等于基点 A 的加速度 $\boldsymbol{a}_A$；点 B 的相对加速度 $\boldsymbol{a}_{BA}$ 是该点随图形绕基点 A 转动的加速度，可分为切向加速度与法向加速度两部分。于是用基点法求点的加速度合成公式为

$$\boldsymbol{a}_B=\boldsymbol{a}_A+\boldsymbol{a}_{BA}^{\tau}+\boldsymbol{a}_{BA}^{n} \tag{8-4}$$

即平面图形内任一点的加速度等于基点的加速度与该点随图形绕基点转动的切向加速度和法向加速度的矢量和。

式（8－4）中，$\boldsymbol{a}_{BA}^{\tau}$ 为点 B 绕基点 A 转动的切向加速度，方向与 AB 垂直，大小为

$$a_{BA}^{\tau}=AB\alpha$$

式中：α 为平面图形的角加速度。

式（8-4）中，$\boldsymbol{a}_{BA}^{n}$ 为点 B 绕基点 A 转动的法向加速度，指向基点 A，大小为

$$a_{BA}^{n}=AB\omega^{2}$$

式中：ω 为平面图形的角速度。

式（8-4）为平面内的矢量等式，通常可向两个相交的坐标轴投影，得到两个代数方程，用以求解两个未知量。

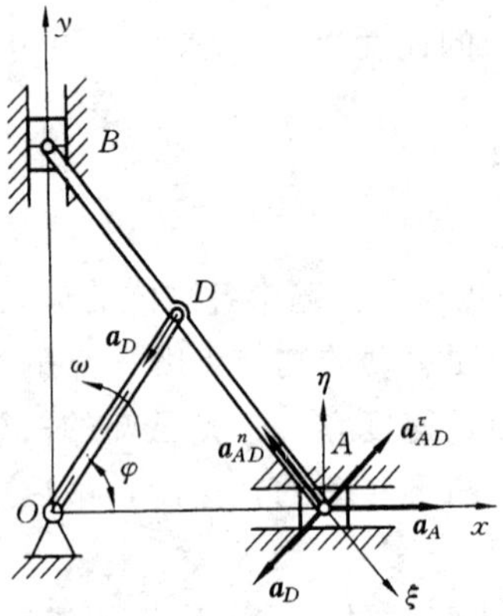

图 8-23

【例 8-8】 如图 8-23 所示，在椭圆规的结构中，曲柄 OD 以匀角速度 ω 绕 O 轴转动，$OD=AD=BD=l$。求当 $\varphi=60^{\circ}$ 时，尺 AB 的角加速度和点 A 的加速度。

解： 先分析机构各部分的运动。曲柄 OD 绕 O 轴转动，尺 AB 做平面运动。取尺 AB 上的点 D 为基点，其加速度为

$$a_{D}=\omega^{2}l$$

它的方向沿 OD 指向 O。

点 A 的加速度为

$$\boldsymbol{a}_{A}=\boldsymbol{a}_{D}+\boldsymbol{a}_{AD}^{\tau}+\boldsymbol{a}_{AD}^{n}$$

其中 $\boldsymbol{a}_{D}$ 的大小和方向以及 $\boldsymbol{a}_{AD}^{n}$ 的大小和方向都是已知的。因为点 A 做直线运动，可设 $\boldsymbol{a}_{A}$ 的方向如图 8-23 所示。$\boldsymbol{a}_{AD}^{\tau}$ 垂直于 AD，其方向暂设如图 8-23 所示。$\boldsymbol{a}_{AD}^{n}$ 沿 AD 指向点 D，它的大小为

$$a_{AD}^{n}=AD\omega_{AB}^{2}$$

式中：ω_{AB} 为尺 AB 的角速度，可用基点法或瞬心法求得。

$$\omega_{AB}=\omega$$

则

$$a_{AD}^{n}=AD\omega^{2}=\omega^{2}l$$

现在求两个未知量 $\boldsymbol{a}_{A}$ 和 $\boldsymbol{a}_{AD}^{\tau}$ 的大小。取 ξ 轴垂直于 $\boldsymbol{a}_{AD}^{\tau}$，取 η 轴垂直于 $\boldsymbol{a}_{A}$，η 和 ξ 的方向如图 8-23 所示。将 $\boldsymbol{a}_{A}$ 的矢量合成式分别在 ξ 和 η 轴上投影，得

$$a_{A}\cos\varphi=a_{D}\cos(\pi-2\varphi)-a_{AD}^{n}$$

$$0=-a_{D}\sin\varphi+a_{AD}^{\tau}\cos\varphi+a_{AD}^{n}\sin\varphi$$

解得

$$a_{A}=\frac{a_{D}\cos(\pi-2\varphi)-a_{AD}^{n}}{\cos\varphi}=\frac{\omega^{2}l\cos60^{\circ}-\omega^{2}l}{\cos60^{\circ}}=-\omega^{2}l$$

$$a_{AD}^{\tau}=\frac{a_{D}\sin\varphi-a_{AD}^{n}\sin\varphi}{\cos\varphi}=\frac{(\omega^{2}l-\omega^{2}l)\sin\varphi}{\cos\varphi}=0$$

于是得

$$\alpha_{AB}=\frac{a_{AD}^{\tau}}{AD}=0$$

由于 $\boldsymbol{a}_{A}$ 为负值，故 $\boldsymbol{a}_{A}$ 的实际方向与原假设方向相反。

【例 8-9】 车轮沿直线滚动。已知车轮半径为 R，中心 O 的速度为 $\boldsymbol{v}_{O}$，加速度为

$\boldsymbol{a}_O$，如图 8－24（a）所示。设车轮与地面接触无相对滑动，求车轮上速度瞬心的加速度。

解： 车轮只滚不滑时，其角速度为

$$\omega=\frac{v_O}{R} \tag{a}$$

车轮的角加速度 α 等于角速度对时间的一阶导数。

式（a）对任何瞬时均成立，故可对时间求导，得

$$\alpha=\frac{\mathrm{d}\omega}{\mathrm{d}t}=\frac{\mathrm{d}}{\mathrm{d}t}\left(\frac{v_O}{R}\right)$$

因为 R 是常值，于是得

$$\alpha=\frac{1}{R}\frac{\mathrm{d}v_O}{\mathrm{d}t}$$

因为轮心做直线运动，所以它的速度 $\boldsymbol{v}_O$ 对时间的一阶导数等于这一点的加速度 $\boldsymbol{a}_O$，于是

$$\alpha=\frac{a_O}{R}$$

车轮做平面运动，取中心 O 为基点，并按照式（8－4）求点 C 的加速度。

$$\boldsymbol{a}_C=\boldsymbol{a}_O+\boldsymbol{a}_{CO}^{\tau}+\boldsymbol{a}_{CO}^{n}$$

其中

$$a_{CO}^{\tau}=\alpha R=a_O$$

$$a_{CO}^{n}=\omega^2 R=\frac{v_O^2}{R}$$

它们的方向如图 8－24（b）所示。

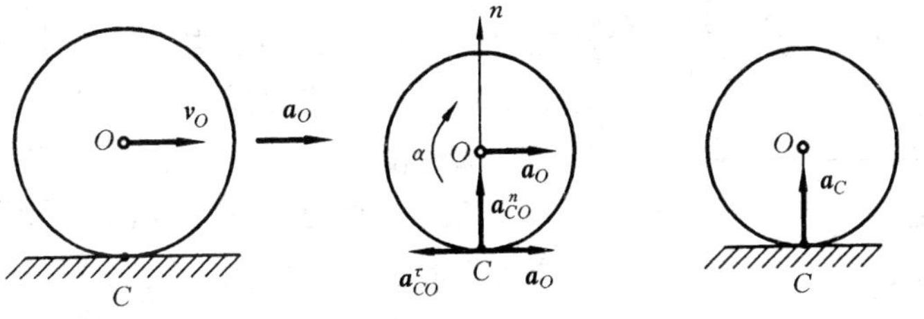

（a）　　（b）　　（c）

图 8－24

速度瞬心的加速度

由于 a_O 与 a_{CO}^{τ} 的大小相等，方向相反，于是有

$$a_C=a_{CO}^{n}$$

由此可知，速度瞬心 C 的加速度不等于零。当车轮在地面上只滚不滑时，速度瞬心 C 的加速度指向轮心 O，如图 8－24（c）所示。

由以上各例可见，用基点法求平面图形上点的加速度的步骤与基点法求点的速度的步骤相同。但由于在公式 $\boldsymbol{a}_B=\boldsymbol{a}_A+\boldsymbol{a}_{BA}^{\tau}+\boldsymbol{a}_{BA}^{n}$ 中有八个要素，所以必须已知其中六个，问题才是可解的。

第五节 运动学综合问题分析

工程中的机构都是由数个物体组成的，各物体间通过连接点而传递运动。为分析机构的运动，首先要分清各物体做什么运动，再计算有关连接点的速度和加速度。

为分析某点的运动，如能找出其位置与时间的函数关系，则可直接建立运动方程，用解析法求其运动全过程的速度和加速度。当难以建立点的运动方程或只对机构某些瞬时位置的运动参数感兴趣时，可根据刚体各种不同运动形式，确立此刚体的运动与其上一点运动关系，并常用合成运动或平面运动的理论来分析相关的两个点在某瞬时的速度和加速度关系。

平面运动理论用来分析同一平面运动刚体上两个不同点间的速度和加速度联系。当两个刚体相接触而有相对滑动时，则需用合成运动的理论分析这两个不同刚体上相重合一点的速度和加速度联系。两物体间有相对运动，虽不接触，其重合点的运动也符合合成运动的关系。复杂机构中，可能同时有平面运动和点的合成运动问题，应注意分别分析，综合运用有关理论。下面通过几个例题说明这些方法的综合应用。

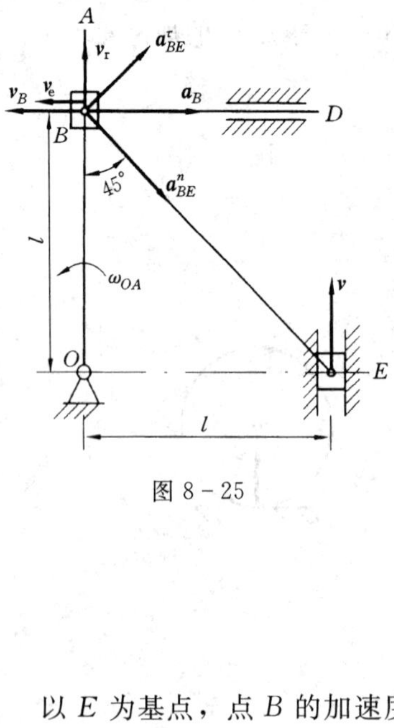

图 8 - 25

【例 8 - 10】 图 8 - 25 所示平面机构，滑块 B 可沿杆 OA 滑动。杆 BE 与 BD 分别与滑块 B 铰接，BD 可沿水平导轨运动。滑块 E 以匀速 $\boldsymbol{v}$ 沿铅直导轨向上运动，杆 BE 长为 $\sqrt{2}\,l$。图示瞬时杆 OA 铅直，且与杆 BE 夹角为 45°，求该瞬时杆 OA 的角速度和角加速度。

解： 杆 BE 做平面运动，可先求出点 B 的速度和加速度。点 B 连同滑块在 OA 杆上滑动，并带动杆 OA 转动，可按合成运动方法求解杆 OA 的角速度和角加速度。

杆 BE 做平面运动，在图 8 - 25 中，由 $\boldsymbol{v}$ 及 $\boldsymbol{v}_B$ 方向可知此瞬时点 O 为 BE 的速度瞬心，因此

$$\omega_{BE} = \frac{v}{OE} = \frac{v}{l}$$

$$v_B = \omega_{BE} OB = v$$

以 E 为基点，点 B 的加速度为

$$\boldsymbol{a}_B = \boldsymbol{a}_E + \boldsymbol{a}_{BE}^{\tau} + \boldsymbol{a}_{BE}^{n} \tag{a}$$

式中各矢量方向如图 8 - 25 所示。由于点 E 做匀速直线运动，故 $a_E = 0$，a_{BE}^{n} 的大小为

$$a_{BE}^{n} = \omega_{BE}^{2} BE = \frac{\sqrt{2}\,v^2}{l}$$

将式（a）中各项投影到沿 BE 方向的轴上，得

$$a_B \cos 45^\circ = a_{BE}^{n}$$

因此

$$a_B=\frac{a_{BE}^n}{\cos45^\circ}=\frac{2v^2}{l}$$

上面由刚体平面运动方法求得了滑块 B 的速度和加速度。由于滑块 B 可以沿杆 OA 滑动，因此应利用点的合成运动方法求杆 OA 的角速度和角加速度。

取滑块 B 为动点，动系固结在杆 OA 上，点的速度合成定理为

$$\boldsymbol{v}_a=\boldsymbol{v}_e+\boldsymbol{v}_r$$

其中 $\boldsymbol{v}_a=\boldsymbol{v}_B$；牵连速度为 OA 杆上与滑块 B 重合的那一点的速度，其方向垂直于 OA，因此与 $\boldsymbol{v}_a$ 同向；相对速度 $\boldsymbol{v}_r$ 沿 OA 杆，即垂直于 $\boldsymbol{v}_a$。显然有

$$v_a=v_e，\ v_r=0$$

即

$$v_e=v_B=v$$

于是得杆 OA 的角速度

$$\omega_{OA}=\frac{v_e}{OB}=\frac{v}{l}$$

其转向如图 8－25 所示。

滑块 B 的绝对加速度 $a_a=a_B$，其牵连加速度有法向及切向两项，其法向部分为

$$a_e^n=\omega_{OA}^2 OB=\frac{v^2}{l}$$

由于滑块 B 的相对运动为沿 OA 杆的直线运动，因此其相对加速度 a_r 也沿 OA 方向。这样有

$$\boldsymbol{a}_a=\boldsymbol{a}_e^\tau+\boldsymbol{a}_e^n+\boldsymbol{a}_r+\boldsymbol{a}_c \tag{b}$$

因为该瞬时 $v_r=0$，故 $a_c=0$。在此矢量式中，各矢量方向已知，如图 8－26 所示；未知量为 $\boldsymbol{a}_r$ 及 $\boldsymbol{a}_e^\tau$ 的大小，共两个。将式（b）投影到 $\boldsymbol{a}_a$ 轴上，得

$$a_a=a_e^\tau$$

因此

$$a_e^\tau=a_B=\frac{2v^2}{l}$$

杆 OA 的角加速度为

$$\alpha_{OA}=\frac{a_e^\tau}{OB}=\frac{2v^2}{l^2}$$

角加速度方向如图 8－26 所示。

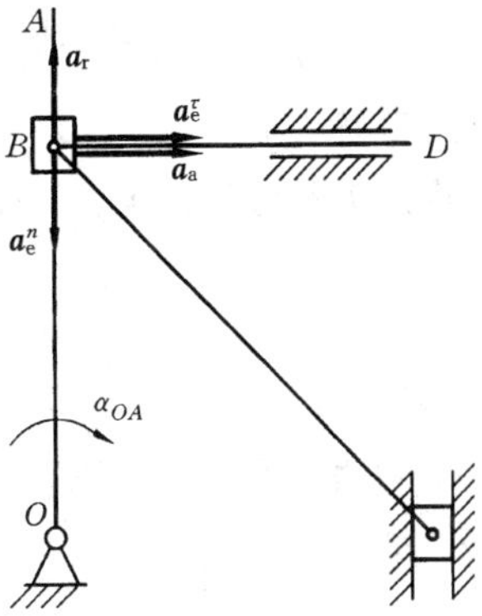

图 8－26

上面的求解方法是依次应用刚体平面运动及点的合成运动方法求解，这是机构运动分析中较常用的方法之一。

【例 8－11】 图 8－27（a）所示平面机构，AB 长为 l，滑块 A 可沿摇杆 OC 的长槽滑动。摇杆 OC 以匀角速度绕 O 转动，滑块 B 以匀速 $v=\omega l$ 沿水平导轨滑动。图示瞬时 OC 铅垂，AB 与水平线 OB 夹角为 30°。求此瞬时 AB 杆的角速度及角加速度。

解：杆 AB 做平面运动，点 A 又在摇杆 OC 内有相对运动，这是一种应用平面运动和合成运动理论联合求解的问题，而且是一种含两个运动输入量 ω 和 v 的较复杂的机构运动问题。

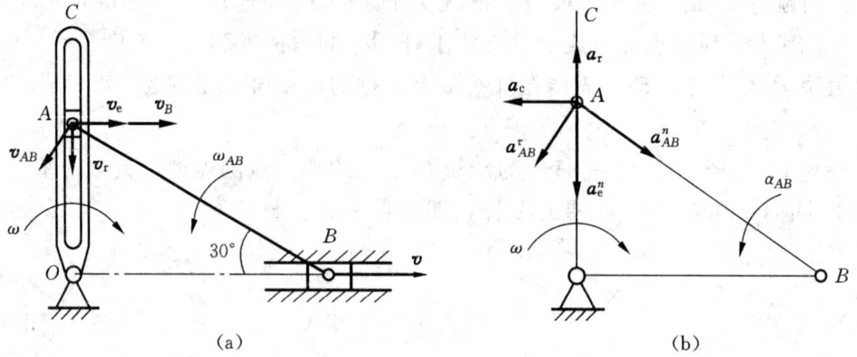

图 8-27

杆 AB 做平面运动，以点 B 为基点，有

$$\boldsymbol{v}_A=\boldsymbol{v}_B+\boldsymbol{v}_{AB} \tag{a}$$

点 A 在杆 OC 内滑动，因此，需用点的合成运动法，取点 A 为动点，动系固结在 OC 上，有

$$\boldsymbol{v}_a=\boldsymbol{v}_e+\boldsymbol{v}_r \tag{b}$$

其中绝对速度 $v_a=v_A$，而牵连速度 $v_e=OA\omega=\dfrac{l\omega}{2}$，相对速度 v_r 大小未知，各速度矢方向如图 8-27 所示。

由式（a）和式（b），得

$$\boldsymbol{v}_B+\boldsymbol{v}_{AB}=\boldsymbol{v}_e+v_r \tag{c}$$

式中 $v_B=v$ 为已知，$\boldsymbol{v}_e$ 已求得，且 $\boldsymbol{v}_{AB}$ 和 $\boldsymbol{v}_r$ 方向已知，仅有 $\boldsymbol{v}_{AB}$ 及 $\boldsymbol{v}_r$ 两个量的大小未知，故可解。

将此矢量方程沿 $\boldsymbol{v}_B$ 方向投影，得

$$v_B-v_{AB}\sin30°=v_e$$

因此

$$v_{AB}=2(v_B-v_e)=\omega l$$

杆 AB 的角速度方向如图，大小为

$$\omega_{AB}=\frac{v_{AB}}{AB}=\omega$$

将式（c）沿 v_r 方向投影，得

$$v_{AB}\cos30°=v_r$$

故
$$v_r=\frac{\sqrt{3}}{2}\omega l$$

以点 B 为基点，则点 A 的加速度为

$$\boldsymbol{a}_A=\boldsymbol{a}_B+\boldsymbol{a}_{AB}^{\tau}+\boldsymbol{a}_{AB}^{n} \tag{d}$$

由于 v_B 为常量，所以 $a_B=0$，而

$$a_{AB}^{n}=\omega_{AB}^{2}AB=\omega^{2}l$$

仍以点 A 为动点，动系固结于 OC 上，则有

$$\boldsymbol{a}_{\mathrm{a}}=\boldsymbol{a}_{\mathrm{e}}^{\tau}+\boldsymbol{a}_{\mathrm{e}}^{n}+\boldsymbol{a}_{\mathrm{r}}+\boldsymbol{a}_{\mathrm{c}} \tag{e}$$

$$\boldsymbol{a}_{\mathrm{a}}=\boldsymbol{a}_A$$

其中 $a_{\mathrm{e}}^{\tau}=0$，$a_{\mathrm{e}}^{n}=\omega^{2}OA=\dfrac{\omega^{2}l}{2}$， $a_{\mathrm{c}}=2\omega v_{\mathrm{r}}=\sqrt{3}\omega^{2}l$

由式（d）和式（e）得

$$\boldsymbol{a}_{AB}^{\tau}+\boldsymbol{a}_{AB}^{n}=\boldsymbol{a}_{\mathrm{e}}^{n}+\boldsymbol{a}_{\mathrm{r}}+\boldsymbol{a}_{\mathrm{c}} \tag{f}$$

其中各矢量方向已知，如图 8-27（b）所示，仅有两个未知量 $\boldsymbol{a}_{\mathrm{r}}$ 和 $\boldsymbol{a}_{AB}^{\tau}$ 的大小待求。取投影轴垂直于 $\boldsymbol{a}_{\mathrm{r}}$，沿 $\boldsymbol{a}_{\mathrm{c}}$ 方向，将矢量方程式（f）在此轴上投影，得

$$a_{AB}^{\tau}\sin30^{\circ}-a_{AB}^{n}\cos30^{\circ}=a_{\mathrm{c}}$$

因此

$$a_{AB}^{\tau}=3\sqrt{3}\omega^{2}l$$

由此得杆 AB 的角加速度为

$$\alpha_{AB}=\frac{a_{AB}^{\tau}}{AB}=3\sqrt{3}\omega^{2}$$

方向如图 8-27（b）所示。

【小　　结】

1. 平面运动特征

由于刚体在做平面运动过程中，其上任意一点与某一固定平面的距离始终保持不变，因此刚体的平面运动转化为在其自身平面内 S 图形的运动。

平面运动的分解：平面图形 S 运动可以看成是随着基点的平动和绕基点的转动的合成。

平面图形 S 的运动方程为

$$\begin{cases}x_A=f_1(t)\\ y_A=f_2(t)\\ \varphi=f_3(t)\end{cases}$$

式中：x_A、y_A 为基点 A 的坐标；φ 为平面图形 S 上线段 AB 与 x 轴或者与 y 轴的夹角。

2. 求平面图形内各点速度的三种方法

（1）基点法。在任一瞬时，平面图形内任一点的速度等于基点的速度和绕基点转动速度的矢量和，即

$$\boldsymbol{v}_B=\boldsymbol{v}_A+\boldsymbol{v}_{BA}$$

式中：$\boldsymbol{v}_A$ 为基点 A 的速度；$\boldsymbol{v}_{BA}$ 为相对基点转动的速度，$\boldsymbol{v}_{BA}=AB\omega$。

（2）速度投影法。平面图形 S 内任意两点的速度在两点连线上投影相等，即

$$[\boldsymbol{v}_A]_{AB}=[\boldsymbol{v}_B]_{AB}$$

此法必须是已知两点速度的方向，才能使用。

（3）速度瞬心法。做平面运动的刚体，每一瞬时存在速度为零的点，此时平面图形相对于该点做纯转动。因此，求平面图形内各点的速度可以用定轴转动的知识来求解。

应当注意：由于速度瞬心的位置是随时间的变化而变化的，因此平面图形相对速度瞬心的转动具有瞬时性。

3. 求平面图形各点加速度的基点法

在任一瞬时，平面图形内任一点的加速度等于基点的加速度和相对于基点转动的加速度的矢量和，即

$$\boldsymbol{a}_B=\boldsymbol{a}_A+\boldsymbol{a}_{BA}=\boldsymbol{a}_A+\boldsymbol{a}_{BA}^n+\boldsymbol{a}_{BA}^\tau$$

当基点做曲线运动时：

$$\boldsymbol{a}_B=\boldsymbol{a}_A+\boldsymbol{a}_{BA}=\boldsymbol{a}_A^n+\boldsymbol{a}_A^\tau+\boldsymbol{a}_{BA}^n+\boldsymbol{a}_{BA}^\tau$$

第八章思考题

同时点 B 也可能做曲线运动，则

$$\boldsymbol{a}_B^n+\boldsymbol{a}_B^\tau=\boldsymbol{a}_A+\boldsymbol{a}_{BA}=\boldsymbol{a}_A+\boldsymbol{a}_{BA}^n+\boldsymbol{a}_{BA}^\tau$$

式中：A 为基点。求解时只能求两个要素，其余均为已知要素，常采用向坐标投影的方法。

习 题

8-1 下列说法是否正确？为什么？

（1）刚体运动时，若刚体内任一平面始终与某固定平面平行，则这种运动就是刚体的平面运动。

（2）刚体平动是刚体平面运动的特例。

（3）刚体定轴转动是刚体平面运动的特例。

8-2 椭圆规尺 AB 由曲柄 OC 带动，曲柄以角速度 ω_0 绕 O 轴匀速运动，如题 8-2 图所示。如 $OC=BC=AC=r$，并取 C 为基点，求椭圆规尺的平面运动方程。

8-3 锯床机构如题 8-3 图所示。曲柄 AB 以角速度 ω 绕 A 轴转动，连杆 BC 带动锯子 D 沿轴架 EF 做往复运动。已知 $\omega=0.5\text{rad/s}$，$\alpha=30°$，$\beta=60°$，$AB=10\text{cm}$，求锯子 D 的速度和杆 BC 角速度。

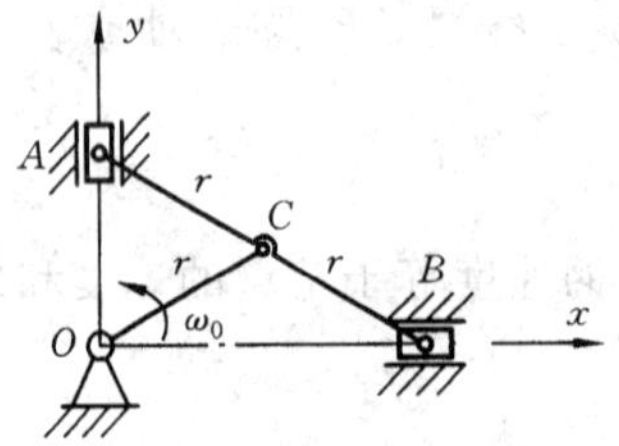

题 8-2 图

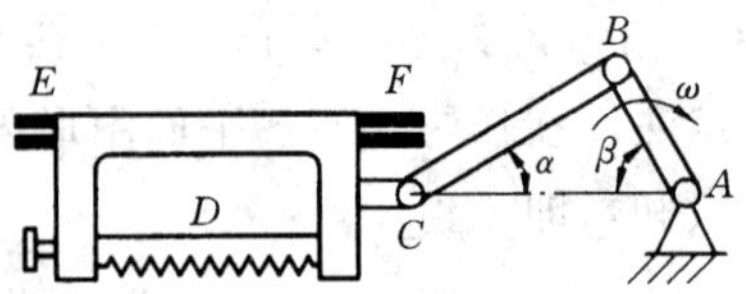

题 8-3 图

8-4 轧碎机的四连杆机构 $OABC$ 如题 8-4 图所示。已知曲柄 $OA=10\text{cm}$，以角速度 $\omega=4\text{rad/s}$ 转动。连杆 $AB=20\text{cm}$，$BC=23\text{cm}$。试求题 8-4 图所示位置时点 B 的速度、杆 AB 和杆 BC 的角速度。

8-5 在四连杆机构中，曲柄 OA 的角速度 $\omega_0=3\text{rad/s}$，当在题 8-5 图示水平位置时，曲柄 O_1B 恰好在铅垂位置。求此时连杆 AB 和曲柄 O_1B 的角速度。设 $OA=O_1B=\frac{1}{2}AB=l$。

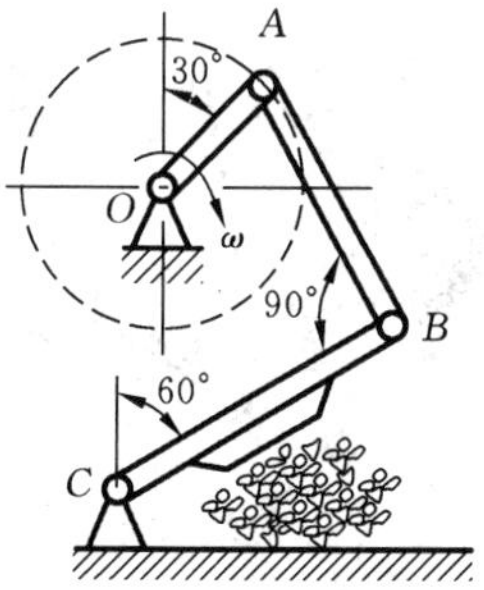

题 8-4 图

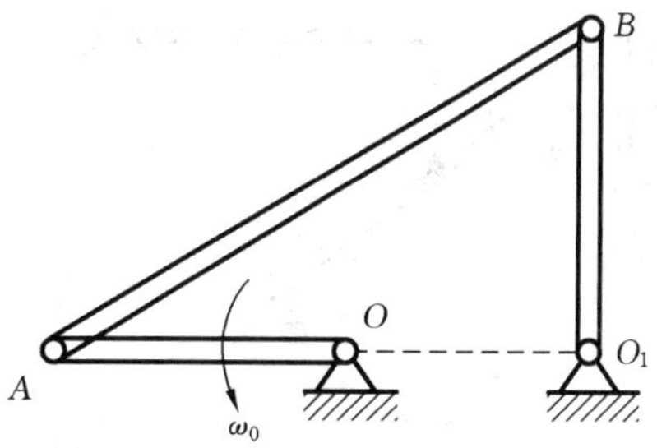

题 8-5 图

8-6 伞齿轮刨床中，刨刀的运动传递机构如题 8-6 图所示。曲柄 OA 以匀角速度 ω_0 绕轴 O 转动，通过齿条 AB 带动齿轮 Ⅰ 绕轴 O_1 摆动。当 $\alpha=60°$，$O_1C\perp AB$ 时，求此时齿轮 Ⅰ 的角速度。设 $OA=R$，$O_1C=\frac{1}{2}R$。

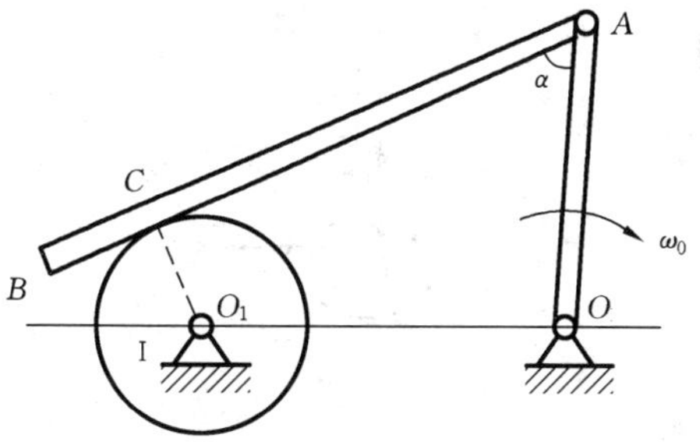

题 8-6 图

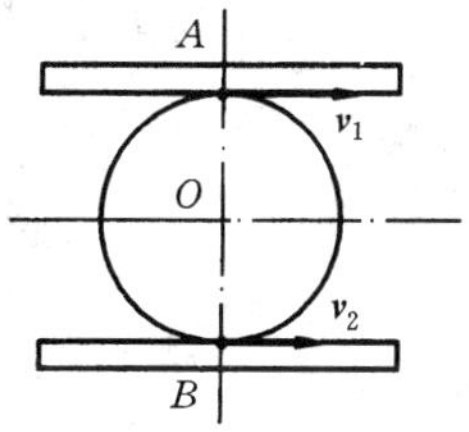

题 8-7 图

8-7 如题 8-7 图所示两齿条以速度 v_1 和 v_2 同方向运动，在其中间夹一齿轮，半径 r 已知。求齿轮的角速度和轮心 O 的速度。

8-8 直杆 AB 与圆柱 C 相切，A 点以匀速 60cm/s 向右滑动，如题 8-8 图所示。圆柱在水平面上滚动，圆柱半径 $r=10\text{cm}$。设杆与圆柱之间及圆柱与水平面之间均无滑动。试求：在图示位置 $\theta=60°$ 时，直杆 AB 以及圆柱 C 的角速度。

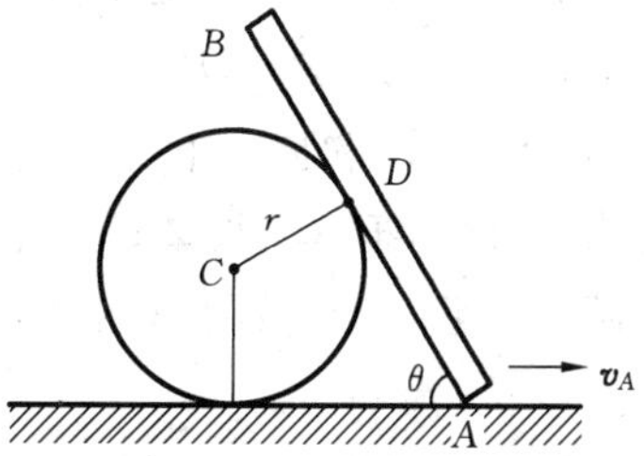

题 8-8 图

8-9 如题 8-9 图所示，平面机构中曲柄长

$OA=r$，以角速度 ω_0 绕 O 轴转动，某瞬时摇杆 O_1N 在水平位置，而连杆 NK 在铅垂位置。连杆上有一点 D，$DK=NK/3$，求 D 点的速度。

8－10　如题 8－10 图所示，颚板式破碎机中的活动颚板 AB 长为 60cm，由曲柄 OE 借助杠杆组带动而绕轴 A 摆动。曲柄 OE 长 10cm，以 $n=100\text{r/min}$ 的转速逆时针转动。杠杆组中 $BC=CD=40\text{cm}$。求图示位置时颚板 AB 的角速度。

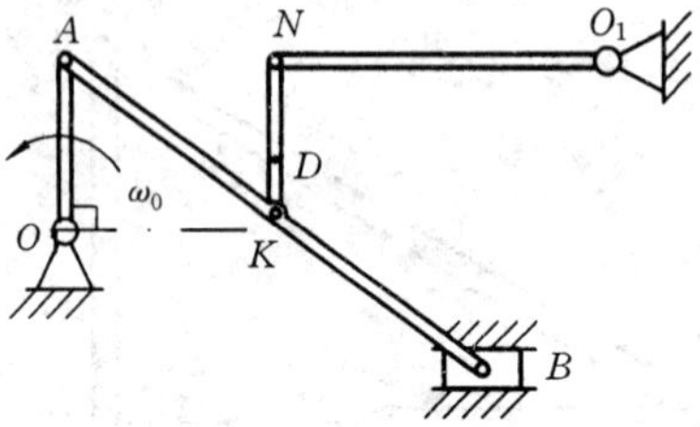

题 8－9 图

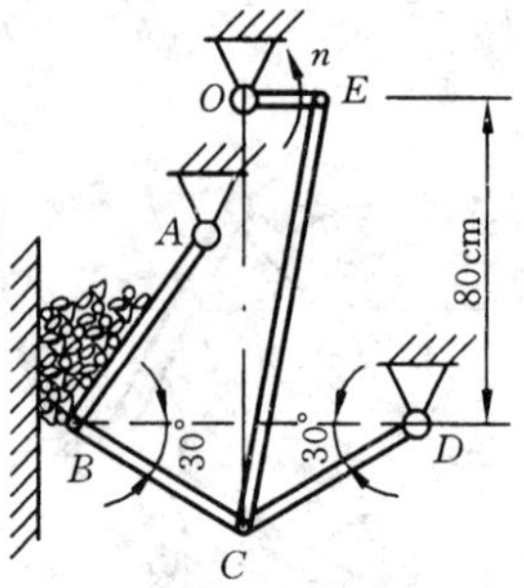

题 8－10 图

8－11　如题 8－11 图所示机构中，已知 $OA=10\text{cm}$，$BD=10\text{cm}$，$DE=10\text{cm}$，$EF=10\sqrt{3}\,\text{cm}$，$\omega_{OA}=4\text{rad/s}$。在图示位置时曲柄 OA 与水平线 OB 垂直，且 B、D 和 F 在同一铅直线上，又有 DE 垂直于 EF。求杆 EF 的角速度和点 F 的速度。

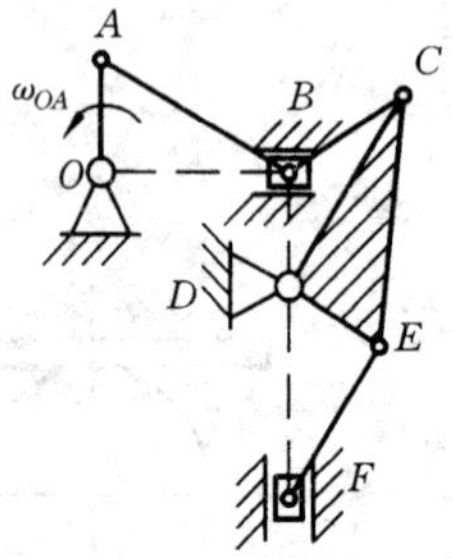

题 8－11 图

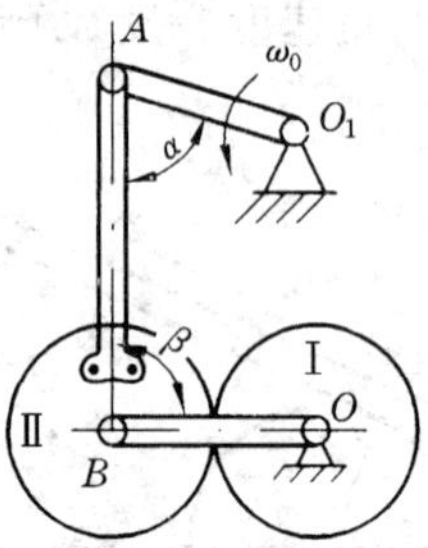

题 8－12 图

8－12　如题 8－12 图所示，瓦特行星传动机构由摇杆 O_1A 所带动，杆 O_1A 绕 O_1 轴摇动，并借连杆 AB 带动曲柄 OB，OB 活动地装于 O 轴上，在同一 O 轴上装有齿轮Ⅰ，齿轮Ⅱ固结于连杆 AB 的另一端。如齿轮Ⅰ和齿轮Ⅱ的半径 $r_1=r_2=30\sqrt{3}$ cm，$O_1A=75\text{cm}$，$AB=150\text{cm}$；摇杆 O_1A 的角速度 $\omega_0=6\text{rad/s}$。求当 $\alpha=60°$，$\beta=90°$时曲柄 OB 和齿轮Ⅰ的角速度。

8－13　杆 AB 长 2m，其一端 A 沿地面，另一端 B 沿斜面运动，如题 8－13 图所示。设 A 点做匀速运动，$v_A=2\text{m/s}$。求当 $\theta=30°$时，B 端的加速度与杆的角加速度。

8－14　如题 8－14 图所示，铰接四连杆机构在某瞬时的位置。设杆 AB 为匀角速度转动，$\omega_{AB}=4\text{rad/s}$，求杆 BC 与杆 CD 的角加速度。

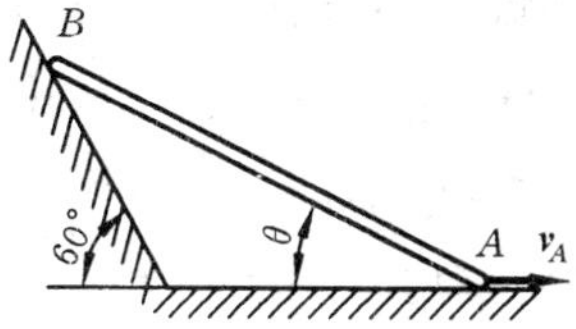

题 8-13 图

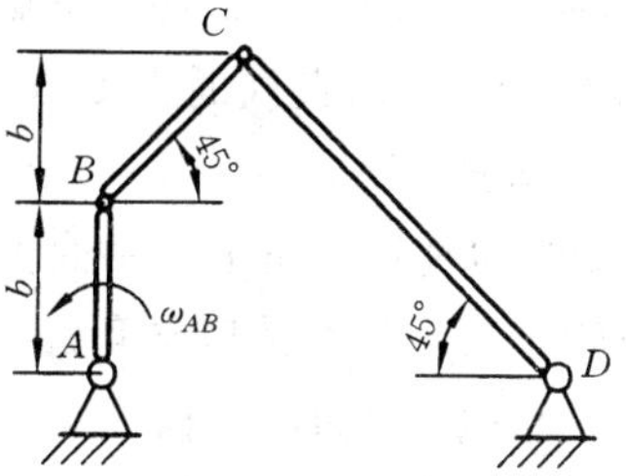

题 8-14 图

8-15　半径为 30cm 的车轮 O 在水平轨道上向右做纯滚动，轮的边缘上铰接一长 70cm 的杆 AB，如题 8-15 图所示。设当 OA 在水平位置时，$v_O=20\text{cm/s}$，$a_O=10\text{cm/s}^2$，求杆 AB 的角速度与角加速度及点 B 的速度与加速度。

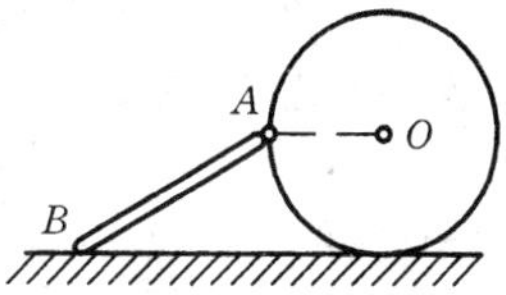

题 8-15 图

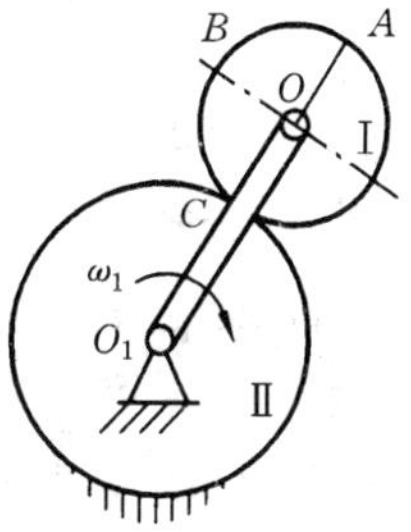

题 8-16 图

8-16　如题 8-16 图所示行星齿轮机构，系杆 O_1O 以等角速度 ω_1 绕定轴 O_1 转动。在系杆销子 O 上装一可自由转动的齿轮Ⅰ，其半径 r，固定齿轮Ⅱ半径为 R。求齿轮Ⅰ上 A、B 两点的加速度。

8-17　如题 8-17 图所示，滚压机构的滚子沿水平面纯滚动。曲柄 OA 长 10cm，以匀转速 $n=30\text{r/min}$ 绕 O 轴转动。若滚子半径 $R=10\text{cm}$，当曲柄与水平线的交角 $\alpha=60°$时，OA 与 AB 垂直。求此时滚子的角速度与角加速度。

8-18　如题 8-18 图所示，配汽机构中曲柄 $OA=r$，绕 O 轴以等角速度 ω_0 转动，$AB=6r$，$BC=3\sqrt{3}r$。求机构在图示位置时滑块 C 的速度和加速度。

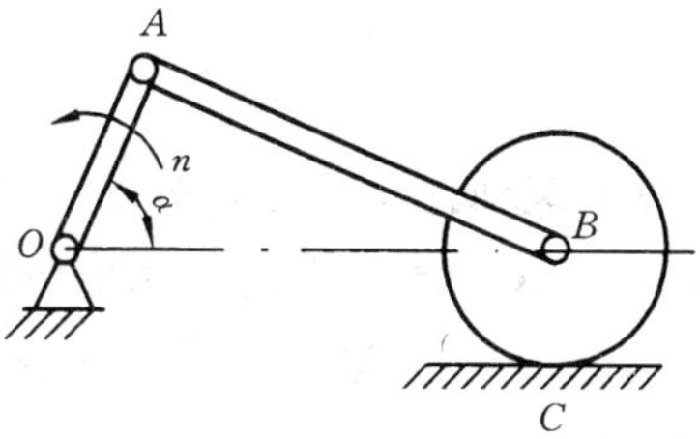

题 8-17 图

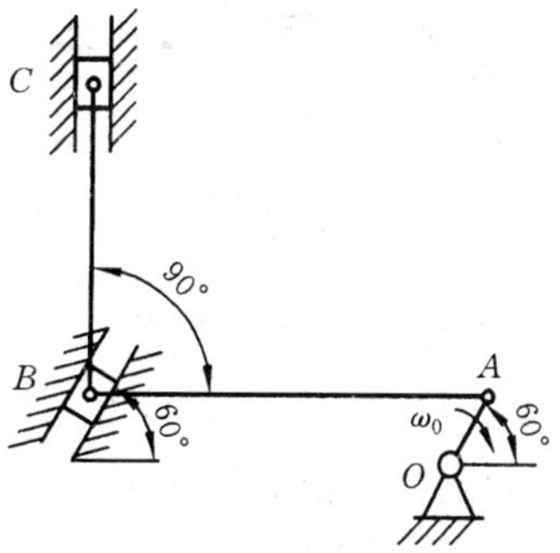

题 8-18 图

8－19　题 8－19 图为一机构在某瞬时的位置。已知 $AB=BC=O'B=l$，$OA=r$，OA 以匀角速度转动。求此瞬时点 C 的速度和加速度。

8－20　如题 8－20 图所示，一半径为 10cm 的圆轮的轮轴放在 AB 杆的导槽内，当杆 AB 绕 A 摆动时带动轮子在平面上做纯滚动。当 $\theta=30°$时，$\omega_{AB}=3\text{rad/s}$，$\alpha_{AB}=0$，求此瞬时轮子滚动的角速度与角加速度。图中 $l=33\text{cm}$。

8－21　题 8－21 图为一机构在某一瞬时的位置。此时 $\omega_{OA}=\omega$，$\alpha_{OA}=0$，$v_{CD}=\omega l$，$\alpha_{CD}=0$。求杆 AB 的角速度与角加速度。

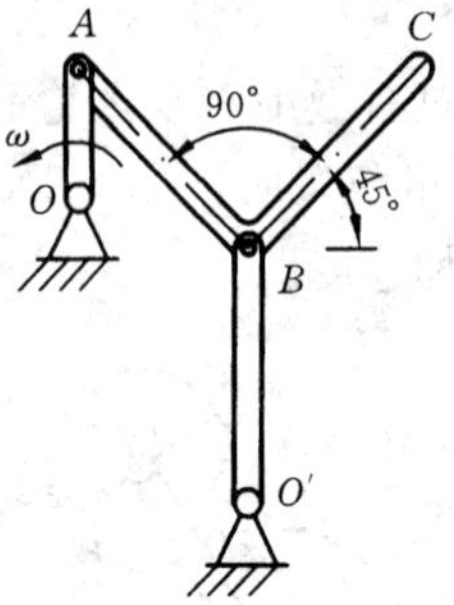

题 8－19 图

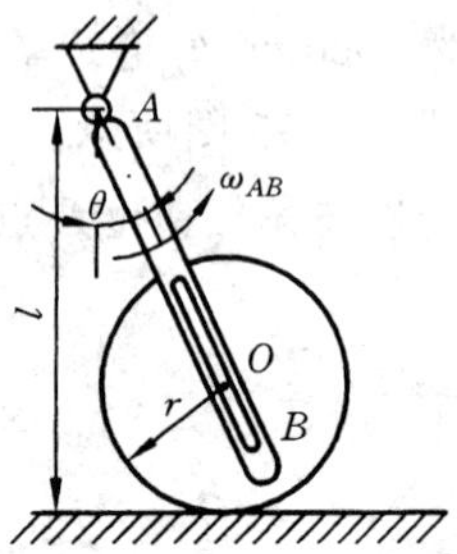

题 8－20 图

8－22　如题 8－22 图所示，曲柄连杆机构带动摇杆 O_1C 绕 O_1 轴摆动。在连杆 AB 上装有两个滑块，滑块 B 在水平槽内滑动，而滑块 D 则在摇杆 O_1C 的槽内滑动。已知曲柄长 $OA=50\text{mm}$，绕 O 轴转动的匀角速度 $\omega=10\text{rad/s}$。在图示位置时，曲柄与水平线间成 90°，$\angle OAB=60°$，摇杆与水平线间成 60°，距离 $O_1D=70\text{mm}$。求摇杆的角速度和角加速度。

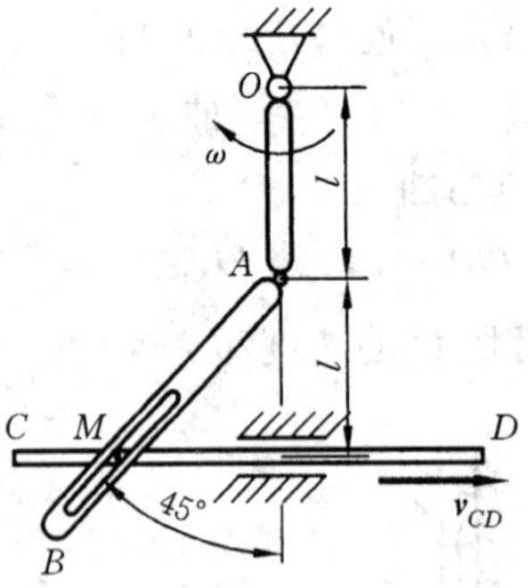

题 8－21 图

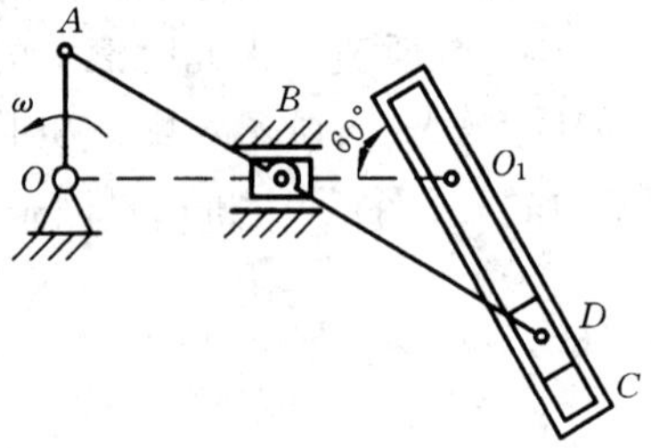

题 8－22 图

8－23　如题 8－23 图所示，轮 O 在水平面上滚动而不滑动，轮心以匀速 $v_O=0.2\text{m/s}$ 运动。轮缘上固连销钉 B，此销钉在摇杆 O_1A 的槽内滑动，并带动摇杆绕 O_1 轴转动。已知轮的半径 $R=0.5\text{m}$，在图示位置时，AO_1 是轮的切线，摇杆与水平面间的交角为 60°。求摇杆在该瞬时的角速度和角加速度。

8－24　轻型杠杆式推钢机曲柄 OA 借连杆 AB 带动摇杆 O_1B 绕 O_1 轴摆动，杆

EC 以铰链与滑块 C 相连，滑块 C 可沿 O_1B 滑动，摇杆摆动时带动杆 EC 推动钢材，如题 8－24 图所示。已知 $OA=r$，$AB=\sqrt{3}r$，$O_1B=\frac{2}{3}l$（$r=0.2\text{m}$，$l=1\text{m}$），$\omega_{OA}=\frac{1}{2}\text{rad/s}$。在图示位置时，$BC=\frac{4}{3}l$。求：

（1）滑块 C 的绝对速度和相对于摇杆 O_1B 的速度。

（2）滑块 C 的绝对加速度和相对于摇杆 O_1B 的加速度。

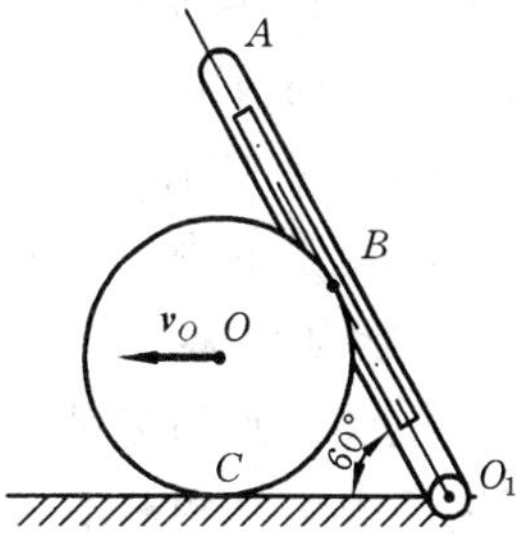

题 8－23 图

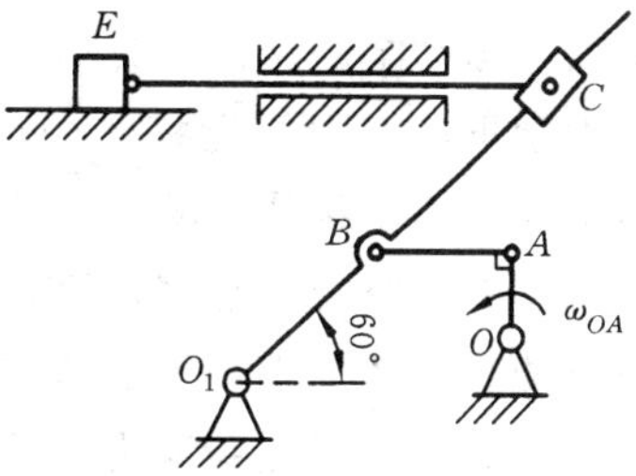

题 8－24 图

第三篇　动　力　学

在静力学里，考察了力的一般性质与合成法则，解决了物体的平衡问题，但没有研究物体的运动。运动学则从几何方面来研究物体的运动，而没有讨论力对物体运动的影响。在动力学里，不但研究物体的运动，而且进一步研究物体产生运动的原因，研究物体的运动与作用于物体上的力两者之间的关系。动力学的内容，概括地说就是把静力学与运动学的研究统一起来，综合揭示物体的机械运动规律。

为了研究方便，在动力学里把所考察的物体分为质点和质点系来研究，因此，动力学可分为质点动力学和质点系动力学两大部分。所谓质点，是指具有一定质量而几何形状和尺寸大小可以忽略不计的物体。所谓质点系是由几个或无限个相互有联系的质点所组成的系统。一个物体（或物体系统）是抽象为质点还是质点系，不是由它们本身的大小确定的，而是由所研究的问题决定的。即使是同一物体，在某一问题中可能抽象为质点，而在另一问题中则须抽象为质点系。例如，在研究地球绕太阳运行的轨道时，地球的形状和大小对所研究的问题无影响，可忽略不计，因此，可将地球抽象为一个质量集中在地心的质点。而在研究地球上某一点的运动时，地球的形状和大小及该点的位置在所研究的问题中不可忽略，因此，应将地球抽象为质点系。

动力学在工程实际中有着重要的应用。如机械工程中的动力分析，建筑工程、桥梁工程中的结构振动分析等。

动力学要研究的问题比较广泛。归纳起来有两类基本问题：①已知物体的运动状况，求作用于物体上的力；②已知作用于物体上的力，求物体的运动。

第九章　质点动力学基本方程

第九章
思维导图

本章以牛顿定律为基础建立质点动力学的运动微分方程，它是研究复杂物体系统的基础，并求解质点动力学的两类问题。

第一节　动力学基本定律

动力学基本定律是由牛顿定律组成的。它是牛顿总结人们长期以来对机械运动的认识和实践，特别是在伽利略研究成果基础上于1687年发表的《自然哲学的数学原理》著作中给出的质点运动的三个定律，称为牛顿三定律。

第一定律：不受力作用的质点，将保持静止或做匀速直线运动。

第一定律也称为惯性定律，质点处于静止或匀速直线运动状态通常称为惯性运动，定律的另一层含义是质点的运动状态的改变与作用在质点上的力有关，力是物体运动状态改变的外在因素。不受力作用是指物体受平衡力系作用或没有力的作用。

由于运动是绝对的，而描述物体的运动却是相对的，所以必须在一定的参考坐标系下研究机械运动。物体所受的力与所选择的坐标系无关，因此将力与运动统一起来，其参考坐标系应建立在使第一定律成立的物体上，即建立在静止或匀速直线运动物体上的坐标系称为惯性坐标系。在工程中，以建立在地面上的坐标系作为惯性坐标系；当研究绕地球旋转的飞船和人造卫星时，应以地心为原点，地球的自转影响可以忽略不计；在研究天体的运动时，地球的自转影响不能忽略，应以太阳为中心。从上面可以看出，针对所研究的对象不同，惯性坐标系的建立也不同，在本书中，一般以建立在地面上的坐标系作为惯性坐标系。

第二定律：物体所获得的加速度的大小与物体所受的力成正比，与物体的质量成反比，加速度的方向与力同向。其数学表达式为

$$m\boldsymbol{a}=\boldsymbol{F} \tag{9-1}$$

第二定律建立了质点运动与所受力之间的关系，它是研究质点动力学的基础，由此定理可以导出动力学普遍定理：动量定理、动量矩定理、动能定理。

由式（9-1）知：①对于确定的物体而言，加速度大小与所受的力成正比；②在同一力作用下，加速度的大小与其质量成反比，即质量小的物体所获得的加速度大，而加速度大的物体惯性小；质量大的物体所获得的加速度小，而加速度小的物体惯性大。由此可见，质量是物体惯性的量度，质量大的物体惯性大，质量小的物体惯性小。

在地球表面上，任何物体都受到重力 $\boldsymbol{P}$ 的作用，所获得的加速度称为重力加速度，用 $\boldsymbol{g}$ 表示，由式（9-1）有

$$m\boldsymbol{g}=\boldsymbol{P} \quad 或 \quad m=\frac{\boldsymbol{P}}{\boldsymbol{g}} \tag{9-2}$$

重力加速度是根据国际计量委员会制定的标准计算的，即将质量为1kg的物体置于纬度为45°的海平面上测定物体所受的重力值为重力加速度，即 $g=9.80665\text{m/s}^2$，一般取 9.8m/s^2。

在国际单位制（SI）中，质量单位是千克（kg），长度单位是米（m），时间单位是秒（s），它们均为基本单位，力的单位是导出单位。当质量为1kg的物体获得 1m/s^2 的加速度时，作用于该物体上的力定义为1牛［顿］（N），即

$$1\text{N}=1\text{kg}\cdot\text{m}\cdot\text{s}^{-2}$$

第三定律：物体间的作用力与反作用力总是大小相等、方向相反、沿着同一条直线，分别作用在这两个物体上。

第三定律在第一章已经学过，此定律不但适用于静力学，而且适用于动力学。

应当指出，牛顿定律只适合于惯性坐标系。与之相反的非惯性坐标系是不适合牛顿定律成立的坐标系，例如建立在有相对运动物体上的坐标系一般为非惯性坐标系，在此坐标系中研究物体的运动，应重新建立物体的运动与作用在物体上力之间的微分关系。这一点在学习的过程中应尤为注意。

第二节　质点运动微分方程

一、质点运动微分方程

牛顿第二定律建立了物体运动与所受力之间的关系，第二定律中的“物体”指平移的物体或质点，在惯性坐标系下，由第二定律得质点运动微分方程的矢量表达式，即

$$m\frac{\mathrm{d}^2\boldsymbol{r}}{\mathrm{d}t^2}=\sum_{i=1}^{n}\boldsymbol{F}_i \tag{9-3}$$

(一) 直角坐标形式的质点运动微分方程

将矢径 $\boldsymbol{r}$ 和力 $\boldsymbol{F}_i$ 向直角坐标轴 x、y、z 上投影，如图 9-1 所示，得直角坐标形式的质点运动微分方程为

$$\begin{cases} m\dfrac{\mathrm{d}^2x}{\mathrm{d}t^2}=\sum\limits_{i=1}^{n}F_{xi} \\ m\dfrac{\mathrm{d}^2y}{\mathrm{d}t^2}=\sum\limits_{i=1}^{n}F_{yi} \\ m\dfrac{\mathrm{d}^2z}{\mathrm{d}t^2}=\sum\limits_{i=1}^{n}F_{zi} \end{cases} \tag{9-4}$$

自然轴系的质点运动微分方程

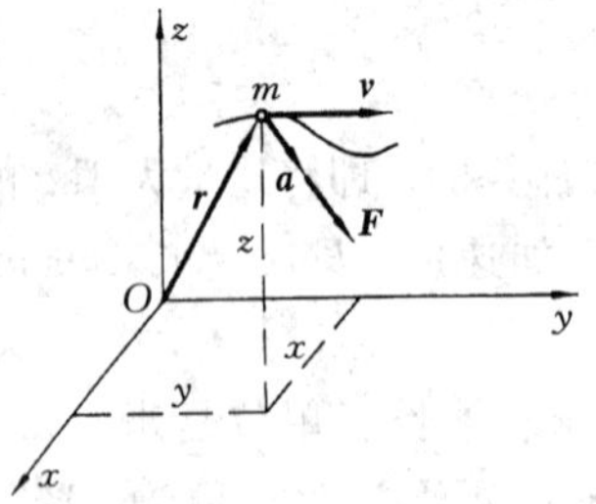

图 9-1

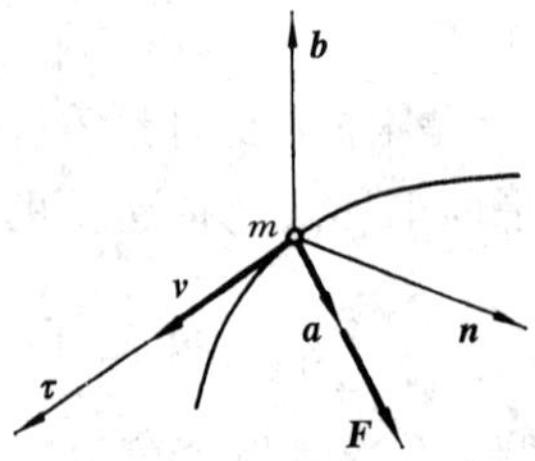

图 9-2

(二) 自然轴系的质点运动微分方程

将矢径 $\boldsymbol{r}$ 和力 $\boldsymbol{F}_i$ 向自然轴系 $\boldsymbol{b}$、$\boldsymbol{\tau}$、$\boldsymbol{n}$ 上投影，如图 9-2 所示，得自然轴系的质点运动微分方程为

$$\begin{cases} ma_\tau = \sum_{i=1}^{n} F_{\tau i} \\ ma_n = \sum_{i=1}^{n} F_{ni} \\ ma_b = \sum_{i=1}^{n} F_{bi} \end{cases} \tag{9-5}$$

其中，切向加速度 $a_\tau=\frac{\mathrm{d}v}{\mathrm{d}t}=\frac{\mathrm{d}^2 s}{\mathrm{d}t^2}$，法向加速度 $a_n=\frac{v^2}{\rho}$，副法向加速度 $a_b=0$。

二、质点动力学的两类问题

由上面质点运动微分方程可求解质点动力学的两类问题：

(1) 已知质点的运动，求作用于质点上的力，称为质点动力学第一类问题。在求解过程中只需对运动方程求导即可。

(2) 已知作用于质点上的力，求质点的运动，称为质点动力学第二类问题。在求解过程中只需解微分方程，即求积分的过程。

在此两类问题基础上，有时也存在两类问题的联合求解。

【例 9-1】 质点的质量 $m=0.1\mathrm{kg}$，按 $x=t^4-12t^3+60t^2$ 的规律做直线运动，x 以 m 计，时间 t 以 s 计，试求该质点所受的力，并求其极值。

解： 当质点做直线运动时其运动微分方程为

$$m\frac{\mathrm{d}^2 x}{\mathrm{d}t^2}=\sum_{i=1}^{n} F_{xi}$$

则作用在该质点上的力为

$$F=m\frac{\mathrm{d}^2 x}{\mathrm{d}t^2}=m(12t^2-72t+120)$$

$$F=0.1(12t^2-72t+120) \tag{a}$$

对式 (a) 求导，得

$$\dot{F}=0.1(24t-72)=0$$

得时间为

$$t=3\mathrm{s} \tag{b}$$

将式 (b) 代入式 (a) 得作用在该质点上的最小力为

$$F=1.2\mathrm{N}$$

上面的例子为质点动力学第一类问题，在这类问题的求解时应做到以下几点：

(1) 根据题意选择适当的质点运动微分方程形式。

(2) 正确地对质点进行力和运动分析。

(3) 利用质点运动微分方程求质点所受的力。

【例 9-2】 质点的质量 m，在力 $F=F_0-kt$ 的作用下，沿 x 轴做直线运动，F_0、k 为常数，当运动开始时，即 $t=0$，$x=x_0$，$v=v_0$，试求质点的运动规律。

解： 根据题意，采用直角坐标形式的质点运动微分方程，即

$$m\frac{d^2x}{dt^2}=\sum_{i=1}^{n}F_{xi}=F$$

则有

$$m\frac{d^2x}{dt^2}=F_0-kt$$

采用分离变量法积分，得

$$mv-mv_0=\int_0^t(F_0-kt)dt=F_0t-\frac{1}{2}kt^2$$

再积分，得质点的运动方程为

$$mx-mx_0=\int_0^t\left(F_0t-\frac{1}{2}kt^2+mv_0\right)dt=\frac{1}{2}F_0t^2-\frac{1}{6}kt^3+mv_0t$$

即

$$x=\frac{t^2}{2m}\left(F_0-\frac{1}{3}kt\right)+v_0t+x_0$$

【例 9-3】 质量为 $m=10$kg 的质点，在水平面做曲线运动，受到阻力为 $F=\frac{2v^2g}{3+s}$的作用，其中 v 为质点的速度，$g=10\text{m/s}^2$ 为重力加速度，s 为质点的运动路程，当 $t=0$ 时，$v_0=5$m/s，$s_0=0$，试求质点的运动规律。

解： 根据题意，采用自然法求解。质点的切向运动微分方程为

$$ma_\tau=\sum_{i=1}^{n}F_{\tau i}$$

切向加速度 $a_\tau=\frac{dv}{dt}=\frac{d^2s}{dt^2}$，则有

$$m\frac{dv}{dt}=-\frac{2v^2g}{3+s} \tag{a}$$

将切向加速度进行如下的变换：

$$\frac{dv}{dt}=\frac{dv}{ds}\frac{ds}{dt}=v\frac{dv}{ds} \tag{b}$$

式（b）代入式（a），有

$$mv\frac{dv}{ds}=-\frac{2v^2g}{3+s}$$

应用分离变量法得

$$\frac{m}{v}dv=-\frac{2g}{3+s}ds$$

积分得

$$\int_{v_0}^{v}\frac{m}{v}dv=-\int_0^s\frac{2g}{3+s}ds$$

得

$$m\ln\frac{v}{v_0}=-2g\ln\frac{s+3}{3}$$

则得质点的速度为

$$v=v_0\left(\frac{s+3}{3}\right)^{-2}=\frac{45}{(s+3)^2} \tag{c}$$

又 $v=\dfrac{ds}{dt}$，对式（c）积分，得

$$\int_0^s (s+3)^2 ds=\int_0^t 45dt$$

质点的运动规律为

$$s=3(\sqrt[3]{5t+1}-1)$$

［例 9-2］和［例 9-3］为质点动力学第二类问题。在求解时应根据题意将运动量进行变换，才能求解。求解的步骤与质点动力学第一类问题基本相同，解这类问题是解微分方程的过程，一般采用分离变量法求解。

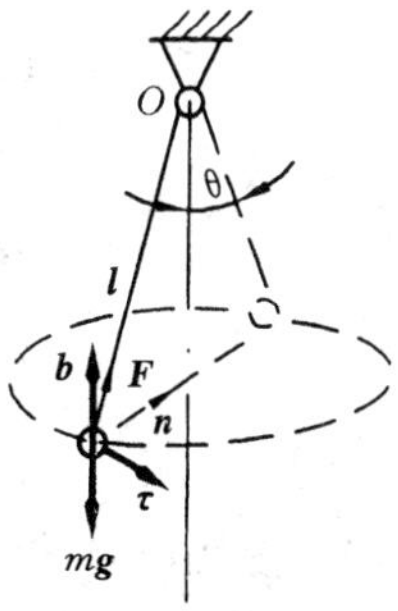

图 9-3

【例 9-4】 一圆锥摆，如图 9-3 所示，质量为 $m=0.1$kg 的小球系于长为 $l=0.3$m 的绳上，绳的另一端系在固定点 O 上，并与铅垂线成 $\theta=60°$角，若小球在水平面内做匀速圆周运动，试求小球的速度和绳子的拉力。

解： 以小球为质点，小球受到的重力 $m\boldsymbol{g}$ 和绳子的拉力 $\boldsymbol{F}$ 及运动如图 9-3 所示，采用自然法求解。其运动微分方程为

$$\begin{cases} ma_\tau=\sum_{i=1}^{n}F_{\tau i} \\ ma_n=\sum_{i=1}^{n}F_{ni} \\ ma_b=\sum_{i=1}^{n}F_{bi} \end{cases}$$

其切向运动微分方程自然满足：

$$ma_\tau=0$$

法向运动微分方程为

$$m\frac{v^2}{\rho}=F\sin\theta \tag{a}$$

副法向运动微分方程为

$$ma_b=F\cos\theta-mg \tag{b}$$

由于副法向加速度 $a_b=0$，则由式（b）绳子得拉力为

$$F=\frac{mg}{\cos\theta}=\frac{0.1\times 9.8}{\cos 60°}=1.96(\text{N})$$

因圆的半径 $\rho=l\sin\theta$，将绳子的拉力 $F=1.96$N 代入式（a）得小球的速度为

$$v=\sqrt{\frac{Fl\sin^2\theta}{m}}=\sqrt{\frac{1.96\times 0.3\times \sin^2 60°}{0.1}}=2.1(\text{m/s})$$

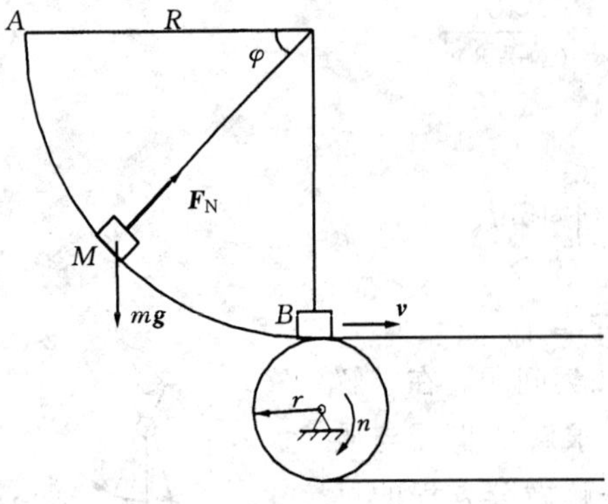

图 9-4

【例 9-5】 如图 9-4 所示，物块 M 自点 A 沿光滑的圆弧轨道无初速地滑下，落到传送带上 B，已知圆弧的半径为 R，物块 M 的质量为 m，试求物块 M 在圆弧轨道上点 B 的法向约束力，若物块 M 与传送带间无相对滑动，试确定半径为 r 的传送轮的转速。

解：根据题意，物块 M 沿光滑圆弧轨道的运动为轨迹曲线已知的运动，故采用自然法求解。如图 9-4 所示，质点的切向运动微分方程为

$$ma_\tau = \sum_{i=1}^{n} F_{\tau i} = mg\cos\varphi \tag{a}$$

式中：φ 为物块 M 对应的半径与水平线的夹角。

切向加速度为

$$a_\tau = \frac{dv}{dt} = \frac{dv}{ds}\frac{ds}{dt} = v\frac{dv}{ds} \tag{b}$$

式（b）代入式（a）并进行分离变量，积分得

$$\int_0^v mv\,dv = \int_0^s mg\cos\varphi\,ds \tag{c}$$

同时注意 $ds = R\,d\varphi$，则式（c）变为

$$\int_0^v mv\,dv = \int_0^\varphi mgR\cos\varphi\,d\varphi$$

解得质点的速度为

$$v = \sqrt{2gR\sin\varphi}$$

当 $\varphi = \frac{\pi}{2}$ 时，物块 M 的速度为

$$v = \sqrt{2gR} \tag{d}$$

物块 M 在圆弧轨道上点 B 的法向运动微分方程为

$$F_N - mg = ma_n = m\frac{v^2}{R} \tag{e}$$

将式（d）代入式（e）得物块 M 在点 B 的法向约束力为

$$F_N = 3mg$$

传送轮的转速为

$$n = \frac{30\sqrt{2gR}}{\pi r}$$

［例 9-4］和［例 9-5］为两类问题的联合求解。

【小　　结】

1．动力学的基本定律

（1）第一定律：不受力作用的质点，将保持静止或做匀速直线运动。

（2）第二定律：物体所获得的加速度的大小与物体所受的力成正比，与物体的质量成反比，加速度的方向与力同向，即

$$m\boldsymbol{a}=\boldsymbol{F}$$

（3）第三定律：物体间的作用力与反作用力总是大小相等、方向相反、沿着同一条直线，分别作用在这两个物体上。

2．质点运动微分方程

矢量形式的运动微分方程为

$$m\frac{\mathrm{d}^2\boldsymbol{r}}{\mathrm{d}t^2}=\sum_{i=1}^{n}\boldsymbol{F}_i$$

直角坐标形式的质点运动微分方程为

$$\begin{cases} m\dfrac{\mathrm{d}^2x}{\mathrm{d}t^2}=\sum\limits_{i=1}^{n}F_{xi} \\ m\dfrac{\mathrm{d}^2y}{\mathrm{d}t^2}=\sum\limits_{i=1}^{n}F_{yi} \\ m\dfrac{\mathrm{d}^2z}{\mathrm{d}t^2}=\sum\limits_{i=1}^{n}F_{zi} \end{cases}$$

自然轴系的质点运动微分方程为

$$\begin{cases} ma_\tau=\sum\limits_{i=1}^{n}F_{\tau i} \\ ma_n=\sum\limits_{i=1}^{n}F_{ni} \\ ma_b=\sum\limits_{i=1}^{n}F_{bi} \end{cases}$$

3．质点动力学的两类问题

（1）已知质点的运动，求作用于质点上的力，称为质点动力学第一类问题。在求解过程中只需对运动方程求导即可。

（2）已知作用于质点上的力，求质点的运动，称为质点动力学第二类问题。在求解过程中只需解微分方程，即求积分的过程。

1）力是常数或是时间的简单函数，即

$$\int_{v_0}^{v}m\,\mathrm{d}v=\int_0^t F(t)\,\mathrm{d}t$$

2）力是位置的简单函数，利用循环求导变换，即

$$\frac{\mathrm{d}v}{\mathrm{d}t}=\frac{\mathrm{d}v}{\mathrm{d}x}\frac{\mathrm{d}x}{\mathrm{d}t}=v\frac{\mathrm{d}v}{\mathrm{d}x}$$

$$\int_{v_0}^{v} mv\mathrm{d}v = \int_{x_0}^{x} F(x)\mathrm{d}x$$

3）力是速度的简单函数，分离变量积分，即

$$\int_{v_0}^{v} \frac{m}{F(v)}\mathrm{d}v = \int_{0}^{t}\mathrm{d}t$$

第九章思考题

在此两类问题基础上，有时也存在两类问题的联合求解。

习　　题

9-1　如题 9-1 图所示，重量都是 200N 的 A、B 两物块，连接在刚度 $k=40\text{N/mm}$ 的弹簧两端，再一起放进框架内。这时弹簧被压缩了 10mm。设弹簧和框架的重量不计。现以铅垂力 $P=500\text{N}$ 向上拉动框架，试分别求出物块 A、B 对框架的压力。

9-2　如题 9-2 图所示，物块 A 的质量 $m_1=10\text{kg}$，B 的质量 $m_2=20\text{kg}$，拉力 $P=250\text{N}$，所有接触面之间摩擦因数 $f=0.3$，求物块 A 的加速度和绳子的张力。

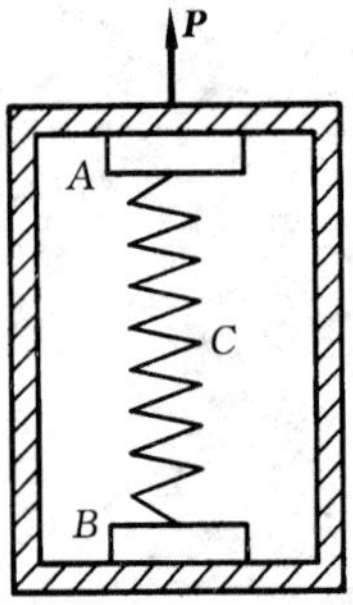

题 9-1 图

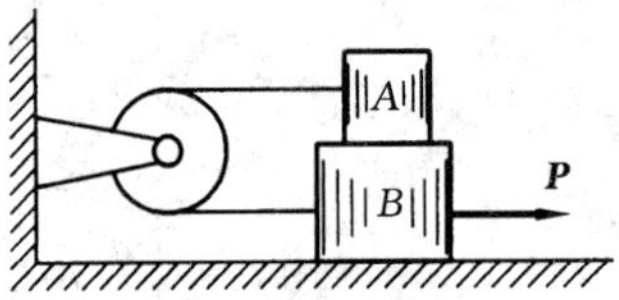

题 9-2 图

9-3　如题 9-3 图所示，质量为 m 的小球 M，用两根长为 l 的杆支持，球和杆一起以匀角速度 ω 绕铅垂轴 AB 转动。已知 $AB=2a$，杆的两端均铰接，不计杆的质量。求两杆的受力。

9-4　如题 9-4 图所示，质量为 m 的物体放在匀速转动的平台上，物块与转轴的距离为 r，如物块与台面间摩擦系数为 f，试求物块不致因平台旋转而滑出的最大线速度。

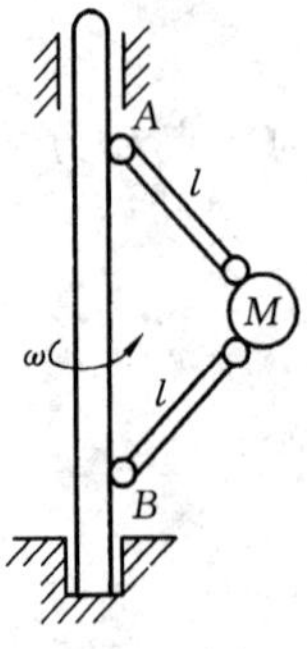

题 9-3 图

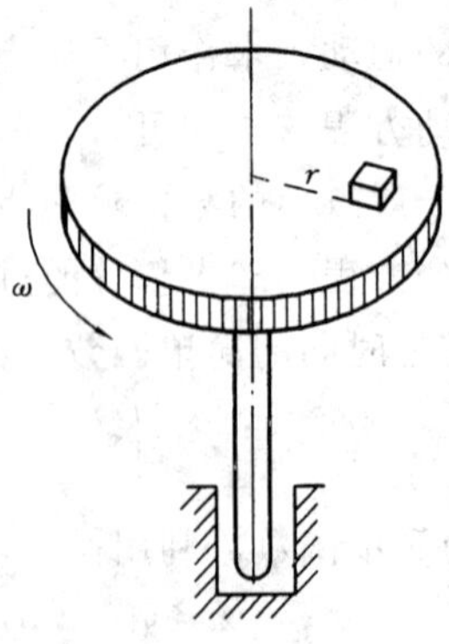

题 9-4 图

9-5　一质量 $m=10\text{kg}$ 的物体，在变力 $F=100(1-t)$ N 作用下运动，其中 t 以 s 计。设物体的初速度 $v_0=20\text{cm/s}$，且初始时力的方向与速度方向相同。求经过多少秒后物体速度为零？此前走了多少路程？

9-6　一质点以初速度 v_0 铅直向上抛出，假定空气与速率的平方成正比，比例常数为 C。求证物体返回地面的速率是 $v=\dfrac{v_0 v_f}{\sqrt{v_f^2+v_0^2}}$，其中 $v_f=\sqrt{\dfrac{mg}{C}}$。

9-7　设质点自圆周的最高点由静止开始沿弧下滑。试证明：对于不同的弧来说，质点滑完全程所需的时间相同。摩擦不计。

9-8　跳伞者体重为 60kg，自停留在高空中的直升机中跳下，落下 100m 后打开降落伞。设打开伞前空气阻力不计，打开伞后所受到的阻力不变。经过 5s 后，跳伞者速度减至 4.3m/s。求伞对人的作用力。

9-9　物体从距地面 h 高度处以初速度 v_0 水平抛出，空气阻力可认为与速度成正比，即 $\boldsymbol{F}_R=-km\boldsymbol{v}$，其中 k 为常数，m 为物体的质量，$\boldsymbol{v}$ 为物体的速度。求物体的运动方向和轨迹。

9-10　为了使列车对于钢轨的压力垂直于路基，在轨道弯曲部分的外轨比内轨稍高，如题 9-10 图所示。试以下列数据求外轨高于内轨的高度，即超高 h。轨道的曲率半径 $\rho=300\text{m}$，列车速度 $v=60\text{km/h}$，轨距 $b=1.435\text{m}$。

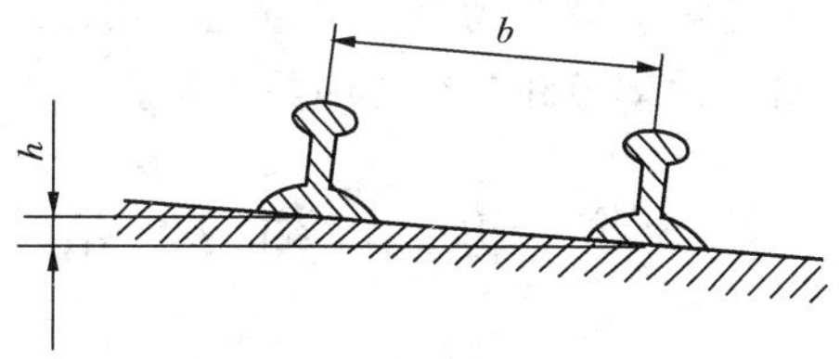

题 9-10 图

第十章
思维导图

第十章 动 量 定 理

由上一章可知，对于质点的动力学问题，可以应用质点的运动微分方程来解决。在一般情况下和多数工程技术问题中，通常将所研究的物体（系）或机构抽象为质点系。即质点系是由几个或无限个质点所组成，各质点间有着各种形式的联系。而对每一个质点，根据单个质点的运动微分方程都可以列出一个矢量形式的运动微分方程。若有一 n 个质点组成的质点系，则可列出 n 个矢量方程，加上描述各质点相互联系形式的约束力方程和运动初始条件，理论上是可以求解的。由于质点系中各质点之间的相互作用力（内力）是未知量，且质点的数目 n 可能很大（甚至 $n=\infty$），要全部求解出这么多复杂的微分方程组，在数学上将会遇到很大困难，并且很难得到精确的数值解。对于大多数问题，往往不必要去研究质点系中每一个质点的运动。

为了简化求解质点系的动力学问题，从本章起将介绍解决质点系动力学的其他方法，即动力学的三大普遍定理，它包括动量定理、动量矩定理和动能定理以及由这三个基本普遍定理所推导出来的其他一些定理和定律。普遍定理以简明的数学公式给出了能够表明质点系运动特征的运动量（动量、动量矩和动能）与能够表示力对质点系作用效果的力学量（如冲量、冲量矩和功）之间的关系。

第一节 动 量 和 冲 量

一、动量

例如，射出枪膛的子弹，质量虽然很小，但其速度很大，也能穿入或穿透障碍物。又如质量很大的轮船，虽然速度很小，当其靠岸时也需小心行事，如果稍一疏忽，足以将船撞坏等。实践证明，物体的机械运动量的强弱，不仅取决于速度，而且还取决于质量。因此，引入与物体的质量和速度相关的一个物理量来描述物体机械运动的强弱程度，即动量。

（一）质点的动量

质点的质量 m 与它的速度 $\boldsymbol{v}$ 的乘积 $m\boldsymbol{v}$，称为质点的动量，用 $\boldsymbol{p}$ 来表示［图 10-1(a)］，即

$$\boldsymbol{p}=m\boldsymbol{v} \tag{10-1}$$

动量是一瞬时矢量，方向与速度一致。在国际单位制中，动量的单位是 kg·m/s 或 N·s。

（二）质点系的动量

设有一 n 个质点组成的质点系，某瞬时质量为 m_i 的第 i 个质点的速度为 $\boldsymbol{v}_i$，则由单个质点的动量定义知，第 i 个质点的动量为

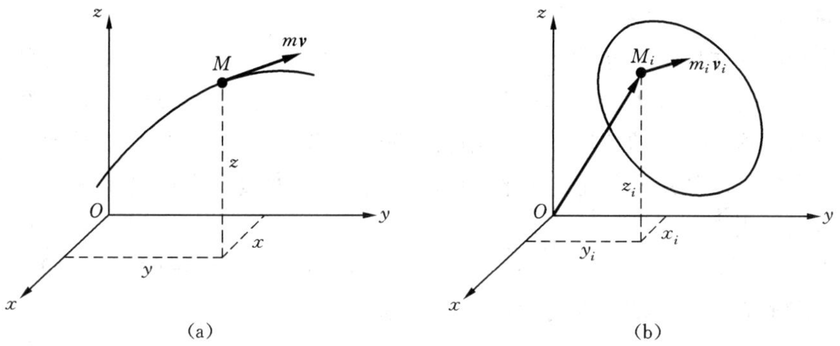

图 10-1

质点的动量

质点系的动量

$$\boldsymbol{p}_i = m_i \boldsymbol{v}_i \quad (i=1,\ 2,\ \cdots,\ n)$$

如图 10-1（b）所示，质点系的动量为

$$\boldsymbol{p} = \sum_{i=1}^{n} \boldsymbol{p}_i = \sum_{i=1}^{n} m_i \boldsymbol{v}_i \tag{10-2}$$

质点系的运动不仅与所受的力有关，而且与质点系质量的分布情况有关，而质量分布的特征之一可以用质量中心（简称质心）来描述。

设有一 n 个质点组成的质点系，质点系中第 i 个质点的质量为 m_i，它的位置可由以 O 为参考点的位置矢径 $\boldsymbol{r}_i$ 表示，如图 10-2 所示，则质心 C 的位置由下式决定：

$$\boldsymbol{r}_C = \frac{\sum m_i r_i}{\sum m_i} = \frac{\sum m_i \boldsymbol{r}_i}{M} \tag{10-3}$$

式中：M 为质点系的总质量，$M = \sum m_i$。

将式（10-3）变形并对时间求导得

$$\frac{\mathrm{d}\boldsymbol{r}_C}{\mathrm{d}t} = \frac{\mathrm{d}}{\mathrm{d}t}\left(\frac{\sum m_i \boldsymbol{r}_i}{\sum m_i}\right) = \frac{\sum m_i \dfrac{\mathrm{d}\boldsymbol{r}_i}{\mathrm{d}t}}{M}$$

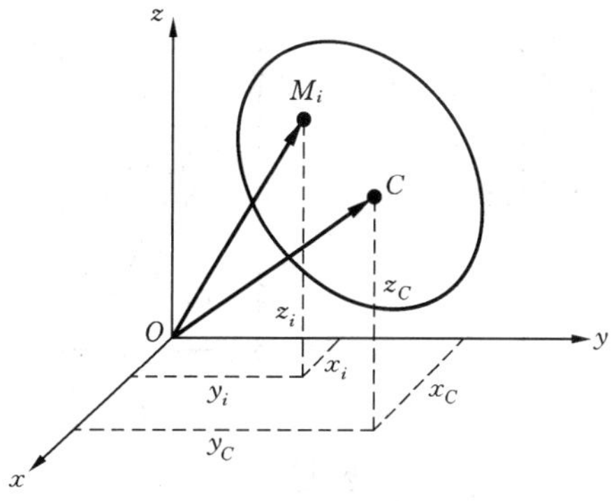

图 10-2

质心位置的确定

$\dfrac{\mathrm{d}\boldsymbol{r}_C}{\mathrm{d}t} = \boldsymbol{v}_C$ 为质心 C 点的速度，$\dfrac{\mathrm{d}\boldsymbol{r}_i}{\mathrm{d}t} = \boldsymbol{v}_i$ 为第 i 个质点的速度。代入上式得

$$\boldsymbol{v}_C = \frac{\sum m_i \boldsymbol{v}_i}{M}$$

所以，质点系的动量为

$$\boldsymbol{p} = \sum_{i=1}^{n} \boldsymbol{p}_i = \sum_{i=1}^{n} m_i \boldsymbol{v}_i = M\boldsymbol{v}_C \tag{10-4}$$

式（10-4）表明质点系的质量与质心速度的乘积等于质点系的动量，它给出了质点系动量的简捷求法。由公式知，不论质点系内各质点的速度如何不同，只要已知质心的速度，就可以求出整个质点系的动量。

二、力的冲量

一个物体在力的作用下引起的运动变化，不仅与力的大小和方向有关，而且与力作用时间的长短有关。例如人们推车厢沿铁轨运动，当推力大于摩擦阻力时，经过一段时间，能使车厢达到一定的速度；如果用机车牵引，只需用很短的时间便能达到该速度。因此，力的作用效果必须把力和作用时间结合起来度量。用冲量来量度力在一段时间内的累积作用。

当力 $\boldsymbol{F}$ 是常力时，力 $\boldsymbol{F}$ 与作用时间 t 的乘积 $\boldsymbol{F}t$，称为力在作用时间 t 内的冲量。冲量是矢量，用 $\boldsymbol{I}$ 表示，它的方向与力的方向一致。

$$\boldsymbol{I}=\boldsymbol{F}t \tag{10-5}$$

在国际单位制中，冲量的单位是 N·s，即 kg·m/s，与动量的单位相同。

当力 $\boldsymbol{F}$ 是变量时，可将力的作用时间分成无数微小的时间间隔 $\mathrm{d}t$，在这极短的时间间隔 $\mathrm{d}t$ 内，作用力 $\boldsymbol{F}$ 的大小方向均可视为恒定常量。因而，力 $\boldsymbol{F}$ 在 $\mathrm{d}t$ 中的微小冲量 $\mathrm{d}\boldsymbol{I}=\boldsymbol{F}\mathrm{d}t$，称为元冲量。

那么，力在一段有限时间间隔（t_2-t_1）内的冲量为

$$\boldsymbol{I}=\int_{I_1}^{I_2}\mathrm{d}\boldsymbol{I}=\int_{t_1}^{t_2}\boldsymbol{F}\mathrm{d}t \tag{10-6}$$

【例 10-1】　图 10-3 所示各均质刚体的质量为 m。试计算各刚体的动量。

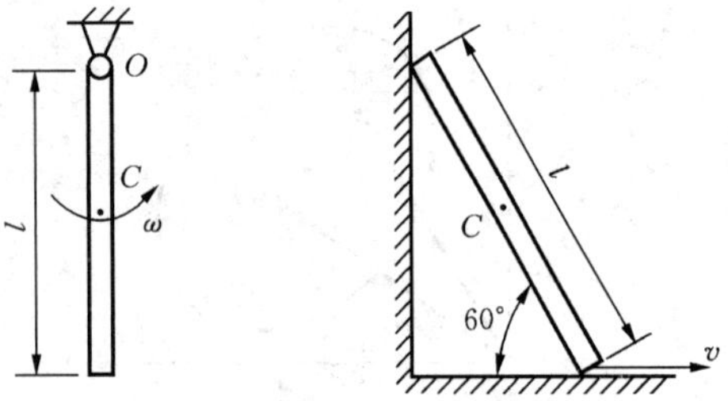

(a)　(b)

图 10-3

解：由多个质点组成的质点系（刚体）的动量的式（10-4），只需求解出质点系（刚体）上质心的速度即可。图 10-3 中均质细杆的质心在杆的中心 C 点，根据杆的运动可知，图 10-3（a）中，杆件绕点 O 做定轴转动，点 C 绕点 O 做半径为 $l/2$ 的圆周运动。

$$P=mv_C=m\cdot\frac{1}{3}l\omega\quad（方向水平向右）$$

图 10-3（b）中，杆件做平面运动，需求解质心 C 点的速度。根据运动学知识，杆件可以看作绕速度瞬心的瞬时定轴转动。

【例 10-2】　如图 10-4 所示，椭圆规尺 AB 的质量为 $2m_1$，曲柄 OC 的质量为 m_1，而滑块 A 和 B 的质量均为 m_2。已知：$OC=AC=CB=l$；曲柄和尺的质心分别在其中点上；曲柄绕 O 轴转动的角速度 ω 为常数。试求该机构（质点系）的动量。

解：此质点系统由四部分构成，分别为尺 AB、滑块 A、滑块 B 及曲柄 OC。

由点的运动学方法知：

$$v_A=2l\omega\cos\omega t（方向竖直向上）$$

$$v_B=2l\omega\sin\omega t（方向水平向左）$$

$$v_C=l\omega（方向垂直于 OC）$$

$$v_{C1}=\frac{l}{2}\omega（方向垂直于 OC）$$

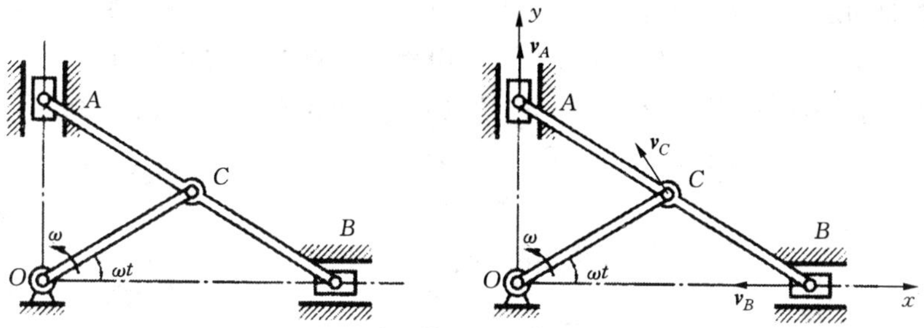

(a)　　　　(b)

图 10-4

建立 Oxy 直角坐标系，则

$$\boldsymbol{P}_A = m_2 \boldsymbol{v}_A = 2m_2 l\omega \cos\omega t \boldsymbol{j}$$

$$\boldsymbol{P}_B = m_2 \boldsymbol{v}_B = -2m_2 l\omega \sin\omega t \boldsymbol{i}$$

$$\boldsymbol{P}_{AB} = 2m_1 \boldsymbol{v}_C = -2m_1 l\omega \sin\omega t \boldsymbol{i} + 2m_1 l\omega \cos\omega t \boldsymbol{j}$$

$$\boldsymbol{P}_{OC} = m_1 \boldsymbol{v}_{C1} = -\frac{1}{2} m_1 l\omega \sin\omega t \boldsymbol{i} + \frac{1}{2} m_1 l\omega \cos\omega t \boldsymbol{j}$$

$$\therefore \boldsymbol{P} = \boldsymbol{P}_A + \boldsymbol{P}_B + \boldsymbol{P}_{AB} + \boldsymbol{P}_{OC}$$

$$= -\left(2m_2 + \frac{5}{2} m_1\right) l\omega (\sin\omega t \boldsymbol{i} + \cos\omega t \boldsymbol{j})$$

$$= -\frac{l\omega}{2}(5m_1 + 4m_2)(\sin\omega t \boldsymbol{i} + \cos\omega t \boldsymbol{j})$$

系统总动量的大小为

$$P = \sqrt{P_x^2 + P_y^2} = \frac{l\omega}{2}(5m_1 + 4m_2)$$

（方向垂直于 OC 且与 OC 杆的转动方向一致）

本题也可将规尺 AB 与滑块 A 和 B 看作一个整体，质心在 C 点，计算机构的动量会更简洁。

第二节　动　量　定　理

一、质点的动量定理

首先建立质点的动量与作用在质点上力的冲量之间的关系。

设质量为 m 的质点，作用在质点上的合力为 $\boldsymbol{F}$。根据质点动力学基本方程有

$$\boldsymbol{F} = m\boldsymbol{a}$$

由运动学知识有 $\boldsymbol{a} = \frac{\mathrm{d}\boldsymbol{v}}{\mathrm{d}t}$，将其代入上式得 $\boldsymbol{F} = m\frac{\mathrm{d}\boldsymbol{v}}{\mathrm{d}t}$，如果质量 m 不随时间变化，则上式可改写为

$$\boldsymbol{F} = \frac{\mathrm{d}(m\boldsymbol{v})}{\mathrm{d}t} \quad \text{或} \quad \mathrm{d}\boldsymbol{I} = \mathrm{d}\boldsymbol{p} \quad [\boldsymbol{F}\mathrm{d}t = \mathrm{d}(m\boldsymbol{v})] \tag{10-7}$$

上式即质点的动量定理的微分形式。表明质点动量对时间的导数等于作用在该质点上的合力；或质点动量的微分（增量）等于作用于该质点上力的元冲量。

若质点在有限时间间隔（t_2-t_1）内速度从 $\boldsymbol{v}_1$ 变化到 $\boldsymbol{v}_2$，则式（10-7）积分可得

$$\int_{I_1}^{I_2}\mathrm{d}I=\int_{p_1}^{p_2}\mathrm{d}\boldsymbol{p}$$

$$\int_{t_1}^{t_2}\boldsymbol{F}\mathrm{d}t=\int_{v_1}^{v_2}\mathrm{d}(m\boldsymbol{v})$$

$$\boldsymbol{I}=m\boldsymbol{v}_2-m\boldsymbol{v}_1=\Delta\boldsymbol{p} \tag{10-8}$$

上式就是质点的动量定理的积分形式。表明在某一时间间隔内，质点动量的变化量等于作用于该质点的力在同一时间间隔内的冲量。式（10-8）又称质点的冲量定理。

二、质点系的动量定理

设由 n 个质点组成的质点系，其中任一质点 M_i 的质量为 m_i，它在任一瞬时的速度为 $\boldsymbol{v}_i$，设作用于该质点的合力为 $\boldsymbol{F}_i$。则由单个质点的动量定理的微分形式得

$$\boldsymbol{F}_i=\frac{\mathrm{d}m_i\boldsymbol{v}_i}{\mathrm{d}t}\quad(i=1,\ 2,\ \cdots,\ n)$$

将上述 n 个方程两端分别相加得

$$\sum_{i=1}^{n}\boldsymbol{F}_i=\sum_{i=1}^{n}\frac{\mathrm{d}m_i\boldsymbol{v}_i}{\mathrm{d}t}$$

由牛顿第三定律知，作用在质点上的内力总是成对出现，且大小相等方向相反，即 $\boldsymbol{F}_{ij}=-\boldsymbol{F}_{ji}$，其中，($i$，$j=1$，2，…，$n$，且 $i\neq j$)，因此，将质点系中的每一个质点所受到的力分为两部分：一部分为质点系以外的其他物体对它的作用力，称为外力，通常用 $\boldsymbol{F}_i^{(\mathrm{e})}$ 表示；另一部分为质点系内的其他质点对它的作用力，称为内力，通常用 $\boldsymbol{F}_i^{(\mathrm{i})}=\sum\limits_{j=1(i\neq j)}^{n}\boldsymbol{F}_{ij}$ 表示；由此上式可改写为

$$\sum_{i=1}^{n}(\boldsymbol{F}_i^{(\mathrm{e})}+\boldsymbol{F}_i^{(\mathrm{i})})=\sum_{i=1}^{n}\frac{\mathrm{d}m_i\boldsymbol{v}_i}{\mathrm{d}t}$$

$$\sum_{i=1}^{n}\boldsymbol{F}_i^{(\mathrm{e})}+\sum_{i=1}^{n}\boldsymbol{F}_i^{(\mathrm{i})}=\sum_{i=1}^{n}\frac{\mathrm{d}m_i\boldsymbol{v}_i}{\mathrm{d}t}$$

因为质点系内质点相互作用的内力相互抵消，因此内力主矢等于零，即 $\sum\limits_{i=1}^{n}\boldsymbol{F}_i^{(\mathrm{i})}=\sum\limits_{i=1}^{n}\sum\limits_{j=1(i\neq j)}^{n}\boldsymbol{F}_{ij}=0$，则，上式写为

$$\sum_{i=1}^{n}\boldsymbol{F}_i^{(\mathrm{e})}=\sum_{i=1}^{n}\frac{\mathrm{d}m_i\boldsymbol{v}_i}{\mathrm{d}t}$$

$$\sum_{i=1}^{n}\boldsymbol{F}_i^{(\mathrm{e})}=\sum_{i=1}^{n}\frac{\mathrm{d}m_i\boldsymbol{v}_i}{\mathrm{d}t}=\frac{\mathrm{d}}{\mathrm{d}t}\Big(\sum_{i=1}^{n}m_i\boldsymbol{v}_i\Big)$$

$$\sum\boldsymbol{F}^{(\mathrm{e})}=\frac{\mathrm{d}\boldsymbol{p}}{\mathrm{d}t} \tag{10-9}$$

即质点系的动量对时间的导数等于作用于该质点系的所有外力的矢量和（外力的

主矢），这就是质点系的动量定理。

式（10－9）也可写成

$$\sum F^{(e)}\ \mathrm{d}t=\mathrm{d}\boldsymbol{p} \tag{10-10}$$

即质点系动量的微分（增量）等于所有作用于质点系的合外力的元冲量。

若质点系在有限时间间隔（t_2-t_1）内动量从 $\boldsymbol{p}_1$ 变化到 $\boldsymbol{p}_2$，则式（10－10）积分可得

$$\int_{t_1}^{t_2}\sum \boldsymbol{F}^{(e)}\ \mathrm{d}t=\int_{p_1}^{p_2}\mathrm{d}\boldsymbol{p}=\boldsymbol{p}_2-\boldsymbol{p}_1 \tag{10-11}$$

式（10－11）为质点系的动量定理的积分形式，即在某一段时间间隔内，质点系动量的改变量等于在这段时间内作用于质点系合外力的冲量。

质点系的动量定理是矢量式，在应用时，应根据情况取其在不同参考坐标系下的投影形式。

在空间直角坐标系中：

$$\begin{cases}\sum F_x^{(e)}=\dfrac{\mathrm{d}p_x}{\mathrm{d}t}\\[2ex]\sum F_y^{(e)}=\dfrac{\mathrm{d}p_y}{\mathrm{d}t}\\[2ex]\sum F_z^{(e)}=\dfrac{\mathrm{d}p_z}{\mathrm{d}t}\end{cases} \tag{10-12}$$

在自然角坐标系中：

$$\begin{cases}\sum F_\tau^{(e)}=\dfrac{\mathrm{d}p_\tau}{\mathrm{d}t}\\[2ex]\sum F_n^{(e)}=\dfrac{\mathrm{d}p_n}{\mathrm{d}t}\\[1ex]\sum F_b^{(e)}=0\end{cases} \tag{10-13}$$

式（10－12）和式（10－13）称为质点系的动量定理在坐标轴上的投影形式。

质点系的动量定理的表达式（10－9）和式（10－11）中，不包含质点系的内力。这说明内力不能改变整个质点系的动量，因而在研究质点系整体运动问题时，可不考虑内力，使问题大为简化。

三、质点系的动量守恒定律

质点系的动量定理的表达式 $\sum \boldsymbol{F}^{(e)}=\dfrac{\mathrm{d}\boldsymbol{p}}{\mathrm{d}t}$ 中，如果外力主矢量 $\sum \boldsymbol{F}^{(e)}=0$，则

$$\boldsymbol{p}_1=\boldsymbol{p}_2=\cdots=\text{常矢量}$$

由此可得到质点系的动量守恒定律：如作用于质点系的所有外力的矢量和等于零，则该质点系的动量保持不变。

虽然外力主矢量 $\sum \boldsymbol{F}^{(e)}\neq 0$，但是外力主矢量在某一方向上（比如 x 轴方向）的投影 $\sum F_x^{(e)}=0$，则

$$p_{1x}=p_{2x}=\cdots=\text{常数}$$

由此可得到质点系的动量部分守恒定律：如作用于质点系的所有外力在某一轴上投影的代数和等于零，则该质点系的动量在该轴上的投影保持不变。

质点系的动量守恒例子很多，例如，子弹与枪体组成质点系。在射击前，总动量等于零，当火药在枪膛内爆炸时，作用于子弹的压力是内力，它使子弹获得向前动量的同时，气体压力使枪体获得向后的动量（称为反座现象），当枪在水平方向没有外力时，这个方向总动量恒保持为零。由此例可以看出，内力不能改变整个质点系的动量，但可以改变质点系中各质点的动量。

【例 10-3】 如图 10-5（a）所示，均质滑轮 A 质量为 m，重物 M_1、M_2 质量分别为 m_1 和 m_2，斜面的倾角为 θ，忽略摩擦。已知重物 M_2 的加速度 $\boldsymbol{a}$，试求轴承 O 处的约束力（表示成 a 的函数）。

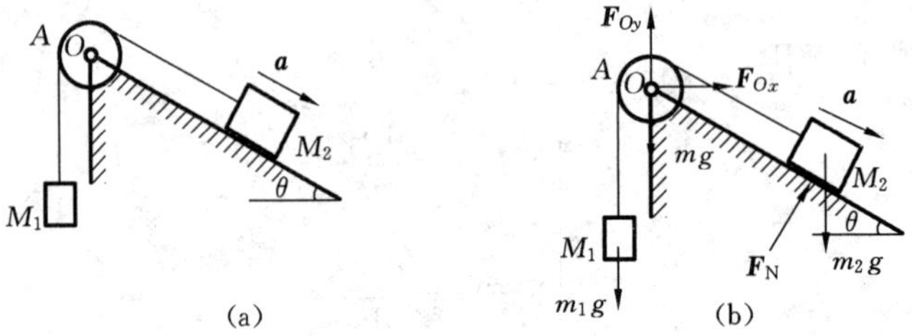

图 10-5

解：以系统整体为研究对象，分析受力如图 10-5（b）所示，系统动量在水平与垂直方向的投影为

$$P_x=m_2v\cos\theta$$
$$P_y=m_1v-m_2v\sin\theta$$

应用动量定理：

$$\frac{\mathrm{d}p_x}{\mathrm{d}t}=m_2a\cos\theta=F_{Ox}+F_{\mathrm{N}}\sin\theta$$

$$\frac{\mathrm{d}p_y}{\mathrm{d}t}=m_1a-m_2a\sin\theta=F_{Oy}+F_{\mathrm{N}}\cos\theta-(m+m_1+m_2)g$$

分析 M_2 可知：$F_{\mathrm{N}}=m_2g\cos\theta$

则有　$F_{Ox}=m_2a\cos\theta-m_2g\cos\theta\sin\theta=(a-g\sin\theta)m_2\cos\theta$

$$F_{Oy}=(m_1-m_2\sin\theta)a-m_2g\cos^2\theta+(m+m_1+m_2)g$$

【例 10-4】 如图 10-6（a）所示，水泵的固定外壳 D 和基础 E 的质量为 m_1，曲柄 $OA=d$，质量为 m_2，滑道 B 和活塞 C 的质量为 m_3。若曲柄 OA 以角速度 ω 做匀角速转动，试求水泵在唧水时给地面的动压力（曲柄可视为匀质杆）。

解：以整个水泵为研究对象，如图 10-6（b）所示。用动量定理求解。

瞬时 t，系统动量为

$$\boldsymbol{p}=\boldsymbol{p}_2+\boldsymbol{p}_3$$

$p_2=m_2v_{C2}=m_2\dfrac{d}{2}\omega$，方向如图 10-6（b）所示。

$p_3=m_3v_{C3}=m_3d\omega\sin\varphi$，方向如图 10-6（b）所示。

由质点系的动量定理得

$$\frac{\mathrm{d}p_y}{\mathrm{d}t}=F_y=\sum F_y \tag{a}$$

$$\frac{\mathrm{d}p_x}{\mathrm{d}t}=F_x=\sum F_x \tag{b}$$

$$p_y=p_{2y}+p_{3y}=m_2\frac{d}{2}\omega\sin\varphi+m_3d\omega\sin\varphi$$

$$p_x=p_{2x}+p_{3x}=m_2\frac{d}{2}\omega\cos\varphi$$

$$F_x=\sum F_x=F_x$$

$$F_y=\sum F_y=F_y-(m_1+m_2+m_3)g$$

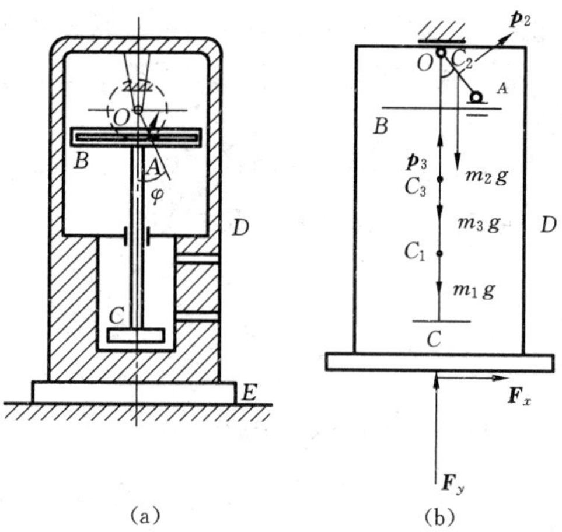

图 10-6

代入式（a）、式（b），并注意到 $\varphi=\omega t$，得

$$\frac{\mathrm{d}}{\mathrm{d}t}\left(m_2\frac{d}{2}\omega\sin\omega t+m_3d\omega\sin\omega t\right)=F_y-(m_1+m_2+m_3)g$$

$$\frac{\mathrm{d}}{\mathrm{d}t}\left(m_2\frac{d}{2}\omega\cos\omega t\right)=F_x$$

得

$$F_y=(m_1+m_2+m_3)g+\frac{m_2+2m_3}{2}\mathrm{d}\omega^2\cos\omega t \tag{c}$$

$$F_x=-\frac{d}{2}m_2\omega^2\sin\omega t \tag{d}$$

第三节　质心运动定理

一、质心运动定理

由质点系的动量定理的微分形式 $\sum \boldsymbol{F}^{(e)}=\frac{\mathrm{d}\boldsymbol{p}}{\mathrm{d}t}$，并将 $\boldsymbol{p}=M\boldsymbol{v}_C$ 代入，得

$$\sum \boldsymbol{F}^{(e)}=\frac{\mathrm{d}}{\mathrm{d}t}(M\boldsymbol{v}_C)$$

对于不变质点系，上式可写为

$$\sum \boldsymbol{F}^{(e)}=M\frac{\mathrm{d}\boldsymbol{v}_C}{\mathrm{d}t}$$

式中，$\frac{\mathrm{d}\boldsymbol{v}_C}{\mathrm{d}t}=\boldsymbol{a}_C$ 为质心 C 的加速度，于是得

$$\sum \boldsymbol{F}^{(e)}=M\boldsymbol{a}_C \tag{10-14}$$

这就是质心运动定理。它表明：质点系的质量与其质心加速度的乘积等于作用在质点系上外力的矢量和。

将式（10-14）和质点的动力学基本方程 $\sum \boldsymbol{F}=m\boldsymbol{a}$ 相比较，可以看出它们在形式上相似，因此，质心运动定理也可以叙述为：质点系质心的运动，可以看成单个质点的运动，假想在此质点上集中了整个质点系的质量，同时也集中了质点系的全部外力所产生的运动。

质心运动定理是矢量式，在应用时取其投影形式。

在直角坐标轴上的投影式为

$$\begin{cases}\sum F_x^{(e)}=Ma_{Cx}\\ \sum F_y^{(e)}=Ma_{Cy}\\ \sum F_z^{(e)}=Ma_{Cz}\end{cases}\tag{10-15}$$

在自然轴上的投影式为

$$\begin{cases}\sum F_n^{(e)}=Ma_C^n=M\dfrac{v_C^2}{\rho}\\ \sum F_\tau^{(e)}=Ma_C^\tau=M\dfrac{\mathrm{d}v_C}{\mathrm{d}t}\\ \sum F_b^{(e)}=Ma_C^b=0\end{cases}\tag{10-16}$$

运用质心运动定理研究物体的运动时有着明显的力学意义。当物体平动时，各点的运动与质心的运动完全相同，因而质心运动定理就完全决定了该物体的运动。当物体做复杂运动时，可将它的运动分解为随同质心的平动和绕质心的转动，而平动部分可以用质心运动定理来解决。

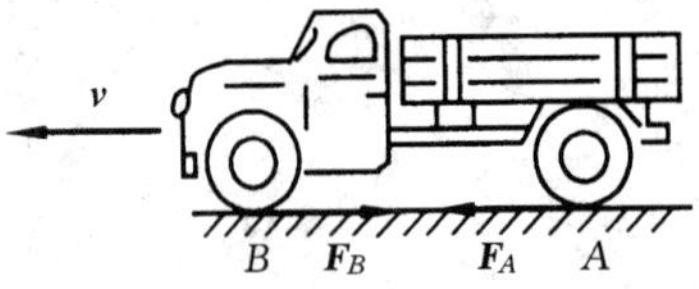

图 10-7

质心运动定理公式（10－14）中不包含内力，这说明质心的运动不受内力的影响，只有外力才能改变质心的运动。例如，汽车运动时，发动机汽缸内的气体压力对整个汽车来说只是内力，它不能直接使汽车由静止开始运动。但是当发动机运转时，燃气压力推动汽缸内的活塞，经过一套机构，将力矩传给主动轮（一般是后轮），如图 10－7 所示，若车轮与地面的接触面足够粗糙，那么地面对车轮作用的静滑动摩擦力（$\boldsymbol{F}_A-\boldsymbol{F}_B$）就是使汽车的质心改变运动状态的外力。如地面光滑，或 $\boldsymbol{F}_A$ 克服不了汽车前进的阻力 $\boldsymbol{F}_B$，那么尽管发动机开动，车轮在转，也只能原地打滑。

二、质心运动守恒定律

质心运动定理的表达式 $\sum\boldsymbol{F}^{(e)}=M\boldsymbol{a}_C$ 中，如果外力主矢量 $\sum\boldsymbol{F}^{(e)}=0$，得 $\boldsymbol{a}_C=0$ 或 $\boldsymbol{v}_C=$ 常矢量。

1. $\boldsymbol{v}_C=$ 常矢量 $\neq 0$

即当作用于质点系的外力主矢等于零时，则质心保持匀速直线运动状态，即动量守恒。

2. $\boldsymbol{v}_C=$ 常矢量 $=0$

即当作用于质点系的外力主矢等于零时，且初瞬时质心静止，则质心的位置始终不变，称为质心位置守恒。

如果虽然外力主矢量 $\sum\boldsymbol{F}^{(e)}\neq 0$，但是外力主矢量在某一方向上（比如 x 轴方向）

投影$\sum F_x^{(e)}=0$，则得$a_{Cx}=0$或$v_{Cx}=$常数。

（1）$v_{Cx}=$常数$\neq 0$，即当作用于质点系的所有外力在某轴上投影的代数和等于零，则质心的速度在该轴上的投影是常量。

（2）$v_{Cx}=$常数$=0$，即当作用于质点系的所有外力在某轴上投影的代数和等于零，且初速度投影等于零，则质心在该轴上投影的坐标保持不变，即$x_C=$常量。称为质心在某方向的位置守恒。

【例 10-5】 上节中［例 10-4］用动量定理进行求解，下面用质心运动定理求解。

解： 以整个水泵为研究对象，如图 10-6 所示。用质心运动定理解。

研究对象及受力同前。

$$M\boldsymbol{a}_C=\boldsymbol{F}_R$$

$$\boldsymbol{p}=\boldsymbol{p}_2+\boldsymbol{p}_3$$

$$M\boldsymbol{v}_C=m_2\boldsymbol{v}_{C2}+m_3\boldsymbol{v}_{C3}$$

$$M\boldsymbol{a}_C=m_2\boldsymbol{a}_{C2}+m_3\boldsymbol{a}_{C3}$$

$a_{C2}=\dfrac{d}{2}\omega^2$，方向指向$O$点。

$a_{C3}=d\omega^2\cos\omega t$，方向向上。

写出质心运动定理的投影形式：

$$m_2\frac{d}{2}\omega^2\cos\omega t+m_3d\omega^2\cos\omega t=F_y-(m_1+m_2+m_3)g$$

$$-m_2\frac{d}{2}\omega^2\sin\omega t=F_x$$

则有

$$F_x=-m_2\frac{d}{2}\omega^2\sin\omega t$$

$$F_y=(m_1+m_2+m_3)g+\frac{m_2+2m_3}{2}d\omega^2\cos\omega t$$

结果同［例 10-4］。

【例 10-6】 电动机的外壳固定在水平基础上，定子质量为m_1，转子质量为m_2。转子的转轴通过定子的质心O_1，但由于制造误差，转子的质心O_2到O_1的距离为e，如图 10-8 所示。已知转子匀速转动角速度为ω。求基础的反力。

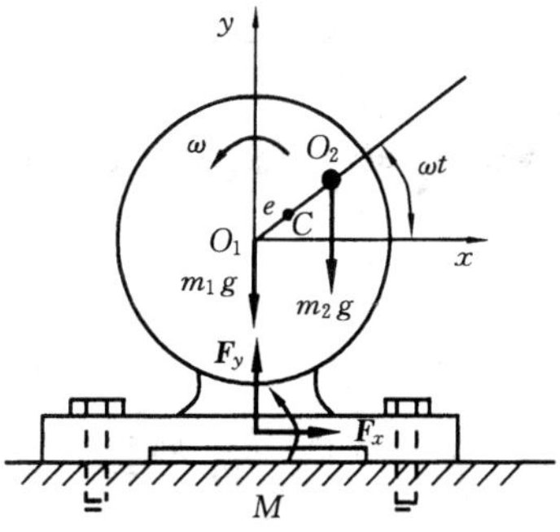

图 10-8

解： 选取整个电机为研究的质点系。这样可以不考虑使转子转动的内力；外力有定子的重力m_1g，转子的重力m_2g，基础的反力$\boldsymbol{F}_x$、$\boldsymbol{F}_y$和反力偶M。

建立直角坐标系如图 10-8 所示，则质点系质心的坐标为

$$x_C=\frac{m_1x_1+m_2x_2}{m_1+m_2}$$

$$y_C = \frac{m_1 y_1 + m_2 y_2}{m_1 + m_2}$$

其中 x_1 和 y_1 为定子质心 O_1 的坐标，$x_1 = y_1 = 0$，x_2、y_2 为转子质心 O_2 的坐标，则 $x_2 = e\cos\omega t$，$y_2 = e\sin\omega t$。所以

$$\begin{cases} x_C = \dfrac{m_2 e\cos\omega t}{m_1 + m_2} \\ y_C = \dfrac{m_2 e\sin\omega t}{m_1 + m_2} \end{cases} \tag{a}$$

根据质心运动定理在直角坐标轴上的投影得

$$\begin{cases} F_x = (m_1 + m_2) a_{Cx} \\ F_y - m_1 g - m_2 g = (m_1 + m_2) a_{Cy} \end{cases} \tag{b}$$

式（a）求导并代入式（b）得

$$\begin{cases} F_x = -m_2 e\omega^2 \cos\omega t \\ F_y = m_1 g + m_2 g - m_2 e\omega^2 \sin\omega t \end{cases}$$

可以看出，电动机的支座反力是时间的正弦和余弦函数，即大小和方向是变化的。这种变化的作用力常成为振动的激励源，影响很大。因此，转子的平衡（消除偏心距 e）的问题，是工程中一个很重要的实际问题。

用质心运动定理只能求出 $\boldsymbol{F}_x$、$\boldsymbol{F}_y$，而对约束反力偶却无能为力，这可用动量矩定理解决，读者在学完下一章之后可自己求解。

【例 10-7】 如图 10-9 所示，设［例 10-4］中的电机没用螺栓固定，各处摩擦不计，求电动机外壳的运动。设定子由静止开始运动。

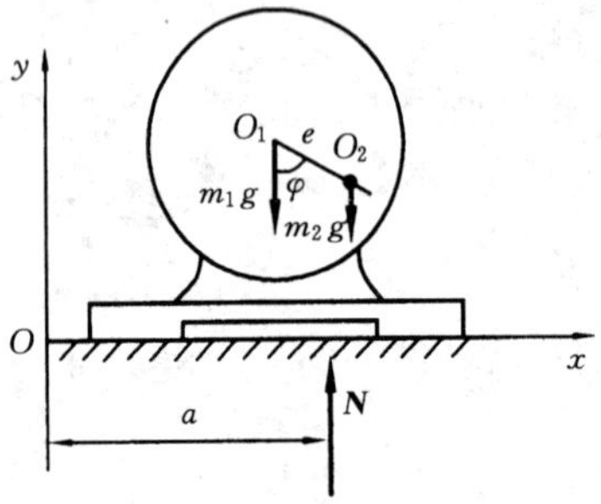

图 10-9

解： 取电机定子，转子为研究的质点系。电机受到的作用力有定子和转子的重力，以及地面的法向反力。

因为 $\sum F_x^{(e)} = 0$，且电机初始为静止，因此系统质心的坐标 x_C 保持不变。

建立坐标系如图 10-9 所示。转子在静止时，设 $x_{C1} = a$，当转子转过角度 $\varphi = \omega t$ 时，定子必定向左移动，设移动距离为 s，则

$$x_1 = a - s$$

$$x_2 = x_1 + e\sin\omega t = a - s + e\sin\omega t$$

则质心坐标为

$$x_{C2} = \frac{m_1 x_1 + m_2 x_2}{m_1 + m_2} = \frac{m_1(a - s) + m_2(a - s + e\sin\omega t)}{m_1 + m_2}$$

因为在水平方向质心守恒，所以有 $x_{C1} = x_{C2}$，解得

$$s = \frac{m_2 e\sin\omega t}{m_1 + m_2}$$

上式表明：当转子偏心的电动机未用螺栓固定时，电机将在水平方向做简谐振动，振

幅为$\dfrac{m_2 e}{m_1 + m_2}$，频率就是转子的角速度 ω。

综合以上各例可知，应用质心运动定理解题的步骤如下：

(1) 分析质点系所受的全部外力，包括主动力和约束反力。

(2) 根据外力主矢是否等于零，确定质心运动是否守恒。

(3) 如果外力主矢等于零，且质心初速度为零，则质心坐标保持不变，计算任一瞬时质心坐标和初瞬时质心坐标，令其相等，即可得到所要求的质点位移。

(4) 如果外力主矢不等于零，则计算任一瞬时质心坐标，求质心的加速度，然后应用质心运动定理求未知力。若在质点系上作用的未知力，在某一方向有两个以上，则质心运动定理只能求出它们在这个方向投影的代数和。

(5) 在外力已知时，欲求质心的运动规律，与求解质点的运动规律相同。

【例 10-8】 如图 10-10 所示，表示水流经变截面弯管的示意图。设流体是不可压缩的，流动是稳定的（即管内任一截面上的流速不随时间而变化）。求流体对管壁的附加动压力。

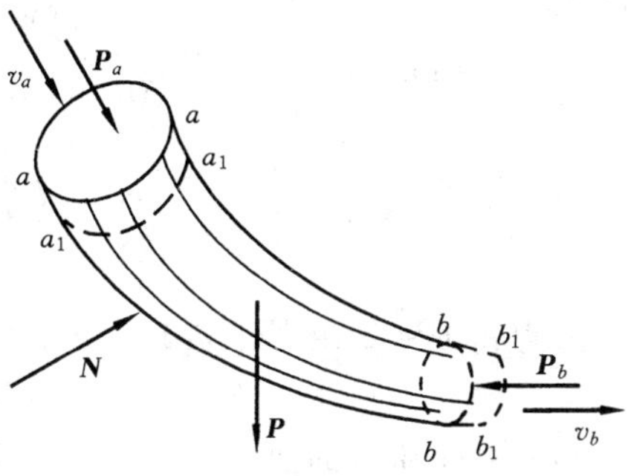

图 10-10

解： 取管中任意两截面 aa 和 bb 间的流体为研究的质点系。质点系受的外力有重力 $\boldsymbol{P}$、两截面受相邻流体的压力 $\boldsymbol{P}_a$ 和 $\boldsymbol{P}_b$ 及管壁对流体反力的合力 $\boldsymbol{N}$。

假如经过无限小的时间间隔 $\mathrm{d}t$，这一部分流体流到两截面 a_1a_1 和 b_1b_1 之间。设 Q 为流体的流量（即每秒钟流过任一截面的流体体积），ρ 为密度，则质点系在 $\mathrm{d}t$ 时间间隔内流过截面的质量为

$$m = Q\rho\mathrm{d}t$$

在时间间隔 $\mathrm{d}t$ 内质点系的动量变化为

$$\boldsymbol{p} - \boldsymbol{p}_0 = \boldsymbol{p}_{a_1b_1} - \boldsymbol{p}_{ab} = (\boldsymbol{p}_{bb_1} + \boldsymbol{p}_{a_1b}) - (\boldsymbol{p}'_{a_1b} + \boldsymbol{p}'_{aa_1})$$

因为管内流动是稳定的，有 $\boldsymbol{p}_{a_1b} = \boldsymbol{p}'_{a_1b}$，因此

$$\boldsymbol{p} - \boldsymbol{p}_0 = \boldsymbol{p}_{bb_1} - \boldsymbol{p}_{aa_1}$$

当 $\mathrm{d}t$ 取极小时，可认为截面 aa 与 a_1a_1 之间各质点的速度相同，截面 bb 与 b_1b_1 之间各质点的速度也相同，于是得

$$\boldsymbol{p} - \boldsymbol{p}_0 = Q\rho\mathrm{d}t(\boldsymbol{v}_b - \boldsymbol{v}_a)$$

应用质点系动量定理可得

$$Q\rho\mathrm{d}t(v_a - v_b) = (W + P_a + P_b + N)\mathrm{d}t$$

消去 $\mathrm{d}t$ 得

$$Q\rho(v_a - v_b) = W + P_a + P_b + N$$

因管壁对流体的反力 $\boldsymbol{N}$ 包含两部分：$\boldsymbol{N}_{静}$ 为不考虑流体动量改变时管壁的静反力，$\boldsymbol{N}_{动}$ 为由于流体的动量变化而产生的附加动压力，则

$$\boldsymbol{W} + \boldsymbol{P}_a + \boldsymbol{P}_b + \boldsymbol{N}_{静} = 0$$

附加动压力由下式确定：

$$N_{动} = Q\rho(\boldsymbol{v}_a - \boldsymbol{v}_b)$$

设截面 aa 和 bb 的面积分别为 A_a 和 A_b，由不可压缩流体的连续性定律知

$$Q = A_a v_a = A_b v_b$$

因此，只要知道流速和曲管的尺寸，即可求得附加动反力。流体对管壁的附加动压力与 $\boldsymbol{N}_{动}$ 大小相等，方向相反。在应用前面的结论时应取投影式。如图 10-11 所示，为一水平的等截面直角形弯管，当流体被迫改变流动方向时，对管壁施加的附加动压力的大小等于管壁对流体作用的附加动反力，即

$$N_{动x} = Q\rho(v_2 - 0) = \rho A_2 v_2^2$$

$$N_{动y} = Q\rho(0 + v_1) = \rho A_1 v_1^2$$

可见，当流速很高或管子的横截面积很大时，附加动压力很大，因此在管子的弯头处必须安装支座。

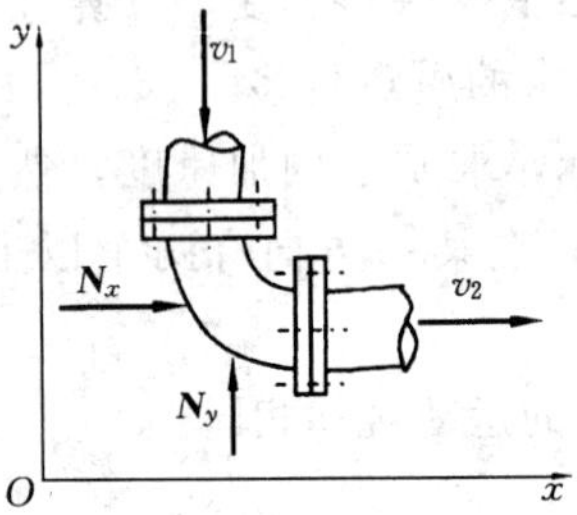

图 10-11

【小　　结】

质点系的动量定理建立了质点系动量的变化与作用力的冲量的关系。

1. 动量

(1) 单个质点的动量为

$$\boldsymbol{p} = m\boldsymbol{v}$$

(2) 质点系的动量为

$$\boldsymbol{p} = \sum_{i=1}^{n} \boldsymbol{p}_i = \sum_{i=1}^{n} m_i \boldsymbol{v}_i = M\boldsymbol{v}_C$$

2. 冲量

力的冲量为

$$I = \int_{I_1}^{I_2} \mathrm{d}I = \int_{t_1}^{t_2} \boldsymbol{F}\mathrm{d}t$$

3. 动量定理

(1) 质点的动量定理为

$$\boldsymbol{F} = \frac{\mathrm{d}(m\boldsymbol{v})}{\mathrm{d}t} \quad [\text{或 } \mathrm{d}(m\boldsymbol{v}) = \boldsymbol{F}\mathrm{d}t] \quad \text{微分形式}$$

$$\boldsymbol{I} = m\boldsymbol{v}_2 - m\boldsymbol{v}_1 = \Delta\boldsymbol{p} \quad \text{积分形式}$$

(2) 质点系的动量定理为

$$\sum F^{(e)} = \frac{\mathrm{d}\boldsymbol{p}}{\mathrm{d}t} \quad (\text{或} \sum \boldsymbol{F}^{(e)}\ \mathrm{d}t = \mathrm{d}\boldsymbol{p}) \quad \text{微分形式}$$

$$\int_{t_1}^{t_2} \sum \boldsymbol{F}^{(e)} \mathrm{d}t = \int_{\boldsymbol{p}_1}^{\boldsymbol{p}_2} \mathrm{d}\boldsymbol{p} = \boldsymbol{p}_2 - \boldsymbol{p}_1 \quad \text{积分形式}$$

4. 质点系的动量守恒定律

(1) 动量守恒定律：如果外力主矢 $\sum \boldsymbol{F}^{(e)} = 0$，则

$$\boldsymbol{p}_1=\boldsymbol{p}_2=\cdots=\text{常矢量}$$

（2）动量部分守恒定律：如果外力主矢在某一方向上（比如 x 轴方向）的投影 $\sum F_x^{(e)}=0$，则

$$p_{1x}=p_{2x}=\cdots=\text{常数}$$

5. 质心运动定理

（1）$\sum \boldsymbol{F}^{(e)}=M\boldsymbol{a}_C$。

（2）质心运动守恒定律。

1）若 $\sum \boldsymbol{F}^{(e)}=0$，则 $\boldsymbol{a}_C=0$ 或 $\boldsymbol{v}_C=$常矢量；当 $\boldsymbol{v}_C=0$ 时，$\boldsymbol{r}_C=$常矢量，即质心位置不变。

2）若 $\sum F_x^{(e)}=0$，则 $v_{Cx}=$常数；当 $v_{Cx}=0$ 时，$x_C=$常数，即质心 x 坐标不变。

6. 注意事项

动量定理与质心运动定理都是矢量形式，在应用时，用其投影形式，并注意以下几点：

（1）动量定理与质心运动定理都是由牛顿第二定律导出，故定理中的运动量如质心的坐标、速度和加速度等必须是相对于惯性参考系的。

（2）当计算由许多构件组成的质点系的动量时，可先用运动学的方法求得各构件的质心的速度，再由 $\boldsymbol{p}=\sum M\boldsymbol{v}_C$ 求出系统的总动量。并可根据矢量投影定理求得其投影值。

（3）应用质心运动定理计算 $M\boldsymbol{a}_C$ 时，可根据公式 $M\boldsymbol{a}_C=\sum m_i\boldsymbol{a}_i$ 求得，并用矢量投影定理，求出其投影值。这种情况多用于各构件质心的加速度容易求得的情况。也可根据 $x_C=\dfrac{\sum m_i x_i}{M}$ 计算质心的坐标，再通过求导求出质心的加速度。

第十章思考题

习 题

10-1 计算题 10-1 图中各刚体的动量。

（1）题 10-1 图（a）中质量为 m 的均质物块 A 以速度 $\boldsymbol{v}$ 水平向右滑动。

（2）题 10-1 图（b）中均质杆 AB 重为 Q。

（3）题 10-1 图（c）中质量为 m 的均质圆盘以角速度 ω 绕 O 轴转动，C 为圆盘质心，且 $OC=e$。

（4）题 10-1 图（d）中质量为 m 的均质圆盘沿水平面滚动，圆心速度为 v。

10-2 计算题 10-2 图中各系统的动量。

（1）已知 $OA=AB=l$，$\theta=45°$，ω 为常量，均质连杆 AB 的质量为 m，而曲柄 OA 和滑块 B 的质量不计［题 10-2 图（a）］。

（2）质量均为 m 的均质细杆 AB、BC 和均质圆盘 CD 用铰链联结在一起并支承，如图 10-2（b）所示。已知 $AB=BC=CD=2R$，图示瞬时 A、B、C 处于同一水平直线位置，而 CD 铅直，AB 杆以角速度 ω 转动。

（3）图示小球 M 质量为 m_1，固结在长为 l、质量为 m_2 的均质细杆 OM 上，杆的一端 O 铰接在不计质量且以速度 $\boldsymbol{v}$ 运动的小车上，杆 OM 以角速度 ω 绕 O 轴转动［题

10-2 图（c)]。

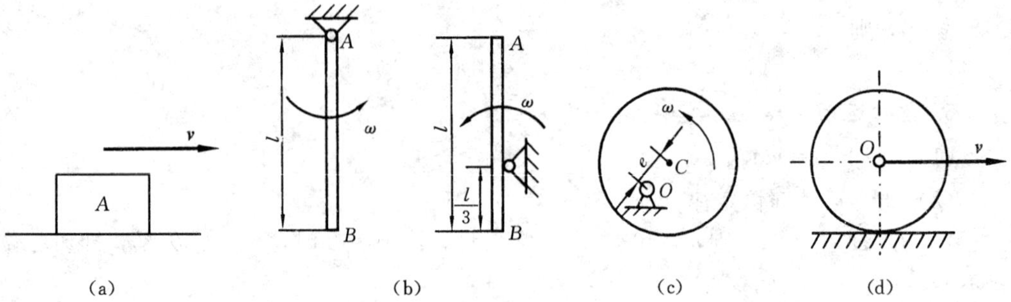

题 10-1 图

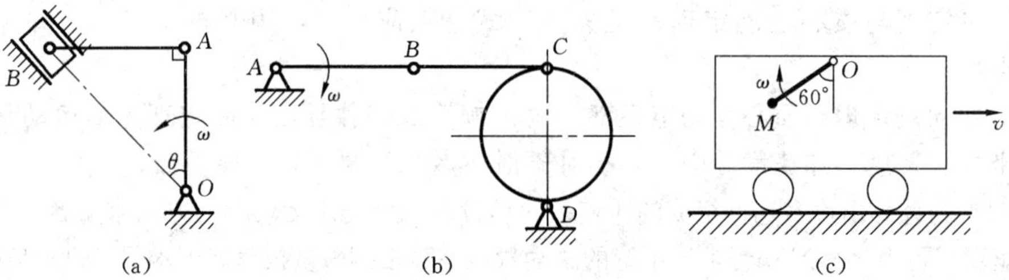

题 10-2 图

10-3　如题 10-3 图所示，曲柄连杆机构中，曲柄和连杆皆可视为均质杆。其中曲柄 OA 的质量为 m_1、长为 r；连杆 AB 的质量为 m_2、长为 l；滑块的质量为 m_3。图示瞬时曲柄 OA 转动的角速度为 ω，求机构在该瞬时的动量。

10-4　在题 10-4 图示系统中，均质杆 OA、AB 与均质轮的质量均为 m，OA 杆的长度为 l_1，AB 杆的长度为 l_2，轮的半径为 R，轮沿水平面做纯滚动。在图示瞬时，OA 杆的角速度为 ω，求整个系统的动量。

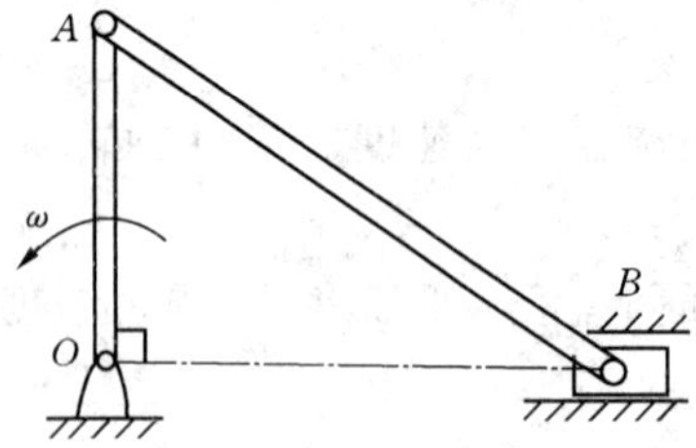

题 10-3 图

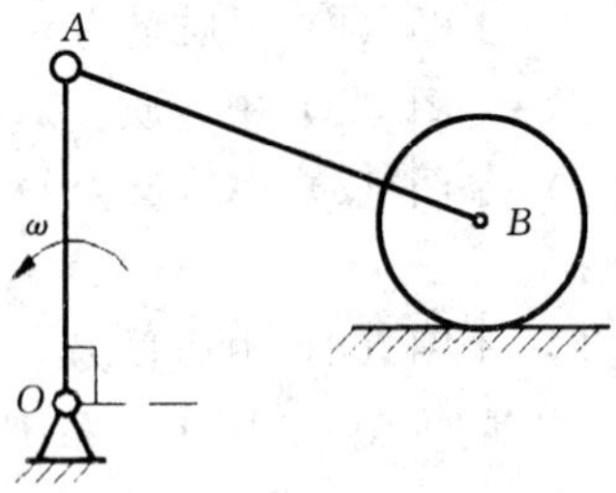

题 10-4 图

10-5　如题 10-5 图所示机构中，已知均质杆 AB 质量为 m，长为 l；均质杆 BC 质量为 $4m$，长为 $2l$。图示瞬时 AB 杆的角速度为 ω，求此时系统的动量。

10-6　系统由质量为 m_1 的滑块 A 和质量为 m_2 的杆 AB 构成，如题 10-6 图所示。滑块可沿水平平面滑动，以速度 v 向右移动，杆 AB 长为 l，试求 AB 杆角速度为 ω 时系统的动量。

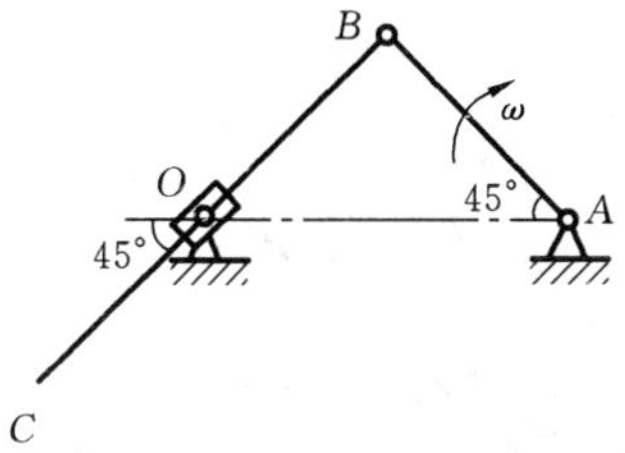

题 10－5 图

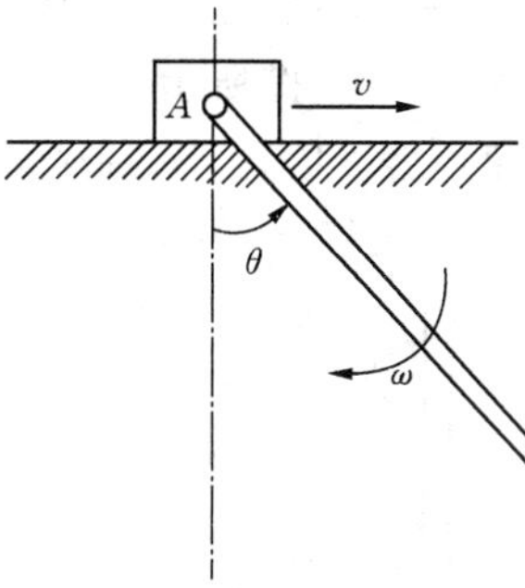

题 10－6 图

10－7　质量分别为 $m_A=12\text{kg}$、$m_B=10\text{kg}$ 的物块 A 和 B 用一轻杆连接，倚放在铅直墙面和水平地板上，如题 10－7 图所示。在物块 A 上作用一常力 $F=250\text{N}$，使它从静止开始向右运动。假设经过 1s 后，物块 A 移动了 1m，速度 $v_A=4.15\text{m/s}$，摩擦忽略不计，试求作用在墙面和地面的冲量。

10－8　三个重物 $m_1=20\text{kg}$，$m_2=15\text{kg}$，$m_3=10\text{kg}$，由一绕过两个定滑轮 M 和 N 的绳子相连接，如题 10－8 图所示。当重物 m_1 下降时，重物 m_2 在四角截头锥 $ABCD$ 的上面向右移动，而重物 m_3 则沿侧面 AB 上升。截头锥重 $P=100\text{N}$。如略去一切摩擦和绳子的质量，求当重物 m_1 下降 1m 时，截头锥相对地面的位移。

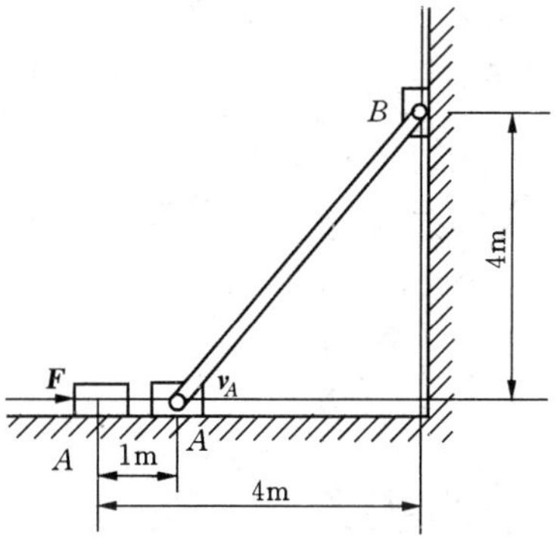

题 10－7 图

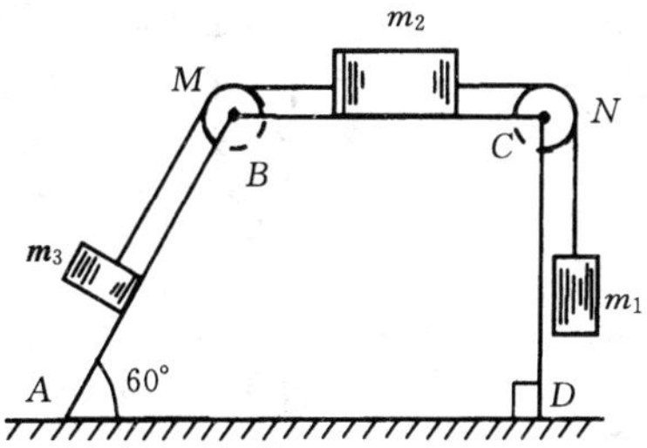

题 10－8 图

10－9　水平面上放一均质三棱柱 A，在此三棱柱上又放一均质三棱柱 B。两三棱柱的横截面均为直角三角形。三棱柱 A 的质量 m_A 为三棱柱 B 的质量 m_B 的三倍，其尺寸如题 10－9 图所示，设各处摩擦不计，初始时系统静止，求当三棱柱 B 沿三棱柱 A 滑下接触到水平面时，三棱柱 A 所移动的距离 s。

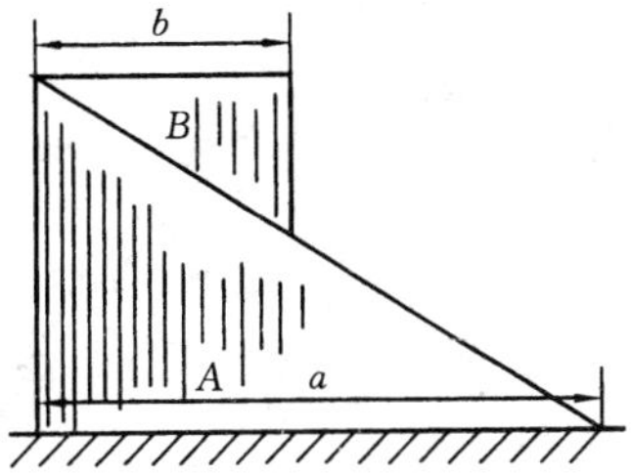

题 10－9 图

10－10　已知平台车质量 $m_1=500\text{kg}$，质量为 $m_2=70\text{kg}$ 的人站在平台车上，车与人以共同速度 v_0 向右方运动。人相对平台车以速度 $v_r=2\text{m/s}$ 向左方跳出，不计平台车水平方向的阻力及摩擦，试求平台车增加的速度。

10－11　如题 10－11 图所示，均质杆 AB 的长为 l，直立在光滑水平面上，求它由铅直位置无初速地倒下时端点 A 的轨迹。

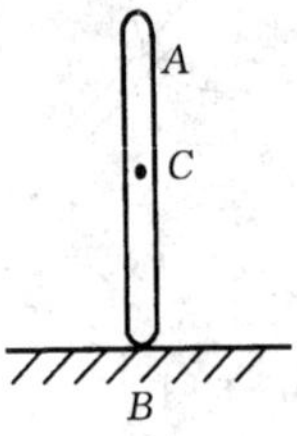

题 10－11 图

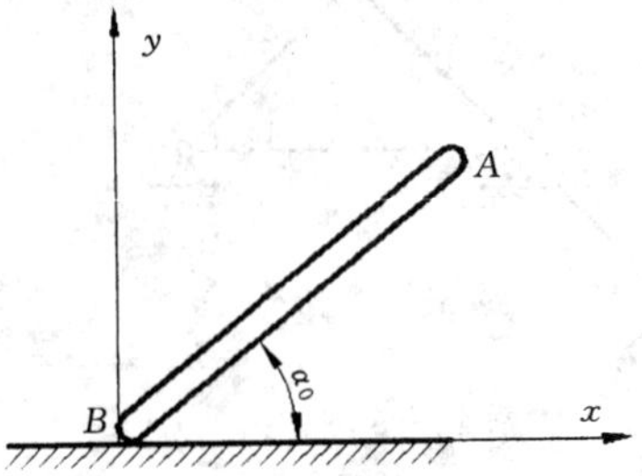

题 10－12 图

10－12　如题 10－12 图所示，长 $2l$ 的均质杆 AB，其一端 B 搁置在光滑水平面上，并与水平面成 α_0 角，求当杆倒下时 A 点的轨迹方程。

10－13　如题 10－13 图所示，滑轮中两重物 A 和 B 的质量分别为 m_1 和 m_2。如 A 物的下降加速度为 a，不计滑轮重量，求支座 O 的反力。

10－14　如题 10－14 图所示，均质杆 OA 长为 $2l$，重 P，绕通过 O 端的水平轴在竖直面内转动，设转动到与水平面成 φ 角时，角速度与角加速度分别为 ω 及 α，试求此时杆在 O 端所受的反力。

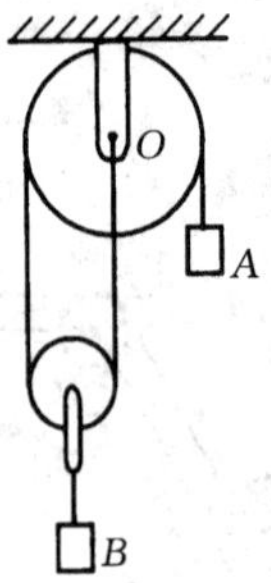

题 10－13 图

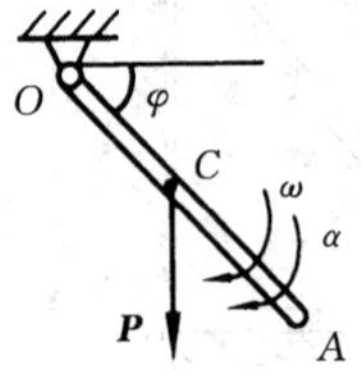

题 10－14 图

10－15　如题 10－15 图示机构中，鼓轮 A 质量为 m_1，转轴 O 为其质心。重物 B 的质量为 m_2，重物 C 的质量为 m_3，斜面光滑，倾角为 θ，已知重物 B 的加速度为 a，求轴承 O 处的约束反力。

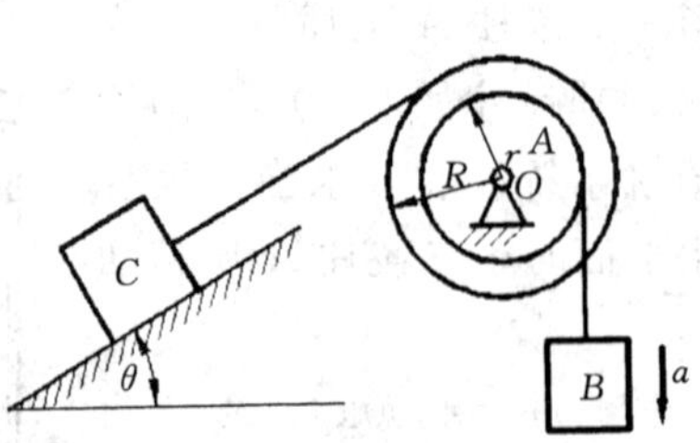

题 10－15 图

第十一章 动量矩定理

第十一章
思维导图

质点系受外力系作用，由静力学知，此力系向一点简化的结果取决于力系的主矢和主矩。由质点系的动量定理或质心运动定理知，外力系的主矢引起质点系的动量或质心运动的变化，那么，外力系的主矩对质点系的运动有什么影响呢？质点系的动量矩定理将解决这个问题。

质点系的动量定理只描述质点系运动的特征之一，不能全面描述质点系的运动状态。例如，一对称的圆轮绕不动的质心转动时，无论圆轮转动的快慢如何，无论转动状态有什么变化，它的动量恒等于零。由此可见，质点系的动量不能描述质点系相对于质心的运动状态，动量定理也不能阐明这种运动的规律，而动量矩定理正是描述质点系相对于某一定点（或定轴、质心）的运动状态的理论。因此可以说，质点系的动量和动量矩是描述质点系运动两方面特征的运动量，两者相互补充，使我们对质点系的运动有一定的了解。

本章首先介绍动量矩定理，然后再讨论刚体的定轴转动微分方程和平面运动微分方程。

第一节 动　量　矩

一、质点的动量矩

设一质量为 m 的质点 M 在力 $\boldsymbol{F}$ 的作用下沿一空间曲线运动，如图 11－1 所示，在某瞬时质点 M 的动量为 $m\boldsymbol{v}$，且质点 M 对于固定参考点 O 的位置矢径为 $\boldsymbol{r}$，则质点对点 O 的动量矩定义为矢径 $\boldsymbol{r}$ 与动量 $m\boldsymbol{v}$ 的矢积。用 $\boldsymbol{L}_O$ 表示，即

$$\boldsymbol{L}_O=\boldsymbol{L}_O(m\boldsymbol{v})=\boldsymbol{r}\times m\boldsymbol{v} \tag{11-1}$$

由定义知，质点对于点 O 的动量矩是矢量，它垂直于矢径 $\boldsymbol{r}$ 与 $m\boldsymbol{v}$ 所组成的平面，矢量的指向由右手法则确定，如图 11－1 所示，它的大小为

$$|\boldsymbol{L}_O|=|\boldsymbol{L}_O(m\boldsymbol{v})|=|\boldsymbol{r}\times m\boldsymbol{v}|=rmv\sin\varphi$$

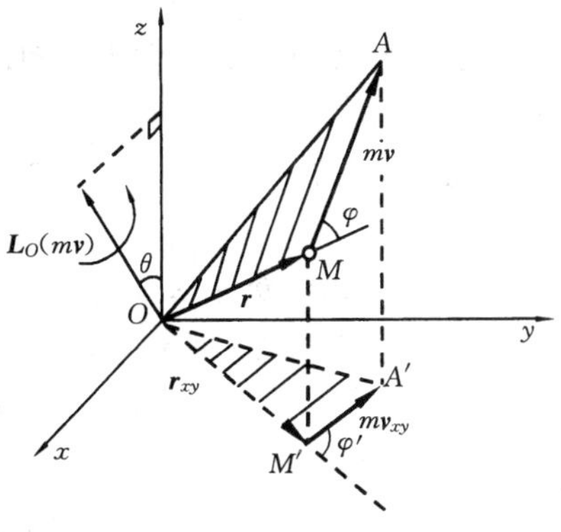

图 11－1

质点的动量 $m\boldsymbol{v}$ 对轴也有矩。质点的动量在垂直于 z 轴的平面（Oxy 平面）内的投影 $m\boldsymbol{v}_{xy}$ 对于 z 轴与面的交点 O 的矩，定义为质点动量对于 z 轴的矩，简称对于 z 轴的动量矩。

$$\boldsymbol{L}_z(m\boldsymbol{v})=\boldsymbol{L}_O(m\boldsymbol{v}_{xy})=\boldsymbol{r}_{xy}\times m\boldsymbol{v}_{xy} \tag{11-2}$$

质点对点
（轴）的动
量矩

它垂直于矢径 $\boldsymbol{r}$ 与 $m\boldsymbol{v}$ 所组成的平面的投影平面，方向指向由右手法则确定，如图 11-1 所示，它的大小为

$$|\boldsymbol{L}_z|=|\boldsymbol{r}_{xy}\times m\boldsymbol{v}_{xy}|=r_{xy}\cdot mv_{xy}\cdot \sin\varphi'$$

经比较可以发现质点动量对点 O 的动量矩与质点动量对 z 轴的动量矩之间是有关系的，动量 $m\boldsymbol{v}$ 对通过点 O 的任一轴的矩，等于动量对点 O 的矩矢在轴上的投影，即

$$|\boldsymbol{L}_z|=|\boldsymbol{L}_O|\cdot\cos\theta$$

$$\begin{aligned}\boldsymbol{L}_O=\boldsymbol{L}_O(m\boldsymbol{v})=\boldsymbol{r}\times m\boldsymbol{v}&\\ &=(x\boldsymbol{i}+y\boldsymbol{j}+z\boldsymbol{k})\times(mv_x\boldsymbol{i}+mv_y\boldsymbol{j}+mv_z\boldsymbol{k})\\ &=\begin{vmatrix}\boldsymbol{i}&\boldsymbol{j}&\boldsymbol{k}\\ x&y&z\\ mv_x&mv_y&mv_z\end{vmatrix}\\ &=(ymv_z-zmv_y)\boldsymbol{i}+(zmv_x-xmv_z)\boldsymbol{j}+(xmv_y-ymv_x)\boldsymbol{k}\\ &=L_x(m\boldsymbol{v})\boldsymbol{i}+L_y(m\boldsymbol{v})\boldsymbol{j}+L_z(m\boldsymbol{v})\boldsymbol{k}\\ &=L_x\boldsymbol{i}+L_y\boldsymbol{j}+L_z\boldsymbol{k}\end{aligned}$$

在国际单位制中，动量矩的单位用 $\text{kg}\cdot\text{m}^2/\text{s}$ 表示。

二、质点系的动量矩

设一由 n 个质点组成的质点系，质点系内各质点的动量对某点 O 的矩的矢量和，称为质点系对该点的动量矩，即

$$\boldsymbol{L}_O=\sum\boldsymbol{L}_O(m_i\boldsymbol{v}_i)\ =\sum\boldsymbol{r}_i\times m_i\boldsymbol{v}_i \tag{11-3}$$

质点系中各质点对某一轴（z 轴）的动量矩的代数和，称为质点系对该轴的动量矩，即

$$L_z=\sum L_z(m_i\boldsymbol{v}_i) \tag{11-4}$$

将式（11-3）在空间直角坐标系上各轴投影得

$$[\boldsymbol{L}_O]_x=\sum[\boldsymbol{L}_O(m_i\boldsymbol{v}_i)]_x=L_x$$

$$[\boldsymbol{L}_O]_y=\sum[\boldsymbol{L}_O(m_i\boldsymbol{v}_i)]_y=L_y$$

$$[\boldsymbol{L}_O]_z=\sum[\boldsymbol{L}_O(m_i\boldsymbol{v}_i)]_z=L_z$$

即质点系对某点 O 的动量矩矢在通过该点的各轴上的投影等于质点系对于同一轴的动量矩。

下面就不变质点系（刚体）做平动、定轴转动以及平面运动时的动量矩加以计算并讨论。

1. 平动刚体的动量矩

设刚体平动，则 $\boldsymbol{v}_i=\boldsymbol{v}=\boldsymbol{v}_C$，有

$$\begin{aligned}\boldsymbol{L}_O&=\sum\boldsymbol{L}_O(m_i\boldsymbol{v}_i)=\sum\boldsymbol{r}_i\times m_i\boldsymbol{v}_i\\ &=(\sum m_i\boldsymbol{r}_i)\times\boldsymbol{v}\\ &=M\boldsymbol{r}_C\times\boldsymbol{v}\\ &=\boldsymbol{r}_C\times M\boldsymbol{v}_C\end{aligned} \tag{11-5}$$

由式（11－5）可知，当刚体做平动时，可将质点系的全部质量集中于质心 C，作为单个质点来计算其动量矩。

2. 绕定轴转动刚体的动量矩

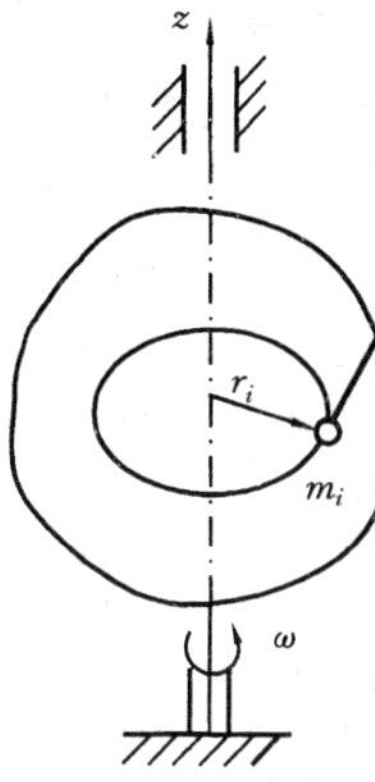

图 11－2

绕定轴转动
刚体的动量矩

刚体绕定轴转动是工程中最常见的一种运动情况。设刚体以角速度 ω 绕固定轴（z 轴）转动，如图 11－2 所示，刚体内任一点的质量为 m_i，转动半径为 r_i，则对转轴的动量矩为

$$L_z=\sum L_z(m_i\boldsymbol{v}_i)\ =\sum r_i m_i(\omega r_i)$$
$$=\omega\sum m_i r_i^2$$

令 $\sum m_i r_i^2=J_z$，称为刚体对 z 轴的转动惯量，则得

$$L_z=J_z\omega \tag{11-6}$$

即绕定轴转动刚体对其转轴的动量矩等于刚体对转轴的转动惯量与转动角速度的乘积。由转动惯量的定义式知，其值是恒正的标量，所以动量矩的符号与角速度的符号相一致。

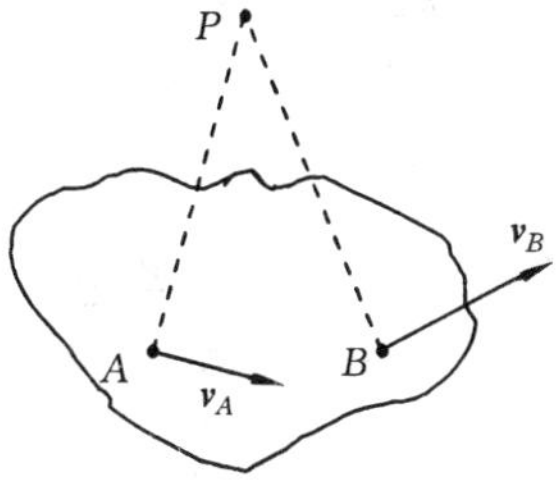

图 11－3

3. 平面运动刚体的动量矩

平面运动刚体
的动量矩

由运动学知，刚体的平面运动可以看作是绕瞬时转动轴的瞬时定轴转动，设刚体做平面运动，此瞬时角速度为 ω，瞬时转动轴为 P，如图 11－3 所示，则该平面运动刚体对瞬时转轴 P 的动量矩为

$$L_P=J_P\omega \tag{11-7a}$$

也可根据运动学中合成运动的知识，对子轴的动量矩可表示为

$$L_z=L_z(mv_c)+J_c\omega \tag{11-7b}$$

【例 11－1】　质量为 m 的点在平面 Oxy 内运动，其运动方程为

$$x=a\cos\omega t$$
$$y=b\sin 2\omega t$$

式中：a、b 和 φ 为常量。求质点对原点 O 的动量矩。

解： 由运动方程对时间的一阶导数得原点 O 的速度为

$$v_x=\frac{\mathrm{d}x}{\mathrm{d}t}=-a\omega\sin\omega t$$

$$v_y=\frac{\mathrm{d}y}{\mathrm{d}t}=2b\omega\cos 2\omega t$$

质点对点 O 的动量矩为

$$\boldsymbol{L}_O=\boldsymbol{L}_O(mv)=\boldsymbol{r}\times m\boldsymbol{v}$$
$$=(x\boldsymbol{i}+y\boldsymbol{j}+z\boldsymbol{k})\times(mv_x\boldsymbol{i}+mv_y\boldsymbol{j}+mv_z\boldsymbol{k})$$
$$=\begin{vmatrix}\boldsymbol{i} & \boldsymbol{j} & \boldsymbol{k}\\ x & y & z\\ mv_x & mv_y & mv_z\end{vmatrix}$$
$$=(ymv_z-zmv_y)\boldsymbol{i}+(zmv_x-xmv_z)\boldsymbol{j}+(xmv_y-ymv_x)\boldsymbol{k}$$

由题意知：O 为坐标原点，所以 $x=a\cos\omega t$，$y=b\sin 2\omega t$，$z=0$；$v_x=-a\omega\sin\omega t$，$v_y=2b\omega\cos 2\omega t$，$v_z=0$，则

$$\begin{aligned}\boldsymbol{L}_O&=(ymv_z-zmv_y)\boldsymbol{i}+(zmv_x-xmv_z)\boldsymbol{j}+(xmv_y-ymv_x)\boldsymbol{k}\\&=(a\cos\omega t\cdot 2mb\omega\cos 2\omega t+b\sin 2\omega t\cdot ma\omega\sin\omega t)\boldsymbol{k}\\&=2mab\omega\cos^3\omega t\cdot\boldsymbol{k}\end{aligned}$$

【例 11-2】　设图 11-4 所示各物体的质量为 m，且均为平面物体。试计算各物体对其转轴（或瞬心）的动量矩。

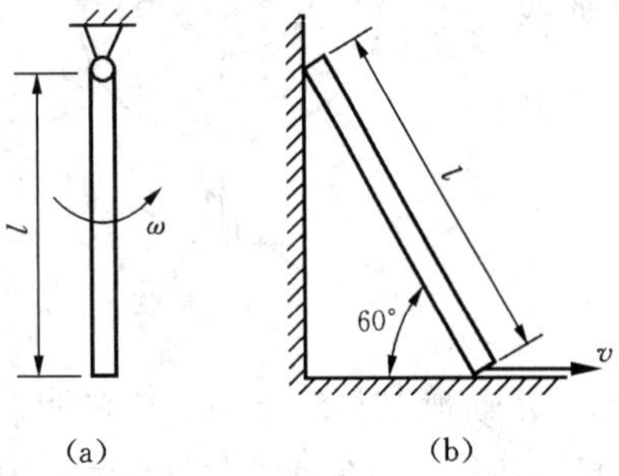

图 11-4

解：由多个质点组成的质点系（刚体）绕定轴转动的动量矩公式（11-6），只需求解出质点系（刚体）对转动轴的转动惯量即可。根据杆的运动学知识，图 11-4（a）杆件绕点 O 做定轴转动，图 11-4（b）中，杆件做平面运动，可以看作是绕速度瞬心 P 点做瞬时定轴转动。

图 11-4（a）中，$L_O=J_O\omega=\dfrac{1}{3}ml^2\omega$

图 11-4（b）中，$L_P=J_P\omega=\left(\dfrac{1}{12}ml^2+m\dfrac{l^2}{4}\right)\omega=\left(\dfrac{1}{12}ml^2+m\dfrac{l^2}{4}\right)\dfrac{v}{l\sin 60^\circ}=\dfrac{2\sqrt{3}}{9}mlv$

第二节　动量矩定理

质点（系）的动量矩定理建立了质点（系）的动量矩变化与力矩之间的关系。

一、质点的动量矩定理

如图 11-5 所示，将质点对固定点 O 的动量矩公式（11-1）对时间求一阶导数有

$$\frac{\mathrm{d}\boldsymbol{L}_O}{\mathrm{d}t}=\frac{\mathrm{d}}{\mathrm{d}t}[\boldsymbol{L}_O(m\boldsymbol{v})]=\frac{\mathrm{d}}{\mathrm{d}t}(\boldsymbol{r}\times m\boldsymbol{v})=\boldsymbol{r}\times\frac{\mathrm{d}}{\mathrm{d}t}(m\boldsymbol{v})+\frac{\mathrm{d}\boldsymbol{r}}{\mathrm{d}t}\times m\boldsymbol{v}$$

根据质点动量定理 $\dfrac{\mathrm{d}}{\mathrm{d}t}(m\boldsymbol{v})=\boldsymbol{F}$，上式右端第一项为

$$\boldsymbol{r}\times\frac{\mathrm{d}}{\mathrm{d}t}(m\boldsymbol{v})=\boldsymbol{r}\times\boldsymbol{F}=\boldsymbol{M}_O(\boldsymbol{F})$$

由运动学知识 $\boldsymbol{v}=\dfrac{\mathrm{d}\boldsymbol{r}}{\mathrm{d}t}$，右端第二项为

$$\frac{\mathrm{d}\boldsymbol{r}}{\mathrm{d}t}\times m\boldsymbol{v}=\boldsymbol{v}\times m\boldsymbol{v}=0$$

则

$$\frac{\mathrm{d}\boldsymbol{L}_O}{\mathrm{d}t}=\frac{\mathrm{d}}{\mathrm{d}t}[\boldsymbol{L}_O(m\boldsymbol{v})]=\frac{\mathrm{d}}{\mathrm{d}t}(\boldsymbol{r}\times m\boldsymbol{v})=\boldsymbol{r}\times\boldsymbol{F}$$

即

$$\frac{\mathrm{d}\boldsymbol{L}_O}{\mathrm{d}t}=\boldsymbol{M}_O(\boldsymbol{F})\tag{11-8}$$

式（11－8）即质点的动量矩定理：质点对某定点的动量矩对时间的导数，等于作用于质点的力对该点的矩。将式（11－8）在各固定直角坐标轴上投影，考虑矢量对点之矩与通过该点的轴之矩的关系，并将 $\boldsymbol{L}_O$ 与 $\boldsymbol{M}_O$ 做如下变换：

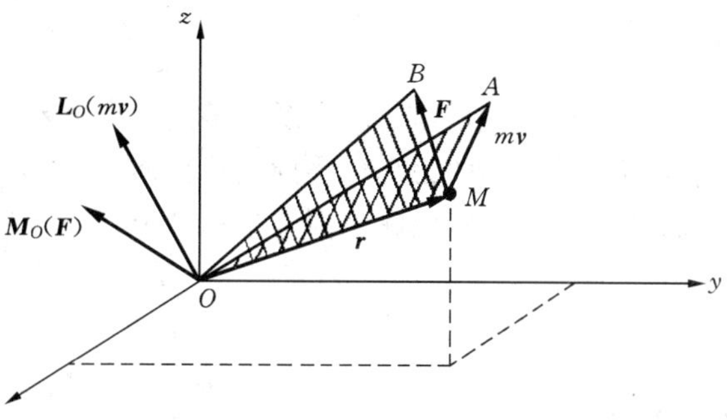

图 11－5

质点的动量矩定理

$$\boldsymbol{L}_O = L_x\boldsymbol{i} + L_y\boldsymbol{j} + L_z\boldsymbol{k}$$

$$\boldsymbol{M}_O = M_x\boldsymbol{i} + M_y\boldsymbol{j} + M_z\boldsymbol{k}$$

代入式（11－8）得

$$\begin{aligned}\frac{\mathrm{d}\boldsymbol{L}_O}{\mathrm{d}t} &= \frac{\mathrm{d}L_x}{\mathrm{d}t}\boldsymbol{i} + \frac{\mathrm{d}L_y}{\mathrm{d}t}\boldsymbol{j} + \frac{\mathrm{d}L_z}{\mathrm{d}t}\boldsymbol{k} \\ &= M_x\boldsymbol{i} + M_y\boldsymbol{j} + M_z\boldsymbol{k} = \boldsymbol{M}_O\end{aligned}$$

$$\begin{cases}\dfrac{\mathrm{d}L_x}{\mathrm{d}t} = M_x \\ \dfrac{\mathrm{d}L_y}{\mathrm{d}t} = M_y \\ \dfrac{\mathrm{d}L_z}{\mathrm{d}t} = M_z\end{cases} \tag{11-9}$$

由式（11－9）知，质点对某固定轴的动量矩对时间的导数，等于作用在质点上的力对同一轴之矩。这就是质点对固定轴的动量矩定理。

二、质点系的动量矩定理

设由 n 个质点组成的质点系，作用于每个质点的力总可以分为内力 $\boldsymbol{F}_i^{(i)}$ 和外力 $F_i^{(e)}$ 两部分，则对其中任一质量为 m_i 的第 i 个质点，应用单个质点的动量矩定理有

$$\frac{\mathrm{d}\boldsymbol{L}_O(m_i\boldsymbol{v}_i)}{\mathrm{d}t} = \boldsymbol{M}_O[F_i^{(i)}] + \boldsymbol{M}_O[F_i^{(e)}] \quad (i=1,\ 2,\ \cdots,\ n)$$

对于 n 个质点组成的质点系，能列出 n 个这样的方程并相加得

$$\sum \frac{\mathrm{d}\boldsymbol{L}_O(m_i\boldsymbol{v}_i)}{\mathrm{d}t} = \sum\boldsymbol{M}_O[\boldsymbol{F}_i^{(i)}] + \sum\boldsymbol{M}_O[F_i^{(e)}] \quad (i=1,\ 2,\ \cdots,\ n)$$

由牛顿第三定律知，作用在质点上的内力成对出现，且大小相等方向相反，即 $\boldsymbol{F}_{ij} = -\boldsymbol{F}_{ji}$（$i$，$j=1$，2，…，$n$，且 $i \neq j$），所以内力的主矩为

$$\sum\boldsymbol{M}_O[\boldsymbol{F}_i^{(i)}] = 0$$

则

$$\sum\frac{\mathrm{d}\boldsymbol{L}_O(m_i\boldsymbol{v}_i)}{\mathrm{d}t} = \frac{\mathrm{d}}{\mathrm{d}t}\left[\sum\boldsymbol{L}_O(m_i\boldsymbol{v}_i)\right] = \frac{\mathrm{d}\boldsymbol{L}_O}{\mathrm{d}t}$$

故得

$$\frac{\mathrm{d}\boldsymbol{L}_O}{\mathrm{d}t}=\boldsymbol{M}_O^{(\mathrm{e})} \tag{11-10}$$

由式（11-10）知，质点系对某固定点的动量矩对时间的导数，等于作用于质点系的外力对同一点的力矩。将此式称为质点系的动量矩定理。

将式（11-10）投影到固定坐标轴上，可得质点系对轴的动量矩定理，即

$$\begin{cases}\dfrac{\mathrm{d}L_x}{\mathrm{d}t}=M_x\\[2mm]\dfrac{\mathrm{d}L_y}{\mathrm{d}t}=M_y\\[2mm]\dfrac{\mathrm{d}L_z}{\mathrm{d}t}=M_z\end{cases} \tag{11-11}$$

即质点系对某固定轴的动量矩对时间的导数等于作用于该质点系所有外力对同一轴之矩的代数和。

质点系动量矩定理不包含内力，说明内力不能改变其动量矩，只有外力才能改变质点系的动量矩，但内力可以改变质点系内各质点的动量矩，即起着传递作用。

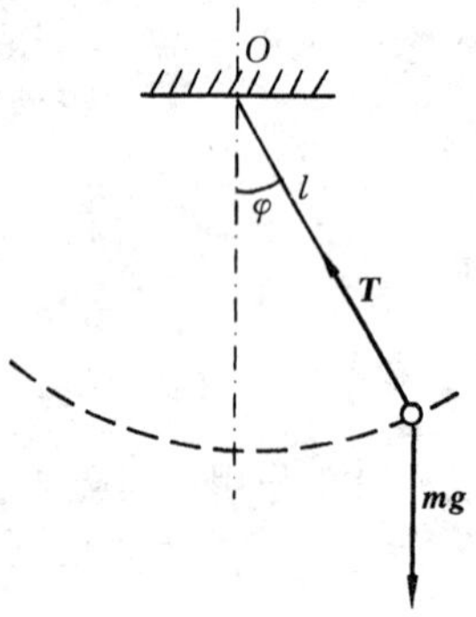

图 11-6

【例 11-3】 如图 11-6 所示，重为 mg 的摆锤，系在长为 l 不可伸长的软绳上，试求单摆的运动规律。

解： 取摆锤为研究的质点，它受的力有重力 $\boldsymbol{mg}$ 和绳子的拉力 $\boldsymbol{T}$。

取通过点 O 垂直于图面的轴，并取 φ 角逆时针方向为正，则重力对点 O 之矩为负。应用质点对该轴动量矩定理得

$$\frac{\mathrm{d}L_O(m\boldsymbol{v})}{\mathrm{d}t}=M_O(\boldsymbol{F}) \tag{a}$$

$$L_O(m\boldsymbol{v})=mvl=ml^2\frac{\mathrm{d}\varphi}{\mathrm{d}t}$$

$$M_O(\boldsymbol{F})=-mgl\sin\varphi$$

代入式（a）得

$$\frac{\mathrm{d}^2\varphi}{\mathrm{d}t^2}+\frac{g}{l}\sin\varphi=0$$

当单摆做微小摆动时，$\sin\varphi\approx\varphi$，因此上式为

$$\frac{\mathrm{d}^2\varphi}{\mathrm{d}t^2}+\frac{g}{l}\varphi=0$$

解此微分方程，得单摆做微小摆动时的运动方程为

$$\varphi=\varphi_0\sin\left(\sqrt{\frac{g}{l}}t+\alpha\right)$$

式中：φ_0 为角振幅；α 为初位相，由初始条件确定，其周期为

$$T = 2\pi\sqrt{\frac{l}{g}}$$

这种周期与初始条件无关的性质，称为等时性。

注：计算动量矩与力矩时，符号规定应一致（本题规定逆时针转向为正），当质点受有心力的作用时或质点绕某心（轴）转动时，常常考虑应用质点的动量矩定理求解。

【例 11－4】 如图 11－7 所示，手柄 AB 上施加转矩 M_0，并通过鼓轮 D 来使物体 C 移动。鼓轮可看成均质圆柱，半径为 r，重量为 $\boldsymbol{P}_1$，物体 C 的重量为 $\boldsymbol{P}_2$，它与水平面间的动摩擦系数为 f，手柄、转轴和绳索的质量以及轴承摩擦都可忽略不计，试求物体 C 的加速度。

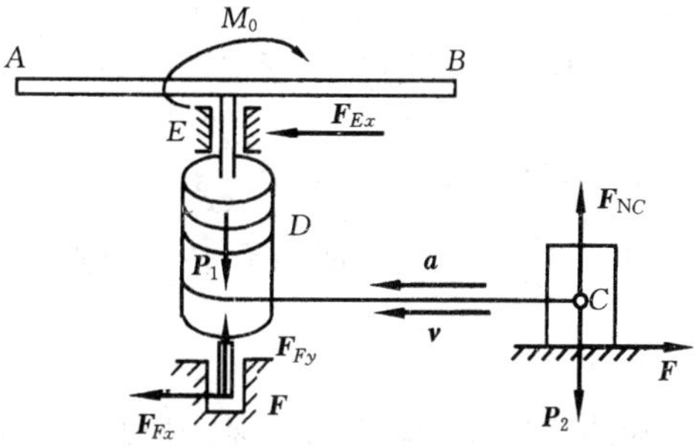

图 11－7

解：选取整个系统为研究的质点系。质点系对通过 z 轴的动量矩为

$$L_z = \left(\frac{P_1}{2g}r^2\right)\omega + \frac{P_2}{g}r^2\omega = \frac{\omega r^2}{2g}(P_1 + 2P_2)$$

作用于质点系的外力除力偶 M_0、重力 $\boldsymbol{P}_1$ 和 $\boldsymbol{P}_2$ 外，还有 E、F 处的约束反力 F_{Ex} 和 F_{Fx}、F_{Fy}，以及支承面对物体 C 的反力 $\boldsymbol{F}_{NC}$ 和摩擦力 $\boldsymbol{F}$。这些力对 z 轴的力矩为

$$M_z^{(e)} = M_0 - Fr = M_0 - fP_2 r$$

应用动量矩定理有

$$\frac{\mathrm{d}L_z}{\mathrm{d}t} = M_z$$

$$\frac{r^2\alpha}{2g}(P_1 + 2P_2) = M_0 - fP_2 r$$

$$a = r\alpha = \frac{M_0 - fP_2 r}{(P_1 + 2P_2)r}g$$

第三节　动量矩守恒定律

一、质点的动量矩守恒定律

由质点的动量矩定理 $\frac{\mathrm{d}\boldsymbol{L}_O}{\mathrm{d}t} = \boldsymbol{M}_O(\boldsymbol{F})$ 及其对 z 轴的投影定理 $\frac{\mathrm{d}L_z}{\mathrm{d}t} = M_z$ 知：

（1）若 $\boldsymbol{M}_O(\boldsymbol{F}) = \boldsymbol{r} \times \boldsymbol{F} = 0$，即当力 $\boldsymbol{F}$ 过矩心 O 点，则有

$$\boldsymbol{L}_O = \text{常矢量}$$

即若作用于质点的力对某点的矩等于零，则质点对此点动量矩的大小和方向都不变。这称为质点的动量矩守恒定律。

（2）若 $M_z = 0$，即当力 $\boldsymbol{F}$ 与 z 轴共面，则有

$$L_z = \text{常量}$$

即若作用于质点的力对某轴的矩等于零，则质点对此轴动量矩的大小不变。这称为质点对轴的动量矩守恒定律。

如果作用在质点上的力的作用线始终通过某固定点 O，这种力称为有心力，O 点称为力心。如太阳对行星的引力和地球对于人造卫星的引力就是有心力的例子。若质点 M 在力心为 O 的有心力 $\boldsymbol{F}$ 作用下运动，由上面知，则显然有 $\boldsymbol{M}_O(\boldsymbol{F})=0$，如图 11－8 所示，根据动量矩守恒定律得

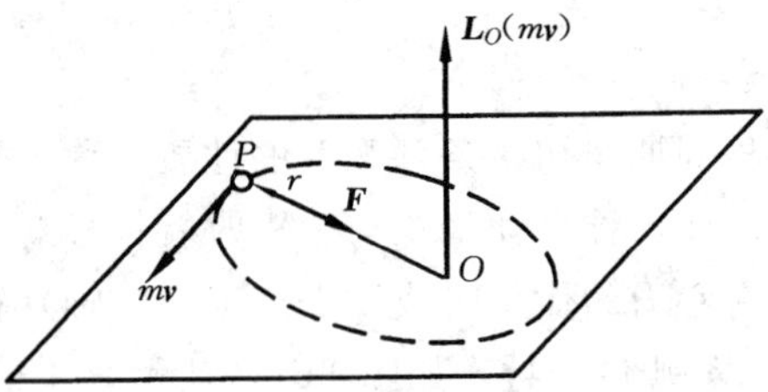

图 11－8

$$\boldsymbol{L}_O=\boldsymbol{r}\times m\boldsymbol{v}=\text{常矢量}$$

二、质点系的动量矩守恒定律

由质点系的动量矩定理 $\dfrac{\mathrm{d}\boldsymbol{L}_O}{\mathrm{d}t}=\boldsymbol{M}_O^{(e)}$ 及其对 z 轴的投影定理 $\dfrac{\mathrm{d}L_z}{\mathrm{d}t}=M_z$ 知：

（1）若 $\boldsymbol{M}_O^{(e)}=0$，即当力 $\boldsymbol{F}$ 过矩心 O 点，则有

$$\boldsymbol{L}_O=\text{常矢量}$$

即若作用于质点系的外力对某固定点的主矩等于零，则质点系对该点的动量矩矢的大小和方向都保持不变。这就是质点系对固定点的动量矩守恒定律。

（2）若 $M_z=0$，即当力 $\boldsymbol{F}$ 与 z 轴共面，则有

$$L_z=\text{常量}$$

即若作用于质点系的外力对某固定轴之矩的代数和等于零，则质点系对该轴的动量矩保持不变。这就是质点系对固定轴的动量矩守恒定律。

必须指出，上述动量矩定理的表达式只适用于对固定点或固定轴。对于一般的动点或动轴，其动量矩定理有更复杂的表达式，本书不讨论这类问题。

【例 11－5】 图 11－9 所示机构中，水平杆 AB 固连于铅直转轴。杆 AC 和 BD 的一端各用铰链与 AB 杆相连，另一端各系重 $\boldsymbol{P}$ 的球 C 和 D。开始时两球用绳相连，而杆 AC 和 CD 处于铅直位置，机构以角速度 ω_0 绕 z 轴转动。在某瞬时绳被拉断，两球因而分离，经过一段时间又达到稳定运转，此时杆 AC 和 BD 各与铅直线成 α 角，如图 11－9（b）所示。设杆重均略去不计，试求这时机构的角速度 ω。

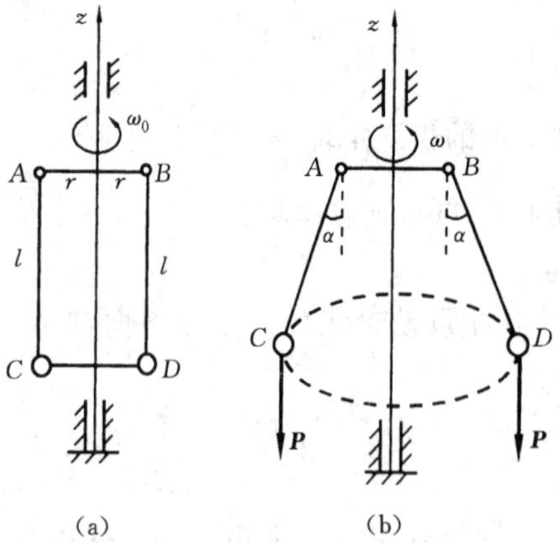

图 11－9

解： 取杆和球一起组成的系统为研究对象，所受外力为球的重力和轴承反力。这些力对 z 轴之矩都等于零，所以系统对 z 轴的动量矩守恒。

开始时，系统的动量矩为

$$L_{z1}=2\,\frac{P}{g}v_0r=2\,\frac{P}{g}\omega_0r^2$$

最后稳定运转时，系统的动量矩为

$$L_{z2}=2\frac{P}{g}v(r+l\sin\alpha)=2\frac{P}{g}\omega(r+l\sin\alpha)^2$$

系统对 z 轴的动量矩守恒为

$$L_{z1}=L_{z2}$$

于是得

$$\omega=\frac{r^2}{(r+l\sin\alpha)^2}\omega_0$$

第四节　刚体的定轴转动微分方程

刚体绕定轴转动的微分方程可以由质点系动量矩定理导出。

刚体在主动力 $\boldsymbol{F}_1$、$\boldsymbol{F}_2$、…、$\boldsymbol{F}_n$ 作用下绕固定轴 z 转动，轴承反力为 $\boldsymbol{F}_{N1}$、$\boldsymbol{F}_{N2}$，如图 11－10 所示。其中，刚体对转轴 z 的转动惯量是 J_z，角速度为 ω。于是刚体对于 z 轴的动量矩为 $L_z=J_z\omega$。

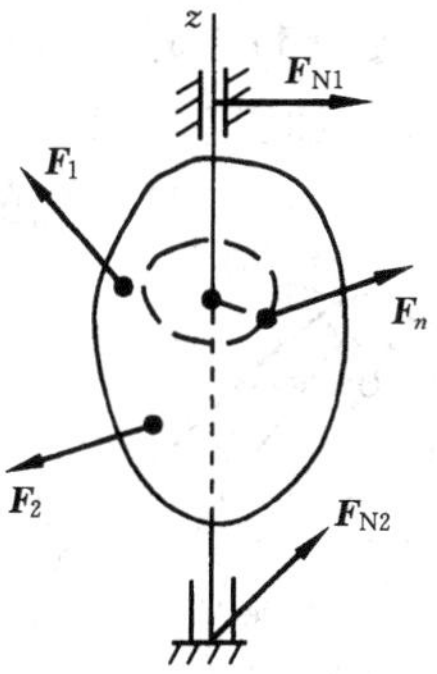

图 11－10

刚体的定轴转动微分方程

根据质点系对 z 轴的动量矩定理有

$$\frac{\mathrm{d}L_z}{\mathrm{d}t}=M_z=\sum M_z(\boldsymbol{F}_i)+\sum_{i=1}^{2}M_z(\boldsymbol{F}_{Ni})$$

若不计轴承摩擦，且轴承反力 $\boldsymbol{F}_{N1}$、$\boldsymbol{F}_{N2}$ 对 z 轴的力矩等于零，故上式改写为

$$\frac{\mathrm{d}L_z}{\mathrm{d}t}=\sum M_z(\boldsymbol{F}_i)$$

又因为刚体对 z 轴的动量矩可表示为

$$L_z=J_z\omega$$

则

$$\frac{\mathrm{d}(J_z\omega)}{\mathrm{d}t}=\sum M_z(\boldsymbol{F}_i)$$

或

$$J_z\frac{\mathrm{d}\omega}{\mathrm{d}t}=\sum M_z(\boldsymbol{F}_i) \qquad (11-12\mathrm{a})$$

由于$\frac{\mathrm{d}\omega}{\mathrm{d}t}=\alpha$，式（11－12a）又可改写为

$$J_z\alpha=\sum M_z(\boldsymbol{F}_i) \qquad (11-12\mathrm{b})$$

或
$$J_z\frac{d^2\varphi}{dt^2}=\sum M_z(\boldsymbol{F}_i) \qquad (11-12c)$$

式（11－12b）和式（11－12c）均称为刚体绕定轴转动的微分方程。即刚体对转轴的转动惯量与角加速度的乘积，等于作用于刚体的主动力对该轴的力矩的代数和。

从式（11－12）可以看出：

（1）当刚体绕 z 轴转动时，外力主矩越大，则角加速度越大。这表示外力主矩是使刚体转动状态改变的原因。当外力主矩等于零时，角加速度等于零，因而刚体做匀速转动或保持静止（转动状态不变）。

（2）在同样外力主矩作用下，刚体的转动惯量越大，则获得的角加速度越小，这说明刚体的转动状态变化得慢。可见，转动惯量是刚体转动时的惯性量度。这可以和平动时刚体（或质点）惯性度量质量相比拟。转动惯量和质量都是力学中表示物体惯性大小的物理量。

（3）刚体的定轴转动微分方程 $J_z\alpha=\sum M_z(\boldsymbol{F}_i)$ 和质点的运动微分方程 $m\boldsymbol{a}=\sum\boldsymbol{F}_i$ 在形式上相似，求解问题的方法与步骤也相似。

【例 11－6】 求复摆的运动规律。一个刚体，由于重力作用而自由地绕一水平轴转动，如图 11－11 所示，称为复摆（或物理摆）。设摆的质量为 m，质心 C 到转轴 O 的距离为 a，摆对轴的转动惯量为 J_O。

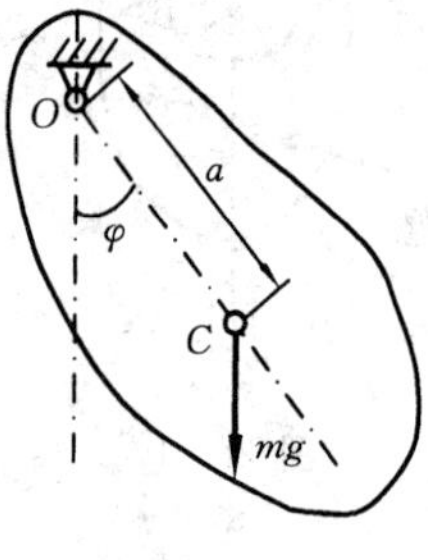

图 11－11

解：以复摆为研究的质点系。复摆受的外力有重力 mg 和轴承的约束反力。设 φ 角以逆时针方向为正，则重力对 O 点之矩为负。应用刚体定轴转动微分方程，则

$$J_O\frac{d^2\varphi}{dt^2}=-mga\sin\varphi$$

即
$$\frac{d^2\varphi}{dt^2}+\frac{mga\sin\varphi}{J_O}=0$$

当摆做微幅摆动时，可取 $\sin\varphi\approx\varphi$，令 $\omega_n^2=\dfrac{mga}{J_O}$，上式成为

$$\frac{d^2\varphi}{dt^2}+\omega_n^2\varphi=0$$

解此微分方程得

$$\varphi=\varphi_0\sin(\omega_n t+\alpha)$$

式中：φ_0 为角振幅；α 为初位相，两者均由初始条件决定。复摆的周期为

$$T=\frac{2\pi}{\omega_n}=2\pi\sqrt{\frac{J_O}{mga}}$$

在工程实际中常用上式，通过测定零件（如曲柄、连杆等）的摆动周期，计算其转动惯量 $J_O=\dfrac{T^2mga}{4\pi^2}$。这种测量转动惯量的实验方法，称为摆动法。

第五节　刚体的转动惯量

一、转动惯量的定义及一般公式

前面已经提到过，物体的转动惯量是物体转动时惯性的量度，它等于刚体内各质点的质量与质点到轴的垂直距离平方的乘积之和，如图 11－12 所示，即

$$J_z = \sum m_i r_i^2 \tag{11-13}$$

假如物体的质量是连续分布的（刚体），则式（11－13）可用积分表示为

$$J_z = \int_M r^2 \mathrm{d}m \tag{11-14}$$

式中：M 为刚体的整个体积。

转动惯量的单位是千克·米^2（$kg \cdot m^2$）。由于这个单位较大，有时采用千克·厘米^2（$kg \cdot cm^2$）。

在实际应用中，物体的转动惯量常用它的总质量与物体质量集中点到轴间的距离 ρ 的平方的乘积来计算，即

$$J_z = M\rho_z^2 \tag{11-15}$$

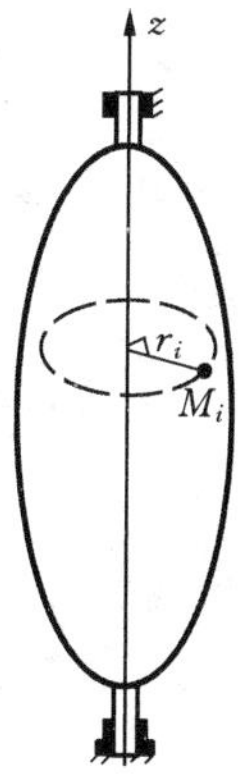

图 11－12

刚体的转动惯量

式中：ρ_z 为物体对 z 轴的惯性半径或回转半径。简单几何形状或几何形状标准化零件的回转半径见表 11－1。

表 11－1　均质物体回转半径、转动惯量的计算公式

物体形状	简　图	回转半径 ρ_z	转动惯量 J_zC
细直杆	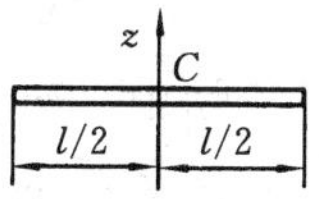	$\rho_z = \frac{1}{2\sqrt{3}} l \approx 0.2887l$	$\frac{1}{12}Ml^2$
薄圆板	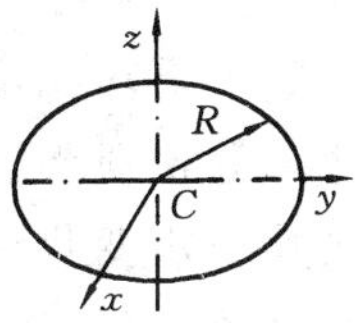	$\rho_z = \frac{1}{\sqrt{2}}R \approx 0.707R$	$\frac{1}{2}MR^2$
圆　柱	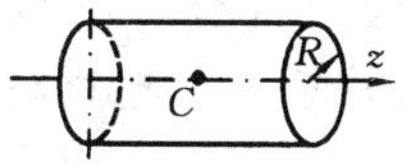	$\rho_z = \frac{1}{\sqrt{2}}R \approx 0.707R$	$\frac{1}{2}MR^2$
空心圆柱	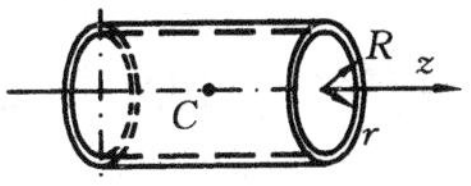	$\rho_z = 0.707\sqrt{R^2+r^2}$	$\frac{1}{2}M(R^2+r^2)$

续表

物体形状	简 图	回转半径 ρ_z	转动惯量 J_{zC}
实心球	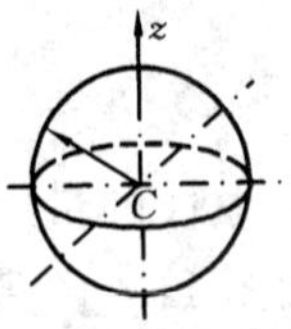	$\rho_z=\sqrt{\frac{2}{5}}R\approx 0.632R$	$\frac{2}{5}MR^2$
薄壁空心球	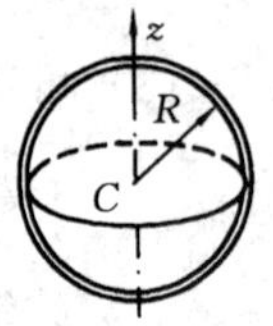	$\rho_z=\sqrt{\frac{2}{3}}R\approx 0.816R$	$\frac{2}{3}MR^2$
细圆环	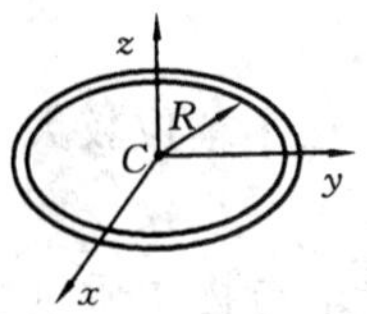	$\rho_z=R$	MR^2
矩形六面体	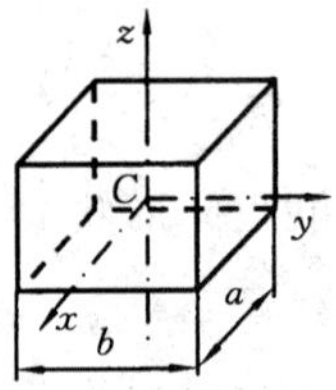	$\rho_z=\sqrt{\frac{a^2-b^2}{12}}\approx 0.289\sqrt{a^2-b^2}$	$\frac{1}{12}M(a^2+b^2)$

转动惯量的大小不仅和刚体的质量有关，而且和刚体的质量分布有关。质量相同的质点，离转轴越远，对转轴的转动惯量越大。

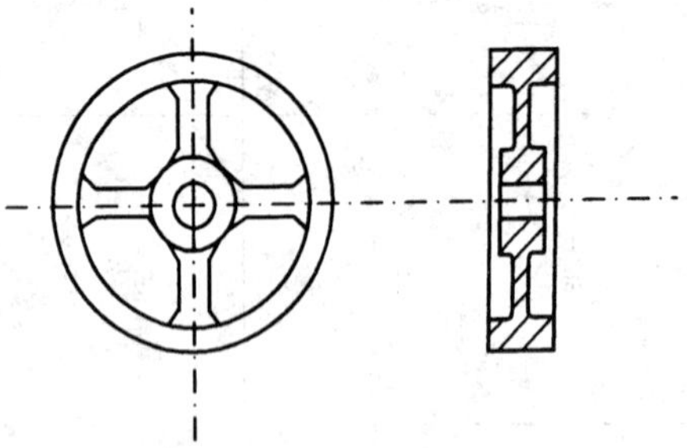

图 11－13

在工程实际中，对于频繁启动和制动的机械，例如装卸货物的载重机构、龙门刨床的主电机等，将要求它们的转动惯量小一些。与此相反，对于要求稳定运转的机构，例如内燃机、冲床等，则要求机械的转动惯量较大，以使在外力矩变化时，可以减少转速的波动。机械设备上安装飞轮，就是为了达到这个目的。为了使飞轮的材料充分发挥作用，除必要的轮辐外，把材料的绝大部分配置在离轴较远的轮缘上，如图 11－13 所示。

二、均质简单形状物体转动惯量的计算

对形状简单而规则的物体，可以直接从定义式（11－13）或式（11－14）出发，用求和或积分求它们的转动惯量。

（一）均质细直杆

如图 11－14 所示，设长为 l、质量为 m 的均质细直杆，则此杆对 z 轴的转动惯量按如下计算。

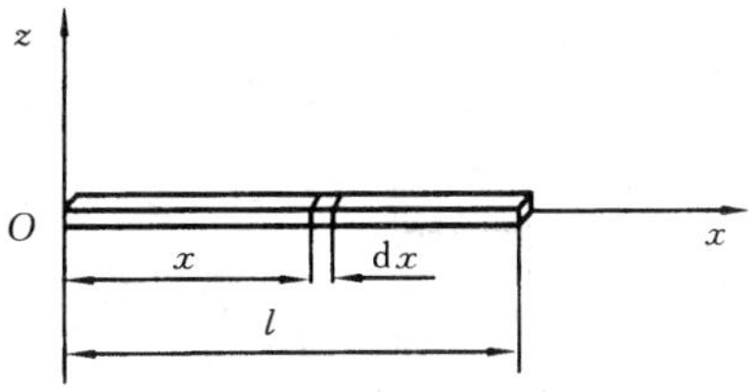

图 11－14

建立如图 11－14 所示坐标系，距坐标原点 x 外取杆上一微段 $\mathrm{d}x$，其质量 $\mathrm{d}m=\frac{M}{l}\mathrm{d}x$，则

$$J_z=\int_0^l x^2\mathrm{d}m=\int_0^l \frac{M}{l}x^2\mathrm{d}x=\frac{1}{3}Ml^2$$

（二）均质薄圆环

如图 11－15 所示，设质量为 M、半径为 R 的均质圆环对 z 轴的转动惯量按如下计算。

将圆环沿圆周分成许多微段，设每段的质量为 m_i，由于这些微段到 z 轴的距离都等于 R，则

$$J_z=\sum m_iR_i^2=(\sum m_i)R^2=MR^2$$

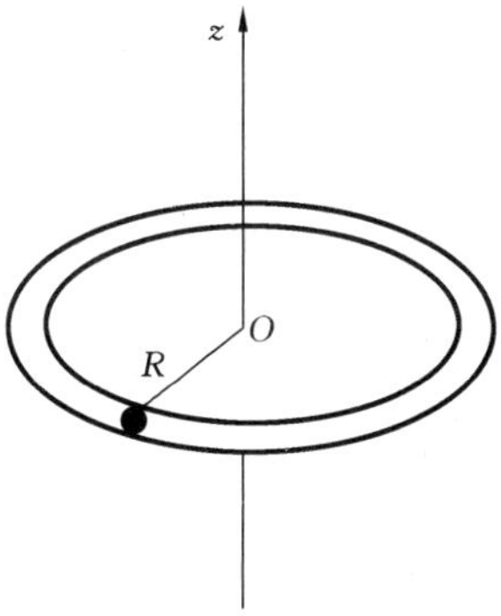

图 11－15

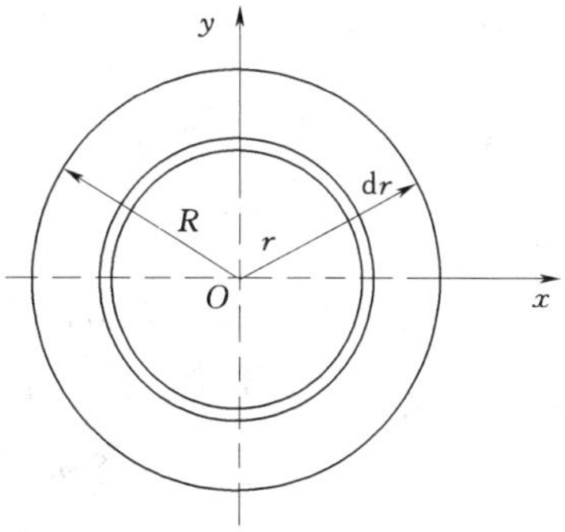

图 11－16

（三）均质圆盘

如图 11－16 所示，设半径为 R、质量为 M 的均质圆盘对 z 轴（中心轴）的转动惯量按如下计算。

将圆盘分成无数细圆环，其中任一半径为 r、宽度为 $\mathrm{d}r$ 的圆环，其质量为

$$\mathrm{d}m=\rho\mathrm{d}s$$

其中
$$\rho=\frac{M}{\pi R^2},\quad \mathrm{d}s=2\pi r\mathrm{d}r$$

则
$$J_z=\int r^2\mathrm{d}m=\frac{1}{2}MR^2$$

一些常见的均质物体回转半径、转动惯量的计算公式见表 11－1。

三、平行移轴定理

从转动惯量的定义 $J_z=\sum m_ir_i^2$ 不难看出，同一刚体对于不同轴的转动惯量是不

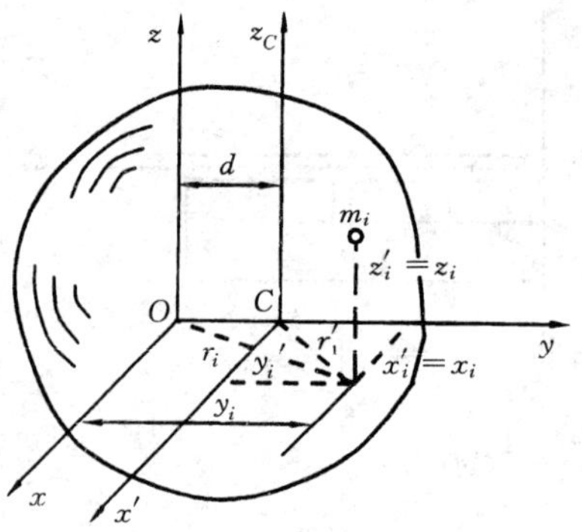

图 11－17

相等的。相关工程手册中给出的一般都是对于通过质心轴的转动惯量，而有时需要求解物体对于与质心轴平行的另一轴的转动惯量。转动惯量的平行移轴定理说明了刚体对相对平行的两轴的转动惯量之间的关系，如图 11－17 所示，即

$$J_z = J_{zC} + Md^2 \tag{11-16}$$

证明：设质量为 M 的刚体，其质心为 C，建立如图 11－17 所示的两个直角坐标系 $Oxyz$ 及 $Cx_Cy_Cz_C$（其中 z 轴与 z_C 轴平行且距离为 d，并设 Oy 轴与 Cy_C 轴重合），刚体对于 z 轴与 z_C 轴的转动惯量分别为

$$J_z = \sum m_i r_i^2 = \sum m_i (x_i^2 + y_i^2)$$

$$J_{zC} = \sum m_i r_i'^2 = \sum m_i (x_i'^2 + y_i'^2)$$

因为物体中任一点的坐标为

$$x_i = x_i', \quad y_i = y_i' + d$$

$$\begin{aligned} J_z &= \sum m_i r_i^2 = \sum m_i (x_i^2 + y_i^2) = \sum m_i (x_i'^2 + y_i'^2 + d^2 + 2y_i'd) \\ &= \sum m_i (x_i'^2 + y_i'^2) + Md^2 + 2d\sum m_i y_i' \\ &= J_{zC} + Md^2 + 2d\sum m_i y_i' \end{aligned}$$

因 $Cx_Cy_Cz_C$ 坐标系的原点为质心 C，且 $\sum m_i = M$，故

$$\sum m_i y_i' = My_C' = 0$$

即

$$J_z = J_{zC} + Md^2$$

因此，转动惯量的平行移轴定理可叙述如下：刚体对某一轴 z 的转动惯量，等于它对通过质心 C 并与 z 轴平行的轴的转动惯量，加上刚体质量 M 与两轴距离 d 平方的乘积。

通常求简单形状物体的转动惯量可直接查表。对形状、结构比较复杂的物体，可先把它分成几个简单形体，求得这些简单形体的转动惯量后再进行适当加减，即可求得原物体的转动惯量。

【例 11－7】 钟摆简化如图 11－18 所示。已知均质细杆和均质圆盘的质量分别为 m_1 和 m_2，杆长为 l，圆盘直径为 d。求摆对于通过悬挂点 O 的水平轴的转动惯量。

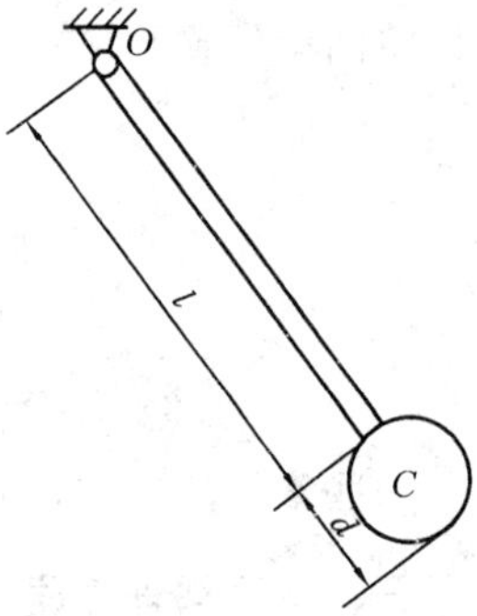

图 11－18

解： 摆对于水平轴 O 的转动惯量

$$J_O = J_{O杆} + J_{O盘}$$

$$J_{O杆}=\frac{1}{3}m_1 l^2$$

设 J_C 为圆盘对于中心 C 的转动惯量，则

$$\begin{aligned}J_{O盘}&=J_C+m_2\left(l+\frac{d}{2}\right)^2\\&=\frac{1}{2}m_2\left(\frac{d}{2}\right)^2+m_2\left(l+\frac{d}{2}\right)^2\\&=m_2\left(\frac{3}{8}d^2+l^2+ld\right)\end{aligned}$$

于是得

$$J_O=\frac{1}{3}m_1 l^2+m_2\left(\frac{3}{8}d^2+l^2+ld\right)$$

第六节　质点系相对于质心的动量矩定理

第十章中介绍了质心运动定理，它描述了质点系随质心平动的动力学特征。在运动学中，把质点系运动分解为随质心的平动和相对于质心的转动。由此可以看出，质心运动定理只反映了质点系平面运动的动力学特性的一个方面，质点系相对于质心的动力学特征如何来描述呢？由前面得到的动量矩定理可知，动量矩必须是对于惯性参考系中的固定点或固定轴取矩，当矩心取为随质心平动的坐标系原点（即质心）时，动量矩定理是否成立呢？下面就来讨论这个问题。

一、质点系相对于质心的动量矩

如图 11－19 所示，O 为定点，$Oxyz$ 是惯性坐标系。C 为质点系的质心，$Cx'y'z'$ 为随质心 C 平动的坐标系。

在坐标系 $Oxyz$ 中，质点系对于定点 O 的动量矩为

$$\boldsymbol{L}_O=\sum\boldsymbol{L}_O(m_i\boldsymbol{v}_i)=\sum(\boldsymbol{r}_i\times m_i\boldsymbol{v}_i)$$

在坐标系 $Cx'y'z'$ 中，质点系相对质心 C 的动量矩为

$$\boldsymbol{L}_C=\sum\boldsymbol{L}_C(m_i\boldsymbol{v}_i)=\sum(\boldsymbol{r}'_i\times m_i\boldsymbol{v}_i)$$

对于任一质点 m_i，由图 11－19 可知

$$\boldsymbol{r}_i=\boldsymbol{r}_C+\boldsymbol{r}'_i$$

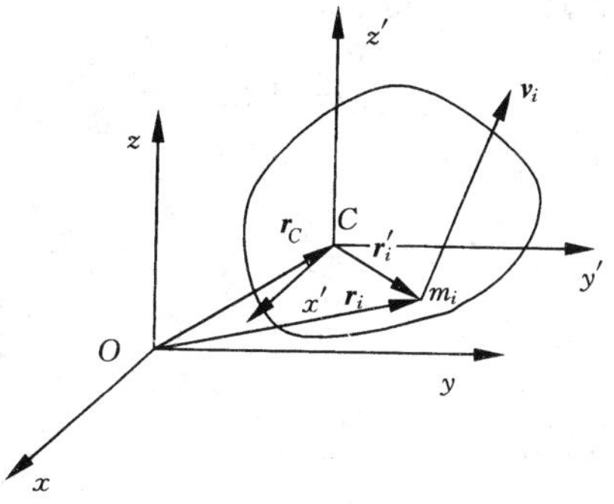

图 11－19

质点系相对于质心的动量矩

于是

$$\begin{aligned}\boldsymbol{L}_O&=\sum[(\boldsymbol{r}_C+\boldsymbol{r}'_i)\times m_i\boldsymbol{v}_i]\\&=\sum\boldsymbol{r}_C\times m_i\boldsymbol{v}_i+\sum\boldsymbol{r}'_i\times m_i\boldsymbol{v}_i\\&=\boldsymbol{r}_C\times\sum m_i\boldsymbol{v}_i+\sum\boldsymbol{r}'_i\times m_i\boldsymbol{v}_i\\&=\boldsymbol{r}_C\times M\boldsymbol{v}_C+\sum\boldsymbol{r}'_i\times m_i\boldsymbol{v}_i\end{aligned}$$

因 $\sum m_i\boldsymbol{v}_i=\boldsymbol{v}_C\cdot(\sum m_i)=M\boldsymbol{v}_C$，其中，$M$ 为质点系的总质量，$\boldsymbol{v}_C$ 为质心的速度，所

以上式可化为

$$\boldsymbol{L}_O=\boldsymbol{r}_C\times M\boldsymbol{v}_C+\boldsymbol{L}_C \tag{11-17}$$

$$\boldsymbol{L}_C=\sum\boldsymbol{r}'_i\times m_i\boldsymbol{v}_i \tag{11-18a}$$

式（11－18a）是用绝对速度表示的质点系相对于质心 C 的动量矩，用此式计算 $\boldsymbol{L}_C$ 一般很不方便，应做适当的变换。

根据点的速度合成定理知

$$\boldsymbol{v}_i=\boldsymbol{v}_{ia}=\boldsymbol{v}_e+\boldsymbol{v}_{ir}=\boldsymbol{v}_C+\boldsymbol{v}_{ir}$$

$$\begin{aligned}\boldsymbol{L}_C&=\sum\boldsymbol{r}'_i\times m_i\boldsymbol{v}_i\\&=\sum\boldsymbol{r}'_i\times m_i(\boldsymbol{v}_C+\boldsymbol{v}_{ir})\\&=\sum m_i\boldsymbol{r}'_i\times\boldsymbol{v}_C+\sum\boldsymbol{r}'_i\times m_i\boldsymbol{v}_{ir}\end{aligned}$$

由质心坐标公式得

$$\sum m_i\boldsymbol{r}'_i=(\sum m_i)\boldsymbol{r}'_C=M\boldsymbol{r}'_C$$

因 $\boldsymbol{r}'_C$ 为质心相对于坐标系 $Cx'y'z'$ 的矢径，所以 $\boldsymbol{r}'_C=0$，有 $\sum m_i\boldsymbol{r}'_i=0$，则

$$\boldsymbol{L}_C=\sum\boldsymbol{r}'_i\times m_i\boldsymbol{v}_{ir} \tag{11-18b}$$

式（11－18b）是用相对速度 $\boldsymbol{v}_{ir}$ 表示的质点系相对于质心 C 的动量矩。

由式（11－18a）和式（11－18b）可见，当动坐标系随质心 C 平动时，不论用相对速度还是用绝对速度计算 $\boldsymbol{L}_C$，结果都是一样的。在实际计算中一般采用式（11－18b）较为方便。

式（11－17）表明，质点系对任一定点的动量矩等于质量集中在质心时相对于该定点的动量矩与相对于质心的动量矩的矢量和。

二、质点系相对于质心的动量矩定理

将式 $\boldsymbol{L}_O=\boldsymbol{r}_C\times M\boldsymbol{v}_C+\boldsymbol{L}_C$ 代入质点系的动量矩定理 $\frac{\mathrm{d}\boldsymbol{L}_O}{\mathrm{d}t}=\sum[\boldsymbol{r}_i\times\boldsymbol{F}_i^{(e)}]$ 中，并注意 $\boldsymbol{r}_i=\boldsymbol{r}_C+\boldsymbol{r}'_i$，得

$$\frac{\mathrm{d}\boldsymbol{L}_O}{\mathrm{d}t}=\frac{\mathrm{d}}{\mathrm{d}t}(\boldsymbol{r}_C\times M\boldsymbol{v}_C+\boldsymbol{L}_C)=\frac{\mathrm{d}\boldsymbol{r}_C}{\mathrm{d}t}\times M\boldsymbol{v}_C+\boldsymbol{r}_C\times M\frac{\mathrm{d}\boldsymbol{v}_C}{\mathrm{d}t}+\frac{\mathrm{d}\boldsymbol{L}_C}{\mathrm{d}t}=\boldsymbol{r}_C\times\sum\boldsymbol{F}_i^{(e)}+\sum[\boldsymbol{r}'_i\times\boldsymbol{F}_i^{(e)}]$$

因

$$\frac{\mathrm{d}\boldsymbol{r}_C}{\mathrm{d}t}\times M\boldsymbol{v}_C=\boldsymbol{v}_C\times M\boldsymbol{v}_C=0$$

$$M\frac{\mathrm{d}\boldsymbol{v}_C}{\mathrm{d}t}=\frac{\mathrm{d}M\boldsymbol{v}_C}{\mathrm{d}t}=\sum\boldsymbol{F}_i^{(e)}$$

所以

$$\frac{\mathrm{d}\boldsymbol{L}_C}{\mathrm{d}t}=\sum[\boldsymbol{r}'_i\times\boldsymbol{F}_i^{(e)}] \tag{11-19a}$$

$$\frac{\mathrm{d}\boldsymbol{L}_C}{\mathrm{d}t}=\sum\boldsymbol{M}_C[\boldsymbol{F}_i^{(e)}] \tag{11-19b}$$

即质点系相对于质心 C 的动量矩对时间的一阶导数，等于作用于质点系的所有外力对于质心的力矩的矢量和（即外力对质心的主矩）。这就是质点系相对于质心的动量矩定理。该定理在形式上与质点系对于定点的动量矩定理完全一样。

式（11－19b）在直角坐标系 $Cx'y'z'$ 各轴的投影为

$$\begin{cases}\dfrac{\mathrm{d}L_{x'}}{\mathrm{d}t}=\sum M_{x'}[\boldsymbol{F}_i^{(\mathrm{e})}]\\ \dfrac{\mathrm{d}L_{y'}}{\mathrm{d}t}=\sum M_{y'}[\boldsymbol{F}_i^{(\mathrm{e})}]\\ \dfrac{\mathrm{d}L_{z'}}{\mathrm{d}t}=\sum M_{z'}[\boldsymbol{F}_i^{(\mathrm{e})}]\end{cases} \tag{11-20}$$

第七节　刚体的平面运动微分方程

质点系动量矩定理仅适用于惯性参考系，对于非惯性参考系，一般不成立。但是，如果以质心为原点，建立一随质心平动的参考系，由上节知，虽然此参考系是非惯性系，但质点系在相对于质心的运动中，对质心的动量矩的变化率与外力系主矩的关系与在惯性坐标系中完全相同。

又由运动学知道，刚体的平面运动可以分解为随基点的平动和绕基点的转动。以质心 C 为基点的平动动力学规律可由质心运动定理描述，相对质心的定轴转动可运用相对于质心的动量矩定理来描述，从而得到刚体的平面运动微分方程。

如图 11－20 所示，在动力学中，常取质心 C 为基点，它的坐标为 x_C、y_C，刚体上的任一线段 CD 与 x 轴夹角为 φ，则刚体的位置由 x_C、y_C 和 φ 确定，刚体的运动分解为随质心的平动和绕质心的转动两部分。

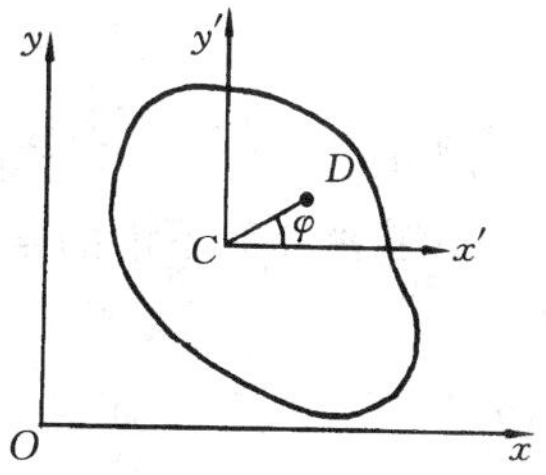

图 11－20

图 11－12 中 $Cx'y'$为固连于质心 C 的平动参考系，平面运动刚体相对于此动坐标系的运动是绕质心 C 的转动，则刚体对质心 C 的动量矩为 $L_C=J_C\omega$。

如果刚体上作用的外力系可以向质心所在平面简化为一个平面任意力系，则在该平面力系作用下，刚体随质心的平动部分可运用质心运动定理，相对质心的转动部分可运用相对于质心的动量矩定理来确定，从而得到刚体平面运动微分方程：

$$\sum \boldsymbol{F}^{(\mathrm{e})}=M\boldsymbol{a}_C \tag{11-21}$$

$$\sum M_C(\boldsymbol{F}_i)=J_C\alpha$$

或

$$\sum \boldsymbol{F}^{(\mathrm{e})}=M\frac{\mathrm{d}^2\boldsymbol{r}_C}{\mathrm{d}t^2}$$

$$\sum M_C(\boldsymbol{F}_i)=J_C\frac{\mathrm{d}^2\varphi}{\mathrm{d}t^2}$$

在应用时需取其投影式，即

$$\begin{cases}\sum F_x = M\dfrac{d^2 x_C}{dt^2}\\ \sum F_y = M\dfrac{d^2 y_C}{dt^2}\\ \sum M_C(\boldsymbol{F}_i) = J_C\dfrac{d^2\varphi}{dt^2}\end{cases} \quad 或 \quad \begin{cases}\sum F_n = M\dfrac{v_C^2}{\rho}\\ \sum F_\tau = M\dfrac{dv_C}{dt}\\ \sum M_C(\boldsymbol{F}_i) = J_C\dfrac{d^2\varphi}{dt^2}\end{cases}$$

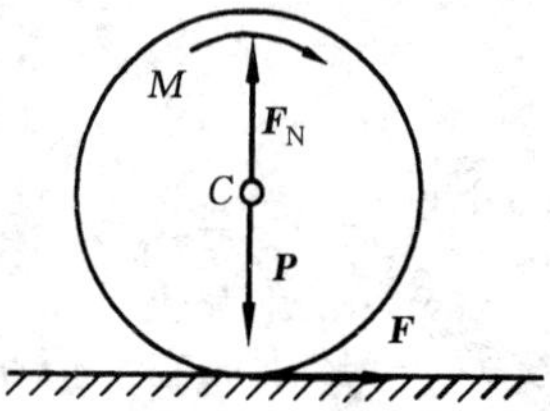

图 11-21

【例 11-8】 半径为 r，重为 $\boldsymbol{P}$ 的均质圆轮沿水平直线滚动，如图 11-21 所示。设轮的惯性半径为 ρ，作用于圆轮的力偶矩为 M。求轮心的加速度。如果圆轮对地面的静滑动摩擦系数为 f，问力偶矩 M 必须符合什么条件方不致使圆轮滑动？

解： 以轮为研究对象，轮做平面运动，受力如图 11-21 所示。则根据刚体平面运动微分方程可得

$$\frac{P}{g}a_{Cx} = F \tag{a}$$

$$\frac{P}{g}a_{Cy} = F_N - P \tag{b}$$

$$\frac{P}{g}\rho^2\alpha = M - Fr \tag{c}$$

因 $a_{Cy}=0$，故 $a_{Cx}=a_C$。

由圆轮滚而不滑的条件可得如下补充方程：

$$a_C = r\alpha \tag{d}$$

联立式（a）、式（b）、式（c）、式（d）求解得

$$\begin{aligned}&F = \frac{P}{g}r\alpha\\ &\alpha = \frac{gF}{Pr}\\ &F_N = P\\ &\alpha = \frac{Mg}{P(\rho^2 + r^2)}\\ &a_C = \frac{Mgr}{P(\rho^2 + r^2)}\end{aligned} \tag{e}$$

把式（e）代入式（c）得

$$M = \frac{F(r^2+\rho^2)}{r}$$

欲使圆轮只滚不滑，还要满足 $F \leqslant fF_N$，故得圆轮只滚不滑的条件为

$$M \leqslant \frac{fP(r^2+\rho^2)}{r}$$

【例 11－9】 如图 11－22 所示，重力为 G，半径为 r 的均质圆轮，受到轻微扰动后，在半径为 R 的圆弧上往复滚动（设表面足够粗糙，使圆轮在滚动时无滑动）。求质心 C 的运动规律。

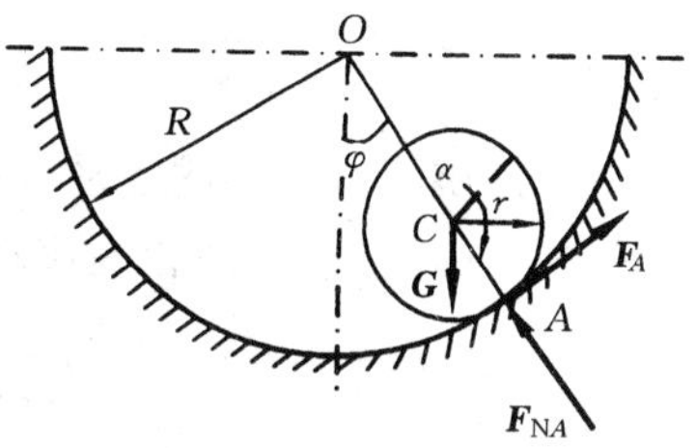

图 11－22

解：圆轮在曲面上做平面运动，受到的外力有重力 G、圆弧表面的法向反力 $\boldsymbol{F}_{NA}$ 和摩擦力 $\boldsymbol{F}_A$。

设 φ 角以逆时针为正，取切线轴的正向如图，则图示瞬时刚体的平面运动微分方程在自然轴上的投影式为

$$\frac{G}{g}a_C^\tau = F_A - G\sin\varphi \tag{a}$$

$$\frac{G}{g}\frac{v_C^2}{R-r} = F_{NA} - G\cos\varphi \tag{b}$$

$$-J_C\alpha = F_A r \tag{c}$$

由运动学知，当圆轮只滚动不滑动时，角加速度大小为

$$\alpha = \frac{a_C^\tau}{r} \tag{d}$$

取 s 为质心的弧坐标，由图 11－22 知：

$$s = (R-r)\varphi$$

注意到　$a_C^\tau = \dfrac{d^2 s}{dt^2}$，$J_C = \dfrac{1}{2}mr^2$

当 φ 很小时：　$\sin\varphi \approx \varphi$

联立式（a）、式（c）、式（d）求得

$$\frac{3}{2}\frac{d^2 s}{dt^2} + \frac{g}{R-r}s = 0$$

令 $\omega_n^2 = \dfrac{2g}{3(R-r)}$，则上式成为

$$\frac{d^2 s}{dt^2} + \omega_n^2 s = 0$$

此方程的解为

$$s = s_0\sin(\omega_n t + \theta)$$

式中：s_0 和 θ 为两个常数，由运动初始条件确定。

如 $t=0$ 时，$s=0$，初速度为 v_0，于是

$$0 = s_0\sin\theta$$

$$v_0 = s_0\omega_n\cos\theta$$

解得

$$\tan\theta = 0, \theta = 0, s_0 = \frac{v_0}{\omega_n} = v_0\sqrt{\frac{3(R-r)}{2g}}$$

最后得

$$s=v_0\sqrt{\frac{3(R-r)}{2g}}\sin\sqrt{\frac{2g}{3(R-r)}}t$$

这就是质心沿轨迹的运动方程。

由式（b）可求得圆轮在滚动时对地面的压力为

$$F'_{NA}=F_{NA}=\frac{G}{g}\frac{v_C^2}{R-r}+G\cos\varphi$$

其中

$$v_C=\frac{ds}{dt}=v_0\cos\sqrt{\frac{2g}{3(R-r)}}t$$

式中右端第一项为附加动压力。

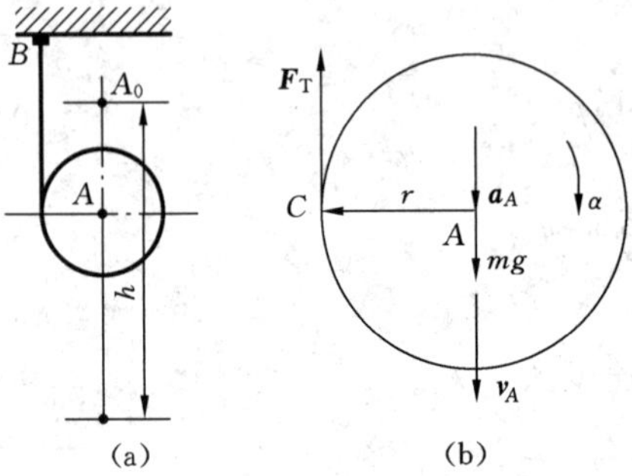

图 11 - 23

【例 11 - 10】 如图 11 - 23（a）所示，圆柱体 A 的质量为 m，在其中部绕以细绳，绳的一端 B 固定。圆柱体沿绳子解开而降落，其初速度为零。求当圆柱体的轴降落了高度 h 时圆柱体中心 A 的速度 v 和绳子的拉力 F_T。

解： 方法 1：取圆柱体为研究对象，进行受力分析和运动分析，如图 11 - 23（a）所示，有

$$ma_A=mg-F_T \tag{a}$$

$$J_A\alpha=F_Tr \tag{b}$$

$$a_A=r\alpha \tag{c}$$

$$J_A=\frac{1}{2}mr^2$$

解得

$$F_T=\frac{1}{3}mg\text{（拉）}$$

$$a_A=\frac{2}{3}g\text{（常量）} \tag{d}$$

由运动学得　　$v_A=\sqrt{2a_Ah}=\frac{2}{3}\sqrt{3gh}$（↓）

方法 2：由于运动时瞬心与圆柱体的质心距离保持不变，故可对瞬心 C 用动量矩定理：

$$J_C\ddot{\varphi}=mgr \tag{e}$$

$$J_C=J_A+mr^2=\frac{3}{2}mr^2$$

又
$$\ddot{\varphi}=\frac{a_A}{r}$$

$$a_A=\frac{2}{3}g \text{［同式（d）］}$$

再由
$$ma_A=mg-F_T$$

得
$$F_T=\frac{1}{3}mg \text{（拉）}$$

$$v_A=\sqrt{2a_Ah}=\frac{2}{3}\sqrt{3gh} \text{（}\downarrow\text{）}$$

【小　　结】

1. 质点及质点系的动量矩

（1）单个质点：

$$\boldsymbol{L}_O=\boldsymbol{L}_O(m\boldsymbol{v})=\boldsymbol{r}\times m\boldsymbol{v}$$

（2）质点系：

$$\boldsymbol{L}_O=\sum\boldsymbol{L}_O(m_i\boldsymbol{v}_i)=\sum\boldsymbol{r}_i\times m_i\boldsymbol{v}_i$$

1）平动刚体的动量矩（矩心在任意点 O）：

$$\boldsymbol{L}_O=\sum\boldsymbol{L}_O(m_i\boldsymbol{v}_i)=\boldsymbol{r}_C\times M\boldsymbol{v}_C$$

2）绕定轴转动刚体的动量矩（矩心在转轴）：

$$L_z=J_z\omega$$

3）平面运动刚体的动量矩（矩心在瞬心）：

$$L_P=J_P\omega$$

2. 动量矩定理

质点（系）的动量矩定理建立了质点（系）的动量矩变化与力矩之间的关系。

（1）质点的动量矩定理：

$$\frac{\mathrm{d}\boldsymbol{L}_O}{\mathrm{d}t}=\boldsymbol{M}_O(\boldsymbol{F})$$

（2）质点系的动量矩定理：

$$\frac{\mathrm{d}\boldsymbol{L}_O}{\mathrm{d}t}=\boldsymbol{M}_O^{(\mathrm{e})}$$

质点系对某固定点的动量矩对时间的导数，等于作用于质点系的外力对同一点的力矩的矢量和。此式称为质点系动量矩定理。

质点系动量矩定理不包含内力，说明内力不能改变其动量矩，只有外力才能改变质点系的动量矩，但内力可以改变质点系内各质点的动量矩，即起着传递的作用。

3. 质点（系）的动量矩守恒定律

（1）当力 $\boldsymbol{F}$ 过矩心 O 点，则有 $\boldsymbol{L}_O$＝常矢量。即若作用于质点（系）的力对某点

的矩等于零，则质点（系）对此点动量矩的大小和方向都不变。这称为质点（系）的动量矩守恒定律。

（2）当力 $\boldsymbol{F}$ 与 z 轴共面，则有 L_z＝常量。即若作用于质点（系）的力对某轴的矩等于零，则质点（系）对此轴动量矩的大小不变。这称为质点（系）对轴的动量矩守恒定律。

4. 刚体的定轴转动微分方程

$$J_z \frac{\mathrm{d}^2\varphi}{\mathrm{d}t^2} = \sum M_z(\boldsymbol{F}_i)$$

刚体的定轴转动微分方程 $J_z\alpha = \sum M_z(\boldsymbol{F}_i)$ 和质点的运动微分方程 $m\boldsymbol{a} = \sum \boldsymbol{F}_i$ 在形式上相似，求解问题的方法与步骤也相似。

5. 刚体的转动惯量

刚体对 z 轴的转动惯量 J_z 是刚体转动惯性的量度。

（1）定义：$J_z = \sum m_i r_i^2$ 或 $J_z = M\rho^2$。

（2）平行移轴定理：$J_z = J_{zC} + Md^2$。

在计算刚体的转动惯量时，可直接用积分法，也可将刚体划分为多个刚体的组合，应用组合法或负面积（体积）法。并要注意所有的转动惯量都是对同一轴的。在运用平行轴定理时，必须注意 J_{zC} 是刚体对于通过质心与 z 轴平行轴的转动惯量。

6. 刚体平面运动微分方程

由运动学知道，刚体的平面运动可以分解为随基点的平动和绕基点的转动。以质心 C 为基点的平动动力学规律可由质心运动定理描述，相对质心的定轴转动可运用相对于质心的动量矩定理来描述，从而得到刚体平面运动微分方程，即

第十一章
思考题

$$\sum \boldsymbol{F}^{(e)} = M\boldsymbol{a}_C$$

$$\sum M_{zC}(\boldsymbol{F}_i) = J_{zC}\alpha$$

习　　题

11-1　已知质量为 m 的质点运动方程为 $\boldsymbol{x} = a\cos\omega t$，$\boldsymbol{y} = b\sin 2\omega t$，求质点对原点 O 的动量矩。

11-2　计算各质点系对 O 点的动量矩，已知题 11-2 图（a）～（d）各均质物体重 Q，物体尺寸与质心速度或绕转轴的角速度如图示。

11-3　如题 11-3 图所示系统中，已知鼓轮以 ω 的角速度绕 O 轴转动，其大、小半径分别为 R、r，对 O 轴的转动惯量为 J_O；物块 A、B 的质量分别为 m_A 和 m_B；试求系统对 O 轴的动量矩。

11-4　已知不计重量杆 OA 以角速度 $\omega_0 = 4\text{rad/s}$ 转动，均质圆盘 $m = 25\text{kg}$，$R = 200\text{mm}$，如题 11-4 图所示。图（a）中圆盘与 OA 杆焊接在一起；图（b）、（c）中圆盘与 OA 杆铰接，且相对 OA 杆以角速度 $\omega_r = \pm 4\text{rad/s}$ 转动，转向如图所示。求在图（a）、（b）、（c）中，圆盘对 O 轴的动量矩。

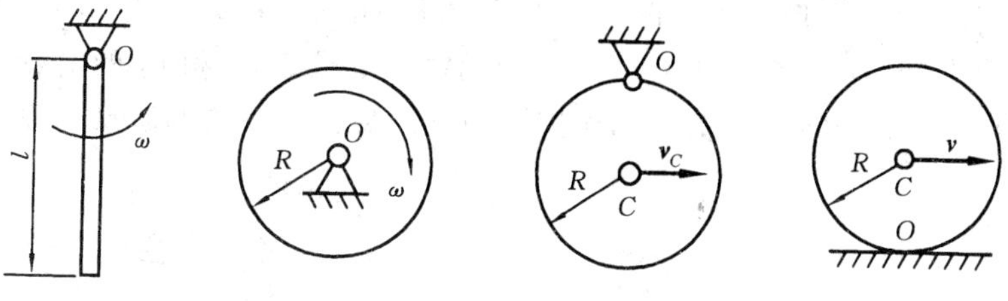

(a)　　(b)　　(c)　　(d)

题 11－2 图

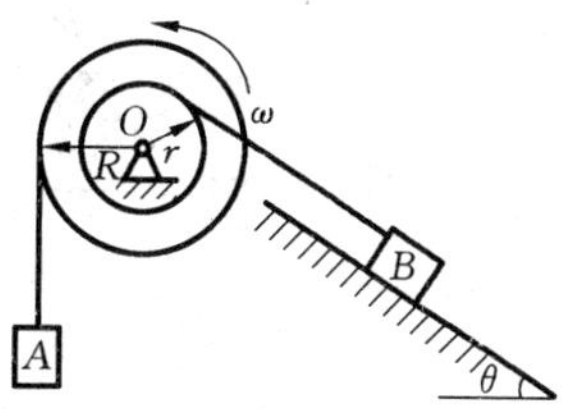

题 11－3 图

11－5　鼓轮如题 11－5 图所示，其外、内半径分别为 R 和 r，质量为 m，对质心轴 O 的回转半径为 ρ，且 $\rho^2=Rr$，鼓轮在拉力 F 的作用下沿倾角为 θ 的斜面往上纯滚动，$\boldsymbol{F}$ 力与斜面平行，不计滚动摩擦。试求质心 O 的加速度。

11－6　如题 11－6 图所示，跨过定滑轮 D 的细绳，一端缠绕在均质圆柱体 A 上，另一端系在光滑水平面上的物体 B 上。已知圆柱 A 的半径为 r，质量为 m_1；物体 B 的质量为 m_2。试求物体 B 和圆柱质心 C 的加速度以及绳索的拉力。滑轮 D 和细绳的质量以及轴承摩擦忽略不计。

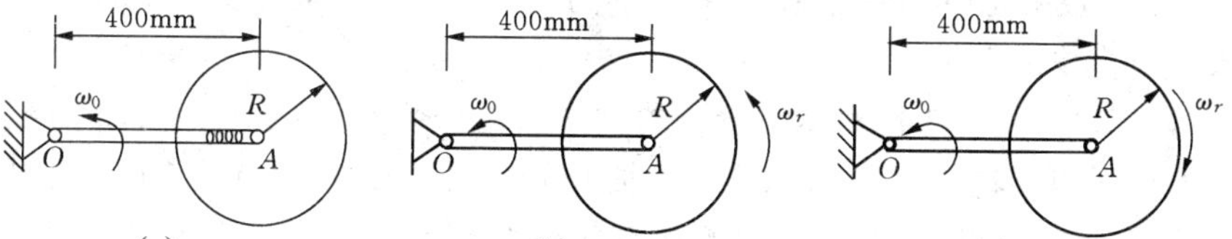

(a)　　(b)　　(c)

题 11－4 图

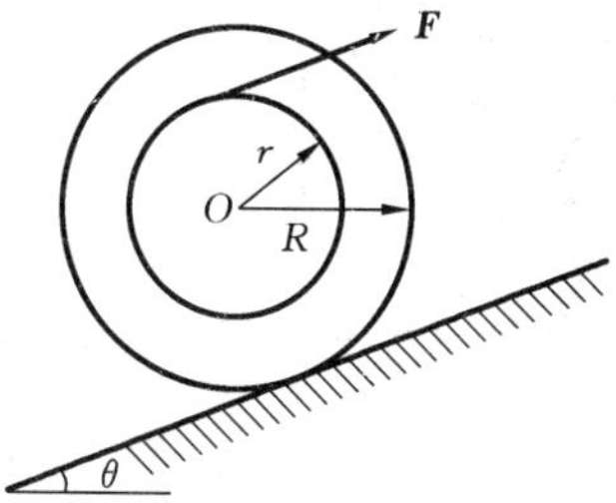

图 11－5 图

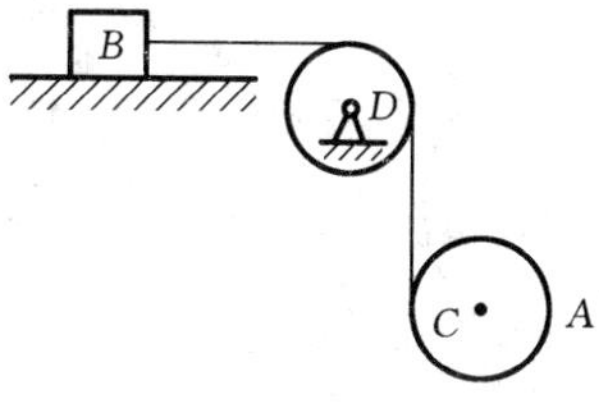

题 11－6 图

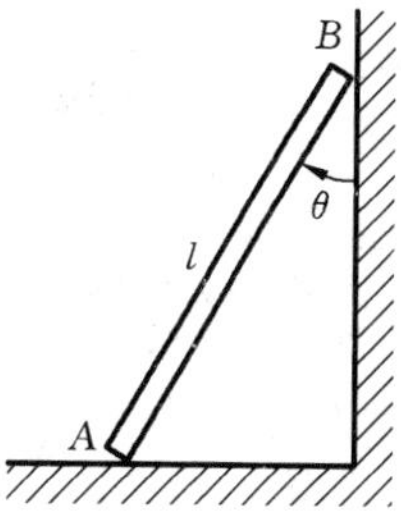

题 11－7 图

11－7　如题 11－7 图所示，均质细杆 AB 质量为 m，长为 l，在图示位置由静止开始运动。若水平和铅垂面的摩擦均略去不计，试求杆的初始角加速度。

11－8　高炉运送矿石用的卷扬机如题 11－8 图所示。已知鼓轮的半径为 R，重量为 $\boldsymbol{P}$，在铅直平面内绕水平的轴 O 转动。小车和矿石总重量为 $\boldsymbol{Q}$，作用在鼓轮上的力矩为 M，轨道的倾角为 θ。设绳的重量和各处的摩擦均忽略不计，求小车的加速度。

11－9　如题11－9图所示，两个物体 A 和 B 的质量各为 m_1 和 m_2，且 $m_1>m_2$，分别挂在两条不可伸长的绳子上，此两绳分别绕在半径为 r_1 和 r_2 的塔轮上，物体受重力的作用而运动。试求塔轮的角加速度及轴承的反力。塔轮的质量与绳的质量均可忽略不计。

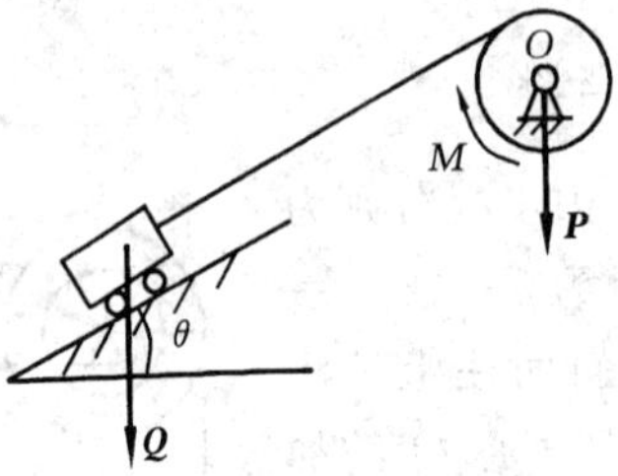

题11－8图

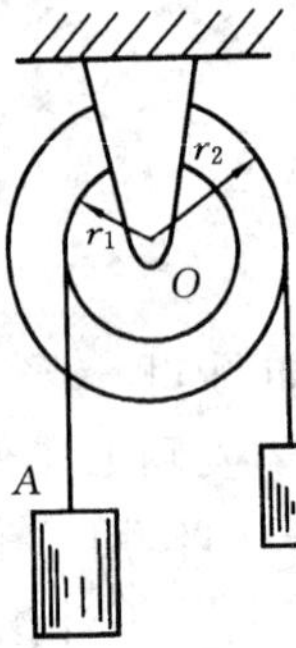

题11－9图

11－10　如题11－10图所示，均质圆轮 A 重 P_1，半径为 r_1，以角速度 ω 绕 OA 杆的 A 端转动，此时将轮放置在重 P_2 的另一圆轮 B 上，其半径为 r_2。B 轮原为静止，但可绕其轴自由转动。放置后，A 轮的重量由 B 轮支持。略去轴承的摩擦与杆 OA 的重量，并设两轮间的摩擦系数为 f。问自 A 轮放在 B 轮上到两轮间没有滑动为止，需要经过多少时间？

11－11　如题11－11图所示，轮子的质量 $m=100\text{kg}$，半径 $R=1\text{m}$，可以看成均质圆盘。当轮子以转速 $n=120\text{r/min}$ 绕定轴 C 转动时，在杆 A 点垂直施加常力 $\boldsymbol{P}$，经过10s轮子停止转动。设轮与闸块间的动摩擦系数 $f=0.1$，试求力 $\boldsymbol{P}$ 的大小。轴承的摩擦和闸块的厚度忽略不计。

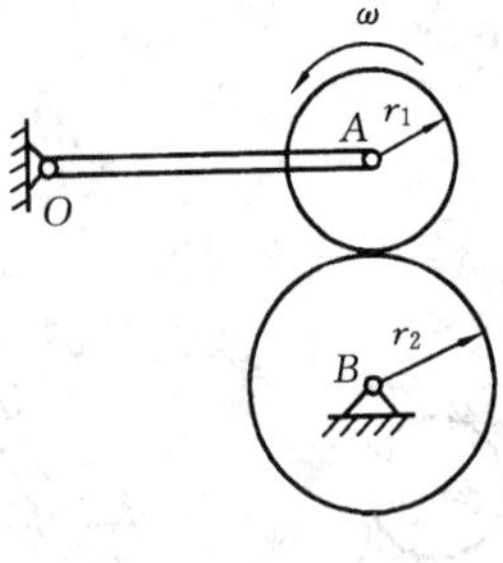

题11－10图

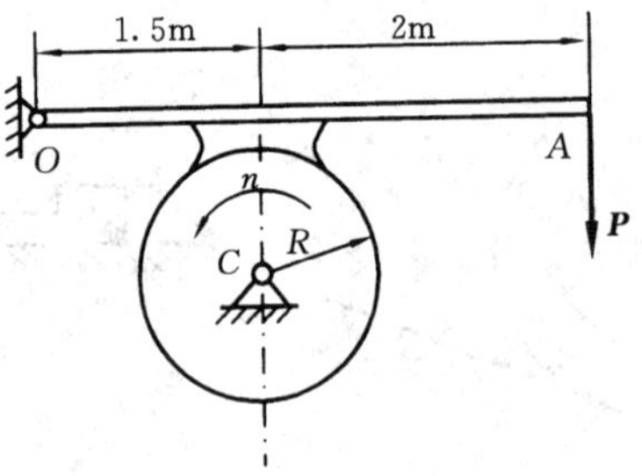

题11－11图

11－12　如题11－12图所示，鼓轮的质量为 m_2，半径为 R、r，回转半径为 ρ_0，物体 A 的质量为 m_1，不计轮 D 的质量。试求重物 A 的加速度。

11－13　如题11－13图所示连杆的质量为 m，质心在点 C。若 $AC=a$，$BC=b$，连杆对 B 轴的转动惯量为 J_B，求连杆对 A 轴的转动惯量。

11－14　均质圆柱体 A 和 B 的重量均为 $\boldsymbol{P}$，半径均为 r，一绳缠在绕固定轴 O 转动的圆柱 A 上，绳的另一端绕在圆柱 B 上，如题11－14图所示。摩擦不计。求：

(1) 圆柱体 B 下落时质心的加速度。

(2) 若圆柱体 A 上作用一逆时针转向的转矩 M，试问在什么条件下圆柱体 B 的质心将上升。

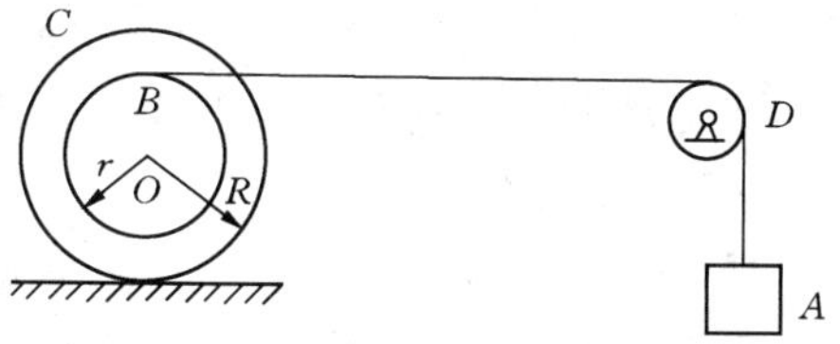

题 11-12 图

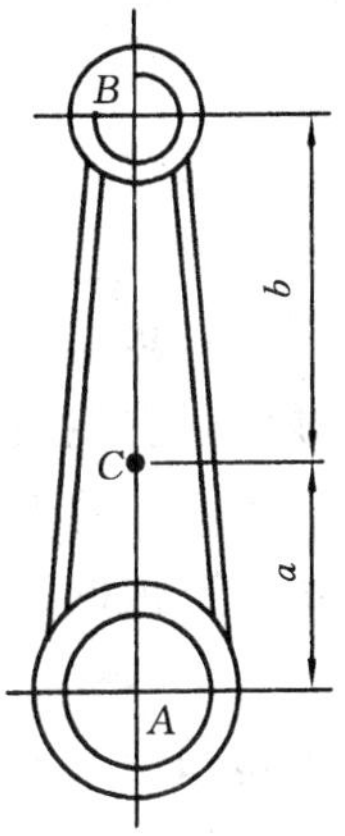

题 11-13 图

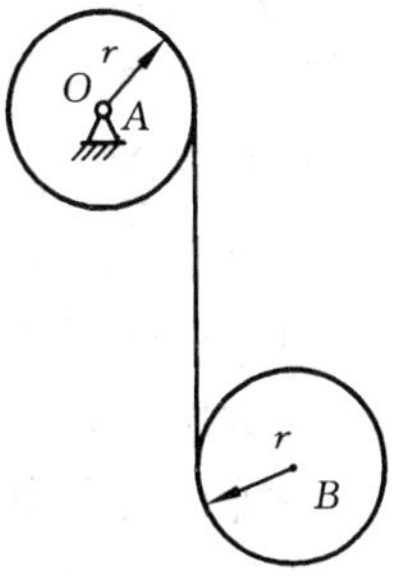

题 11-14 图

第十二章
思维导图

第十二章　动　能　定　理

自然界中存在着多种运动形式，这些运动形式本质上相互区别，但又相互依存、相互联系，并在一定条件下相互转化。能量转换与功之间的关系是自然界各种形式运动的普遍规律，在机械运动中则表现为动能定理。不同于动量和动量矩定理，动能定理以物体的动能的变化与作用其上的力所做的功的关系，反映出速度大小的改变与力及运动路程的关系，从而揭示了机械运动和其他形式运动能量传递和转化的规律。用它来分析质点和质点系的动力学问题，有时是更为方便和有效的。

在理论力学中，不考虑运动形式的变化，而只局限于研究机械运动，所以只讨论动能变化与功的关系。本章将讨论力的功、功率、动能和势能的概念。进而导出动能定理和机械能守恒定律，并将综合运用动力学普遍定理分析较复杂的动力学问题。

第一节　力　的　功

作用在物体上的力，使物体的运动状态变化的程度除了取决于力的大小和方向外，还与力作用下物体所经过的路程长短有关，因此用力的功表示力在一段路程上对物体的累积效应。

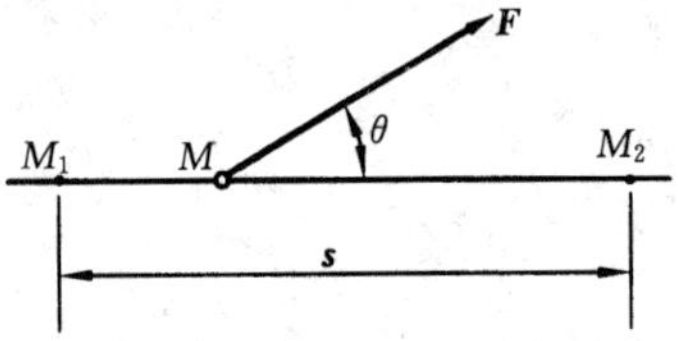

图 12-1

一、常力在直线运动中的功

设质点 M 在常力 $\boldsymbol{F}$ 作用下沿某一直线运动，其位移为 $\boldsymbol{s}$，如图 12-1 所示。则此常力 $\boldsymbol{F}$ 在位移 $\boldsymbol{s}$ 中所做的功定义为

$$W=\boldsymbol{F}\cdot\boldsymbol{s} \tag{12-1a}$$

式（12-1a）也可写成

$$W=Fs\cos\theta \tag{12-1b}$$

式中：θ 为力 $\boldsymbol{F}$ 与位移 $\boldsymbol{s}$ 方向的夹角。即作用在质点上的常力沿直线路程所做的功等于该力矢与质点位移矢量的数量积。

由上述定义可知，功是代数量。在国际单位制中，其单位是焦耳（J），它表示 1N 的力在同方向 1m 的路程上所做的功，即

$$1\text{ 焦耳(J)}=1\text{ 牛顿(N)}\times 1\text{ 米(m)}$$

二、变力在曲线运动中的功

下面将功的计算方法推广到一般情况，即用常力的功推出变力的功的计算方法。

设质点 M 在变力 $\boldsymbol{F}$ 的作用下沿曲线运动，如图 12-2 所示。由于质点在曲线运动过程中所受的力 $\boldsymbol{F}$ 的大小和方向都是变化的，故不能直接利用式（12-1a）和式

(12－1b) 计算力 $\boldsymbol{F}$ 做的功。为此，可以将作用于 M 的变力 $\boldsymbol{F}$ 在这段路程中做的功看作是在无数微小路程 $\mathrm{d}s$ 中所做的元功的总和。由于 $\mathrm{d}s$ 非常微小，所以 $\mathrm{d}s$ 弧可以看作与轨迹曲线的切线（指向运动方向）同方向的直线段，而力 $\boldsymbol{F}$ 在此微段内也可看作常力。于是在 $\mathrm{d}s$ 微段力 $\boldsymbol{F}$ 所做的功可用式 (12－1b) 计算，即看作

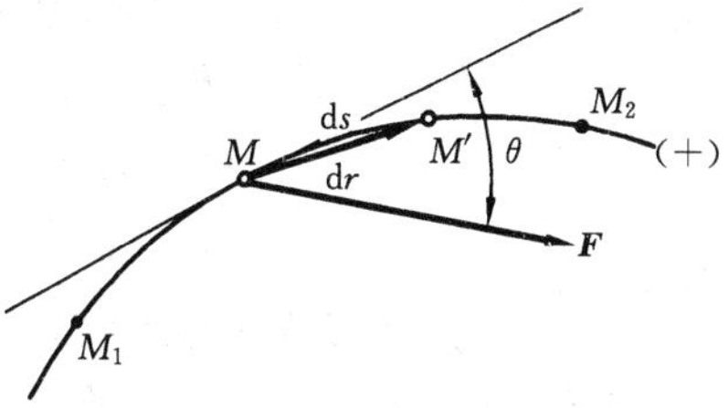

图 12－2

$$\delta W = F\cos\theta \mathrm{d}s \tag{12-2}$$

式中：δW 为力 $\boldsymbol{F}$ 在 $\mathrm{d}s$ 上所做的元功❶。

力 $\boldsymbol{F}$ 在全路程上所做的功为

$$W = \int_0^s F\cos\theta \mathrm{d}s \tag{12-3}$$

若质点的位移用位置矢径的增量 $\mathrm{d}\boldsymbol{r}$ 表示，而当 $\mathrm{d}s$ 足够小时，有 $\mathrm{d}s = |\mathrm{d}\boldsymbol{r}|$，$\mathrm{d}\boldsymbol{r}$ 的方向与切线的方向一致，因此由式 (12－1) 有

$$\delta W = \boldsymbol{F}\cdot\mathrm{d}\boldsymbol{r} \tag{12-4}$$

$$W = \int_{M_1}^{M_2} \boldsymbol{F}\cdot\mathrm{d}\boldsymbol{r} \tag{12-5}$$

若取定坐标系 $Oxyz$，且 $\boldsymbol{F} = F_x\boldsymbol{i} + F_y\boldsymbol{j} + F_z\boldsymbol{k}$，$\mathrm{d}\boldsymbol{r} = \mathrm{d}x\boldsymbol{i} + \mathrm{d}y\boldsymbol{j} + \mathrm{d}z\boldsymbol{k}$，则式 (12－5) 可写成

$$W_{12} = \int_{M_1}^{M_2} (F_x\mathrm{d}x + F_y\mathrm{d}y + F_z\mathrm{d}z) \tag{12-6}$$

上式称为功的解析式。

三、作用于质点系的力的功

质点系由许多质点组成，对于质点系中每个质点均可用上述方法计算其上作用力所做的功，则作用于质点系的力的功等于各力（包括做功的内力）的功的代数和。作用于质点系的力既有外力也有内力，在研究质点系的动量和动量矩定理时，只需考虑作用于质点系的外力，而与质点系的内力无关。而在计算质点系的力的功时，应包括所有外力和内力的功。因为内力虽然是成对出现的，但它们的功之和一般并不等于零。例如，由两个相互吸引的质点 M_1 和 M_2 组成质点系，它们相互作用的力 $\boldsymbol{F}_1$ 和 $\boldsymbol{F}_2$ 是一对大小相等、方向相反的内力，如图 12－3 所示。它们的矢量和等于零，但它们所做的功之和却不等于零。当两质点相互趋近时，两力所做的功均为正功，其和亦为正，反之两力所做的功均为负，其和亦为负。又如自行车刹车时闸块对钢圈作用的摩擦力，对自行车来说是内力，但它们的功之和并不等于零，所以才能使自行车减速乃至停止运动。但是也有一些内力的功等于零。下面讨论内力做功在什么情况下的功之和等于零，什么情况下不等于零。

考察质点系中的任意两点 A 和 B，其位置矢径分别为 $\boldsymbol{r}_A$ 和 $\boldsymbol{r}_B$，如图 12－4 所示，设两质点相互作用的力（内力）为 $\boldsymbol{F}$ 及 $\boldsymbol{F}'$。自然，$\boldsymbol{F}' = -\boldsymbol{F}$。当质点 A 和 B 各发生

❶ 因为力的元功只有在某些条件下才可能是函数 W 的全微分 $\mathrm{d}W$，因此将一般力的元功写成 δW，以示区别。

位移 $d\boldsymbol{r}_A$ 及 $d\boldsymbol{r}_B$ 时，内力的功之和为

$$
\begin{aligned}
W &= \boldsymbol{F} \cdot d\boldsymbol{r}_A + \boldsymbol{F}' \cdot d\boldsymbol{r}_B = \boldsymbol{F} \cdot d\boldsymbol{r}_A - \boldsymbol{F} \cdot d\boldsymbol{r}_B \\
&= \boldsymbol{F} \cdot (d\boldsymbol{r}_A - d\boldsymbol{r}_B) = \boldsymbol{F} \cdot d(\boldsymbol{r}_A - \boldsymbol{r}_B) \\
&= \boldsymbol{F} \cdot d(\overline{BA})
\end{aligned}
$$

式中：$d(\overline{BA})$ 为矢量 $\overline{BA}$ 的改变（大小和方向）。上式的 W 一般不等于零，即内力功之和一般不等于零。当 $\overline{BA}$ 的大小和方向都不变时，$d(\overline{BA})=0$，因而 $W=0$；当 $\overline{BA}$ 的大小不变而方向改变时，虽然 $d(\overline{BA})\neq 0$，但 $d(\overline{BA})$ 垂直于 $\overline{BA}$，即垂直于 $\boldsymbol{F}$，因此 W 也等于零。总之，只要 A、B 两点之间的距离保持不变，内力的功之和 W 就等于零。

质点系内力的功

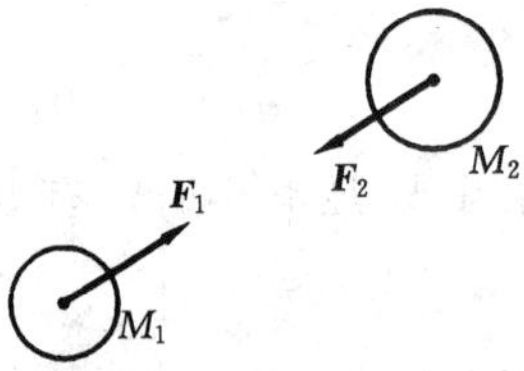

图 12-3

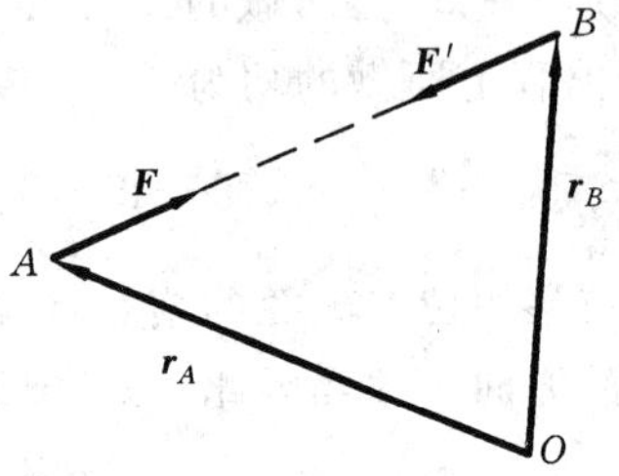

图 12-4

由上可知，对于不变质点系——刚体来说，其内各质点相互作用的内力的功之和恒等于零。另外，不可伸长的绳索的内力的功之和也等于零。所以在计算作用于质点系力的功时，这些内力的功都不需考虑。

四、约束反力的功与理想约束

将作用于质点系的力的功分为主动力与约束反力的功。在许多情况下，约束反力不做功，或做功之和等于零，把这样的约束称为理想约束。常见的理想约束有以下几种。

1. 光滑表面约束

由于光滑表面约束的约束反力沿其约束面接触点（或面）处的法线方向，而接触点（或面）的位移方向为其切线方向，即约束反力的方向总与其作用点处的位移相垂直，因此这种约束反力不做功。例如光滑固定支撑面［图 12-5（a）］，固定铰支座、轴承［图 12-5（b）］、滑动铰支座［图 12-5（c）］等均属此类约束。

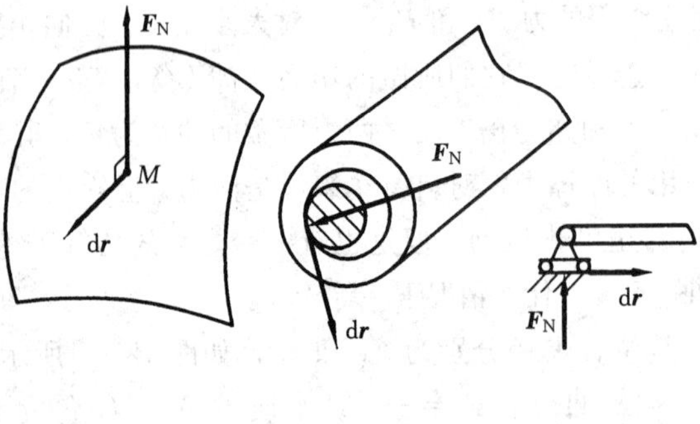

(a)　(b)　(c)

图 12-5

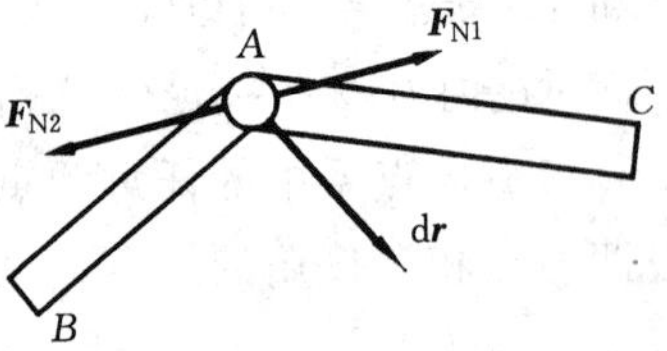

图 12-6

2. 连接物体的光滑铰链约束

如图 12-6 所示的铰链，其连接处相互作用的约束力 $\boldsymbol{F}_{N1}$ 和 $\boldsymbol{F}_{N2}$ 是等值反向的，它们在铰链中心的任何位移 $d\boldsymbol{r}$ 上所做的功之和等于零，即

$$\sum \delta W = \boldsymbol{F}_{N1} \cdot d\boldsymbol{r} + \boldsymbol{F}_{N2} \cdot d\boldsymbol{r} = (\boldsymbol{F}_{N1} + \boldsymbol{F}_{N2}) \cdot d\boldsymbol{r} = 0$$

3. 不可伸长的柔索约束

由于不可伸长的柔索在两端的拉力大小相等，即 $F_{T1} = F_{T2}$（图 12-7），且两端的位移 $d\boldsymbol{r}_1$ 和 $d\boldsymbol{r}_2$ 沿柔索的投影必相等，即 $dr_1\cos\alpha = dr_2\cos\beta$，因而约束力 $\boldsymbol{F}_{T1}$ 和 $\boldsymbol{F}_{T2}$ 所做的功之和等于零，即

$$\sum \delta W = \boldsymbol{F}_{T1} \cdot d\boldsymbol{r}_1 + \boldsymbol{F}_{T2} \cdot d\boldsymbol{r}_2 = F_{T1} dr_1 \cos\alpha - F_{T2} dr_2 \cos\beta = 0$$

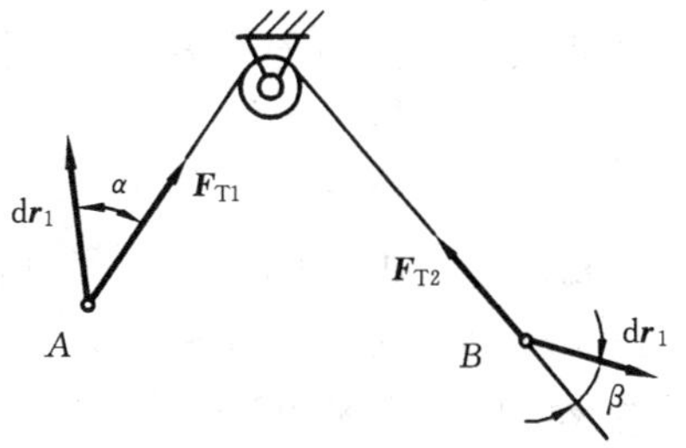

图 12-7

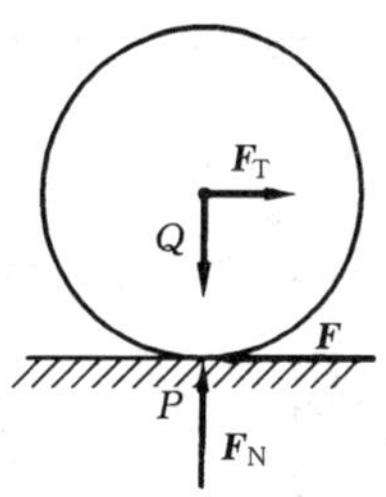

图 12-8

4. 摩擦力的功

有些约束反力是否做功，与被约束体的运动状态有关。例如摩擦力的功就是如此。当刚体在固定面上只滚动不滑动时，固定面作用于刚体接触点 P 处的约束反力有法向反力 $\boldsymbol{F}_N$ 和摩擦力 $\boldsymbol{F}$（图 12-8），因只滚不滑，其接触点为速度瞬心，摩擦力作用点没有位移，即 $d\boldsymbol{r}_P = 0$，所以约束反力的（全约束反力）功（不计滚动摩阻）为零，即

$$\sum \delta W = (\boldsymbol{F} + \boldsymbol{F}_N) \cdot d\boldsymbol{r}_P = 0$$

此时该约束为理想约束。

当质点或刚体沿支撑面有滑动时，因此时摩擦力作用点有位移，所以约束反力的功不为零。一般情况下，摩擦力总是起着阻碍运动的作用，即摩擦力方向与其作用点的运动方向相反，所以摩擦力做负功。但有时摩擦力对某物体起着阻碍作用，而对另一物体却起着主动力的作用，起主动力作用的摩擦力方向与作用点运动方向相同，此时摩擦力做正功。由此可见，在计算摩擦力的功时，应具体问题具体分析。

五、几种常见力的功

1. 重力的功

质点在地面附近运动时，所受重力 $\boldsymbol{P}$ 可看作是不变的，取坐标系 $Oxyz$ 的 z 轴铅直向上，质点沿轨道由 M_1 运动到 M_2，如图 12-9 所示。则重力 $\boldsymbol{P}$ 在各坐标轴上的投影为 $F_x = 0$，$F_y = 0$，$F_z = -P$，于是由式 (12-6) 得重力的功为

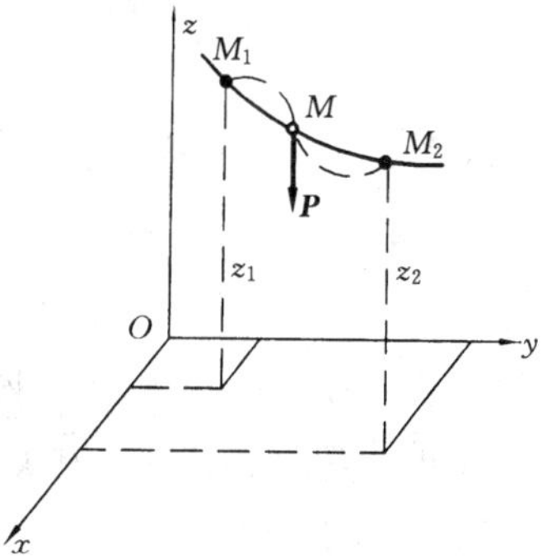

图 12-9

$$W_{12}=\int_{z_1}^{z_2}-P\mathrm{d}z=P(z_1-z_2) \tag{12-7}$$

对于质点系，设有 n 个质点，其中任一个质点 M_i 所受的重力为 $\boldsymbol{P}_i$，则整个质点系所受的重力的功为

$$W_{12}=\sum P_i(z_{i1}-z_{i2})=\sum P_i z_{i1}-\sum P_i z_{i2}$$

由重心坐标公式有 $\sum P_i z_{i1}=\sum P_i z_{C1}$，$\sum P_i z_{i2}=\sum P_i z_{C2}$，令 $P=\sum P_i$ 是整个质点系的重量，则

$$W_{12}=P(z_{C1}-z_{C2}) \tag{12-8}$$

式中：z_{C1} 和 z_{C2} 为质点系在位置 1 和位置 2 时的重心的 z 坐标。

由式（12-7）和式（12-8）可见，重力所做的功只与质点或质点系重心的起始位置与终了位置的高度差有关，而与所经的路径无关。重心下降，重力做正功；重心上移，重力做负功。

弹性力的功

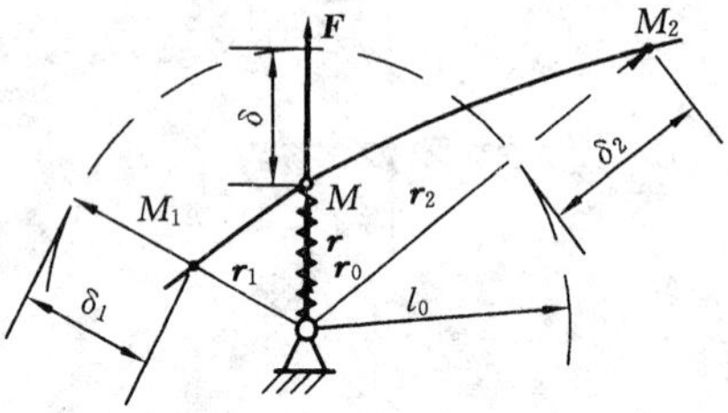

图 12-10

2. 弹性力的功

物体受到弹性力的作用，作用点 M 的轨迹如图 12-10 所示。设弹簧的原长为 l_0，刚度系数为 k，其单位为 N/m。在弹性极限内，由胡克定律，弹性力的大小为

$$F=k\delta=k\mid r-l_0\mid$$

其方向总是指向自然位置。r 为点 M 对固定点的矢径 $\boldsymbol{r}$ 的长度。

若设矢径方向的单位矢量为 $\boldsymbol{r}_0$，并考虑到弹性力的方向，则弹性力可表示为

$$\boldsymbol{F}=-k(r-l_0)\boldsymbol{r}_0$$

当弹簧伸长时，$r>l_0$，力 $\boldsymbol{F}$ 与 $\boldsymbol{r}_0$ 的方向相反；当弹簧被压缩时，$r<l_0$，力 $\boldsymbol{F}$ 与 $\boldsymbol{r}_0$ 的方向一致。

由式（12-5）可得弹性力的作用点 M 由 M_1 运动到 M_2 位置时，弹性力做的功为

$$W_{12}=\int_{M_1}^{M_2}\boldsymbol{F}\cdot\mathrm{d}\boldsymbol{r}=\int_{M_1}^{M_2}-k(r-l_0)\boldsymbol{r}_0\cdot\mathrm{d}\boldsymbol{r}$$

而
$$\boldsymbol{r}_0\cdot\mathrm{d}\boldsymbol{r}=\frac{\boldsymbol{r}}{r}\cdot\mathrm{d}\boldsymbol{r}=\frac{1}{2r}\mathrm{d}\,(\boldsymbol{r}\cdot\boldsymbol{r})=\frac{1}{2r}\mathrm{d}(r^2)=\mathrm{d}r$$

于是
$$W_{12}=\int_{r_1}^{r_2}-k(r-l_0)\mathrm{d}r=\frac{k}{2}[(r_1-l_0)^2-(r_2-l_0)^2]$$

令 $\delta_1=r_1-l_0$，$\delta_2=r_2-l_0$，分别为弹簧在起止位置时的变形量，则

$$W_{12}=\frac{k}{2}(\delta_1^2-\delta_2^2) \tag{12-9}$$

由式（12-9）可知，弹性力的功也只与其作用点 M 的起止位置有关，即只与弹簧在起止位置的变形量 δ 有关，而与弹性力作用点 M 的运动路径无关。

3. 作用于绕定轴转动刚体上的力及力偶的功

在绕 z 轴转动的刚体 A 点作用一力 $\boldsymbol{F}$，如图 12-11 所示。设力 $\boldsymbol{F}$ 与力作用点 A

处的轨迹切线之间的夹角为θ，则力 $\boldsymbol{F}$ 在切线方向的投影为

$$F_\tau = F\cos\theta$$

因刚体绕定轴转动时转角 φ 与弧长 s 的关系为

$$ds = R\,d\varphi$$

式中：R 为力作用点到转轴的垂直距离，于是力 $\boldsymbol{F}$ 的元功为

$$\delta W = \boldsymbol{F}\cdot d\boldsymbol{r} = F\cos\theta\, ds = F_\tau R\, d\varphi$$

因 $F_\tau R = M_z$，于是

$$\delta W = M_z\, d\varphi \tag{12-10}$$

力 $\boldsymbol{F}$ 在刚体从角 φ_1 和 φ_2 的过程中所做的功为

$$W_{12} = \int_{\varphi_1}^{\varphi_2} M_z\, d\varphi \tag{12-11}$$

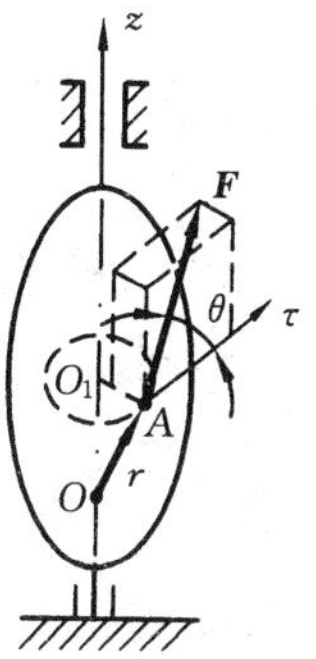

图 12-11

绕定轴转动刚体上力的功

如果力矩是常数，则

$$W_{12} = M_z(\varphi_2 - \varphi_1) = M_z \Delta\varphi \tag{12-12}$$

若作用于转动刚体上的是力偶，则力偶所做的功仍可用上述公式计算，其中 M_z 为力偶对转轴 z 的矩，即力偶矩矢在轴上的投影。

当刚体做平面运动时，作用于刚体的力偶所做的功可同样计算。

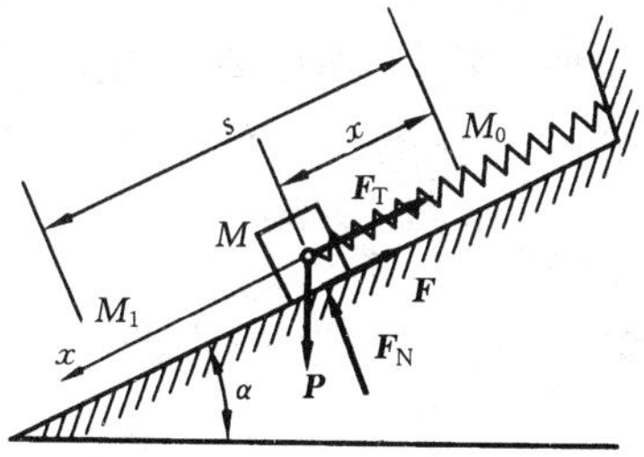

图 12-12

【例 12-1】 质量 $m=20\text{kg}$ 的物块 M 置于倾角 $\alpha=30°$的斜面上，并用刚度系数 $k=120\text{N/m}$ 的弹簧系住，如图 12-12 所示。斜面的滑动摩擦因数 $f=0.2$。试计算物块由弹簧原长位置 M_0 沿斜面下移 $s=0.5\text{m}$ 到达 M_1 位置时，作用于物块 M 上各力的功及合力的功。

解： 取物块 M 为研究对象，坐标如图 12-12 所示，M_0 为其原点。受力分析如图 12-12 所示，其中 $\boldsymbol{P}$ 为重力，$\boldsymbol{F}_\text{T}$ 为弹簧力，$\boldsymbol{F}_\text{N}$ 为斜面法向反力，$\boldsymbol{F}$ 为动滑动摩擦力。由 $\sum F_y=0$，得

$$F_\text{N} - P\cos\alpha = 0,\qquad F_\text{N} = P\cos\alpha$$

上述四个力中法向反力 $\boldsymbol{F}_\text{N}$ 不做功，其余三个力做功。于是由式（12-8）得重力 $\boldsymbol{P}$ 的功为

$$W_P = P\sin\alpha s = 20\times 9.8\times \sin 30°\times 0.5 = 49(\text{J})$$

由式（12-1b）得动摩擦力的功为

$$W_F = Fs\cos 180° = -fF_\text{N}s = -fmgs\cos\alpha$$

$$= -0.2\times 20\times 9.8\times 0.5\cos 30° \approx -16.97(\text{J})$$

由式（12-9）得弹性力的功为

$$W_{F\text{T}} = \frac{k}{2}(\delta_1^2 - \delta_2^2) = \frac{1}{2}\times 120\times(0-0.5^2) = -15(\text{J})$$

合力的功为

$$W = W_P + W_F + W_{F\text{T}} = 49 - 16.97 - 15 = 17.03(\text{J})$$

第二节　质点及质点系的动能

一、质点的动能

设质点的质量为 m，在某位置时的速度为 $\boldsymbol{v}$，则质点在该位置的动能定义为

$$E_k=\frac{1}{2}mv^2 \tag{12-13}$$

由上可见，动能是标量且恒为正值或零。动能的单位与功的单位相同，即在国际单位制中也为焦耳（J）。

二、质点系的动能

设有一质点系，在某一位置时，质量为 m_i 的任一质点的速度的大小为 v_i，则质点系在该位置时的动能为质点系内各质点的动能的算术和，即

$$E_k=\sum\frac{1}{2}m_iv_i^2 \tag{12-14}$$

下面利用式（12－14）来计算不变质点系——刚体在做各种运动时的动能。

（一）刚体做平动时的动能

刚体做平动时，在同一瞬时，其内各点的速度均相同，若用其质心速度表示，则刚体做平动时的动能为

$$E_k=\sum\frac{1}{2}m_iv_i^2=\sum\frac{1}{2}m_iv_C^2=\frac{1}{2}Mv_C^2 \tag{12-15}$$

即刚体平动时的动能相当于把刚体的质量集中在其质心的一个质点的动能。

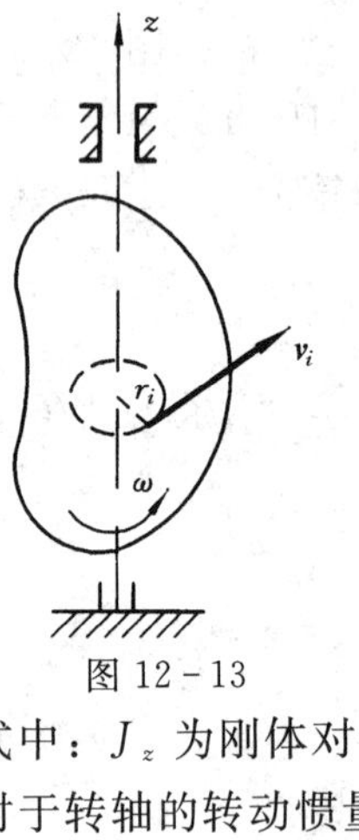

图 12－13

（二）刚体做定轴转动时的动能

刚体绕定轴 z 转动时，角速度为 ω，如图 12－13 所示。在其内任取一质点，质量为 m_i，到转轴的距离为 r_i，则其速度 $v_i=r_i\omega$。于是刚体做定轴转动时的动能为

$$E_k=\sum\frac{1}{2}m_iv_i^2=\sum\frac{1}{2}m_ir_i^2\omega^2=\frac{1}{2}\omega^2\sum m_ir_i^2$$

而 $J_z=\sum m_ir_i^2$，则上式可写成

$$E_k=\frac{1}{2}J_z\omega^2 \tag{12-16}$$

式中：J_z 为刚体对于 z 轴的转动惯量。这就是说刚体做定轴转动时的动能，等于刚体对于转轴的转动惯量与角速度平方乘积的一半。

（三）刚体做平面运动时的动能

设刚体做平面运动时的角速度为 ω，速度瞬心在 C' 点，如图 12－14 所示，则刚体此时的运动可看成绕通过瞬心且与运动平面垂直的轴的瞬时转动。于是由式（12－16）得刚体做平面运动时的动能为

$$E_k = \frac{1}{2} J_{C'} \omega^2 \tag{12-17}$$

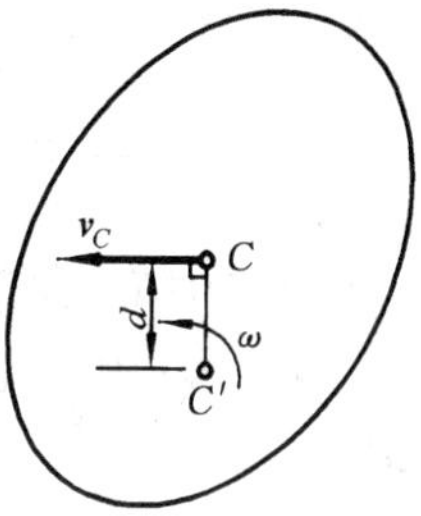

图 12-14

式中：$J_{C'}$ 为刚体对于过速度瞬心且与运动平面垂直的轴的转动惯量。

因速度瞬心的位置是随时间而变化的，所以 $J_{C'}$ 一般也是随时间变化的，故直接利用式（12-17）计算动能一般是不方便的。为了方便计算，可利用转动惯量的平行移轴公式对式（12-17）进行改写，于是有

$$E_k = \frac{1}{2} J_{C'} \omega^2 = \frac{1}{2}(J_C + Md^2)\omega^2 = \frac{1}{2} J_C \omega^2 + \frac{1}{2} M(d\omega)^2 \tag{12-18}$$

因 $d\omega = v_C$，于是有

$$E_k = \frac{1}{2} M v_C^2 + \frac{1}{2} J_C \omega^2 \tag{12-19}$$

即刚体做平面运动时的动能，等于随质心平动的动能与绕质心转动的动能的和。

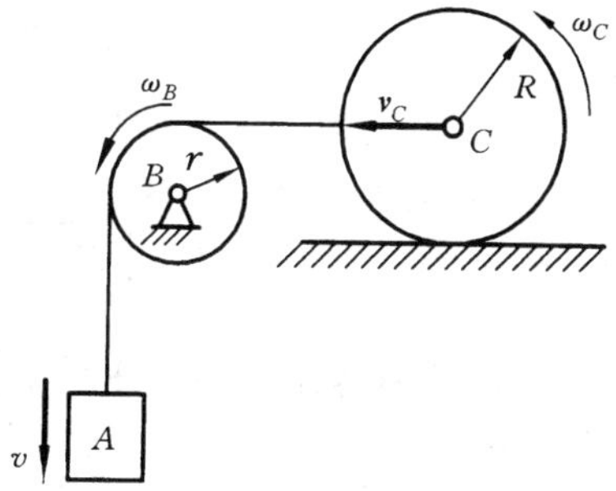

图 12-15

【例 12-2】 运动系统如图 12-15 所示，系于在平面上做纯滚动圆轮 C 中心轴上的柔绳绕过定滑轮 B 吊一重物 A。设轮 C 和轮 B 的半径分别为 R 和 r，都视为均质圆柱，A、B、C 的质量分别为 m_A、m_B、m_C，绳质量不计。某瞬时重物 A 的速度为 v，试求系统的动能。

物体系统的运动

解： 因绳子的质量不计，所以系统的动能由重物 A、定滑轮 B 及圆轮 C 的动能组成，即

$$E_k = E_{kA} + E_{kB} + E_{kC} \tag{a}$$

重物 A 做平动，滑轮 B 做定轴转动，圆轮 C 做平面运动，其动能分别为

$$E_{kA} = \frac{1}{2} m_A v^2, \quad E_{kB} = \frac{1}{2} J_B \omega_B^2, \quad E_{kC} = \frac{1}{2} m_C v_C^2 + \frac{1}{2} J_C \omega_C^2 \tag{b}$$

其中
$$J_B = \frac{1}{2} m_B r^2, \ J_C = \frac{1}{2} m_C R^2$$

由运动学知
$$v_C = v, \ \omega_B = \frac{v}{r}, \ \omega_C = \frac{v_C}{R} = \frac{v}{R} \tag{c}$$

将式（b）和式（c）代入式（a）得系统的动能为

$$\begin{aligned} E_k &= \frac{1}{2} m_A v^2 + \frac{1}{2} J_B \omega_B^2 + \frac{1}{2} m_C v_C^2 + \frac{1}{2} J_C \omega_C^2 \\ &= \frac{1}{2} m_A v^2 + \frac{1}{2}\left(\frac{1}{2} m_B r^2\right)\left(\frac{v}{r}\right)^2 + \frac{1}{2} m_C v^2 + \frac{1}{2}\left(\frac{1}{2} m_C R^2\right)\left(\frac{v}{R}\right)^2 \\ &= \frac{1}{4}(2m_A + m_B + 3m_C) v^2 \end{aligned}$$

第三节　动 能 定 理

一、质点的动能定理

下面用动力学基本方程来建立质点的动能与作用力之间的关系——质点的动能定理。

设质量为 m 的质点 M 在力 $\boldsymbol{F}$（合力）的作用下沿曲线运动，由 M_1 到 M_2 后其速度由 v_1 变为 v_2，如图 12-16 所示。

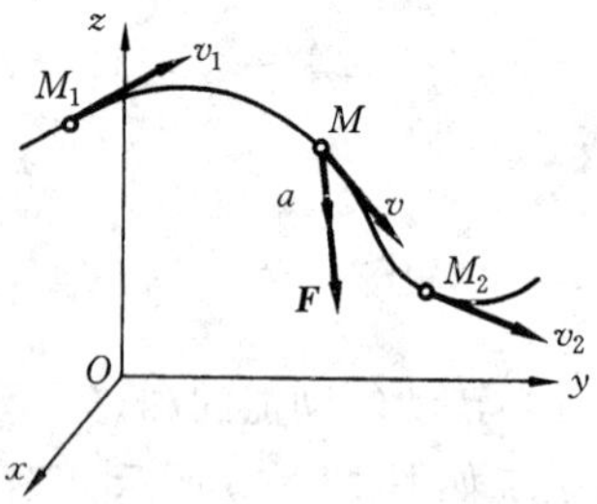

图 12-16

由动力学基本方程的矢量式有

$$m\boldsymbol{a}=m\frac{\mathrm{d}\boldsymbol{v}}{\mathrm{d}t}=\boldsymbol{F}$$

在方程两边点乘 $\mathrm{d}\boldsymbol{r}$，得

$$m\frac{\mathrm{d}\boldsymbol{v}}{\mathrm{d}t}\cdot\mathrm{d}\boldsymbol{r}=\boldsymbol{F}\cdot\mathrm{d}\boldsymbol{r}$$

因 $\mathrm{d}\boldsymbol{r}=\boldsymbol{v}\cdot\mathrm{d}t$，于是上式可写成

$$m\boldsymbol{v}\cdot\mathrm{d}\boldsymbol{v}=\boldsymbol{F}\cdot\mathrm{d}\boldsymbol{r}$$

而 $\boldsymbol{v}\cdot\mathrm{d}\boldsymbol{v}=\frac{1}{2}\mathrm{d}(\boldsymbol{v}\cdot\boldsymbol{v})=\frac{1}{2}\mathrm{d}(v^2)$，则又可写成

$$\mathrm{d}\left(\frac{1}{2}mv^2\right)=\boldsymbol{F}\cdot\mathrm{d}\boldsymbol{r}=\delta W \tag{12-20}$$

式（12-20）称为质点动能定理的微分形式，即质点动能的增量等于作用在质点上力的元功。

在曲线上从 M_1 到 M_2 积分式（12-20），得

$$\int_{v_1}^{v_2}\mathrm{d}\left(\frac{1}{2}mv^2\right)=\int_{M_1}^{M_2}\boldsymbol{F}\cdot\mathrm{d}\boldsymbol{r}$$

或

$$\frac{1}{2}mv_2^2-\frac{1}{2}mv_1^2=W_{12} \tag{12-21}$$

式（12-21）称为质点动能定理的积分形式，即在质点运动的某个过程中，质点动能的改变量等于作用于质点的力在同一过程中所做的功。

二、质点系的动能定理

设有一质点系，取其内任意一质点，质量为 m_i，速度为 $\boldsymbol{v}_i$，作用在该质点上的合力为 $\boldsymbol{F}_i$。根据质点的动能定理的微分形式有

$$\mathrm{d}\left(\frac{1}{2}m_iv_i^2\right)=\delta W_i$$

式中：δW_i 为作用于该质点的力所做的元功。

设质点系有 n 个质点，对每个质点都可以写出这样一个方程，将 n 个方程相加，得

$$\sum_{i=1}^{n}\mathrm{d}\left(\frac{1}{2}m_iv_i^2\right)=\sum_{i=1}^{n}\delta W_i$$

或
$$\mathrm{d}\sum\left(\frac{1}{2}m_i v_i^2\right)=\sum\delta W_i$$

而$\sum\frac{1}{2}m_i v_i^2=E_k$是质点系的动能，于是有
$$\mathrm{d}E_k=\sum\delta W_i \tag{12-22}$$

式（12－22）为质点系动能定理的微分形式。即质点系动能的增量，等于作用于质点系全部力所做的元功的和。

对式（12－22）从位置1到位置2积分，得
$$E_{k2}-E_{k1}=\sum W_i=W_{12} \tag{12-23}$$
式中：E_{k1} 和 E_{k2} 分别为质点系在某一段运动过程中的位置1和位置2的动能。此即质点系动能定理的积分形式。即质点系在某一段运动过程中，从位置1到位置2动能的改变量，等于作用于质点系的全部力在这段过程中所做的功的和。

必须注意，在式（12－21）及式（12－22）中，力的功包括作用于质点系的所有的力的功。如将作用于质点系的力分为主动力与约束力，则包括主动力与约束力的功。由本章第一节可知，在理想约束的条件下，约束反力做功之和等于零，此时方程中只包括主动力的功，这对动能定理应用是非常方便的；如将作用于质点系的力分为内力和外力，则方程中包括所有内力和外力的功。并知内力所做的功之和不一定等于零。因此在应用质点系的动能定理时，应根据具体情况仔细分析所有的作用力，以确定它是否做功。

应用动能定理解题的一般步骤如下：

（1）选研究对象。

（2）由解题需要确定应用动能定理的区间。

（3）受力分析并计算做功的力在选定区间上所做的功，并求其代数和。

（4）运动分析并计算在选定区间起点和终点的动能，如用微分形式的动能定理，则应计算在任意位置时的动能。

（5）应用动能定理建立方程并求解未知量，如求加速度，也可以用动能定理的微分形式。

【例12－3】 重为 G 的车厢沿倾角为 α 的轨道自溜运行，如图12－17所示。坡道长为 l，车厢运行时所受的阻力与轨道的法向反力成正比，即 $F=fF_N$，f 为车厢运动阻力系数。试求车厢自 A 处由静止溜到 B 处的速度及停止时沿水平轨道所滑行的距离 s。

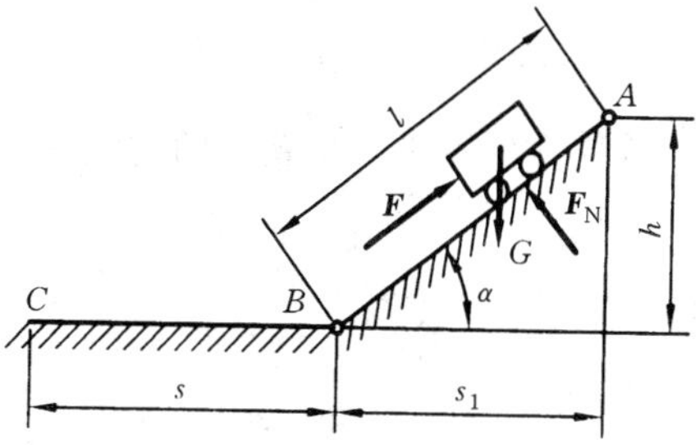

图12－17

解： 取车厢为研究对象（可视为质点），受力分析如图12－17所示，车厢受重力 $\boldsymbol{G}$、法向反力 $\boldsymbol{F}_N$ 及阻力 $\boldsymbol{F}$ 的作用，首先计算力的功。

在 AB 路程中：
$$W_{AB}=Gl\sin\alpha-Fl=G(\sin\alpha-f\cos\alpha)l$$

在 BC 路程中：

$$W_{BC}=-Fs=-fGs$$

其次计算质点的动能。质点在 A 位置时，速度为零，故动能 $E_{kA}=0$；到 B 位置时的速度为 v_B，则动能为 $E_{kB}=\frac{1}{2}mv_B^2$；最后到停止位置时速度为零，则动能为 $E_{kC}=0$。

为求速度 v_B，在 AB 路程中应用质点的动能定理有

$$E_{kB}-E_{kA}=W_{AB}$$

即
$$\frac{1}{2}mv_B^2-0=G(\sin\alpha-f\cos\alpha)l\quad\left(其中\ m=\frac{G}{g}\right)$$

解得

$$v_B=\sqrt{2gl(\sin\alpha-f\cos\alpha)}$$

为求滑行距离 s，在 BC 路程中应用质点的动能定理有

$$E_{kC}-E_{kB}=W_{BC}$$

即
$$0-\frac{1}{2}mv_B^2=-Gfs$$

解得
$$s=\frac{v_B^2}{2gf}=\frac{l}{f}(\sin\alpha-f\cos\alpha)$$

质点-弹簧运动

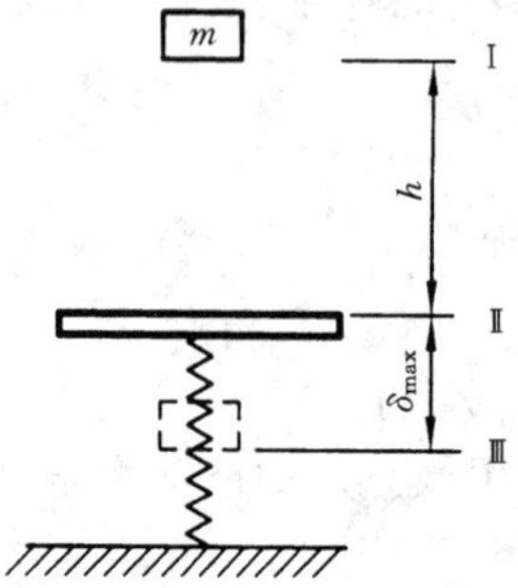

图 12-18

【例 12-4】 质量为 m 的质点，自高 h 处自由下落，落到下面有弹簧支持的板上，如图 12-18 所示。设板和弹簧的质量不计，弹簧刚度系数为 k，求弹簧的最大压缩量。

解： 取质点 m 为研究对象，受力分析知质点从位置Ⅰ到位置Ⅱ只有重力作用，其所做的功为 $W_{12}=mgh$，质点从位置Ⅱ到位置Ⅲ受重力和弹性力的作用，其所做的功为

$$W_{23}=mg\delta_{max}-\frac{1}{2}k\delta_{max}^2$$

式中：δ_{max} 为弹簧的最大压缩量。

下面计算其动能。质点在位置Ⅰ时 $v_1=0$，则动能 $E_{k1}=0$；到位置Ⅱ时设速度为 v_2，则动能 $E_{k2}=\frac{1}{2}mv_2^2$；到位置Ⅲ时 $v_3=0$，则动能 $E_{k3}=0$。

首先在位置Ⅰ到位置Ⅱ的过程中应用质点的动能定理，有

$$E_{k2}-E_{k1}=W_{12}\tag{a}$$

即
$$\frac{1}{2}mv_2^2-0=mgh$$

解得
$$v_2=\sqrt{2gh}$$

再在位置Ⅱ到位置Ⅲ的过程中应用质点的动能定理，有

$$E_{k3}-E_{k2}=W_{23}\tag{b}$$

即
$$0-\frac{1}{2}mv_2^2=mg\delta_{max}-\frac{1}{2}k\delta_{max}^2$$

代入 v_2，解得
$$\delta_{\max}=\frac{mg}{k}+\frac{1}{k}\sqrt{m^2g^2+2kmgh}$$

也可把上述两段过程合在一起考虑，即在位置Ⅰ到位置Ⅲ的过程中应用质点的动能定理，有

$$E_{k3}-E_{k1}=W_{13} \tag{c}$$

而
$$W_{13}=mg(h+\delta_{\max})-\frac{k}{2}\delta_{\max}^2=W_{12}+W_{23} \tag{d}$$

从而有
$$0-0=mg(h+\delta_{\max})-\frac{k}{2}\delta_{\max}^2$$

由此所得的 $\delta_{\max}$ 与前面相同，这一点也可由式（a）～式（d）看出。

由以上解题过程可以看出，应用动能定理的积分形式解题，其解题过程与应用动能定理的区间划分有关，随着区间划分的不同，其解题过程将不同，但其结果是一样的。恰当地划分区间，可使解题过程大为简化。

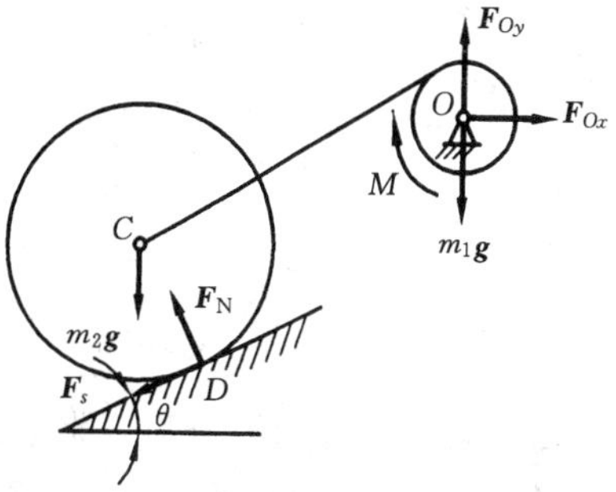

图 12－19

卷扬机的运动

【例 12－5】 卷扬机如图 12－19 所示。鼓轮在常力偶 M 的作用下将圆柱沿斜坡上拉。已知鼓轮的半径为 R_1，质量为 m_1，质量分布在轮缘上；圆柱的半径为 R_2，质量为 m_2，质量均匀分布。设斜坡的倾角为 θ，圆柱只滚不滑。系统从静止开始运动，求圆柱中心 C 经过路程 s 的速度和加速度 a_C。

解：圆柱和鼓轮一起组成质点系。作用于该质点系的外力有重力 $m_1\boldsymbol{g}$ 和 $m_2\boldsymbol{g}$，外力偶 M，水平轴支反力 $\boldsymbol{F}_{Ox}$ 和 $\boldsymbol{F}_{Oy}$，斜面对圆柱的作用力 $\boldsymbol{F}_N$ 和静摩擦力 $\boldsymbol{F}_s$。

首先计算力的功。因圆柱只滚不滑，铰支座 O 点不动，故此系统的约束为理想约束，且内力功为零，只有主动力 M 和圆柱的重力 $m_2\boldsymbol{g}$ 做功，即

$$W_{12}=M\varphi-sm_2g\sin\theta$$

而 $\varphi=\dfrac{s}{R_1}$，所以

$$W_{12}=M\frac{s}{R_1}-sm_2g\sin\theta=\frac{s}{R_1}(M-m_2gR_1\sin\theta)$$

其次计算系统的动能。系统开始时静止，$E_{k1}=0$。当圆柱中心 C 经过路程 s 时，系统的动能为

$$E_{k2}=\frac{1}{2}J_1\omega_1^2+\frac{1}{2}m_2v_C^2+\frac{1}{2}J_C\omega_2^2$$

式中：J_1 和 J_C 分别为鼓轮对于中心轴 O、圆柱对于过质心 C 的轴的转动惯量，即

$$J_1=m_1R_1^2,\quad J_C=\frac{1}{2}m_2R_2^2$$

ω_1 和 ω_2 分别为鼓轮和圆柱的角速度，v_C 为圆柱中心 C 的速度，由运动学有

$$\omega_1=\frac{v_C}{R_1},\quad \omega_2=\frac{v_C}{R_2}$$

于是
$$E_{k2}=\frac{v_C^2}{4}(2m_1+3m_2)$$

在所研究的过程中应用质点系动能定理有
$$E_{k2}-E_{k1}=\sum W_i=W_{12}$$

即
$$\frac{v_C^2}{4}(2m_1+3m_2)-0=(M-m_2gR_1\sin\theta)\frac{s}{R_1} \tag{a}$$

解得
$$v_C=2\sqrt{\frac{(M-m_2gR_1\sin\theta)s}{R_1(2m_1+3m_2)}}$$

求重物的加速度 $\boldsymbol{a}_C$，应将式（a）中的 s 和 v_C 视为变量，将式（a）两边对时间求一阶导数，并注意到 $\frac{\mathrm{d}v_C}{\mathrm{d}t}=a_C$，$\frac{\mathrm{d}s}{\mathrm{d}t}=v_C$，得
$$\frac{1}{2}(2m_1+3m_2)v_Ca_C=(M-m_2gR_1\sin\theta)\frac{v_C}{R_1} \tag{b}$$

消去两边的 v_C，得
$$a_C=\frac{2(M-m_2gR_1\sin\theta)}{(2m_1+3m_2)R_1}$$

也可以由动能定理的微分形式来求加速度 $\boldsymbol{a}_C$。

【例 12-6】 吊有重物 A 的柔绳绕过滑轮连于杆 BD 端滑块 B 上，带动杆 BD 运动，如图 12-20（a）所示。设重物 A 重 $\boldsymbol{P}$，均质杆 BD 长为 l，重为 $\boldsymbol{Q}$，$\boldsymbol{P}>2\boldsymbol{Q}$，其余杆件自重及各处摩擦均不计。系统开始静止，且杆在水平位置，求当杆与水平面成 $\varphi=30°$ 时重物 A 的速度。

解： 取整个系统为研究对象，由已知分析可知此系统的约束为理想约束，做功的主动力只有重物 A 的重力 $\boldsymbol{P}$ 和 BD 杆的重力 $\boldsymbol{Q}$。当杆由水平位置运动到与水平面成 φ 时，主动力所做的功为
$$W_{12}=Pl\sin\varphi-Q\frac{l}{2}\sin\varphi=\frac{1}{2}(2P-Q)l\sin\varphi$$

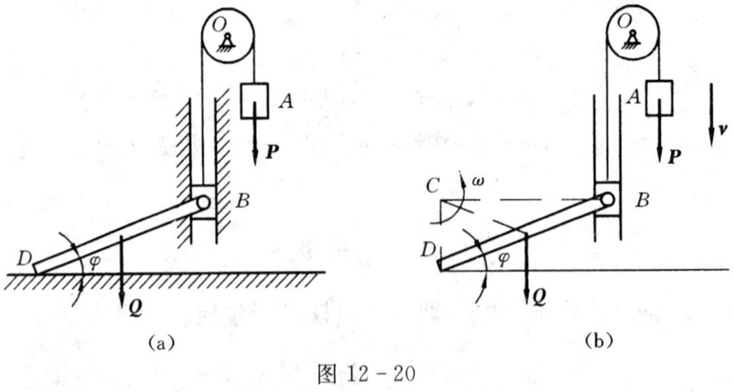

图 12-20

系统开始时静止，$E_{k1}=0$，重物 A 做平动，杆 BD 做平面运动。设杆与水平面成角 φ 时，重物的速度为 v，杆 BD 的角速度为 ω，则由瞬心法知 C 为杆 BD 的速度瞬心，如图 12-20（b）所示。该位置系统的动能为

$$E_{k2}=\frac{1}{2}\frac{P}{g}v^2+\frac{1}{2}J_C\omega^2$$

其中
$$J_C=\frac{1}{12}\frac{Q}{g}l^2+\frac{Q}{g}\left(\frac{l}{2}\right)^2=\frac{1}{3}\frac{Q}{g}l^2,\quad \omega=\frac{v}{l\cos\varphi}$$

于是
$$E_{k2}=\frac{1}{6g}\left(3P+\frac{Q}{\cos^2\varphi}\right)v^2$$

由质点系动能定理有

$$E_{k2}-E_{k1}=W_{12}$$

即
$$\frac{1}{6g}\left(3P+\frac{Q}{\cos^2\varphi}\right)v^2-0=\frac{1}{2}(2P-Q)l\sin\varphi$$

解得
$$v=\sqrt{\frac{3g(2P-Q)l\sin\varphi\cos^2\varphi}{3P\cos^2\varphi+Q}}$$

将 $\varphi=30°$代入，得

$$v=\sqrt{\frac{9g(2P-Q)l}{2(9P+4Q)}}$$

第四节 功率与功率方程 机械效率

一、功率

在以上讨论中，只考虑了做了多少功，却没有考虑这些力做功的快慢程度，而在实际工程中，常常需要知道一部机器单位时间内能做多少功。把单位时间内力所做的功称为功率，通常用 P 表示。

其数学表达式为

$$P=\frac{\delta W}{\mathrm{d}t} \tag{12-24}$$

因 $\delta W=\boldsymbol{F}\cdot\mathrm{d}\boldsymbol{r}$，故式（12－24）也可写成

$$P=\frac{\delta W}{\mathrm{d}t}=\frac{\boldsymbol{F}\cdot\mathrm{d}\boldsymbol{r}}{\mathrm{d}t}=\boldsymbol{F}\cdot\boldsymbol{v}=F_\tau v \tag{12-25}$$

式中：v 为力 $\boldsymbol{F}$ 作用点的速度。由此可见，功率等于切向力与力作用点速度的乘积。由式（12－25）可知，P 一定时，F_τ 越大，则 v 越小；反之，F_τ 越小，则 v 越大。例如，汽车速度之所以有几“挡”，就是因为汽车的功率是一定的，而在不同情况下，需要不同的牵引力，所以必须改变速度。如在上坡时，需要较大的牵引力，一般应选用抵挡，以求产生较大的牵引力。

有时，作用于物体的是力矩（或力偶），在这种情况下，因 $\delta W=M_z\mathrm{d}\varphi$，所以功率为

$$P=\frac{\delta W}{\mathrm{d}t}=M_z\frac{\mathrm{d}\varphi}{\mathrm{d}t}=M_z\omega \tag{12-26}$$

式中：M_z 为力对转轴 z 的矩；ω 为转动刚体的角速度。即作用于转动刚体上的力的功率等于该力对转轴的矩与角速度的乘积。

在国际单位制中，以 1s 内做功 1J 的功率作为单位功率，称为瓦特，用 W 表示。即

$$1\mathrm{W}=1\mathrm{J/s}$$

1000W 称为千瓦，用 kW 表示，即

$$1\mathrm{kW}=1000\mathrm{W}$$

二、功率方程

将质点系动能定理的微分形式两端除以 dt，得

$$\frac{\mathrm{d}E_{\mathrm{k}}}{\mathrm{d}t}=\sum_{i=1}^{n}\frac{\delta W_i}{\mathrm{d}t}=\sum_{i=1}^{n}P_i \tag{12-27}$$

此方程称为功率方程。即质点系动能对时间的一阶导数，等于作用于质点系的所有力的功率的代数和。

功率方程常用来研究机器在工作时能量的变化和转化问题。$\sum_{i=1}^{n}P_i$ 包括所有作用于质点系的力的功率，对机器来说，则包括输入功率，即作用于机器的主动力的功率，用 $P_{输入}$ 表示；有用功率，即有用阻力（如机床加工时工件作用于机床的力）的功率，用 $P_{有用}$ 表示；无用功率，即无用阻力（如摩擦力等）所损耗的功率，用 $P_{无用}$ 表示。其中 $P_{有用}$ 和 $P_{无用}$ 均为负值。则式（12－27）可写成

$$\frac{\mathrm{d}E_{\mathrm{k}}}{\mathrm{d}t}=P_{输入}-P_{有用}-P_{无用} \tag{12-28a}$$

或

$$P_{输入}=P_{有用}+P_{无用}+\frac{\mathrm{d}E_{\mathrm{k}}}{\mathrm{d}t} \tag{12-28b}$$

即系统的输入功率等于有用功率、无用功率和系统的动能的变化率的和。此式称为机器的功率方程。

三、机械效率

为衡量机器对输入功率的有效利用程度，在工程中，把有效功率 $P_{有效}$ 与输入功率 $P_{输入}$ 的比值称为机器的机械效率，用 η 表示，即

$$\eta=\frac{P_{有效}}{P_{输入}} \tag{12-29}$$

其中 $P_{有效}=P_{有用}+\frac{\mathrm{d}E_{\mathrm{k}}}{\mathrm{d}t}$，当机器进入稳定运行状态时，一般有 $\frac{\mathrm{d}E_{\mathrm{k}}}{\mathrm{d}t}=0$，此时 $P_{有效}=P_{有用}$。一般情况下 $\eta<1$，它是衡量机器质量好坏的指标之一。

对于有 n 级传动的系统，若各级传动的机械效率分别为 η_1、η_2、…、η_n，则总的机械效率等于各级机械效率的连乘积，即

$$\eta=\eta_1\eta_2\cdots\eta_n \tag{12-30}$$

【例 12－7】 已知某车床的最大切削力为 $F=17.27\mathrm{kN}$，切削时主轴转速为 $n=56.8\mathrm{r/min}$，工件直径为 $d=115\mathrm{mm}$。设由电动机到主轴的机械效率为 $\eta=0.78$，试确定电动机的功率。

解：首先求切削力矩，即

$$M=F\frac{d}{2}=17270\times\frac{0.115}{2}=993.025(\mathrm{N\cdot m})$$

由切削力矩可得其有用功率为

$$P_{有用}=M\omega=M\frac{n\pi}{30}\approx 5907\mathrm{W}=5.907(\mathrm{kW})$$

则电机功率为

$$P_{电机}=P_{输入}=\frac{P_{有用}}{\eta}=\frac{5.907}{0.78}\approx 7.57(\mathrm{kW})$$

【例 12－8】 试用功率方程求［例 12－5］中圆柱中心 C 的加速度。

解：由［例 12－5］分析知，此系统只有主动力 M 和圆柱的重力 m_2g 做功，即系统的功率为

$$\sum P_i=M\omega_1-m_2g\sin\theta v_C$$

式中：ω_1 为鼓轮的角速度；v_C 为圆柱中心 C 的速度，由运动学知

$$\omega_1=\frac{v_C}{R_1}$$

于是

$$\sum P_i=(M-m_2g\sin\theta R_1)\frac{v_C}{R_1}$$

系统在任意位置的动能为

$$E_k=\frac{1}{2}J_1\omega_1^2+\frac{1}{2}m_2v_C^2+\frac{1}{2}J_C\omega_2^2$$

式中各量含义与［例 12－5］相同，经整理得

$$E_k=\frac{v_C^2}{4}(2m_1+3m_2)$$

由功率方程式（12－27）得

$$\frac{\mathrm{d}E_k}{\mathrm{d}t}=\frac{v_Ca_C}{2}(2m_1+3m_2)=(M-m_2gR_1\sin\theta)\frac{v_C}{R_1}$$

两边消去 v_C，得加速度 a_C 为

$$a_C=\frac{2(M-m_2gR_1\sin\theta)}{(2m_1+3m_2)R_1}$$

由此例可以看出，因功率方程给出了系统的加速度与作用力之间的关系，且功率方程中不含理想约束的约束力，所以用功率方程求解系统的加速度，建立系统的运动微分方程是很方便的。

第五节　势力场　势能　机械能守恒定律

一、势力场

如果质点在某空间内任一位置都受到一个大小和方向完全由所在位置确定的力作用，则这部分空间称为力场。例如，在地球表面附近，质点受到重力的作用，而力的大小和方向完全决定于质点的位置，所以地球附近的空间称为重力场。

如果质点在某力场内运动，作用于质点的力所做的功只与作用点的起始位置和终了位置有关，而与质点运动路径无关，则该力场称为有势力场（或保守力场）。质点在势力场中所受的力称为有势力（或保守力）。由前面内容知，重力和弹性力做的功都与质点的运动路径无关，所以这些力均为有势力，其对应的力场都是势力场。

二、势能

物体从高处落到低处，重力做功，使物体的动能增加，这表明在高处的物体，相对于低处的来说，具有做功的能量，其大小以物体从高处落到低处时重力所做的功来度量，物体下落的高度不同，则重力所做的功也不同。

在势力场中，质点从点 M 运动到任选的点 M_0，有势力所做的功称为质点在点 M 相对于点 M_0 的势能，用 E_P 表示，即

$$E_P=\int_M^{M_0}\boldsymbol{F}\cdot d\boldsymbol{r}=\int_M^{M_0}(F_x dx+F_y dy+F_z dz) \tag{12-31}$$

M_0 点的势能等于零，称它为零势能点。由定义可知，势能与功具有相同的单位，由于零势能点 M_0 是任选的，所以质点在某一位置时的势能是一个相对值，它与势能零点 M_0 的选取有关，随着势能零点的不同，其势能一般将不同。所以在谈到势能时，必须指明零势能点才有意义。

下面计算几种常见的势能。

1. 重力场中的势能

在重力场中，取坐标系如图 12－21 所示，其中 z 轴与重力平行且反向，则重力在坐标轴上的投影为

$$F_x=0,\quad F_y=0,\quad F_z=-P$$

取 M_0 为零势能点，则点 M 的势能为

$$E_P=\int_z^{z_0}-P dz=P(z-z_0) \tag{12-32}$$

2. 弹性力场中的势能

设弹簧的一端固定，另一端与物体连接，如图 12－22 所示，弹簧的刚度系数为 k，取点 M_0 为零势能点，则质点的势能为

$$E_P=\frac{k}{2}(\delta^2-\delta_0^2) \tag{12-33a}$$

式中：δ 和 δ_0 分别为弹簧端点在 M 和 M_0 时弹簧的变形量。

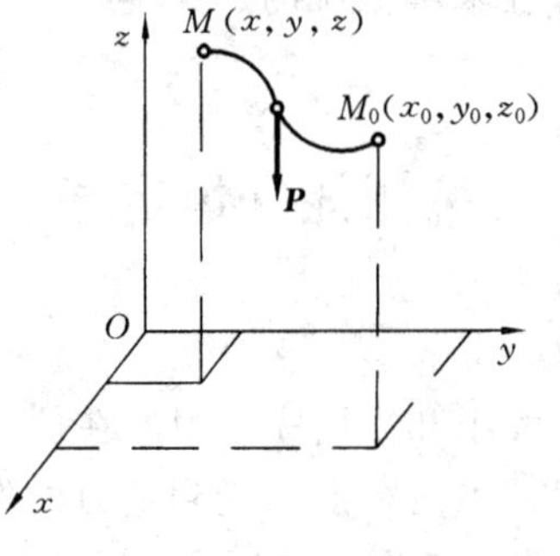

图 12－21

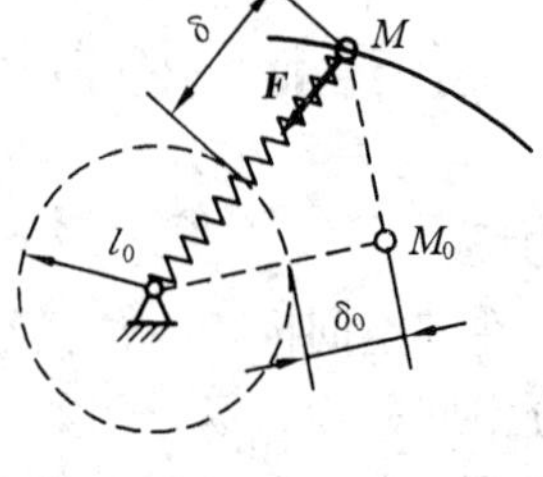

图 12－22

若取弹簧的自然位置（原长位置）为零势能点，则有 $\delta_0=0$，于是有

$$E_P=\frac{k}{2}\delta^2 \tag{12-33b}$$

3. 万有引力场中的势能

设质量为 m_1 的质点受质量为 m_2 物体的万有引力 $\boldsymbol{F}$ 作用，如图 12-23 所示，取 M_0 点为零势能点，则质点在 M 点的势能为

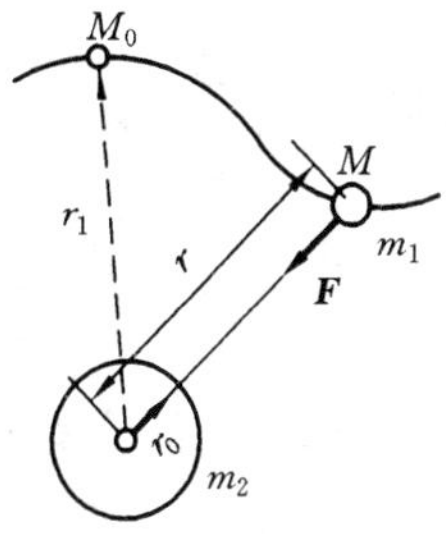

图 12-23

$$E_P=\int_M^{M_0}\boldsymbol{F}\cdot d\boldsymbol{r}=\int_M^{M_0}-\frac{Gm_1m_2}{r^2}\boldsymbol{r}_0\cdot d\boldsymbol{r}$$

式中：G 为引力常数；$\boldsymbol{r}_0$ 为质点的失径方向的单位矢量。因为 $\boldsymbol{r}_0\cdot d\boldsymbol{r}=dr$，设 $\boldsymbol{r}_1$ 是零势能的矢径，于是有

$$E_P=\int_r^{r_1}-\frac{Gm_1m_2}{r^2}dr=Gm_1m_2\left(\frac{1}{r_1}-\frac{1}{r}\right) \tag{12-34a}$$

若选取零势能点在无穷远处，即 $r_1=\infty$，于是有

$$E_P=-\frac{Gm_1m_2}{r} \tag{12-34b}$$

以上讨论的是一个质点受到一个有势力作用时势能的定义及其计算公式。

若质点系在重力场中，取质点系在任一位置时的势能为零势能位置，在该位置，各质点对应的 z 坐标为 z_{10}，z_{20}，…，z_{n0}，则质点系在任一位置（此时各质点 z 坐标为 z_1，z_2，…，z_n）时的势能为

$$E_P=\sum P_i(z_i-z_{i0})$$

由重心公式有 $\sum P_iz_i=Pz_C$，$\sum P_iz_{i0}=Pz_{C0}$，故

$$E_P=P(z_C-z_{C0}) \tag{12-35}$$

式中：P 为质点系的总重量，$P=\sum P_i$；z_C 和 z_{C0} 分别为质点系在任一位置和零势能位置时重心的 z 坐标。

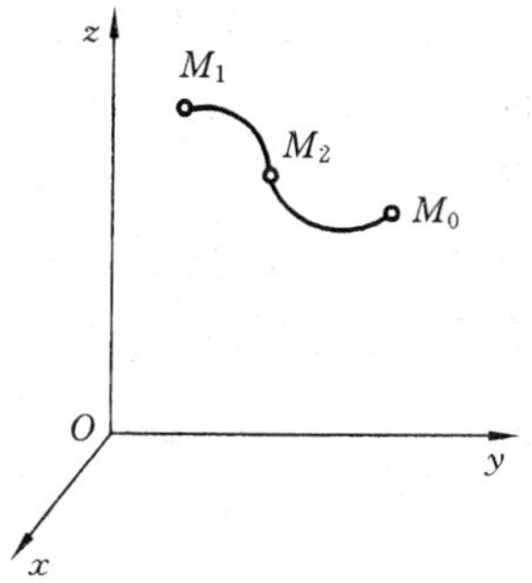

图 12-24

下面来讨论质点系在势力场中运动时，如何用势能来计算有势力的功。

设某个有势力的作用点在质点系的运动过程中，从点 M_1 运动到 M_2，如图 12-24 所示。任取 M_0 为零势能点，因有势力的功与其路径无关，于是由 M_1 到 M_2 有势力的功为

$$W_{12}=W_{10}+W_{02}=W_{10}-W_{20}$$

而 $W_{10}=E_{P1}$，$W_{20}=E_{P2}$，于是

$$W_{12}=E_{P1}-E_{P2} \tag{12-36}$$

即有势力所做的功等于质点系在运动过程中初始与终了位置的势能的差。

三、机械能守恒定律

质点系在某瞬时的动能和势能的代数和称为机械能。设质点系在运动过程的位置 1 和位置 2 的动能分别为 E_{k1} 和 E_{k2}，所受的力在从位置 1 运动到位置 2 的过程中所做

的功为 W_{12}，则由动能定理有

$$E_{k2}-E_{k1}=W_{12}$$

如果质点在运动过程中，只有有势力做功，则由式（12－36）有

$$W_{12}=E_{P1}-E_{P2}$$

从而

$$E_{k2}-E_{k1}=E_{P1}-E_{P2}$$

即

$$E_{k1}+E_{P1}=E_{k2}+E_{P2} \tag{12-37a}$$

式（12－37a）也可写成

$$E_k+E_P=\text{常数} \tag{12-37b}$$

式（12－37b）也可以写成

$$\frac{\mathrm{d}(E_k+E_P)}{\mathrm{d}t}=0 \tag{12-37c}$$

此即机械能守恒定律，即质点系在运动过程中只有有势力做功，则其机械能保持不变。这样的质点系称为保守系统。根据这一定律，质点在势力场中运动时，动能和势能可以相互转化，但其和保持不变。

如果质点系还受到非保守力的作用，则称为非保守系统。非保守系统的机械能是不守恒的。

应用机械能守恒定律解题的基本步骤如下：

（1）选取某质点或质点系为研究对象，分析研究对象所受的所有做功力是否为有势力，若是，则应用机械能守恒定律。

（2）确定应用定律的始末位置。

（3）选取零势能位置，分别计算始末位置的动能和势能。

（4）应用机械能守恒定律求解。

【例 12－9】 重 $\boldsymbol{P}$、半径为 R 的均质圆柱形滚子，可沿与水平面成角 θ 的斜面做无滑动的滚动，如图 12－25 所示，在滚子中心轴 C 上联结一刚度系数为 k 的弹簧。设开始时，滚子处于静止，此时弹簧无变形。试求滚子中心 C 沿斜面移动路程 s 时的速度。

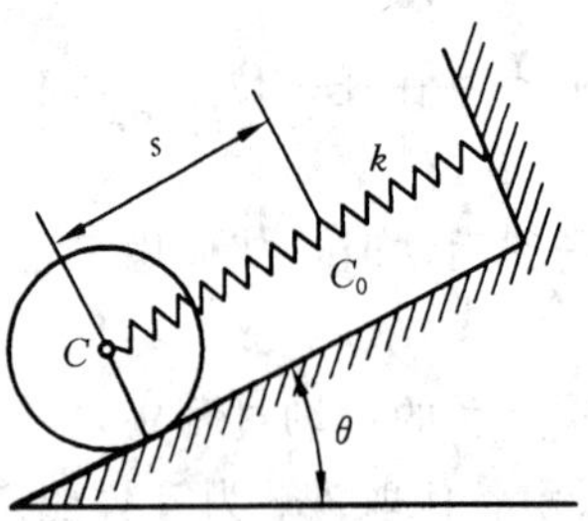

图 12－25

解： 取滚子为研究对象，研究滚子从静止到 C 移动路程 s 的过程，在此过程中只有重力和弹性力做功，故在此过程中机械能守恒。

初始时系统静止，$E_{k1}=0$；在末位置时：

$$E_{k2}=\frac{1}{2}\frac{P}{g}v^2+\frac{1}{2}J_C\omega^2$$

其中

$$J_C=\frac{1}{2}\frac{P}{g}R^2$$

式中：v 为滚子中心 C 的速度；ω 为其角速度，因滚子只滚不滑，所以 $\omega=\dfrac{v}{R}$，故

$$E_{k2}=\frac{1}{2}\frac{P}{g}v^2+\frac{1}{2}\left(\frac{1}{2}\frac{P}{g}R^2\right)\left(\frac{v}{R}\right)^2=\frac{3}{4}\frac{P}{g}v^2$$

取开始时轮心的静止位置为重力和弹性力的零势能点，则轮子在始末位置时的势能分别为

$$E_{P1}=0,\ E_{P2}=\frac{1}{2}ks^2-Ps\sin\theta$$

由机械能守恒定律有

$$E_{k1}+E_{P1}=E_{k2}+E_{P2}$$

即
$$\frac{3}{4}\frac{P}{g}v^2+\frac{1}{2}ks^2-Ps\sin\theta=0+0$$

解得

$$v=\sqrt{\frac{2gs(2P\sin\theta-ks)}{3P}}$$

【例 12-10】 试用机械能守恒定律求解［例 12-4］。

解： 取质点 m 为研究对象，此系统只有重力和弹性力做功，为保守系统，故可应用机械能守恒定律。

取位置Ⅱ为零势能位置（重力和弹性力）；取位置Ⅰ为初位置，位置Ⅲ为末位置。则在位置Ⅰ时有

$$E_{k1}=0,\ E_{P1}=mgh$$

在位置Ⅲ时有

$$E_{k2}=0,\ E_{P2}=\frac{1}{2}k\delta_{max}^2-mg\delta_{max}$$

由机械能守恒定律得

$$E_{k1}+E_{P1}=E_{k2}+E_{P2}$$

即
$$mgh=\frac{1}{2}k\delta_{max}^2-mg\delta_{max}$$

解得
$$\delta_{max}=\frac{mg}{k}+\frac{1}{k}\sqrt{m^2g^2+2kmgh}$$

如此系统以位置Ⅰ为重力零势能点，以位置Ⅱ为弹性零势能点，则

$$E_{k1}=0,\ E_{P1}=0$$

$$E_{k2}=0,\ E_{P2}=\frac{1}{2}k\delta_{max}^2-mg\ (h+\delta_{max})$$

其解题结果相同，可见，对于受多种有势力作用的系统，其各有势力可选取各自的零势能位置，也可统一选取零势能位置。对于不同的零势能位置，系统的势能是不同的。另外，由本题的解题过程还可看出，对于常见的重力——弹性力系统，以其平衡位置为零势能点，往往是更方便的。

第六节 动力学普遍定理的综合应用

动力学普遍定理包括动量定理、动量矩定理和动能定理这三大部分内容，有关这些定理及其单独应用已在前面有关章节分别进行了讨论，但是有许多动力学问题，特

别是比较复杂的综合性问题，往往不是应用某个定理所能解决的，需要联合应用几个定理才能求解。而且一个问题往往有几种求解方法，所以如何综合应用动力学普遍定理，是一个比较复杂的问题，难以总结出一套通用的方法，只能大致给出一些解题的基本思路和各个定理的选用方法。

首先来讨论各个定理的共性和个性。动力学普遍定理研究的都是物体（质点及质点系）运动的变化与受力之间的关系，但每一定理又只建立某种运动特征量和某种力的作用量之间的关系。这表明它们既有共性，又有其特殊性。例如，动量定理和动量矩定理是矢量形式，它们既反映速度大小的变化，也反映速度方向的变化，而动能定理是标量形式，它只反映速度大小的变化；动量定理和动量矩定理涉及所有的外力，却与内力无关，而动能定理则涉及所有做功的力等。这些都是其个性的反映，这正是解题时选择定理的基本依据。

在解题时，根据质点或质点系的受力情况、约束情况、给定的条件及要求的未知量，并结合各定理的特点，就可判断选用哪一定理求解最为简捷。例如已知量和待求量是速度、加速度、外力（特别是理想约束的约束反力），而系统的内力又比较复杂时，一般可选用动量定理或质心运动定理求解。对于转动或系统仅有一个固定轴的问题，选用刚体定轴转动微分方程或动量矩定理求解较合适。对单一刚体做平面运动的问题，应选用刚体平面运动微分方程求解。若已知量和待定量是速度、加速度、作用力和路程时，特别是系统比较复杂且约束为理想约束时，选用动能定理求解比较合适。有的问题不能只用某一定理单独求解，而必须同时并用其他定理才能求解。因此，首先必须对各定理有较透彻的了解，弄清什么样的问题宜用什么定理求解，才能进一步掌握各定理的综合应用。

圆轮质心的运动

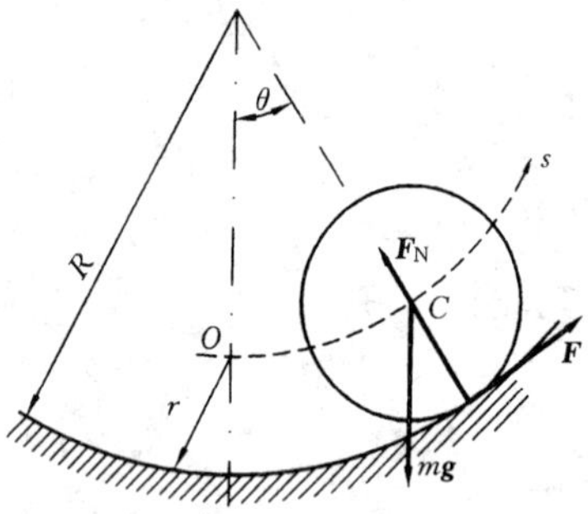

图 12-26

【例 12-11】 建立［例 11-9］中圆轮质心 C 的运动微分方程。

解： 在［例 11-9］中，应用刚体的平面运动微分方程建立了圆轮质心 C 的运动微分方程。现在用其他方法建立该方程（图 12-26）。

方法一：应用功率方程求解。

均质圆轮做平面运动，其动能为

$$E_k=\frac{1}{2}mv_C^2+\frac{1}{2}J_C\omega^2=\frac{3}{4}mv_C^2$$

因圆轮只滚不滑，故其约束为理想约束，在运动过程中只有重力做功，重力的功率为

$$P=m\boldsymbol{g}\cdot\boldsymbol{v}_C=-mg\sin\theta\frac{\mathrm{d}s}{\mathrm{d}t} \tag{a}$$

式中：负号表示当圆轮在铅垂线右侧时 $\theta>0$，若轮沿圆弧向右滚，则 $\frac{\mathrm{d}s}{\mathrm{d}t}>0$，重力做负功；若轮在右侧而向左滚时，即 $\theta>0$，而 $\frac{\mathrm{d}s}{\mathrm{d}t}<0$，这时重力做正功，因此应在 $\frac{\mathrm{d}s}{\mathrm{d}t}$ 前冠以负号。当圆轮在铅垂线左侧时，同理可说明式（a）成立，即式（a）在整个运动过程中

都成立。

由功率方程有

$$\frac{\mathrm{d}E_{\mathrm{k}}}{\mathrm{d}t}=P$$

$$\frac{3}{4}m2v_C\frac{\mathrm{d}v_C}{\mathrm{d}t}=-mg\sin\theta\frac{\mathrm{d}s}{\mathrm{d}t}$$

而$\frac{\mathrm{d}v_C}{\mathrm{d}t}=\frac{\mathrm{d}^2s}{\mathrm{d}t^2}$，$\frac{\mathrm{d}s}{\mathrm{d}t}=v_C$，$\theta=\frac{s}{R-r}$，当$\theta$很小时$\sin\theta\approx\theta$，于是得轮质心$C$的运动微分方程为

$$\frac{\mathrm{d}^2s}{\mathrm{d}t^2}+\frac{2g}{3(R-r)}s=0$$

方法二：用机械能守恒定律求解。

从方法一的分析已知，圆轮运动过程中只有重力做功，因此系统的机械能守恒。要求的是运动微分方程，所以应建立任意位置的机械能，并利用$E_{\mathrm{k}}+E_{\mathrm{P}}=$常数来求解。

选取质心的最低位置O为重力势能零点，则圆轮在任一位置的势能为

$$E_{\mathrm{P}}=mg(R-r)(1-\cos\theta)$$

该位置的动能为

$$E_{\mathrm{k}}=\frac{3}{4}mv_C^2$$

由机械能守恒有

$$E_{\mathrm{k}}+E_{\mathrm{P}}=\text{常数}$$

即

$$\frac{\mathrm{d}}{\mathrm{d}t}(E_{\mathrm{k}}+E_{\mathrm{P}})=0$$

代入数据得

$$mg(R-r)\sin\theta\frac{\mathrm{d}\theta}{\mathrm{d}t}+\frac{3}{2}mv_C\frac{\mathrm{d}v_C}{\mathrm{d}t}=0$$

因$\frac{\mathrm{d}\theta}{\mathrm{d}t}=\frac{v_C}{R-r}$，$\frac{\mathrm{d}v_C}{\mathrm{d}t}=\frac{\mathrm{d}^2s}{\mathrm{d}t^2}$，于是有

$$\frac{\mathrm{d}^2s}{\mathrm{d}t^2}+\frac{2}{3}g\sin\theta=0$$

当θ很小时$\sin\theta\approx\theta=\frac{s}{R-r}$，于是可得质心$C$的运动微分方程为

$$\frac{\mathrm{d}^2s}{\mathrm{d}t^2}+\frac{2g}{3(R-r)}s=0$$

此题也可用动能定理求解。

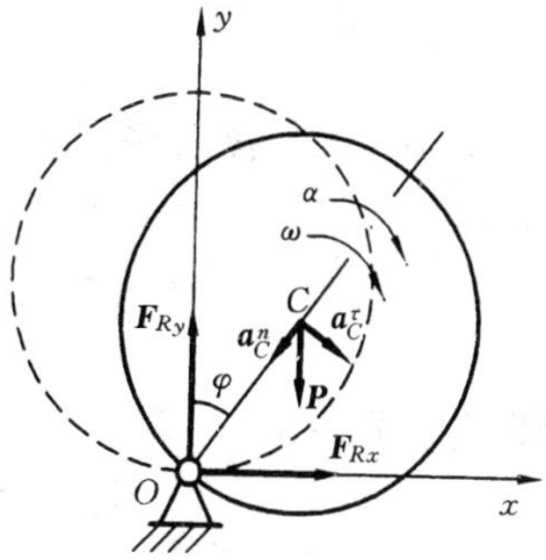

图 12－27

【例 12－12】 半径为R、重为$\boldsymbol{P}$的均质圆盘，可绕水平轴O转动，如图 12－27 所示。圆盘从图示虚线位置（$\varphi=0$）无初速释放。求当圆盘转过φ角时的速度

ω、角加速度 α 及 O 点的约束反力。

解：首先采用两种方法求圆盘转过 φ 角时的角速度 ω 和角加速度 α。

方法一：用机械能守恒定律求解。

取圆盘为研究对象，研究圆盘由 $\varphi=0$ 转到 φ 角的过程。圆盘受重力 $\boldsymbol{P}$、约束反力 $\boldsymbol{F}_{Rx}$ 和 $\boldsymbol{F}_{Ry}$ 作用。显然约束反力不做功，只有重力做功，故系统的机械能守恒。

取 O 点为重力零势能点，则在 $\varphi=0$ 位置有

$$E_{\mathrm{k1}}=0,\quad E_{\mathrm{P1}}=PR$$

在 φ 角位置时有

$$E_{\mathrm{k2}}=\frac{1}{2}J_O\omega^2,\quad E_{\mathrm{P2}}=PR\cos\varphi$$

其中

$$J_O=J_C+\frac{P}{g}R^2=\frac{P}{2g}R^2+\frac{P}{g}R^2=\frac{3P}{2g}R^2$$

故

$$E_{\mathrm{k2}}=\frac{3P}{4g}R^2\omega^2$$

由机械能守恒定律有

$$E_{\mathrm{k1}}+E_{\mathrm{P1}}=E_{\mathrm{k2}}+E_{\mathrm{P2}}$$

即

$$\frac{3P}{4g}R^2\omega^2+PR\cos\varphi=0+PR \tag{a}$$

解得

$$\omega=\sqrt{\frac{4g}{3R}(1-\cos\varphi)}$$

把 φ 看作变量，将式（a）两边对时间求一阶导数，并注意 $\frac{\mathrm{d}\omega}{\mathrm{d}t}=\alpha$，$\frac{\mathrm{d}\varphi}{\mathrm{d}t}=\omega$，解得

$$\alpha=\frac{2g}{3R}\sin\varphi$$

方法二：应用刚体绕定轴转动微分方程求解。

研究对象和受力分析同前，由定轴转动微分方程有

$$J_O\alpha=\sum M_O(\boldsymbol{F})$$

即

$$\frac{3P}{2g}R^2\alpha=PR\sin\varphi \tag{b}$$

解得

$$\alpha=\frac{2g}{3R}\sin\varphi$$

求圆盘角速度可采用积分法，因 $\alpha=\frac{\mathrm{d}\omega}{\mathrm{d}t}=\frac{\mathrm{d}\omega}{\mathrm{d}\varphi}\frac{\mathrm{d}\varphi}{\mathrm{d}t}=\omega\frac{\mathrm{d}\omega}{\mathrm{d}\varphi}$，则

$$\omega\frac{\mathrm{d}\omega}{\mathrm{d}\varphi}=\frac{2g}{3R}\sin\varphi$$

对此式积分得

$$\int_0^\omega\omega\,\mathrm{d}\omega=\int_0^\varphi\frac{2g}{3R}\sin\varphi\,\mathrm{d}\varphi$$

即

$$\omega=\sqrt{\frac{4g}{3R}(1-\cos\varphi)}$$

结果同前，ω 和 α 还可用动能定理求解。

求 O 轴的约束反力可采用质心运动定理。取坐标 Oxy，则

$$\frac{P}{g}a_{Cx}=\sum F_x$$

$$\frac{P}{g}a_{Cy}=\sum F_y$$

即

$$\frac{P}{g}(a_C^{\tau}\cos\varphi-a_C^{n}\sin\varphi)=F_{Rx}$$

$$\frac{P}{g}(-a_C^{\tau}\sin\varphi-a_C^{n}\cos\varphi)=F_{Ry}-P$$

由运动学有 $a_C^{\tau}=R\alpha=\dfrac{2g}{3}\sin\varphi$，$a_C^{n}=R\omega^2=\dfrac{4g}{3}(1-\cos\varphi)$，代入上式，解之得

$$F_{Rx}=\frac{P}{3}(6\cos\varphi-4)\sin\varphi$$

$$F_{Ry}=\frac{P}{3}(7-6\sin^2\varphi-4\cos\varphi)$$

也可以采用质心运动定理在自然轴系上的投影计算，即

$$\frac{P}{g}a_C^{n}=F_R^{n}+P\cos\varphi$$

$$\frac{P}{g}a_C^{\tau}=F_R^{\tau}+P\sin\varphi$$

解得

$$F_R^{n}=\frac{P}{3}(4-7\cos\varphi)$$

$$F_R^{\tau}=-\frac{P}{3}\sin\varphi$$

此法比直角坐标法计算简单些。

【例 12-13】 均质圆柱形滚子 C 重为 $\boldsymbol{P}$，半径为 R，被缠绕其上的绳子拉动后可沿水平面做纯滚动，绳跨过重为 $\boldsymbol{G}$、半径为 r 的定滑轮（质量分布在轮缘）B，绳另一端悬挂一重为 $\boldsymbol{Q}$ 的重物 A，如图 12-28 所示。绳重不计，定滑轮 B 处的摩擦力不计。试求圆柱形滚子中心 C 的加速度，水平段绳子的拉力及水平面对滚子的摩擦力。

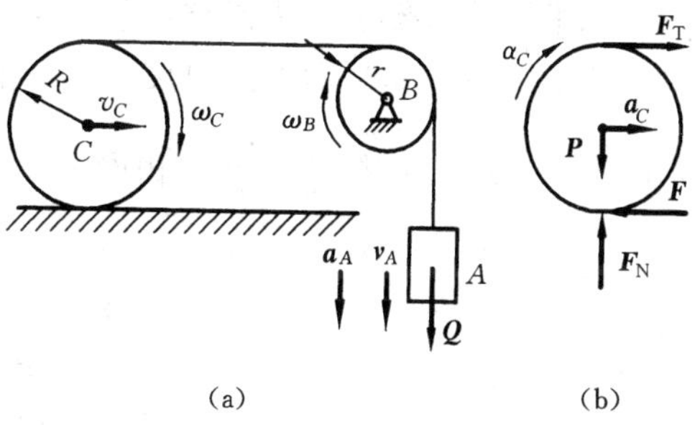

图 12-28

解： 本题是由多个物体所组成的质点系。题目既要求运动量，又要求约束反力，属综合性问题，需用多个定理求解。

首先求圆柱 C 质心的加速度 a_C。求加速度一般用动能定理的微分形式或功率方程较方便，这里我们采用功率方程求 a_C。

取整个系统为研究对象。由已知可知，系统的约束反力不做功，整个系统只有重力 $\boldsymbol{Q}$ 做功。系统的功率为

$$\sum P_i = Qv_A$$

式中：v_A 为重物 A 在任意位置的速度。

系统在任一瞬时的动能为

$$E_k = \frac{Q}{2g}v_A^2 + \frac{1}{2}J_B\omega_B^2 + \frac{P}{2g}v_C^2 + \frac{1}{2}J_C\omega_C^2$$

其中

$$J_B = \frac{G}{g}r^2,\ J_C = \frac{P}{2g}R^2$$

式中：ω_B 为定滑轮 B 做定轴转动的角速度；v_C 为圆柱做平面运动的质心 C 的速度；ω_C 为其角速度。

由运动学知 $v_A = 2v_C$，$\omega_B = \frac{v_A}{r} = \frac{2v_C}{r}$，$\omega_C = \frac{v_C}{R}$，于是动能为

$$\begin{aligned} E_k &= \frac{Q}{2g}(2v_C)^2 + \frac{G}{2g}r^2\left(\frac{2v_C}{r}\right)^2 + \frac{P}{2g}v_C^2 + \frac{1}{2}\times\frac{1}{2}\times\frac{P}{g}R^2\left(\frac{v_C}{R}\right)^2 \\ &= \frac{1}{4g}[3P + 8(Q+G)]v_C^2 \end{aligned}$$

功率可写成 $\sum P_i = Qv_A = 2Qv_C$。由功率方程 $\frac{\mathrm{d}E_k}{\mathrm{d}t} = \sum P_i$，并注意 $\frac{\mathrm{d}v_C}{\mathrm{d}t} = a_C$ 可得

$$\frac{1}{4g}[3P + 8(Q+G)]2v_C\frac{\mathrm{d}v_C}{\mathrm{d}t} = 2Qv_C$$

即

$$a_C = \frac{\mathrm{d}v_C}{\mathrm{d}t} = \frac{4Q}{3P + 8(Q+G)}g$$

此过程也可由动能定理、机械能守恒定律求解。

求水平段绳的拉力与水平面的摩擦力可采用刚体平面运动微分方程求解。

取水平运动的圆柱 C 为研究对象，受力分析如图 12－28（b）所示。圆柱受重力 $\boldsymbol{P}$、绳的拉力 $\boldsymbol{F}_T$、水平面的法向反力 $\boldsymbol{F}_N$ 和静滑动摩擦力 $\boldsymbol{F}$ 作用。因滚子做纯滚动，所以滚子的角加速度为 $\alpha_C = \frac{a_C}{R}$。由刚体平面运动微分方程有

$$\frac{P}{g}a_C = F_T - F$$

$$0 = F_N - P$$

$$J_C\alpha_C = F_TR + FR$$

解之得

$$F_T = \frac{3PQ}{3P + 8(Q+G)}$$

$$F = -\frac{PQ}{3P + 8(Q+G)}$$

$F<0$，说明静滑动摩擦力实际指向与图设相反。

本题还可采用其他方法求解，读者可试一试。

【例 12-14】 无重刚杆 AB 的一端固连一重为 $\boldsymbol{P}_2$ 的质点 B，另一端用铰链连接在置于光滑水平面上的重为 $\boldsymbol{P}_1$ 的滑块 A 的中心，如图 12-29（a）所示。$AB=l$，不计摩擦，设开始释放时杆 AB 处于水平位置，初速度为零，滑块 A 静止。求杆 AB 摆到铅垂位置时质点 B 和滑块 A 的速度。

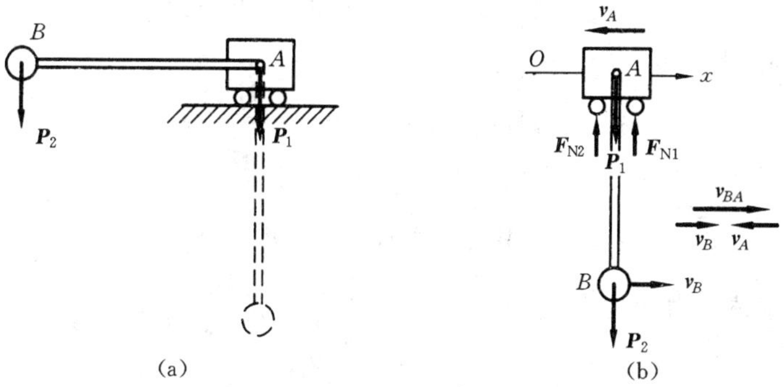

图 12-29

解：取系统为研究对象，受力分析如图 12-29 所示，设在铅垂位置时滑块 A 的速度为 $\boldsymbol{v}_A$，质点 B 的速度为 $\boldsymbol{v}_B$，且 $\boldsymbol{v}_B=\boldsymbol{v}_A+\boldsymbol{v}_{BA}$，方向如图 12-29（b）所示。

由受力图可知，系统的受力满足 $\sum F_x=0$，即系统 Ox 方向的动量守恒。因初瞬时系统静止，所以有

$$-\frac{P_1}{g}v_A+\frac{P_2}{g}v_B=0 \tag{a}$$

式中：v_A 和 v_B 均为未知量，故不能求解，必须再应用其他定理，列出补充方程才能求解。

由受力分析可知，系统在运动过程中，只有质点 B 的重力 P_2 做功，故系统在此过程中机械能守恒，取系统的初位置为重力的零势能位置，则系统在初位置时的动能的和势能分别为

$$E_{k1}=0,\quad E_{P1}=0$$

系统在铅垂位置时的动能和势能为

$$E_{k2}=\frac{P_1}{2g}v_A^2+\frac{P_2}{2g}v_B^2,\quad E_{P2}=-P_2 l$$

由机械能守恒定律知：

$$E_{k2}+E_{P2}=E_{k1}+E_{P1}$$

$$\frac{P_1}{2g}v_A^2+\frac{1}{2}\times\frac{P_2}{g}v_B^2-P_2 l=0+0 \tag{b}$$

联立式（a）和式（b）解得

$$v_A=P_2\sqrt{\frac{2gl}{P_1(P_1+P_2)}},\quad v_B=\sqrt{\frac{2glP_1}{P_1+P_2}}$$

【小 结】

1. 力的功是力对物体作用的累积效应的度量，其值是代数量

$$W=\int_0^s F\cos\theta \mathrm{d}s$$

或

$$W_{12}=\int_{M_1}^{M_2}(F_x\mathrm{d}x+F_y\mathrm{d}y+F_z\mathrm{d}z)$$

重力的功为

$$W_{12}=P(z_{C1}-z_{C2})$$

弹性力的功为

$$W_{12}=\frac{k}{2}(\delta_1^2-\delta_2^2)$$

定轴转动刚体上力的功为

$$W_{12}=\int_{\varphi_1}^{\varphi_2}M_z\mathrm{d}\varphi$$

2. 动能是物体机械运动的一种度量，其值是标量

质点的动能为

$$E_\mathrm{k}=\frac{1}{2}mv^2$$

质点系的动能为

$$E_\mathrm{k}=\sum\frac{1}{2}m_iv_i^2$$

平动刚体的动能为

$$E_\mathrm{k}=\frac{1}{2}Mv_C^2$$

绕定轴转动刚体的动能为

$$E_\mathrm{k}=\frac{1}{2}J_z\omega^2$$

平面运动刚体的动能为

$$E_\mathrm{k}=\frac{1}{2}Mv_C^2+\frac{1}{2}J_C\omega^2$$

3. 动能定理

微分形式为

$$\mathrm{d}E_\mathrm{k}=\sum\delta W_i$$

积分形式为

$$E_\mathrm{k2}-E_\mathrm{k1}=\sum W_i=W_{12}$$

理想约束条件下，只计算主动力的功

4. 功率是单位时间内力所做的功

$$P=\frac{\delta W}{\mathrm{d}t}=\boldsymbol{F}\cdot\boldsymbol{v}=F_{\tau}v$$

$$P=M_{z}\omega$$

5. 功率方程

$$\frac{\mathrm{d}E_{\mathrm{k}}}{\mathrm{d}t}=\sum_{i=1}^{n}P_{i}$$

机器的功率方程为

$$\frac{\mathrm{d}E_{\mathrm{k}}}{\mathrm{d}t}=P_{\text{输入}}-P_{\text{有用}}-P_{\text{无用}}$$

6. 机械效率

$$\eta=\frac{P_{\text{有效}}}{P_{\text{输入}}}$$

其中

$$P_{\text{有效}}=P_{\text{有用}}+\frac{\mathrm{d}E_{\mathrm{k}}}{\mathrm{d}t}$$

7. 保守力的功只与作用点的起始位置和终了位置有关，而与质点运动路径无关

8. 在势力场中，质点从点 M 运动到任选的点 M_0，有势力所做的功称为质点在点 M 相对于点 M_0 的势能，即

$$E_{\mathrm{P}}=\int_{M}^{M_0}\boldsymbol{F}\mathrm{d}\boldsymbol{r}=\int_{M}^{M_0}(F_x\mathrm{d}x+F_y\mathrm{d}y+F_z\mathrm{d}z)$$

重力场中的势能为

$$E_{\mathrm{P}}=P(z_C-z_{C0})$$

弹性力场中的势能为

$$E_{\mathrm{P}}=\frac{k}{2}(\delta^2-\delta_0^2)$$

万有引力场中的势能为

$$E_{\mathrm{P}}=Gm_1m_2\left(\frac{1}{r_1}-\frac{1}{r}\right)$$

9. 有势力所做的功等于质点系在运动过程中初始与终了位置的势能的差

$$W_{12}=E_{\mathrm{P1}}-E_{\mathrm{P2}}$$

10. 质点系在某瞬时的动能和势能的代数和称为机械能

质点系在运动过程中只有有势力做功，则其机械能保持不变，即

$$E_{\mathrm{k}}+E_{\mathrm{P}}=\text{常数}$$

第十二章
思考题

习　　题

12－1　质点的内力有何性质，它们能否改变质点系的动量、动量矩和动能？为什么？

12－2　如题 12－2 图所示，质点受弹簧拉力运动，设弹簧自然长度 $l_0=20\mathrm{cm}$，刚度系数为 $k=20\mathrm{N/m}$，当弹簧被拉长到 $l_1=26\mathrm{cm}$ 时释放，试问弹簧每缩短 2cm 时，

弹性力所做的功是否相同。

12-3　如题 12-3 图所示，三个质量相同的质点，同时自点 A 以大小相同的初速度 v_0 抛出，但是 v_0 方向不同。试问这三个质点落到水平面时，它们的速度的大小和方向是否相同？为什么？

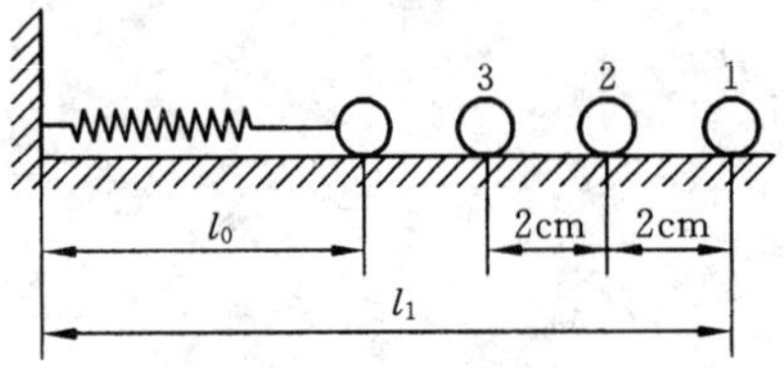

题 12-2 图

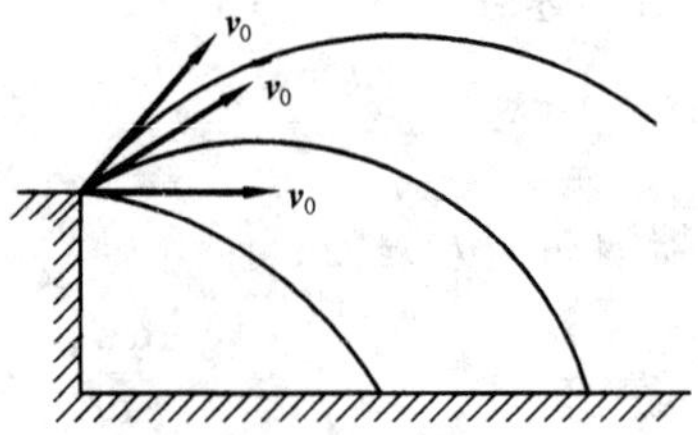

题 12-3 图

12-4　一质点 M 与一弹簧相连，并在铅垂平面的粗糙槽内滑动，如题 12-4 图所示。如果该质点获得一初速度 v_0 恰好能使它在圆槽内滑动一周，则弹性力的功、重力的功、法向反力的功和摩擦力的功都等于零，对吗？为什么？

12-5　一弹簧振子沿倾角为 θ 的斜面滑动，如题 12-5 图所示。已知物体重 $\boldsymbol{P}$，弹簧刚度系数为 k，滑动摩擦因数为 f'，试求从弹簧原长压缩 s 的路程中力的总功及从压缩 s 再弹回 λ 的过程中力的总功。

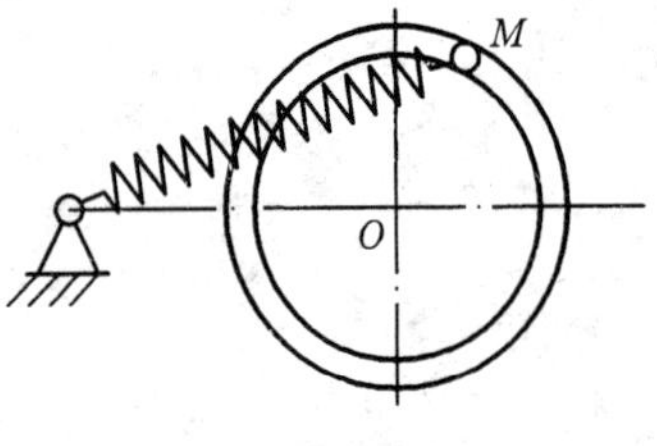

题 12-4 图

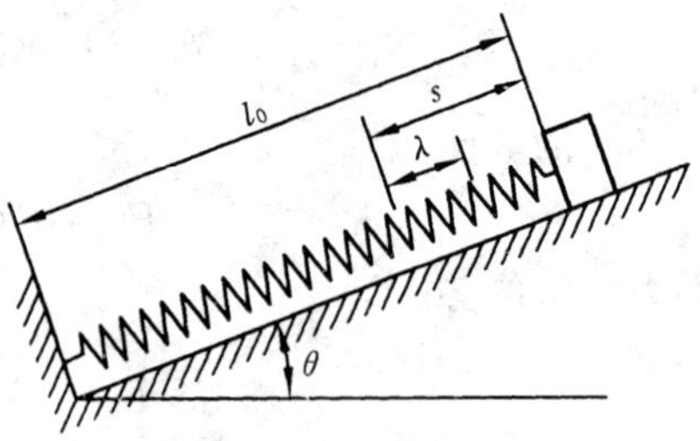

题 12-5 图

12-6　如题 12-6 图所示，一纯滚动的鼓轮重为 $\boldsymbol{P}$，内、外半径分别为 R 和 r，拉力 $\boldsymbol{F}_T$ 与水平成 θ 角，设鼓轮与水平面间的静滑动摩擦因数为 f，试求轮质心 C 移动 s 过程中力的总功。

12-7　如题 12-7 图所示，质量为 2kg 的物块 A 在弹簧上处于静止，弹簧的刚度系数为 $k=400\text{N/m}$。现将质量为 4kg 的物块 B 放置在物块 A 上，刚接触就释放它。求：

（1）弹簧对两物块的最大作用力。

（2）两物块得到的最大速度。

12-8　起重卷筒半径为 R，重为 Q，质量均匀分布，其上作用一矩为 M 的力偶，如题 12-8 图所示。系统开始时静止，被提升的重物重为 P。试计算当重物 P 上升了距离 h 时的速度和加速度。

12-9　试计算如题 12-9 图中各重为 $\boldsymbol{P}$ 的均质物体的动能：(a) 长为 l 的直杆以角速度 ω 绕 O 轴转动；(b) 半径为 r 的圆盘以角速度 ω 绕轮心 O 轴转动；(c) 半径为

r 的圆盘以角速度 ω 绕偏心距为 e 的 O 轴转动；（d）半径为 r 的圆轮在水平面上做纯滚动，质心的速度为 v。

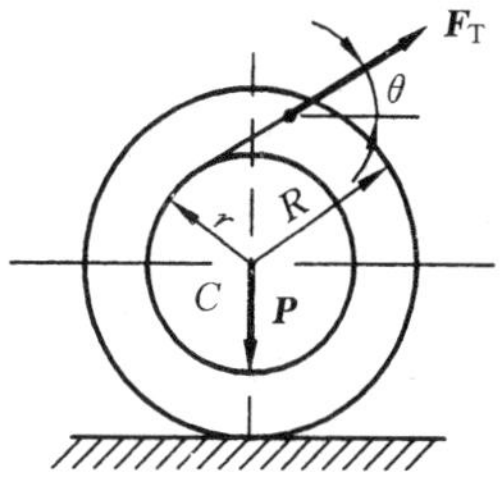

题 12－6 图

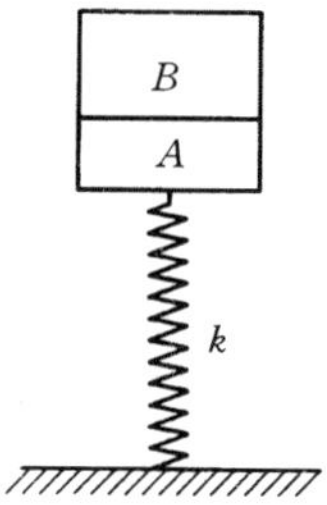

题 12－7 图

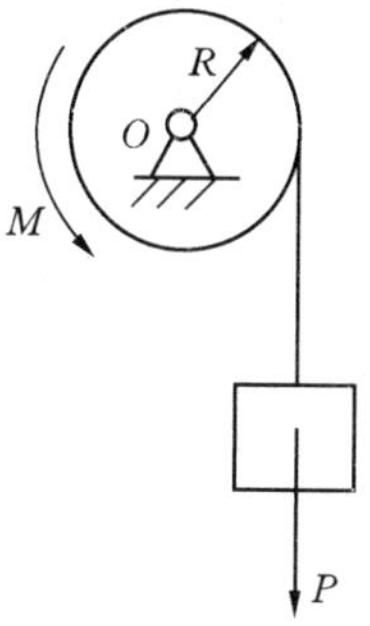

题 12－8 图

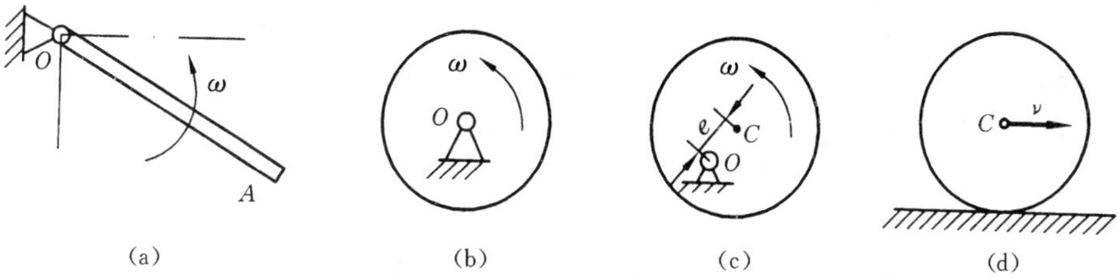

题 12－9 图

12－10　如题 12－10 图所示坦克的履带重 $\boldsymbol{P}$，每个车轮重 $\boldsymbol{Q}$，车轮被看成均质圆盘，半径为 R，两轮轴间距离为 πR。设坦克前进的速度为 v，试计算此质点系的动能。

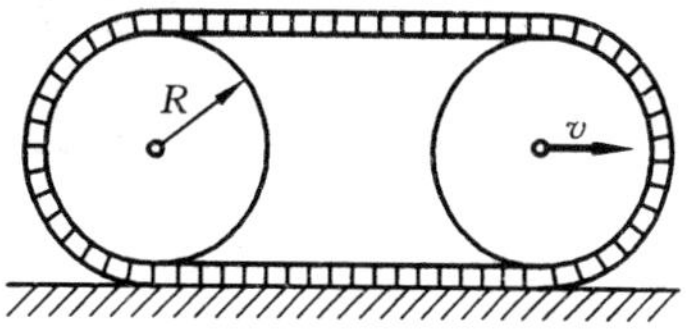

题 12－10 图

12－11　如题 12－11 图所示卷扬机中，轮 B 和 C 的半径分别为 R 和 r，质量分别为 m_B 和 m_C，物体 A 的质量为 m_A。设轮 B 和 C 为均质圆盘。在轮 C 上作用一常转矩 M，求物体 A 上升的加速度。

12－12　力偶矩 M 为常量，作用在绞车的鼓轮上，使轮转动，如题 12－12 图所示。轮的半径为 r，质量为 m_1。缠绕在鼓轮上的绳子系一质量为 m_2 的重物，使其沿倾角为 θ 的斜面上升。重物与斜面间的动滑动摩擦因素为 f，绳子的质量不计，鼓轮可视为均质圆柱。在开始时，此系统处于静止。求鼓轮转过 φ 角时的角速度和角加速度。

12－13　鼓轮重为 $\boldsymbol{G}$，半径分别为 R 与 r，对 O 的回转半径为 ρ，鼓轮上分别绕有两根不计自重的绳子，绳的另两端分别悬挂物块 A 和 B，如题 12－13 图所示，物块 A 和 B 的重量均为 $\boldsymbol{P}$。试求物块 A 由静止下降高度 h 时的速度和加速度。

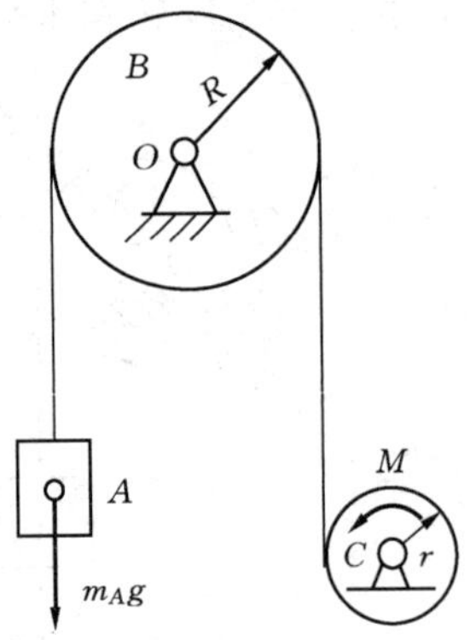

题 12－11 图

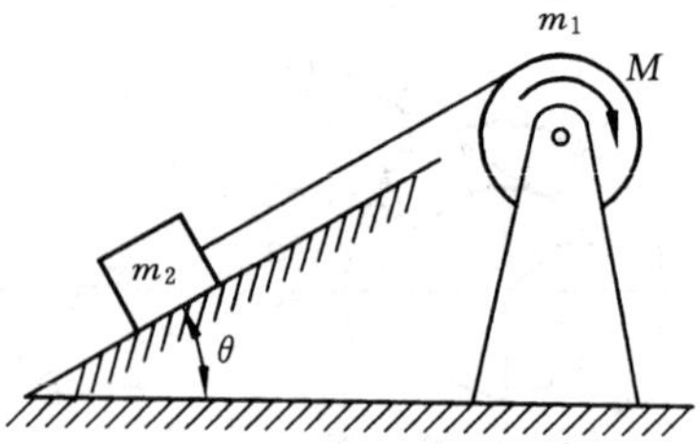

题 12－12 图

12－14　两个质量均为 m_2 物体用绳连接，此绳跨过滑轮 O，如题 12－14 图所示。在左方物体上放有一带孔的薄圆板，而在右方物体上放有两个相同的圆板，圆板的质量均为 m_1。此质点系由静止开始运动，当右方物体和圆板落下距离 x_1 时，重物通过一固定圆环板，而其上质量是 $2m_1$ 的薄板则被搁住。摩擦和滑轮质量不计。如该重物继续下降了距离 x_2 时速度为零，求 x_2 与 x_1 的比。

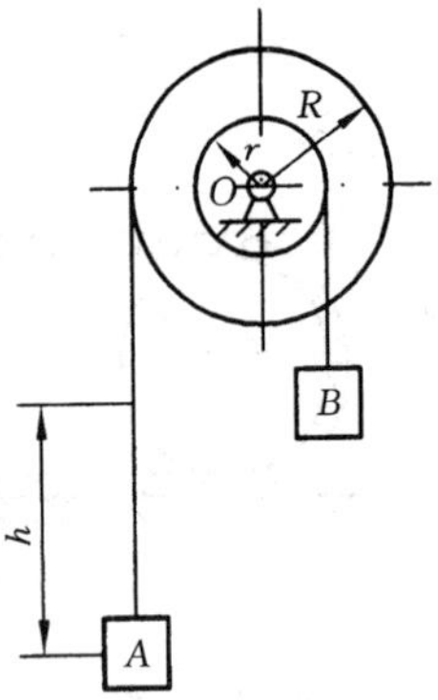

题 12－13 图

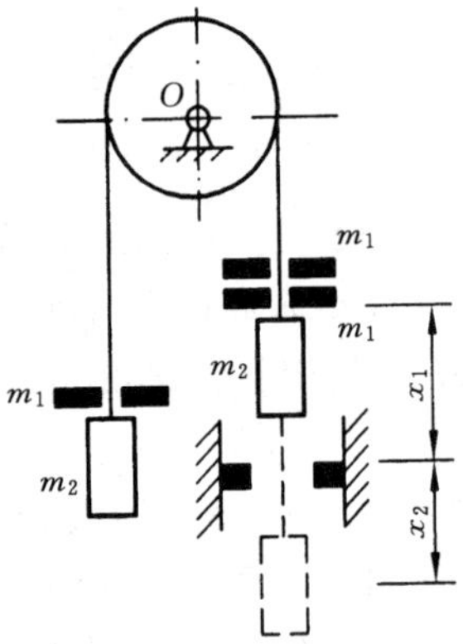

题 12－14 图

12－15　如题 12－15 图所示运输机，物体 **A** 重为 $\boldsymbol{P}$，带轮 B 和 C 各重 $\boldsymbol{G}$，半径均为 R，视为均质圆柱，今在轮 B 上作用一不变力矩 M，使系统由静止开始运动，不计传送带和支撑辊的质量，试求物体 A 移动距离 s 时的速度与加速度。

12－16　如题 12－16 图所示系统中，A 物重为 $\boldsymbol{P}$，B 物重为 $\boldsymbol{G}$，定滑轮 O 的半径为 r，重为 $\boldsymbol{W}_1$，动滑轮 C 的半径为 R，重为 $\boldsymbol{W}_2$，两轮均视为均质圆盘，不计绳重及轴承处的摩擦，绳与滑轮间不打滑。设 $\boldsymbol{P}+\boldsymbol{W}_2>2\boldsymbol{G}$，试求 A 物由静止到下降高度 h 时的速度和加速度。

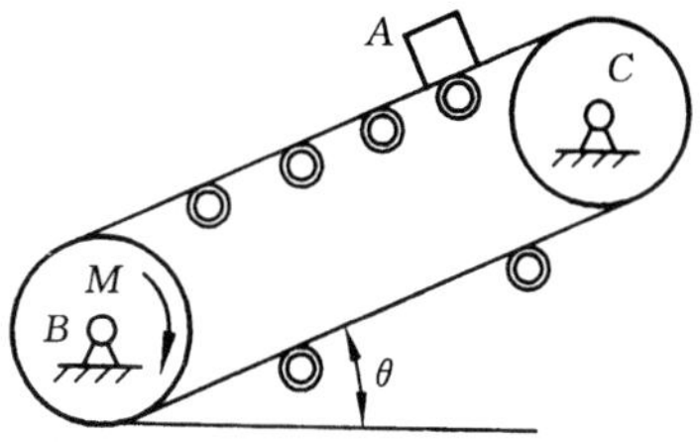

题 12－15 图

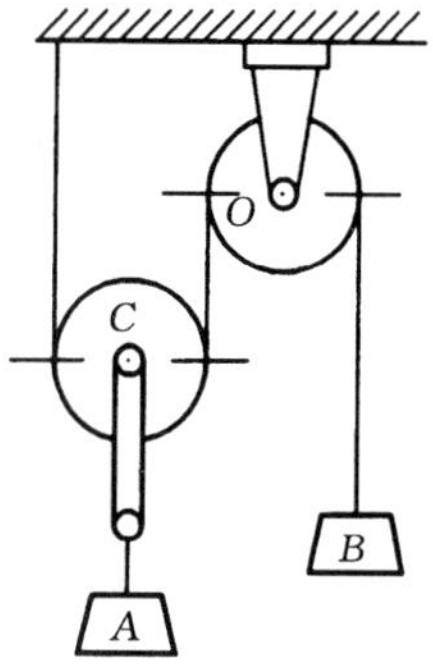

题 12－16 图

12－17　两均质杆 AC 和 BC 各重为 $\boldsymbol{P}$，长为 l，在 C 点由光滑铰链连接，置于光滑的水平面上，如题 12－17 图所示。由于 A 和 B 端的滑动，杆系在其铅垂面内运动，开始时杆系静止，点 C 的初始高度为 h，试求铰链 C 与地面相碰时的速度。

12－18　当物块 A 离地面高 h 时，如题 12－18 图所示系统处于静止平衡。如给 A 以向下的初速度 v_0，使其恰能接触地面，设物块 A 和滑轮 B、C 的质量均为 m，滑轮为均质圆盘，弹簧的刚度系数为 k，绳重不计，绳与轮间无滑动。试求 v_0 的大小。

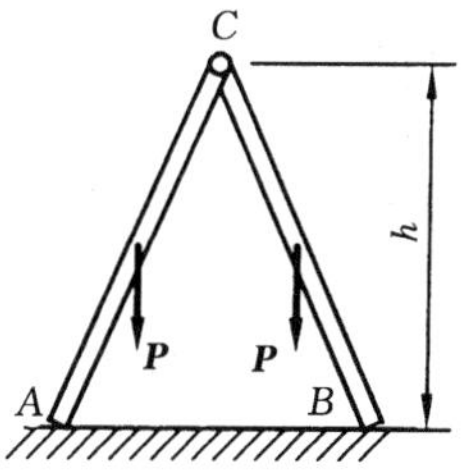

题 12－17 图

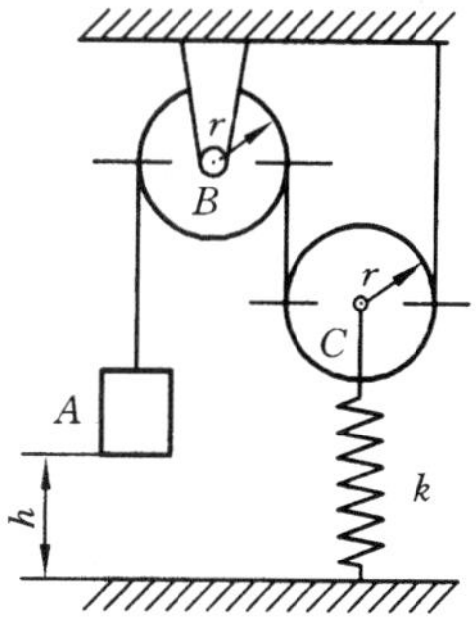

题 12－18 图

12－19　如题 12－19 图所示半径为 R、质量为 m 的均质圆柱，沿倾斜角为 α 的斜面做无滑动的滚动。已知圆柱中心 C 有平行于斜面向上的初速度 v_0。求：

(1) 圆柱中心 C 能上升的最大高度 h。

(2) 沿斜面向上滚动过程中任一瞬时圆柱中心 C 的加速度。

12－20　如题 12－20 图所示，置于水平面内的形星齿轮机构的曲柄 OA 受不变力矩 M 的作用而绕定轴 O 转动，由曲柄带动齿轮Ⅰ在固定齿轮Ⅱ上滚动。设曲柄 OA 长为 l，质量为 m，并视为均质杆；齿轮Ⅰ的半径为 r_1，质量为 m_1，并视为均质圆盘。试求曲柄由静止到转过 φ 角后的角速度和角加速度，不计摩擦。

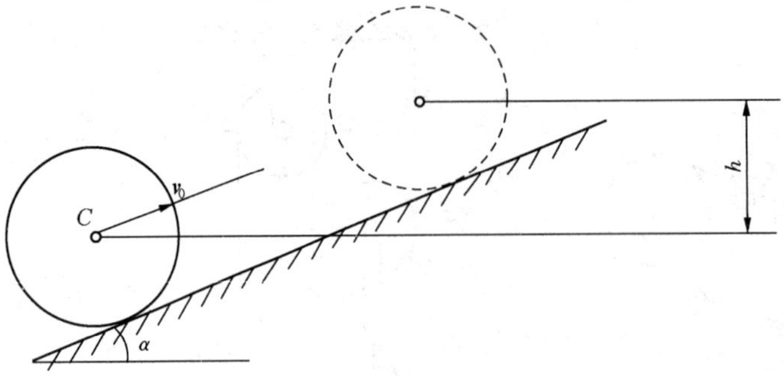

题 12－19 图

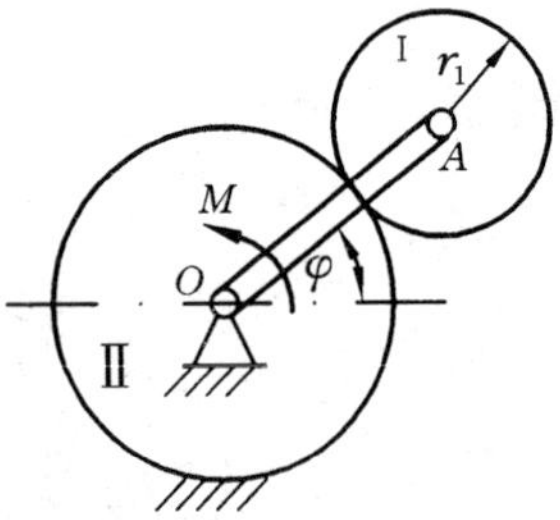

题 12－20 图

12－21　均质细杆质量为 m，长度 $OA=l$，可绕水平轴 O 转动，如题 12－21 图所示。

(1) 为使杆能从图示铅直位置转到水平位置，在铅直位置时杆的初角速度 ω_0 至少应为多大?

(2) 若杆在铅直位置时获得初角速度 $\omega_0=\sqrt{6g/l}$，求杆在初始铅直位置时支点 O 的反力。

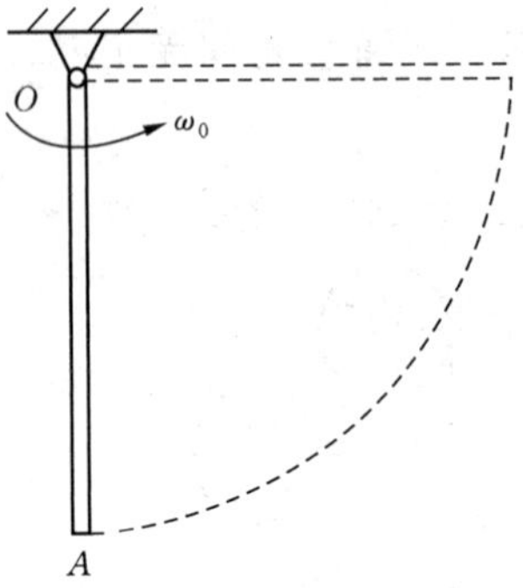

题 12－21 图

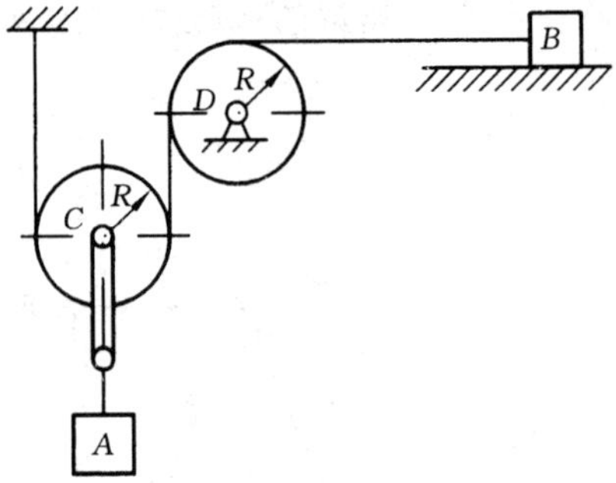

题 12－22 图

12－22　如题 12－22 图所示，一端固定的绳子绕过动滑轮 C 和定滑轮 D 与放在水平面上的 B 物体相连，在动滑轮和轴上挂一重物 A，靠 A 的重力使系统运动。A 和 B 的质量均为 m_1，C 和 D 的质量均为 m_2，半径均为 R，且都视为均质圆盘，重物 B 与水平面间的摩擦因数为 f'。绳的质量不计，绳与轮间无滑动。如果重物 A 开始向下的初速度为 v_0，试求重物 A 下落多大距离时其速度将增加 1 倍。

12－23　如题 12－23 图所示，均质细杆长 l，重 $\boldsymbol{G}$，上端 B 靠在光滑的墙上，下端 A 以铰链与均质圆柱的中心相连。圆柱重 $\boldsymbol{P}$，半径为 R，放在粗糙的地面上，自图示位置静止开始滚动而不滑动，杆与铅垂线交角 $\theta=45°$。求点 A 在初瞬时的加速度。

12－24　两个相同的滑轮，半径为 R，重为 $\boldsymbol{P}$，用绳缠绕连接如题 12－24 图所示。两滑轮可视为均质圆盘。如动滑轮由静止下落，求其质心的速度 v 与下落距离 h 的关系。

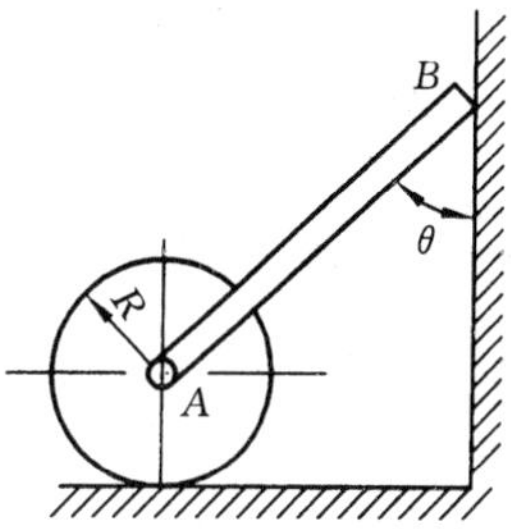

题 12－23 图

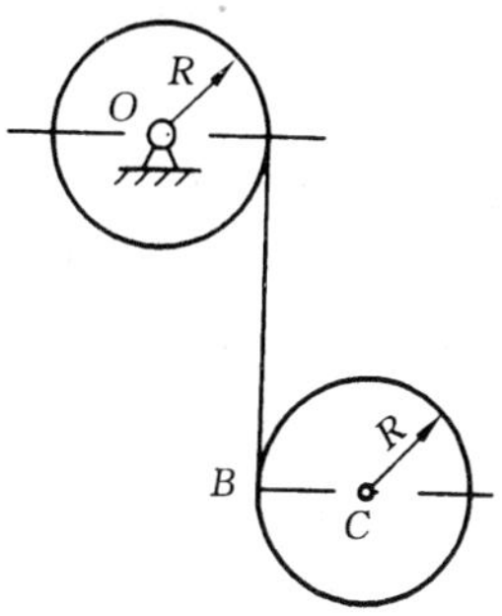

题 12－24 图

12－25　质量为 $m=5\text{kg}$ 的重物系于弹簧上，并沿半径为 $r=20\text{cm}$ 的光滑圆环 A 点静止开始滑下，如题 12－25 图所示。设圆环固定在铅垂平面内，弹簧原长 $l=DA=20\text{cm}$。欲使重物在 B 点时对圆环的压力等于零，试求弹簧的刚度系数应多大？

12－26　如题 12－26 图所示，半径为 R 的圆环以角速度 ω 绕铅垂轴 AC 自由转动，其对轴的转动惯量为 J。在圆环中的 A 点放一质量为 m 的小球。设由于微小的扰动小球离开 A 点，试求当小球到达点 B 和点 C 时圆环的角速度和小球的速度。圆环中的摩擦忽略不计。

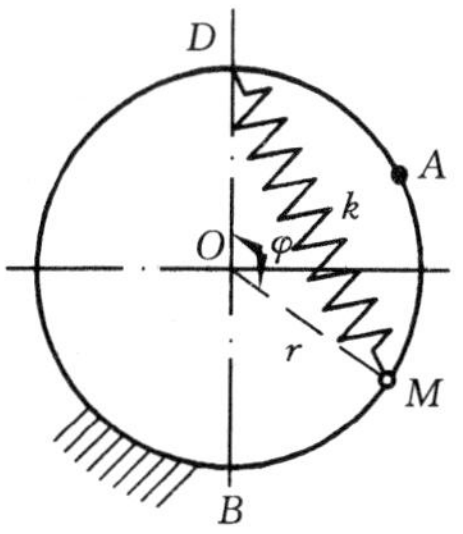

题 12－25 图

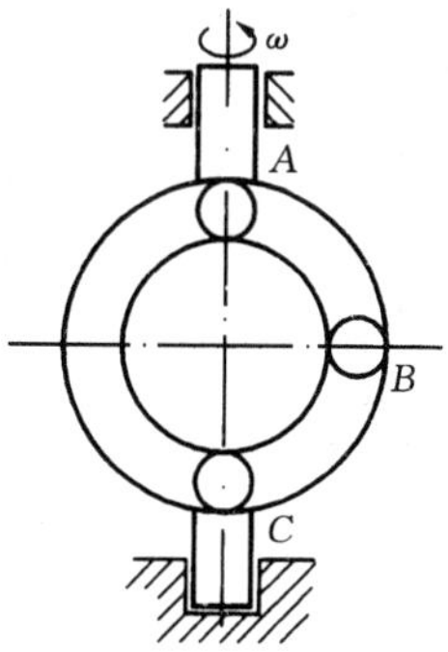

题 12－26 图

12－27　如题 12－27 图所示，运动机构中，沿斜面纯滚动的圆柱体 A 和鼓轮 O 为均质物体，各重为 $\boldsymbol{P}$ 和 $\boldsymbol{G}$，半径均为 R，不计绳重，粗糙斜面的倾角为 β。如在鼓轮上作用一常力矩 M，试求鼓轮的角加速度及轴承 O 的水平反力。

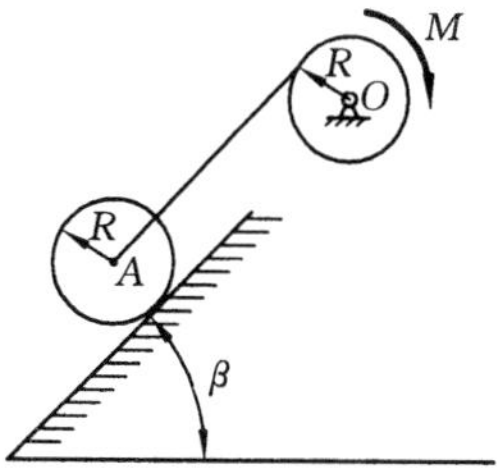

题 12－27 图

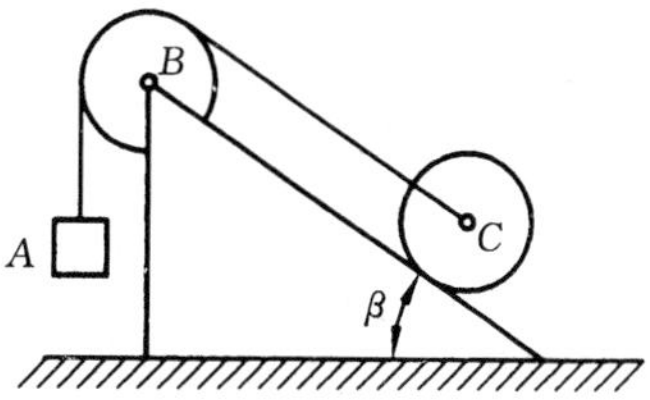

题 12－28 图

12-28　如题 12-28 图所示，运动系统中，沿倾角为 β 的粗糙斜面向下做纯滚动的滚子 C 借一跨过滑轮 B 的绳提升一重物 A。设 A 重 $\boldsymbol{P}$，B 和 C 重均为 $\boldsymbol{G}$，半径均为 R，且都视作均质圆盘，绳重不计，绳与滑轮不打滑。试求滚子中心的加速度及滚子所受的摩擦力和系在滚子上的绳的张力。

12-29　如题 12-29 图所示，系统中，鼓轮重为 $\boldsymbol{P}$，半径为 R 和 r，对转轴 O 的回转半径为 ρ，动滑轮 C 被缠绕在鼓轮上的绳子悬挂着，半径为 $(R-r)/2$，质量不计。重为 $\boldsymbol{W}$ 的重物 A 悬挂于动滑轮的轮心 C 上。试求重物 A 由静止释放时的加速度、动滑轮两边绳子的张力和轴承 O 处的反力。

12-30　如题 12-30 图所示，系统中，塔轮 C 的质量为 $m_C=4.5\text{kg}$，其对中心轴的回转半径为 $\rho=0.2\text{m}$，半径分别为 $r=0.15\text{m}$ 和 $R=0.3\text{m}$，物块 D 的质量为 $m_D=9\text{kg}$。求系统由静止到塔轮中心 C 下落 h 时的速度及 AB 和 HD 两段绳的拉力。

12-31　如题 12-31 图所示，均质杆 AB 长为 l、重为 $\boldsymbol{P}$，由直立位置开始滑动，上端 A 沿墙下滑，下端 B 沿地面向右滑，不计摩擦。试求杆在任一位置 φ 时的角速度、角加速度及 A、B 处的反力。

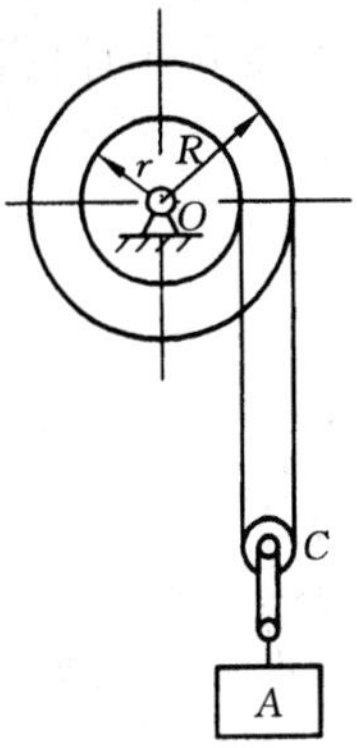

题 12-29 图

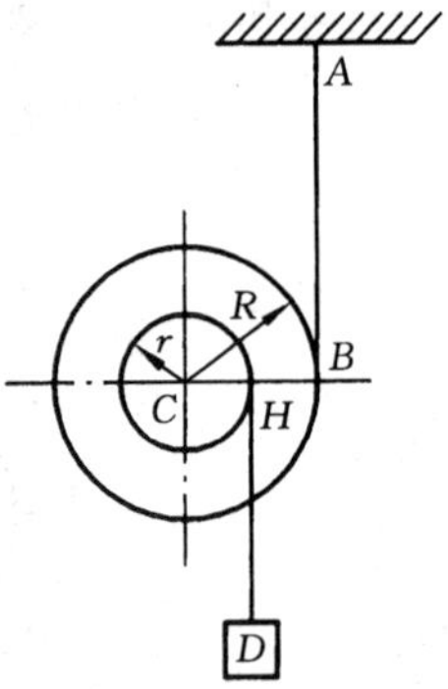

题 12-30 图

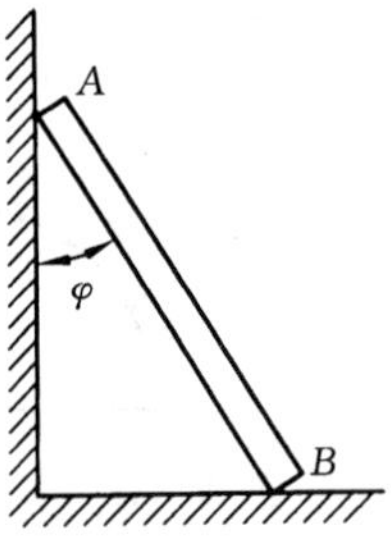

题 12-31 图

第十三章　达朗伯原理

第十三章
思维导图

由静力学可知，非自由质点系处于平衡状态时，其约束反力的计算可用平衡方程来求解；而非自由质点系处于非平衡状态时，其约束反力（动反力）的计算如何进行呢？根据前面的动力学知识，我们可以应用动力学的普遍定理来求解，但在工程上常采用另一种更简便、直观的方法，即用达朗伯原理来计算非自由质点系动力学问题。它是18世纪为求解机器动力学问题而提出的，其特点是引入惯性力，将动力学问题转化为形式上的静力学问题，应用静力学的概念和方法使某些复杂的动力学问题简单化。由于它运用静力学中研究平衡问题的方法来研究动力学问题，所以又称为动静法。

本章将从质点的动力学基本方程出发，引入惯性力的概念，推证达朗伯原理，并用平衡方程的形式求解动力学问题。

第一节　惯　性　力

质点的惯性力

下面首先看一个例子，如图13-1所示，人以水平力 $\boldsymbol{F}$ 推质量为 m 的小车沿直线前行，小车的加速度为 $\boldsymbol{a}$；根据质点动力学基本方程有

$$\boldsymbol{F}=m\boldsymbol{a} \tag{13-1}$$

式（13-1）变形得

$$\boldsymbol{F}+(-m\boldsymbol{a})=0$$

如把括号中的项看成为一个力，并称为质点的惯性力，用 $\boldsymbol{F}_g$ 表示，则有

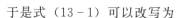

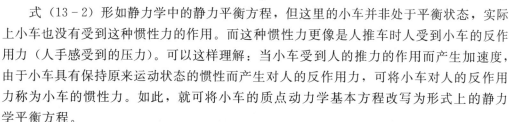

图13-1

$$\boldsymbol{F}_g=-m\boldsymbol{a}$$

于是式（13-1）可以改写为

$$\boldsymbol{F}+\boldsymbol{F}_g=0 \tag{13-2}$$

式（13-2）形如静力学中的静力平衡方程，但这里的小车并非处于平衡状态，实际上小车也没有受到这种惯性力的作用。而这种惯性力更像是人推车时人受到小车的反作用力（人手感受到的压力）。可以这样理解：当小车受到人的推力的作用而产生加速度，由于小车具有保持原来运动状态的惯性而产生对人的反作用力，可将小车对人的反作用力称为小车的惯性力。如此，就可将小车的质点动力学基本方程改写为形式上的静力学平衡方程。

再来看一个例子，如图13-2所示，系在绳端质量为 m 的小球，当用手握紧绳子的另一端，使小球以速度 $\boldsymbol{v}$ 在水平面内做匀速圆周运动时，小球在水平面内受到绳子

的拉力 $\boldsymbol{F}_T$，根据质点动力学基本方程有

$$\boldsymbol{F}_T = m\boldsymbol{a}_n = m\frac{v^2}{r}\boldsymbol{n} \qquad (13-3)$$

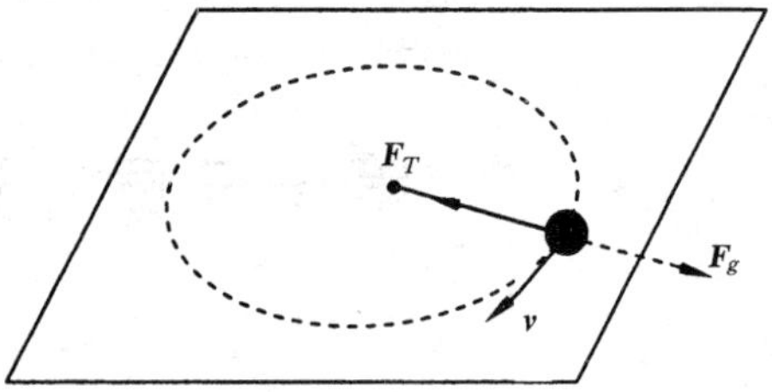

图 13 - 2

式（13 - 3）变形得

$$\boldsymbol{F}_T - m\boldsymbol{a}_n = 0$$

将 $-m\boldsymbol{a}_n$ 项看成为一个力，并称为质点的惯性力，用 $\boldsymbol{F}_g$ 表示，即

$$\boldsymbol{F}_g = -m\boldsymbol{a}_n$$

于是式（13 - 3）可以改写为

$$\boldsymbol{F} + \boldsymbol{F}_g = 0 \qquad (13-4)$$

式（13 - 4）形如静力学中的静力平衡方程，但这里的小球并非处于平衡状态，实际上小球同样也没有受到这种惯性力的作用。而这种惯性力更像是人手拉小球时人手受到小球的反作用力（人手感受到的拉力），可以这样理解：当小球受到人手的拉力的作用而产生向心加速度，由于小球具有保持原来运动状态的惯性而产生对人手的反作用力，可将小球对人手的反作用力称为小球的惯性力。如此，就可将小球的质点动力学基本方程改写为形式上的静力学平衡方程。

由以上两例可知，当物体受力作用而产生加速度时，由于惯性，受力物体必然给施力物体以反作用力，该力称为质点（受力物体）的惯性力。其惯性力的大小等于质点质量与其加速度的乘积，方向与加速度的方向相反。它本身并不作用于质点上，而是作用于施力物体上。规定以下标 g 表示物体的惯性力，即

$$\boldsymbol{F}_g = -m\boldsymbol{a} \qquad (13-5)$$

第二节　达 朗 伯 原 理

一、质点的达朗伯原理

设质量为 m 的质点，在主动力 $\boldsymbol{F}$ 和约束反力 $\boldsymbol{F}_N$ 作用下沿曲线运动，如图 13 - 3 所示。根据质点动力学基本方程得

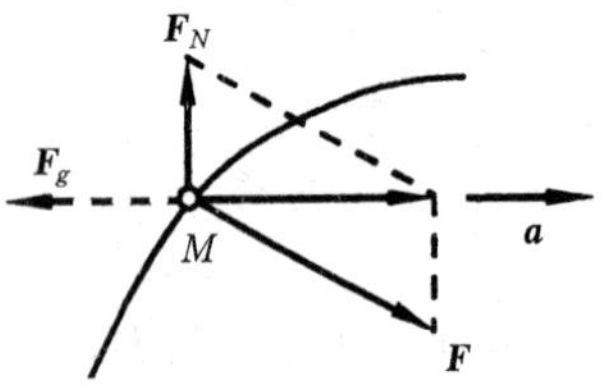

图 13 - 3

$$\boldsymbol{F} + \boldsymbol{F}_N = m\boldsymbol{a} \qquad (13-6)$$

引入质点的惯性力 $\boldsymbol{F}_g = -m\boldsymbol{a}$，则有

$$\boldsymbol{F} + \boldsymbol{F}_N + \boldsymbol{F}_g = 0 \qquad (13-7)$$

由此可以看出，在质点运动的每一瞬时，作用于质点的主动力和约束反力，再假想地加上它的惯性力，在形式上组成一个平衡力系，这称为质点的达朗伯原理。

必须指出，这里的质点并非处于平衡状态，实际上质点也没受到这种惯性力的作用。在质点上假想地加上惯性力，只是为了借用静力学的方法求解动力学问题，这种方法称之为动静法，其工程应用十分广泛。

二、质点系的达朗伯原理

上述质点的达朗伯原理可以直接推广到质点系。

设由 n 个质点组成的质点系，其中第 i 个质点的质量 m_i。在任意瞬时，其上作用有主动力的合力 $\boldsymbol{F}_i$，约束反力的合力 $\boldsymbol{F}_{Ni}$，并产生加速度为 $\boldsymbol{a}_i$，根据质点的达朗伯原理，再假想地加上它的惯性力 $\boldsymbol{F}_{gi}$，则有

$$\boldsymbol{F}_i + \boldsymbol{F}_{Ni} + \boldsymbol{F}_{gi} = 0 \tag{13-8}$$

由式（13－8）可知，对每一个质点，其受到的主动力、约束反力以及假想地加上的惯性力在形式上组成一个平衡力系。

对于整个质点系，共有 n 个这样的平衡力系，叠加后构成一个平衡的任意力系，根据静力学知识，将其向一点简化，则有力系的主矢及对简化中心的主矩都等于零，即

$$\sum \boldsymbol{F}_i + \sum \boldsymbol{F}_{Ni} + \sum \boldsymbol{F}_{gi} = 0 \tag{13-9}$$

$$\sum \boldsymbol{M}_O(F_i) + \sum \boldsymbol{M}_O(\boldsymbol{F}_{Ni}) + \sum \boldsymbol{M}_O(\boldsymbol{F}_{gi}) = 0 \tag{13-10}$$

式（13－10）表明，在质点系运动的任一瞬时，作用于质点系上的所有主动力系、约束反力系和假想地加在质点系上的惯性力系在形式上构成一平衡力系。这就是质点系的达朗伯原理。

在应用质点或质点系的达朗伯原理求解动力学问题时，常取其投影形式的平衡方程。

【例 13－1】 有一圆锥摆，如图 13－4 所示，重量 $\boldsymbol{P}=9.8\text{N}$ 的小球系于长 $l=30\text{cm}$ 的绳上，绳的另一端则系在固定点 O，并与铅直线成 $\alpha=60°$角。如小球在水平面内做匀速圆周运动，求小球的速度 $\boldsymbol{v}$ 及绳的张力 $\boldsymbol{F}_T$ 的大小。

解： 以重物为研究的质点，在质点上除作用有重力 $\boldsymbol{P}$ 和绳拉力 $\boldsymbol{F}_T$ 外，还需加上法向惯性力 $\boldsymbol{F}_g^n$，则其大小为

$$F_g^n = \frac{P}{g}a_n = \frac{Pv^2}{gl\sin\alpha}$$

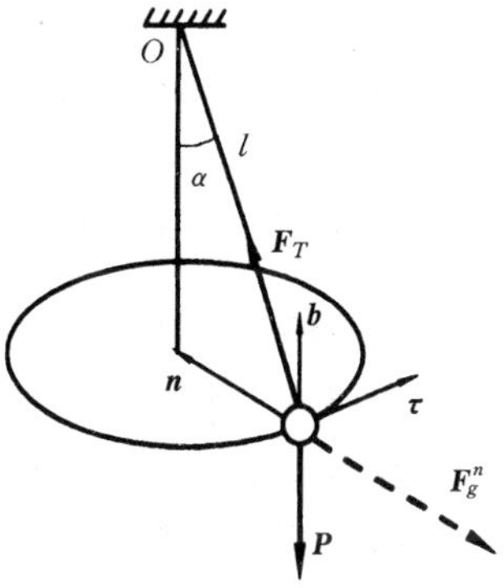

图 13－4

根据达朗伯原理，这三个力在形式上组成平衡力系，即

$$\boldsymbol{P} + \boldsymbol{F}_T + \boldsymbol{F}_g^n = \boldsymbol{0}$$

取上式在自然轴上的投影式有

$$F_T\sin\alpha - F_g^n = 0$$

$$F_T\cos\alpha - P = 0$$

则

$$F_T = \frac{P}{\cos\alpha} = 19.6\text{N}$$

$$v = \sqrt{\frac{F_T g l \sin^2\alpha}{P}} = 2.1\text{m/s}$$

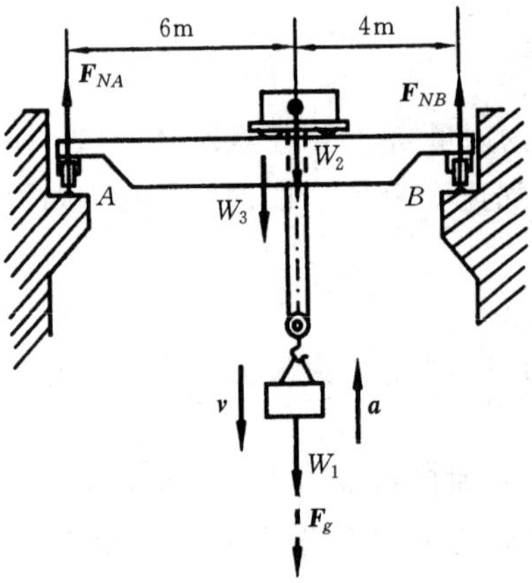

图 13-5

【例 13-2】 桥式起重机的桥梁质量为 $m_3=1000\text{kg}$，吊车质量为 $m_2=5000\text{kg}$，吊车吊一个质量为 $m_1=2000\text{kg}$ 的重物下放，如图 13-5 所示。吊车刹车时重物的加速度为 $a=0.5\text{m/s}^2$，求此时 A、B 处的约束反力（吊车所处的位置如图 13-5 所示）。

解：取桥梁、吊车、重物组成的系统为研究对象，其中只有重物为不平衡物体（有加速度）。为了用达朗伯原理来进行计算，应先在重物上附加上它的惯性力，其方向与 a 相反，大小为

$$F_g=m_1a=2000\times0.5=1000(\text{kN})$$

然后将整个系统所受的主动力 W_1、W_2、W_3，约束反力 $\boldsymbol{F}_{NA}$、$\boldsymbol{F}_{NB}$ 和惯性力 $\boldsymbol{F}_g$ 组成的力系看作平衡力系，用静力学平衡方程求解。

$\sum m_B(\boldsymbol{F})=0$，$-F_{NA}\times(6+4)+(W_1+F_g)\times4+4W_2+5W_3=0$

$$F_{NA}=[(2000\times9.81+1000+5000\times9.81)\times4+1000\times9.81\times5]/10$$
$$=32773(\text{N})=32.773\text{kN}$$

$$\sum F_y=0,\ F_{NB}+F_{NA}-W_1-W_2-W_3-F_g=0$$

则
$$F_{NB}=(W_1+W_2+W_3+F_g)-F_{NA}=8000\times9.81+2000\times0.5-32773$$
$$=46707(\text{N})=46.707\text{kN}$$

第三节　刚体惯性力系的简化

由上节知，在应用达朗伯原理解决动力学问题时，需要对刚体内的每一个质点假想地加上惯性力，这些惯性力组成一惯性力系。为解题方便，我们可以用静力学中力系简化的方法将加在刚体上的惯性力系进行简化。下面分别讨论刚体在平动、定轴转动及平面运动时的惯性力系简化结果。

一、刚体做平动

下面将刚体平动时的惯性力系向质心 C 点简化。

根据运动学知识，当刚体平动时，其上所有质点的加速度都相等，有 $\boldsymbol{a}_1=\boldsymbol{a}_2=\cdots=\boldsymbol{a}_n=\boldsymbol{a}_C$，因而惯性力系向质心 C 简化，其主矢为

$$\boldsymbol{F}_g=\sum\boldsymbol{F}_{gi}=\sum(-m_i\boldsymbol{a}_i)=\sum(-m_i\boldsymbol{a}_C)=-\boldsymbol{a}_C\sum m_i$$

其中，刚体质量 $M=\sum m_i$，有

$$\boldsymbol{F}_g=-M\boldsymbol{a}_C \tag{13-11}$$

其主矩为

$$\boldsymbol{M}_C=\sum\boldsymbol{M}_C(\boldsymbol{F}_{gi})=\sum[\boldsymbol{r}_i\times(-m_i\boldsymbol{a}_i)]=\sum[\boldsymbol{r}_i\times(-m_i\boldsymbol{a}_C)]$$
$$=-\sum m_i\boldsymbol{r}_i\times\boldsymbol{a}_C=-M\boldsymbol{r}_C\times\boldsymbol{a}_C=0 \tag{13-12}$$

因此，平动刚体的惯性力系可简化为通过质心的合力，其大小等于刚体质量与加

速度的乘积，合力的方向与加速度的方向相反。

二、刚体绕定轴转动

下面将刚体绕定轴转动时的惯性力系进行简化，只讨论刚体具有质量对称面，且其转轴与对称面垂直的情况。

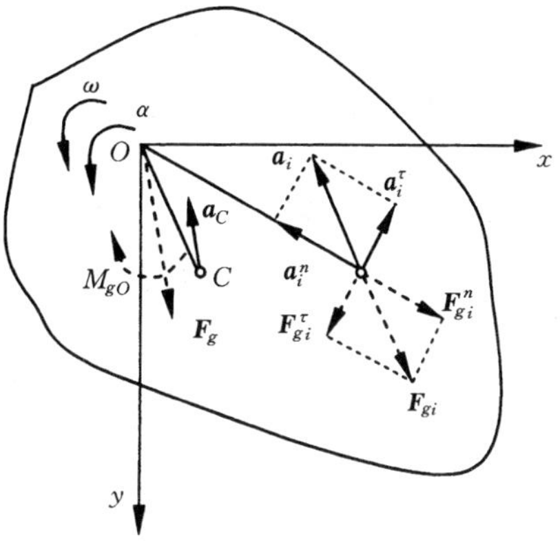

图 13-6

由于刚体质量的对称性，其惯性力系可简化为作用在其对称面上的平面力系。若将此惯性力系向转轴 z 与对称面的交点 O 简化，如图 13-6 所示，则惯性力系的主矢为

$$\boldsymbol{F}_g=\sum\boldsymbol{F}_{gi}=\sum(-m_i\boldsymbol{a}_i)=-\sum m_i\boldsymbol{a}_i$$

根据质心坐标公式，有

$$\sum m_i\boldsymbol{a}=M\boldsymbol{a}_C$$

得

$$\boldsymbol{F}_g=-M\boldsymbol{a}_C \tag{13-13}$$

其主矩为

$$M_{gz}=M_{gO}=\sum M_{gO}(\boldsymbol{F}_{gi})$$
$$=\sum M_{gO}(\boldsymbol{F}_{gi}^n)+\sum M_{gO}(\boldsymbol{F}_{gi}^\tau)$$

式中：$\boldsymbol{F}_{gi}^n$、$\boldsymbol{F}_{gi}^\tau$ 分别为第 i 个质点的法向、切向惯性力，其中，法向惯性力作用线过 O 点，所以有 $\sum M_{gO}(\boldsymbol{F}_{gi}^n)=0$。

$$\begin{aligned}M_{gO}&=\sum M_{gO}(\boldsymbol{F}_{gi})\\&=\sum M_{gO}(F_{gi}^\tau)\\&=-\sum r_i(m_ir_i\alpha)\\&=-\alpha\sum m_ir_i^2\\&=-J_z\alpha\end{aligned} \tag{13-14}$$

式（13-13）和式（13-14）表明，刚体绕定轴转动，且具有质量对称面时，惯性力系简化为对称面内的一个力和一个力偶，这个力的大小等于刚体总质量与质心加速度的乘积，方向与质心加速度方向相反，作用线通过转轴 z 与对称面的交点 O。这个力偶的矩等于刚体对转轴的转动惯量与刚体角加速度的乘积，方向与角加速度相反。

具有质量对称面的定轴转动刚体惯性力系的简化结果见表 13-1。

表 13-1　具有质量对称面的定轴转动刚体惯性力系的简化结果

运动情况		a_τ	α	简化结果	
				$\boldsymbol{F}_g$	M_{gO}
质心在转轴上	刚体做匀速转动	0	0	0	0
	刚体做变速转动	0	$\neq 0$	0	$M_{gO}=-J_z\alpha$
质心不在转轴上	刚体做匀速转动	$\neq 0$	0	$\boldsymbol{F}_g=-M\boldsymbol{a}_C$（作用于 O 点）	0
	刚体做变速转动	$\neq 0$	$\neq 0$	$\boldsymbol{F}_g=-M\boldsymbol{a}_C$（作用于 O 点）	$M_{gO}=-J_z\alpha$

三、刚体做平面运动

设刚体具有质量对称平面且在平行于此平面内运动，则刚体的惯性力系可简化为在对称面内的平面力系。

取对称面为平面图形，如图 13-7 所示，由运动学知，平面图形的运动可分解为随基点的平动与绕基点的转动。取质心 C 为基点，设质心 C 的加速度为 $\boldsymbol{a}_C$，刚体的转动角加速度为 α。以质心 C 为简化中心，则惯性力系的主矢与主矩分别为

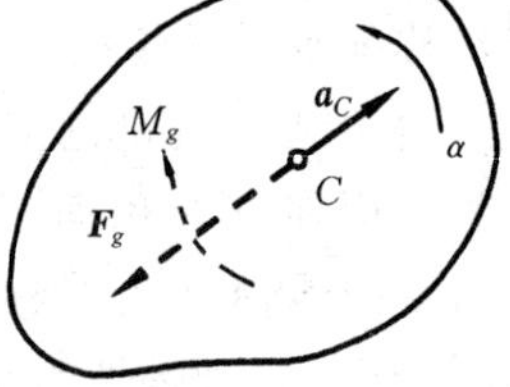

图 13-7

$$\boldsymbol{F}_g=\sum\boldsymbol{F}_{gi}=\sum(-m_i\boldsymbol{a}_i)=-\sum m_i\boldsymbol{a}_i=-M\boldsymbol{a}_C$$
$$M_{gC}=\sum M_{gC}(\boldsymbol{F}_{gi})=-J_C\alpha \qquad (13-15)$$

式中：J_C 为刚体通过质心 C 轴的转动惯量。

以上结果表明：对于有质量对称面的刚体，平行于这一平面做平面运动时，其惯性力系可简化为一个过质心 C 点的力和一个作用在其对称面内的力偶，这个力大小等于刚体质量与质心加速度的乘积，其方向与质心加速度方向相反；这个力偶的力偶矩大小等于对通过质心 C 点且垂直于对称面的轴的转动惯量与角加速度的乘积，其转向与角加速度的转向相反。

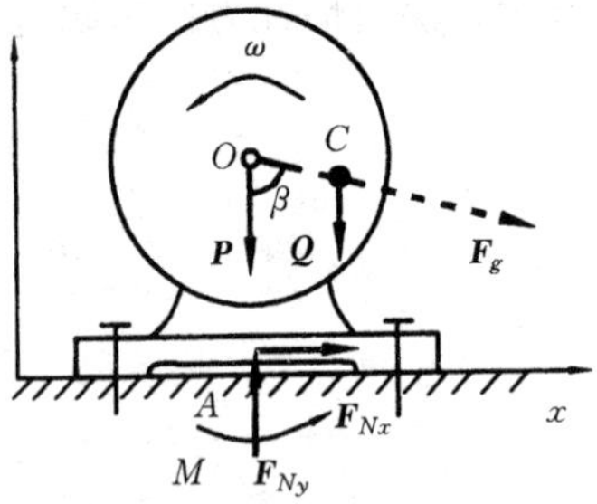

图 13-8

【例 13-3】 如图 13-8 所示，电动机的定子重 $\boldsymbol{P}$，安装在水平的基础上；转子重 $\boldsymbol{Q}$，其质心为 C，偏心距 $OC=e$，运动开始时重心 C 在最低位置。今转子以匀角速度 ω 转动，求电机所受的约束反力。

解： 以电机整体为研究对象。除受重力 $\boldsymbol{P}$ 和 $\boldsymbol{Q}$ 外，基础及地脚螺钉对电机作用的约束反力向点 A 简化为一力偶 M 与一力 $\boldsymbol{F}_N$（图中 $\boldsymbol{F}_{Nx}$ 和 $\boldsymbol{F}_{Ny}$ 为其分力）。对质点系加惯性力，转子绕定轴 O 以角速度 ω 匀速转动，惯性力系简化为一个通过 O 点的力，大小为 $F_g=Qe\omega^2/g$。其方向与质心 C 的加速度 $\boldsymbol{a}_C$ 相反。

根据达朗伯原理，作用于质点系的主动力、约束反力与惯性力在形式上组成平衡力系，可列出平衡方程，即

$$\sum F_x=0 \qquad F_{Nx}+F_g\sin\beta=0$$
$$\sum F_y=0 \qquad F_{Ny}-F_g\cos\beta-P-Q=0$$
$$\sum M_A=0 \qquad M-Qe\sin\beta-F_g|OA|\sin\beta=0$$

因转子匀速转动，$\beta=\omega t$，代入上述方程组中得

$$F_{Nx}=-\frac{Q}{g}e\omega^2\sin\omega t$$

解得

$$F_{Ny}=P+Q+\frac{Q}{g}e\omega^2\cos\omega t$$

$$M=Qe\sin\omega t\left(1+\frac{\omega^2|OA|}{g}\right)$$

【例 13-4】 重为 $\boldsymbol{G}$、半径为 r 的均质圆轮沿倾角为 θ 的斜面无初速地滚下，如图 13-9 所示。欲使轮滚而不滑，摩擦系数 f 最小应等于多少？

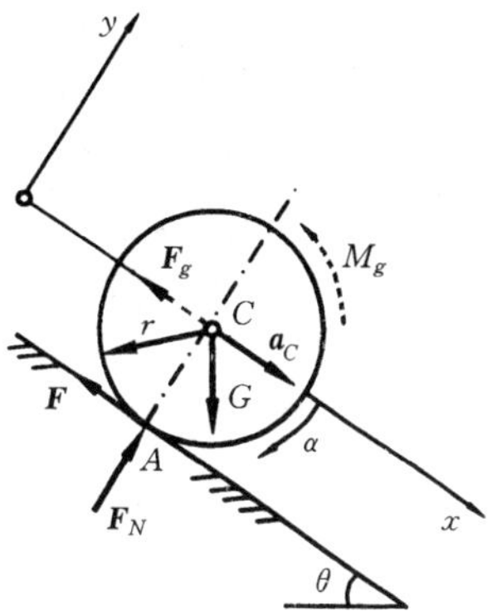

图 13-9

解： 圆轮做平面运动。设质心 C 的加速度为 $\boldsymbol{a}_C$，因滚而不滑，轮的角加速度 $\alpha=\dfrac{a_C}{r}$，轮所受外力有重力 $\boldsymbol{G}$、法向反力 $\boldsymbol{F}_N$ 和摩擦力 $\boldsymbol{F}$（不计滚阻）。对其加惯性力系（方向如图 13-9 所示）有

$$F_g=\frac{G}{g}a_C$$

$$M_g=J_C\alpha=\frac{1}{2}\times\frac{G}{g}r^2\alpha=\frac{1}{2}\times\frac{G}{g}ra_C$$

根据达朗伯原理列出平衡方程，即

$$\sum F_x=0,\qquad G\sin\theta-F-\frac{G}{g}a_C=0$$

$$\sum F_y=0,\qquad F_N-G\cos\theta=0$$

$$\sum M_A=0,\qquad \frac{G}{g}a_Cr+\frac{1}{2}\times\frac{G}{g}a_Cr-Gr\sin\theta=0$$

联立以上三式求得

$$a_C=\frac{2g\sin\theta}{3}$$

$$F=\frac{G\sin\theta}{3}$$

$$F_N=G\cos\theta$$

要使轮滚而不滑，应有 $F\leqslant fF_N$，即

$$\frac{G\sin\theta}{3}\leqslant fG\cos\theta$$

式中：f 为静摩擦系数。则

$$f\geqslant\frac{1}{3}\tan\theta$$

可见，摩擦系数最小应等于 $f_{\min}=\dfrac{1}{3}\tan\theta$，才能保证轮只滚不滑。

【例 13-5】 均质长方形薄板重 $P=1\text{kN}$，用三根长度相等的链杆 AE、AF 和 BD 悬挂于图 13-10 所示位置。如链杆 AE 突然被割断，求刚割断链杆 AE 的瞬时，薄板的加速度和链杆 AF 及 BD 所受的力。

解：（1）以薄板为研究对象。

（2）受力分析：主动力 $\boldsymbol{P}$；约束反力 $\boldsymbol{F}_1$、$\boldsymbol{F}_2$。

（3）运动分析：因为 AF 与 BD 平行且相等，所以薄板做平动，板上各点的加速度相等。开始 A 点和 B 点的速度为 0，故法向加速度为 0；只有切向加速度，方向垂

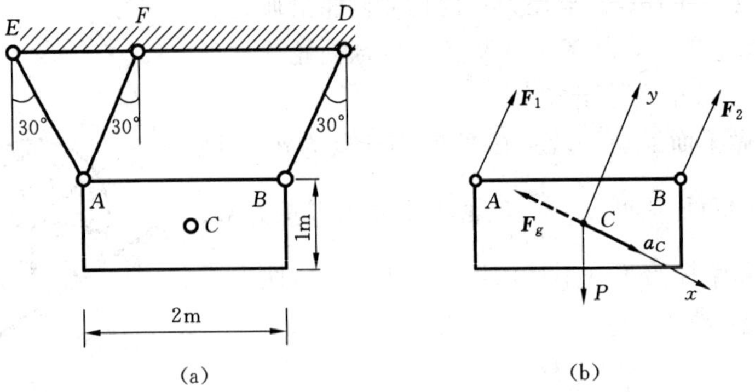

图 13-10

直于 AF。

(4) 加惯性力：$\boldsymbol{F}_g$ 方向如图，大小为

$$F_g=\frac{P}{g}a_C=\frac{P}{g}a_\tau$$

(5) 建立图示坐标轴，应用动静法列出平衡方程，即

$$\sum M_A(F_i)=0,\quad F_2\cos30°\times2+F_g\sin30°\times1-F_g\cos30°\times0.5-P\times1=0 \tag{a}$$

$$\sum F_x=0,\quad -F_g+P\sin30=0 \tag{b}$$

$$\sum F_y=0,\quad F_1+F_2-P\cos30°=0 \tag{c}$$

解上列方程得

$$F_g=0.5\text{kN},\ F_1\approx0.558\text{kN},\ F_2\approx0.308\text{kN}$$

因为 $$F_g=\frac{P}{g}a_\tau，所以\ a_\tau=\frac{F_g}{P}g=4.9\text{m/s}^2$$

【小　结】

达朗伯原理是将动力学问题从形式上转化为静力学问题求解的一种方法，即动静法。

1. 质点（系）达朗伯原理

作用在质点（系）的主动力系、约束反力系及附加惯性力系构成形式上的平衡力系。因而可借用静力学方法求解。

$$\sum\boldsymbol{F}_i+\sum\boldsymbol{F}_{Ni}+\sum\boldsymbol{F}_{gi}=0$$

$$\sum\boldsymbol{M}_O(\boldsymbol{F}_i)+\sum\boldsymbol{M}_O(\boldsymbol{F}_{Ni})+\sum\boldsymbol{M}_O(\boldsymbol{F}_{gi})=0$$

2. 惯性力系的简化

(1) 单个质点。

$$\boldsymbol{F}_g=-m\boldsymbol{a}$$

(2) 质点系。

1）刚体做平动。惯性力系向质心 C 简化，其主矢、主矩分别为

$$\boldsymbol{F}_g=-M\boldsymbol{a}_C$$
$$\boldsymbol{M}_{gC}=0$$

因此，平动刚体的惯性力系可简化为通过质心的合力，其大小等于刚体质量与加速度的乘积，合力的方向与加速度的方向相反。

2）绕定轴转动刚体（具有质量对称面，且其转轴与对称面垂直）。惯性力系向转轴 z 与对称面的交点 O 简化结果为

$$\boldsymbol{F}_g=-M\boldsymbol{a}_C$$
$$M_{gO}=-J_z\alpha$$

上式表明，刚体绕定轴转动，且具有质量对称面时，惯性力系简化为对称面内的一个主矢和一个主矩，主矢的大小等于刚体总质量与质心加速度的乘积，方向与质心加速度方向相反，作用线通过转轴 z 与对称面的交点 O。主矩等于刚体对转轴的转动惯量与刚体角加速度乘积，方向与角加速度相反。

3）做平面运动的刚体（具有质量对称平面且在平行于此平面内运动）。刚体的惯性力系可简化为在对称面内的平面力系，惯性力系向质心 C 点的简化结果为

$$\boldsymbol{F}_g=-M\boldsymbol{a}_C$$
$$M_{gC}=-J_C\alpha$$

以上结果表明：对于有质量对称面的刚体，平行于此平面做平面运动时，其惯性力系可简化为一个过质心的主矢和一个作用在其对称面内的主矩，这个主矢的大小等于刚体质量与质心加速度的乘积，其方向与质心加速度方向相反；这个主矩的大小等于对通过质心且垂直于对称面的轴的转动惯量与角加速度的乘积，其转向与角加速度的转向相反。

3. 质点（系）达朗伯原理的应用

用达朗伯原理（动静法）可解决动力学两类问题，一般用来求约束反力较方便。其解题步骤如下：

（1）确定研究对象，其原则与静力学中相同。

（2）受力分析。画出作用在研究对象上所有主动力和约束反力。

（3）分析各系统的运动，并求惯性力。这是应用达朗伯原理解题的关键。先分析质点或刚体的运动形式（平动、定轴转动、平面运动）。用运动学的方法着重分析各刚体的质心加速度和角加速度，把它们分别画在图上。必须注意，这里的加速度与角加速度都是相对于惯性参考系的。再应用惯性力系简化的方法，把这些简化好的惯性力和惯性力偶加在研究对象上，并注意它们的方向（或转向）与加速度（或角加速度）相反，惯性力系的作用线通过简化中心。

（4）列平衡方程。根据力系的类型，列出相应的平衡方程。有时，还需要建立适当的补充方程。

（5）解方程。要注意惯性力系主矢和主矩的负号，由于在图上已经表示过了，在计算时不再代入负号。

第十三章
思考题

习 题

13－1 如题 13－1 图（a）所示，滑轮的转动惯量为 J_O，绳两端物体重 $G_1=G_2$，问在下述两种情况下滑轮两端绳的张力是否相等：①物块 A 做匀速运动；②物块 A 做加速运动。如题 13－1 图（b）中作用一力 G_2，问当两图中物块 A 加速度相同时，题 13－1 图（a）、（b）中相对应的绳段受的张力是否相同？为什么？

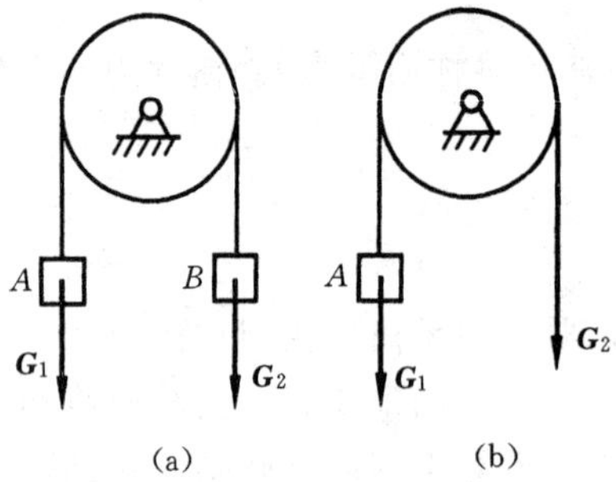

题 13－1 图

13－2 如题图 13－2 所示，质量为 m，半径为 r 的均质圆盘绕 O 点做定轴转动，其中图（a）、图（c）的转动角速度为常数，而图（b）、图（d）的角速度不为常量。试对图示四种情形进行惯性力的简化。

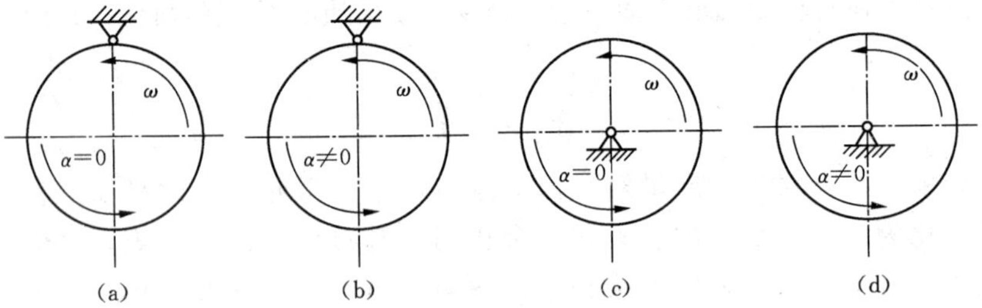

题 13－2 图

13－3 如题 13－3 图中各均质平面物体的质量为 m。其中题 13－3 图（a）、（b）、（d）、（e）的角加速度为 α，转向与 ω 相同，图（d）为直角刚性杆 OAB，OA 部分质

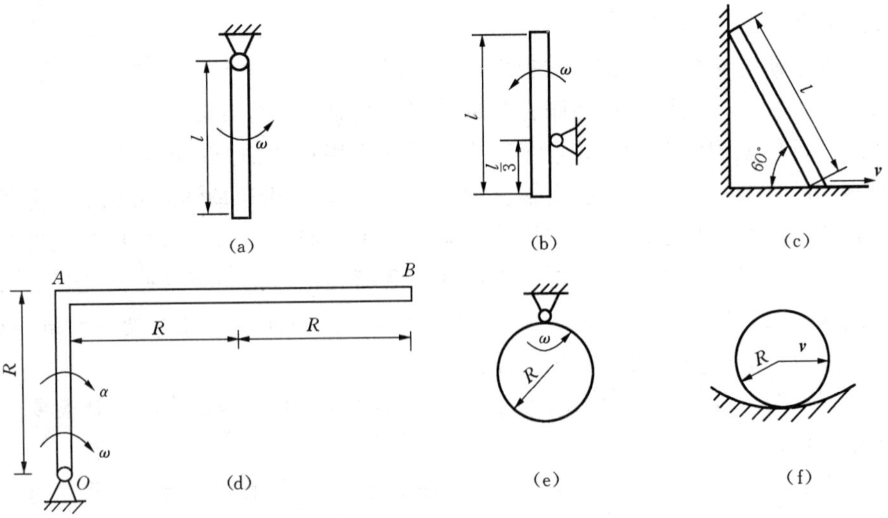

题 13－3 图

量不计，均质 AB 杆质量为 m，题 13－3 图（f）中圆轮做纯滚动，轮心加速度为 $\boldsymbol{a}$，方向与 $\boldsymbol{v}$ 相同。试把惯性力系简化到轴心（平面运动的简化到质心）。

13－4 如题 13－4 图所示，在一水平放置不计质量的圆盘边缘上固结一质量为 m 的质点 M，圆盘以角速度 ω、角加速度 α 绕轴 O 转动。试求系统在题 13－4 图示位置时，轴 O 处的约束反力。

13－5 如题 13－5 图所示，水平均质细杆 AB 长 $l=1\text{m}$，质量为 $m=12\text{kg}$，A 端用铰链支承，B 端用铅直绳吊住。现在把绳子突然割断。求刚割断时杆 AB 的角加速度和铰链的动反力。

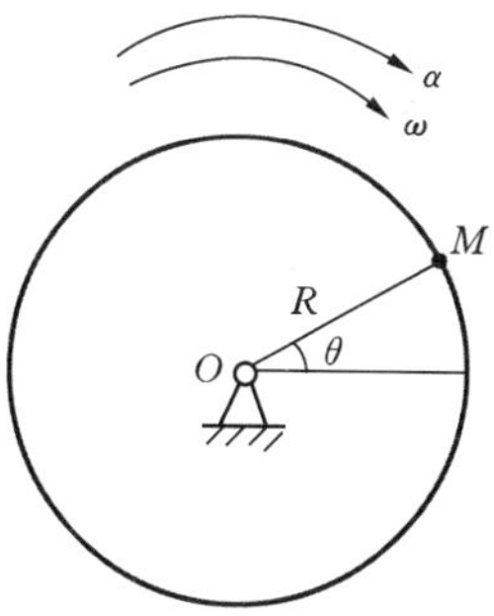

题 13－4 图

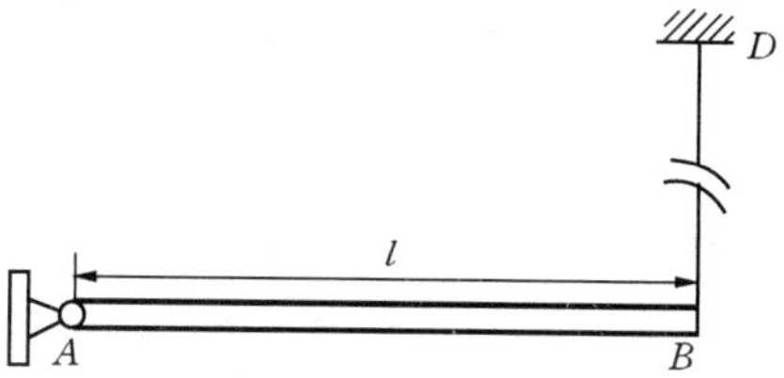

题 13－5 图

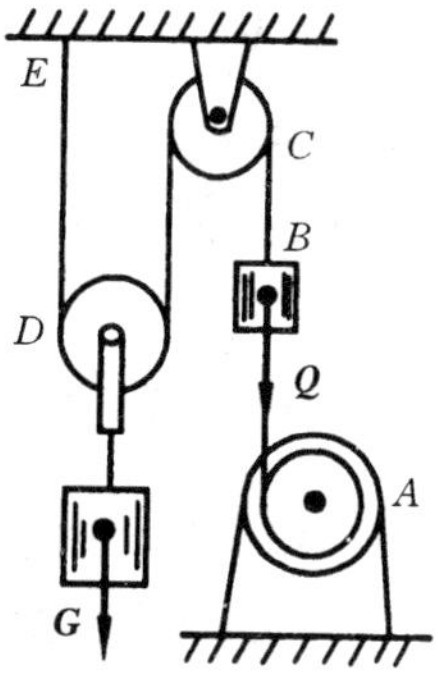

题 13－6 图

13－6 两重物 $G=20\text{kN}$ 和 $Q=8\text{kN}$，连接如题 13－6 图所示，并由电动机 A 拖动。如电动机转子的绳的张力为 3kN，不计滑轮重，求重物 G 的加速度和绳 ED 的张力。

13－7 如题 13－7 图所示，长方形均质平板长 20cm，宽 15cm，质量为 27kg，由两个销 A 和 B 悬挂。如果突然撤去销 B，求撤去销 B 的瞬时，平板的角加速度和销 A 的约束反力。

13－8 如题 13－8 图所示，曲柄 OA 重为 $\boldsymbol{G}$，长为 r，以等角速度 ω 绕水平的 O 轴逆时针方向转动。由曲柄的 A 端推动水平板 B，使重为 $\boldsymbol{Q}$ 的滑杆 C 沿铅直方向运动。忽略各处摩擦。求当曲柄与水平方向夹角为 30°时其上所受力矩 M 及轴承 O 的反力。

13－9 如题 13－9 图所示均质板重 $\boldsymbol{Q}$，放在两个均质圆柱滚子上，滚子各重 $Q/2$，其半径均为 r。如在板上作用一水平力 $\boldsymbol{P}$，并设滚子无滑动，求板的加速度。

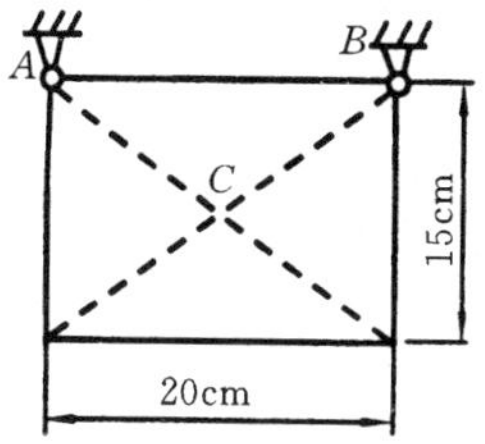

题 13－7 图

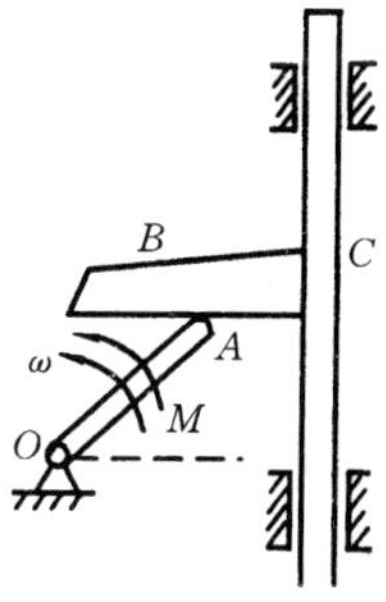

题 13－8 图

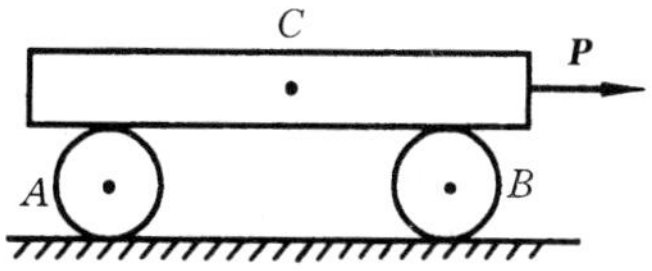

题 13－9 图

13-10　如题13-10图所示，重物 A 质量为 m，连在一根无重的不能伸长的绳子上，绳子跨过固定滑轮 D 并绕在鼓轮 B 上。由于重物下降，带动了轮 C 沿水平轨道滚而不滑动地直线前进。鼓轮 B 的半径为 r，轮 C 的半径为 R，两者固连在一起，总质量为 M，对于水平轴 O 的回转半径为 ρ。求重物 A 的加速度。

13-11　如题13-11图所示，圆柱形滚子重 $P=200\text{N}$，被绳拉住沿水平面滚动而不滑动，此绳跨过滑轮 B 系重物 $Q=100\text{N}$。求滚子中心的加速度。

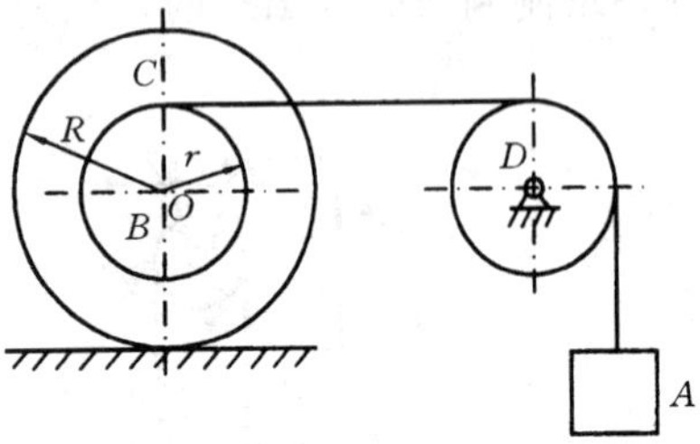

题13-10图

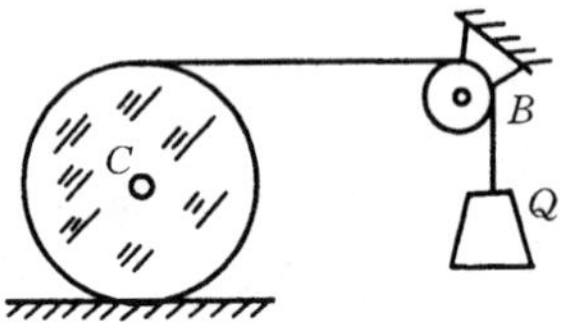

题13-11图

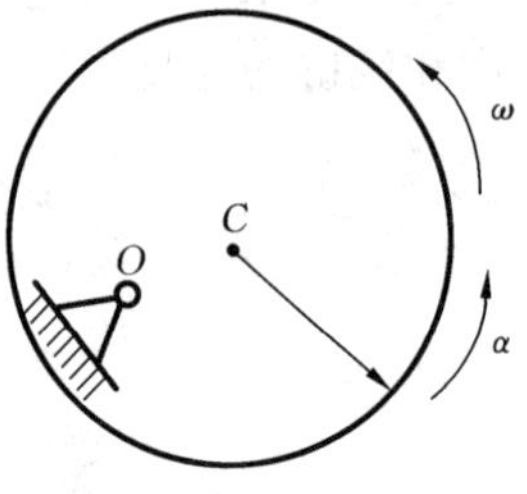

题13-12图

13-12　如题13-12图所示，均质圆盘质量为 m，半径为 R，$OC=R/2$。求：

(1) 圆盘的惯性力系向转轴 O 简化的结果，并绘图表示。

(2) 圆盘的惯性力系向质心 C 简化的结果，并绘图表示。

13-13　如题13-13图所示，均质圆盘和均质薄圆环质量都是 m，外径相同，用细杆 AB 铰接于中心。设系统沿倾角为 α 的斜面做无滑滚动。求杆 AB 的加速度、杆的内力以及斜面对圆盘和圆环的反力。细杆和圆环上辐条的质量都可以不计。

13-14　如题13-14图所示，轮轴 O 具有半径 R 和 r，其对轴 O 的转动惯量为 J。在轮轴上系有两个物体，各重 $\boldsymbol{P}$ 和 $\boldsymbol{Q}$，若此时轮轴顺时针转动，试求轮轴的角加速度 α。

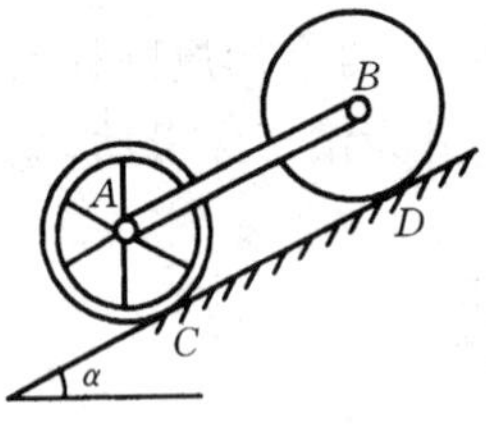

题13-13图

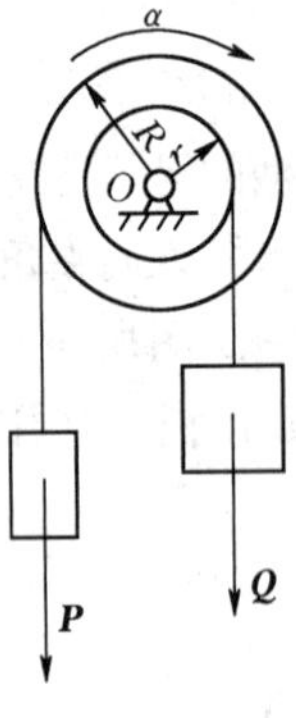

题13-14图

第十四章 虚 位 移 原 理

第十四章
思维导图

虚位移原理是静力学的最一般原理，也是分析力学的理论基础之一，它给出了任意质点系平衡的必要和充分条件，减少了不必要的平衡方程，从系统主动力做功的角度出发研究质点系的平衡问题。

第一节 约 束 及 其 分 类

在静力学中，将限制某些物体位移的周围物体称为该物体的约束，这些约束同时也限制了某些物体的运动。为研究方便，将约束定义如下：限制质点系各个质点的位置和运动的条件称为约束。将约束条件用数学公式表示，就得到相应的约束方程。根据不同的约束形式，约束可分成以下几类。

一、几何约束和运动约束

限制质点或质点系在空间的几何位置的条件称为几何约束。如图 14－1 所示的单摆，其中 M 为一质点，可绕固定点 O 在平面 Oxy 内摆动，摆杆长 l。此时摆杆对质点 M 的限制条件是：质点 M 必须在以点 O 为圆心，l 为半径的圆周上运动。若用 x、y 表示质点的坐标，约束条件为

$$x^2+y^2=l^2$$

如图 14－2 所示曲柄连杆机构中，连杆 AB 所受约束有：点 A 必须沿以点 O 为圆心、以 r 为半径的圆周运动；AB 的长度为 l；点 B 只能沿滑道做直线运动。表示这三个限制条件的约束方程为

$$\begin{cases}x_A^2+y_A^2=r^2\\(x_A-x_B)^2+(y_A-y_B)^2=l^2\\y_B=0\end{cases}$$

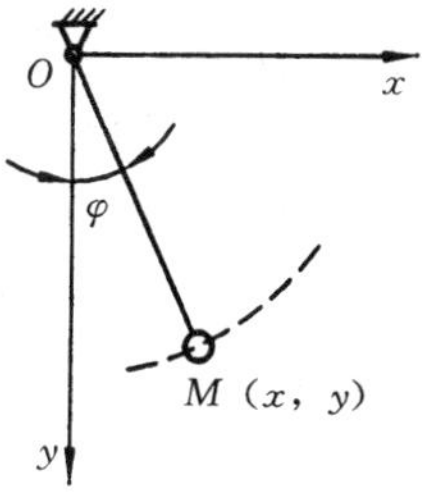

图 14－1

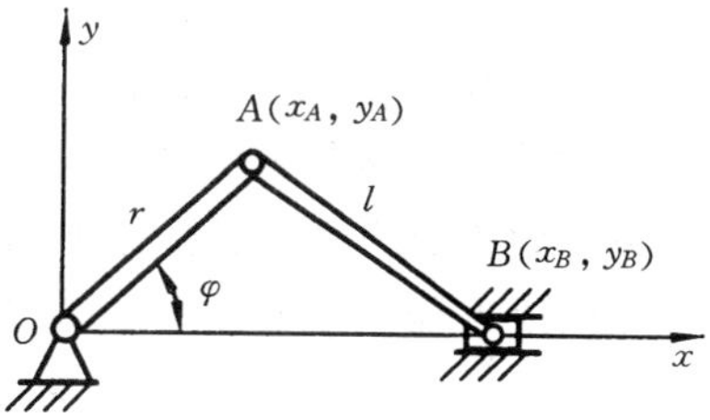

图 14－2

一般地，若质点在一固定曲面上运动，那么曲面方程就是质点的约束方程，即

$$f(x, y, z)=0$$

在上述例子中，限制物体位置的几何条件都是几何约束，其约束方程建立了质点间几何位置的相互联系。

除几何约束外，还有限制质点系运动的运动学条件，称为运动约束。如图 14－3 所示车轮沿直线轨道做纯滚动时，车轮除了轮心 A 与地面距离不变的几何约束 $y_C=R$ 外，车轮与地面接触点 C 的速度为零，这便是运动的限制条件。其每一瞬时的运动约束方程为

$$v_A-\omega R=0$$

或

$$\dot{x}_A-\dot{\varphi}R=0$$

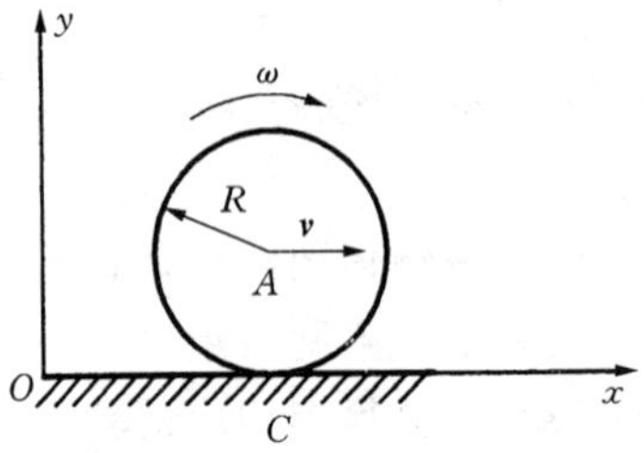

图 14－3

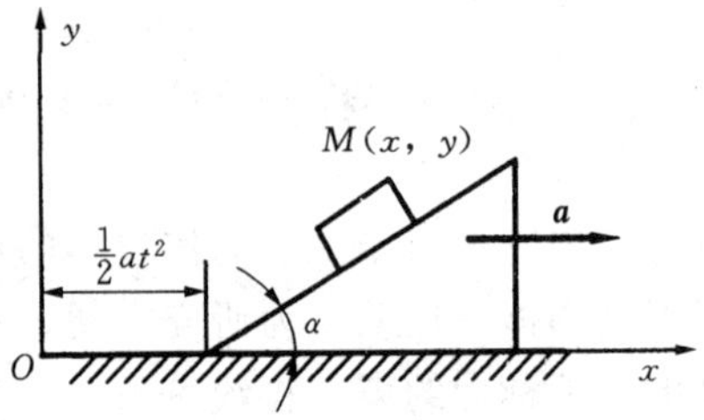

图 14－4

二、定常约束与非定常约束

如果约束条件不随时间变化，这类约束称为定常约束，上面各例中的约束均为定常约束。当约束条件随时间变化时则称之为非定常约束，例如一质点 M 在倾角为 α 的三棱体上运动，三棱体初速度为零，加速度 $\boldsymbol{a}$ 为常数，沿水平向右运动，如图 14－4 所示。在这种情况下，质点的约束方程变为

$$x=y\cot\alpha+\frac{1}{2}at^2$$

定常约束的约束方程一般可表示为

$$f(x, y, z)=0 \tag{14-1}$$

非定常约束的约束方程可表示为

$$f(x, y, z, t)=0 \tag{14-2}$$

三、双面约束与单面约束

某些约束，只允许质点做一定的运动，但不允许质点从任何方向脱离约束，这样的约束称为双面约束，其约束方程为等式。例如单摆中质点所受摆杆的约束和曲柄连杆机构中的滑块受到的约束都是双面约束。如果运动的质点可以从某一方向脱离约束作用，这样的约束称为单面约束。由于这种约束只能限制某一方向的位移，而允许相反方向的位移，则约束方程变为不等式，如图 14－1 中的摆杆用绳来代替，约束方程则为

$$x^2+y^2\leqslant l^2$$

四、完整约束与非完整约束

如果约束方程中含有坐标对时间的导数（例如运动约束），而且方程不能积分成有

限形式，这类约束称为非完整约束。反之，约束方程中不含有坐标对时间的导数或约束方程中的微分项能积分成有限形式，这类约束称为完整约束。如车轮在直线轨道纯滚动，其运动约束虽然是微分形式，即

$$\dot{x}_A - \dot{\varphi}R = 0$$

但可积分成有限形式，即

$$x_A - \varphi R = 0$$

所以仍是完整系统。完整系统约束方程的一般形式为式（14－2）。

本章非自由质点系的约束只讨论定常、双面的几何约束，其约束方程的一般形式为

$$f_i(x_1,\ y_1,\ z_1,\ \cdots,\ x_n,\ y_n,\ z_n)=0 \quad (i=1,\ 2,\ \cdots,\ s) \tag{14-3}$$

式中：n 为质点系中质点的数目；s 为约束方程的数目。

第二节　虚位移及其计算

由于约束的限制，质点系内质点的运动不可能是完全自由的，即按约束的性质，约束允许质点系有某些位移，而不允许有其他的位移。在静止平衡问题中，质点系中各个质点都不动。设想质点系在约束允许的情况下，给其一个任意的、极微小的位移。如图 14－5 所示的曲柄连杆机构，曲柄在平衡位置转过一极小角 $\delta\varphi$，此时 A 点沿圆周切线有相应的微小位移 $\delta \boldsymbol{r}_A$，B 点沿导轨方向有 $\delta \boldsymbol{r}_B$，$\delta\varphi$、$\delta \boldsymbol{r}_A$、$\delta \boldsymbol{r}_B$ 都是约束所允许的微小位移，称为虚位移或可能位移。由此引出虚位移定义：在某瞬时，质点系在约束允许的条件下，可能实现的任何微小的位移。虚位移是纯几何概念。虚位移可以是线位移，也可以是角位移。虚位移用符号 δ 表示，它是变分符号，包含有无限小的“变更”的意思。

必须指出，质点系任一质点的虚位移与实位移是两个不同的概念。实位移是质点系某一时间内真正实现的位移，具有确定的方向，它除了与约束条件有关外，还与时间、主动力及运动的初始条件有关。而虚位移是假想的位移，仅与约束条件有关。因为虚位移是任意的无限小的位移，所以在定常约束条件下，微小的实位移只是所有虚位移中的一个；在非定常约束条件下，微小的实位移则不一定是虚位移中的一个。

由于质点系是由许多质点组成，并且质点之间是由约束联系的，因此各质点的虚位移之间必有一定的关系。下面介绍建立质点系各虚位移之间关系的两种方法。

一、几何法（虚速度法）

在定常约束条件下，微小的实位移是虚位移中的一种。可以用求实位移的方法来求各质点虚位移之间的关系。由运动学可建立实位移与实速度的关系 $\mathrm{d}\boldsymbol{r}=\boldsymbol{v}\mathrm{d}t$，相应地对虚位移也可以写出类似的关系 $\delta\boldsymbol{r}=\boldsymbol{v}\delta t$。只不过这里的速度 $\boldsymbol{v}$ 称为虚速度。因此可用求速度的几何法来分析质点系的虚位移。

以曲柄连杆机构为例，如图 14－5 所示，设 A 点虚位移为 $\delta\boldsymbol{r}_A$，B 点有相应的虚位移 $\delta\boldsymbol{r}_B$，$\delta\boldsymbol{r}_A$ 与 $\delta\boldsymbol{r}_B$ 的关系为

$$\frac{\delta r_B}{\delta r_A}=\frac{v_B\delta t}{v_A\delta t}=\frac{v_B}{v_A}$$

由刚体平面运动的速度分析可知，C 为 AB 杆的瞬心，$v_A=r\omega$，$v_B=\dfrac{v_A\sin(\varphi+\theta)}{\cos\theta}$，所以

$$\frac{\delta r_B}{\delta r_A}=\frac{v_B}{v_A}=\frac{\sin(\varphi+\theta)}{\cos\theta}$$

因以上求解过程借助于虚速度的概念，故又称为虚速度法。

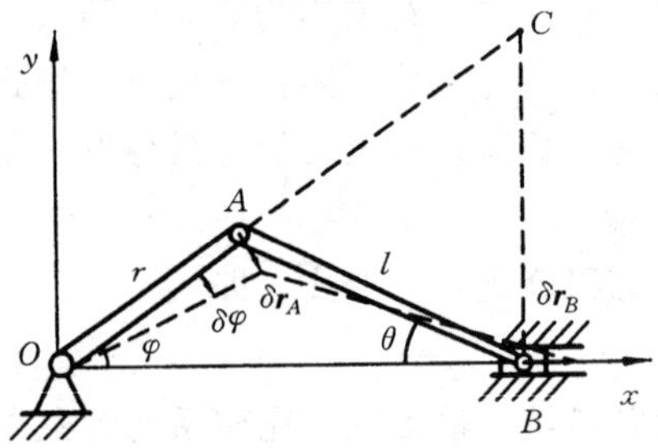

图 14－5

二、解析法

解析法是利用对约束方程或坐标表达式进行变分计算以求出虚位移间的关系。如图 14－6 所示的椭圆规，坐标 x_B、y_A 有约束方程：

$$x_B^2+y_A^2=l^2$$

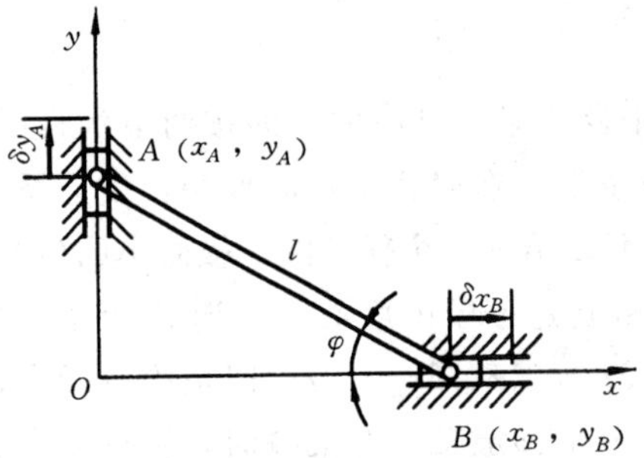

图 14－6

对两边变分（与微分类似），得

$$2x_B\delta x_B+2y_A\delta y_A=0$$

$$\frac{\delta r_B}{\delta r_A}=\frac{-y_A}{x_B}=-\tan\varphi$$

如把 x_B、y_A 表示成 φ 的函数，也可以求出虚位移间的关系。因为

$$x_B=l\cos\varphi,\quad y_A=l\sin\varphi$$

对坐标变分得

$$\delta x_B=-l\sin\varphi\delta\varphi,\quad \delta y_A=l\cos\varphi\delta\varphi$$

得到

$$\frac{\delta x_B}{\delta y_A}=\frac{-l\sin\varphi\,\delta\varphi}{l\cos\varphi\,\delta\varphi}=-\tan\varphi$$

对比两种方法可以看出，几何法较为直观且简单，而解析法规范性强。

第三节　虚功与理想约束

一、虚功

力在虚位移上做的功称为虚功，用 δW 表示，即

$$\delta W=\boldsymbol{F}\cdot\delta\boldsymbol{r}$$

或

$$\delta W=F\cos(\boldsymbol{F},\ \delta\boldsymbol{r})\cdot|\delta\boldsymbol{r}|\tag{14-4}$$

虚功与实际位移中的元功在本教材中的符号相同，但它们之间有着本质的区别。因为虚位移是假想的，因此其虚功也是假想的，且与虚位移是同阶无穷小量；而实际位移中的元功是真实位移的功，它与物体运动的路径有关。

二、理想约束

如果约束力在质点系的任何虚位移中所做的虚功之和等于零，这样的约束称为理想约束。即理想约束应满足如下条件：

$$\delta W=\sum \boldsymbol{F}_{Ni}\cdot \delta \boldsymbol{r}_i=0 \tag{14-5}$$

式中：$\boldsymbol{F}_{Ni}$ 为约束反力；$\delta \boldsymbol{r}_i$ 为虚位移。

第四节　虚 位 移 原 理

虚位移原理：具有双面、定常、完整、理想约束的质点系在给定位置上保持平衡的必要与充分条件，是作用在质点系上的所有主动力在任何虚位移中所作的虚功之和等于零。

如果作用于质点系中任一质点 M_i 上的主动力为 $\boldsymbol{F}_i$，约束反力为 $\boldsymbol{F}_{Ni}$，给定虚位移为 $\delta\boldsymbol{r}_i$，则

$$\delta W_F=\sum_{i=1}^{n}\boldsymbol{F}_i\cdot\delta\boldsymbol{r}_i=0 \tag{14-6}$$

式（14－6）的解析式为

$$\sum_{i=1}^{n}(F_{xi}\delta x_i+F_{yi}\delta y_i+F_{zi}\delta z_i)=0 \tag{14-7}$$

虚位移原理由拉格朗日于 1764 年提出的，又称为虚功原理，它是研究一般质点系平衡的普遍定理，也称静力学普遍定理。

1. 必要性证明

当质点系平衡时，质点系中的每个质点受到主动力 $\boldsymbol{F}_i$ 和约束反力 $\boldsymbol{F}_{Ni}$ 而处于平衡，取质点系中任一质点 M_i，如图 14－7 所示，则作用在该质点上的主动力 $\boldsymbol{F}_i$ 和约束反力 $\boldsymbol{F}_{Ni}$ 应有

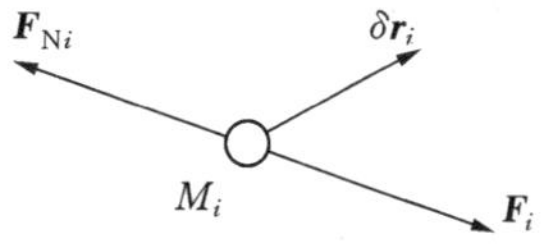

图 14－7

$$\boldsymbol{F}_i+\boldsymbol{F}_{Ni}=0\quad(i=1,\ 2,\ \cdots,\ n)$$

任意给质点系一组虚位移，其中质点 M_i 的虚位移为 $\delta\boldsymbol{r}_i$，则 $\boldsymbol{F}_i$ 和 $\boldsymbol{F}_{Ni}$ 所做虚功之和必等于零，即

$$\delta W_{Fi}+\delta W_{FNi}=(\boldsymbol{F}_i+\boldsymbol{F}_{Ni})\cdot\delta\boldsymbol{r}_i=0$$

对其他质点也可写出这样一个等式，将所有等式相加，有

$$\sum\delta W_{Fi}+\sum\delta W_{FNi}=\sum\boldsymbol{F}_i\cdot\delta\boldsymbol{r}_i+\sum\boldsymbol{F}_{Ni}\cdot\delta\boldsymbol{r}_i=0$$

由于质点系的约束都是理想约束，由式（14－5）可知

$$\sum\delta W_{FNi}=\sum_{i=1}^{n}\boldsymbol{F}_{Ni}\cdot\delta\boldsymbol{r}_i=0$$

则有

$$\sum\delta W_F=\sum_{i=1}^{n}\boldsymbol{F}_i\cdot\delta\boldsymbol{r}_i=0$$

2. 充分性证明（略）

【例 14－1】 如图 14－8 所示机构，摇杆 OB 长 l，杆重、滑块重不计，忽略摩擦，求在图示位置平衡时主动力 $\boldsymbol{F}_1$ 和 $\boldsymbol{F}_2$ 之间的关系。

解：（1）取系统为研究对象。

（2）受力分析。作用在机构上的主动力有 $\boldsymbol{F}_1$ 和 $\boldsymbol{F}_2$。

（3）运动分析。求虚位移间的关系。首先给滑块 A 以虚位移 $\delta\boldsymbol{r}_A$，水平向左，B 点虚位移 $\delta\boldsymbol{r}_B$，如图 14－8 所示。用几何法求解虚位移之间的关系。

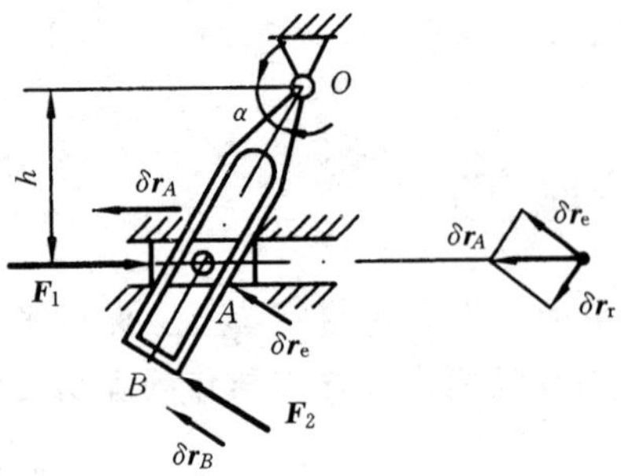

图 14－8

按点的合成运动的速度分析，A、B 两点的虚位移之间有如下关系：

$$\delta r_A \sin\alpha = \delta r_e$$

摇杆上 A、B 两点的虚位移关系为

$$\frac{\delta r_e}{h}\sin\alpha = \frac{\delta r_B}{l}$$

$$\delta r_B = \frac{l}{h}\delta r_e \sin\alpha = \frac{l}{h}\delta r_A \sin^2\alpha$$

（4）列虚功方程，求解，即

$$F_2\delta r_B - F_1\delta r_A = 0$$

$$\frac{F_1}{F_2} = \frac{\delta r_B}{\delta r_A} = \left(\frac{l}{h}\delta r_A \sin^2\alpha\right)/\delta r_A = \frac{l}{h}\sin^2\alpha$$

【例 14－2】 曲柄连杆机构如图 14－9 所示，设水平力 $\boldsymbol{F}_1$ 作用在滑块 B 上，在曲柄销 A 上作用了阻力 $\boldsymbol{F}_2$，方向垂直于 OA。求曲柄连杆机构的平衡条件。

解：（1）取系统为研究对象。

（2）受力分析。作用在机构上的主动力有 $\boldsymbol{F}_1$ 和 $\boldsymbol{F}_2$。

（3）运动分析。求虚位移间的关系。首先给 A 点虚位移 $\delta\boldsymbol{r}_A$ 向上，则 B 点虚位移 $\delta\boldsymbol{r}_B$ 一定向左，如图 14－9 所示。求解虚位移之间的关系仍应用几何法。

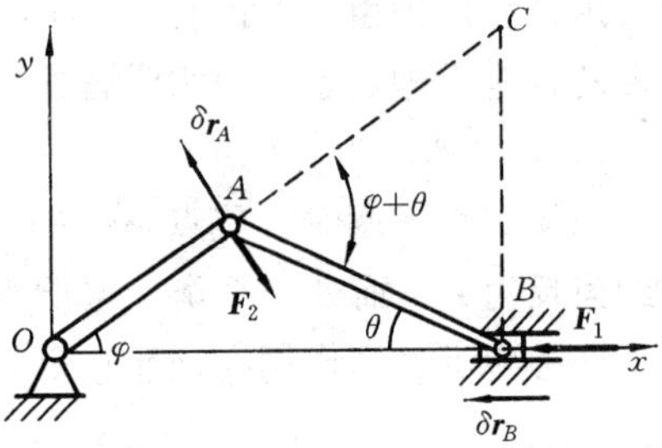

图 14－9

连杆 AB 瞬心 C 的位置如图 14－9 所示，A、B 两点的速度为

$$v_A = \omega \cdot AC, \quad v_B = \omega \cdot BC$$

由图 14－9 可知，$\angle ABC = 90° - \theta$，$\angle CAB = \varphi + \theta$，应用正弦定理得

$$\frac{BC}{AC} = \frac{\sin(\varphi+\theta)}{\sin(90° - \theta)} = \frac{\sin(\varphi+\theta)}{\cos\theta}$$

（4）列虚功方程，求解，即

$$F_1\delta r_B - F_2\delta r_A = 0$$

$$\frac{F_2}{F_1} = \frac{BC}{AC} = \frac{\sin(\varphi+\theta)}{\cos\theta}$$

以上两例是应用虚功方程式（14－6）和求解虚位移之间关系的几何法求解的。但有些问题应用几何法求虚位移之间的关系并不方便。在此情况下，可首先写出系统的约束方程或把各质点的坐标表示成参数形式，然后进行变分计算，确定虚位移关系，最后代入方程式（14－7）求解。

【例 14－3】 重为 P 的物体借助不计质量的连杆 AB 与水平弹簧相连。已知系统在图 14－10 所示位置平衡，平衡位置用 θ 角表示，试用虚位移原理求维持系统平衡时的弹簧力。

解：A 点只能在水平方向有位移，B 与 C 沿铅垂方向有相应的位移。根据约束条

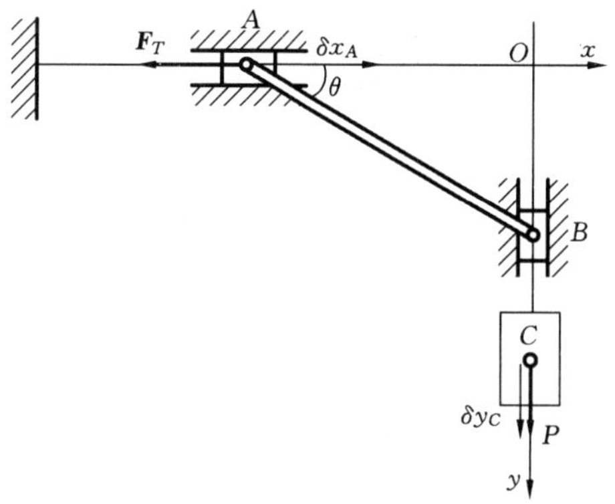

图 14-10

件，假定给 A 点以虚位移 δx_A，则 B 点虚位移 δy_B，应满足如下关系：

$$\delta x_A \cos\theta = \delta y_B \sin\theta$$

而 $$\delta y_C = \delta y_B$$

设弹簧力为 F_T，则作用在系统上的主动力为 F_T、P。根据虚位移原理得

$$-F_T\delta x_A + P\delta y_C = 0$$

代入虚位移之间的关系后，化成

$$-F_T\delta x_A + P\cot\theta\delta x_A = 0$$

故 $$F_T = P\cot\theta$$

几何法、解析法的虚位移

也可以用解析法求 A、B 点的虚位移。设 $AB = l$，则

$$x_A = -l\cos\theta,\quad y_B = l\sin\theta$$

进行变分运算得虚位移表达式为

$$\delta x_A = l\sin\theta\delta\theta$$

$$\delta y_B = \delta y_C = l\cos\theta\delta\theta$$

列虚功方程，求解

$$-F_T\delta x_A + P\delta y_C = 0 \quad F_T = P\cot\theta$$

【例 14-4】 如图 14-11（a）所示，求组合梁支座 A 的约束反力。

解： 将支座 A 处的约束解除，用力 $\boldsymbol{F}_A$ 代替，如图 14-11（b）所示。给该系统以虚位移，并建立虚功方程：

$$F_A\delta s_A - F_1\delta s_1 + F_2\delta s_2 + F_3\delta s_3 = 0$$

其中 $\delta s_3 = 0$，$\dfrac{\delta s_1}{\delta s_A} = \dfrac{3}{8}$

$$\frac{\delta s_2}{\delta s_A} = \frac{\delta s_2}{\delta s_M}\frac{\delta s_M}{\delta s_A} = \frac{4}{7}\times\frac{11}{8} = \frac{11}{14}$$

代入虚功方程，得

$$F_A = \frac{3}{8}F_1 - \frac{11}{14}F_2$$

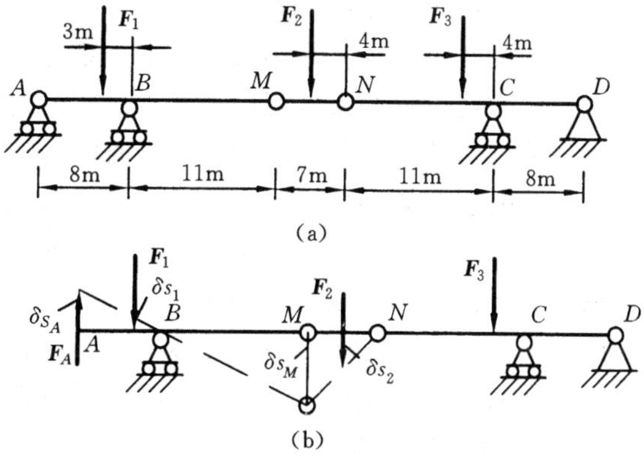

图 14-11

组合梁的虚位移

应该指出，式（14-6）和式（14-7）为虚位移原理的两种不同的表达式。解题时，应用何种形式的虚功方程，要视具体情况而定。

【例 14-5】 用虚位移原理求图 14-12（a）所示的桁架中杆 3 的内力。

解：（1）取系统为研究对象。

（2）受力分析。将杆 3 断开代之以内力 F_3 和 F_3'，如图 14-12（b）所示。

（3）运动分析。求虚位移之间的关系。给 B 一向左的虚位移 δr_B，则 C、D 的虚位移如图 14-12（b）所示，且 $\delta r_C \perp AC$，由投影定理可得如下关系：

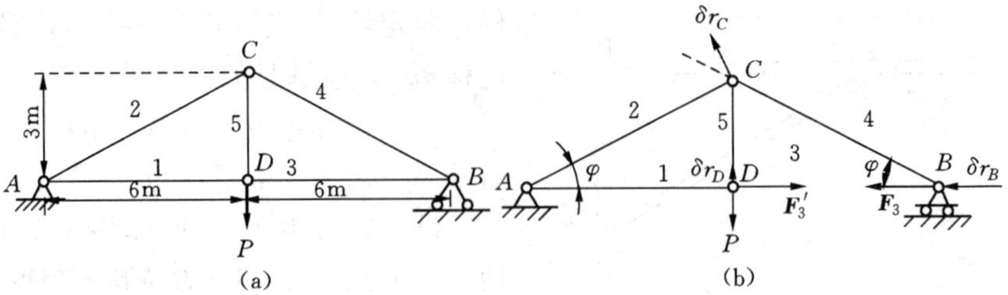

图 14－12

$$\delta r_C\cos\varphi=\delta r_D\,,\ \delta r_C\sin2\varphi=\delta r_B\cos\varphi$$

代入虚功方程：

$$F_3\delta r_B-P\delta r_D=0$$

得

$$F_3\times2\delta r_C\sin\varphi-P\delta r_C\cos\varphi=0$$

由上式解得杆 3 的内力为

$$F_3=\frac{P}{2}\cot\varphi=\frac{P}{2}\times\frac{6}{3}=P$$

【小　　结】

1. 约束

约束分为以下形式：

(1) 几何约束：限制质点或质点系在空间的几何位置的条件。

(2) 运动约束：约束限制质点或质点系运动的条件。

(3) 定常约束：约束方程中不显含时间的约束。

(4) 非定常约束：约束方程中显含时间的约束。

(5) 非完整约束：约束方程中含有坐标对时间的导数，而且方程不能积分成有限形式。

(6) 完整约束：约束方程中不含有坐标对时间的导数；或约束方程中含有坐标对时间的导数，但能积分成有限形式。

(7) 双面约束：约束限制物体沿某一方向的位移，同时也限制物体沿相反方向的位移。

(8) 单面约束：约束仅限制物体沿某一方向的位移，不能限制物体沿相反方向的位移。

2. 虚位移、虚功及理想约束

虚位移：质点或质点系为约束所允许的无限小的位移。

虚功：力在虚位移上做的功。

理想约束：约束力在质点系的任意虚位移中所做的虚功之和等于零，即

$$\delta W=\sum_{i=1}^{n}\boldsymbol{F}_{Ni}\cdot\delta\boldsymbol{r}_i=0$$

3. 虚位移原理

具有理想、双侧、定常约束的质点系其平衡必要与充分条件是：作用在质点系上的所有主动力在任何虚位移中所做的虚功之和等于零，即

$$\delta W_F=\sum_{i=1}^{n}\boldsymbol{F}_i\cdot\delta\boldsymbol{r}_i=0$$

解析式为

$$\sum_{i=1}^{n}(F_{xi}\delta x_i+F_{yi}\delta y_i+F_{zi}\delta z_i)=0$$

第十四章
思考题

习　　题

14-1　在曲柄式压榨机的中间铰链 B 上作用水平力 $\boldsymbol{P}$，如果 $AB=BC$，$\angle ABC=2\alpha$，求在题 14-1 图所示平衡位置时，压榨机对物体的压力。

14-2　如题 14-2 图所示，在压榨机手轮上作用一力偶矩为 $\boldsymbol{M}$ 的力偶，手轮轴的两端各有螺距为 h 但转向相反的螺纹，螺纹上套有螺母，用销子分别与边长为 a 的菱形杆框架的两顶点相连。此菱形框架上顶点 D 固定不动，下顶点 C 连接在压榨机的水平钢板上。试求当菱形框架的顶角等于 2α 时，压榨机对被压物体的压力。

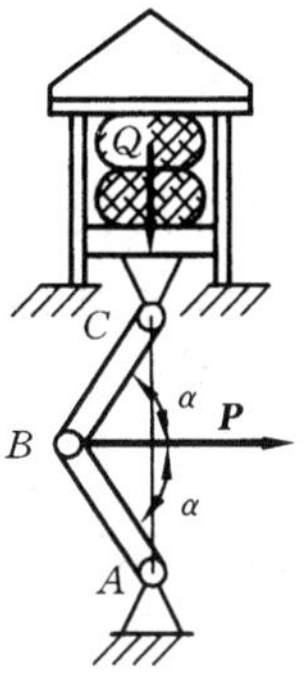

题 14-1 图

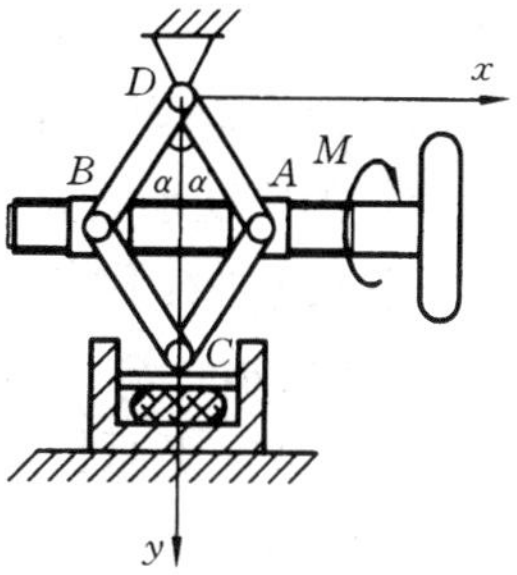

题 14-2 图

14-3　在连杆机构中，当曲柄 OC 绕 O 轴摆动时，套筒 A 沿曲柄自由滑动，从而带动 AB 杆在铅垂导槽 K 内移动。已知 $OK=l$，在曲柄上作用一力偶 M，而在 B 点沿 BA 方向作用一力 $\boldsymbol{P}$。试求机构在题 14-3 图所示位置平衡时，力偶 M 与力 $\boldsymbol{P}$ 之间的关系。

14-4　已知题 14-4 图所示系统中，$a=0.6\text{m}$，$b=0.7\text{m}$，在铅垂力 $P=200\text{N}$ 的作用下，处于平衡时 $\varphi=45°$，弹簧 CD 的变形为 $\delta=50\text{mm}$。试用虚位移原理求弹簧的刚度系数。

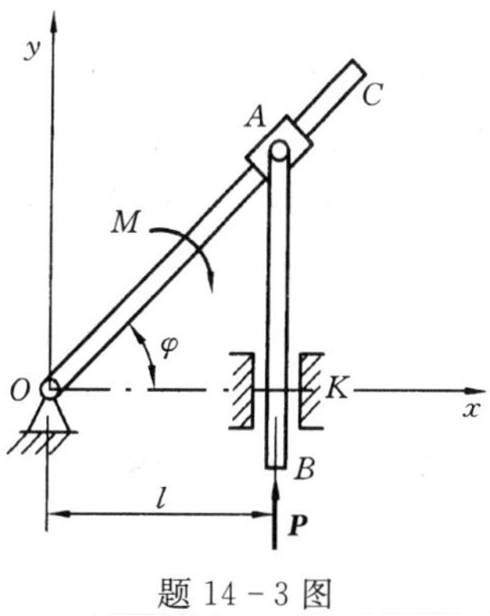

题 14-3 图

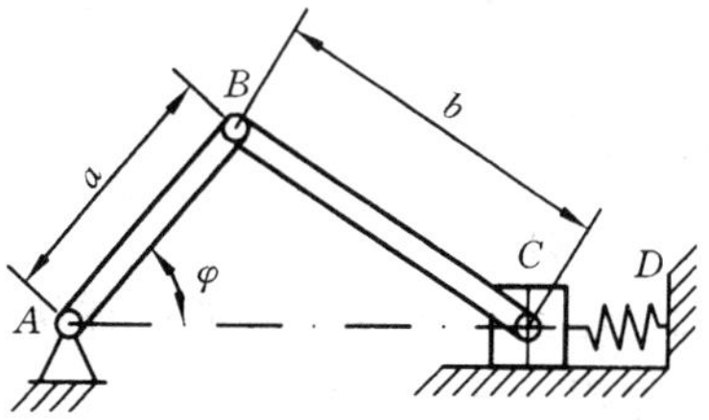

题 14-4 图

14 - 5　在题 14 - 5 图所示机构中，曲柄 OA 作用一力偶 M，另在滑块 D 上作用水平力 $\boldsymbol{P}$。机构尺寸如图。求机构平衡时力 $\boldsymbol{P}$ 与力偶矩 M 的关系。

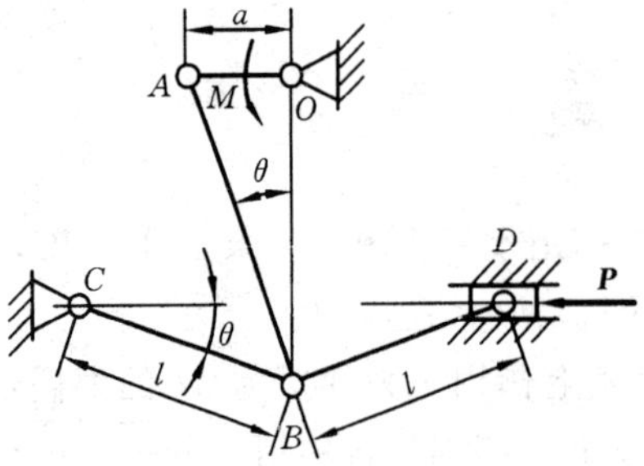

题 14 - 5 图

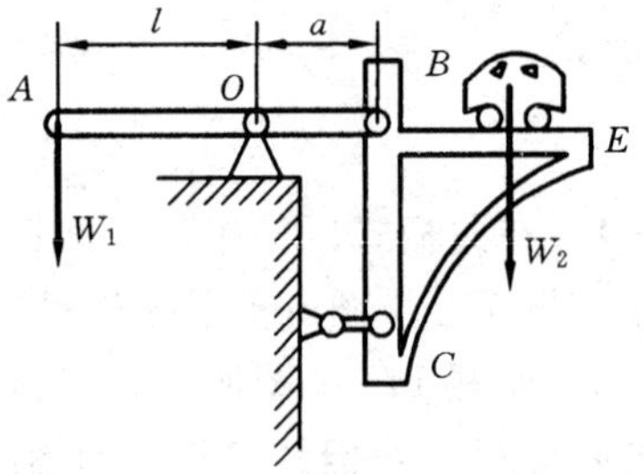

题 14 - 6 图

14 - 6　如题 14 - 6 图所示为地秤简图，AB 为杠杆，可绕 O 轴转动，BCE 为台面，求平衡时砝码质量 m 与被秤物体质量 M 之间的关系。B、C、O 为铰链，各构件质量均忽略不计。图中 $W_2 = Mg$，$W_1 = mg$。

14 - 7　如题 14 - 7 图所示，两等长杆 AB 和 BC 在 B 点用铰链连接，又在杆的 D 和 E 两点连一弹簧，弹簧的刚度系数为 k，当距离 $AC = a$ 时，弹簧内力为零。如在 C 点作用一水平力 $\boldsymbol{F}$，求杆系处于平衡状态时距离 AC 的值。设 $AB = l$，$BD = b$，杆重不计。

14 - 8　如题 14 - 8 图所示，滑套 D 套在光滑直杆 AB 上，并带动杆 CD 在铅垂滑道上滑动。已知 $\theta = 0$ 时弹簧等于原长，弹簧的刚度系数 $k = 5\text{kN/m}$，求在任意位置 θ 角平衡时，应加多大的力偶矩？

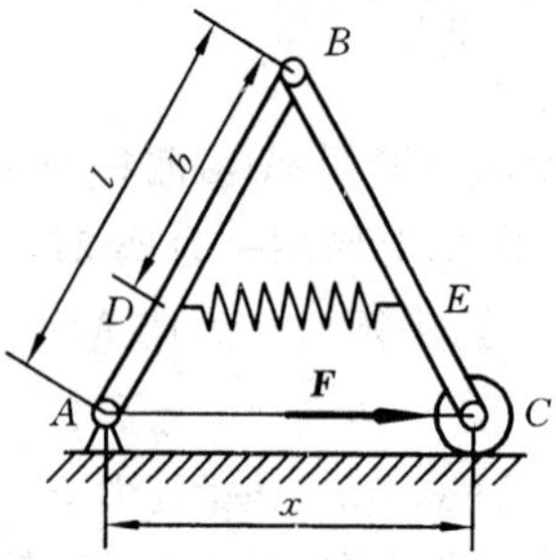

题 14 - 7 图

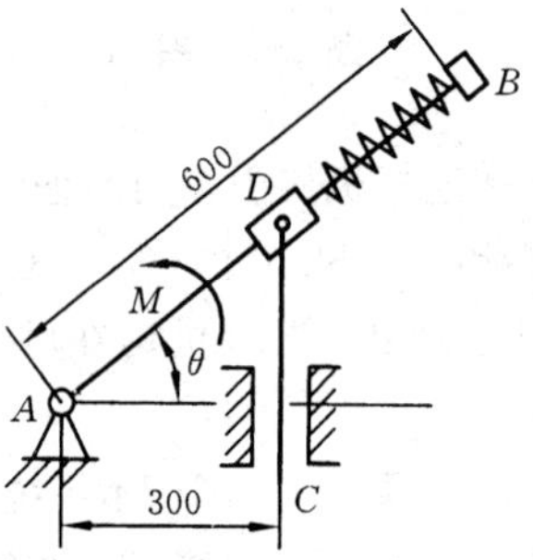

题 14 - 8 图

14 - 9　带槽摇杆 OA 长 l，可绕 O 轴自由转动，并通过销钉带动滑块 B 沿光滑水平导槽运动，如题 14 - 9 图所示。试求系统在图示位置平衡时两水平力 $\boldsymbol{P}$ 和 $\boldsymbol{Q}$ 间的关系。

14 - 10　铰接机构如题 14 - 10 图所示，设 $Q = 500\text{N}$，$P = 200\text{N}$，求平衡时的 θ 角。

14 - 11　求题 14 - 11 图所示机构在平衡位置主动力之间的关系。机构的重量及摩擦阻力均略去不计。

14 - 12　杆 AB、CD 由铰链 C 连接，并由铰链 A、D 固定，如题 14 - 12 图所示。在 AB 杆上作用一铅垂力 $\boldsymbol{F}$，在 CD 杆上作用一力偶 M 与水平力 $\boldsymbol{Q}$，不计杆重。求平衡时各主动力间的关系。

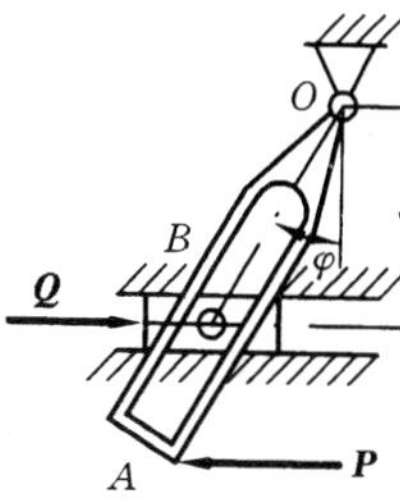

题 14－9 图

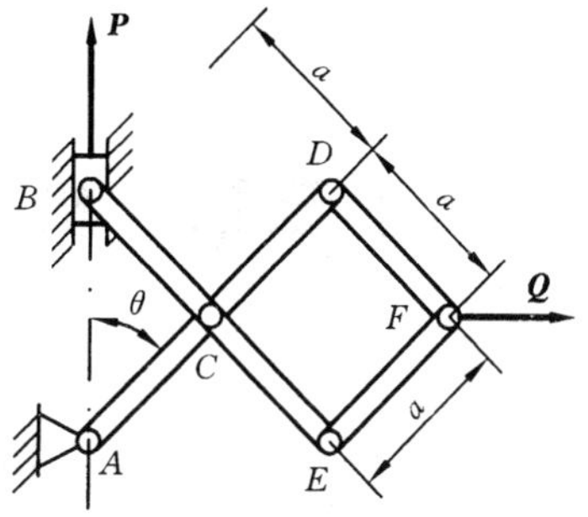

题 14－10 图

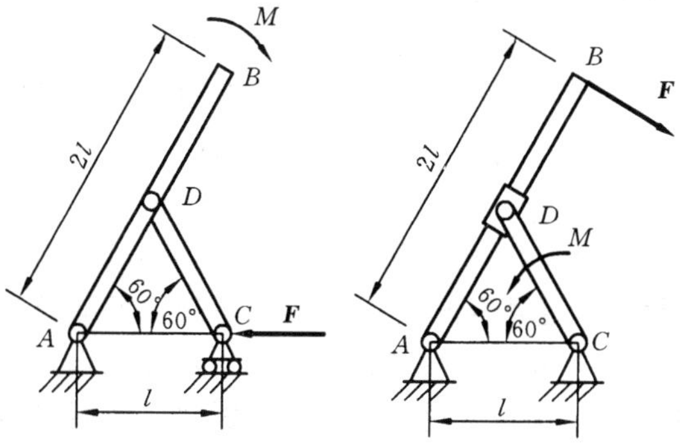

(a)　　(b)

题 14－11 图

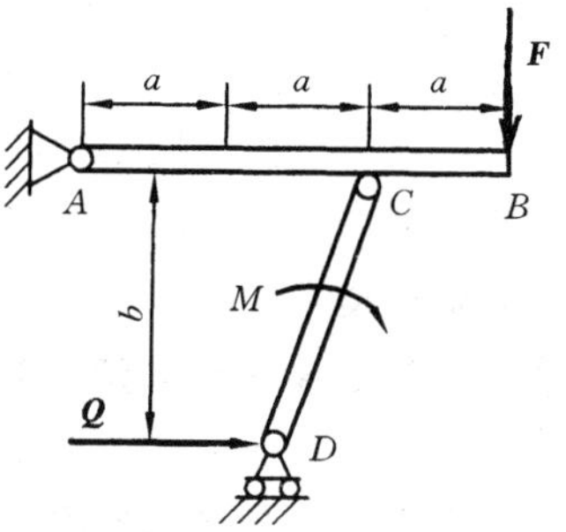

题 14－12 图

14－13　不计梁重，求题 14－13 图所示水平梁在支座 B 与 C 处的约束反力。

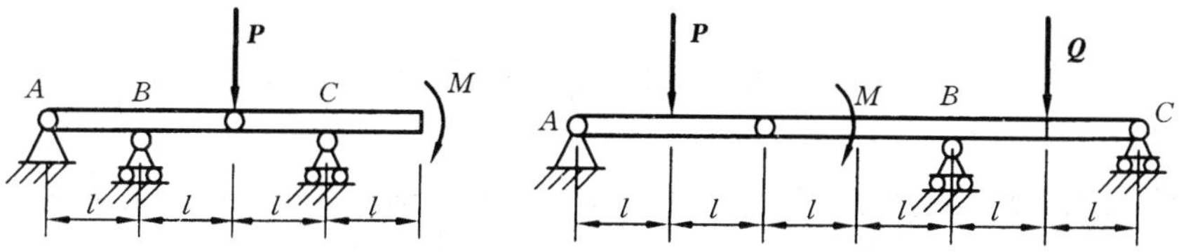

(a)　　(b)

题 14－13 图

第十五章
思维导图

第十五章　机械振动的基础

振动是日常生活与工程中最常见的机械运动之一，各种机械的运转过程总是伴随着各种各样的运动。用手按在机壳上可以感觉到不同程度的振动（或抖动）；机械运转时的声响，也是某些零部件振动的反应。振动是一种特殊的运动形式，它是振动物体在其平衡位置附近所做的往复运动。当运动物体是机械结构时，称之为机械振动。

振动在大多数情况下是有害的，当振动量超出允许范围后，振动将影响机器的工作性能，使机器零部件产生附加动载荷，从而缩短其使用寿命；振动常常会产生巨大噪声，污染环境，损坏人们的健康。振动原理可以被用来为人类服务，振动输送机、振动筛、振动造型机及振动测试仪表等，都是利用振动原理的很好例证。

随着经济建设的发展，新技术的不断出现，机械设备的高速化、轻量化和精密化，对振动的要求越来越高，许多复杂的振动问题需要研究、分析和处理。振动理论及应用也越来越多地渗透到机械、电机、电子、电信、铁路、道路、土建等工程，而且在航空航天工程、海洋工程、地球物理工程等领域得到广泛应用。因此，掌握振动基本理论和基本规律，有效地利用有益的方面，限制有害的方面，显得十分重要。

机械系统的振动往往是很复杂的，根据具体情况和要求，可将其简化为单自由度系统、多自由度系统以及连续系统等物理模型。本章只研究最简单的单自由度系统的振动问题，以此为例建立起对机械振动的基本特征及研究方法的基本了解。

第一节　振动系统力学模型的简化

工程中的振动系统往往是很复杂的，为了研究振动系统的特性，必须将它简化为某种较简单的理想化的力学模型。最常见的简化方法是将系统简化为若干个由“无质量”的弹簧和“无弹性”的质量所组成的“质量—弹簧”系统。当振动系统仅有一个“质量—弹簧”构成时，其质量块的空间位置由一个独立坐标确定，这是最简单的振动力学模型，如图 15－1 所示。这种由一个独立坐标就能确定振动系统的运动的系统称为单自由度振动系统。

工程中许多问题可简化为“质量—弹簧”振动系统。图 15－2（a）为电机在梁上振动的系统，当研究电机随梁的变形而产生的上下振动时，如果电机质量远远大于梁的质量，则可视电机为无弹性、只有质量的质点，视梁为无质量、只有弹性的弹簧，其力学模型可简化为图 15－2（b）所示的“质量—弹簧”系统。

图 15－3 为汽车及其振动力学模型。在振动中，如果侧向和水平方向振动都很小时，可认为汽车只在铅垂面内振动，则汽车的车体可看成平板，车架前后用弹簧支撑，形成由平板的重心 C 的铅垂坐标 y 和相对重心 C 的转角 θ 两个独立坐标确定的振动系

统，这个系统称为二自由度系统。如果考虑汽车其他方向的振动或车桥、车胎等结构，汽车振动系统可简化为更多自由度的振动系统。可见，任何振动系统都可以根据具体情况，简化为一个自由度或多个自由度系统。

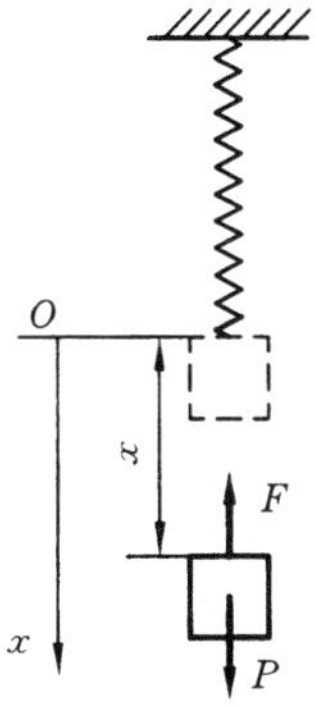

图 15-1

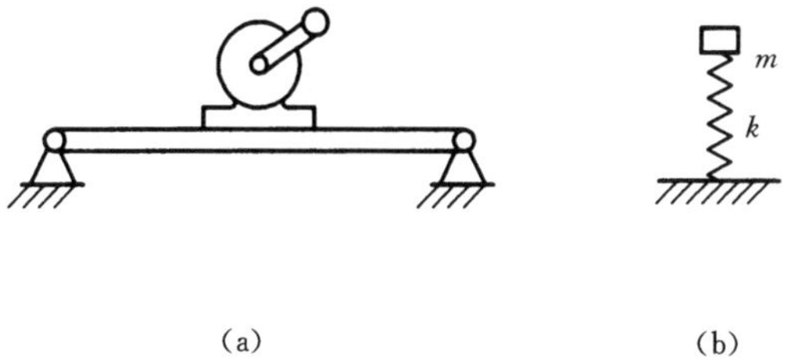

图 15-2

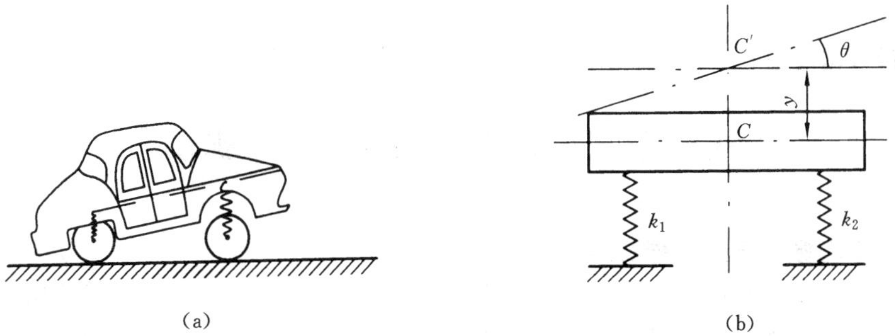

图 15-3

【例 15-1】 求图 15-4 所示串联弹簧和并联弹簧系统的等效弹簧刚度。设两弹簧刚度为 k_1 和 k_2。

解： 弹簧等效是指在相同力作用下，弹簧产生的静变形相等的两个弹簧或两组弹簧。现用图 15-4（c）单个弹簧分别等效图 15-4（a）和（b）的两弹簧串联和并联系统。

（1）两弹簧串联。原系统在力 $\boldsymbol{F}$ 作用下，产生的静变形等于力 $\boldsymbol{F}$ 作用下两弹簧分别产生的静变形之和，即

$$\delta_{st}=\delta_{st1}+\delta_{st2}=\frac{F}{k_1}+\frac{F}{k_2}=F\left(\frac{1}{k_1}+\frac{1}{k_2}\right)$$

对于等效弹簧系统，由力 $\boldsymbol{F}$ 产生的静变形为

$$\delta'_{st}=\frac{F}{k_{eq}}$$

两系统等效，则 $\delta_{st}=\delta'_{st}$，即

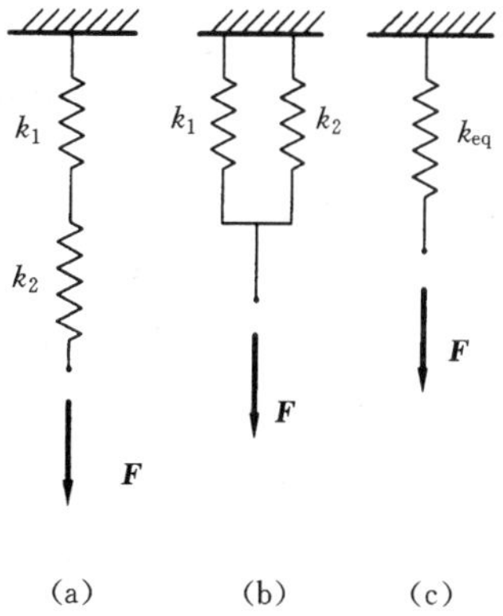

图 15-4

$$\frac{1}{k_{eq}}=\frac{1}{k_1}+\frac{1}{k_2}$$

等效刚度为

$$k_{eq}=\frac{k_1k_2}{k_1+k_2}$$

(2) 两弹簧并联。原系统在力 $\boldsymbol{F}$ 作用下产生的静变形即为两弹簧各自产生的静变形，而两弹簧受到的拉力之和等于 $\boldsymbol{F}$，即

$$k_1\delta_{st1}+k_2\delta_{st2}=F$$

$$\delta_{st1}=\delta_{st2}=\delta_{st}$$

可见

$$\delta_{st}=\frac{F}{k_1+k_2}$$

等效弹簧在力 F 作用下的静变形为

$$\delta'_{st}=\frac{F}{k_{eq}}$$

两弹簧系统等效，故 $\delta_{st}=\delta'_{st}$，则有

$$k_{eq}=k_1+k_2$$

以上分析方法均可推广到其他组合弹簧的等效刚度计算中。

第二节　单自由度系统的自由振动

一、自由振动微分方程及其解

单自由度系统自由振动力学模型如图 15－5 所示。重物可视为 m 的质点，弹簧原长为 l_0，刚度系数为 k，在重力 $\boldsymbol{P}=m\boldsymbol{g}$ 的作用下弹簧的静变形为 δ_{st}。这一位置称为质点的静平衡位置。以静平衡位置 O 为坐标原点，建立 x 坐标轴如图 15－5 所示。

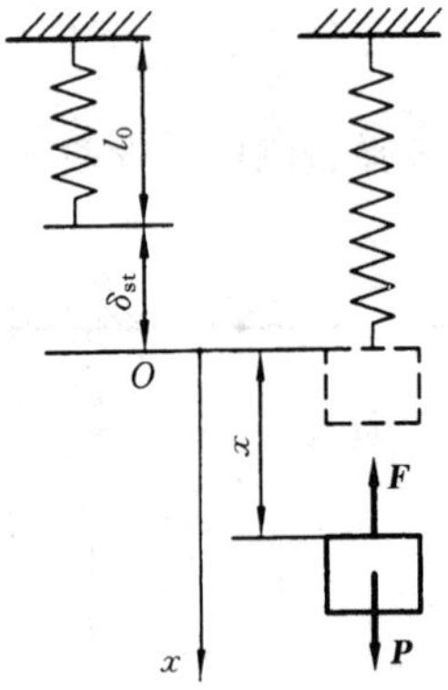

图 15－5

在平衡时重力 $\boldsymbol{P}$ 和弹性力 $\boldsymbol{F}$ 大小相等，则有

$$P=k\delta_{st}$$

由此有

$$\delta_{st}=\frac{P}{k}\tag{15-1}$$

当重物运动到任意位置 x 处时，弹簧力 $\boldsymbol{F}$ 方向向上，大小为

$$F=k(x+\delta_{st})$$

其运动微分方程为

$$m\frac{d^2x}{dt^2}=P-k(x+\delta_{st})$$

由式 (15－1)，有

$$m\frac{d^2x}{dt^2}=-kx\tag{15-2}$$

式（15-2）表明，物体偏离平衡位置后，将受到一个大小与离开平衡位置的距离成正比，方向总是指向平衡位置的合力的作用，此力称为恢复力。只有恢复力作用时物体的振动称为无阻尼自由振动。本例中重力对振动系统的运动方程没有影响，只改变了振动系统的静平衡位置，说明常力作用在振动系统不会改变系统的振动特性。

将式（15-2）两端除以质量 m，并令

$$\omega_n^2=\frac{k}{m} \tag{15-3}$$

移项后得

$$\frac{d^2x}{dt^2}+\omega_n^2x=0 \tag{15-4}$$

这就是无阻尼振动微分方程的标准形式，它是一个二阶常系数齐次线性微分方程。其解的形式为

$$x=e^{rt}$$

式中：r 为特定常数，称为特征根。将上式代入式（15-4）后，消去公因子 e^{rt}，得到特征方程为

$$r^2+\omega_n^2=0$$

特征方程的两个特征根为 $r_1=+i\omega_n$ 和 $r_2=-i\omega_n$，其中 $i=\sqrt{-1}$，r_1 和 r_2 为两个共轭虚根。

根据数学理论，微分方程的通解为

$$x=C_1\cos\omega_nt+C_2\sin\omega_nt \tag{15-5}$$

式中：C_1 和 C_2 为积分常数，由运动的初始条件确定。如果令 $C_1=A\sin\alpha$，$C_2=A\cos\alpha$，则方程的通解也可改写为

$$x=A\sin(\omega_nt+\alpha) \tag{15-6}$$

式（15-6）表明，无阻尼自由振动是物体在平衡位置附近的简谐振动，其运动图线如图 15-6 所示。

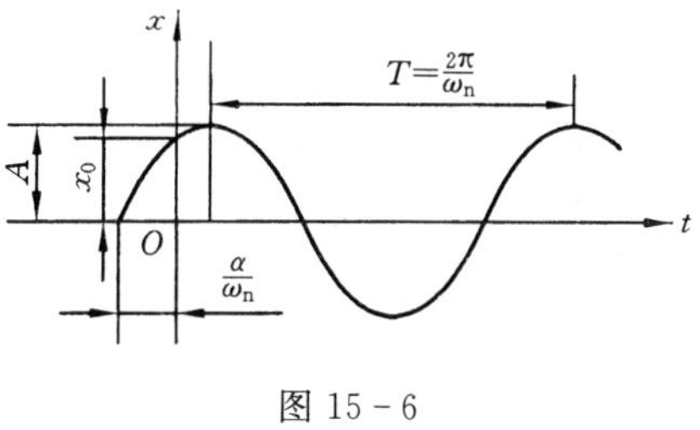

图 15-6

二、无阻尼自由振动的特性

1. 固有频率

无阻尼自由振动是简谐振动，也是一种周期振动，故在任何瞬时 t，其运动规律 $x(t)$ 总可以写为

$$x(t)=x(t+T)$$

式中：T 为常数，称为周期，s。

这种振动经过一个周期后又重复原来的运动。

对于正弦函数，其角度周期为 2π，则有

$$[\omega_n(t+T)+\alpha]-(\omega_nt+\alpha)=2\pi$$

由此得自由振动的周期为

$$T=\frac{2\pi}{\omega_n} \tag{15-7}$$

而

$$\omega_n=2\pi\frac{1}{T}=2\pi f \tag{15-8}$$

式中：f 为振动的频率，表示每秒振动的次数，$f=\frac{1}{T}$，s^{-1} 或 Hz；ω_n 为在 $2\pi s$ 内振动的次数，称为圆频率，rad/s。

由式（15－3）知

$$\omega_n=\sqrt{\frac{k}{m}} \tag{15-9}$$

式（15－9）表明，自由振动的圆频率 ω_n 只与振动系统的固有参数质量 m 和弹簧刚度系数 k 有关，而与运动的初始条件无关。它是振动系统固有的特性，不论系统运动与否，不论系统如何运动，这个参数都不会改变，所以称 ω_n 为系统的固有频率。固有频率是振动理论中的重要的概念，反映了振动系统的动力学特性，计算系统的固有频率是研究振动问题的重要内容之一。将 $m=\frac{P}{g}$ 和 $k=\frac{P}{\delta_{st}}$ 代入式（15－9），得

$$\omega_n=\sqrt{\frac{g}{\delta_{st}}} \tag{15-10}$$

式（15－10）表明，对于上述振动系统，只要知道在重力作用下的静变形，就可以求得系统固有频率。振动系统的静变形可用材料力学公式计算，也可以通过实验直接测量。

2．振幅与初相位

在图 15－6 和振动方程式（15－6）中，A 是质点相对振动中心点 O 的最大位移，称为振幅。$\omega_n t+\alpha$ 称为相位（或相位角），相位决定了质点在某一瞬时 t 的位置，它具有角度的量纲，而 α 称为初相位，它决定了质点运动的初始位置。

振幅 A 和初相位 α 是两个待定常数，由运动的初始条件确定。设当 $t=0$ 时，质点的坐标为 $x=x_0$，速度为 $v=v_0$。将式（15－6）两端对时间求导，得质点运动的速度为

$$v=\frac{dx}{dt}=A\omega_n\cos(\omega_n t+\alpha)$$

然后将初始条件代入式（15－6）和上式得

$$x_0=A\sin\alpha$$

$$v_0=A\omega_n\cos\alpha$$

由上述两式得振幅 A 和初相位 α 的表达式为

$$\begin{cases}A=\sqrt{x_0^2+\frac{v_0^2}{\omega_n^2}}\\ \tan\alpha=\frac{\omega_n x_0}{v_0}\end{cases} \tag{15-11}$$

三、其他类型的单自由度振动系统分析

工程实际中除了“质量—弹簧”振动系统外，还有很多其他类型的振动系统，如扭振系统、摆振系统等。这些系统形式上虽然不同，但它们却具有相同的运动微分方程形式。

图 15-7 为一扭振系统。其中扭杆一端固定，另一端与一圆盘刚性固连。设扭杆上、下端面相对转过单位扭角时产生的扭转力矩为 k，则 k 称为扭转刚度系数。当扭杆上下端面相对转过 φ 角时，产生的扭转力偶矩为 $M_f = k\varphi$，方向与 φ 角转向相反。圆盘对中心轴的转动惯量为 J_O，则圆盘绕中心轴的转动微分方程为

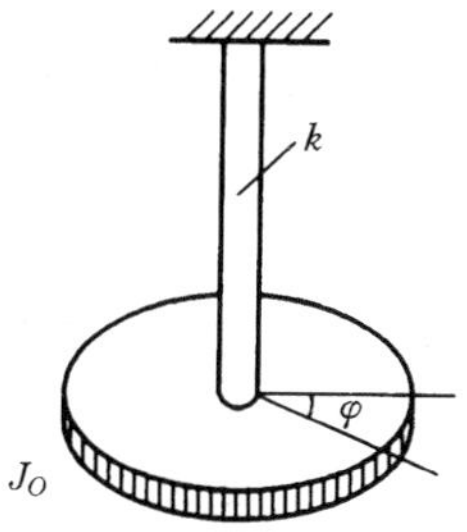

图 15-7

$$J_O \frac{\mathrm{d}^2\varphi}{\mathrm{d}t^2} = -k\varphi$$

令 $\omega_n^2 = \dfrac{k}{J_O}$，有

$$\frac{\mathrm{d}^2\varphi}{\mathrm{d}t^2} + \omega_n^2\varphi = 0$$

可见此式与式（15-4）相同。因此研究“质量—弹簧”系统的振动具有普遍的物理意义。

【例 15-2】 重物 $\boldsymbol{P}$ 自高 $h=1\mathrm{m}$ 处自由落在水平梁的中部。设重物在碰到梁后即与梁连在一起上下振动，求其自由振动的规律。已知当物体静止在梁中部时，梁有静变形 $\delta_{st}=0.001\mathrm{m}$，梁重不计。

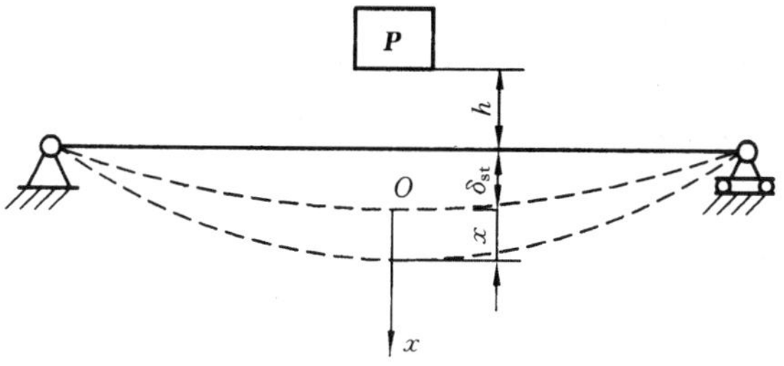

图 15-8

解： 由重物和弹性梁组成的振动系统，与图 15-2 所示系统完全相似，因无其他外力作用，故系统为自由振动。

将坐标原点取在振动系统的静平衡位置上，x 轴铅直向下，如图 15-8 所示。振动的固有频率由式（15-10）可得

$$\omega_n = \sqrt{\frac{g}{\delta_{st}}} \approx 99\mathrm{rad/s}$$

物块的运动方程为

$$x = A\sin(\omega_n t + \alpha)$$

取重物刚落到梁上时为初瞬时，则初始条件为 $x_0 = -0.001\mathrm{m}$，$v_0 = \sqrt{2gh} \approx 4.43\mathrm{m/s}$，代入式（15-11），求得振幅 A 和初相位 α 为

$$A = \sqrt{x_0^2 + \frac{v_0^2}{\omega_n^2}} \approx 0.0448\mathrm{m}$$

$$\alpha=\arctan\left(\frac{\omega_{\mathrm{n}} x_0}{v_0}\right)\approx 0.0223\mathrm{rad}$$

所以，物块的自由振动规律为 $x=0.0448\sin(99t+0.0223)$ m。

【例 15-3】 图 15-9 为一摆振系统，杆重不计，小球质量为 m，摆对轴 O 的转动惯量为 J_O，弹簧刚度为 k。设杆在水平位置平衡时，其余尺寸如图所示。求此系统微小振动的运动微分方程及固有频率。

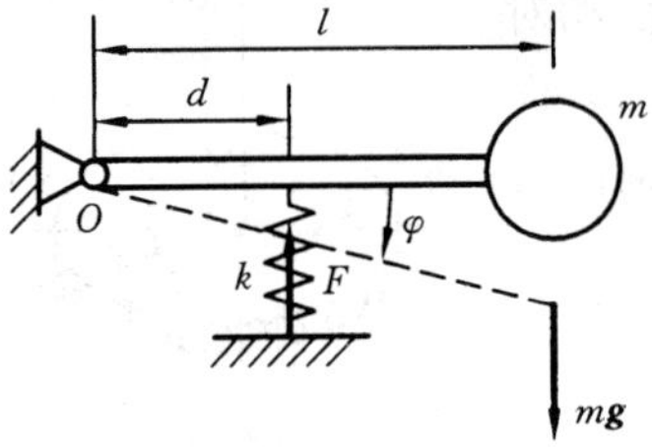

图 15-9

解： 当摆在水平位置平衡时，弹簧的压缩量为 δ_0，列平衡方程 $\sum M_O(\boldsymbol{F}_i)=0$，有

$$mgl-k\delta_0 d=0$$

当摆从平衡位置顺时针转动微小角度 φ 时，弹簧的压缩量为 $\delta_0+\varphi d$。列摆绕 O 轴的定轴转动微分方程为

$$J_O\frac{\mathrm{d}^2\varphi}{\mathrm{d}t^2}=mgl-k(\delta_0+\varphi d)d$$

注意到上面的平衡关系，则上式化为

$$J_O\frac{\mathrm{d}^2\varphi}{\mathrm{d}t^2}=-kd^2\varphi$$

移项，化为标准形式的无阻尼自由振动微分方程，得

$$\frac{\mathrm{d}^2\varphi}{\mathrm{d}t^2}+\frac{kd^2}{J_O}\varphi=0$$

则此摆振系统微幅振动时的固有频率为

$$\omega_{\mathrm{n}}=d\sqrt{\frac{k}{J_O}}$$

【例 15-4】 如图 15-10 所示轮轴的质量为 m，轴的半径为 r，对其质心 O 的回转半径为 ρ_0，放在半径为 R 的圆槽中只滚不滑地做微幅摆动。试求轮轴在微幅摆动时的固有频率。

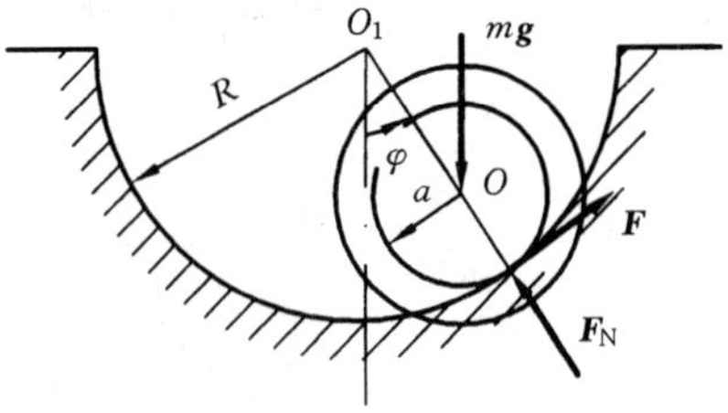

图 15-10

解： 以系统处于静平衡位置时为坐标原点，此时 $\varphi=0$。轮轴做平面运动。取轮轴为研究对象，当转过微小角度 φ 时，其受力情况如图 15-10 所示。列轮轴的平面运动微分方程为

$$ma_O^{\tau}=F-mg\sin\varphi \tag{a}$$

$$ma_O^{n}=F_{\mathrm{N}}-mg\cos\varphi \tag{b}$$

$$J_O\alpha=-Fr \tag{c}$$

由运动学关系可知，质心 O 的轨迹是以 O_1 为圆心的圆周，其加速度为

$$a_O^{\tau}=(R-r)\frac{\mathrm{d}^2\varphi}{\mathrm{d}t^2} \tag{d}$$

$$a_O^{n}=(R-r)\left(\frac{\mathrm{d}\varphi}{\mathrm{d}t}\right)^2 \tag{e}$$

因为轮轴只滚不滑，故轮轴转动的角加速度为

$$\alpha=\frac{a_O^{\tau}}{r}=\frac{R-r}{r}\frac{\mathrm{d}^2\varphi}{\mathrm{d}t^2} \tag{f}$$

由式（a）及式（d）求得摩擦力，即

$$F=mg\sin\varphi+m(R-r)\frac{\mathrm{d}^2\varphi}{\mathrm{d}t^2} \tag{g}$$

将式（f）和式（g）及 $J_O=\rho_0^2 m$ 代入式（c）中，得

$$(R-r)(\rho_0^2+r^2)\frac{\mathrm{d}^2\varphi}{\mathrm{d}t^2}+gr^2\sin\varphi=0$$

当轮轴微幅摆动时，$\sin\varphi\approx\varphi$，代入上式并化为标准形式，有

$$\frac{\mathrm{d}^2\varphi}{\mathrm{d}t^2}+\frac{gr^2}{(R-r)(\rho_0^2+r^2)}\varphi=0$$

故从上式可知，轮轴微幅摆动时的固有频率为

$$\omega_{\mathrm{n}}=r\sqrt{\frac{g}{(R-r)(\rho_0^2+r^2)}}$$

第三节　计算固有频率的能量法

固有频率为振动系统的重要参数，求解系统的固有频率是研究一个振动问题的重要方面。由第二节的理论可以看出，只要列出系统的振动微分方程，就可以确定其固有频率。本节介绍计算固有频率的另一种方法——能量法。能量法是依据机械能守恒定律进行求解的，对于较复杂的振动系统固有频率计算，往往较为方便。

图 15－5 所示无阻尼振动系统，当系统做自由振动时，系统中只有弹性力和重力做功，则满足机械能守恒条件，即

$$E_k+E_p=\text{常数}$$

若取静平衡位置为零势能点，则此时系统的机械能等于系统的动能，由于此时质量块具有最大运动速度，则动能亦取到最大值 $E_{k\max}$，且有

$$E_{k\max}=\frac{1}{2}mv_{\max}^2=\frac{1}{2}m(A\omega_{\mathrm{n}})^2 \tag{15-12}$$

当质量块到达偏离静平衡位置最大处时，此时质量块速度为零，动能为零，势能达到了最大值 $E_{p\max}$，且有

$$E_{p\max}=\frac{1}{2}k[(A+\delta_{st})^2-\delta_{st}^2]-PA$$

注意到 $k\delta_{\mathrm{st}}=P$，则

$$E_{p\max}=\frac{1}{2}kA^2 \tag{15-13}$$

可见，选取平衡位置为零势能位置时，计算系统的势能时就可不必考虑重力的影

响，而此时必须由平衡位置处计算变形，来计算弹性力的势能。

在上述两个极限状态时，系统的机械能相等，即

$$E_{k\max}=E_{p\max}$$

将式（15－12）和式（15－13）代入，有

$$\omega_n=\sqrt{\frac{k}{m}}$$

根据上述原理，可求其他类型机械振动系统的固有频率。计算步骤总结如下：

（1）设系统的振动方程形式。

（2）计算系统的最大动能和最大势能。

（3）应用机械能守恒定律求解固有频率。

下面举例加以应用。

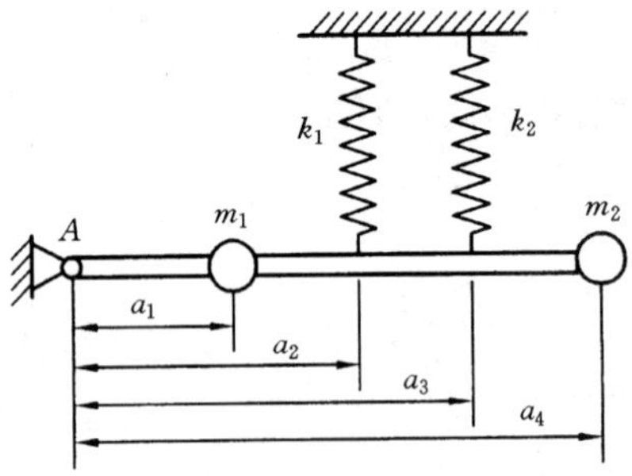

图 15－11

【例 15－5】 在图 15－11 所示振动系统中，AB 为不计质量的刚性杆。m_1 和 m_2 为杆上固连的两小球的质量，k_1 和 k_2 为两弹簧刚度系数，几何尺寸如图所示。试求系统微振动时的固有频率。

解： 设此摆动系统自由振动时，AB 杆的摆角 φ 的变化规律为

$$\varphi=A\sin(\omega_n t+\alpha)$$

则系统振动时，AB 杆最大角速度 $\varphi_{\max}=A\omega_n$，系统的最大动能为

$$E_{k\max}=\frac{1}{2}m_1(a_1\varphi_{\max})^2+\frac{1}{2}m_2(a_4\varphi_{\max})^2$$

$$=\frac{1}{2}(m_1a_1^2+m_2a_4^2)\varphi_{\max}^2$$

$$=\frac{1}{2}(m_1a_1^2+m_2a_4^2)A^2\omega_n^2$$

AB 杆摆动的最大角位移为 A，若取静平衡位置为零势能点，计算系统势能时可以不计重力，而由平衡位置计算弹簧变形。此时最大势能等于两个弹簧最大势能之和，则有

$$E_{p\max}=\frac{1}{2}k_1(a_2A)^2+\frac{1}{2}k_2(a_3A)^2$$

$$=\frac{1}{2}(k_1a_2^2+k_2a_3^2)A^2$$

由机械能守恒定律有

$$E_{k\max}=E_{p\max}$$

即

$$\frac{1}{2}(m_1a_1^2+m_2a_4^2)A^2\omega_n^2=\frac{1}{2}(k_1a_2^2+k_2a_3^2)A^2$$

解得固有频率为

$$\omega_n=\sqrt{\frac{k_1a_2^2+k_2a_3^2}{m_1a_1^2+m_2a_4^2}}$$

第四节　阻尼对自由振动的影响——衰减振动

前两节所讲的自由振动，在理论上能永远继续下去，其振幅也始终保持不变，但实际观察到的自由振动其振幅总是逐渐衰减，直至最终振动停止。这种理论与实际的矛盾是由于前面研究振动时均忽略了阻力这一因素，而阻力的存在，不断消耗着振动的能量。因此有必要研究一下阻力对自由振动的影响。

振动过程中的阻力习惯上称为阻尼。产生阻尼的原因很多，例如物体在介质中振动时的介质阻尼、结构材料变形而产生的结构阻尼和干摩擦阻尼等。当振动速度不大时，介质阻尼近似与速度的一次方成正比，这样的阻尼称为黏性阻尼。如果设物体的速度为 $\boldsymbol{v}$，则黏性阻尼力为

$$\boldsymbol{R}=-c\boldsymbol{v} \tag{15-14}$$

式中：c 为黏性阻尼系数，它的大小与物体的形状、大小和介质性质有关，kg/s；负号表示黏性阻尼力的方向与速度方向相反。阻尼常用图 15 - 12（a）中所示的阻尼元件 c 表示。一般的机械振动系统均可简化为由惯性元件 m、弹性元件 k 和阻尼元件 c 组成的系统。

现建立由图 15 - 12 所示单自由度有阻尼系统自由振动微分方程。仍取静平衡位置为坐标原点，当重物偏离原点 x 坐标时，重物受到重力、弹性力和阻尼力作用，与无阻尼系统一样，重力与弹性力的初始值相平衡，故可不出现在方程中，则其受力如图 15 - 12（b）所示，其中

$$F_k=-kx$$

$$F_c=-cv=-c\frac{\mathrm{d}x}{\mathrm{d}t}$$

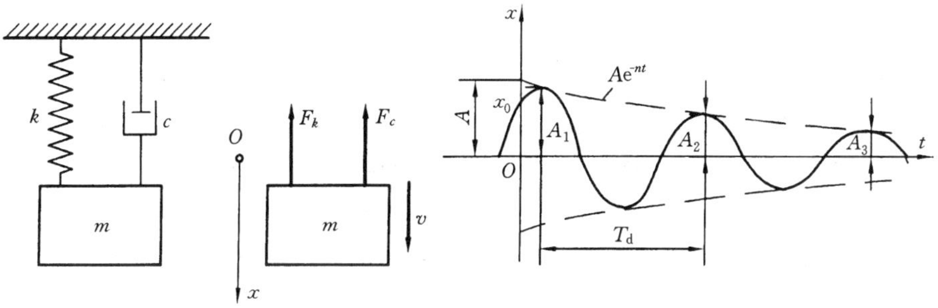

（a）　　（b）　　（c）

图 15 - 12

衰减振动

则物块运动微分方程为

$$m\frac{\mathrm{d}^2x}{\mathrm{d}t^2}=-kx-c\frac{\mathrm{d}x}{\mathrm{d}t}$$

两端除以 m，并令

$$\omega_n^2=\frac{k}{m},\quad n=\frac{c}{2m} \tag{15-15}$$

ω_n 为固有频率，n 为阻尼系数，前式整理得

$$\frac{d^2x}{dt^2}+2n\frac{dx}{dt}+\omega_n^2x=0 \tag{15-16}$$

式（15-16）称为有阻尼自由振动微分方程的标准形式，它仍是一个二阶常系数齐次线性微分方程，它的特征方程为

$$r^2+2nr+\omega_n^2=0$$

特征方程的根为

$$r_1=-n+\sqrt{n^2-\omega_n^2}$$

$$r_2=-n-\sqrt{n^2-\omega_n^2}$$

随着阻尼大小的不同，特征根有实数和复数之别，运动规律也有很大不同。现分不同情况加以讨论。

一、小阻尼情形（$n<\omega_n$ 时）

这时，特征方程的根 r_1 和 r_2 为共轭复数，即

$$r_1=-n+i\sqrt{\omega_n^2-n^2}$$

$$r_1=-n-i\sqrt{\omega_n^2-n^2}$$

微分方程式（15-16）的通解为

$$x=Ae^{-nt}\sin(\sqrt{\omega_n^2-n^2}\,t+\alpha) \tag{15-17}$$

式中：A 和 α 为积分常数，由运动的初始条件决定。若设在初瞬时 $t=0$，质点坐标和速度分别为 x_0 和 v_0，仿照无阻尼自由振动的振幅和初相位的求法，可求得

$$A=\sqrt{x_0^2+\frac{(v_0+nx_0)^2}{\omega_n^2-n^2}} \tag{15-18}$$

$$\tan\alpha=\frac{x_0\sqrt{\omega_n^2-n^2}}{v_0+nx_0} \tag{15-19}$$

由式（15-17）可见，在小阻尼情形下，自由振动的振幅 Ae^{-nt} 将随着时间的增加而衰减［图 15-12（c）］，故这种振动称为衰减振动。衰减振动时，物体虽然周期性通过静平衡位置而振动，但运动过程已不周期性重复。

如将物体从一个最大偏离位置到下一个同侧的最大偏离位置所需的时间称为周期，则衰减振动的周期为

$$T_d=\frac{2\pi}{\sqrt{\omega_n^2-n^2}} \tag{15-20}$$

从式（15-17）可得有阻尼自由振动的圆频率为

$$\omega_d=\sqrt{\omega_n^2-n^2} \tag{15-21}$$

令

$$\xi=\frac{n}{\omega_n}=\frac{c}{2\sqrt{mk}} \tag{15-22}$$

则式（15-20）和式（15-21）可化为

$$\begin{cases} T_{\mathrm{d}} = \dfrac{2\pi}{\omega_{\mathrm{n}}\sqrt{1-\xi^2}} = \dfrac{T}{\sqrt{1-\xi^2}} \\ \omega_{\mathrm{d}} = \omega_{\mathrm{n}}\sqrt{1-\xi^2} \end{cases} \tag{15-23}$$

式中：ξ 为阻尼比。阻尼比是振动系统中反映阻尼特性的重要参数，小阻尼情况下，$\xi<1$。

由式（15-23）可以得到，有阻尼自由振动周期 T_{d} 大于无阻尼时的周期 T，固有频率 ω_{d} 小于无阻尼时的固有频率 ω_{n}。即由于阻尼的存在，系统自由振动周期增大，频率减小。

阻尼的作用主要表现在使振幅衰减上。设相邻两次振动的振幅分别为 A_i 和 A_{i+1}，则两个振幅的比为

$$\frac{A_i}{A_{i+1}} = \frac{A\mathrm{e}^{-nt_i}}{A\mathrm{e}^{-n(t_i+T_{\mathrm{d}})}} = \mathrm{e}^{nT_{\mathrm{d}}} \tag{15-24}$$

这个比值称为衰减系数。可见，任意两个相邻振幅之比为一常数，所以衰减振动的振幅按等比级数减少，很快趋近于零。

上述分析表明，在小阻尼情况下，阻尼对自由振动的频率影响较小，但对自由振动的振幅影响较大。例如当阻尼比 $\xi=0.05$ 时，其振动频率只下降了 0.125%，而振幅比为 0.730：1。每振动 1 次振幅减小 27%，经过 10 个周期后，振幅只有原振幅的 4.3%。

对式（15-24）两边取自然对数得

$$\delta = \ln\frac{A_i}{A_{i+1}} = nT_{\mathrm{d}} \tag{15-25}$$

式中：δ 为对数减幅率，它也可以说明振幅衰减的快慢程度。

二、临界阻尼情形

当 $n=\omega_{\mathrm{n}}$（$\xi=1$）时，称为临界阻尼情形。此时系统的阻尼系数称为临界阻尼系数，用 c_c 表示。由式（15-22）可得

$$c_c = 2\sqrt{mk} \tag{15-26}$$

这时，特征方程具有重根 $r_1=r_2=-n$，微分方程的通解为

$$x = \mathrm{e}^{-nt}(C_1 + C_2 t)$$

物体的运动随时间趋向平衡位置，也无振动性质，因为微分方程的解不具有周期性。

三、大阻尼情形（$n>\omega_{\mathrm{n}}$ 时）

这时，特征方程有两个负实根，即

$$r_1 = -n + \sqrt{n^2 - \omega_{\mathrm{n}}^2}$$

$$r_1 = -n - \sqrt{n^2 - \omega_{\mathrm{n}}^2}$$

微分方程式（15-16）的解为

$$x = e^{-nt}(C_1 e^{\sqrt{n^2-\omega_n^2}t} + C_2 e^{-\sqrt{n^2-\omega_n^2}t})$$

式中：C_1、C_2 为两个积分常数，可由运动的初始条件确定。同样也不具有振动的性质。

可见，只有小阻尼（$\xi<1$）情形下，系统才会产生振动。因此我们仅研究小阻尼情况下的振动问题。

【例 15-6】 图 15-13 所示振动系统，已知质点的质量为 m，刚杆 AB 质量不计，弹簧刚度系数为 k，阻尼系数为 c。试求：(1) 系统微幅摆动时的运动微分方程；(2) 临界阻尼系数 c_c；(3) 有阻尼时的固有频率。

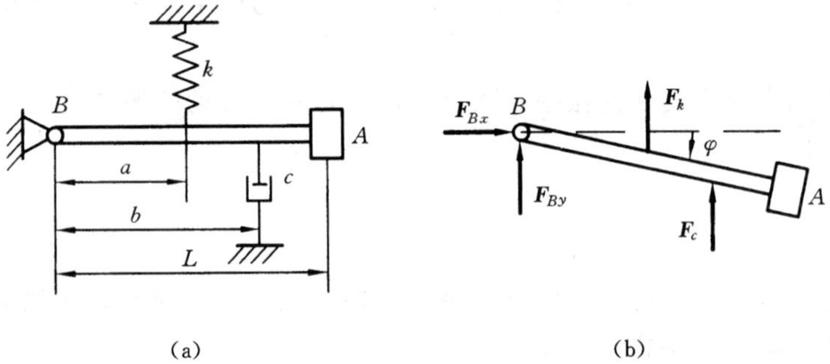

图 15-13

解：(1) 取刚杆及质点研究。设系统处于静平衡时杆水平，重力的影响即可消除。受力如图 15-13 (b) 所示。列出杆的定轴转动微分方程为

$$J_B \frac{d^2\varphi}{dt^2} = -F_k a - F_c b$$

而 $J_B = mL^2$，$F_k = k\varphi a$，$F_c = c\dfrac{d\varphi}{dt}b$，则上式化为

$$mL^2 \frac{d^2\varphi}{dt^2} + cb^2 \frac{d\varphi}{dt} + ka^2\varphi = 0$$

两边同除以 mL^2，化为微分方程的标准形式，即

$$\frac{d^2\varphi}{dt^2} + \frac{cb^2}{mL^2}\frac{d\varphi}{dt} + \frac{ka^2}{mL^2}\varphi = 0$$

此即为系统的振动微分方程。

(2) 由以上振动微分方程知

$$\omega_n = \frac{a}{L}\sqrt{\frac{k}{m}}, \qquad n = \frac{cb^2}{2mL^2}$$

当 $\omega_n = n$ 时，为临界阻尼情形，此时解得临界阻尼系数为

$$c_c = \frac{2mLa}{b^2}\sqrt{\frac{k}{m}} = \frac{2La}{b^2}\sqrt{km}$$

(3) 有阻尼时固有频率是

$$\omega_d = \sqrt{\omega_n^2 - n^2} = \frac{a}{mL}\sqrt{km - \left(\frac{cb^2}{2La}\right)^2}$$

第五节　单自由度系统的强迫振动

工程中的自由振动都会在阻尼的作用下逐渐衰减，最后完全停止。但实际上还存在着大量不衰减的持续振动，这是由于外界有能量不断地输入以补充阻尼的消耗。通常由系统受到外加激振力作用和系统自身处于某一周期性运动的基础上等形式补充能量。这种由于外加激振力而引起的系统的持续振动称为强迫振动。现以简谐激振力引起的强迫振动为例说明其研究方法和特点。

工程中常见的激振力多具有周期性，一般回转机械、往复机械都会引起周期性激振力。简谐激振力是周期性激振力中最典型的情况，简谐激振力随时间变化的关系可以表达为

$$F = H\sin\omega t \tag{15-27}$$

式中：H 为激振力的力幅；ω 为激振力的频率，它们均为定值。

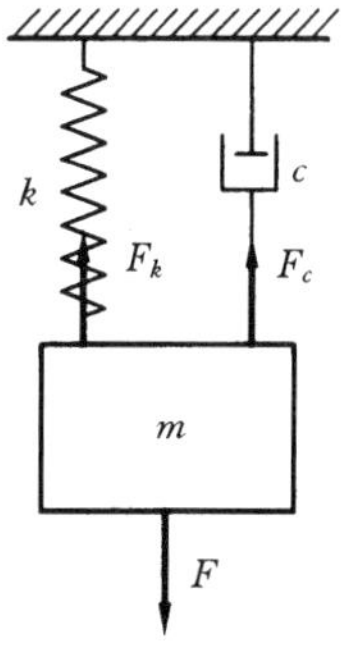

图 15－14

阻尼振动系统

一、强迫振动微分方程及其解

图 15－14 所示的阻尼振动系统，设物块的质量为 m，作用在物块上的力有弹性恢复力 $\boldsymbol{F}_k$、黏性阻尼力 $\boldsymbol{F}_c$ 和简谐激振力 $\boldsymbol{F}$。选取静平衡位置 O 为坐标原点，坐标轴铅直向下，建立物体的运动微分方程，即

$$m\frac{\mathrm{d}^2x}{\mathrm{d}t^2} = -kx - c\frac{\mathrm{d}x}{\mathrm{d}t} + H\sin\omega t$$

两端除以 m，并令

$$\omega_n^2 = \frac{k}{m},\qquad 2n = \frac{c}{m},\qquad h = \frac{H}{m} \tag{15-28}$$

整理得

$$\frac{\mathrm{d}^2x}{\mathrm{d}t^2} + 2n\frac{\mathrm{d}x}{\mathrm{d}t} + \omega_n^2 x = h\sin\omega t \tag{15-29}$$

这就是单自由度系统受迫振动微分方程的标准形式，是二阶常系数非齐次线性微分方程，其解由齐次方程通解 x_1 和非齐次方程特解 x_2 组成，即

$$x = x_1 + x_2$$

在小阻尼（$n<\omega_n$）情况下，有

$$x_1 = A\mathrm{e}^{-nt}\sin\left(\sqrt{\omega_n^2 - n^2}\,t + a\right)$$

x_1 经过一段时间后衰减为零，研究强迫振动时可以不加考虑。

设方程式（15－29）的特解 x_2 有下面形式：

$$x_2 = b\sin(\omega t - \varepsilon) \tag{15-30}$$

式中：b 为强迫振动的振幅；ε 为强迫振动的相位落后于激振力的相位差值。

将式（15－30）代入方程式（15－29），可得

$$-b\omega^2\sin(\omega t - \varepsilon) + 2nb\omega\cos(\omega t - \varepsilon) + \omega_n^2 b\sin(\omega t - \varepsilon) = h\sin\omega t \tag{15-31}$$

式（15－31）右端可改写为

$$h\sin\omega t = h\sin[(\omega t - \varepsilon) + \varepsilon]$$
$$= h\cos\varepsilon\sin(\omega t - \varepsilon) + h\sin\varepsilon\cos(\omega t - \varepsilon)$$

式（15－31）整理得

$$[b(\omega_n^2 - \omega^2) - h\cos\varepsilon]\sin(\omega t - \varepsilon) + (2nb\omega - h\sin\varepsilon)\cos(\omega t - \varepsilon) = 0 \tag{15-32}$$

对于任意瞬时 t，式（15－32）都必须成立，则有

当 $\omega t - \varepsilon = \frac{\pi}{2}$ 时：

$$b(\omega_n^2 - \omega^2) - h\cos\varepsilon = 0$$

当 $\omega t - \varepsilon = 0$ 时：

$$2nb\omega - h\sin\varepsilon = 0$$

联立求解得

$$b = \frac{h}{\sqrt{(\omega_n^2 - \omega^2)^2 + 4n^2\omega^2}} \tag{15-33}$$

$$\tan\varepsilon = \frac{2n\omega}{\omega_n^2 - \omega^2} \tag{15-34}$$

由于很快衰减为零，当系统振动稳定后，其运动规律为

$$x = \frac{h}{\sqrt{(\omega_n^2 - \omega^2)^2 + 4n^2\omega^2}}\sin(\omega t - \varepsilon) \tag{15-35}$$

可见，强迫振动是以激振力频率为 ω 的简谐振动。强迫振动的振幅 b 不仅与激振力的振幅有关，还与激振力的频率 ω 以及振动系统的参数 m、k、c 关；同样强迫振动的相位与激振力的相位差也决定于上述参数。现在具体加以分析。

二、幅频特征曲线

式（15－33）反映出强迫振动振幅 b 的变化规律，引入：

$$b_0 = \frac{h}{\omega_n^2} = \frac{H/m}{k/m} = \frac{H}{k}\text{（弹簧在激振力幅 } H \text{ 作用下的静变形）}$$

$$\lambda = \frac{\omega}{\omega_n}\text{（激振力频率与系统固有频率的频率比）}$$

$$\xi = \frac{n}{\omega_n}\text{（阻尼比）}$$

则强迫振动的振幅与 b_0 的比值（动力放大系数）为

$$\beta = \frac{b}{b_0} = \frac{1}{\sqrt{(1-\lambda^2)^2 + 4\xi^2\lambda^2}} \tag{15-36}$$

为了清楚地表达强迫振动的振幅与其他因素的关系，我们将不同阻尼条件下的动力放大系数（反映振幅大小的无量纲量）β 和频率比（反映频率大小的无量纲量）λ 的关系用曲线绘制出来，称为幅频特性曲线，如图 15－15 所示，由图可见：

（1）当 $\omega \ll \omega_n$ 时，$\beta \to 1$，阻尼对振幅的影响很小，可忽略阻尼的存在，看作无阻尼受迫振动。振动方程为

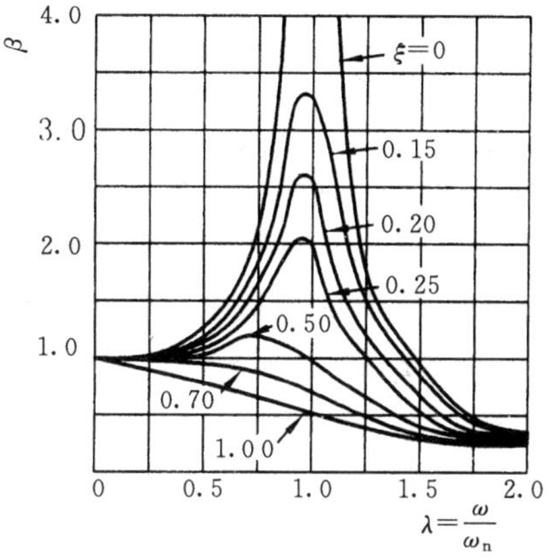

图 15－15

$$x=\frac{h}{\omega_n^2-\omega^2}\sin(\omega t-\varepsilon)$$

（2）当 $\omega\to\omega_n$，即（$\lambda\to1$）时，振幅显著增大。现求振幅取得极大值时的激振频率。对 $[(1-\lambda^2)^2+4\xi^2\lambda^2]$ 求一阶导数，在一阶导数等于零时 β 存在极值，即

$$\frac{d[(1-\lambda^2)^2+4\xi^2\lambda^2]}{d\lambda}=2(1-\lambda^2)(-2\lambda)+8\xi^2\lambda=0$$

得 $$\lambda^2=1-2\xi^2$$

欲取得极值，则必有 $1-2\xi^2>0$ 和 $\lambda=\sqrt{1-2\xi^2}$，即在 $\xi<0.707$ 时，$\lambda=\sqrt{1-2\xi^2}$ 处有极值，此时

$$\beta_{\max}=\frac{1}{2\xi\sqrt{1-2\xi^2}}\quad 或\quad b_{\max}=\frac{b_0}{2\xi\sqrt{1-\xi^2}}$$

可见，当 ω 在 $\omega_n\sqrt{1-2\xi^2}$ 附近时，强迫振动的振幅显著增大，这一现象称为共振。此时的 ω 称为共振频率。阻尼对共振振幅的影响明显。当无阻尼时，$\beta_{\max}\to\infty$，振动时振幅将逐渐增大；当 $\xi\geqslant0.707$ 时，将不发生共振现象；当 $0<\xi<0.707$ 时，随着 ξ 的增大，振幅将逐渐减小，通常 $0.85<\lambda<1.15$ 为共振区。

一般情况下，阻尼比 $\xi\ll1$，这时可以认为共振频率 $\omega=\omega_n$，即激振力频率等于系统固有频率时，系统发生共振，此时共振的振幅为

$$b_{\max}\approx\frac{b_0}{2\xi}$$

（3）当 $\omega\gg\omega_n$ 时，$\lambda\to\infty$，$\beta\to0$。即这时强迫振动的振幅很小。阻尼对振幅的影响也很小，可以忽略阻尼，可将系统当作无阻尼系统处理。

回转机械，如电动、涡轮机等在运转时经常发生振动。当转速在某一特定值时，振幅会显著增大。而转速偏离此特定值时，振幅又会很快减小。这是由于这一特定转速对应着系统的固有频率，常称这一转速为转子的临界转速。所以，一般情况下，转子不允许在临界转速下运转，只能在远低于或远高于临界转速时运转。

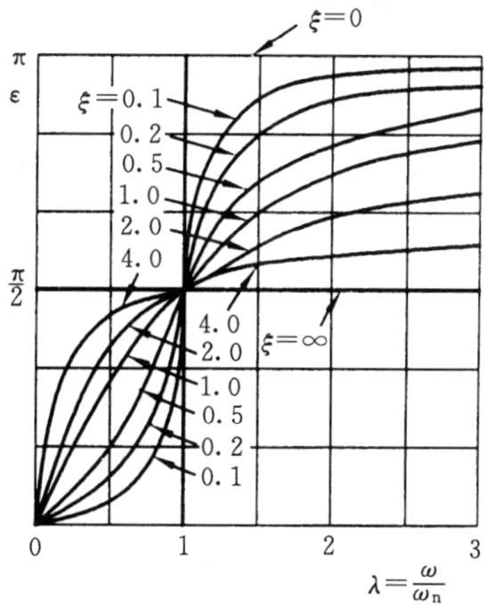

图 15－16

三、相频特性曲线

由式（15－34）及 $\xi=\frac{n}{\omega_n}$ 和 $\lambda=\frac{\omega}{\omega_n}$ 可得

$$\tan\varepsilon=\frac{2\xi\lambda}{1-\lambda^2}\qquad(15-37)$$

式中：ε 为强迫振动的相位与激振力的相位之差，称为相位差。相位差 ε 随激振力的频率而变化，其曲线称为相频特征曲线，如图 15－16 所示。由图中曲

线可知，相位差 ε 受到阻尼比 ξ 和频率比 λ 的影响而在 0°～180°间变化。

（1）当时 $\lambda \to 0$，$\varepsilon \to 0$，此时激振力的相位与振动位移的相位相接近。

（2）当 $\lambda=1$ 时，$\varepsilon=\pi/2$，即激振力的相位与强迫振动位移的相位差为 $\pi/2$。因为强迫振动的速度与其位移相位差为 $\pi/2$，所以，激振力与强迫振动的速度相同。激振力的方向总是与系统运动速度方向相同，这样就不断地向系统输入能量，使强迫振动得到增强，这就是产生共振的原因。如做荡秋千游戏时，我们不断顺着秋千运动的方向推动秋千，秋千就会越荡越高。这种推波助澜的作用就是共振原理的作用。

（3）当 $\lambda \gg 1$ 时，$\varepsilon \to \pi$，即激振力的相位与强迫振动的位移反向。阻尼在 $\lambda \neq 1$ 时，才对相位差产生影响。

第六节　隔振的概念

在工程实际中，振动现象是难以避免的，为了防止或限制振动带来的危害，只有采用各种方法进行隔离。这种将振源与需要防振的物体之间用弹性元件和阻尼元件隔离开来的措施称为隔振。隔振分为主动隔振和被动隔振两类。主动隔振是将振源与支持振源的基础隔离开来，避免或尽量减小激振力传递到地基上；被动隔振是将需要防振的物体与振动的地基隔离开来，避免或减小防振物体的强迫振动。下面分别加以讨论。

一、主动隔振

图 15－17（a）所示电动机安装示意图。电动机本身为一振源，为了减小由于电动机振动传到地基上的激振力，在电机和地基之间用橡胶块隔离。橡胶块具有较好的弹性和一定的阻尼作用，故可将电动机—地基系统简化为图 15－17（b）所示的力学模型。m 为电动机质量，$\boldsymbol{F}$ 为由于电机转动产生的简谐激振力，即

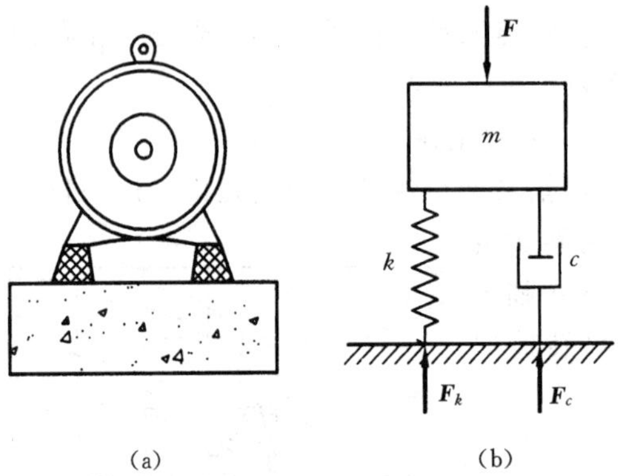

图 15－17

$$F=H\sin\omega t$$

根据强迫振动的理论，物体的强迫振动方程为

$$x=b\sin(\omega t-\varepsilon)$$

其振幅为

$$b=\frac{b_0}{\sqrt{(1-\lambda^2)^2+4\xi^2\lambda^2}}$$

物体振动时，通过弹性元件和阻尼元件将力传递到地基上，其合力大小为

$$\begin{aligned} F_N &= F_k + F_c = kx + c\dot{x} \\ &= kb\sin(\omega t-\varepsilon)+cb\omega\cos(\omega t-\varepsilon) \\ &= \sqrt{(kb)^2+(cb\omega)^2}\sin(\omega t-\varepsilon+\theta) \end{aligned}$$

可见，传到地基上的力为一简谐激振力，该力可引起地基的振动。因此，应尽量使其减少。合力的最大值为

$$F_{N\max}=\sqrt{(kb)^2+(cb\omega)^2}=kb\sqrt{1+4\xi^2\lambda^2}$$

欲使隔振产生效果，则应保证在采取隔振措施后，传到地基上的合力最大值 $F_{N\max}$ 小于振源直接与地基相连传下来的激振力最大值 H。引入 $\eta=F_{N\max}/H$，称为力的传递率，$\eta<1$ 时才有隔振效果，且

$$\eta=\frac{F_{N\max}}{H}=\sqrt{\frac{1+4\xi^2\lambda^2}{(1-\lambda^2)^2+4\xi^2\lambda^2}} \tag{15-38}$$

式（15-38）表明力的传递率与阻尼和激振频率有关。图 15-18 为在不同阻尼情况下 η 与频率比 λ 之间的关系曲线。由图可看出：

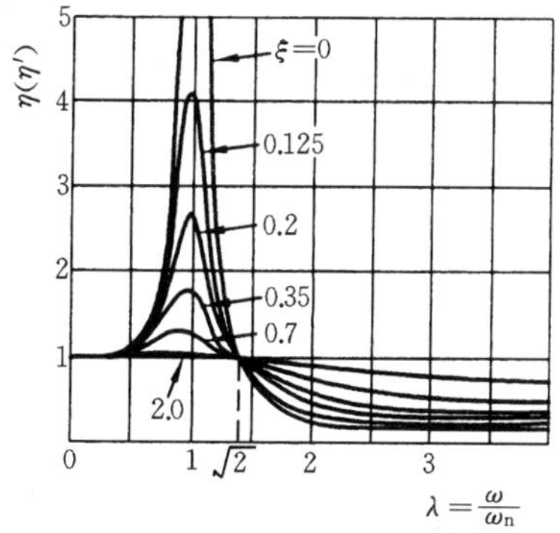

图 15-18

（1）不论阻尼大小，欲达到隔振目的，必须有 $\lambda>\sqrt{2}$，即

$$\frac{\omega}{\omega_n}>\sqrt{2} \quad 或 \quad \omega_n=\sqrt{\frac{k}{m}}<\frac{\omega}{\sqrt{2}}$$

因此隔振器应采用刚度系数较低的弹性元件或者适当加大机器及其底座的质量，以满足隔振的基本要求。λ 值越大，隔振效果也越好，在实际中，通常选取 $\lambda=2.5\sim5$。

（2）当 $\lambda>\sqrt{2}$ 时，阻尼比减小可提高隔振效果。但是在阻尼比 ξ 太小时，当机器越过共振区时又会产生很大的共振振幅，易损坏机器部件，因此应综合考虑，选取适当的阻尼值。

二、被动隔振

在日常生活和工程实际中，如果某一物体怕振易碎，常常在这个物体下垫上橡皮或泡沫塑料。例如，家电产品在包装时都在包装箱内垫上泡沫塑料，以防在装卸和运输过程中受到振动损坏。这种将防振的物体与振源隔开的办法称为被动隔振。

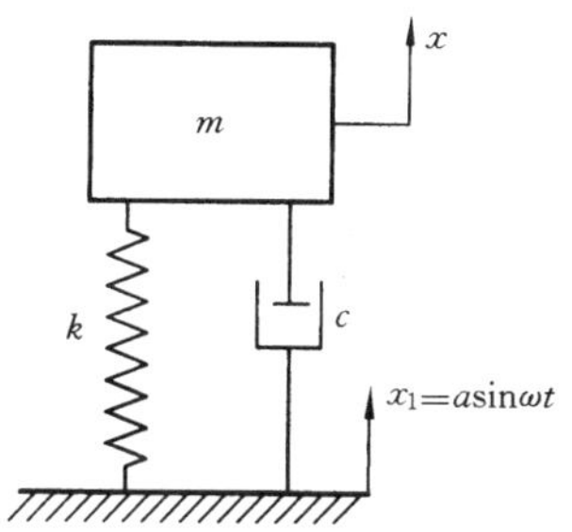

图 15-19

图 15-19 为一被动隔振系统的简化模型。物块代表需防振的物体，其质量为 m；弹簧和阻尼器代表隔振元件，弹簧刚度系数为 k，阻尼器的阻尼系数为 c。设地基以简谐振动形式振动，其振动规律表述为

$$x_1=a\sin\omega t$$

由于地基振动时物体产生强迫振动，这种激振方式称为位移激扰。它与前面介绍的激振力引起的强迫振动是两种基本的激扰方式。

该物块相对于固定不动的参考系的振动位移为 x，则物块与地基的相对位移为 $x-x_1$，相对速度为 $\dot{x}-\dot{x}_1$，物块上作用的弹簧力为 $-k(x-x_1)$，阻尼为 $-c(\dot{x}-\dot{x}_1)$，质点运动微分方程为

$$m\ddot{x}=-k(x-x_1)-c(\dot{x}-\dot{x}_1)$$

整理得

$$m\ddot{x}+c\dot{x}+kx=kx_1+c\dot{x}_1$$

将 $x_1=a\sin\omega t$ 代入，得

$$m\ddot{x}+c\dot{x}+kx=ka\sin\omega t+c\omega a\cos\omega t$$

或表示为

$$m\ddot{x}+c\dot{x}+kx=H\sin(\omega t+\theta) \tag{15-39}$$

其中

$$H=a\sqrt{k^2+c^2\omega^2},\quad \theta=\arctan\frac{c\omega}{k}$$

从式（15－39）可以看出，物体振动微分方程与第五节研究的简谐激振力下的强迫振动微分方程形式完全相同，因此也是一种强迫振动。设上述微分方程的稳态解为

$$x=b\sin(\omega t-\varepsilon)$$

代入式（15－39）中，得

$$b=a\sqrt{\frac{k^2+c^2\omega^2}{(k-m\omega^2)^2+c^2\omega^2}}$$

写出无量纲形式为

$$\eta'=\frac{b}{a}=\sqrt{\frac{1+4\xi^2\lambda^2}{(1-\lambda^2)^2+4\xi^2\lambda^2}} \tag{15-40}$$

式中：η'为物体振动的振幅和地基振动的振幅 b 之比，称为位移的传递率。比较式（15－40）与式（15－38）可知，两式完全相同，所以可以得到与力传递率曲线 η 完全相同的位移传递率曲线（图 15－18）。因此在被动隔振问题中，有与在主动隔振中对隔振元件完全相同的要求。

【小　　结】

1. 无阻尼自由振动微分方程的标准形式是一个二阶常系数齐次线性微分方程

$$\frac{\mathrm{d}^2x}{\mathrm{d}t^2}+\omega_n^2x=0$$

其运动方程是物体在平衡位置附近的简谐振动。

$$x=A\sin(\omega_nt+\alpha)$$

ω_n 只与振动系统的固有参数质量 m 和 k 有关，称为系统的固有频率。

对于弹簧质量系统：

$$\omega_n=\sqrt{\frac{k}{m}}$$

振幅为

$$A=\sqrt{x_0^2+\frac{v_0^2}{\omega_n^2}}$$

初相位为

$$\tan\alpha=\frac{\omega_nx_0}{v_0}$$

2. 有阻尼自由振动微分方程的标准形式仍是一个二阶常系数齐次线性微分方程

$$\frac{d^2x}{dt^2}+2n\frac{dx}{dt}+\omega_n^2x=0$$

当 $n<\omega_n$ 时，其通解为衰减振动，即

$$x=Ae^{-nt}\sin(\sqrt{\omega_n^2-n^2}\,t+\alpha)$$

$$\omega_d=\sqrt{\omega_n^2-n^2}=\omega_n\sqrt{1-\xi^2}$$

阻尼对振幅的影响较大，它使振幅随时间成负指数曲线衰减。

当 $n\geqslant\omega_n$ 时，运动不具有振动性质。

3. 单自由度系统受迫振动微分方程的标准形式是二阶常系数非齐次线性微分方程

$$\frac{d^2x}{dt^2}+2n\frac{dx}{dt}+\omega_n^2x=h\sin\omega t$$

由于其解中的自由振动很快衰减为零，当系统振动稳定后的受迫振动是谐振动，即

$$x=b\sin(\omega t-\varepsilon)$$

振幅为

$$b=\frac{h}{\sqrt{(\omega_n^2-\omega^2)^2+4n^2\omega^2}}$$

相位差为

$$\tan\varepsilon=\frac{2nw}{\omega_n^2-\omega^2}$$

强迫振动是以激振力频率 ω 为振动频率的简谐振动，当激振力频率接近于系统固有频率时，系统发生共振阻尼对受迫振动振幅只在共振频率附近影响较大，它使受迫振动的振幅减小。

第十五章
思考题

习　题

15-1　三根弹簧与质量为 m 的物体连接，如题 15-1 图所示。其中两根弹簧的刚度系数皆为 k_1，另一根弹簧刚度系数为 k_2，求两系统弹簧的等效刚度。

15-2　如题 15-2 图所示，一质量未知的托盘挂在弹簧上，当盘上放质量为 m_1 的物体时，测得周期为 T_1，放质量为 m_2 的物体时，测得周期为 T_2。求弹簧刚度系数。

15-3　如题 15-3 图所示，已知连杆在 A 点悬挂于刀口上的微幅振动周期为 1.12s。连杆质心为 G，$r=AG=19$cm，试求连杆对中心的回转半径。

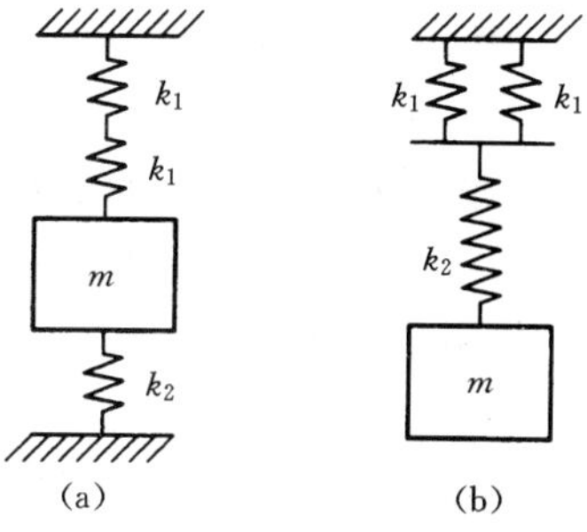

题 15-1 图

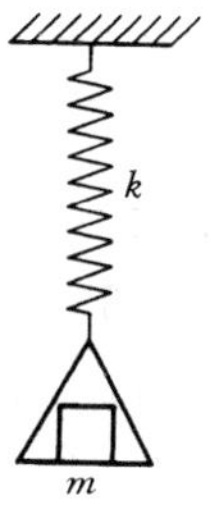

题 15-2 图

15－4　刚杆 OA 铰接于端 O，A 端连一质量为 m 的小球，中点与刚度系数为 k 的水平弹簧连接。不计杆重及小球的大小，求题 15－4 图所示两种放置情况下小球微振动的固有频率。

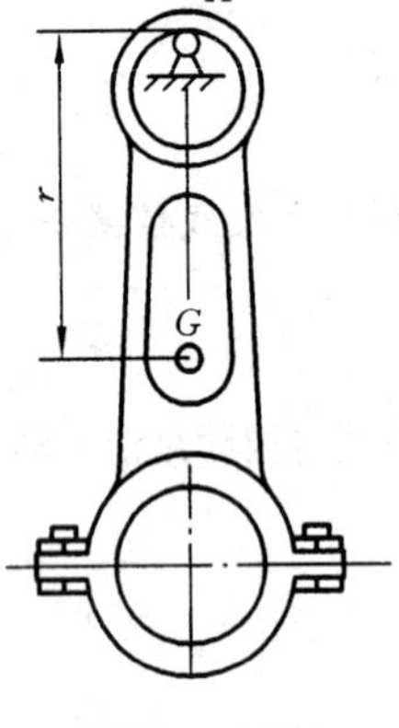

题 15－3 图

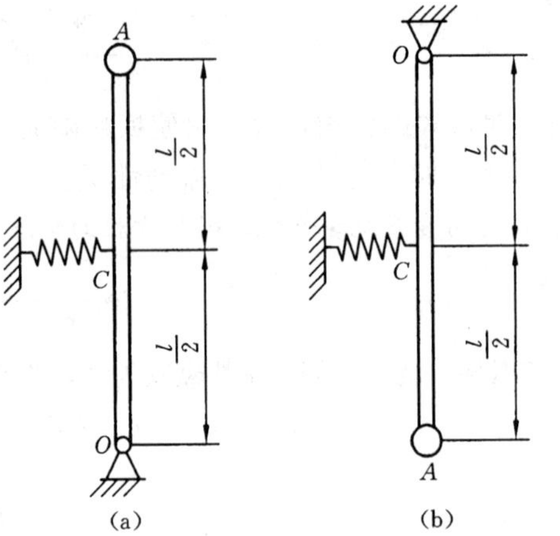

题 15－4 图

15－5　如题 15－5 图所示，试计算系统微幅摆动的固有频率。设 OA 为均质刚性杆，质量为 m。

15－6　如题 15－6 图所示半径为 r、重量为 W 的圆柱体在一半径为 R 的圆柱面上做无滑动的滚动，试求圆柱体微幅振动时的固有频率。

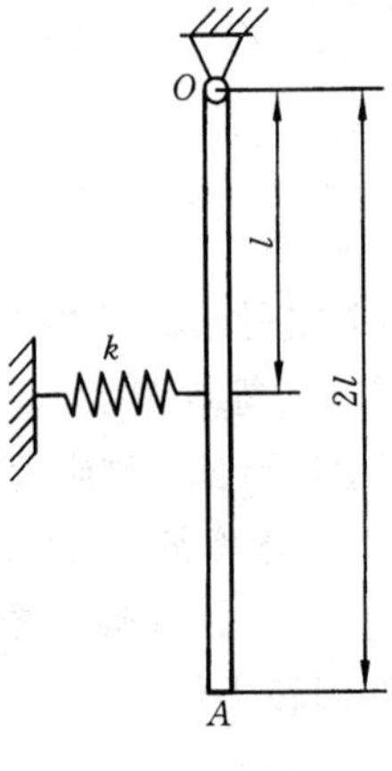

题 15－5 图

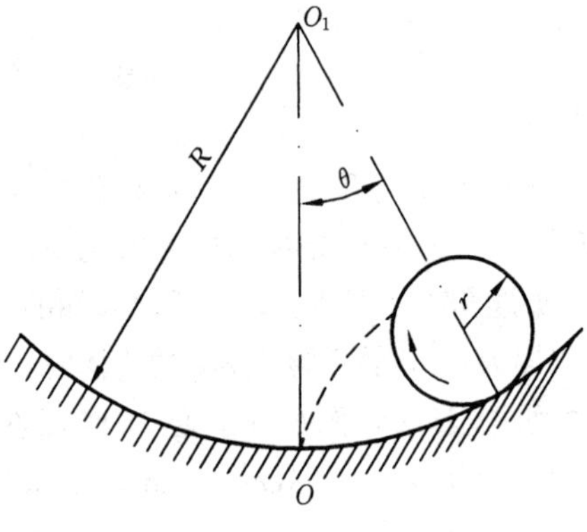

题 15－6 图

15－7　如题 15－7 图所示，质量为 m 的物体初速为零，自高度 $h=1\text{m}$ 处落下，打在水平梁的中部后与梁不再分离。梁两端固定。在重物自重作用下，梁的静挠度 $\delta_{st}=0.5\text{cm}$。如自物体在梁上的静平衡位置 O 作铅垂向下的坐标轴，试写出物体的运动方程。梁的质量不计。

15－8　质量为 m 的物体悬挂如题 15－8 图所示，设 AB 杆质量不计，两弹簧的刚度系数分别为 k_1 和 k_2，$AC=a$，$AB=b$，求系统自由振动的频率。

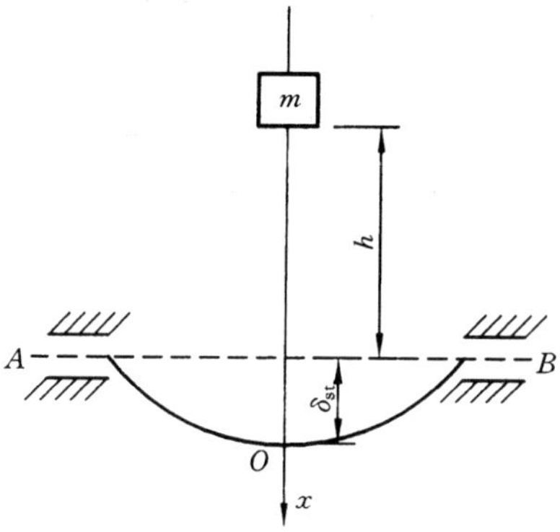

题 15－7 图

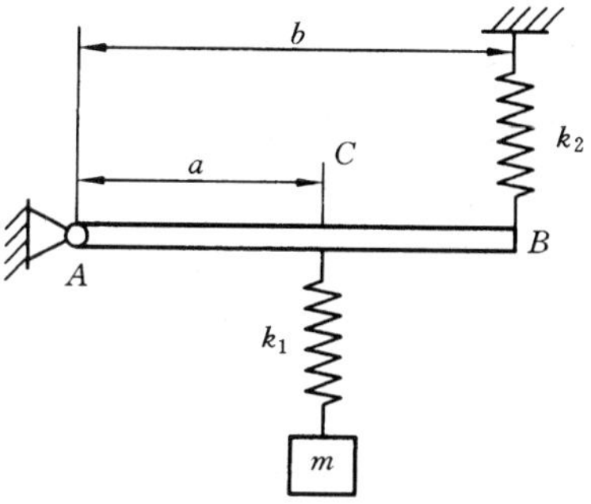

题 15－8 图

15－9　如题 15－9 图所示，质量为 $m=50\text{kg}$ 的小车 A，从静止开始沿倾角 $\alpha=30°$的光滑斜面下滑，下滑距离 $s=2\text{m}$ 时与弹簧 B 相撞，撞后二者不再分离。弹簧刚度系数为 $k=600\text{N/m}$。试求小车与弹簧相撞后的运动规律。

15－10　如题 15－10 图所示重 $\boldsymbol{P}$ 的物体 A 通过不可伸长的绳子跨过滑轮与固定弹簧相连，弹簧的刚度系数为 k。设滑轮为均质的，重量也为 $\boldsymbol{P}$，半径为 r。求该系统振动的固有频率。

15－11　如题 15－11 图所示，重量 $\boldsymbol{W}$ 为的薄板挂在弹簧下端，在空气中上下振动时，周期为 T_1，在液体中上下振动时，周期为 T_2。假定空气阻尼忽略不计，液体阻尼可表示为 $2Ac\dot{x}$，其中 $2A$ 为薄板的总面积，$\dot{x}$ 为其运动速度。试证明：液体的黏性阻尼系数 $c=\dfrac{2\pi W}{AgT_1T_2}\sqrt{T_2^2-T_1^2}$。

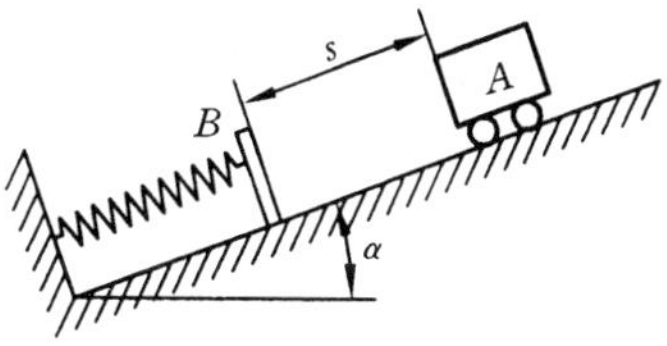

题 15－9 图

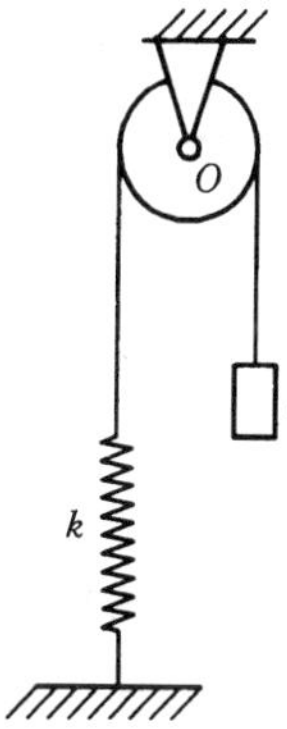

题 15－10 图

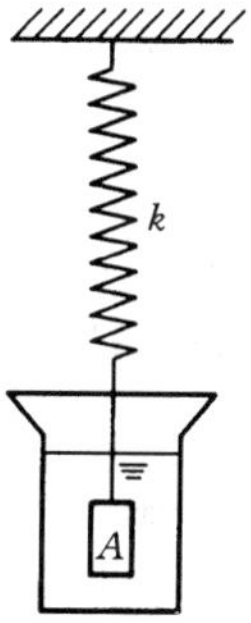

题 15－11 图

15－12　如题 15－12 图所示振动系统中，A 端为铰链。设阻尼与速度的一次方成正比，弹簧刚度系数为 k，AB 杆重量不计，小球质量为 m。试求：

（1）系统的振动微分方程。

（2）系统的固有频率。

15－13　质量 $m=5.1\text{kg}$ 的物体悬挂于弹簧刚度系数 $k=20\text{N/m}$ 的弹簧上，介质

阻力与速度成正比，经过 4 次振动后，振幅减为原来的 1/12。求振动周期和对数减幅率。

15－14　如题 15－14 图所示均质滚子质量为 $m=10\text{kg}$，半径 $r=0.25\text{m}$，能在斜面上保持纯滚动。弹簧刚度系数 $k=20\text{N/m}$，阻尼器的阻尼系数 $c=10\text{Ns/m}$。试求：

（1）无阻尼的固有频率。

（2）阻尼比。

（3）有阻尼的固有频率。

（4）此系统自由振动周期。

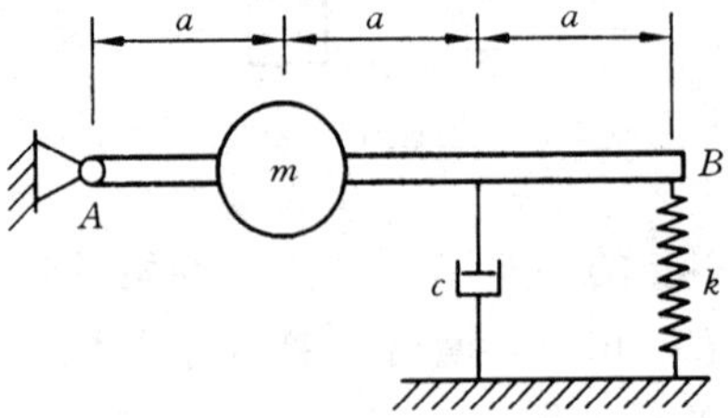

题 15－12 图

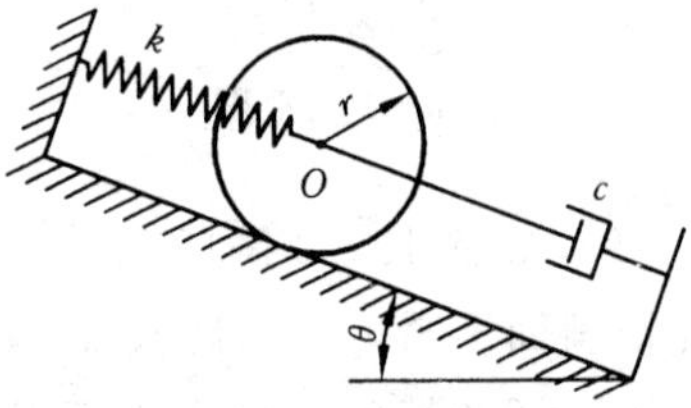

题 15－14 图

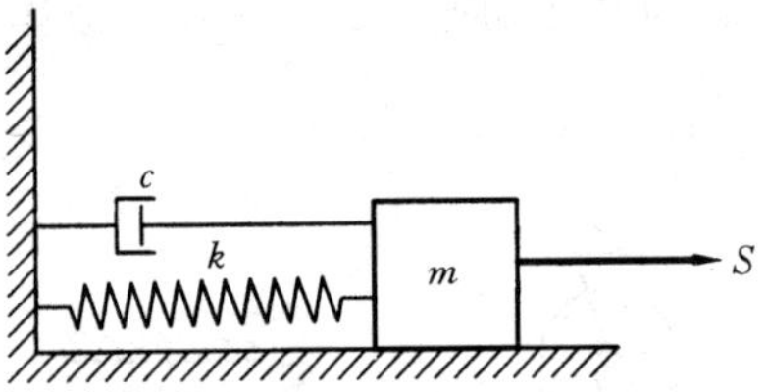

题 15－15 图

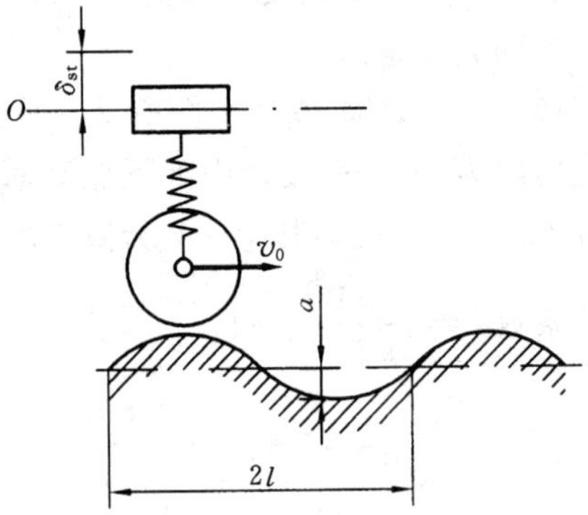

题 15－16 图

15－15　如题 15－15 图所示，已知物体的质量 $m=2\text{kg}$，弹簧刚度系数 $k=20\text{N/cm}$，作用在物体上的干扰力 $S=16\sin 60t$，式中 t 的单位为 s，S 的单位为 N。物体所受的阻力 $R=cv$，其中 $c=256\text{Ns/cm}$。试求：

（1）无阻尼时物体强迫振动方程和动力放大系数 β。

（2）有阻尼时物体强迫振动方程和动力放大系数 β。

15－16　汽车在波形路面上等速行驶，车身用弹簧支撑在车轮上，如题 15－16 图所示。已知汽车速速 $v_0=10\text{m/s}$，$l=0.5\text{m}$，$\delta_{st}=9.81\text{cm}$，$a=10\text{cm}$，求车身的振幅。

15－17　题 15－17 图（a）表示用螺钉固定在基础上的电动机，转动时因转子不平衡所产生的离心惯性力 H 将直接传到地基上。为了减轻这种动压力对地基的作用，将电动机支在一组弹簧上，如题 15－17 图（b）所示。已知电动机的质量 $m=100\text{kg}$，角速度 $\omega=188.4\text{rad/s}$，要是地基受的动压力为题 15－17 图（a）情况的 1/10，求弹簧的总刚度系数。

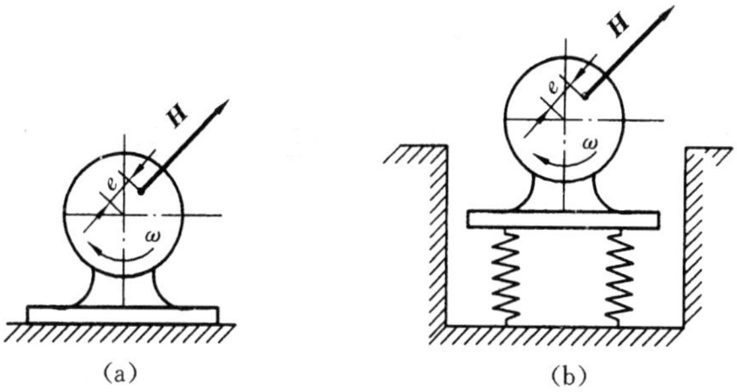

题 15－17 图

习　题　答　案

第二章

2-1　(a) $F_R=1.032\text{kN}$，$\alpha=-130.98°$；(b) $F_R=407\text{N}$，$\alpha-153.5°$

2-2　$M=260\text{N}\cdot\text{m}$

2-3　$F_{BC}=5\text{kN}$（拉），$F_{AC}=10\text{kN}$（压）

2-4　$F_{AB}=54.64\text{kN}$（拉），$F_{CB}=74.64\text{kN}$（压）

2-5　$F_A=F_C=-\dfrac{M}{2a}$

2-6　$F_{AB}=5\text{N}$，$M_2=3\text{N}\cdot\text{m}$

2-7　$F_N=100\text{kN}$

2-8　$M_2=2\text{kN}\cdot\text{m}$

2-9　(1) $F_{FG}=qa$；(2) $F_{Ax}=0$，$F_{Ay}=0$；$M_A=2qa^2$；(3) $F_{CD}=1.4qa$

2-10　$F_1:F_2=0.6124$

2-11　$F=58.8\text{kN}$

2-12　$F_A=0.354F$，$F_B=0.791F$

2-13　$F_A=53\text{kN}$，$F_B=37\text{kN}$

2-16　$F_x=q_1H_1+q_2H_2$，$F_y=p$，$M=\dfrac{1}{2}q_1H_1^2+q_2H_1H_2+\dfrac{1}{2}q_2H_2^2$

2-17　$F_T=\dfrac{Pa}{2l\sin^2\dfrac{\alpha}{2}\cos\alpha}$，当 $\alpha=60°$ 时，$F_{\min}=\dfrac{4Pa}{L}$

2-18　$F_T=\dfrac{Fa\cos\alpha}{2h}$；$F_{Ax}=F_T$，$F_{Ay}=\dfrac{Fa}{2l}$

2-19　$F_{Ax}=0$，$F_{Ay}=400\text{N}$，$M_A=1192.8\text{N}\cdot\text{m}$

2-20　$F_{Ax}=650\text{N}$，$F_{Ay}=-138.9\text{N}$，$M_A=-1500\text{N}\cdot\text{m}$

2-21　$F_{Ax}=8\text{kN}$，$F_{Ay}=-12.5\text{kN}$，$F_{Bx}=-8\text{kN}$，$F_{By}=22.5\text{kN}$

2-22　$F_{Ax}=34.64\text{kN}$，$F_{Ay}=60\text{kN}$，$M_A=220\text{kN}\cdot\text{m}$，$F_{Bx}=34.64\text{kN}$，$F_{By}=60\text{kN}$，$F_C=69.3\text{kN}$

2-23　$F_{Ax}=0$，$F_{Ay}=-25\text{kN}$，$F_B=150\text{kN}$，$F_C=25\text{kN}$，$F_D=25\text{kN}$

2-24　$F_B=875\text{N}$，$F_{BC}=-1250\text{N}$，$F_{Ax}=1000\text{N}$，$F_{Ay}=125\text{N}$

2-25　$F_{Ax}=200\sqrt{2}\text{N}$，$F_{Ay}=2083\text{N}$，$M_A=-1178\text{N}\cdot\text{m}$；$F_{Dx}=0$，$F_{Dy}=-1400\text{N}$

2-26　$F_{Ax}=0$，$F_{Ay}=-\dfrac{M}{2a}$；$F_{Dx}=0$，$F_{Dy}=\dfrac{M}{a}$，$F_{Bx}=0$，$F_{By}=-\dfrac{M}{2a}$

2-28　$F_1=(\sqrt{3}-1)W$，$F_2=-\dfrac{2}{3}\sqrt{3}W$，$F_3=-\dfrac{-4}{3}\sqrt{3}W$

第三章

3-2 $F_{1x}=-40N$，$F_{1y}=30N$，$F_{1z}=0$；$F_{2x}=56.6N$，$F_{2y}=42.4N$，$F_{2z}=70.7N$；$F_{3x}=43.7N$，$F_{3y}=0$，$F_{3z}=-54.7N$

3-3 $M=1000N\cdot m$

3-4 $M_x=-86.58N\cdot m$，$M_y=21.65N\cdot m$，$M_z=-8.57N\cdot m$

3-5 $m_x(F_1)=0$，$m_y(F_1)=16N\cdot m$，$m_z(F_1)=-40N\cdot m$；$m_x(F_2)=-4N\cdot m$，$m_y(F_2)=m_z(F_2)=0$；$m_x(F_3)=-20N\cdot m$，$m_y(F_3)=m_z(F_3)=0$

3-6 主矢 $F'_R=6.32kN$，$\alpha_1=71.6°$，$\beta_1=90°$，$\gamma_1=161.6°$

主矩 $m_0(F)=16.15kN\cdot m$

方向角 $\alpha_2=158°$，$\beta=90°$，$\gamma_2=111.8°$

3-7 左螺旋，中心轴在 x 轴上 a 处

3-9 $F_{DA}=F_{DB}=-26.4kN$，$F_{DC}=33.5kN$

3-10 $F_1=F_2=-2.5kN$，$F_3=-3.54kN$，$F_4=F_5=2.5kN$，$F_6=-5kN$

3-11 $F_A=F_B=F_C=\dfrac{G}{3}$

3-12 $F_{NA}=8.4kN$，$F_{NB}=78.3kN$，$F_{NC}=43.3kN$

3-13 $P_3=500N$，$\alpha=143°$

3-14 $\dfrac{Q}{P}=1$

3-17 $F_1=F_5=-F$(压)，$F_3=F$(拉)，$F_2=F_4=F_6=0$

3-18 $y_C=0$，$x_C=\dfrac{-ar^2}{R^2-r^2}$

3-19 $x_C=13.41cm$，$y_C=14cm$

3-20 $x_C=23.1mm$，$y_C=38.5mm$，$z_C=-28.1mm$

第四章

4-1 10N，20N，30N

4-2 32.91N，82.91N

4-4 $P\dfrac{\sin(\alpha-\varphi_m)}{\cos\varphi_m}$，$P\dfrac{\sin(\alpha+\varphi_m)}{\cos\varphi_m}$

4-5 3200N

4-6 0.223

4-7 $f=\dfrac{1}{2\sqrt{3}}$

4-8 $\alpha\leqslant\arctan f=\varphi_m$

4-9 $b<7.5mm$

4-10 $x_{max}=\dfrac{b}{2\tan\varphi}$

4-11 $b_{min}=\dfrac{1}{3}fh$；与门重无关

4-12 $P_{min}=358N$

4-13 $G_A\leqslant308.88N$

4-14 $b=0.4a$

4-15 4kN

4-16 $M_{\min}=0.212p_r$

4-17 $h=0.99\text{cm}$

第五章

5-1 轨迹方程为：$\begin{cases} x^2+y^2=b^2 \\ y=b\sin\dfrac{\omega z}{a} \end{cases}$；速度 $v=\sqrt{b^2\omega^2+a^2}$，加速度 $a=b\omega^2$

5-2 $\rho=6.25\text{m}$，$a=10\text{m/s}^2$，加速度方向与 y 轴正向夹角为 36.87°，与 z 轴正向夹角为 53.13°

5-3 $x=0.09(1+\cos 6t^3)$，$y=0.09\sin 6t^3$；$v=1.62t^2$；$\cos(\vec{v},\vec{i})=-\sin 6t^3$，$\cos(\vec{v},\vec{j})=-\cos 6t^3$；

$v=29.16t^4$；$\cos(\vec{a},\vec{i})=-\cos 6t^3$，$\cos(\vec{a},\vec{j})=-\sin 6t^3$

5-4 $x=r\cos\omega t+\sqrt{l^2-(r\sin\omega t+h)^2}$，$v=-r\omega\sin\omega t-\dfrac{r\omega\cos\omega t(r\sin\omega t+h)}{\sqrt{l^2-(r\sin\omega t+h)^2}}$，$a=-r\omega^2\cos\omega t-$

$\dfrac{2r^2\omega^2\cos 2\omega t-rh\omega^2\sin\omega t}{2\sqrt{l^2-(r\sin\omega t+h)^2}}-\dfrac{(r^2\omega\sin 2\omega t+rh\omega\cos\omega t)(r\sin\omega t+h)r\omega\cos\omega t}{[l^2-(r\sin\omega t+h)^2]^{\frac{3}{2}}}$

5-5 $a=3.12\text{m/s}^2$

5-6 $v_C=2\sqrt{gR}$，$a_C=4g$；$v_D=1.848\sqrt{gR}$，$a_D=3.487g$

5-7 $v=0$，$a=-10\text{cm/s}^2$，$\rho=\infty$

5-8 $s=R\left[\omega t+arc\sin\left(\dfrac{e}{R}\sin\omega t\right)\right]$；$v=\omega(R-e)$，$a=0$

5-9 $v=u\sqrt{1+\omega^2t^2}$，$a=u\omega\sqrt{4+\omega^2t^2}$

第六章

6-4 $v=80\text{cm/s}$，$a=322\text{cm/s}^2$

6-5 $v_M=9.42\text{m/s}$，$a_M=444.15\text{m/s}^2$

6-6 $\theta=\arctan\dfrac{\sin\omega t}{\dfrac{h}{r}-\cos\omega t}$

6-7 $\omega=\dfrac{5}{1+25t^2}$，$\alpha=-\dfrac{250t}{(1+25t^2)^2}$

6-8 $R=1.25\text{m}$

6-9 $\alpha=\pi\text{rad/s}^2$，$n=225\text{r}$

6-10 $v_{赤道}=466.5\text{m/s}$，$a_{赤道}=0.034\text{m/s}^3$；$v_{北极}=0$，$a_{北极}=0$

6-11 $\omega_A=\dfrac{r_3}{r_2r_4}a\omega\cos\omega t$，$\varphi_A=\varphi_0+\dfrac{r_3}{r_2r_4}a\sin\omega t$

6-12 $v=168\text{cm/s}$，$a_{AB}=a_{CD}=0$，$a_{AD}=3300\text{cm/s}^2$，$a_{BC}=1320\text{cm/s}^2$

第七章

7-1 $v=l\omega\cos\varphi$

7-2 $v=\dfrac{h\omega}{\cos^2\varphi}$

7-3 $v_A=\dfrac{lau}{x^2+a^2}$

7-4　$v_r=\frac{2}{\sqrt{3}}u$，$a_r=\frac{8\sqrt{3}u^2}{9R}$

7-5　$v=\sqrt{\omega^2 l_{OA}^2+u^2+1.93u\omega l_{OA}}$，$a=l_{OA}\omega^2$

7-6　$a_B=a_e=13.66\mathrm{cm/s^2}$，$a_r=3.66\mathrm{cm/s^2}$

7-7　$a=5\mathrm{cm/s^2}$

7-8　$v_a=0.6\mathrm{m/s}$，$a_a=0.98\mathrm{m/s^2}$；$v_r=0.3\mathrm{m/s}$，$a_r=1.88\mathrm{m/s^2}$

7-9　(a) $\omega_2=1.5\mathrm{rad/s}$，$\alpha_2=0$；(b) $\omega_2=2\mathrm{rad/s}$，$\alpha_2=-4.62\mathrm{rad/s^2}$

7-10　$v=\frac{2}{\sqrt{3}}a\omega_0$ 向上；$a=\frac{2}{9}a\omega_0^2$ 向下

7-11　$v=\sqrt{\omega^2 e^2+u^2}$，$a=\sqrt{\omega^4 e^2+4\omega^2 u^2}$

7-12　$a_1=r\omega^2-\frac{v^2}{r}-2\omega v$，$a_2=\sqrt{\left(r\omega^2+\frac{v^2}{r}+2\omega v\right)^2+4r^2\omega^4}$

7-13　$v=32.5\mathrm{cm/s}$，$a=65.5\mathrm{cm/s^2}$

7-14　$\varphi=0°$，$v=\frac{\sqrt{3}}{3}r\omega$；$\varphi=30°$，$v=0$；$\varphi=60°$，$v=\frac{\sqrt{3}}{3}r\omega$

7-15　$v_1=\sqrt{2}v_0$，$v_2=2v_0$，$v_3=\sqrt{2}v_0$，$v_4=0$，$a_1=\sqrt{2}v_0$，$a_2=2v_0$，$a_3=\sqrt{2}v_0$，$a_4=0$

7-16　$v=17.3\mathrm{cm/s}$，$a=35\mathrm{cm/s^2}$

7-17　$v_{BC}=\frac{r\omega\cos(\theta-\varphi)}{\sin\theta}$，向左，$a_{BC}=\frac{r\omega^2\sin(\theta-\varphi)}{\sin\theta}$，加速运动；$v_{BC}=\frac{r\omega\cos\varphi}{\sin\theta}$，向上，$a_{BC}=\frac{r\omega^2\sin\varphi}{\sin\theta}$，减速运动

7-18　$a_M=355.5\mathrm{mm/s^2}$

7-19　$v_{CD}=0.1\mathrm{m/s}$，$a_{CD}=0.346\mathrm{m/s^2}$

7-20　$v_{CD}=0.4\mathrm{m/s}$，$a_{CD}=2.77\mathrm{m/s^2}$

第八章

8-2　$x_C=r\cos\omega_0 t$，$y_C=r\sin\omega_0 t$，$\varphi=-\omega_0 t$

8-3　$v_D=5.77\mathrm{cm/s}$，$\omega_{BC}=0.67\mathrm{rad/s}$

8-4　$v_B=34.6\mathrm{cm/s}$，$\omega_{AB}=0.36\mathrm{rad/s}$，$\omega_{BC}=1.5\mathrm{rad/s}$（顺时针）

8-5　$\omega_{O1B}=\omega_{AB}=1.73\mathrm{rad/s}$

8-6　$\omega_{\mathrm{I}}=\sqrt{3}\omega_0$

8-7　$\omega=\frac{v_1-v_2}{2r}$，$v_O=\frac{v_1+v_2}{2}$

8-8　$\omega_{AB}=2\mathrm{rad/s}$（逆时针）；$\omega_C=2\mathrm{rad/s}$（顺时针）

8-9　$v_D=\frac{2}{3}r\omega_0$

8-10　$\omega=1.85\mathrm{rad/s}$（顺时针）

8-11　$\omega_{EF}=1.33\mathrm{rad/s}$，$v_F=46.19\mathrm{cm/s}$

8-12　$\omega_{OB}=3.75\mathrm{rad/s}$，$\omega_{\mathrm{I}}=6\mathrm{rad/s}$

8-13　$a_B=2.31\mathrm{m/s^2}$，$\alpha=0.58\mathrm{rad/s^2}$

8-14　$\alpha_{BC}=-6\mathrm{rad/s^2}$，$\alpha_{CD}=6\mathrm{rad/s^2}$

8-15　$\omega_{AB}=0.32\mathrm{rad/s}$；$\alpha_{AB}=0.21\mathrm{rad/s^2}$；$v_B=29.5\mathrm{cm/s}$；$a_B=35.8\mathrm{cm/s^2}$

8-16 $a_A = l\omega_1^2\left(1+\dfrac{l}{r}\right)$，$\alpha_B = l\omega^2\sqrt{1+\left(\dfrac{l}{r}\right)^2}$

8-17 $\omega_B = 3.62\text{rad/s}$，$\alpha_B = 2.2\text{rad/s}^2$

8-18 $v_C = \dfrac{3}{2}r\omega_0$，$a_C = \dfrac{\sqrt{3}}{12}r\omega_0^2$

8-19 $v_C = r\omega$，$a_C = r\omega^2\left(\dfrac{2r}{l}-1\right)$

8-20 $\omega = 9.2\text{rad/s}$，$\alpha = -31.9\text{rad/s}^2$

8-21 $\omega_{AB} = \omega$，$\alpha_{AB} = 2.5\omega^2$

8-22 $v = \sqrt{\dfrac{7}{3}}l\omega$，$a = \sqrt{\dfrac{19}{3}}l\omega^2$

8-23 $\omega_{CD} = \omega$，$\omega_{DE} = \omega$，$\alpha_{CD} = -4\sqrt{3}\omega^2$，$\alpha_{DE} = -3\sqrt{3}\omega^2$

8-24 （1）$v_C = 0.4\text{m/s}$，$v_r = 0.2\text{m/s}$；（2）$a_C = -0.159\text{m/s}^2$，$a_r = 0.139\text{m/s}^2$

第九章

9-1 $F_{NA} = 150\text{N}$，$F_{NB} = 150\text{N}$

9-2 $a = 3.43\text{m/s}^2$，$F_T = 63.7\text{N}$

9-3 $s_{AM} = \dfrac{Ml}{2a}(a\omega^2+g)$；$s_{BM} = \dfrac{Ml}{2a}(a\omega^2-g)$

9-4 $v_{\max} = \sqrt{fgr}$

9-5 $t = 2.02\text{s}$，$s = 7.07\text{m}$

9-8 $F_T = 1070\text{N}$

9-9 $x = \dfrac{v_0}{k}(1-e^{-kt})$，$y = h-\dfrac{g}{k}+\dfrac{g}{k^2}(1-e^{-kt})$；轨迹为：$y = h-\dfrac{g}{h}\ln\dfrac{v_0}{v_0-kx}+\dfrac{gx}{kv_0}$

9-10 $h = 134.98\text{mm}$

第十章

10-1 （1）mv；（2）$\dfrac{Q\omega l}{2g}$，$\dfrac{Q\omega l}{6g}$；（3）$M\omega e$；（4）mv_0

10-2 （1）$p = mv_C = \dfrac{\sqrt{5}}{2}ml\omega$；（2）$p = mv_{C1}+mv_{C2} = mv_B = 2Rm\omega$，方向垂直 AC；

（3）$p = \left[(m_1+m_2)v-\dfrac{2m_1+m_2}{4}l\omega\right]i+\sqrt{3}l\omega\dfrac{2m_1+m_2}{4}j$

10-3 $\dfrac{1}{2}m_1r\omega^2+m_2r\omega^2+m_3r\omega^2$

10-4 $\dfrac{5\omega l_1 m}{2}$

10-5 $p = \dfrac{9}{2}ml\omega$

10-6 $p_x = m_1v+(v-\omega l\cos\theta)m_2$；$p_y = -wl\sin\theta m_2$

10-7 200.2N·s；246.725N·s

10-8 $\Delta x = -0.364$（←）

10-9 $s = \dfrac{1}{4}(a-b)$（←）

10-10 $\Delta v=\dfrac{m_2 v_r}{m_1+m_2}=0.246\text{m/s}$

10-11 $x^2+\dfrac{y^2}{4}=l^2$

10-12 $(x-l\cos\alpha_0)^2+\dfrac{y^2}{4}=l^2$

10-13 $F_{Ox}=0$，$F_{Oy}=(m_1+m_2)g-\dfrac{1}{2}(2m_2-m_1)a$

10-14 $F_{ox}=-\dfrac{P}{g}(\omega^2 l\cos\varphi-\alpha l\sin\varphi)$；$F_{Oy}=P+\dfrac{P}{g}(\omega^2 l\sin\varphi-\alpha l\cos\varphi)$

10-15 $F_{Ox}=m_3\dfrac{R}{r}a\cos\theta+m_3 g\cos\theta\sin\theta$；$F_{Oy}=(m_1+m_2+m_3)g-m_3 g\cos^2\theta+m_3\dfrac{R}{r}a\sin\theta-m_2 a$

第十一章

11-1 $L_O=2mab\omega\cos^3\omega t$

11-2 (a) $\dfrac{Q\omega l^2}{3g}$；(b) $\dfrac{Q\omega R^2}{2g}$；(c) $\dfrac{3Qv_C R}{2g}$；(d) $\dfrac{3QvR}{2g}$

11-3 $L_O=(J_O+m_A R^2+m_B r^2)\omega$

11-4 (a) $18\text{kg}\cdot\text{m}^2/\text{s}$；(b) $20\text{kg}\cdot\text{m}^2/\text{s}$；(c) $16\text{kg}\cdot\text{m}^2/\text{s}$

11-5 $a_O=\dfrac{FR(R+r)-mgR^2\sin\theta}{m(R^2+\rho^2)}$

11-6 $a_B=\dfrac{m_1}{m_1+3m_2}g$；$a_C=\dfrac{m_1+2m_2}{m_1+3m_2}g$；$F_T=\dfrac{m_1 m_2}{m_1+3m_2}g$

11-7 $\alpha=\dfrac{3g}{2l}\sin\theta$

11-8 $a=\dfrac{2\left(\dfrac{M}{R}-Q\sin\theta\right)g}{P+2Q}$

11-9 $\alpha=\dfrac{(m_1 r_1-m_2 r_2)g}{m_1 r_1^2+m_2 r_2^2}$；$F_{Ox}=0$；$F_{Oy}=(m_1+m_2)g-\dfrac{(m_1 r_1-m_2 r_2)^2 g}{m_1 r_1^2+m_2 r_2^2}$

11-10 $t=\dfrac{r_1\omega}{2fg\left(1+\dfrac{P_1}{P_2}\right)}$

11-11 $P=269.3\text{N}$

11-12 $a_A=\dfrac{m_1 g(r+R)^2}{m_1(r+R)^2+m_2(\rho_0^2+R^2)}$

11-13 $J_A=J_B+m(a^2-b^2)$

11-14 (1) $a_B=\dfrac{4}{5}g$，$a=\dfrac{F-f'(P_1+P_2)g}{P_1+\dfrac{P_2}{3}}$；(2) $M>2mgr$

第十二章

12-5 $W_1=Ps(\sin\theta-f'\cos\theta)-\dfrac{k}{2}s^2$；$W_2=-P\lambda(\sin\theta+f'\cos\theta)+\dfrac{k}{2}(2\lambda s-\lambda^2)$

12-6 $W=F_T s\left(\cos\theta+\dfrac{r}{R}\right)$

12 - 7　(1) 100N；(2) $\dfrac{\sqrt{6}}{3}$m/s

12 - 8　$v=\sqrt{\dfrac{4gh(M-PR)}{R(2P+Q)}}$；$a=\dfrac{2g(M-PR)}{R(2P+Q)}$

12 - 9　(a) $E_k=\dfrac{P}{6g}l^2\omega^2$；(b) $E_k=\dfrac{P}{4g}r^2\omega^2$；(c) $E_k=\dfrac{P}{4g}(r^2+2e^2)\ \omega^2$；(d) $E_k=\dfrac{3P}{4g}v^2$

12 - 10　$E_k=\dfrac{P}{6g}l^2\omega^2\sin^2\theta$

12 - 11　$a=\dfrac{2(M-m_Agr)}{(2m_A+m_B+m_C)r}$

12 - 12　$\omega=\dfrac{2}{r}\sqrt{\dfrac{M-m_2gr(\sin\theta+f\cos\theta)}{m_1+2m_2}\varphi}$，$\alpha=\dfrac{2[M-m_2gr(\sin\theta+f\cos\theta)]}{r^2(2m_2+m_1)}$

12 - 13　$v=\sqrt{\dfrac{2gPR(R-r)h}{P(R^2+r^2)+G\rho^2}}$，$a=\dfrac{PR(R-r)g}{P(R^2+r^2)+G\rho^2}$

12 - 14　$x_2:x_1=(2m_2+m_1):(2m_2+3m_1)$，$N_x=-RQn\cos\theta+RQt\sin\theta$，$N_y=-RQn\sin\theta-RQt\cos\theta-mg$

12 - 15　$v=\sqrt{\dfrac{2(M-PR\sin\theta)gs}{R(G+P)}}$，$a=\dfrac{(M-PR\sin\theta)g}{R(G+P)}$

12 - 16　$v=\sqrt{\dfrac{4(P+W_1-2G)gh}{2P+3W_2+4W_1+8G}}$，$a=\dfrac{2(P+W_2-2G)g}{2P+3W_2+4W_1+8G}$

12 - 17　$v=\sqrt{3gh}$

12 - 18　$v_0=\sqrt{\dfrac{2k}{15m}}h$

12 - 19　(1) $h=\dfrac{3}{4g}v_0^2$；(2) $a=-\dfrac{2}{3}g\sin\alpha$

12 - 20　$\omega=\dfrac{2}{l}\sqrt{\dfrac{3M}{2m+9m_1}}$，$a=\dfrac{6M}{(2m+9m_1)l^2}$

12 - 21　(1) $\omega_0=\sqrt{3g/l}$；(2) $F_0=4mg$

12 - 22　$h=\dfrac{3(10m_1+7m_2)v_0^2}{4g[(1-2f')m_1+m_2]}$

12 - 23　$a_A=\dfrac{3Gg}{4G+9P}$

12 - 24　$v=2\sqrt{\dfrac{2}{5}gh}$

12 - 25　$k=4.9$N/cm

12 - 26　$\omega_B=\dfrac{J_\omega}{J+mR^2}$，$v_B=\sqrt{\dfrac{2mgR+J\omega^2\left[1-\dfrac{J^2}{(J+mR^2)^2}\right]}{m}}$；$\omega_C=\omega$，$v_C=2\sqrt{gR}$

12 - 27　$\alpha=\dfrac{2(M-RP\sin\beta)g}{R^2(G+3P)}$；$F_x=\dfrac{P\cos\beta(3m+RG\sin\beta)}{R(G+3P)}$

12 - 28　$a_C=\dfrac{(G\sin\beta-P)g}{2G+P}$；$F=\dfrac{G(G\sin\beta-P)}{2(2G+P)}$，$F_T=\dfrac{3GP+(G^2+2GP)\sin\beta}{2(2G+P)}$

12 - 29　$a=\dfrac{W(R+r)^2g}{W(R+r)^2+4P\rho^2}$；$F_T=\dfrac{W}{2}\left(1-\dfrac{a}{g}\right)$；$F_{xO}=0$，$F_{yO}=P+W\left(1-\dfrac{a}{g}\right)$

12-30 $v_C=4.49\sqrt{h}$ m/s，$a_C=10.08\text{m/s}^2$；$F_{HD}=42.84\text{N}$，$F_{AB}=41.58\text{N}$

12-31 $\omega=\sqrt{\frac{3g}{l}(1-\sin\varphi)}$，$\alpha=\frac{3g}{2l}\cos\varphi$，$F_A=\frac{9}{4}P\cos\varphi\left(\sin\varphi-\frac{2}{3}\right)$，

$F_B=\frac{1}{4}P\left[1+9\sin\varphi\left(\sin\varphi-\frac{2}{3}\right)\right]$

第十三章

13-2 (a) $F_g=mr\omega^2$，$M_{gO}=0$；(b) $F_g^n=mr\omega^2$，$F_g^\tau=mr\alpha$，$M_{gO}=J_O\alpha=\frac{3}{2}mr^2\alpha$；(c) $F_g=0$，$M_{gO}=0$；(d) $F_g=0$，$M_{gO}=J_{O\alpha}=\frac{1}{2}mr^2\alpha$

13-3 (a) $F_g^\tau=\frac{1}{2}ml\alpha$，$F_g^n=\frac{1}{2}ml\omega^2$，$M_{gO}=\frac{1}{3}ml^2\alpha$；(b) $F_g^\tau=\frac{1}{6}ml\alpha$，$F_g^n=\frac{1}{6}ml\omega^2$，$M_{gO}=\frac{1}{9}ml^2\alpha$；(c) $F_g^\tau=\frac{2\sqrt{3}mv^2}{9l}$，$F_g^n=\frac{2mv^2}{3l}$，$M_{gC}=\frac{\sqrt{3}mv^2}{27}$；(d) $F_g^n=mR\sqrt{\omega^2+\alpha^2}$，$M_{gO}=\frac{7}{3}mR^2\alpha$；(e) $F_g^\tau=mR\alpha$，$F_g^n=mR\omega^2$，$M_{gO}=\frac{3}{2}mR^2\alpha$；(f) $F_g=ma$，$M_{gC}=\frac{1}{2}mRa$

13-4 $F_{Ox}=-mR\omega^2\cos\theta+mR\alpha\sin\theta$，$F_{Oy}=-mR\omega^2\sin\theta-mR\alpha\cos\theta+mg$

13-5 $\alpha=14.7\text{rad/s}$；$N_A=29.4\text{N}$

13-6 1.146m/s^2；10.21kN

13-7 47rad/s^2；$F_{Ax}=95\text{N}$，$F_{Ay}=137\text{N}$

13-8 $M=\frac{\sqrt{3}}{4}(G+2Q)r-\frac{\sqrt{3}}{4}\frac{Q}{g}r^2\omega^2$；$F_{Ox}=-\frac{\sqrt{3}}{4g}Gr\omega^2$；$F_{Oy}=G+Q-\frac{2Q+G}{4g}r\omega^2$

13-9 $a=\frac{8P}{11Q}g$

13-10 $a_A=\frac{(R+r)^2m}{(R+r)^2m+(R+\rho)^2M}g$

13-11 $a=280\text{cm/s}^2$

13-12 (1) 向轴简化：$M_{IO}=J_O\alpha=\left[\frac{1}{2}mR^2+m\left(\frac{R}{2}\right)^2\right]\alpha=\frac{3}{4}mR^2\alpha$，方向与 α 相反；(2) 向质心 C 简化：$M_{IC}=M_C(\boldsymbol{F}_{IO}^n)+M_C(\boldsymbol{F}_{IO}^\tau)-M_{IO}=0+F_{IO}^\tau\cdot\frac{R}{2}-\frac{3}{4}mR^2\alpha=-\frac{1}{2}mR^2\alpha$

13-13 $a=\frac{4}{7}g\sin\alpha$；$F_{AB}=-\frac{Mg\sin\alpha}{7}$；斜面对圆盘和圆环的反力：$F_{RC}=F_{RD}=mg\cos\alpha$，摩擦力：$F_f=\frac{2}{7}mg\sin\theta$

13-14 $\alpha=\frac{rQ+RP}{J+\frac{Q}{g}r^2+\frac{P}{g}R^2}$

第十四章

14-1 $Q=\frac{1}{2}P\tan\alpha$

14-2 $P=\frac{\pi}{n}M\cot\alpha$

14-3 $\frac{M}{P}=\frac{l}{\cos^2\varphi}$

14-4 $k=2.27\text{kN/m}$

14-5 $P=\frac{M}{a}\cot 2\theta$

14-6 $M=\frac{l}{a}m$

14-7 $x=a+\frac{F}{k}\left(\frac{l}{b}\right)^2$

14-8 $M=450\frac{\sin\theta(1-\cos\theta)}{\cos^3\theta}\text{N}\cdot\text{m}$

14-9 $\frac{P}{Q}=\frac{h}{l\cos^3\varphi}$

14-10 $\theta=75.1°$

14-11 (a) $M=\sqrt{3}lF$；(b) $M=Fl$

14-12 $3aF-2bQ+2M=0$

14-14 (a) $F_B=2\left(P-\frac{M}{l}\right)$，$F_C=\frac{M}{l}$；(b) $F_B=\frac{2P+Q-M/l}{2}$，$F_C=\frac{M/l+Q-P}{2}$

第十五章

15-1 (a) $k=2\pi\sqrt{\frac{2m}{k_1+k_2}}$；(b) $k=2\pi\sqrt{\frac{(2k_1+k_2)m}{2k_1k_2}}$

15-2 $k=\frac{4\pi^2(m_1-m_2)}{T_1^2-T_2^2}$

15-3 $\rho_G=15.2\text{cm}$

15-4 (a) $T=4\pi\sqrt{\frac{mL}{kL-4mg}}$；(b) $T=4\pi\sqrt{\frac{mL}{kL+4mg}}$

15-5 $\omega_n=\frac{1}{2}\sqrt{\frac{k}{m}+2\frac{g}{L}}$

15-6 $\omega_n=\sqrt{\frac{2g}{3(R-r)}}$

15-7 $x=0.5\cos 44.27t+10\sin 44.27t$

15-8 $f=\frac{b}{2\pi}\sqrt{\frac{k_1k_2}{m(b^2k_2+a^2k_1)}}$

15-9 $x=1.342\sin(3.46t-0.0984\pi)$

15-10 $\omega_n=\sqrt{\frac{2kg}{3\rho}}$

15-12 (1) $\ddot{\varphi}+\frac{4c}{m}\dot{\varphi}+\frac{9k}{m}\varphi=0$；(2) $\omega_n=\sqrt{\frac{9k}{m}}$

15-13 $T_1=0.319\text{s}$，$\delta=0.62$

15-14 (1) $f_n=0.184\text{Hz}$；(2) $\xi=0.289$；(3) $f_d=0.176\text{Hz}$；(4) $T_d=5.677\text{s}$

15-15 (1) $x=0.308\sin 60t$，$\beta=0.385$；(2) $x=0.00104\sin\left(60t+\frac{\pi}{2}\right)$，$\beta=0.0013$

15-16 $b=2.6\text{mm}$

15-17 $k=322.7\times 10^3\text{N/m}$

参 考 文 献

[1] 哈尔滨工业大学理论力学教研室. 理论力学 [M]. 5 版. 北京：高等教育出版社，1997.
[2] 西北工业大学，北京航空学院，南京航空学院. 理论力学 [M]. 北京：人民教育出版社，1981.
[3] 郝桐生. 理论力学 [M]. 2 版. 北京：高等教育出版社，1982.
[4] 韩克平，白英. 理论力学 [M]. 呼和浩特：内蒙古大学出版社，1999.
[5] 白英，李瑞英. 理论力学 [M]. 北京：中国农业大学出版社，2004.
[6] 李晓丽，李瑞英. 理论力学 [M]. 北京：中国水利水电出版社，2011.
[7] 李晓丽，白英. 理论力学 [M]. 2 版. 北京：中国水利水电出版社，2017.
[8] 王永岩. 理论力学 [M]. 2 版. 北京：科学出版社，2019.
[9] 陈建芳，李双蓓，滕晓丹. 理论力学 [M]. 北京：机械工业出版社，2020.